Teilchenphysik und Kosmologie

T0254668

Springer

Berlin
Heidelberg
New York
Barcelona
Hongkong
London
Mailand
Paris
Singapur
Tokio

Michael Treichel

Teilchenphysik und Kosmologie

Eine Einführung in Grundlagen und Zusammenhänge

Mit einem Geleitwort von Jack Steinberger
Mit 50 Abbildungen

Springer

Dr. Michael Treichel
i2c IT Systems & Consulting
Ober-Eschbacher Strasse 109
61352 Bad Homburg
Deutschland
E-mail: michael.treichel@i2c-systems.com

Umschlagbild: Vela-Supernovaüberrest (Ausschnitt von $2° \cdot 2,5°$. Farbaufnahme von H.-E. Schuster mit dem 1 m-Schmidtspiegel der ESO. Mit freundlicher Genehmigung der Europäischen Südsternwarte, Garching

ISBN 3-540-67711-9 Springer-Verlag Berlin Heidelberg New York

Springer-Verlag Berlin Heidelberg New York
ein Unternehmen der BertelsmannSpringer Science+Business Media GmbH

© Springer-Verlag Berlin Heidelberg 2000

Satz: Reproduktionsfertige Vorlage vom Autor mit Springer LaTeX -Makro
Einbandgestaltung: *design & production* GmbH, Heidelberg

Gedruckt auf säurefreiem Papier   SPIN: 10772015   55/3141/tr - 5 4 3 2 1 0

Für Rebecca, Johan und Noémie

Geleitwort

Das vergangene halbe Jahrhundert war Zeuge großer Fortschritte in unserem Verständnis der Physik der Elementarteilchen wie auch der Dynamik unseres Universums. In der Teilchenphysik war dies vor allem auf das Aufkommen von Beschleunigern zurückzuführen. Auch in der Astrophysik ist die Entwicklung weitgehend das Ergebnis von Fortschritten in der experimentellen Technik; als Beispiel seien Satelliten-Teleskope und Langbasis-Interferometrie genannt. Die beiden Sachgebiete haben nicht nur die Tatsache gemeinsam, dass sie faszinierend sind, sondern sie überschneiden sich in vielen Bereichen. Unsere ersten Erkenntnisse über instabile Teilchen, wie die Entdeckungen des Myons, des Pions und der seltsamen Teilchen, sind das Ergebnis von Experimenten mit kosmischer Strahlung. Kern- und Teilchenphysik spielen eine bedeutende Rolle in der Entwicklung des Urknalls. Ein schönes Beispiel für die Symbiose der beiden Fachrichtungen war die Beobachtung von Neutrinos aus einer nahen Supernova, die 1987 dem Kamiokande-Detektor gelang, der ursprünglich gebaut worden war, um einen möglichen seltenen Zerfall des Nukleons nachzuweisen. Das hat das bestehende theoretische Verständnis untermauert, nach dem Neutrinos 98% der riesigen Energie davontragen, die im Gravitationskollaps von großen Sternen freigesetzt wird, so wie es bereits 1934 von Chandrasekhar vorhergesehen worden war.

Dieses Buch ist ein bemerkenswerter Versuch, Studenten einige der bedeutendsten und interessantesten Betrachtungs- und Vorgehensweisen in beiden Fachrichtungen zu einem frühen Zeitpunkt im Studium zur Verfügung zu stellen. Es enthält daher sowohl Einführungen in die Allgemeine Relativitätstheorie als auch in die Quantenfeldtheorie. Die theoretischen Herleitungen sind so einfach wie möglich und in sich geschlossen. Die Verbindung zwischen beiden Sachgebieten wird zwar hervorgehoben, doch werden die wichtigeren Gegenstände der modernen Kosmologie auch berücksichtigt, wenn die Verbindung mit der Teilchenphysik weniger offenkundig ist.

Ich hoffe, dass es diesem Buch gelingt, jungen Studenten einige der schönen Entwicklungen in beiden Gebieten zugänglich zu machen.

Genf, im Juni 2000   *Jack Steinberger*

Vorwort

Vor ein paar Jahren war ich mit Rebecca (damals 10 Jahre alt), Johan (8 Jahre) und Noémie (6 Jahre) im Auto unterwegs, als uns ein Polizeifahrzeug mit eingeschaltetem Martinshorn entgegenkam. Die Jüngste wunderte sich über die plötzliche Änderung der Tonhöhe im Moment des Vorbeifahrens. Augenblicklich belehrte sie ihr Bruder, daß dies völlig normal sei. Schließlich komme so auch die Rotverschiebung des Lichts von fernen Galaxien zustande.

Johans Erklärung macht deutlich, wie wirksam einfache Bilder oder Modelle sind, wenn es darum geht, Unvorstellbares begreiflich zu machen. Auch wenn die Idee, die sich so erschließt, vielleicht nicht ganz korrekt und auf jeden Fall unvollständig ist, kann sie dazu beitragen, der allenthalben notwendigen Abstraktion einen Bezugspunkt in der Anschauung anzubieten. So überwindet man, wenn man sich der Grenzen dieses Ansatzes bewusst ist, genau das Hindernis, das die Physik als ein besonders schwieriges Fach erscheinen läßt: den Schritt von der puren Beobachtung zur Theorie. Den müssen Physiker immer wieder meistern, denn in ihrem Tagesgeschäft erfassen sie nicht nur Beobachtungen und Messungen, sondern arbeiten die Ergebnisse quantitativ auf und interpretieren sie derart, dass sie Modelle oder Theorien an ihnen überprüfen können, mit dem eigentlichen Ziel, den Ausgang von Experimenten „vorherzusagen", und zwar mit einer minimalen Zahl von Parametern. Gleichgültig wie man an die Sache herangeht, mit hohem erkenntnistheoretischen Anspruch oder mit einer rein utilitaristischen Einstellung: Ohne Experiment wäre die Theorie nicht viel mehr als Denksport, ohne Theorie würde das Experiment in eine deskriptive empirische Sackgasse laufen.

Zwar wäre eine Ausbildung unvollständig, die in ihrem theoretischen Teil auf axiomatische Strenge, auf allgemeingültige Herleitungen und Beweise verzichtete – die Physik als eine quantitative exakte Wissenschaft käme nicht auf ihre Kosten – doch kann man durch *Idealisierungen* und *Näherungen* oft die Essenz eines physikalischen Sachverhalts herauslösen, ohne allzu tief in die formalen Strudel der Theorie zu geraten. Erfahrungsgemäß ist ja das Durchrechnen eines einfachen Beispiels überaus hilfreich, um die tatsächliche Bedeutung von erlernten Formalismen zu erarbeiten. Oft erschließt sich so der allgemeine Fall durch Analogie, oder er wird wenigstens plausibel. Also kann ich, wenn ich schon nicht ganz auf Mathematik verzichten kann, um die quantitative Aussagefähigkeit meiner Theorie nicht zu gefährden, die benötigten mathematischen Hilfsmittel auf das Nötigste beschränken. Inhalt und Stil von „Übungen" wären also der *Ausgangspunkt* für eine intensivere Beschäftigung mit der Theorie und würden nicht mehr als „praktische Anwendung" hinten angehängt werden.

Dieser Ansatz sollte Studenten, die etwa das Niveau des Vordiploms erreicht haben, erlauben, recht tief in ein anspruchsvolles und faszinierendes Gebiet einzudringen, das nicht nur methodisch, sondern auch konzeptionell schwierig ist. Er hat überdies den nicht zu verachtenden Vorzug, auch solche Leser anzusprechen, die zwar Interesse daran haben – sei es, weil sie direkt oder indirekt damit zu tun haben, sei es aus purem Bildungsbedürfnis – sich aber nicht zu sehr von Formalismen vereinnahmen lassen möchten. Um es dieser Lesergruppe so einfach wie möglich zu machen, habe ich in Anhängen wichtige Begriffe und Methoden auf recht elementarem Niveau zusammengestellt. Dem fortgeschrittenen Leser kann dann überlassen werden, ob er über diese Passagen hinweggeht.

Doch wovon handelt dieses Buch eigentlich? Es ist der Versuch, darzustellen, auf welchen Wegen sich die Physik an den Ursprung und die fundamentalen Bestandteile und Wechselwirkungen der materiellen Welt heranbegibt. Die Annäherung geschieht von zwei Seiten. Da ist zum einen die Beobachtung und Deutung von Vorgängen auf Abstands- und Zeitskalen, in denen Galaxien klein und alt sind. Die Astronomie hat hier auf der Grundlage einer großen Zahl von immer präziseren Messungen ein konsistentes und aussagekräftiges theoretisches Instrumentarium aufgebaut, das auf der Vorstellung eines expandierenden Universums beruht. In einem ganz frühen Stadium war es demzufolge so klein und dicht, dass einzelne, voneinander getrennte Atome oder Moleküle, wie sie uns aus unserer unmittelbaren Umwelt vertraut sind, noch nicht existieren konnten, von größeren Strukturen ganz zu schweigen. Hier kommen dann zwangsläufig die mikroskopischen Eigenschaften der Materie ins Spiel. So ist es denn ganz natürlich, dass die quantentheoretische Beschreibung der Elementarteilchen und ihrer Wechselwirkungen den zweiten, nicht weniger bedeutsamen Zugang zum Thema öffnet. Sind dann beide Ansätze konzeptionell und methodisch entwickelt, kann einerseits eine Synthese unternommen werden, die zum Modell des heißen Urknalls führen wird, dem gegenwärtig allgemein akzeptierten Paradigma der physikalischen Kosmologie, andererseits auch auf Phänomene *im gegenwärtigen Universum* eingegangen werden, deren Verständnis nur über die Elementarteilchenphysik möglich ist.

Diesen umfangreichen und schwierigen Stoff so zu präsentieren, dass einerseits ein hohes Maß an Exaktheit gewährleistet ist, und andererseits die oft gezwungen wirkende Objektivität des wissenschaftlichen Stils nicht zu schneller Ermüdung führt, habe ich eine am tatsächlichen Denkprozess orientierte Form gewählt. In einem gewissen Sinn rechtfertigt sich dieses Vorgehen auch durch die Tatsache, dass wissenschaftlicher Fortschritt nicht nur auf der Richtigkeit einer Theorie, sondern auch auf deren Akzeptanz in der „Scientific Community" beruht.[1] So riskant die Darstellung auch sein mag – vor allem durch die unvermeidlichen Auslassungen – hat sie den großen Vorzug, lebendiger zu sein als die streng sachorientierte Behandlung des Stoffs, und kann vielleicht auch einen gewissen Spaßfaktor hineinmultiplizieren. Es wird auf diese Weise zugleich deutlich werden, dass Wissenschaft auch eine kulturelle Tätigkeit ist. Es wäre durchaus befriedigend, wenn ich ein wenig dazu beitragen könnte, der Physik die Aura der Unzugänglichkeit und des Geheimnisvollen zu nehmen. Kein Gebiet wäre dazu geeigneter als der Gegenstand dieses Buchs.

Das erste, recht kurze Kapitel steckt den Rahmen und die Dimensionen ab. Denn ein bedeutendes Hindernis auf dem Weg zum Verständnis sowohl der Kosmologie als auch der Teilchenphysik sind die extremen Skalen: Längen, Zeiten, Massen, Energien bewegen sich in einem Bereich, der von der täglichen Erfahrung weit entfernt ist. Die Möglichkeiten der Veranschaulichung sind hier wohl begrenzt, aber ich kann mich zumindest bemühen, darzustellen, auf welche Weise man sich von den Beschränkungen auf faßbare Dimensionen lösen kann. Die beiden tragenden Säulen der modernen Physik, nämlich die Relativitätstheorie und die Quantentheorie, beschäftigen mich im zweiten Kapitel, das erheblich anspruchsvoller ist als das vorausgegangene. Es enthält ein sehr breites Spektrum an Gegenständen, von denen einige recht detailliert, auch anhand von Beispielen, entwickelt werden. Nachdem ich so die Grundlagen entwickelt habe, behandle ich dann im dritten Kapitel das Standardmodell der Teilchenphysik, und im vierten komme ich dann schließlich auf die Kosmologie und andere Teilgebiete der Astrophysik zu sprechen, die mit der Teilchenphysik zusammenhängen. Die wichtigsten mathematischen Techniken und diejenigen Begriffe der klassischen Physik, die in der Teilchenphysik und Kosmologie eine Rolle spielen, sind in einem Anhang zusammengestellt.

Einigen aus Lehrbüchern und der Fachliteratur gewohnten Konventionen bin ich bewußt nicht gefolgt. Indem ich zum Beispiel konsequent in SI-Einheiten arbeite, die sich in der klassischen Physik und nicht zuletzt in der Technik bewährt haben, nehme ich die Komplikation etwas längerer Formeln in Kauf, die bei der Einfachheit der durchgeführten Rechnungen durchaus akzeptabel erscheint. In der Teilchenphysik ist es eigentlich viel praktischer, in „natürlichen Einheiten" zu rechnen, in denen wiederholt auftauchende Naturkonstanten, nämlich die „reduzierte" Plancksche Konstante $\hbar = h/2\pi = 1.054572 \cdot 10^{-34}$ Js, die Vakuum-Lichtgeschwindigkeit $c = 299792458$ m/s und die Boltzmann-Konstante $k = 1.3807 \cdot 10^{-23}$ J/K durch die Festlegung $\hbar = c = k = 1$ eliminiert sind. Mit Hilfe der Einsteinschen Formel $E = mc^2$ und der Planckschen Beziehung $E = h\nu = hc/\lambda$ sieht man, dass in diesem System Energie, Masse, inverse Zeit und inverse Länge in denselben Einheiten gemessen werden. Rechnet man so zum Bei-

---

[1] Nach einer Max Planck zugeschriebenen Sottise drückt sich diese Erfahrung darin aus, dass sich eine Theorie durch das Aussterben ihrer Gegner durchsetzt.

spiel eine Zerfallsrate aus, hat das Ergebnis die Dimension einer Energie. Ein Physiker weiß, dass er nach einer Division durch $\hbar c$ zur „richtigen" SI-Einheit, nämlich einer inversen Zeit, zurückfindet. Jemand, der aber noch nicht an solche Vereinfachungen gewöhnt ist, nach einer großen Zahl selbst durchgeführter Rechnungen, wird dadurch eher verwirrt. Aber selbst für Experten mag es erhellend sein, einmal schwarz auf weiß zu sehen, wie oft man die Unbestimmtheitsrelation und die Konstanz der Lichtgeschwindigkeit stillschweigend voraussetzt.

Weiterhin verzichte ich auf die Verwendung von kovarianten und kontravarianten Vierervektoren, um den physikalischen Inhalt der Lorentz-Transformationen nicht in einem Formalismus zu ersticken, der im Rahmen dieses Buchs überflüssig wäre. Deshalb muß ich den metrischen Tensor immer explizit angeben. An einigen wenigen Stellen werden also Formeln etwas länger als unbedingt nötig, was angesichts ihrer Einfachheit jedoch durchaus in Kauf zu nehmen ist. Für das Skalarprodukt von Vierervektoren wende ich aber eine abgekürzte Schreibweise an, da Missverständnisse hier praktisch ausgeschlossen sind.

Letzten Endes steht und fällt jede Theorie mit der Überprüfung am Experiment. Die Antwort der Natur auf die Fragen, die man ihr im Experiment stellt, ist die entscheidende Instanz. Dass ich mich hier auf die Darstellung der Theorie konzentriert und nur einige Schlüssel-Experimente und -Beobachtungen eingehender dargestellt habe, liegt nicht an einer Geringschätzung des intellektuellen Aufwands, der zur erfolgreichen Durchführung eines Experiments gehört – dazu gibt es sehr lesenswerte Ausführungen in [160] – sondern spiegelt vor allem die Bedeutung der Theorie als „Ordnungskraft" wider, die eine zusammenhängende, einleuchtende Interpretation von experimentellen Informationen wesentlich vereinfacht.

Vielen Kollegen bin ich verpflichtet, nicht nur weil sie mich als Physiker geformt haben, sondern auch, weil mir durch sie die Arbeit zu einem Vergnügen geworden ist. Meine Dankbarkeit möchte ich ganz besonders den Professoren Bogdan Povh, Thomas Walcher, Hinrich Meyer, Jean-Luc Vuilleumier und Walter Blum ausdrücken. Sehr herzlich danke ich auch meiner langjährigen Freundin (im ursprünglichen Sinne des Wortes) Ulrike Zechlin, die einen großen Teil des Manuskripts der elektronischen Textverarbeitung zugänglich gemacht hat. Dem Springer-Verlag und Professor Wolf Beiglböck spreche ich meinen Dank für die Geduld und die Sorgfalt aus, mit der sie das Projekt unterstützt haben. Und nicht zuletzt erwähne ich meine Lebensgefährtin Claudia Tietze, die gerade die letzte Phase der Arbeit mit viel Liebe begleitet hat, und die dafür gesorgt hat, dass halb Köln jetzt weiß, was es mit der kosmologischen Konstante auf sich hat. Meine schönste Hoffnung ist die, dass Stoff und Darstellung dieses Buchs auch noch in ein paar Jahren so frisch sind, dass meine Kinder, Nichten und Neffen davon profitieren können.

Köln, im März 2000   *Michael Treichel*

Inhaltsverzeichnis

1. Großes und Kleines im Universum

Die Grundlagen: Newton und Kepler

Über den Anblick des Nachthimmels zu staunen gehört zu den Erfahrungen aller Menschen. Manche haben sich aber seit jeher dadurch von der Allgemeinheit unterschieden, dass sie die Himmelsphänomene systematisch studiert und ausgewertet haben. In Anlehnung an die historische Entwicklung wollen wir zuerst die Eigenbewegungen der Sonne, des Mondes und der Planeten behandeln, die der scheinbaren Drehung des gesamten Himmelsgewölbes überlagert sind.

Wenn wir wie Kopernikus vor einem halben Jahrtausend unter der Annahme einer annähernd kreisförmigen Bahn den Lauf der Erde mit dem eines Planeten kombinieren, können wir deren komplizierte Trajektorien vor dem Hintergrund der Fixsterne relativ leicht rekonstruieren, insbesondere die zeitweise Rückläufigkeit der sonnenfernen Planeten. Zu einem quantitativen Verständnis brauchen wir aber Bewegungsgleichungen, die wir der Newtonschen Theorie der Gravitation entnehmen:

$$m\ddot{r} + \frac{G_N mM}{r^2}\frac{r}{r} = 0, \tag{1.1a}$$

Hier bezeichen r den Ortsvektor des Massenpunkts m in Bezug auf das Massenzentrum von M und $G_N = 6.67259 \cdot 10^{-11}\,\mathrm{m^3\,kg^{-1}\,s^{-2}}$ die Newtonsche Gravitationskonstante. Nach Multiplikation mit $\dot{r}$ erhalten wir die Energiebilanz:

$$m\ddot{r} \cdot \dot{r} + G_N mM \frac{r \cdot \dot{r}}{r^3} = \frac{\mathrm{d}}{\mathrm{d}t}\left(\frac{m\dot{r}^2}{2} - \frac{G_N mM}{r}\right)$$

$$= \frac{\mathrm{d}}{\mathrm{d}t}\left[\frac{m}{2}\left(\dot{r}^2 + r^2\dot{\vartheta}^2 + r^2\dot{\varphi}^2\sin^2\vartheta\right) - \frac{G_N mM}{r}\right] = 0$$

oder nach Integration

$$\frac{m}{2}\left(\dot{r}^2 + r^2\dot{\vartheta}^2 + r^2\dot{\varphi}^2\sin^2\vartheta\right) - \frac{G_N mM}{r} = E. \tag{1.1b}$$

Weil die Schwereanziehung eine Zentralkraft ist und bei kugelförmigen Massen keine Kraftkomponente senkrecht auf der Verbindungslinie besteht, bewegen sich die Planeten in der Ebene $\vartheta = \frac{\pi}{2}$, und wir können $\dot{\vartheta} = 0$ und

$\sin \vartheta = 1$ setzen. Der Drehimpulserhaltungssatz

$$\frac{dL}{dt} = \frac{d}{dt}\left(mr^2\dot{\varphi}\right) = 0 \qquad (1.2)$$

erlaubt uns, $\dot{\varphi} = L/mr^2$ zu eliminieren und die Zeitableitungen in Ableitungen nach dem Azimutwinkel umzuformen:

$$\frac{d}{dt} = \frac{L}{mr^2}\frac{\partial}{\partial\varphi}.$$

Damit erhalten wir aus der Energiebilanz (1.1b) die Bahngleichung

$$\frac{L^2}{2mr^4}\left(\frac{\partial r}{\partial\varphi}\right)^2 + \frac{L^2}{2mr^2} - \frac{G_N Mm}{r} = E,$$

die wir lösen, indem wir die Kegelschnittgleichung

$$\frac{1}{r} = C\left(1 + \epsilon\cos\varphi\right) \qquad (1.3a)$$

ansetzen [88]. Eine kurze Rechnung liefert

$$C = \frac{G_N Mm^2}{L^2} \quad \text{und} \quad \epsilon = \sqrt{1 + \frac{2EL^2}{G_N^2 M^2 m^3}}, \qquad (1.3b)$$

wobei C und ϵ mit der großen und kleinen Halbachse a und b wie $1/a = C(1-\epsilon^2)$ und $b/a = \sqrt{1-\epsilon^2}$ zusammenhängen. Daraus folgen schließlich die Keplerschen Gesetze der Planetenbewegung:

1. Die Planeten bewegen sich auf Ellipsen ($\epsilon < 1$, $E < 0$). Die Sonne steht in einem der beiden Brennpunkte.
2. Aus der Drehimpulserhaltung (1.2) folgt, dass in einem festen Zeitintervall Δt die Verbindungslinie zwischen Sonne und Planet immer dieselbe Fläche $\frac{1}{2}r^2\dot{\varphi}\Delta t = (L/2m)\Delta t$ überstreicht.
3. Das Quadrat der Umlaufzeit ist der dritten Potenz der großen Halbachse a der Ellipse proportional. Aus (1.2) und (1.3) ergibt sich

$$T^2 = \left[\int_0^{2\pi}\frac{d\varphi}{\dot{\varphi}}\right]^2 = \left[\int_0^{2\pi}d\varphi\,\frac{mr^2}{L}\right]^2 = \left[\frac{2m}{LC^2}\int_0^\pi\frac{d\varphi}{(1+\epsilon\cos\varphi)^2}\right]^2$$

$$= \left[\frac{2m}{LC^2}\right]^2 \cdot \frac{\pi^2}{(1-\epsilon^2)^3} = \frac{(2\pi)^2 a^3}{G_N M}. \qquad (1.4)$$

Das Sonnensystem

Planeten können wir nicht wie die Fixsterne einer Konstellation zuordnen. Aber wenn wir die willkürliche, durch keine Beobachtung zu rechtfertigende Konstruktion einer begrenzten „Fixsternsphäre" fallen lassen, zeigt uns die Unwandelbarkeit dieser Sternbilder, dass die Fixsterne weit entfernt von Erde und Sonne ihre Bahnen ziehen. Wir machen uns das klar, indem wir die jahreszeitliche Änderung des Winkels bestimmen, den die Verbindungslinien zwischen unseren Augen und zwei Fixsternen aufspannen (siehe Abbildung 1.1). Mit dem bloßen Auge sind die scheinbaren Bewegungen, die sich aus dieser Geometrie ergeben, nicht wahrzunehmen.

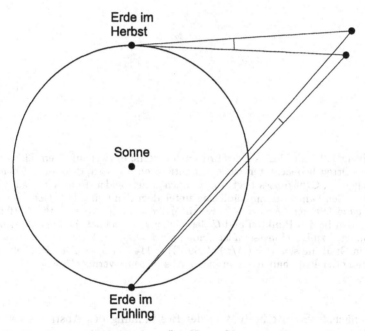

Abbildung 1.1. Zur jahreszeitlichen Änderung der Winkelabstände zwischen Fixsternen

Die Größe des Sonnensystems können wir durch einfache geometrische Betrachtungen und genaue Beobachtungen abschätzen. Wir werden in diesem Abschnitt nachvollziehen, wie Generationen von Astronomen in mühsamer Arbeit Daten gesammelt und die Ergebnisse zu einem konsistenten Bild zusammengesetzt haben.

Als erstes bestimmen wir den Durchmesser der Erde, indem wir den Abstand zwischen zwei Orten auf einem Längengrad messen, zum Beispiel Hamburg und Ulm, und die jeweiligen geographischen Breiten durch Vergleich von

Fixsternpositionen ermitteln. Dann ist der Erddurchmesser gleich dem Quotienten aus der Distanz und der Breitendifferenz in Grad, multipliziert mit $360/\pi = 114.6$ (siehe Abbildung 1.2). Zwischen Hamburg und Ulm messen wir eine Distanz von 575 km und einen Breitenabstand von 5 Grad und $9\frac{1}{2}$ Bogenminuten. Daraus bestimmen wir den Durchmesser der Erde zu 12760 km.

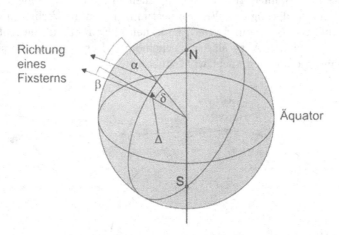

Abbildung 1.2. Zur Messung des Erddurchmessers: In zwei auf einem Längengrad liegenden Orten beobachteten wir einen entfernten Fixstern, der in der Ebene des entsprechenden Großkreises liegt. Im nördlichen der beiden Punkte finden wir ihn unter dem Zenitwinkel α, im südlichen unter dem Zenitwinkel β. Der Breitenabstand ist die Differenz $\delta = \alpha - \beta$. Es gilt $\delta/2\pi = \Delta/U$, wenn Δ die Entfernung zwischen den beiden Punkten und U den Umfang bezeichnet. Da π das Verhältnis von Umfang U zu Durchmesser d ist, finden wir $d = U/\pi = 2\Delta/\delta$ oder, wenn wir die Winkel in Grad messen, $d = (\Delta/\pi) \cdot (360/\delta)) = 114.6 \cdot (\Delta/\delta)$. Die kleine ellipsoide Verformung der Erde haben wir in dieser Abschätzung vernachlässigt

Der nächste Schritt besteht in der Bestimmung des Abstands zwischen der Erde und dem Planeten Mars. Dazu warten wir den Zeitpunkt ab, an dem der Mars in Opposition zur Sonne steht: er befindet sich dann genau in der Mitte der der Sonne abgewandten Himmelshemisphäre. Auf diesem Punkt seiner Bahn ist er der Erde am nächsten, und wir können seine Bewegung am genauesten studieren. Wir messen wie in Abbildung 1.3 skizziert seine Position relativ zu den Fixsternen um 21 Uhr abends und um drei Uhr morgens und stellen eine Änderung von 11.9 Bogensekunden fest. Wir wissen, dass die Erde in diesen sechs Stunden eine viertel Umdrehung um die eigene Achse durchgeführt hat. Damit haben wir nach dem Satz des Pythagoras auf einer gedachten, senkrecht auf der Verbindungslinie zwischen Erde und Mars stehenden Geraden das $\sqrt{2}/2$-fache des Erddurchmessers zurückgelegt. Aus der Abbildung 1.3 lesen wir ab, dass unsere Entfernung zum Mars

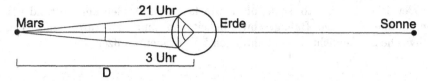

Abbildung 1.3. Zur Bestimmung der Mars-Entfernung

$$D = \frac{\sqrt{2}\,d}{4\tan 11.9''} = 78\,\text{Millionen km}.$$

Aus dem dritten Keplerschen Gesetz (1.4) können wir nun, da wir *eine* Distanz im Sonnensystem kenne, alle anderen aus den Umlaufzeiten bestimmen. So berechnen wir den Abstand der Erde von der Sonne D_E aus der Distanz zwischen Erde und Mars D_{EM} und den Umlaufzeiten von Erde und Mars:

$$T_E = 1\,\text{Jahr}$$
$$T_M = 1.88\,\text{Jahre}.$$

Wir lösen die Keplersche Identität

$$\left(\frac{D_E}{D_E + D_{EM}}\right)^3 = \left(\frac{T_E}{T_M}\right)^2$$

nach D_E auf:

$$D_E = D_{EM}\frac{(T_E/T_M)^{2/3}}{1 - (T_E/T_M)^{2/3}} = 78 \cdot 10^6\,\text{km}\,\frac{0.53^{2/3}}{1 - 0.53^{2/3}} = 150\,\text{Millionen km}.$$

Die Entfernung der Erde zur Sonne beträgt also das 11800-fache ihres Durchmessers[1]. Licht, das sich mit etwa 300000 km/s ausbreitet, braucht weniger als $\frac{1}{7}$ Sekunde, um eine Strecke zu durchlaufen, die dem abgerollten Erdumfang entspricht, ist aber 8 Minuten und 20 Sekunden unterwegs, um von der Sonne zu uns zu gelangen. Auch die Bahngeschwindigkeit der Erde können wir nun berechnen. Sie legt in einem Jahr das 2π-fache ihres Abstands von der Sonne zurück, also 940 Millionen km. Das ergibt 30 Kilometer in der Sekunde, also ein Zehntausendstel der Lichtgeschwindigkeit. Der letzte der

---

[1] In Wirklichkeit läuft die Erde auf einer Ellipse. Den größten Abstand von der Sonne hat sie in der gegenwärtigen Epoche am 4. Juli: er beträgt 152 Millionen km. Am 4. Januar ist sie nur 147 Millionen km entfernt. Den genauen mittleren Abstand bezeichnet man als „astronomische Einheit", englisch „astronomical unit" [135]:

$$1\,\text{AU} = (149597870660 \pm 20)\,\text{m} \tag{1.5}$$

großen Planeten, Pluto, schleppt sich in fast 6 Milliarden km Abstand von der Sonne mit einer Bahngeschwindigkeit von „nur" 4.7 km/s dahin. Das schwache Sonnenlicht erreicht ihn nach $5\frac{1}{2}$ Stunden Laufzeit.

Entfernte Sterne und Galaxien

Die Dimensionen des Sonnensystems können wir immer noch mit fassbaren Größen verbinden, indem wir sie als Laufzeiten von Lichtsignalen ausdrücken. Das ändert sich bald, wenn wir über seinen Rand hinausschauen. Wir können den Lauf der Erde um die Sonne ausnutzen, um die Abstände zu den nächsten Fixsternen zu bestimmen, und zwar auf ähnliche Weise, wie wir die Distanz zum Mars über die Erddrehung herausgefunden haben. Unsere Referenz ist aber nicht mehr der Erdradius, sondern der Abstand zwischen Sonne und Erde, also die astronomische Einheit, und wir müssen uns eher Monate als Stunden gedulden, um die beiden erforderlichen Messungen durchzuführen. Bewegt sich ein naher „Fixstern" in Bezug auf weit entfernte Bezugspunkte um zwei Bogensekunden innerhalb eines halben Jahres, ist er

$$D = \frac{2 \cdot 150 \cdot 10^6 \, \text{km}}{2/3600} \cdot \frac{360}{2\pi} = 30.9 \, \text{Billionen km}$$

entfernt. Die Hälfte der scheinbaren Winkelbewegung eines Sterns zwischen zwei einander entgegengesetzten Positionen der Erde bezeichnet man als Parallaxe (siehe Abbildung 1.4). Der Abstand, der eine Parallaxe von einer Bogensekunde hervorruft, heißt Parsec, abgekürzt „pc". Es beträgt

$$1 \, \text{pc} = 3.0856775807 \cdot 10^{16} \, \text{m} \qquad (1.6)$$

und ist eine sehr nützliche Einheit, wenn man Abstände zwischen Fixsternen ausdrücken will. Es erlaubt, Winkel ohne Rechenaufwand direkt in Entfernungen zu übersetzen und außerdem viele Zehnerpotenzen zu unterdrücken. Das Licht benötigt gut drei Jahre und drei Monate, um ein Parsec zu durchlaufen. Der nächste Fixstern, Proxima Centauri, hat eine Parallaxe von ungefähr $0.8''$, ist also 1.25 pc oder vier Lichtjahre entfernt. Das sind 260000 astronomische Einheiten oder das 6500-fache des Durchmessers der Pluto-Bahn. Wir erkennen, dass wir auf dieser Skala das Sonnensystem als nahezu punktförmig ansehen können.

In klaren Nächten kann man ein Band hoher Sternendichte ausmachen, das sich über den gesamte Himmel erstreckt: die Milchstraße. Beim ihrem Anblick wird und angesichts der charakteristischen Distanz zwischen Sternen und ihrer großen Dichte schnell klar, dass ihre Ausdehnung enorm sein muss. Aus der Form leiten wir ab, dass sie eine Scheibe sein muss, deren Dicke wesentlich kleiner ist als ihr Durchmesser. Doch wie bestimmen wir, von unserer Lage innerhalb dieses Gebildes, ihre Größe, zieht sie sich doch über den ganzen Himmel hin? Dazu überlegen wir uns, dass wir die auch Leuchtkraft der

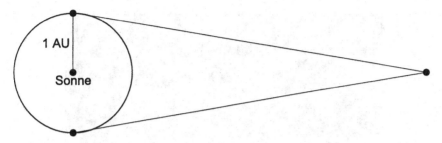

Abbildung 1.4. Zur Definition der Parallaxe

Sterne heranziehen können, um ihren Abstand zu bestimmen. Denn strahlt ein Stern gleichmäßig in alle Richtungen ab, ist die Leuchtdichte S, die wir als die Strahlungsenergie pro Zeit- und Flächeneinheit definieren, konstant auf der Oberfläche jeder Kugel, deren Mittelpunkt mit dem Stern zusammenfällt. Sie fällt mit dem Quadrat des Quellenabstands D ab, da die Oberfläche einer Kugel $A = 4\pi D^2$ ist. Die über die Oberfläche integrierte Leuchtdichte ist dann $L = S \cdot A$. Sie hat die Dimension einer Leistung und wird mit „Luminosität" bezeichnet. Die Sonne hat eine Luminosität von $3.846 \cdot 10^{26}$ Watt [135], das entspricht dem Ausstoß von 10^{14}, also 100 Milliarden Milliarden Kernkraftwerken. Die mittlere Leistungsdichte der Sonnenstrahlung auf der Oberfläche der Erd-Atmosphäre ist die „Solarkonstante":

$$S = \frac{L}{4\pi D^2} = \frac{3.846 \cdot 10^{26}}{4\pi \, (149.6 \cdot 10^9)} \, \frac{\text{W}}{\text{m}^2} = 1.37 \, \frac{\text{kW}}{\text{m}^2}. \tag{1.7}$$

Ganz allgemein können wir also die Entfernung eines Sterns ausrechnen, wenn wir seine absolute Luminosität und die auf der Erde eintreffende Leistungsdichte der Strahlung kennen: $D = \sqrt{L/4\pi S}$. Nur ist es nicht einfach, beide Größen *unabhängig voneinander* zu messen. Zwar haben Anfang dieses Jahrhunderts Ejnar Hertzsprung und Henry Russell herausgefunden, dass es einen Zusammenhang zwischen der Farbe eines Sterns und seiner Luminosität gibt (siehe Kapitel 4). Der ist jedoch weder scharf genug, um für die Abstandsbestimmung von praktischem Nutzen zu sein, noch eindeutig. Nun kommt uns glücklicherweise eine Entdeckung von Henrietta Leavitt zur Hilfe [117]. Sie hatte einen bestimmten Typ von veränderlichen Sternen untersucht, die nach ihrem „Prototyp" δ Cephei als Cepheiden bezeichnet werden.[2] Durch

---

[2] Bei diesen Sternen variiert die Helligkeit in sehr regelmäßigem Rhythmus durch eine Änderung der Lichtdurchlässigkeit einer Zone in ihrer Atmosphäre, die reich an einfach ionisiertem Helium ist. Steigen dort Dichte und Temperatur, verlieren mehr und mehr Helium-Ionen ihr zweites Elektron in Kollisionen. Doppelt ionisiertes Helium absorbiert aber Strahlung viel effizienter als einfach ionisiertes. Dadurch wird die Zone zum einen undurchlässiger, zum andern wärmer. Sie dehnt sich dann aus, die Kollisionen werden seltener, die nackten Heliumkerne fangen sich wieder je ein Elektron, die Durchlässigkeit nimmt zu, die Tempera-

Abbildung 1.5. Ein Kugelsternhaufen im Andromeda-Nebel (Das Photo wurde von AURA/STScI mit Unterstützung der NASA unter Vertrag NAS5-26555 hergestellt und ist mit Genehmigung von STScI und Dr. Wendy Freedman abgedruckt.)

systematische Beobachtung von Cepheiden in Kugelsternhaufen, die unsere Milchstraße wie Trabanten umkreisen (siehe Abbildung 1.5: die zeigt allerdings einen zum Andromeda-Nebel gehörenden Kugelsternhaufen), und deren Ausdehnung klein ist im Vergleich zu ihrem Abstand, fand sie heraus, dass deren Luminositäten und Oszillationsperioden streng miteinander korreliert sind. In den folgenden Jahren ist es dann gelungen, die Entfernung zu den nächsten Cepheiden zu bestimmen, sodass nun in den Perioden und den Helligkeiten ein absoluter Maßstab für solche Abstände vorlag, die keine messba-

tur sinkt. Mit der Temperatur fällt auch der Druck, der zur Ausdehnung geführt hat, die Zone zieht sich zusammen, und ein neuer Zyklus beginnt. Die Lichtkurve zeigt typischerweise einen steilen Anstieg der Helligkeit, gefolgt von einem langsamen Abfall. Die Perioden reichen von einigen Tagen bis zu etwa zwei Monaten. Das gegenwärtige Wissen über variable Sterne ist gut dargestellt in [3].

re Parallaxe hervorrufen. Er gilt bis auf den heutigen Tag als einer der zuverlässigsten und erlaubt mittlerweile sogar die Bestimmung von Abständen zu entfernten Galaxien. Ein Beispiel für einen solchen Cepheiden, der erst kürzlich entdeckt worden ist, zeigt die Abbildung 1.6.

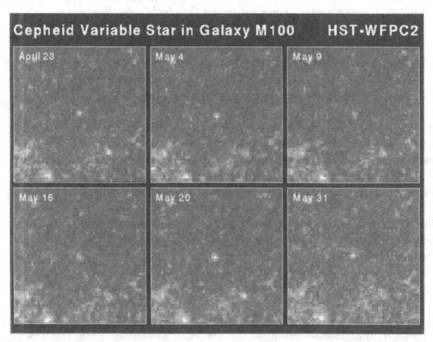

Abbildung 1.6. Ein Cepheid in der Galaxie M100 (Das Photo wurde von AURA/STScI mit Unterstützung der NASA unter Vertrag NAS5-26555 hergestellt und ist mit Genehmigung von STScI und Dr. Wendy Freedman abgedruckt.)

Wir haben nun also ein Mittel in der Hand, die Ausdehnung unserer Milchstraße abzuschätzen. Dazu nehmen wir an, gestützt auf ihre beobachtete Form und Struktur, dass sie eine Spiralgalaxie ist, die dem Andromeda-Nebel sehr ähnlich sieht. Dann ziehen wir die im Andromeda-Nebel gefundenen Cepheiden heran, um seine Entfernung zu bestimmen, und finden ungefähr 770 kPc [137, S. 19]. Das entspricht zweieinhalb Millionen Lichtjahren oder $2.4 \cdot 10^{19}$ km. Wir brauchen dann nur noch den Winkel, den er am Himmel aufspannt, ungefähr 1.5°, um seinen Durchmesser zu ungefähr 20 kPc, also 65000 Lichtjahre oder $6 \cdot 10^{17}$ km abzuschätzen. Dieses Ergebnis kann näherungsweise auf unsere eigene Galaxie übertragen werden. Es ist durchaus typisch für Spiralgalaxien.[3] Licht vom andern Ende der Milchstraße – wir

---

[3] Historisch ging die „Messung" der galaktischen Dimensionen ganz anders. Sie beruhte schlicht auf dem Zählen von Sternen und der Kenntnis der Sternendichte

befinden uns ziemlich am Rand – war also schon mehrere zehntausend Jahre unterwegs, bevor es zu uns gelangt ist. Der Andromeda-Nebel, so wie wir ihn sehen, ist sogar schon so alt wie unsere allerersten Vorfahren. Es wird uns klar, dass ein Blick in den Himmel auch immer ein Blick in die ferne Vergangenheit ist. Je weiter wir in den Raum eindringen, der von den Galaxien erfüllt wird, desto weiter gehen wir in der Geschichte des Weltalls zurück.

Das expandierende Universum

Die Sache wird aber etwas verwickelter durch das Resultat einer bemerkenswerten Beobachtung von Edwin Hubble, die in den zwanziger Jahren durch die Inbetriebnahme des $2\frac{1}{2}$-Meter-Teleskops auf dem Mount Wilson möglich wurde. Sie beruhte auf einer damals schon hundert Jahre alten Entdeckung Joseph Fraunhofers, der im Spektrum des Sonnenlichts Absorptionslinien fand, die offenbar nicht auf den Einfluss der Erd-Atmosphäre zurückzuführen, sondern eine Eigenschaft des Sternenlichts selbst sind. Hubble [107] fand nun heraus, dass diese Linien in entfernten Galaxien zum Roten hin verschoben sind, und zwar um so mehr, je schwächer diese leuchten. Die einzige konsistente Erklärung besteht in einer von uns weggerichteten Bewegung, die eine Frequenzerniedrigung durch den Doppler-Effekt hervorruft.[4] Aus den Beobachtungen leitete Hubble empirisch ein Gesetz her, das die Entfernung einer Galaxie d und ihre Geschwindigkeit v linear miteinander verknüpft:

---

in unserer unmittelbaren Nähe (Weißt Du, wieviel Sternlein stehen?). In der Tat war die Kenntnis des Durchmessers unserer eigenen Galaxie nötig, um zu zeigen, dass der Andromeda-Nebel nicht dazugehört, sondern eine eigene, von unserer getrennte „Welteninsel" ist.

[4] Der Doppler-Effekt kommt ursprünglich aus der Akustik und ist uns geläufig aus der Änderung der Tonhöhe, wenn die Schallquelle sich relativ zum Hörer bewegt. Wir können ihn quantitativ ausdrücken, indem wir die Zahl der Wellenberge oder -täler ausrechnen, die einen Hörer in einem Zeitintervall Δt erreichen. Bei ruhender Quelle erhalten wir $n = c\Delta t/\lambda$, wobei c die Schallgeschwindigkeit und λ die Wellenlänge sind. Nähert sich die Quelle mit einer Geschwindigkeit v, zählt der Hörer $n' = (c + v)\Delta t/\lambda = n + n \cdot (v/c)$. Da die Frequenz gerade als die Zahl der Perioden pro Zeiteinheit definiert ist, leiten wir die Frequenzänderung

$$\Delta\nu = \frac{n' - n}{\Delta t} = \frac{n\,(v/c)}{\Delta t} = \frac{v}{c}\nu \qquad (1.8a)$$

her. Die Wellenlänge $\lambda = c/\nu$ ändert sich also gemäß

$$\lambda + \Delta\lambda = \frac{c}{\nu + \Delta\nu} = \frac{c}{\nu}\left(1 - \frac{\Delta\nu}{\nu + \Delta\nu}\right) = \lambda\frac{1}{1 + v/c}, \qquad (1.8b)$$

wird also kleiner. Umgekehrt wird sie bei sich entfernender Quelle größer, die Frequenz nimmt ab. In erster Näherung kann man diese Formeln für den optischen Fall übernehmen. Eine Frequenzerniedrigung läßt das Licht röter, eine Erhöhung blauer erscheinen.

$$v = H \cdot d. \tag{1.9}$$

Der „Hubble-Parameter" H (manchmal inkorrekt Hubble-Konstante genannt)
hat die Dimension einer inversen Zeit. Er ist sehr schwer zu messen, da man
den Abstand entfernter Galaxien nur indirekt über mehr oder weniger empirische Indikatoren ableiten kann, wie die bereits erwähnten Cepheiden, die
Luminosität eines bestimmten Typs von Supernovae (explodierenden Sternen), den Zusammenhang zwischen der Luminosität und der Rotations-Ge-
schwindigkeit von Spiralgalaxien (die Tully-Fisher-Relation [167]) oder die
Abhängigkeit der Geschwindigkeitsvariation im Zentrum von elliptischen Galaxien von deren Luminosität (die Faber-Jackson-Relation [65]). (Eine exzel-
lente Zusammenfassung dieser Methoden findet man in [137].) In der Literatur ist es üblich, unsere Unkenntnis in einem dimensionslosen Parameter h
unterzubringen, indem man den Hubble-Parameter wie folgt angibt:

$$H = h_0 \cdot 100 \, \frac{\mathrm{km/s}}{\mathrm{MPc}} = h_0 \cdot 3.24 \cdot 10^{-18} \, \mathrm{s}^{-1}. \tag{1.10}$$

So können wir die galaktische Rotverschiebung benutzen, um sofort den Abstand einer Galaxie aus ihrer Geschwindigkeit auszurechnen. Messen wir zum
Beispiel eine Rotverschiebung von 1%, also $(\lambda+\Delta\lambda)/\lambda = 1.01$, beträgt die Geschwindigkeit, mit der sie sich von uns entfernt, ungefähr $0.01c = 3000$ km/s,
und ihr Abstand ist nach dem Hubble-Gesetz (1.9 und 1.10) 30 MPc/h. Zur
Zeit kann man den Parameter h auf den Bereich zwischen 0.6 und 0.8 einschränken [135].

Wir machen uns klar, dass wir uns auf einem ganz gewöhnlichen Planeten befinden, der sich um einen ganz gewöhnlichen Fixstern am Rand einer
ganz gewöhnlichen Spiralgalaxie dreht. Wenn wir unseren Blick über den
ganzen Himmel schweifen lassen, deutet nichts, aber auch gar nichts darauf hin, dass wir das Universum von einem besonders bevorzugten Platz aus
beobachten.[5] Wenn sich nun alle Galaxien mit Ausnahme der Mitglieder der
„lokalen Gruppe", die aus dem Andromeda-Nebel, den beiden Magellanschen

---

[5] Diese starke Aussage müssen wir ein wenig relativieren. Es ist schon etwas Außergewöhnliches an der Erde. Das thermische Gleichgewicht, das sich zwischen
der Sonneneinstrahlung, der Abstrahlung an der Oberfläche der Atmosphäre und
dem Treibhauseffekt eingestellt hat (siehe Kapitel 2), führt dazu, dass Wasser
in allen drei Aggregatzuständen gleichzeitig existieren kann. Das mag schon eine
zentrale Rolle in der Entwicklung des Lebens gespielt haben. Die essentiellen
Bausteine, insbesondere Aminosäuren, findet man nämlich auch im interstellaren Raum. Es waren wohl die besonderen Bedingungen auf der Erde, unter der
die Entstehung komplexer Moleküle möglich wurde, die letztendlich zu höheren
Lebensformen geführt hat. Sogar der Mond hat dabei eine Rolle gespielt, indem
er die Bewegung der Erde stabilisiert hat. Unsere Position am Rand der Milchstraße schützt uns außerdem vor den ziemlich heftigen Kataklysmen, die sich im
Zentrum der Milchstraße abspielen. Schließlich sorgt sie dafür, dass der Raum
in unserer unmittelbaren Nachbarschaft hinreichend leer ist, um uns weit in ihn
hineinblicken zu lassen und uns all die Betrachtungen zu ermöglichen, die wir
hier darlegen.

Wolken und ein paar Zwerggalaxien besteht, ausgerechnet von uns entfernen, werden wir zwangsläufig zu dem Schluss geführt, dass alle Galaxien sich voneinander wegbewegen. Anders ausgedrückt: das Universum dehnt sich aus. In Umkehrung dieses Gedankens folgern wir, dass es in der Vergangenheit kleiner gewesen sein muss. Je weiter wir in der Zeit zurückgehen, desto enger und dichter wird es um uns. Direkt weiter gedacht, befinden wir uns bald in einem winzigen Volumen mit beliebig großer Massendichte. Der Beginn der Expansion entspricht also der Explosion eines Massenpunkts, dem Urknall. Wir können nun Hubbles Gesetz (1.9) heranziehen, um das Alter des Universums abzuschätzen. Unter der Annahme, dass die Ausdehnungsrate überall dieselbe und zeitlich konstant ist, können wir die Größe des Universums d durch das Produkt aus Geschwindigkeit und der Zeit ersetzen, die vom Urknall bis heute vergangen ist, $d = v \cdot t = (H \cdot d) \cdot t$, und erhalten

$$t = \frac{1}{H} = 9.8 \text{ Milliarden Jahre}/h. \tag{1.11}$$

Es ist natürlich eher davon auszugehen, dass sich die Relativbewegung durch die gegenseitige Massenanziehung verlangsamt hat. Deshalb stellt unsere Abschätzung eine obere Grenze, einen maximal möglichen Wert für das Alter des Universums dar. Im allgemeinen Fall ist dann natürlich der Hubble-Parameter zeitabhängig. Wir hängen ihm im folgenden immer den Index „0" an, wenn wir seinen gegenwärtigen Wert meinen. Aus dem maximalen Alter des Universums, der Hubble-Zeit (1.11), können wir auch eine maximale Ausdehnung, die Hubble-Länge, durch Multiplikation mit der Lichtgeschwindigkeit ausrechnen:

$$l = \frac{c}{H} = \frac{3000}{h} \text{ MPc} = \frac{9.3 \cdot 10^{22}}{h} \text{ km}. \tag{1.12}$$

Der heiße Urknall

In diesem Abschnitt wollen wir die Hubble-Expansion in Gedanken umdrehen und uns dem zeitlichen und räumliche Ursprung des Universums nähern. Wir müssen hier einige Fakten und Zahlen vorwegnehmen, die wir erst im dritten und vierten Kapitel detailliert behandeln werden. Die folgende Schlüsse sind aber so verblüffend einfach, dass es sich lohnt, sie hier schon, als Einführung in die Methoden der Kosmologie, anzusprechen. Sie sind auch nicht mehr ganz neu: schon Ende der vierziger Jahre waren die wesentlichen Fakten und Mechanismen bekannt [7].[6]

---

[6] Eine ausführliche Darstellung der frühen Geschichte der Theorie des heißen Urknalls findet man in [137, 46]. Eine klare Zusammenfassung der gegenwärtigen Situation liefert [136].

Während wir uns auf den Urknall zubewegen, bemerken wir zunächst ein stetes Ansteigen der Dichte und der Temperatur. Irgendwann ist die Materie, die jetzt eine mehr oder weniger homogene Dichte hat und fast ausschließlich aus Wasserstoff und Helium besteht[7], vollständig ionisiert und damit praktisch undurchlässig für elektromagnetische Strahlung, da diese in sehr intensiver Wechselwirkung mit den freien Ladungen steht. Der ständige Austausch von Energie zwischen der Strahlung und der Materie führt zu einem vollständigen Temperaturausgleich und hält ein dynamisches thermisches Gleichgewicht bei etwa 3000 K aufrecht. In der Tat nimmt die Materie die Temperatur der Strahlung an, von der wir annehmen, dass sie in dieser Epoche die Energie des Universums dominiert.

Wir finden zu diesem Zeitpunkt etwa 20 Atome in einem Kubikzentimeter Materie und vergleichen diesen Wert mit der *mittleren* Dichte von ungefähr 10^{-7} Atomen pro Kubikzentimeter in den gegenwärtigen, ruhigeren Verhältnissen, von denen wir ausgegangen sind. Die letzte Zahl leiten aus der Dichte der Galaxien (0.01 pro Kubik-Megaparsec) und der Zahl der Sterne in einer Galaxie (ungefähr 100 Milliarden ab, angenommen die mittlere Masse ist die der Sonne, $2 \cdot 10^{31}$ kg). Nehmen wir vernünftigerweise an, dass die Materie in der Zwischenzeit erhalten geblieben ist, können wir behaupten, dass die *lineare* Ausdehnung des Universums mit der umgekehrten Kubikwurzel der Dichte skaliert. Zwischen dem Ende der Epoche, in der Strahlung und Materie im thermischen Gleichgewicht waren, und der, in der wir leben, sollte es sich also um den Faktor $(20/10^{-7})^{1/3} \approx 600$ ausgedehnt haben. Was ist nun in der Zwischenzeit mit der Strahlung passiert? Angenommen, sie wird analog zu einer schwingenden Saite durch „Randbedingungen" an gewissen Punkten festgehalten, sollte ihre Wellenlänge in grober Näherung im selben Maß wie der „Radius des Universums" zunehmen. Nun ist die Wellenlänge nach der Planckschen Formel (siehe Kapitel 2) $E = h\nu = h(c/\lambda)$ umgekehrt proportional zur Energie. Außerdem hängen für ein großes Ensemble die mittlere Energie und die thermodynamische Temperatur, gemessen in Kelvin, linear voneinander ab: $E = kT$ (siehe Anhang C). Das bedeutet, dass das Wachstum des Universums eine entsprechende Abkühlung der Strahlung zur Folge hat. Heute sollten wir also eine homogene, isotrope thermische Strahlung mit einer Temperatur von ungefähr 5 K finden, die in der Tat ein starkes Indiz für die Existenz extrem hoher Dichten und Temperaturen im Frühstadium des Universums wäre. Andere Erklärungen wären praktisch nicht möglich. Große Anstrengungen wurden in den sechziger Jahren unternommen, diese kosmische „Hintergrundstrahlung" nachzuweisen. Das Rennen machten Arno Penzias und Robert Wilson [138], als sie für die Bell Telephone Laboratories in Holmdel eine Radioantenne in Betrieb genommen hatten, die eigentlich ersten Versuchen mit der Satellitenkommunikation diente. Ein un-

---

[7] Alle Elemente jenseits von Lithium (das Element mit der Ladungszahl 3) stammen aus dem Innern von Sternen oder Supernova-Explosionen, in denen sie durch Kernfusion erzeugt werden. Im Urknall gab es nicht die richtigen Bedingungen für ihre Synthese.

erklärliches „Rauschen" erklärten sie schließlich *unter der Annahme*, dass die Plancksche Strahlungsformel (siehe Kapitel 2) anwendbar sei, durch eine richtungsunabhängige thermische Strahlung mit einer Temperatur von ungefähr 3.5 K. Diese erste Messung, bei der die Temperatur aus der Strahlungsintensität bei einer festen Wellenlänge berechnet wurde, ist mittlerweile ersetzt durch viel präzisere Messungen über einen sehr großen Bereich des Spektrums, die den thermischen Charakter zweifelsfrei nachgewiesen haben. Die kosmische Hintergrundstrahlung ist heute sogar das Paradebeispiel einer thermischen Strahlung. Ihr Spektrum entspricht mit phantastischer Genauigkeit den Planckschen Erwartungen, und der einzige freie Parameter, die Temperatur, ist aus den Messungen des FIRAS-Instruments auf dem COBE-Satelliten auf anderthalb Promille genau bekannt [71]:

$$T = (2.728 \pm 0.004) \text{ K} \quad (2\sigma). \tag{1.13}$$

So haben wir denn ein erstes Beweisstück für das Szenario, in dem das heutige Universum aus einem heißen und dichten Zustand hervorgegangen ist.

Aber es gibt noch ein zweites, ebenso spektakuläres, nämlich die relative Häufigkeit von Helium. Sie zeigt auf eine sehr direkte Art und Weise, wie die Physik der Atomkerne und Elementarteilchen die gegenwärtige Gestalt des Universums mitbestimmt hat. In weit entfernten, also alten, Gaswolken, deren Elementzusammensetzung noch nicht durch das nukleare Brennen in Sternen modifiziert worden ist, findet man etwa 24% Helium, genauer gesagt ^{4}He, das Isotop, das zwei Protonen und zwei Neutronen enthält. Solche Mengen von Helium können nur direkt im mehr als eine Milliarde Grad heißen Urzustand des Universums erzeugt worden sein, da zur Fusion viel Energie vonnöten ist, um Protonen gegen ihre elektrostatische Abstoßung so nahe aneinanderzubringen, dass die kurzreichweitigen Bindungskräfte wirksam werden können (siehe Kapitel 3 und 4). Eine solche Hitze herrschte in den ersten drei Minuten. Nun sind Neutronen etwas schwerer als Protonen, sie können unter Emission eines Elektrons und eines Antineutrinos[8] in Protonen zerfallen:

$$n \longrightarrow p + e^- + \bar{\nu}.$$

Die Massendifferenz zwischen Neutron und Proton beträgt $2.3 \cdot 10^{-27}$ g, das Elektron wiegt ungefähr $0.9 \cdot 10^{-27}$ g, die Masse des Antineutrinos ist verschwindend klein. Nach Einsteins Formel $E = mc^2$ finden wir so, dass bei diesem Prozess etwa $1.4 \cdot 10^{-27} \text{ g} \cdot c^2 = 1.3 \cdot 10^{-13}$ J kinetische Energie auf die Zerfallsprodukte übertragen werden. Ist die Temperatur hoch genug, dass

---

[8] Elektronen und (Anti-)-Neutrinos sind „Leptonen" (siehe Kapitel 3), deren Zahl wie die elektrische Ladung streng erhalten ist. Das Entstehen eines Elektrons muss also durch das Entstehen eines Antileptons kompensiert werden. Im umgekehrten Prozess $\nu + n \rightarrow p + e^-$ liegt aus demselben Grund ein Neutrino vor (siehe Anhang E). Antiteilchen werden durch einen Querbalken über dem Symbol gekennzeichnet.

die Teilchen thermische Energien von derselben Größenordnung haben, ist
der umgekehrte Prozess

$$\nu + n \longrightarrow p + e^-$$

ebenfalls möglich. Es stellt sich ein chemisches Gleichgewicht zwischen Protonen und Neutronen ein. In diesem Fall ist das Verhältnis der Neutronen- zur
Protonenzahl, wie wir im Anhang C zeigen, durch die Boltzmann-Verteilung
gegeben:

$$r = \frac{n_n}{n_p} = \exp\left(-\frac{(m_n - m_p)\,c^2}{kT}\right).$$

Bei der „Entkopplungstemperatur" $T = 8 \cdot 10^9$ K – das ist die Temperatur,
die das erkaltende Universum nach etwa einer Sekunde hat – erhalten wir
$r \approx 0.16 \approx 1/6$. In diesem Moment, in dem das Universum zu kalt wird,
um die durch den Zerfall verlorenen Neutronen zu ersetzen, gibt es noch ein
Neutron auf sechs Protonen. Indem sie mit einer Halbwertzeit von (886.7 ± 1.9) s zerfallen [135], verschwinden in den kommenden zweieinhalb Minuten
noch weitere 15% der Neutronen. Auf jedes Neutron kommen dann sieben
Protonen. Jedoch ist die Temperatur in dieser Zeitspanne so weit abgefallen,
dass praktisch alle Neutronen und Protonen in schnellen Einfangsprozessen
die sehr stabilen ^{4}He-Kerne gebildet haben, die heute noch zu beobachten
sind. Ihre relative Häufigkeit können wir nun stöchiometrisch ausrechnen.
Für einen ^{4}He-Kern, der ziemlich genau viermal soviel wiegt wie ein freies
Proton, brauchen wir zwei Protonen und zwei Neutronen. Haben wir diese
Teilchen entnommen, bleiben in unserem ursprünglichen Ensemble noch zwölf
Protonen übrig, die keine Neutronen mehr finden. Also ist

$$Y = \frac{m\left(^4\text{He}\right)}{m\left(^4\text{He}\right) + 12 \cdot m(\text{p})} = \frac{4}{4 + 12} = \frac{1}{4} = 25\% \qquad (1.14)$$

der relative Anteil von ^{4}He an der Masse des Universums. Unsere Abschätzung, in die wieder die Annahme eines heißen und dichten Anfangs-
zustands einging, liefert also einen Wert, der erstaunlich nahe an der Beobachtung liegt.

Wir haben angegeben – berechnen werden wir das im vierten Kapitel –
dass sich diese Synthese der leichtesten Atomkerne sehr schnell, innerhalb
von weniger als drei Minuten abgespielt hat. An ihrem Ausgangspunkt stand
ein Ensemble aus Protonen, Neutronen, Elektronen und Neutrinos. Was auch
immer dafür verantwortlich war, dass diese Teilchen genau so entstanden sind,
wie wir sie vorgefunden haben, es muss noch deutlich schneller gegangen sein,
und die Energien müssen entsprechend höher gewesen sein. Denn das spätere
Geschehen lief erheblich langsamer ab: Atome konnten erst ungefähr 300000
Jahre später gebildet werden, als Strahlung und Materie aus dem thermischen
Gleichgewicht geraten sind.

Es ist klar, dass wir zum Verständnis dieser Dinge ein physikalisches Handwerkszeug brauchen, das weit über das für das tägliche Leben nötige hinausgeht. Je näher wir an den Ursprung herangehen, desto genauer müssen wir die Begriffe Raum und Zeit fassen, desto detaillierter müssen wir das mikroskopische Verhalten von Teilchen kennen. Wir brauchen, auch wenn wir uns nur eine groben Überblick verschaffen wollen, eine gewisse Kenntnis der Relativitätstheorie und der Quantentheorie. Auf der andern Seite können wir auch mit dem aus dem täglichen Leben bekannten Beobachtungs-Instrumentarium nicht mehr viel anfangen. Wir brauchen immer aufwendigere Apparate, wenn wir uns in die Fernen des Universums oder in das Reich der subatomaren Teilchen vorwagen. In den folgenden Abschnitten werden wir uns daher, um diese Zusammenhänge zu verstehen, mit den Prinzipien des Fernrohrs und des Mikroskops vertraut machen.

Fernrohr und Mikroskop

Die Astronomie ist ohne Fernrohr nicht denkbar. Die Messungen, die wir im vorigen Kapitel herangezogen haben, um die Größe unseres Sonnensystems zu bestimmen, sind durch die Erfindung des Linsenteleskops erst überhaupt möglich geworden. Die moderne optische Astronomie stützt sich zwar im wesentlichen auf große Spiegelteleskope, aber für das Verständnis der optischen Grundlagen, die den Vorstoß zu großen Entfernungen erlaubt haben, reicht die Diskussion des galileischen Fernrohrs aus.

Es ist an diesem Punkt wichtig zu bemerken, dass der technische Fortschritt immer maßgeblich zur wissenschaftlichen Erkenntnis beigetragen hat. Noch beeindruckender als beim Fernrohr ist diese gegenseitige Befruchtung von Grundlagenforschung und Technik im Mikroskop verkörpert. Hier ist es sogar das Instrument selbst, seine Möglichkeiten und Grenzen, die einen wichtigen Anstoß zur Entwicklung der modernen Physik gegeben haben.

Sowohl das Fernrohr als auch das Mikroskop sind in ihrer einfachsten Ausführung Kombinationen aus zwei Sammellinsen, deren erste, das Objektiv, ein Zwischenbild im Sinne der gerade dargestellten Konstruktion entwirft, das durch die zweite, das Okular, betrachtet wird. Der Unterschied zwischen den beiden besteht im wesentlichen in der Brennweite des Objektivs und dem Abstand des betrachteten Gegenstands. Das Fernrohr ist so konstruiert, dass das Licht eines entfernten Objekts, das ja in einem parallelen, gegenüber der Instrumentenachse um einen Winkel α geneigten Bündel einfällt, in der Brennebene des Objektivs gesammelt wird. Durch das Okular betrachtet, dessen Brennebene mit der des Objektivs zusammenfällt, werden die gesammelten Strahlen wieder parallel, allerdings jetzt mit einem anderen Winkel β zur Achse.[9] Die Winkelvergrößerung β/α ist das Verhältnis der Objektiv- und Okular-Brennweiten. Wie die Abbildung 1.7 verdeutlicht, hat

---

[9] Diese Version des Fernrohrs geht auf Kepler zurück.

ein starkes Fernrohr also eine große Objektiv-Brennweite, die letztes Endes auch die Länge des Instruments bestimmt. Einen großen Linsendurchmesser benötigt man überdies, um soviel Licht wie möglich einzufangen. Gute Linsenteleskope sind also zwangsläufig große Instrumente. Beim Mikroskop

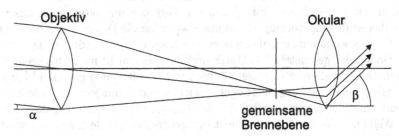

Abbildung 1.7. Das Fernrohr

betrachten wir ein kleines Objekt, das nur wenig weiter vom Objektiv entfernt ist als dessen Brennpunkt. Die Brennweite wählen wir jetzt eher klein. Das in einigem Abstand entstehende Zwischenbild betrachten wir durch das als Lupe ausgelegte Okular (siehe Abbildung 1.8). Die Vergrößerung ist beim Mikroskop natürlich durch die Lupen-Vergrößerung, aber auch durch die Tubuslänge, also den Abstand zwischen Objektiv und Okular, begrenzt, denn je länger der Tubus ist, desto dichter können wir den Gegenstand an den Objektiv-Brennpunkt bringen, mit entsprechend größerem Zwischenbild.[10] Kurioserweise steigt wie beim Fernrohr auch beim Mikroskop die Qualität mit der Größe.

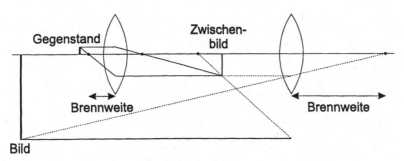

Abbildung 1.8. Das Mikroskop

---

[10] In den beschriebenen Beispielen steht das Bild auf dem Kopf. Im Fall des Fernrohrs kann man das vermeiden, indem man eine konkave Zerstreuungslinse als Okular nimmt, die innerhalb der Objektiv-Brennweite angebracht wird (Galileisches Fernrohr). Für das Mikroskop gibt es andere Mittel.

Das Auflösungvermögen des Mikroskops

Wir haben gesehen, dass eine Kombination zweier Sammellinsen ein vielseitiges Abbildungssystem ist: die Geometrie legt fest, wozu wir es verwenden können. Dem Mikroskop wenden wir uns nun im Hinblick auf seine Leistungsgrenzen etwas detaillierter zu. Neben der Vergrößerung interessiert uns vor allem das Auflösungsvermögen, das uns etwas über die Dimensionen des kleinsten Gegenstands aussagt, den wir gerade noch erkennen können. Die Konstruktionen der geometrischen Optik sind nun aber nicht mehr das geeignete Mittel. Denn in diesem Rahmen könnten wir ja mit einem genügend langen Mikroskop beliebige Vergrößerungen erreichen und damit jedes noch so kleine Objekt auflösen. Begrenzt wird die Auflösung letztlich dadurch, dass Licht eine Welle ist, die an Objekten nicht nur gebrochen, sondern gebeugt wird.

Wir müssen uns genau und quantitativ über die von einem beleuchteten Objekt ausgehende Intensität in Gegenwart von Interferenzen klarwerden. Ein geeignetes Beispiel ist in Abbildung 1.9 dargestellt: ein Spalt der Breite d, auf den eine „ebene Welle" oder in der Sprache der geometrischen Optik ausgedrückt ein paralleles Strahlenbündel der Wellenlänge λ fällt. Kompliziertere Geometrien können wir über das „Superpositionsprinzip" behandeln, indem wir Wellenzüge additiv zusammensetzen. An den Rändern eines Spalts entstehen Kugelwellen, die sich in den der Quelle abgewandten Halbraum ausbreiten (natürlich auch in den andern, in dem wir sie aber nicht beobachten). Natürlich erwarten wir ein Maximum der Intensität in Vorwärtsrichtung. Betrachten wir den Spalt aber unter einem Winkel ϑ, der die Bedingung $d \sin \vartheta = \lambda/2$ erfüllt, sehen wir nichts! In diesem Fall ist nämlich der Gang-

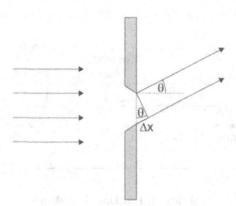

Abbildung 1.9. Beugung am Spalt

unterschied zwischen den von den beiden Rändern ausgehenden Wellenzügen, in der Skizze mit Δx bezeichnet, gerade eine halbe Wellenlänge, und es tritt vollständige Auslöschung ein. Gehen wir uns noch ein bisschen weiter, bis zu dem Winkel ϑ, für den $d \sin \vartheta = \lambda$ gilt, wird das Bild wieder hell, denn jetzt beträgt der Gangunterschied eine ganze Wellenlänge, und die Interferenz ist konstruktiv. Eine Folge von Maxima und Minima wiederholt sich n-mal, wobei n die größte natürliche Zahl ist, für die $n\lambda/d$ kleiner als Eins ist. Die Grenze ist arithmetisch dadurch gegeben, dass der Sinus nicht größer als Eins werden kann, geometrisch entspricht sie dem größten möglichen Beobachtungswinkel, 90°. Je größer der Spalt wird, desto mehr Beugungsmaxima kommen zustande, sie rücken aber mehr und mehr zusammen. Da außerdem die Intensität mit wachsender Beugungsordnung abnimmt, nehmen wir schließlich nur noch einen scharf begrenzten Lichtfleck mit einem Kern aus ungestreutem und ungebeugtem Licht wahr. Diese Erscheinung können wir in sehr guter Näherung auch mit den Mitteln der geometrischen Optik konstruieren. Im andern Grenzfall, dem eines engen Spalts, wandern die Maxima höherer Ordnung nach außen und verschwinden eines nach dem andern aus dem Gesichtsfeld. Gleichzeitig werden die verbleibenden Maxima immer unschärfer. Schließlich, für $d \approx \lambda$, bleibt nur noch das zentrale Maximum übrig, das jetzt mit nach außen stetig abnehmender Intensität das gesamte Gesichtsfeld ausfüllt. Wir haben die Auflösungsgrenze erreicht, denn gehen wir zu noch kleineren Spaltbreiten, $d \ll \lambda$, wird die Intensitätsänderung gar nicht mehr wahrzunehmen sein. Aus allen Richtungen sehen wir einen schwach leuchtenden Punkt. Genau dieses Argument hat Ernst Abbe herangezogen, um das Auflösungsvermögens eines Mikroskops abzuschätzen. Er sagte sich, dass er ein Objekt auf der optischen Achse gerade noch erkennen kann, wenn das erste Minimum am Rand des Gesichtsfelds erscheint. Der maximale Winkel α, unter dem wir dieses Objekt beobachten können, ist durch die Bedingung $\tan \alpha = r/d$ festgelegt, wobei r der Radius der Objektivlinse und d ihr Abstand zum Objekt ist. Auf der andern Seite wissen wir, dass ein Gegenstand der Ausdehnung δ ein Interferenzmuster erzeugt, dessen erstes Minimum bei einem Winkel ϑ mit $\sin \vartheta = \lambda/2\delta$ erscheint. Damit das noch sichtbar ist, muss die Bedingung $\vartheta < \alpha$ oder $\sin \vartheta < \sin \alpha$ erfüllt sein. Daher hat das kleinste erkennbare Objekt die Ausdehnung $\delta = \lambda/2 \sin \alpha$. Das Auflösungsvermögen definiert man gewöhnlich als den minimalen Abstand, unter dem man zwei Objekte noch voneinander trennen kann. Er ist das Doppelte der eben hergeleiteten Größe, also $\lambda/\sin \alpha = \lambda\sqrt{r^2 + d^2}/r$. Für optische Mikroskope sind $\lambda \approx 500$ nm und $\sin \alpha \approx 0.5$. Damit sind die kleinsten in sichtbarem Licht aufzulösenden Objekte etwa 1 μm groß.

Diese Auflösung hat gereicht, um Bakterien auf die Spur zu kommen und vieles über das Funktionieren großer Organismen im Kleinen zu lernen. Wollen wir aber etwas über die atomare Struktur zum Beispiel eines Diamanten erfahren, stoßen wir bald auf unsere Grenzen. Indirekt können wir zwar, gestützt auf die Form von Diamant-Kristallen, vermuten, dass die Atome auf den Eckpunkten eines Tetraeders angeordnet sein müssen, direkt sehen können wir das jedoch nicht, da die Abstände zwischen den Atomen viel zu klein sind. Ein Diamant von 1.2 g hat $6 \cdot 10^{22}$ Kohlenstoff-Atome[11] und nimmt ein Volumen von 0.34 cm^3 ein. Ein einzelnes Atom beansprucht daher nur $5.6 \cdot 10^{-24}$ cm^3. Wir machen uns klar, dass in einer tetraederförmigen Anordnung der Abstand zwischen zwei Atomen nur 18 nm beträgt, sechzigmal unter der Auflösungsgrenze unseres Mikroskops. Einzelne Atome können wir also nur in einem Licht auflösen, dessen Wellenlänge weit unterhalb des sichtbaren Bereichs liegt. Licht mit Wellenlängen deutlich unterhalb von 1/10 nm ist Röntgenstrahlung. Wilhelm Conrad Röntgens Entdeckung hat also nicht nur den Vorteil, durchdringende Strahlung zu liefern, sondern auch feine Details auflösen zu können. Röntgenstrahlen haben dank der von Max von Laue, Peter Debye und Paul Scherrer entwickelten Verfahren wesentlich zum Verständnis von Festkörperstrukturen beigetragen.

Über das optische Mikroskop hinaus

Wir möchten aber nicht bei den Atomen stehen bleiben. Denn auch die haben noch eine Struktur. Sie bestehen aus einem Kern, der 99.9% der Masse enthält, aber nur einen winzigen Bruchteil des Raums einnimmt. In der Tat sind die linearen Ausmaße von Kernen etwa zehntausendmal kleiner als die der Atome. Aber sie sind nicht Null: ein Proton füllt eine Kugel mit einem Durchmesser von etwa $2.4 \cdot 10^{-15}$ m, der Durchmesser von Kernen skaliert, ausgehend von dieser Zahl, näherungsweise mit der dritten Wurzel der Zahl der Protonen und Neutronen, was man sich leicht erklärt, wenn man sich die Teilchen als dicht gepackte harte Kugeln vorstellt, die alle dasselbe individuelle Volumen beanspruchen (siehe zum Beispiel [123]). Die Zehnerpotenz -15 vor einer Einheit wird häufig mit einem vorangestellten „f", für „femto", abgekürzt. Im Sprachgebrauch der Physiker heißt ein Femtometer aber meistens ein Fermi, zu Ehren von Enrico Fermi.

Der Proton-Radius beträgt also etwa ein Fermi. Allerdings müssen wir hier präzisieren, was wir unter einem Radius verstehen. Denn auf diesen Längenskalen fehlt uns offenbar ein handfester Maßstab. Im Fall des Protons ist der Radius, den man gewöhnlich angibt, der „Ladungsradius". Darunter versteht man die Wurzel aus dem mittleren quadratischen Abstand der Ladung vom Zentrum. Er ist etwas kleiner (0.8 fm) als der Radius, der den Platzbedarf eines Protons im Kern (1.2 fm) bestimmt. Um ihn zu bestimmen, müssen wir zuerst die Ladungsverteilung messen. Das machen wir am besten, indem wir sie mit einer bekannten Probeladung abtasten. Wir wählen das Elektron, von dem wir wissen, dass es viel kleiner als das Proton ist. Wir richten also einen feingebündelten Elektronenstrahl auf ein Töpfchen

---

[11] Das Atomgewicht eines Elements ist die Masse in Gramm, die $6.02214 \cdot 10^{23}$ (die Avogadro-Zahl, siehe (C.5)) Atome enthält. Es entspricht etwa der Zahl der Protonen und Neutronen im Kern. Der Diamant besteht aus Kohlenstoff mit dem Atomgewicht 12.

mit Wasserstoff (ein „Target", vom englischen Ausdruck für „Zielscheibe") und messe die Zahl der gestreuten Elektronen als Funktion des Winkels zur Strahlachse.[12] Abgesehen davon, dass uns das Ergebnis – unter der Annahme, dass wir die elektromagnetische Wechselwirkung hinreichend gut kennen – auf eine Art und Weise, die wir in den beiden folgenden Kapitel detailliert beschreiben werden, wirklich die Ladungsverteilung im Proton liefert, führt es uns auf viel weitergehende, allgemeinere Schlüsse. Denn die Winkelabhängigkeit der Intensität ähnelt sehr der Streuung von Licht an einem komplexen Objekt mit nach außen hin zunehmender Durchlässigkeit. Es gibt ein ausgeprägtes Maximum in Vorwärtsrichtung, aber selbst unter sehr großen Winkeln finden wir noch gestreute Elektronen. Hätten wir unser Experiment an einem Kern mit mehreren Protonen und Neutronen durchgeführt, hätten wir sogar ein Minimum und ein Sekundärmaximum gefunden.[13] Daraus würden wir in Analogie zum optischen Fall schließen, dass der Kern ein ziemlich scharf berandetes, mehr oder weniger homogen geladenes Kügelchen ist, dessen Durchmesser wir aus der Position des Minimums bestimmen können.

Dabei folgen wir einem Gedanken Louis de Broglies, der im Jahre 1923 in dem Bemühen, die spezielle Relativitätstheorie mit der Planckschen Quantenhypothese zu verbinden, Plancks Ansatz sozusagen umkehrte: während dieser elektromagnetische Wellen in Quanten („Photonen") zerlegte, denen er über die Zuordnung einer frequenzabhängigen Energie $E = h\nu$ (siehe (2.32) und die Ausführungen auf Seite 57 ff.) einen Teilchencharakter gab, ordnete de Broglie Teilchen eine Wellenlänge λ zu, die man über die Formel

$$\lambda = \frac{h}{p} \tag{1.15}$$

aus dem Impuls p berechnet (siehe Seite 65 ff.). Das kombinieren wir mit der Beziehung $E = pc$ (siehe (2.12)), die Energie und Impuls eines Lichtquants miteinander verknüpft, und erhalten:

$$E = pc = \frac{hc}{\lambda} = h\nu. \tag{1.16}$$

Für hochenergetische Elektronen ist dies immer noch, wenn auch nur näherungsweise, gültig (siehe Seite 33 ff.). Wir können also eine Wellenlänge aus der Energie der einfallenden Elektronen berechnen und den Radius des Streuzentrums bestimmen, indem wir das Ergebnis in die Formel für das Minimum einsetzen:

$$\sin \vartheta = \frac{\lambda}{2r} = \frac{hc}{2Er}.$$

---

[12] Die Elektron-Elektron-Streuung ist aus kinematischen Gründen auf sehr kleine Winkel beschränkt und hat keinen Einfluss auf die Messung der Elektron-Proton-Streuung.

[13] Die ersten Experimente dieser Art wurden in den fünfziger Jahren von Richard Hofstadter durchgeführt [106].

Wir erhalten typischerweise Radien von einigen Femtometern, die tatsächlich mit der Kubikwurzel der Zahl der Protonen und Neutronen A skalieren:

$$r \approx 1.2\,\text{fm} \cdot A^{1/3}. \tag{1.17}$$

Das heißt, das jedes neu eingebaute Teilchen denselben Platz in Anspruch nimmt wie die bereits vorhandenen. Die Kerndichte ist *grosso modo* konstant und beträgt etwa ein Proton oder Neutron pro 7.2 fm^3. Das macht immerhin $2.3 \cdot 10^{14}$ g/cm^3. Angesichts der Dichten normaler Materie verstehen wir jetzt, dass praktisch die gesamte Masse eines Atoms in seinem Kern konzentriert ist, und der Rest im wesentlichen aus „leerem Raum" besteht.

Mit dieser „elektronenmikroskopischen" Erkenntnis geben wir uns aber immer noch nicht zufrieden. Wir stellen uns die Frage, was passiert, wenn wir die Energie des einlaufenden Elektrons so weit erhöhen, dass die de-Broglie-Wellenlänge wesentlich kleiner als der Proton-Radius ist und das Proton so heftig gestoßen wird, dass es dabei auseinanderbricht. Was man Ende der sechziger Jahre in dieser „tiefinelastischen Streuung" beobachtet hat, war nun ganz anderer Natur als das, was man aus der elastischen Streuung kannte. Es stellte sich nämlich heraus, dass bei festem Energieübertrag die Zahl der gestreuten Elektronen praktisch nicht vom Streuwinkel abhängt.[14] Aus unseren Überlegungen zur Lichtbeugung kommen wir daher zu dem Analogieschluss, dass die Streuzentren, die wir bei dieser hohen Auflösung sehen, wesentlich kleiner als die de-Broglie-Wellenlänge des Elektrons sein müssen. Das Proton enthält also Konstituenten, die auf der erreichbaren Längenskala punktförmig sind, die Partonen. Es besitzt nicht nur einen endlichen Radius, der sich bei niedrigeren Energien über eine ausgedehnte, scheinbar kontinuierliche Ladungsverteilung messen lässt, sondern ist offensichtlich analog zu einem Atom – das vermeintlich „Unteilbare" – zusammengesetzt.

Bald hat sich aber auch ergeben, dass das Proton, *im Gegensatz zum Atom*, nicht zerlegbar ist. Es enthält drei Teilchen, die Quarks, die nicht nur eine elektrische Ladung, sondern auch eine „Farbladung" besitzen, die die außerordentlich starke Bindung der Quarks im Proton hervorruft. Diese Nomenklatur hat man in Analogie zu den drei Grundfarben rot, gelb und blau wegen deren Eigenschaft gewählt, bei Überlagerung (man spricht von Farbaddition) das neutrale Weiß zu ergeben. Denn experimentell weiß man – und hoffentlich kann man das bald auch theoretisch begründen – dass alle freien Teilchen „farbneutral" sind. Je heftiger man nun an den Quarks zieht und rüttelt, desto stärker werden die Bindungskräfte, während der Zusammenhalt bei kleinen Abständen lockerer wird. Die Teilchenphysiker sprechen von „asymptotischer Freiheit". Das bindende Feld, das Analogon zum elektromagnetischen im Atom, bezeichnet man etwas unelegant als „glue", das englische Wort für Kleber. Es erscheint genau wie Licht quantisiert, seine Quanten werden Gluonen genannt. Obwohl sie elektrisch neutral und daher für Elektro-

---

[14] Die frühen Experimente werden ausführlich im Artikel von W.B. Atwood in [14, S. 1-114] besprochen.

nen unsichtbar sind, machen sie sich in der tiefinelastischen Streuung indirekt ebenfalls als Partonen bemerkbar. Die eigentümliche Natur dieser Kräfte ist ein Gegenstand intensiver experimenteller und theoretischer Forschung, obwohl die elementare Struktur der „starken Wechselwirkung" im wesentlichen aufgeklärt ist. Das angesprochene „confinement", das es unmöglich macht, die Partonen aus ihrem Verband innerhalb eines Protons herauszureißen, ist nämlich noch nicht recht verstanden. Es ist ein neuartiges, in der elektromagnetischen Wechselwirkung unbekanntes Phänomene, das dadurch hervorgerufen wird, dass das Gluonen-Feld im Gegensatz zum elektromagnetischen mit sich selbst in Wechselwirkung tritt. Man kann also nicht einfach ein „makroskopisches" Feld durch Aufsummieren von „mikroskopischen" Amplituden aufbauen. Die rechnerischen Komplikationen, die sich daraus ergeben, sind beeindruckend. Die Grundlagen der Theorie der Quarks und Gluonen werden wir im dritten Kapitel darlegen.

Mikroskopische Vorgänge im heißen Urknall

Wir kommen noch einmal auf die universellen Beobachtungen Vom Anfang dieses Kapitels zurück. Wir hatten unsere Betrachtungen unterbrochen, nachdem dem wir uns klargemacht hatten, dass wir aus der relativen Häufigkeit von Wasserstoff und Helium (siehe (1.14)) sowie aus der Existenz der Hintergrundstrahlung auf einen heißen, dichten Urzustand des Universums schließen müssen, aus dem unser heutiges Weltall hervorging. Mit dem, was wir jetzt über die Struktur des Protons wissen, müssen wir davon ausgehen, dass zu einem noch früheren Zeitpunkt selbst die Kernbausteine, also die Protonen und Neutronen, noch nicht als freie Teilchen existieren. Die Materie bestand damals also aus Quarks, Elektronen, Neutrinos und vielleicht anderen, exotischen Teilchen, die über Gluonen, Photonen und die Felder der „schwachen Wechselwirkung"[15] aufeinander Kräfte ausübten. Die Temperatur war in dieser Phase sicher größer als zehn Billionen Grad, da die thermische Energie von der Größenordnung der Ruheenergie des Protons sein musste:

$$T = \frac{m_p c^2}{k} \approx \frac{10^9 \,\text{eV}}{8.6 \cdot 10^{-5} \,\text{eV/K}} \approx 1.2 \cdot 10^{13} \,\text{K}.$$

Andererseits muss all das in deutlich weniger als den drei Minuten vorbei gewesen sein, die für die Entstehung der leichten Kerne nötig waren. Wir nähern uns hier dem Zeitpunkt Null bis auf Bruchteile von Sekunden, aber nicht mehr gestützt auf Beobachtungen der Astronomie, sondern auf Experimente der Teilchenphysik. So weit zurück in der Vergangenheit greifen die beiden Disziplinen ineinander, so verschieden sie in ihren Ansätzen und Methoden auch sind. Die Bedeutung der Teilchenphysik für das frühe Universum

---

[15] Auch dazu kommt eine detaillierte Diskussion im dritten Kapitel.

wird noch deutlicher, wenn die Temperatur so hoch wird, dass sich die Felder der elektromagnetischen und der schwachen Wechselwirkung nicht mehr unterscheiden lassen. Das passiert, wie wir im dritten Kapitel zeigen werden, über einen merkwürdigen Mechanismus bei etwa $3 \cdot 10^{15}$ K. Auch dieser Bereich ist der experimentellen Teilchenphysik heute zugänglich. Allerdings sind noch viele Fragen offen, zum Beispiel die nach der genauen Natur des „Phasenübergangs", der dem elektromagnetische Feld einen ganz anderen Charakter gegeben hat als dem der schwachen Wechselwirkung. Aufklärung erwartet man vom Betrieb riesiger „Elektronenmikroskope" – das größte befindet sich bei Genf, es besteht aus einem Ring von 27 km Umfang – und der angeschlossenen Teilchendetektoren. Vieles von dem, was man sich darüberhinaus noch vorstellen kann, gehört ins Reich der Spekulation, die allerdings in der Wissenschaft durch Beobachtung und Überlegung wohl fundiert ist.[16]

Wir versuchen, auf der Basis dieses Kapitels eine Liste der Gegenstände aufzustellen, die wir eingehender behandeln müssen, wenn wir das gegenwärtige Wissen über die Geschichte des Universums quantitativ erfassen wollen. Zuerst werden wir die beiden Säulen aufstellen, auf denen die moderne Physik beruht: die Relativitätstheorie und die Quantenmechanik. Ist das erledigt, werden wir uns erneut, und diesmal mit dem richtigen Instrumentarium, dem unvorstellbar Fernen und dem unvorstellbar Kleinen zuwenden. Wir werden zeigen können, wie aus einer begrenzten Anzahl von elementaren Bausteinen und einfachen Ordnungsprinzipien die schier unbegrenzte Vielfalt der Erscheinungen in der materiellen Welt hervorgeht. Vertrauend auf die Aussagekraft dieser Theorie werden wir das Uhrwerk des Universums zurückdrehen, soweit es uns das gegenwärtige gesicherte Wissen erlaubt. Erst dann können wir die noch offenen Frage eingrenzen und andeuten, wie die Antworten aussehen könnten. Das ist ein umfangreiches und intellektuell anspruchsvolles Programm, das uns auf eine Vielfalt von Phänomenen und Methoden führen wird.

---

[16] Newtons alte Prämisse, „hypotheses non fingo", der er ja selbst nicht ganz streng gefolgt ist, wäre hier wirklich unangebracht.

2. Die beiden Säulen: Relativität und Quantentheorie

Spezielle Relativität: Woher kommt $E = mc^2$?

Gegen Ende des neunzehnten Jahrhunderts hatte sich Maxwells Elektromagnetismus [122] durchgesetzt, nicht zuletzt, weil er inzwischen im täglichen Leben Einfluss gewonnen hatte. Besonders spektakulär waren natürlich die elektromagnetischen Wellen [103], deren Ausbreitung man formal genauso beschreiben konnte wie zum Beispiel die von Schallwellen in Luft. Allerdings war der Ausbreitungs*mechanismus* alles andere als klar. Bei Schall hatte man immer ein Medium, das die Wellen trug, warum sollte das beim Licht anders sein? Maxwell selbst hatte schon über die Existenz eines „Äthers" spekuliert, den elektromagnetische Wellen zum Schwingen bringen. Es wäre nun sehr unwahrscheinlich, dass dieses seltsame Medium sich mit den Körpern mitbewegt, insbesondere müsste auch die Erde in ihrer Drehung um die Sonne sich in Bezug auf einen *ruhenden* Äther bewegen. Das hätte zur Folge, dass die Lichtgeschwindigkeit, die als ein Parameter in die Wellengleichung eingeht, in Bewegungsrichtung der Erde eine andere sein sollte als senkrecht zu ihr. In der Tat sollte eine Art Doppler-Effekt auftreten, allerdings ein sehr kleiner, denn das Verhältnis der Bahngeschwindigkeit der Erde (30 km/s) und der Lichtgeschwindigkeit (300000 km/s) beträgt nur ein Zehntausendstel. Das Präzisionsexperiment, welches zur Messung einer so kleinen Frequenzverschiebung nötig ist, wurde 1886 von Michelson und Morley durchgeführt [125].

Der Apparat, den sie dafür konstruierten, ein Interferometer, nutzte direkt die Wellennatur des Lichts. Zwei Wellenzüge derselben Frequenz verstärken sich an einem gegebenen Ort, wenn die Berge und Täler aufeinanderfallen (konstruktive Interferenz), sie löschen sich hingegen aus, wenn die Berge des einen Wellenzugs auf die Täler des anderen fallen und umgekehrt (destruktive Interferenz). Michelson und Morley teilten nun einen kohärenten Lichtstrahl mit Hilfe eines halbdurchlässigen Spiegels in zwei, aufeinander senkrechte Teilstrahlen auf, die jeder von einem Spiegel zurückgeworfen wurden und daher am Beobachtungsort interferierten (siehe Abbildung 2.1). Das resultierende Intensitätsmuster hängt dann von den Laufzeiten zwischen den Spiegeln, das heißt bei festen Spiegelabständen von den Geschwindigkeiten der Lichtstrahlen ab. Um die nötige Genauigkeit von 1/10000 zu erreichen, müssen die Spiegelabstände mindestens 10000mal größer sein als die beobachtbare

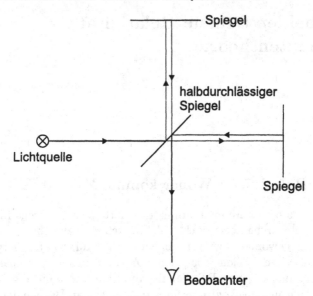

Abbildung 2.1. Das Michelson-Morley-Experiment

Verschiebung der Maxima und Minima, das heißt etwa 1 m. Darüberhinaus muss der Apparat gegen Erschütterungen möglichst unempfindlich sein. Die beiden Forscher montierten daher ihr Interferometer auf einen großen, in Quecksilber schwimmenden, drehbaren Sandsteinblock – eine brilliante Idee und eine großartige technische Leistung vor mehr als hundert Jahren. Die Messungen ergaben dann keine Abhängigkeit des Interferenzmusters von der Orientierung des Apparats. Eine Bewegung der Erde durch den Äther konnte also nicht nachgewiesen werden. Damit war dessen Existenz praktisch ausgeschlossen.

Dies hat nun weitreichende Folgen. Denn ein solches Medium würde, zumindest was die elektromagnetische Wechselwirkung betrifft, ein bevorzugtes Bezugssystem definieren, in dem die Bewegungen geladener Körper zu beschreiben wären. Es wäre vergleichbar mit Newtons absolutem Raum als bevorzugtes System der klassischen Mechanik. In Einsteins Gedankengang, der letztlich zur speziellen Relativitätstheorie führte, hat anscheinend die Unmöglichkeit, den absoluten Raum nachzuweisen, eine ebenso wichtige Rolle gespielt wie die Unmöglichkeit, den Äther im Michelson-Morley-Experiment dingfest zu machen. Newton hatte diesen Nachweis im Beispiel eines wassergefüllten Eimers vermutet, dessen beginnende Drehung sich erst allmählich auf das Wasser auswirkt. Das Wasser wäre dann anfänglich in Bezug auf den absoluten Raum in Ruhe und würde nur durch die Reibung mit den Eimerwänden in Bewegung gesetzt. Ernst Mach hat aber 1897 argumentiert, dass dieses Experiment nichts über den absoluten Raum aussage, da niemand sagen könne, „wie der Versuch verlaufen würde, wenn die Gefäßwände immer dicker und massiger, zuletzt mehrere Meilen dick würden" [121].

Aus der offensichtlichen Unabhängigkeit der Lichtausbreitung vom Bewegungszustand des Beobachters und der Unmöglichkeit, einen absoluten Raum festzustellen, zog Einstein die Konsequenz in Form des Relativitätsprinzips [54]: Die Gesetze der Physik dürfen sich nicht ändern, wenn man von einem beliebigen Bezugssystem auf ein anderes, dem ersten gegenüber gleichförmig bewegtes System übergeht. Die Einschränkung auf diese sogenannten Inertialsysteme vermeidet Komplikationen, die durch Trägheitskräfte entstehen (lateinisch *inertia* = Trägheit). Wir werden sie später allerdings fallen lassen und dadurch im Rahmen der allgemeinen Relativitätstheorie einen erstaunlichen Zusammenhang zwischen Geometrie und Gravitation erhalten. Wenn nun die physikalischen Gesetze in allen Inertialsystemen dieselben sind und die Lichtgeschwindigkeit immer denselben Wert c hat, ist das negative Resultat des Michelson-Morley-Experiments erklärt.

Die unmittelbaren Konsequenzen aus diesen Voraussetzungen können an einer gedanklichen Konstruktion verdeutlicht werden, die auf Richard Feynman zurückgeht [70, 1. Band, Kapitel 15]. Wir stellen uns eine Uhr vor, die aus einer periodisch emittierenden Lichtquelle, einer dicht daneben angebrachten Photozelle und einem beiden gegenüberliegenden Spiegel besteht. Das Licht gelangt nur über den Spiegel zur Photozelle. Die Zeit wird durch Zählen von Photozellen-Impulsen gemessen, die ihrerseits den jeweils nächsten Lichtpuls auslösen. Wenn der Abstand zwischen Lichtquelle und Spiegel, genau wie der Abstand zwischen Spiegel und Photozelle, L ist, vergeht zwischen zwei Impulsen die Zeit $t' = 2L/c$, solange die Uhr gegenüber dem Beobachter ruht. Bewegt sie sich mit einer gleichförmigen Geschwindigkeit v senkrecht zur Verbindungslinie zwischen Lichtquelle und Photozelle auf der einen und dem Spiegel auf der andern Seite, so bilden die Lichtquelle, der Spiegel und die Photozelle ein gleichschenkliges Dreieck, wenn man die Orte jeweils zur Ankunftszeit der Signale aufträgt. Zwischen Emission und Nachweis durchläuft das Licht nun die beiden Schenkel h, während die von der Photozelle zurückgelegte Strecke für den ruhenden Beobachter $d = vt$ ist. Die Schenkellänge h kann aus dem Satz des Pythagoras berechnet werden:

$$h^2 = L^2 + \left(\frac{1}{2}vt\right)^2 .$$

Außerdem wissen wir, dass der ruhende Beobachter zwischen zwei Impulsen die Zeit $t = 2h/c$ misst, während für einen mitbewegten Beobachter nach wie vor $t' = 2L/c$ gilt. Wir können so h und L durch t, t' und c ausdrücken und erhalten:

$$\left(\frac{1}{2}ct\right)^2 = \left(\frac{1}{2}ct'\right)^2 + \left(\frac{1}{2}vt\right)^2$$

und schließlich:

$$t = \frac{t'}{\sqrt{1 - v^2/c^2}}. \tag{2.1}$$

Wir sehen zum ersten, dass dieses Ergebnis nur dann reell ist, wenn $v < c$, und weiterhin, dass $t > t'$. Ein ruhender Beobachter sieht also Feymans Uhr langsamer gehen, wenn sie sich bewegt! Obwohl diese Herleitung der „Zeitdilatation" auf einem konstruierten Beispiel beruht, hat das Ergebnis allgemeine Gültigkeit.

Den räumlichen Abstand, den der ruhende Beobachter zwei aufeinanderfolgenden Lichtpulsen zuordnet, können wir auf dieselbe Weise herleiten, indem wir vt durch die Koordinate x ersetzen. Wir erhalten:

$$x = \frac{vt'}{\sqrt{1 - v^2/c^2}}.$$

Fassen wir die beiden Formeln für t und x zusammen, kommen wir auf

$$c^2 t^2 - x^2 = c^2 t'^2 - x'^2 \tag{2.2}$$

mit $x' = 0$ (der Abstand im bewegten System ist ja nach der Konstruktion Null). Die hergeleiteten Transformationsformeln lassen also den Ausdruck $c^2 t^2 - x^2$, die Differenz zwischen dem Abstand, den Licht in der Zeit t zurücklegt, und dem Koordinaten-Abstand x, invariant. Das ist der eigentliche Ausgangspunkt der exakten Herleitung der Transformationen, die nach Henryk Lorentz benannt sind [120].[1] Geben wir die Einschränkung $x' = 0$ auf, erhalten wir schließlich für die Lorentz-Transformationen von einem geradlinig gleichförmig in x-Richtung bewegten System auf ein ruhendes:

---

[1] Neben dieser Invarianz wird nur noch gefordert, dass sie linear sind. Der Übergang wird allgemein beschrieben durch $x' = a + f(x,t)$ und $t' = b + g(x,t)$, wobei a und b beliebige Konstanten und f und g noch festzulegende Funktionen mit $f(0,0) = g(0,0) = 0$ sind. Nun *wählen* wir eine zweite Transformation $x'' = x' - a$, $t'' = t' - b$. Damit ist $x'' = f(x,t)$ und $t' = g(x,t)$. Um von der Wahl der Längen- und Zeitskalen unabhängig zu sein, müssen wir fordern, dass zum Beispiel zwei „Ereignisse", dargestellt durch die Zahlenpaare (x,t) und (nx, nt), nach der Transformation *für beliebiges n* durch (x'', t'') und (nx'', nt'') beschrieben werden, und das geht nur, wenn die Funktionen f und g keinen konstanten Term mehr haben und linear in x und t sind:

$$f = \Lambda_{xx} x + \Lambda_{xt} t$$
$$g = \Lambda_{tx} x + \Lambda_{tt} t,$$

mit räumlich und zeitlich konstanten Koeffizienten Λ's.

$$x = \frac{x' + vt'}{\sqrt{1 - v^2/c^2}}$$

$$y = y'$$
$$z = z' \hspace{4cm} (2.3a)$$

$$ct = \frac{ct' + \frac{v}{c}x'}{\sqrt{1 - v^2/c^2}}.$$

Mit den Abkürzungen $\beta = v/c$ für die Relativgeschwindigkeit zwischen zwei Systemen *in Einheiten der Lichtgeschwindigkeit* und

$$\gamma = 1/\sqrt{1 - v^2/c^2} = 1/\sqrt{1 - \beta^2} \hspace{2cm} (2.3b)$$

vereinfachen sich die Formeln:

$$x = \gamma x' + \beta\gamma ct'$$
$$y = y'$$
$$z = z' \hspace{4cm} (2.3c)$$
$$ct = \gamma ct' + \beta\gamma x'.$$

Es ist leicht nachzurechnen, dass (2.2) erfüllt ist. Jede Kombination von vier Zahlen, die sich derart verhält, nennt man einen „Vierervektor", den wir hier abgekürzt

$$x = (ct, x_1, x_2, x_3) = (ct, \boldsymbol{x})$$

schreiben. Die Invarianz von Vierervektoren, die uns noch öfter in verschiedenen Variationen begegnen werden, werden wir immer wieder ausnutzen. Natürlich kann der bewegte Beobachter dieselben Formeln benutzen, um Koordinaten und Zeiten im ruhenden System (das sich ja für ihn bewegt) auf seine eigenen zu transformieren. Da die Bewegungsrichtung jedoch umgekehrt ist, muss er β durch $-\beta$ ersetzen.

Als eine Konsequenz der Lorentz-Transformationen (2.3) haben wir bereits die Zeitdilatation (2.1) kennengelernt: die Uhren in einem bewegten System gehen für einen ruhenden Beobachter um einen Faktor $\gamma = 1/\sqrt{1 - v^2/c^2}$, den Lorentz-Faktor, langsamer. Was geschieht nun, wenn wir die Länge eines bewegten Stabs messen wollen? Im ruhenden System haben die beiden Enden die Koordinaten x_1 und x_2, im bewegten System x_1' und x_2'. Da der Stab für einen mitbewegten Beobachter ruht, ist es unerheblich, ob er die beiden Enden gleichzeitig betrachtet oder nicht. Im ruhenden System müssen wir jedoch die Gleichzeitigkeit fordern, damit die Bewegung des Stabs die Messung nicht verfälscht. Aus $x_1' = \gamma x_1 - \beta\gamma ct$ und $x_2' = \gamma x_2 - \beta\gamma ct$ folgt für die im Ruhesystem gemessene Länge

$$x_2 - x_1 = \frac{x_2' - x_1'}{\gamma} = (x_2' - x_1')\sqrt{1 - \frac{v^2}{c^2}}, \hspace{2cm} (2.4)$$

das heißt sie ist kleiner als im mitbewegten System! Es ist interessant festzustellen, dass diese Längenkontraktion von Lorentz und FitzGerald im Rahmen
der Äthertheorie hergeleitet wurde, um das Nullresultat des Michelson-Morley-Experiments damit zu erklären, dass sich die Längen der Interferometer-
Arme in Abhängigkeit von ihrer Stellung zum Äther ändern. Hier folgt sie
jedoch aus Einsteins zwei Forderungen, der Invarianz der Lichtgeschwindigkeit und der Gesetze der Physik beim Übergang von einem Inertialsystem in
ein anderes.

Eine fühlbare Auswirkung dieser relativistischen Effekte ist zum Beispiel
die Natur und Zusammensetzung der hochenergetischen kosmischen Strahlung am Erdboden. Diese Strahlung besteht im wesentlichen aus Myonen,
Elementarteilchen, die den Elektronen sehr ähnlich, aber etwa 200mal schwerer sind und mit einer mittleren Lebensdauer[2] von $\tau = 2.19\,\mu$s zerfallen. Sie
entstehen in den oberen Schichten der Atmosphäre (im Mittel in etwa 18 km
Höhe) in Kollisionen zwischen kosmischen Kernfragmenten und den Kernen
in den Gasmolekülen und haben zum Teil sehr hohe Energien (siehe Kapitel
4). Man kann aus der mittleren Lebensdauer durch Multiplikation mit der
Lichtgeschwindigkeit eine typische Zerfallsstrecke ausrechnen:

$$x = c\tau = 3 \cdot 10^8 \frac{\mathrm{m}}{\mathrm{s}} \cdot 2.19 \cdot 10^{-6}\,\mathrm{s} \approx 660\,\mathrm{m},$$

die wesentlich kleiner ist als die Höhe, in der sie entstehen. Die Tatsache, dass
dennoch viele Myonen den Meeresspiegel erreichen (ungefähr 100 Teilchen pro
m^2 und Sekunde in einem Öffnungswinkel von etwa 33° um den Zenit), ist
darauf zurückzuführen, dass die Lebensdauer durch die Zeitdilatation (2.1)
um einen Faktor $\gamma = 1/\sqrt{1 - v^2/c^2}$ zunimmt. Da v sehr nahe an der Lichtgeschwindigkeit c liegt, kann dieser Faktor groß werden: Myonen mit einer
Energie von 100 GeV – keine Seltenheit in der kosmischen Strahlung – haben
einen γ-Faktor von 950, ihre Zerfallsstrecke wird dadurch $\gamma c\tau = 630$ km und
nur ein winziger Bruchteil zerfällt, bevor sie die Erdoberfläche erreichen!

Bevor wir uns der relativistischen Dynamik zuwenden, betrachten wir
noch ein anderes wichtiges Korollar der Lorentz-Transformationen, nämlich
die Addition von Geschwindigkeiten. In der nichtrelativistischen Mechanik
ist die Geschwindigkeit, die ein am Bahndamm stehender Beobachter einem
Passagier zuordnet, der sich in Fahrtrichtung mit der Geschwindigkeit v' in
einem Zug bewegt, welcher selbst mit der Geschwindigkeit w rollt, einfach
die Summe $v' + w$. Relativistisch müssen wir die Lorentz-Transformationen
(2.3) anwenden und erhalten, wenn wir die Definition der Geschwindigkeit
$v = \Delta x/\Delta t$ als Ausgangspunkt nehmen:

$$v = \frac{\gamma \Delta x' + \beta \gamma c \Delta t'}{\gamma \Delta t' + \beta \gamma \Delta x'/c} = \frac{v' + w}{1 + \dfrac{v'w}{c^2}}, \tag{2.5}$$

---

[2] Das bedeutet, dass nach 2.19 μs nur noch eines von $e \approx 2.8$ Myonen übriggeblie-
ben ist (siehe (E.1)).

wobei $w = \beta c$. Die wichtigste Folge dieses Theorems ist, dass $v < c$, wenn $v' < c$ und $w < c$: man kann Licht nicht überholen, es besteht ein unüberwindliches Tempolimit von 300000 km/s oder etwa einer Milliarde Kilometer pro Stunde. Die Lichtgeschwindigkeit ist nicht nur eine universelle Größe, sondern gleichzeitig die höchste erreichbare Geschwindigkeit. Wenn allerdings $v' \ll c$ und $w \ll c$, können wir den zweiten Summanden im Nenner fallen lassen und kommen wieder auf die nichtrelativistische lineare Addition.

Mit der relativistischen Addition (2.5) ändert sich auch die Formel für den Doppler-Effekt, den wir schon im ersten Kapitel besprochen hatten. Der Ausgangspunkt war die Zahl der Maxima oder Minima, die ein Beobachter während des Zeitintervalls Δt wahrnimmt:

$$n' = \frac{(c - v)\,\Delta t}{\lambda},$$

wenn sich die Quelle eines Wellenzugs mit der Wellenlänge λ auf ihn zubewegt. Diese Formel und ihre Herleitung gilt natürlich nur für den Fall, dass v nicht nach oben beschränkt ist. Für Schallwellen, deren Ausbreitungsgeschwindigkeit wesentlich kleiner als die Lichtgeschwindigkeit ist, ist dieser Ansatz nach dem oben Gesagten sicher ausreichend. Für die Frequenzänderung ergab sich (siehe (1.8a))

$$\Delta \nu = \nu' - \nu = \nu \cdot \frac{v}{c}.$$

Im relativistischen Fall müssen wir von einer Größe ausgehen, die invariant unter den Lorentz-Transformationen (2.3), kurz Lorentz-invariant, ist. Wir benutzen die Phase $\Phi = \omega t - kx$ einer ebenen Welle $\exp i\,(\omega t - kx)$. Diese gibt lediglich eine Stelle relativ zu $\Phi = 0$ an, und zwar ohne jegliche Dimension, sie hat keine Beziehung zum Raum oder zur Zeit. Wir fordern also:

$$\Phi = \omega t - kx = \omega' t' - k' x'$$

und setzen die Lorentz-Transformation

$$ct' = \gamma\,(ct - \beta x)$$
$$x' = \gamma\,(-\beta ct + x)$$

ein. Für Licht im Vakuum gilt die Dispersionsrelation $\omega = kc$ (vergleiche (B.21)). Da $\nu = \omega/2\pi$, erhalten wir

$$\nu' = \gamma\,(1 - \beta)\,\nu. \tag{2.6a}$$

Für $\nu \ll c$ geht das auf $\nu' = (1 - \beta)\,\nu$ oder $\Delta \nu = \nu - \nu' = \beta \nu$ zurück. Ein bisschen Arithmetik führt auf die transformierte Wellenlänge

$$\lambda' = \frac{c}{\nu'} = \gamma\,(1 + \beta)\,\lambda. \tag{2.6b}$$

Für $\beta > 0$ ergibt das eine Rotverschiebung, für $\beta < 0$ eine Blauverschiebung, einen Effekt, den man in der Astronomie benutzt, um Geschwindigkeiten zu messen.

Doch wie kommen wir von hier auf $E = mc^2$? Dazu kehren wir zunächst zur klassischen Mechanik zurück und rufen uns einige Definitionen in Erinnerung: ein Körper mit einer Masse m und einer Geschwindigkeit v hat einen Impuls $p = mv$. Wenn eine Kraft F auf ihn einwirkt, ändert sich der Impuls: $F = dp/dt \equiv \dot{p}$. Es ist sinnvoll, diese Definitionen in der relativistischen Dynamik beizubehalten. Wir müssen dann die Beschleunigung in unserem Ruhesystem $a = dv/dt = \dot{v}$ aus der Beschleunigung im Ruhesystem des bewegten Körpers $a' = dv'/dt' = \dot{v}'$ bestimmen. Wenn wir die Lorentz-Transformationen (2.3) für die Relativgeschwindigkeit w auf das Differential dt anwenden:

$$dt = \gamma \left(dt' + \frac{w dx'}{c^2} \right) = \gamma dt' \left(1 + \frac{v' w}{c^2} \right),$$

das Additionstheorem (2.5) für die Geschwindigkeits*änderung* (von v' auf $v' + dv'$ im bewegten System) benutzen und höhere als die erste Ordnung in dv' vernachlässigen:

$$
\begin{aligned}
dv &= \frac{v' + dv' + w}{1 + (v' + dv')w/c^2} - \frac{v' + w}{1 + v'w/c^2} \\
&\approx \frac{dv'}{\gamma} \cdot \frac{1}{1 + 2v'w/c^2 + v'^2 w^2/c^4} = \frac{dv'}{\gamma} \cdot \frac{1}{(1 + v'w/c^2)^2},
\end{aligned}
$$

erhalten wir:

$$a = \frac{a'}{\gamma^3} \cdot \frac{1}{(1 + v'w/c^2)^3}.$$

Wir betrachten nun speziell den Fall $v' = 0$, also den Übergang von einem System, in dem der Körper ruht, auf unser eigenes. Dann finden wir, wenn wir zur üblichen Notation v für die Geschwindigkeit zurückkehren:

$$a = a' \left(1 - \frac{v^2}{c^2} \right)^{3/2}. \tag{2.7}$$

Da im Ruhesystem des Körpers die Kraft nach wie vor durch den Newtonschen Ausdruck $F = ma$ gegeben sein muss, damit die nichtrelativistische Mechanik hier noch anwendbar bleibt, gilt für die Kraft

$$F = \frac{ma}{(1 - v^2/c^2)^{3/2}} = \frac{m\dot{v}}{(1 - v^2/c^2)^{3/2}} = \frac{d}{dt} \frac{mv}{\sqrt{1 - v^2/c^2}}. \tag{2.8}$$

Damit können wir eine relativistischen Impuls

$$p = \frac{mv}{\sqrt{1 - v^2/c^2}} = \gamma m v \tag{2.9}$$

definieren. Es ist beruhigend festzustellen, dass die Ausdrücke für Kraft und Impuls in die Newtonschen Ausdrücke übergehen, wenn die Geschwindigkeit v klein gegen die Lichtgeschwindigkeit ist. Für eine Formel-1-Geschwindigkeit von 360 km/h (beziehungsweise 100 m/s) sind $v^2/c^2 \approx 10^{-13}$ und $\sqrt{1 - v^2/c^2} \approx 0.99999999999995$.

Die Arbeit, die eine Kraft verrichtet, um einen Körper auf die Geschwindigkeit v zu bringen, ist im relativistischen Fall:

$$
\begin{aligned}
W &= \int F \mathrm{d}x = \int \dot{p}\mathrm{d}x = \int \dot{p}\frac{\mathrm{d}x}{\mathrm{d}t}\mathrm{d}t = \int \dot{p}\dot{x}\mathrm{d}t \\
&= \int \frac{\mathrm{d}}{\mathrm{d}t}\left(\frac{m\dot{x}}{\sqrt{1 - \dot{x}^2/c^2}}\right)\dot{x}\mathrm{d}t = \int_0^v \frac{\mathrm{d}}{\mathrm{d}\dot{x}}\left(\frac{m\dot{x}}{\sqrt{1 - \dot{x}^2/c^2}}\right)\dot{x}\mathrm{d}\dot{x} \\
&= \frac{mc^2}{\sqrt{1 - v^2/c^2}} = \gamma m c^2.
\end{aligned}
\tag{2.10}
$$

Das Integral haben wir durch partielle Integration ausgerechnet. Mit der Taylor-Entwicklung

$$\gamma = \frac{1}{\sqrt{1 - v^2/c^2}} \approx 1 + \frac{v^2}{2c^2}$$

erhalten wir zwei Terme:

$$W = mc^2 + \frac{mv^2}{2}. \tag{2.11}$$

Im zweiten Summand erkennen wir den klassischen Ausdruck für die kinetische Energie wieder, die einzige mögliche Interpretation für den ersten Term ist die, dass jeder massive Körper eine Ruheenergie $E = mc^2$ hat. Die spektakuläre Folge der Relativität ist also, dass Masse und Energie einander äquivalent sind und ineinander umgewandelt werden können.

Die Energie und die drei Impulskomponenten können zu einem Vierervektor $p = (E, c\boldsymbol{p})$ zusammengefasst werden, der sich beim Übergang von einem Inertialsystem in ein anderes gemäß den Lorentz-Transformationen (2.3) umwandelt, genau wie der Vierervektor $(ct, \boldsymbol{x})$ eines Punkts im Raum-Zeit-Kontinuum. Das bedeutet, dass die Größe $E^2 - c^2p^2$ Lorentz-invariant ist, wie auch $c^2t^2 - x^2$. Der Betrag dieser Größe ist

$$E^2 - c^2p^2 = \frac{m^2c^4 - m^2v^2c^2}{1 - v^2/c^2} = m^2c^4, \tag{2.12}$$

also das Quadrat der Ruheenergie. Da außerdem $E = \gamma mc^2$, folgt nach kurzer Rechnung:

$$\beta = \frac{pc}{E} \text{ und } v = \frac{pc^2}{E}. \tag{2.13}$$

Formal gesehen ist die aus den Komponenten eines Vierervektors $(x_0, \boldsymbol{x})$ gebildete Größe $x_0^2 - \boldsymbol{x}^2 = x_0^2 - x_1^2 - x_2^2 - x_3^2$ eine quadratische Form mit dem metrischen Tensor

$$\begin{pmatrix} 1 & 0 & 0 & 0 \\ 0 & -1 & 0 & 0 \\ 0 & 0 & -1 & 0 \\ 0 & 0 & 0 & -1 \end{pmatrix}. \tag{2.14}$$

Diese Metrik lässt negative Längenquadrate zu. Man unterscheidet zwischen „zeitartigen" Vierervektoren ($x_0^2 - \boldsymbol{x}^2 > 0$), „raumartigen" ($x_0^2 - \boldsymbol{x}^2 < 0$) und „lichtartigen" ($x_0^2 - \boldsymbol{x}^2 = 0$). Der Energie-Impuls-Vektor ist also immer zeitartig, ausgenommen für Teilchen mit der Ruheenergie Null, also masselose Teilchen wie Photonen. Raumartige Vierervektoren haben eine besondere Eigenschaft: sie sind mit dem Koordinatenursprung „nicht kausal verbunden", das heißt, Signale zwischen dem Ursprung und dem Endpunkt des Vierervektors könnten nur mit Überlichtgeschwindigkeit übertragen werden, was ja offensichtlich nicht möglich ist. Die Bereiche raum- und zeitartiger Vierervektoren werden durch den „Lichtkegel" (siehe Abbildung 2.2) voneinander getrennt, auf dem alle lichtartigen Vierervektoren, die sogenannten „Nullgeodäten", enden. Der letztgenannte Begriff hat seinen Ursprung natürlich darin, dass die Länge $\mathrm{d}s^2 = \mathrm{d}(ct)^2 - \mathrm{d}x^2$ verschwindet.[3] Er wird uns später in der allgemeinen Relativitätstheorie wiederbegegnen, wo er die Ausbreitung von Licht beschreibt.

Übrigens ist sogar das Produkt aus zwei beliebigen Vierervektoren Lorentz-invariant. Man kann das sogar als die Definition von Vierervektoren auffassen. Der Raum, der dadurch aufgespannt wird, heißt Minkowski-Raum [128], die oben eingeführte Metrik die Minkowski-Metrik. Er ist das mathematische Pendant zum Raum-Zeit-Kontinuum. Seine Eigenschaften sind von fundamentaler Bedeutung für die moderne theoretische Physik. Wir werden im Rahmen der relativistischen Quantentheorie auf ihn zurückkommen.

Man kann, wenn man sich einmal mit der Algebra von Vierervektoren vertraut gemacht hat, sehr leicht mit ihnen rechnen. Eine wichtige Anwendung ist die relativistische Kinematik einer Kollision zweier Teilchen. Wir bezeichnen den Energie-Impuls-Vektor des ersten Teilchens mit $p_1 = (E_1, \boldsymbol{p}_1)$, den des zweiten mit $p_2 = (E_2, \boldsymbol{p}_2)$. Beide addieren wir:

$$p = (E, c\boldsymbol{p}) = (E_1 + E_2, c(\boldsymbol{p}_1 + \boldsymbol{p}_2))$$

und quadrieren das Ergebnis im Sinne der Minkowski-Metrik (2.14):

---

[3] Eine Geodäte ist die kürzeste Verbindung zwischen zwei Punkten auf einer Fläche. Auf einer Kugeloberfläche sind es Stücke von Großkreisen, auf einer Ebene und einem Kegel Geraden.

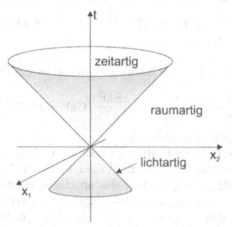

Abbildung 2.2. Der Lichtkegel

$$p^2 = (E_1 + E_2)^2 - c^2 (\boldsymbol{p}_1 + \boldsymbol{p}_2)^2$$
$$= (E_1^2 - c^2\boldsymbol{p}_1^2) + (E_2^2 - c^2\boldsymbol{p}_2^2) + 2(E_1E_2 - \boldsymbol{p}_1 \cdot \boldsymbol{p}_2) \qquad (2.15a)$$
$$= (m_1^2 + m_2^2) c^4 + 2(E_1E_2 - \boldsymbol{p}_1 \cdot \boldsymbol{p}_2).$$

Nun wissen wir, dass das Quadrat eines Vierervektors Lorentz-invariant ist. Die Größe, die wir gerade berechnet haben – nach Division durch c^2 nennt man sie die „invariante Masse" des Systems (vergleiche (2.12)) – charakterisiert also die Kinematik der Kollision unabhängig vom Bezugssystem. Wählen wir das „Schwerpunktsystem", in dem der Schwerpunkt der beiden Teilchen ruht, das bedeutet $\boldsymbol{p}_1 + \boldsymbol{p}_2 = 0$, finden wir, dass $p^2 = (\boldsymbol{p}_1 + \boldsymbol{p}_2)^2$ das Quadrat der Gesamtenergie angibt. Diese „Schwerpunktsenergie" steht in der Kollision für Reaktionen zur Verfügung, im Gegensatz zur Energie der Schwerpunktsbewegung, da diese sich auch nach der Reaktion wegen der Impulserhaltung fortsetzt. Dies ist der eigentliche Grund dafür, dass Teilchenbeschleuniger heute als „Collider" ausgelegt sind, in denen das „Laborsystem" mit dem Schwerpunktsystem zusammenfällt, wenn beide entgegengesetzt umlaufenden Strahlen Teilchen derselben Masse mit derselben Energie enthalten. Wieviel man dabei gewinnt, zeigt das Beispiel des „Tevatrons" bei Chicago, des zur Zeit leistungsfähigsten Proton-Antiproton-Colliders. Beide Strahlen haben eine Energie von 900 GeV. Da sie in den Wechselwirkungszonen exakt entgegengerichtet sind, ist die Schwerpunktsenergie gerade die Summe der beiden Strahlenergien, also 1800 GeV oder 1.8 TeV (1 TeV = 1000 GeV = 10^{12} eV, daher der Name des Beschleunigers). Wollte man diese Schwerpunktsenergie mit einem klassischen Beschleuniger erreichen, der eine Strahl auf ein festes Ziel („fixed target") schießt, bräuchte man eine wesentlich höhere Strahlenergie. Denn mit $p_2 = (m_2c^2, 0, 0, 0)$ ist das Quadrat der Schwerpunktsenergie

$$p^2 = \left(E_1 + m_2 c^2\right)^2 - c^2 \boldsymbol{p}_1^2 = \left(E_1^2 - c^2 \boldsymbol{p}_1^2\right) + m_2^2 c^4 + 2E_1 m^2 c^2$$
$$= \left(m_1^2 + m_2^2\right) c^4 + 2E_1 m_2 c^2, \tag{2.15b}$$

also im Fall $m_1 = m_2 = M = 0.938\,\mathrm{GeV}\,/\,c^2$ und $p^2 = (1.8\,\mathrm{TeV})^2$:

$$E_1 = \frac{p^2 - 2M^2 c^4}{2Mc^2} \approx \frac{p^2}{2Mc^2} = \frac{1800^2}{2 \cdot 0.938}\,\mathrm{GeV} = 1727\,\mathrm{TeV},$$

fast 2000mal die Collider-Strahlenergie!

Noch eine andere Lorentz-invariante Größe ist wichtig für die Beschreibung von Streuungen und Reaktionen. Wieder betrachten wir ein Teilchen mit dem Viererimpuls $p_1 = (E_1, c\boldsymbol{p}_1)$, das an einem zweiten Teilchen mit $p_2 = (E_2, c\boldsymbol{p}_2)$ gestreut wird, ohne seine Identität zu verlieren. Nach der Streuung hat es den Viererimpuls $p_3 = (E_3, c\boldsymbol{p}_3)$. Das Quadrat des Energie-Impuls-Übertrags ist mit (2.12):

$$q^2 = (p_1 - p_3)^2 = \left(E_1 - E_3\right)^2 - c^2 \left(\boldsymbol{p}_1 - \boldsymbol{p}_3\right)^2$$
$$= 2m^2 c^4 - 2E_1 E_3 + 2\boldsymbol{p}_1 \cdot \boldsymbol{p}_3$$
$$= 2m^2 c^4 - 2E_1 E_3 \left(1 - \beta_1 \beta_3 \cos\vartheta\right),$$

wobei ϑ der Streuwinkel, also der Winkel zwischen einlaufender und auslaufender Impulsrichtung und β_1, β_2 die Geschwindigkeiten der Teilchen in Einheiten der Lichtgeschwindigkeit sind (siehe (2.13)). Während das Quadrat der Schwerpunktsenergie immer positiv ist, ist q^2 stets negativ, der Vierervektor $q = p_1 - p_3$ ist also raumartig. In vielen Fällen sind die Energien so groß gegenüber den Ruheenergien, dass man den ersten Summand in guter Näherung wegfallen lassen und $\beta_1 = \beta_3 = 1$ setzen kann. Dann gilt:

$$q^2 \approx -2E_1 E_3 \left(1 - \cos\vartheta\right) = 4E_1 E_3 \sin^2\frac{\vartheta}{2}. \tag{2.16}$$

Dieser Ausdruck wird uns später in der relativistischen Quantenmechanik wiederbegegnen.

Bei Reaktionen zwischen zusammengesetzten Teilchen, deren Konstituenten durch ihre Eigenbewegung einen weiten Bereich von Geschwindigkeiten überdecken, benutzt man eine weitere nützliche Variable, die Rapidität:

$$y = \frac{1}{2}\ln\frac{E + p_z}{E - p_z} = \mathrm{Artanh}\frac{p_z}{E}, \tag{2.17}$$

wobei p_z der Impuls entlang der Verbindungslinie zwischen den kollidierenden Objekten ist. Unter einer Lorentz-Transformation (2.3) gilt

$$y' = \frac{1}{2}\ln\frac{E' + p_z'}{E' - p_z'} = \frac{1}{2}\ln\frac{E + p_z}{E - p_z} - \frac{1}{2}\ln\frac{1 + \beta}{1 - \beta} = y - \mathrm{Artanh}\,\beta.$$

Die Rapidität ändert sich also überall um denselben konstanten Betrag, eine Verteilung von Ereignissen als Funktion der Rapidität verschiebt sich nur,

ihre Form bleibt konstant. Umgekehrt kann man aus dem Rapiditätsinter-
vall $\Delta y = y - y'$ zwischen zwei Teilchen deren Relativgeschwindigkeit $\Delta\beta$
bestimmen:

$$\Delta\beta = \tanh\Delta y = \frac{e^{\Delta y} - e^{-\Delta y}}{e^{\Delta y} + e^{-\Delta y}}.$$

Näherungsweise kann man bei hohen Energien die Rapidität durch die Pseu-
dorapidität

$$\eta = \frac{1}{2}\ln\frac{1 + \cos\vartheta}{1 - \cos\vartheta} = -\ln\left(\tan\frac{\vartheta}{2}\right) \tag{2.18}$$

ersetzen, wobei ϑ der Winkel zur Verbindungslinie zwischen den kollidierenden Teilchen ist, in der Praxis meistens die Strahlachse.

Nach einiger Gewöhnung wird also das Rechnen in der speziellen Relativitätstheorie sehr einfach. Die einzige konzeptionelle Schwierigkeit ist vielleicht
das Auftreten negativer Betragsquadrate. Es gibt jedoch noch einen Punkt,
dessen Motivation bei genauem Nachsehen eigentlich nicht einleuchtet: die
Beschränkung auf Inertialsysteme. Dass die Gesetze der Physik dieselben in
beliebigen Bezugssystemen sein sollten, führt uns dann direkt zur allgemeinen
Relativitätstheorie, die wir mit einer merkwürdigen Frage einführen.

Noch mehr Relativität: Gravitation und Geometrie

Was unterscheidet einen fallenden Körper von einem beschleunigten?

Wir haben uns an die Bilder gewöhnt, in denen „schwerelose" Astronauten
durch ihre Raumschiffe schweben und Gegenstände einfach loslassen, wenn
sie sie nicht mehr brauchen, denn sie fallen ja nicht! Strenggenommen ist
Schwerelosigkeit nicht ganz der richtige Ausdruck, denn sie bewegen sich ja
noch immer im Gravitationsfeld der Erde. Aber ihre Umlaufgeschwindigkeit
ist gerade so groß, dass die Zentrifugalbeschleunigung die Schwerebeschleunigung aufhebt. Wir stellen uns nun vor, sie befänden sich in einer fensterlosen
Kapsel ohne Verbindung zur Außenwelt. Nichts würde ihnen erlauben zu entscheiden, ob sie sich in einer Umlaufbahn befinden, oder etwa bewegungslos
an jenem Punkt, an dem die Anziehung des Mondes die der Erde aufwiegt,
oder gar weit ab von jeder Masse, wo es schlicht keine Schwerkraft gibt. Als
Antwort auf die Frage im Titel liegt also nahe: nichts, es gibt keinen Unterschied zwischen zwischen der Schwereanziehung und irgendeiner beliebigen
Beschleunigung. Wollen wir also eine Theorie formulieren, die invariant unter beliebigen Koordinatentransformationen ist, auch zwischen Systemen, die
relativ zueinander beschleunigt sind, kommen wir an der Gravitation nicht
vorbei.

Die Zentrifugalbeschleunigung ist das Resultat einer Trägheitskraft, das heißt sie entsteht nach dem dritten Newtonschen Axiom durch die Reaktion auf die für eine Zentralkraft charakteristische, auf den Schwerpunkt gerichtete Zentripetalbeschleunigung. Sie ist damit durchaus mit der Kraft vergleichbar, die einen Fahrzeuginsassen beim Bremsen nach vorn wirft. Heften wir dem Fahrzeug ein Koordinatensystem an, sehen wir, dass immer Trägheitskräfte auftreten, wenn wir einen Vorgang aus einem beschleunigten System heraus betrachten. Im Beispiel der Fahrzeuginsassen sieht nämlich ein auf der Straße stehender Beobachter eine Kraft auf das Fahrzeug wirken, während die Passagiere für ihn ihre Bewegung fortzusetzen gezwungen sind.

Für die Passagiere ist die nach vorn gerichtete Kraft nur spürbar, weil ihr Koordinatensystem sich mit dem Fahrzeug bewegt. Die Schwerelosigkeit in Raumschiffen zeigt uns nun, dass es zwischen den Trägheitskräften und der Gravitationsanziehung einen engen Zusammenhang gibt. Beide sind der Masse proportional: die Schwerkraft für eine kugelförmige Masse M, die auf eine kleine Probemasse m wirkt, ist nach Newton:

$$F_G = -m_S \frac{G_N M}{r^2} = -m_S \frac{\partial \Phi}{\partial r}$$

mit dem Potential $\Phi = - \int_r^\infty dr' (G_N M/r'^2) = -G_N M/r$. Das Minuszeichen zeigt, dass die Kraft auf das Massenzentrum gerichtet ist, das für $M \gg m_S$ mit dem Mittelpunkt der Masse M zusammenfällt. Die Zentrifugalkraft ist für eine Masse m_T, die sich mit der Frequenz $\nu = \omega/2\pi$ auf einer Kreisbahn bewegt $F_Z = m_T \omega^2 r$. Ein Gleichgewicht zwischen beiden Kräften stellt sich ein, wenn $F_G + F_Z = 0$, also

$$m_S \frac{G_N M}{r^2} = m_T \omega^2 r.$$

Wir haben bewusst zwischen der „schweren Masse" m_S und der „trägen Masse" m_T unterschieden, da zunächst einmal nicht klar ist, weshalb beide identisch sein sollten. Nun besteht aber auch kein Grund, weshalb das *Verhältnis* von schwerer zu träger Masse, wenn es denn nicht gleich Eins ist, für alle Materialien dasselbe sein sollte. Wäre es jedoch materialabhängig, würde ein Raumschiff, das ja aus sehr vielen verschiedenen Materialien zusammengesetzt ist, unweigerlich auseinandergerissen werden. Also ist m_S/m_T offenbar eine Naturkonstante, die wir durch geeignete Wahl der Gravitationskonstanten G_N Eins setzen können. Wir lassen also die Indizes „S" und „T" und die Unterscheidung zwischen schwerer und träger Masse wieder fallen. Das ist übrigens völlig gleichbedeutend mit der Feststellung, dass die Schwerebeschleunigung nicht von anderen Formen der Beschleunigung zu unterscheiden ist. Einstein hat dieses „Äquivalenzprinzip" [56] als Grundlage für seine Gravitationstheorie genommen, die gleichzeitig eine Relativitätstheorie für allgemeine Koordinatentransformationen oder kurz „allgemeine Relativitätstheorie" ist [57].

Die Mathematik der allgemeinen Relativitätstheorie ist nun kompliziert und anspruchsvoll. Die wichtigsten Resultate – jedenfalls diejenigen, die wir später für die Kosmologie brauchen – können wir aber auch ohne den vollständigen Apparat auf heuristische Weise herleiten. Als Ausganspunkt werden wir ein seltsames Gedankenexperiment durchführen, das wohl auf George Gamow zurückgeht [78]. In einem Punkt Z auf einer großen Scheibe sitzt ein Beobachter, der feststellt, dass alle Körper von ihm fortgetrieben werden, und zwar derart, dass die Beschleunigung linear mit dem Abstand wächst. Senkrecht über ihm dreht sich ein zweiter Beobachter mit der Kreisfrequenz ω um die eigene Achse. Es liegt nahe, dass der rotierende Beobachter die Zentrifugalbeschleunigung $\omega^2 r$ als Erklärung für die vermeintliche Abstoßung des Punkts Z anbietet. Der sitzende kann das jedoch nicht ohne weiteres akzeptieren, da er keine Rotation in Bezug auf die davoneilenden Körper feststellen kann. Hingegen bemerkt er, dass die Kraft, die der Masse der Körper proportional ist, genau wie die Schwereanziehung aus einem Potential hergeleitet werden kann. Wenn er großzügigerweise die Schreibweise des rotierenden Beobachters übernimmt, gilt nämlich:

$$F = m\omega^2 r = -m\frac{\partial \Phi}{\partial r} \text{ mit } \Phi(r) = \frac{1}{m}\int_r^0 F(r')\mathrm{d}r' = -\frac{1}{2}\omega^2 r^2.$$

Natürlich unterscheidet sich diese Kraft von der Schwerkraft vor allem durch ihr positives Vorzeichen: sie ist abstoßend. Der rotierende Beobachter behauptet nun weiterhin, dass ein Maßstab, den er tangential zu einem Kreis mit dem Mittelpunkt Z und dem Radius r angelegt sieht, um den Faktor $\sqrt{1 - v^2/c^2} = \sqrt{1 - \omega^2 r^2/c^2}$ verkürzt gegenüber demselben Maßstab im Punkt Z erscheint. Für den ruhenden Beobachter, dem die Lorentz-Fitz-Gerald-Kontraktion ebenfalls bekannt ist, muss dasselbe gelten, da beide, abgesehen von der Rotation, ja relativ zueinander ruhen. Gemeinsam stellen sie daher auch fest, dass Uhren im Abstand r von ihnen um denselben Faktor langsamer gehen. Allerdings hat jeder seine eigene Erklärung bereit: der eine führt alle Effekte auf die Rotation zurück, der andere macht das gravitationsähnliche Potential für die Abstandsabhängigkeit seiner Metrik verantwortlich und gibt seinem γ-Faktor die Form $1/\sqrt{1 + 2\Phi/c^2}$. Da wir nicht entscheiden können, wer von beiden recht hat, akzeptieren wir sowohl die eine Auffassung, die uns recht vertraut erscheint, als auch die andere, die letztendlich darauf hinausläuft, der Gravitation einen direkten Einfluss auf die Eigenschaften des Raum-Zeit-Kontinuums zuzuschreiben, der sich in einer Krümmung ausdrückt. Denn der Umfang eines Kreises um Z wird von dem dort sitzenden Beobachter zu $2\pi r\sqrt{1 - \omega^2 r^2/c^2}$ gemessen. Wir vergleichen das mit dem Umfang eines Breitenkreises: $\rho = R\sin\vartheta$, wenn R der Kugelradius und ϑ der Polarwinkel sind. Für kleine ϑ gilt die Taylor-Entwicklung

$$\rho \approx R\left(\vartheta - \frac{\vartheta^3}{6}\right).$$

Andererseits ist die Länge eines Bogens, der am Pol beginnend entlang eines Großkreises so weit läuft, bis der Radius mit der Achse den Winkel ϑ aufspannt, $r = R\vartheta$. Also ist

$$\rho \approx r \left(1 - \frac{r^2}{6R^2} \right).$$

Der Umfang des Breitenkreises ist $2\pi\rho$. Da für $\omega r \ll c$

$$\sqrt{1 - \frac{\omega^2 r^2}{c^2}} \approx 1 - \frac{1}{2} \cdot \frac{\omega^2 r^2}{c^2},$$

kann der ruhende Beobachter die Geometrie der Scheibe in seiner Nachbarschaft als Stück einer Kugeloberfläche mit dem Krümmungsradius $R = c/\sqrt{3}\omega$ beschreiben. Benutzt er statt der Winkelgeschwindigkeit das Potential $\Phi(r) = -\frac{1}{2}\omega^2 r^2$, ist der Krümmungsradius

$$R = \sqrt{-\frac{r^2 c^2}{6\Phi}}.$$

Metrik und Linienelement

Die Metrik, die im Fall der speziellen Relativitätstheorie räumlich und zeitlich konstant ist und eine sehr einfache Form hat, wird nun beliebig kompliziert und kann zu jedem Zeitpunkt und an jedem Ort anders aussehen. Die einzige Beschränkung ist die Symmetrie $g_{ij} = g_{ji}$. Damit reduziert sich die Zahl der unabhängigen Komponenten von 16 auf 10. Für unsere Zwecke brauchen wir aber nur einige wenige Geometrien hoher Symmetrie, für die die Metrik dann doch relativ einfach wird. Wir werden dafür durchweg quadratische „Linienelemente", also infinitesimale Größen, benutzen, die mit der Metrik einfach zusammenhängen:

$$ds^2 = \sum_{i,j=1}^{4} \mathrm{d}x_i g_{ij} \mathrm{d}x_j. \tag{2.19}$$

Hier sind die $\mathrm{d}x_i$ infinitesimale Änderungen einer Koordinate. Wir verwenden übrigens die Schreibweise $x_0 = ct$. Betrachten wir nun $1/\sqrt{1 + 2\Phi/c^2}$ als einen Lorentz-Faktor γ, mit dem wir über die Lorentz-Transformationen (2.3) sowohl die Zeitdilatation (2.1) als auch die Längenkontraktion (2.4) ausrechnen können, finden wir:

$$c^2 \mathrm{d}t^2 \rightarrow \frac{c^2 \mathrm{d}t^2}{1 + 2\Phi/c^2} \approx c^2 \mathrm{d}t^2 \left(1 - \frac{2\Phi}{c^2} \right) \text{ und}$$

$$\mathrm{d}x^2 \rightarrow \mathrm{d}x^2 \left(1 + \frac{2\Phi}{c^2} \right).$$

Nehmen wir alles zusammen, gelangen wir zur Metrik der „linearen Näherung" der allgemeinen Relativitätstheorie

$$g_{ij} = g_{ij}^M + h_{ij}(x),$$

wobei g_{ij}^M die Minkowski-Metrik (2.14) ist und h_{ij} aus kleinen Größen besteht, deren Quadrate wir vernachlässigen können:

$$ds^2 = c^2 dt^2 \left(1 - \frac{2\Phi}{c^2}\right) - dx^2 \left(1 + \frac{2\Phi}{c^2}\right).$$

Hier sind $h_{00} = h_{11} = h_{22} = h_{33} = -2\Phi/c^2$, und alle h_{ij} mit $i \neq j$ verschwinden. Besonders wichtig sind Linienelemente, deren räumlicher Teil kugelsymmetrisch ist. Mit Hilfe der Produktregel rechnet man leicht nach, dass in Polarkoordinaten das Linienelement $dx_1^2 + dx_2^2 + dx_3^2$ die Form

$$dx^2 = dr^2 + r^2 \left(d\vartheta^2 + \sin^2\vartheta \, d\phi^2\right) \equiv dr^2 + r^2 d\Omega^2 \qquad (2.20)$$

hat. Ein vierdimensionales Linienelement mit einer kugelförmigen Raumgeometrie setzt man dann so an, dass diese beiden Terme mit je einer nur vom Abstand r und von der Zeit t abhängigen Funktion multipliziert werden. Hinzu kommen dann noch Terme, die $drdt$ und dt^2 enthalten:

$$ds^2 = f(r,t)dt^2 - 2g(r,t)drdt - h(r,t)dr^2 - j(r,t)r^2 d\Omega^2. \qquad (2.21)$$

Natürlich hängen die Funktionen f, g, h und j vom Gravitationspotential ab, durch das die Raumkrümmung verursacht wird. Für eine kugelförmige Masse etwa ist $\Phi = -G_N M/r$. Wir erwarten intuitiv Faktoren der Form $(1 - 2G_N M/rc^2)$, und in der Tat liefert die explizite Rechnung, die zuerst von Karl Schwarzschild [151] durchgeführt wurde, das Linienelement

$$ds^2 = c^2 dt^2 \left(1 - \frac{2G_N M}{rc^2}\right) - \frac{dr^2}{1 - \frac{2G_N M}{rc^2}} - r^2 d\Omega^2. \qquad (2.22)$$

Der Schwarzschild-Radius

$$R_S = 2G_N M/c^2 \qquad (2.23)$$

hat eine konkrete Bedeutung, die wir uns folgendermaßen veranschaulichen: Im nichtrelativistischen Grenzfall ist die Geschwindigkeit, die man Testmassen geben muss, um sie gegen die Schwereanziehung einer großen Masse M von einem Abstand r ins Unendliche zu befördern $v = \sqrt{2G_N M/r}$. Das sieht man ein, wenn man die kinetische Energie $mv^2/2$ mit der potentiellen Energie $G_N mM/r$ gleichsetzt. Es ist festzuhalten, dass das Resultat unabhängig von der Testmasse m ist. Bei einem Abstand $r = R_S$ erreicht die Fluchtgeschwindigkeit den höchsten möglichen Wert, nämlich die Lichtgeschwindigkeit. Wenn wir einmal davon absehen, dass wir inkonsequenterweise nichtrelativistisch angefangen haben und in einem extrem relativistischen Fall angekommen sind, können wir daraus, dass die Fluchtgeschwindigkeit nicht von der Masse des Probekörpers abhängt, folgern, dass von der Oberfläche einer Masse, die vollständig in ihrem Schwarzschild-Radius (2.23) enthalten ist, nichts, nicht einmal Licht, entkommen kann. Das ist also ein schwarzes Loch. An der Metrik sehen wir, dass das Linienelement für $r \to R_S$ divergiert, das heißt, eine infinitesimale Änderung in r entspricht einer beliebig großen Entfernung. Das ist das erste Beispiel für eine „Singularität", die in der Gravitationstheorie eine wichtige Rolle spielt.

Von besonderer Bedeutung sind für uns „Räume konstanter Krümmung". Denn nur diese können der auf sehr großen Abstandsskalen beobachteten Homogenität und Isotropie des Universums, die sich als eine mehr oder weniger gleichmäßige Masseverteilung und eine völlige Richtungsunabhängigkeit der beobachteten Strukturen manifestieren, Rechnung tragen. Der einfachste, triviale Fall ist der eines flachen Raums, für den wir die Minkowski-Metrik (2.14) ansetzen können. Etwas komplizierter ist die Kugel, deren Krümmung durch den Kehrwert des Radius gegeben ist.[4] Die Metrik eines dreidimensionalen Raums mit einer kugelartigen Krümmung konstruieren wir, indem wir ihn zunächst in einen euklidischen vierdimensionalen Raum einbetten. Das bedeutet, dass seine Metrik mit der Einheitsmatrix identisch ist, also

$$dl^2 = dx_1^2 + dx_2^2 + dx_3^2 + dx_4^2.$$

In diesem Hilfsraum, der nichts mit dem physikalischen Raum-Zeit-Kontinuum zu tun hat, definieren wir eine dreidimensionale Kugel-„Hyperfläche" durch

$$x_1^2 + x_2^2 + x_3^2 + x_4^2 = R^2.$$

Das ist einfach die Verallgemeinerung einer zweidimensionalen Kugelfläche im dreidimensionalen Raum, deren Punkte die Bestimmungsgleichung $x_1^2 + x_2^2 + x_3^2 = R^2$ erfüllen. Lassen wir nun in vier Dimensionen die Koordinaten x_1, x_2 und x_3 frei variieren, ist x_4 festgelegt durch $x_4^2 = R^2 - r^2$ mit $r^2 = x_1^2 + x_2^2 + x_3^2$. Die Ableitung von x_4 nach r ist

$$\frac{dx_4}{dr} = -\frac{r}{x_4} = -\frac{r}{\sqrt{R^2 - r^2}}.$$

Damit ist das Linienelement

$$dl^2 = dx_1^2 + dx_2^2 + dx_3^2 + \frac{r^2 dr^2}{R^2 - r^2}.$$

Für die ersten drei Summanden hatten wir bereits einen Ausdruck in Polarkoordinaten gefunden (siehe (2.20)), sodass wir schließlich

$$dl^2 = \frac{r^2 dr^2}{R^2 - r^2} + dr^2 + r^2 \left(d\vartheta^2 + \sin^2\vartheta \, d\phi^2 \right)$$

$$= \frac{dr^2}{1 - r^2/R^2} + r^2 \left(d\vartheta^2 + \sin^2\vartheta \, d\phi^2 \right)$$

---

[4] Wir werden den Begriff der Krümmung etwas später noch exakt definieren.

erhalten. Addieren wir dazu den Zeitanteil $c^2\mathrm{d}t^2$, erhalten wir das Linienelement einer Raumzeit mit der Krümmung einer Kugel

$$\mathrm{d}s^2 = c^2\mathrm{d}t^2 - \frac{\mathrm{d}r^2}{1 - r^2/R^2} + r^2\left(\mathrm{d}\vartheta^2 + \sin^2\vartheta\,\mathrm{d}\phi^2\right). \qquad (2.24)$$

Das ist nicht zu verwechseln mit der Schwarzschild-Metrik (2.22), die die
Raumzeit in der Nähe einer kugelsymmetrischen Massenverteilung beschreibt.
Für sehr große Krümmungsradien $R \gg r$ ergibt sich die Minkowski-Metrik
(2.14).

Krümmung

Bevor wir weitergehen, müssen wir doch etwas genauer definieren, was wir
unter der Krümmung eines Raums verstehen. Bis jetzt haben wir ja den
dreidimensionalen Raum in einen vierdimensionalen eingebettet, um überhaupt eine Bestimmungsgleichung zu erhalten, die wir als eine „3-Sphäre",
der dreidimensionalen „Oberfläche" einer vierdimensionalen „Kugel" festgelegt haben. Sehr anschaulich ist das nicht. Wir betrachten also zunächst den
Fall einer ebenen Kurve, die durch die Gleichung $y = f(x)$ gegeben ist, um
uns den Begriff der Krümmung klarzumachen. Wie in der Abbildung 2.3 gezeigt, kann man in zwei benachbarten Punkten P und Q Tangenten an die
Kurve zeichnen, die einen Winkel $\Delta\alpha$ miteinander bilden. Nun wissen wir,

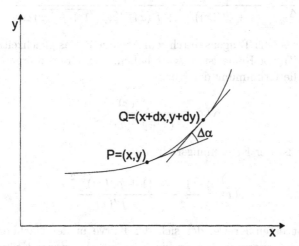

Abbildung 2.3. Zur Definition der Krümmung einer Kurve

dass der Winkel α_P, den die Tangente im Punkt P mit der x-Achse bildet,
mit der Ableitung zusammenhängt:

$$\alpha_P = \arctan \frac{dy}{dx} = \arctan f'(x).$$

Ein Maß für die Krümmung ist der Grenzwert

$$\lim_{\Delta s \to 0} \frac{\Delta \alpha}{\Delta s},$$

der angibt, wie stark sich der Winkel ändert, wenn wir die Bogenlänge Δs zwischen P und Q sehr klein werden lassen. Das ist eine Definition, die stark an die der Ableitung erinnert. Den Zähler entwickeln wir nach Taylor und erhalten nach den Rechenregeln für den Arcus Tangens:

$$
\begin{aligned}
\Delta \alpha &= \arctan f'\left(x + \Delta x\right) - \arctan f'\left(x\right) \\
&= \arctan \left(f'(x) + f''(x)\Delta x\right) - \arctan f'\left(x\right) + \mathcal{O}\left(\Delta x^2\right) \\
&= \arctan \frac{f''(x)\Delta x}{1 + f'^2(x) + f'(x)f''(x)\Delta x} + \mathcal{O}\left(\Delta x^2\right).
\end{aligned}
$$

In derselben Weise nähern wir den Nenner durch

$$\Delta s = \sqrt{\Delta x^2 + \Delta y^2} = \Delta x \sqrt{1 + \frac{\Delta y^2}{\Delta x^2}} = \Delta x \sqrt{1 + f'^2(x)} + \mathcal{O}\left(\Delta x^2\right)$$

an. Also ist

$$\frac{\Delta \alpha}{\Delta x} = \frac{f''(x)}{\left(1 + f'^2(x)\right)^{3/2} + f'(x)f''(x)\sqrt{1 + f'^2(x)}\Delta x},$$

wobei wir den Arcus Tangens durch sein Argument, das gleichzeitig das erste Glied seiner Taylor-Reihe ist, ersetzt haben. Der Grenzübergang $\Delta x \to 0$ liefert dann die Krümmung der Kurve:

$$K(x) = \frac{f''(x)}{\left(1 + f'^2(x)\right)^{3/2}}. \tag{2.25}$$

Ihr Kehrwert ist der Krümmungsradius

$$\rho(x) = \frac{1}{K(x)} = \frac{\left(1 + f'^2(x)\right)^{3/2}}{f''(x)}. \tag{2.26}$$

Er beschreibt einen Kreise, der sich der Kurve in der Nachbarschaft des Punkts $(x, f(x))$ anschmiegt. Dass ein Kreis eine konstante Krümmung hat, sehen wir, indem wir seine Bestimmungsgleichung $y = f(x) = \sqrt{R^2 - x^2}$ heranziehen und die Bedingung

$$0 = \frac{dK}{dx} = \frac{f'''\left(1 + f'^2\right) - 3f'f''^2}{\left(1 + f'^2\right)^{7/2}}$$

benutzen, um den Punkt x zu bestimmen, an dem die Krümmung ein Minimum oder Maximum annimmt. Wir finden wieder die Bestimmungsgleichung $0 = -\left(y^2 + x^2\right) + a^2$, die alle Punkte auf dem Kreis erfüllen.

Für eine zweidimensionale Fläche in einem dreidimensionalen Raum definiert man die Gaußsche Krümmung oder Normalkrümmung. Man erhält sie, indem man zwei in der Fläche verlaufende Kurvenstücke bestimmt, die die größte beziehungsweise kleinste Krümmung in P haben, und das Produkt der beiden Kurvenkrümmungen bildet (siehe Abbildung 2.4). Es stellt sich

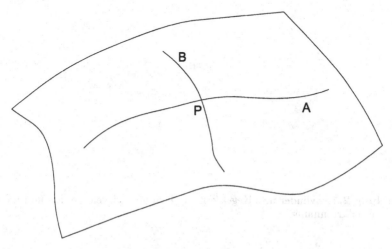

Abbildung 2.4. Gaußsche oder Normalkrümmung im Punkt P als Produkt der größten und kleinsten Kurvenkrümmung

heraus, dass diese beiden Kurven stets senkrecht aufeinander stehen. Ist die Gleichung der Fläche in der Form $z = f(x, y)$ gegeben, berechnet man die Normalkrümmung nach der Formel

$$K_N = \frac{\dfrac{\partial^2 z}{\partial x^2}\dfrac{\partial^2 z}{\partial y^2} - \left(\dfrac{\partial^2 z}{\partial x \partial y}\right)^2}{\left[1 + \left(\dfrac{\partial z}{\partial x}\right)^2 + \left(\dfrac{\partial z}{\partial y}\right)^2\right]^2}. \tag{2.27}$$

Auf einen formalen Beweis verzichten wir, da er ziemlich rechenaufwendig ist, stellen aber fest, dass der Zähler ein Quadrat zweiter Ableitungen und der Nenner die vierte Potenz der Bogenlänge enthält. Die Ähnlichkeit mit der Formel für ebene Kurven (2.25) lässt diese Formel also sinnvoll erscheinen. Man rechnet leicht nach, dass für „Rotationsflächen", also solche Flächen, die durch Rotation einer Kurve um die z-Achse entstehen und daher durch

Gleichungen der Form $z = f(r)$ mit $r = \sqrt{x^2 + y^2}$ bestimmt sind, die Krümmung durch

$$K_N = \frac{z'z''}{r\,(1 + z'^2)^2} \text{ mit } z' = \frac{\mathrm{d}z}{\mathrm{d}r} \text{ und } z'' = \frac{\mathrm{d}^2 z}{\mathrm{d}r^2} \qquad (2.28)$$

gegeben ist. Zylinder- und Kegelflächen sind in diesem Bild flach, da man in beiden Fällen eine Kurve ohne Krümmung auf die Fläche zeichnen kann. Man kann sie also, wie in der Abbildung 2.5 gezeigt, auf eine Ebene abwickeln.

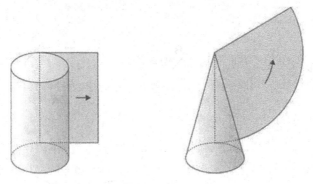

Abbildung 2.5. Zylinder und Kegel können flach abgewickelt werden und haben keine Normalkrümmung

Außer der Ebene gibt es noch zwei Flächen konstanter Krümmung, die Kugeloberfläche („Sphäre") und die Pseudosphäre (siehe Abbildung 2.6). Die Bestimmungsgleichung der Sphäre ist

$$x^2 + y^2 + z^2 = R^2 \text{ oder } z = \sqrt{R^2 - x^2 - y^2},$$

die der Pseudosphäre

$$z = -\sqrt{R^2 - x^2 - y^2} + R\ln\frac{R + \sqrt{R^2 - x^2 - y^2}}{\sqrt{x^2 + y^2}}$$
$$= \sqrt{R^2 - r^2} + R\ln\frac{R + \sqrt{R^2 - r^2}}{r}.$$

Einsetzen in die Formel für die Normalkrümmung ergibt im Fall der Sphäre $K_N = 1/R^2$ und im Fall der Pseudosphäre $K_N = -1/R^2$. Das Minuszeichen wird verständlich, wenn man sich klarmacht, dass einer der beiden Kreisbögen, die so an die Flächen gesetzt werden, dass sie lokal mit den Kurven größter und kleinster Krümmung übereinstimmen, innerhalb der Fläche liegt und der andere außerhalb, wie in der Abbildung 2.6 angedeutet. Solche Flächen konstanter negativer Krümmung sind anscheinend offen und erstrecken sich zumindest in einer Richtung ins Unendliche. Darüberhinaus hat

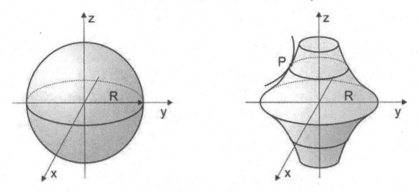

Abbildung 2.6. Sphäre und Pseudosphäre

ein Kreis auf der Sphäre einen Umfang $U < 2\pi R$, wenn der Radius auf der Fläche gemessen wird, während ein Kreis auf der Pseudosphäre einen Umfang $U > 2\pi R$ hat.[5] Ohne das explizit nachzurechnen, rufen wir uns in Erinnerung, dass für einen Kreis auf der Sphäre gilt:

$$U \approx 2\pi R \left(1 - \frac{r^2}{6R^2}\right) = 2\pi R \left(1 - \frac{1}{6}r^2 K_N\right).$$

Für die Pseudosphäre erwarten wir eine ähnliche Formel, die mit $K_N < 0$ ein Ergebnis $U > 2\pi R$ hat.

Wir kehren noch einmal zur Bestimmungsgleichung der Pseudosphäre zurück. Quadrieren liefert nach einigen algebraischen Umformungen die Gleichung eines zweischaligen Hyperboloiden (siehe Abbildung 2.7) $\rho^2 - z^2 = -R^2$ mit der neuen Koordinate

$$\rho^2 = R^2 + \left[\sqrt{R^2 - r^2} + R \ln \frac{R + \sqrt{R^2 - r^2}}{r}\right].$$

Wir berechnen aus $z = \sqrt{R^2 + \rho^2}$:

$$z' = \frac{\mathrm{d}z}{\mathrm{d}\rho} = \frac{\rho}{z} \text{ und } z'' = \frac{R^2}{z^3}.$$

Daraus ergibt sich die Identität

$$K_N = -\frac{1}{R^2} = -\frac{z'z''}{\rho\left(1 - z'^2\right)^2},$$

die sich von Krümmungsformel für Rotationsflächen (2.28) nur durch ein globales Minuszeichen und ein weiteres vor z'^2 im Nenner unterscheidet. In

---

[5] Das gilt nicht notwendigerweise für Kreise, die die z-Achse einschließen. Aber für diese gibt es keine Möglichkeit, einen Radius auf der Oberfläche zu zeichnen.

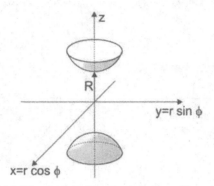

Abbildung 2.7. Ein zweischaliger Hyperboloid

diesen Koordinaten und mit einer modifizierten Krümmungsformel ist der Hyperboloid also eng verwandt mit der Pseudosphäre. Das sieht man auch, wenn man den umgekehrten Weg einschlägt: Ausgehend von der Gleichung einer Sphäre $x^2 + y^2 + z^2 = R^2$ kommen wir auf die Gleichung des zweischaligen Hyperboloiden, indem wir z durch iz und R durch iR ersetzen:

$$x^2 + y^2 - z^2 = -R^2.$$

Da $z'z''$ in $(iz')(iz'') = -z'z''$ und z'^2 in $-z'^2$ übergehen, wird die Normalkrümmung

$$K_N = \frac{-z'z''}{r\left(1 - z'^2\right)^2}.$$

Wir können also eine Fläche negativer konstanter Krümmung aus einer Fläche positiver konstanter Krümmung durch diesen Übergang zu imaginären Koordinaten konstruieren. In *reellen* Koordinaten hat diese Fläche dann die Form der Pseudosphäre.

Das relativistische Linienelement für einen Raum *negativer* konstanter Krümmung konstruieren wir, indem wir im Linienelement (2.24) R durch iR ersetzen:

$$\mathrm{d}s^2 = c^2\mathrm{d}t^2 - \frac{\mathrm{d}r^2}{1 + r^2/R^2} - r^2\left(\mathrm{d}\vartheta^2 + \sin^2\vartheta\,\mathrm{d}\phi^2\right). \qquad (2.29)$$

Natürlich gibt es auch Flächen ohne Normalkrümmung, nämlich solche, die man durch Abwickeln auf eine Ebene zurückführen kann, wie bereits am Kegel und am Zylinder gezeigt. Wir fassen also wie folgt zusammen: in einem vierdimensionalen *euklidischen* Raum ist die Bestimmungsgleichung für dreidimensionale „Flächen" konstanter Krümmung:

$$x_1^2 + x_2^2 + x_3^2 + \frac{x_4^2}{k} = \frac{R^2}{k}.$$

Ist $k = 0$, haben wir eine Ebene $x_4 = R$, für $k = 1$ eine „Hypersphäre" und für $k = -1$ eine „Hyperpseudosphäre". In der Relativitätstheorie definieren wir analog das Linienelement

$$ds^2 = c^2 dt^2 - \frac{dr^2}{1 - kr^2/R^2} - r^2 \left(d\vartheta^2 + \sin^2\vartheta \, d\phi^2\right).$$

Es ist üblich, den Raumanteil des Linienelements als Funktion dimensionsloser Koordinaten zu schreiben. Indem wir also r durch r/R ersetzen, erhalten wir schließlich das Robertson-Walker-Linienelement [146]

$$ds^2 = c^2 dt^2 - R^2(t) \left[\frac{dr^2}{1 - kr^2} - r^2 \left(d\vartheta^2 + \sin^2\vartheta \, d\phi^2\right)\right], \qquad (2.30)$$

wobei wir explizit erlaubt haben, dass der „Skalenparameter" R, der die Längenmessung im Universum festlegt, von der Zeit abhängen kann. Wir wiederholen, dass sich die Grundannahme, nämlich die konstante Krümmung, auf die beobachtete Homogenität und Isotropie auf großen Abstandsskalen stützt.

Wir schauen uns den Fall $k = 1$ näher an. Aus der Geometrie der zweidimensionalen Kugelfläche ist klar, dass r zwischen 0 und 1 variiert, da R dem maximalen Radius eines Kreises auf der Fläche entspricht. Das bleibt auch für drei Dimensionen gültig. Wir substituieren also $\sin\alpha = r$ und schreiben den räumlichen Teil des Linienelements

$$dl^2 = R^2 \left[\frac{dr^2}{1 - r^2} + r^2 \left(d\vartheta^2 + \sin^2\vartheta \, d\phi^2\right)\right]$$
$$= R^2 \left[d\alpha^2 + \sin^2\alpha \left(d\vartheta^2 + \sin^2\vartheta \, d\phi^2\right)\right].$$

In dieser Form wird deutlich, dass das Linienelement überall „vernünftig" ist, die vermeintliche Unendlichkeit bei $r = 1$ ist ein Artefakt der Koordinatenwahl. Für $\vartheta = \frac{\pi}{2}$ erhalten wir als „Schnitt" eine Fläche, und nun eine echte zweidimensionale Fläche, mit dem Linienelement

$$dl^2 = R^2 \left(d\alpha^2 + \sin^2\alpha \, d\phi^2\right).$$

Interpretieren wir nun α als Polarwinkel, erkennen wir darin das Linienelement auf der Kugeloberfläche (2.21) wieder. Dieselben Kugelflächen erhalten wir im Fall $k = 0$ für konstantes r:

$$dl^2 = R^2 r^2 \left(d\vartheta^2 + \sin^2\vartheta \, d\phi^2\right).$$

Da aber α nur über einen endlichen Bereich läuft, während r für $k = 0$ unbegrenzt wächst, erwarten wir für das Volumen des gesamten Raums im Fall $k = 1$ ein endliches Ergebnis. Tatsächlich erhalten wir, wenn wir uns daran erinnern, dass die radiale Koordinate das Differential $R dr/\sqrt{1 - r^2}$ hat:

$$V = R^3 \int_0^1 \frac{r^2 \mathrm{d}r}{\sqrt{1 - r^2}} \int_0^\pi \mathrm{d}\vartheta \sin\vartheta \int_0^{2\pi} \mathrm{d}\phi$$
$$= 4\pi R^3 \int_0^1 \frac{r^2 \mathrm{d}r}{\sqrt{1 - r^2}} = \pi^2 R^3. \tag{2.31a}$$

Im vierten Kapitel werden wir sehen, dass dieses Volumen immer endlich ist (siehe Seite 258 f.). Wir bezeichen also einen dreidimensionalen Raum konstanter positiver Krümmung als geschlossen. Im Gegensatz dazu ist ein Raum negativer Krümmung offen, sein Volumen ist

$$V = R^3 \int_0^\infty \frac{r^2 \mathrm{d}r}{\sqrt{1 + r^2}} \int_0^\pi \mathrm{d}\vartheta \sin\vartheta \int_0^{2\pi} \mathrm{d}\phi = \infty, \tag{2.31b}$$

ein Raum mit $k = 0$ ist flach und hat ebenfalls ein unendliches Volumen. Diese Nomenklatur ist dem zweidimensionalen Analogon entnommen: die Oberfläche einer Kugel ist endlich, $A = 4\pi R^2$, eine Pseudosphäre ist wie eine Ebene unendlich ausgedehnt.

Und es stimmt!

Nach diesem Ausflug in die Differentialgeometrie kommen wir auf einige messbare Effekte der allgemeinen Relativitätstheorie zu sprechen. Die erste quantitative Bestätigung der gerade erst formulierten Theorie kam durch die Beobachtung der Lichtablenkung in der Nähe der Sonne. Zieht die Sonne nahe an der Verbindungslinie zwischen der Erde und einem Stern vorbei, scheint sich der Stern zu bewegen, und zwar derart, dass er von der Sonne abgestoßen zu werden scheint. Die Bahn des Sterns in Bezug auf die Sonne wird also „verbogen", wie in der Abbildung 2.8 stark übertrieben dargestellt ist. Qualitativ können wir den Effekt schon in der Newtonschen Gravitations-

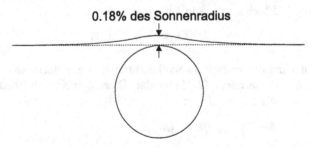

0.18% des Sonnenradius

Abbildung 2.8. Zur Lichtablenkung an der Sonne

theorie erklären. Die Grundlage ist dieselbe, auf die wir uns in der Einführung des Schwarzschild-Radius gestützt haben: Während für ein freies Teilchen im

Grenzwert $v \ll c$ die Gesamtenergie mit der kinetischen Energie $\frac{1}{2}mv^2$ identisch ist, muss für ein Teilchen im Gravitationsfeld die potentielle Energie hinzuaddiert werden:

$$E = \frac{1}{2}mv^2 - \frac{G_N mM}{R}.$$

Damit wird das Quadrat der Geschwindigkeit um das Quadrat der Fluchtgeschwindigkeit vermindert:

$$v'^2 = v^2 - \frac{2G_N M}{R}.$$

In der Metrik können wir das berücksichtigen, indem wir den zeitlichen Teil ändern:

$$\mathrm{d}s^2 = \left(1 - \frac{2G_N M}{Rc^2}\right)c^2\mathrm{d}t^2 - \mathrm{d}\boldsymbol{x}^2 = \left(1 - \frac{R_S}{R}\right)c^2\mathrm{d}t^2 - \mathrm{d}\boldsymbol{x}^2.$$

Da in dieser Formel die Masse des Teilchens keine Rolle spielt, ist sie auch auf Licht anzuwenden, für das man dann eine Bahnkurve $r(t)$ und daraus die Ablenkung im Schwerefeld der Sonne berechnen kann. Läuft der Strahl tangential über die Oberfläche, erhält man eine Ablenkung von $R_S/R = 2.95325008\,\mathrm{km}/696000\,\mathrm{km} = 7.5 \cdot 10^{-6}$, das entspricht einem Winkel von $0.88''$ oder $0.00024°$.[6] Ein Stern, der sich unmittelbar an der Sonne vorbeibewegt, würde sich also scheinbar um 0.09% ihres Radius von ihr entfernen. Allerdings ist das genau die Hälfte des beobachteten Werts! Erst die Allgemeine Relativitätstheorie liefert die richtige Antwort. Sie postuliert ja, dass Licht sich entlang den Nullgeodäten ausbreitet, deren vierdimensionale Länge verschwindet, also $s^2 = \int \mathrm{d}s^2 = 0$. In der Minkowski-Metrik (2.14) bedeutet das, wie wir bereits gezeigt haben, dass Lichtstrahlen sich geradlinig mit der Lichtgeschwindigkeit c fortpflanzen:

$$s^2 = 0 \;\rightarrow\; c^2t^2 = x^2 + y^2 + z^2.$$

Das ist ja gerade die Bedingung (2.2). Anders ist es im Fall einer ortsabhängigen Metrik, in dem die Bedingung $s^2 = 0$ beliebig kompliziert werden kann. Mit Hilfe der Schwarzschild-Metrik (siehe (2.22))

$$\mathrm{d}s^2 = \left(1 - \frac{R_S}{r}\right)c^2\mathrm{d}t^2 - \frac{\mathrm{d}r^2}{1 - R_S/r} - r^2\mathrm{d}\Omega^2$$

$$\underset{r \gg R_S}{\approx} \left(1 - \frac{R_S}{r}\right)c^2\mathrm{d}t^2 - \left(1 + \frac{R_S}{r}\right)\mathrm{d}r^2 - r^2\mathrm{d}\Omega^2,$$

erhält man $\phi = 2R_S/R = 1.75'' = 0.00049°$ [58] (siehe Abbildung 2.9). Die

---

[6] Dieser Wert wurde bereits 1803 von Johann Georg von Sollner auf der Basis der Newtonschen Gravitationstheorie berechnet, nachdem einige Jahre zuvor bereits Laplace über den Effekt spekuliert hatte.

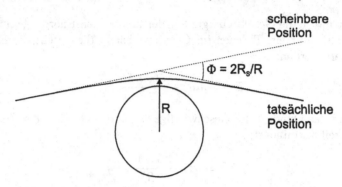

Abbildung 2.9. Zur Lichtablenkung an der Sonne

erste Messung dieses Effekts gelang Arthur Eddington 1919 anläßlich einer in den Tropen beobachteten Sonnenfinsternis [53].[7] Trotz des relativ großen Fehlers konnte die Vorhersage der Allgemeinen Relativitätstheorie bestätigt werden.

Heute ist die Lichtablenkung so gut etabliert, dass man sie für die Messung von großen Massen benutzt. Denn wie aus Abbildung 2.9 deutlich wird, führt sie durch die Fokussierung des Lichts zu einer Verstärkung der scheinbaren Helligkeit, die mit der ablenkenden Masse wächst. Das Bild einer Galaxie kann durch den Einfluss einer Vordergrund-Galaxie verformt und vervielfacht werden (siehe Abbildung 2.10). Aus der Form und der Statistik solcher „Einstein-Bögen" kann man etwas über die Masseverteilung in Galaxiengruppen lernen (siehe [137, Kapitel 20]). Auch zur Suche nach „Dunkler Materie" in unserer eigenen Galaxie wird der Gravitationslinsen-Effekt herangezogen (siehe Kapitel 4, Seite 278 f.).

Nahe verwandt mit der Lichtablenkung ist die „Perihel-Drehung" von Planeten und Asteroiden, die die Sonne auf einer elliptischen Bahn umlaufen (siehe 2.11). Als Perihel bezeichnet man den Bahnpunkt, der der Sonne am nächsten liegt. Dieses ist räumlich nicht konstant, sondern dreht sich langsam um die Sonne, sodass die Bahn eine Art Rosette beschreibt. Im Rahmen der allgemeinen Relativitätstheorie findet man für die Drehung nach einem Umlauf des Planeten

---

[7] Einstein war am Ende des Ersten Weltkriegs durch einen Artikel der „Times" mit einem Schlag einem großen Publikum bekannt geworden. Am 7. November 1919 lautete die Schlagzeile: „Revolution in Science – New Theory of the Universe – Newtonian Ideas Overthrown". Eddington konnte dann im März 1919 zwei Expeditionen auf die Beine stellen, die unabhängige Messungen hervorbrachten: sie kamen jeweils auf $(1.60 \pm 0.31)''$ und $(1.98 \pm 0.12)''$ (zitiert nach [172]). Bis heute ist die messgenauigkeit nicht wesentlich besser geworden: sie wird vor allem durch das „seeing", die Beeinflussung von astronomischen Bildern durch die Erdatmosphäre begrenzt.

Abbildung 2.10. Eine Gravitationslinse (Das Photo wurde von AURA/STScI mit Unterstützung der NASA unter Vertrag NAS5-26555 hergestellt und ist mit Genehmigung von STScI und Dr. Warrick Couch abgedruckt.)

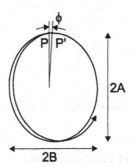

Abbildung 2.11. Zur Perihel-Drehung

$$\phi = \frac{3\pi R_S A}{B^2},$$

wobei A die große, B die kleine Halbachse der Ellipse, und R_S wieder der Schwarzschild-Radius (2.23) der Sonne sind [58]. Für Merkur ist $A = 57.9$ Millionen km, $B = 56.6$ Millionen km, also $\phi = 0.1036''$ pro Umlauf oder $43''$ pro Erdjahrhundert (Merkur führt in dieser Zeit 415 volle Umdrehungen aus). Dieser Effekt ist nicht nur für Merkur, sondern auch für andere Planeten durchaus messbar, und das Resultat stimmt jedes Mal hervorragend mit dem theoretischen Wert überein.[8]

Der genaueste astronomische Test der allgemeinen Relativitätstheorie kommt aus der Beobachtung eines „binären Pulsars". Ein Pulsar ist ein Stern sehr hoher Dichte (ungefähr 1.4 Sonnenmassen in einer Kugel mit einem Radius von 10 km, siehe Kapitel 4, 311), der sich schnell um die eigene Achse dreht. Die Perioden können im Millisekunden-Bereich liegen. Darüberhinaus hat er ein starkes Magnetfeld, das dafür sorgt, dass ionisierte Materie in seiner Nähe entlang den Feldlinien bevorzugt auf die magnetischen Pole fällt, wo sie seine Oberfläche lokal stark aufheizt. Fallen die geometrischen und die magnetischen Pole nicht genau aufeinander, rotieren diese heißen Flecken also und liefern eine Art kosmisches Leuchtfeuer (siehe Abbildung 2.12). Die

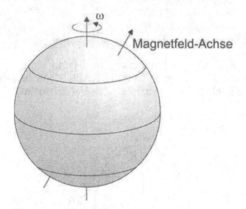

Abbildung 2.12. Ein Pulsar

Rotationsperiode ist nun nicht konstant, sondern nimmt kontinuierlich zu, da dem System durch die Strahlung, die es emittiert, Energie entzogen wird. Im Jahre 1975 fanden Robert A. Hulse und Joseph H. Taylor ein System, das aus zwei umeinander rotierenden Pulsaren besteht, den binären Pulsar PSRB1913+16 [109].[9] In einem solchen System gibt es sehr wenig Materie, die noch von den Pulsaren verschluckt werden kann, und der Energieverlust durch elektromagnetische Strahlung wird sehr klein. Einer der beiden Pulsare ist beobachtbar, das heißt, sein „Leuchtstrahl" überstreicht die Erde. Seine Periode ist auf 14 signifikante Stellen gemessen: 59.029998344418 s [159]. Auch die Zunahme der Periode ist, auch wenn sie sehr klein ist, noch messbar. Sie beträgt 0.27226 ns pro Sternjahr [159] eine relative Änderung von $4.6 \cdot 10^{-12}$

---

[8] Einen Überblick über die Messmethoden und ältere Ergebnisse enthält der Artikel von B. Bertotti, D. Brill und R. Krotkov in [173].

[9] Die Abkürzung bezeichnet den binären (B) Pulsar (PSR), dessen Winkelkoordinaten die Rektaszension 19h13 und die Deklination +16° sind.

pro Jahr! Interessanter ist allerdings nicht die Rotation eines Pulsars um seine eigene Achse, sondern der Umlauf der beiden Pulsare umeinander. Praktisch alle Bahn-Parameter wurden mit extremer Genauigkeit gemessen, wie die Umlaufperiode, die Exzentrizität der Bahn ($\epsilon = 1 - B^2/A^2 < 1$), die Periastron-Drehung[10] und, was besonders wichtig ist, die Änderung der Umlaufperiode. Der messwert, $\dot{P} = -(76.4 \pm 0.2)\,\mu s$ pro Sternjahr [159], ist nur dadurch zu erklären, dass das System Energie durch Emission von Gravitationswellen verliert. Es verformt also periodisch den Raum in seiner Nähe. Die direkte Beobachtung von Gravitationswellen auf der Erde durch die Messung von Längenänderungen ist schwierig, da die Effekte in großer Entfernung von der Quelle sehr klein sind. Man hofft, in nicht zu ferner Zukunft durch Interferometrie messbare Signale ($\Delta l/l \approx 10^{-19}$) zu bekommen, wenn in einer Entfernung von weniger als 200 MPc ($6 \cdot 10^{21}$ km!) ein binärer Pulsar am Ende seiner Lebensdauer kollabiert. Der Energieverlust in den letzten Minuten oder Sekunden ist wegen der gigantischen Schwereanziehung solcher dichten Objekte dann so groß, dass die Raumverbiegung dann praktisch im ganzen sichtbaren Universum zu spüren ist. Es gibt zur Zeit einige Projekte, Gravitationswellen-Detektoren auf dem Prinzip des Michelson-Morley-Interferometers zu bauen. Man erwartet eine Handvoll Ereignisse pro Jahr.

Neben den astronomischen Beobachtungen gibt es aber auch Laborexperimente, die eine durch die Schwere hervorgerufene Raumkrümmung nachgewiesen haben. Das konzeptionell einfachste Experiment ist die Messung der Rotverschiebung von Spektrallinien im Schwerefeld der Erde. Einem Photon der Frequenz ν kann man unter Benutzung der Planckschen Formel $E = h\nu$ (siehe (2.32) im nächsten Abschnitt) und der Einstein-Beziehung $E = mc^2$ (siehe (2.11)) eine effektive Masse $m = E/c^2 = h\nu/c^2$ zuordnen. Dann sollte es Energie verlieren, wenn es sich aufwärts bewegt, und seine Frequenz sollte kleiner, seine Wellenlänge größer werden. Wird das Photon auf der Erdoberfläche, bei $r = R$, emittiert und $h = 20$ m weiter oben nachgewiesen, hat es eine Potentialdifferenz

$$\Delta\Phi = -\frac{G_N m M}{R} + \frac{G_N m M}{R+h} = -\frac{G_N m M}{R} \cdot \frac{h}{R+h} \approx -\frac{G_N m M}{(R^2/h)}$$

$$= -\frac{G_N M h\nu}{c^2 (R^2/h)}$$

durchlaufen und entsprechend Energie verloren. Die relative Frequenzänderung, die Rotverschiebung, beträgt also

$$\frac{\Delta\nu}{\nu} = \frac{\Delta E}{h\nu} = \frac{\Delta\Phi}{h\nu} = -\frac{1}{2}\frac{R_S h}{R^2},$$

wobei $R_S = 8.87$ mm der Schwarzschild-Radius (2.23) der Erde ist. Für $h = 20$ m erhält man $\Delta\nu/\nu = -2.2 \cdot 10^{-15}$. Das ist nur im γ-Strahlenbereich durch

---

[10] Das Periastron ist das Pendant zum Perihel, wenn das Zentralgestirn nicht die Sonne ist.

den Mößbauer-Effekt [130] zu messen (siehe Anhang E). Das Experiment, zum ersten Mal von Pound und Repka im Jahre 1960 durchgeführt, stimmt auch hier gut mit der Theorie überein [142].

Die allgemeine Relativitätstheorie ist also immer wieder, auf verschiedenste Art und Weise, bestätigt worden. Ihre Eleganz, die sich hauptsächlich in der geometrischen Beschreibung der Gravitation ausdrückt, hat manchen Physiker, so auch Einstein, veranlaßt, sie als Grundlage für eine allgemeine Feldtheorie zu nehmen und zu versuchen, andere Wechselwirkungen, wie den Elektromagnetismus, die starke und die schwache Wechselwirkung auf ähnliche Weise zu behandeln. Leider haben diese Anstrengungen bisher nicht zum Erfolg geführt. Die eigentliche Schwierigkeit besteht in der Verbindung von Gravitations- und Quantentheorie, für es die zwar Ansätze, aber keine geschlossenen Theorien gibt. Jetzt haben wir das relativistische Handwerkszeug, das wir für unsere weitere Arbeit brauchen, beisammen. Wir wenden uns jetzt der anderen tragenden Säule zu: der Quantentheorie.

Quanten, Teilchen und Felder

Plancks Strahlungsformel

Gegen Ende des neunzehnten Jahrhunderts war, aufbauend auf Maxwells Elektrodynamik [122], verstanden worden, dass Licht elektromagnetische Strahlung ist, und dass Farbe und Wellenlänge eindeutig miteinander zusammenhängen. Es war auch klar, dass es Strahlung gibt, deren Wellenlänge entweder größer oder kleiner ist als die des sichtbaren Lichts. Langwellige Strahlung hatte man sich mittlerweile zunutze gemacht, um Nachrichten zu übertragen: 1896 hatte Marconi das Radio erfunden. Aber es gab ein großes Fragezeichen hinter diesen Tatsachen: welcher Natur ist die Wechselwirkung zwischen Strahlung und Materie? Man versuchte, der Sache anhand eines besonders einfachen Falls, des „schwarzen Strahlers" auf den Grund zu gehen. Dies ist definitionsgemäß ein Körper, der alle auf ihn eintreffende Strahlung absorbiert. Das Spektrum der von ihm *emittierten* Strahlung hängt dann – auch das war bekannt – nur von seiner Temperatur ab. Aber selbst mit den raffiniertesten Methoden der statistischen Physik, eines damals besonders von Ludwig Boltzmann zur Perfektion geführten Regelwerks, dessen Grundzüge im Anhang C dargestellt sind, war es nicht möglich, das Spektrum eines schwarzen Körpers über alle Wellenlängen mit einem einzigen Gesetz zu beschreiben. Es gab wohl Formeln, die in einem beschränkten Bereich gültig sind, nicht aber das universelle Gesetz, das man aus der vermeintlichen Einfachheit des Problems erwartet hatte. Es war das Verdienst Max Plancks, den Schlüssel zu diesem Rätsel gefunden zu haben, mehr noch die Tür zu einer ganz neuen Physik aufgestoßen zu haben, deren Konsequenzen wir bis heute noch nicht ganz erfasst haben. Die grundlegende Idee bestand in der

Hypothese, dass die Strahlung in Quanten, deren Energie der Frequenz proportional ist, absorbiert und emittiert wird:

$$E = h\nu. \tag{2.32}$$

Die Proportionalkonstante hat den Wert

$$h = 6.6260755 \cdot 10^{-34}\,\text{Js} = 4.1356692 \cdot 10^{-15}\,\text{eV}.$$

Diese Zahl ist so klein, dass es nicht verwundert, dass wir im Makroskopischen kaum je Quanteneffekte bemerken. Aus dem Ansatz erhielt Planck jedoch über eine aufwendige statistische Betrachtung eine Strahlungsformel, die das gesamte Spektrum eines schwarzen Strahlers quantitativ beschreibt [141]. Da diese Formel auch in der Kosmologie eine Rolle spielt, werden wir sie hier herleiten. Allerdings verfolgen wir einen auf Einstein zurückgehenden Weg, der einerseits wesentlich weniger rechnerischen Aufwand erfordert als Plancks Methode, und der darüberhinaus die physikalischen Zusammenhänge besser veranschaulicht, da er vom Begriff des Lichtquantums explizit Gebrauch macht [55].

Zunächst machen wir uns aber erst einmal klar, wie schwarze Strahler in der Realität aussehen. Eine vollständige Absorption von Strahlung ist möglich, wenn das von ihr erfüllte Volumen rundherum von Materie umgeben ist. Die Strahlung eines schwarzen Körpers wird daher auch Hohlraumstrahlung genannt. Im Labor können wir einen solchen Hohlraum einfach realisieren, allerdings brauchen wir ein Loch, durch das wir die Strahlung im Innern beobachten können. Je kleiner das Loch, desto näher kommen wir an die idealen Bedingungen der Hohlraumstrahlung heran.

Was geht nun an den Wänden eines solchen Hohlraums vor? Nach Planck kann Strahlungsenergie nur in Quanten der Größe $h\nu$ abgegeben oder aufgenommen werden. Ein Atom, das ein solches Quant aufnimmt, wird „angeregt": seine Elektronen-Konfiguration ändert sich dergestalt, dass die Energiedifferenz zwischen dem angeregten und dem ursprünglichen Zustand gerade $h\nu$ beträgt. Andererseits kehren angeregte Atome durch Strahlungsemission in ihren „Grundzustand", den Zustand niedrigster Energie, zurück. Das kann entweder spontan geschehen oder durch „erzwungene Emission": Strahlung, die auf ein angeregtes Atom trifft, kann dieses zur Emission eines Quants veranlassen. Für einen makroskopischen Körper, der aus vielen Atomen besteht, passieren diese Vorgänge in sehr großer Zahl und zufällig, und wir müssen zu statistischen Methoden übergehen. Die Zahl der Absorptionen pro Volumen- und Zeiteinheit ist der Teilchenzahldichte n der Lichtquanten oder „Photonen" und der Zahl der Atome im Grundzustand N_0 proportional:

$$\dot{N}_{abs} = \alpha N_0 \cdot \frac{\mathrm{d}n}{\mathrm{d}\nu}(\nu)\mathrm{d}\nu.$$

Hier haben wir natürlich gleich angenommen, dass die Photonendichte frequenzabhängig ist: der Ausdruck $(\mathrm{d}n/\mathrm{d}\nu)\mathrm{d}\nu$ bezeichnet die Zahl der Quanten pro Volumeneinheit, deren Frequenz in dem infinitesimalen Intervall zwischen ν und $\nu + d\nu$ liegt. Der Proportionalitätsfaktor α bleibt noch zu bestimmen. Die Zahl der spontanen Emissionen ist der Zahl der angeregten Atome N^* proportional:

$$\dot{N}_{sp} = \beta N^*,$$

mit einem neuen Parameter β. Die erzwungene Emission geht auf denselben Prozess zurück wie die Absorption und erhält daher dieselbe Proportionalitätskonstante:

$$\dot{N}_e = \alpha N^* \cdot \frac{dn}{d\nu}(\nu)d\nu,$$

aber es muss natürlich anstelle der Zahl der Atome im Grundzustand N_0 die der angeregten Atome N^* eingesetzt werden. Im Gleichgewicht muss die Emissionsrate gleich der Absorptionsrate sein:

$$\alpha N^* \cdot \frac{dn}{d\nu}(\nu)d\nu + \beta \cdot N^* = \alpha N_0 \cdot \frac{dn}{d\nu}(\nu)d\nu.$$

Um das nach $n(\nu)$ auflösen zu können, müssen wir N^* als Funktion von N_0 ausdrücken. Wie wir im Anhang C begründen, ziehen wir dazu die Boltzmann-Verteilung (C.16) heran, also $N^* = N_0 e^{-E/kT}$. Die Zahl N_0 fällt dann aus der Gleichung hinaus – das Ergebnis sollte ja auch nicht von der Größe des Systems abhängen – und wir erhalten

$$\left(\alpha \frac{dn}{d\nu}(\nu)d\nu + \beta \right) e^{-E/kT} = \alpha \frac{dn}{d\nu}(\nu)d\nu$$

oder mit der Planckschen Formel (2.32):

$$\frac{dn}{d\nu}(\nu)d\nu = \frac{\beta}{\alpha} \frac{1}{e^{h\nu/kT} - 1}.$$

Die Konstante β/α hat Planck über eine aufwendige Rechnung bestimmt, die die Eigenschaften von elektromagnetischen Schwingungen in einem Hohlraum berücksichtigt.[11] Sie ergibt sich zu

$$\frac{\beta}{\alpha} = \frac{8\pi\nu^2}{c^3}d\nu.$$

Damit erhalten wir die endgültige Form der Planckschen Strahlungsformel:

---

[11] Mehr als zwei Jahrzehnte später ist es Bose [30] gelungen, diese Konstante auf rein quantentheoretischer Basis zu berechnen. Sein Artikel und Einsteins weiterführende Arbeiten waren ein wesentlicher Meilenstein auf dem Weg zur Quantenmechanik. Im Anhang C vollziehen wir diese Herleitung nach.

$$\frac{\mathrm{d}n}{\mathrm{d}\nu}(\nu)\mathrm{d}\nu = \frac{8\pi}{c^3} \frac{\nu^2 \mathrm{d}\nu}{e^{h\nu/kT} - 1}. \tag{2.33}$$

Da h, c und kNaturkonstanten sind, hängt das Spektrum nur von der Temperatur ab. Sogar die absolute Zahl der Quanten, die „Normierung", ist festgelegt: Integrieren wir $(\mathrm{d}n/\mathrm{d}\nu)/h\nu$ über alle Frequenzen, erhalten wir die Photonendichte (siehe auch (C.23a)):

$$n_\gamma = \int_0^\infty \frac{\mathrm{d}n}{\mathrm{d}\nu}\mathrm{d}\nu = \frac{2.404}{\pi^2}\left(\frac{kT}{\hbar c}\right)^3 = 20.29\,\mathrm{cm}^{-3}\left(\frac{T}{K}\right)^3. \tag{2.34}$$

Die Zahl der Photonen in einem gegebenen Volumen ist also der dritten Potenz der Temperatur proportional. Die Energiedichte ergibt sich durch Multiplikation mit der Photonenergie (siehe auch (C.24a)):

$$\frac{\mathrm{d}(\rho c^2)}{\mathrm{d}(h\nu)}\mathrm{d}(h\nu) = h\nu\frac{\mathrm{d}n}{\mathrm{d}\nu}\mathrm{d}\nu = \frac{8\pi h}{c^3}\frac{\nu^3 \mathrm{d}\nu}{e^{h\nu/kT} - 1}. \tag{2.35}$$

Dabei hat ρ die Dimension einer Massendichte. Integration dieses Ausdrucks über alle Frequenzen ergibt die gesamte Energiedichte in der Strahlung:

$$\rho c^2 = \frac{8\pi h}{c^3}\int_0^\infty \frac{\nu^3 \mathrm{d}\nu}{e^{h\nu/kT} - 1} = \frac{8\pi h}{c^3}\left(\frac{kT}{h}\right)^4 \int_0^\infty \frac{x^3 \mathrm{d}x}{e^x - 1}.$$

Das Integral hat den Wert $\pi^4/15$ [91]. Also gilt (siehe auch (C.24a)):

$$\rho c^2 = \frac{\pi^2}{15}\frac{(kT)^4}{(\hbar c)^3} = 4.722\,\frac{\mathrm{meV}}{\mathrm{cm}^3}\left(\frac{T}{K}\right)^4 = 7.566 \cdot 10^{-16}\,\frac{\mathrm{J}}{\mathrm{m}^3}\left(\frac{T}{K}\right)^4. \tag{2.36}$$

Multipliziert mit einem Viertel der Lichtgeschwindigkeit liefert das außerdem die vom schwarzen Körper abgestrahlte Leistung pro Zeiteinheit, das Stefan-Boltzmann-Gesetz [157][12]:

$$S = \frac{c}{4}\rho c^2 = \frac{c\pi^2}{60}\frac{(kT)^4}{(\hbar c)^3} \equiv aT^4 = (5.67051 \pm 0.00019) \cdot 10^{-8}\,\frac{\mathrm{W}}{\mathrm{m}^2}\cdot\left(\frac{T}{K}\right)^4. \tag{2.37}$$

Nehmen wir einmal an, die Erde sei ein schwarzer Körper (was nicht ganz richtig ist, da ein Teil der einfallenden Strahlung über die „Albedo" reflektiert wird), und ziehe nur die Sonnenstrahlung in Betracht, deren Leistungsdichte auf der Oberseite der Atmosphäre $1.37\,\mathrm{kW/m^2}$ beträgt (die Solarkonstante, siehe (1.7) in Kapitel 1), können wir aus dem Stefan-Boltzmann-Gesetz (2.37) die Gleichgewichtstemperatur der Erde abschätzen. Die Sonne bestrahlt die projizierte Fläche πr^2, wobei r der Erdradius ist, die Erde strahlt hingegen

---

[12] Der aktuelle Wert für die Stefan-Boltzmann-Konstante k stammt aus [135].

über ihre gesamte Oberfläche $4\pi r^2$ ab. Die Gleichgewichtsbedingung lautet also:

$$\frac{1}{4} \cdot 1.37 \, \frac{kW}{m^2} = aT^4$$

oder

$$T = \left(\frac{343 \, W/m^2}{5.671 \cdot 10^{-8} \, W/m^2} \right)^{1/4} K = 279 \, K = 6°C.$$

Durch die Albedo würde die Gleichgewichtstemperatur sogar deutlich unter den Gefrierpunkt geraten. Dass die tatsächliche mittlere Temperatur in der Troposphäre etwa 14°C beträgt, ist eine Folge des Treibhauseffekts.

Plancks Quantenhypothese setzte sich um so schneller durch, als die soeben hergeleitete Strahlungsformel im Experiment glänzend bestätigt wurde. Und schon bald, nämlich 1905, gelang es Einstein, mit dem Beweis einer konsistenten quantentheoretischen Beschreibung des „lichtelektrischen Effekts", des Auslösens eines Stroms durch Licht, das auf eine Leiteroberfläche fällt, den zweiten Grundpfeiler zu diesem neuen Gedankengebäude einzurammen [55], was wir uns gerade schon zunutze gemacht haben.[13] Einstein beruft sich in seinem Artikel ausdrücklich auf Lenards Experimente, die gezeigt hatten, dass die Elektronenenergie, die man durch Messung der negativen Potentialdifferenz bestimmte, gegen die die Elektronen gerade noch anlaufen können, nur von der Wellenlänge, nicht aber von der Intensität des einfallenden Lichts abhängt [119]. Das kann im Rahmen des klassischen Elektromagnetismus nicht erklärt werden. Mit Hilfe der Quantenhypothese wird dieser Zusammenhang klar und einfach: die Elektronen absorbieren jeweils ein Photon, gewinnen dadurch die Energie $h\nu$ und können, falls diese Energie größer ist als die materialspezifische „Austrittsarbeit" A, das Metall verlassen. Die gemessene Energie der Elektronen ist daher $E = h\nu - A$. Heute noch ist dieses Phänomen oder seine Umkehrung, die Emission von Licht beim Beschuß von Metalloberflächen mit Elektronen ein wichtiges Werkzeug der Festkörperphysiker, mit dem sie die Eigenschaften von Oberflächen studieren. Die einfallende Intensität beeinflusst beim lichtelektrischen Effekt nur die Zahl der ausgelösten Elektronen. Übrigens hat Einstein für diese Arbeit, und nicht etwa für die im gleichen Jahr entstandene Relativitätstheorie den Nobelpreis erhalten.

---

[13] Im Jahr 1887 hatte Heinrich Hertz gefunden, dass negative Ladungen aus einer Metallplatte austreten, wenn diese mit ultraviolettem Licht bestrahlt wird [104]. Seit 1897 wußte man durch J. J. Thomsons Experimente, dass die aus der Kathode einer Entladungsröhre ausgelöste negativ geladene Strahlung („Kathodenstrahlung") aus einer einzigen Sorte von Teilchen mit einem festen Ladungs- zu Massenverhältnis q/m besteht, den Elektronen [163].

Diskrete Zustände in Atomen

Die Wechselwirkung einzelner Photonen mit der Materie muss natürlich von der mikroskopischen Struktur der Materie bestimmt sein, dass heißt letztendlich sogar von der Struktur der Atome. Wenn nun die Energie eines Photons als Quantum aufgenommen oder abgegeben wird, muss sich auch die Energie des Atoms während des Prozessen sprunghaft ändern, und zwar wegen der Energieerhaltung dergestalt, dass die Differenz zwischen den Energien des „angeregten Zustands" und des „Grundzustands" gleich der Energie des Photons ist, also $\Delta E = h\nu$. Dass solche diskreten Anregungen in Atomen tatsächlich existieren, haben James Franck und Gustav Hertz in einem verblüffend einfachen Experiment gezeigt [72]. Der in Abbildung 2.13 skizzierte Aufbau erlaubt es, Elektronen aus einer Glühkathode K in einem Gefäß, das zum Beispiel mit Quecksilberdampf gefüllt ist, auf eine Gitteranode A hin zu beschleunigen und diejenigen, die auf dem Weg durch Kollisionen Energie verloren haben, durch eine schwache Gegenspannung am Erreichen der Zählelektrode Z zu hindern. Fährt man die Beschleunigungsspannung hoch, misst

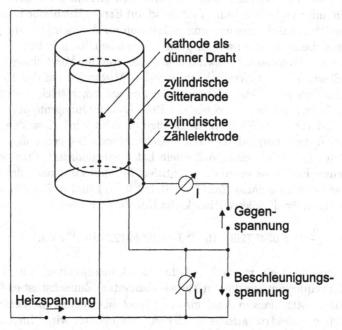

Abbildung 2.13. Der Franck-Hertz-Versuch

man, sobald sie die Gegenspannung übersteigt, einen Strom, der zunächst kontinuierlich ansteigt, da mehr und mehr Elektronen das Gitter durchfliegen. Bei einer bestimmten Spannung – bei Quecksilber sind es etwa 4.9 V –

bricht der Strom jedoch abrupt zusammen. Bei weiterer Erhöhung der Beschleunigungsspannung steigt er wieder, um bei $9.8\,\mathrm{V} = 2 \cdot 4.9\,\mathrm{V}$ wieder steil abzufallen. Dieses Verhalten kann so interpretiert werden, dass die Elektronen unterhalb von $4.9\,\mathrm{V}$ den Quecksilberdampf praktisch ohne Energieverlust durchqueren und erst dann, wenn sie genügend Energie aufgenommen haben, um im Stoß ein Atom anzuregen, effizient gebremst werden, sodass sie die Gegenspannung nicht mehr durchlaufen können. Erst wenn sie wieder deutlich mehr Energie erhalten, kommen sie wieder durch, aber nur so lange, bis sie ihre Energie in *zwei* Stößen verlieren können, und so weiter.

Ein erster Versuch: Bohrs Atommodell

Nun hat man bereits lange gewußt, dass Atome Licht bestimmter Wellenlänge emittieren. Eine heiße Flamme zum Beispiel, in die man etwas Kochsalz streut, färbt sich gelb, denn Natrium emittiert bei einer scharf definierten Wellenlänge von 585 nm. Registriert man das Emissionsspektrum eines Elements, zeigen sich charakteristische Linien. Also sollten „Atombau und Spektrallinien", so der Titel des Standardwerks von Arnold Sommerfeld [155], eng miteinander verknüpft sein. Aufbauend auf Ernest Rutherfords Interpretation der Weitwinkel-Streuung von α-Teilchen an Atomen [79], die gezeigt haben, dass diese einen schweren, positiv geladenen Kern haben, hat Niels Bohr dann ein Atommodell entwickelt [25], das von der Vorstellung ausgeht, dass die Elektronen auf Kreisbahnen in festen Abständen um den Kern laufen. Anschaulich ist es klar, dass ein Elektron auf einer solchen Bohrschen Bahn eine feste Energie hat, sodass der Planckschen Quantenhypothese und dem Franck-Hertz-Versuch dadurch Genüge geleistet wird, dass Energie nur in Vielfachen der Energie*differenzen* zwischen diesen Bahnen aufgenommen oder abgegeben werden kann. Außerdem hat Bohr gefordert, dass der Drehimpuls eines Elektrons ebenfalls quantisiert ist, und zwar nach der Formel $L = n\hbar$, wobei n eine ganze Zahl ($n = 0, 1, 2, 3, \dots$) und $\hbar$ die „reduzierte", das heißt durch 2π dividierte Plancksche Konstante ist:

$$\hbar = \frac{h}{2\pi} = 1.05457266 \cdot 10^{-34}\,\mathrm{Js} = 6.582122 \cdot 10^{-16}\,\mathrm{eV\,s}.$$

Es bleibt uns noch ein wenig klassische Physik anzuwenden, um die wichtigsten Konsequenzen aus diesem Modell abzuleiten. Zunächst ist es für eine stabile Bahn nötig, dass in Analogie zur Planetenbewegung die Zentrifugalkraft durch die elektrostatische Anziehung aufgehoben wird. Im Falle des Atom Wasserstoffatoms, dessen Kern aus einem einzelnen Proton besteht und daher die *positive* Elementarladung $+e$ trägt, gilt daher:

$$\frac{e^2}{4\pi\epsilon_0 r^2} = \frac{mv^2}{r}.$$

Außerdem folgt aus der Drehimpuls-Quantisierung:

$$mvr = n\hbar, \qquad (2.38)$$

also $v = n\hbar/mr$. Zusammengenommen liefern beide Identitäten einen Ausdruck für den Bahnradius, der außer der Quantenzahl n nur mathematische und natürliche Konstanten erhält:

$$r = n^2 \frac{4\pi\epsilon_0 \hbar^2}{me^2}. \qquad (2.39)$$

Der „Grundzustand" eines Wasserstoff-Atom, also der Zustand mit $n = 1$, entspricht der engsten Elektronenbahn, deren Radius, der Bohrsche Radius, $r_B = 0.0529177249\,\text{nm}$, vier Zehnerpotenzen kleiner als die Wellenlänge sichtbaren Lichts ist. Dies bedeutet, wie wir im vorigen Kapitel schon gezeigt haben, dass Atome dieser Größe selbst mit dem besten Mikroskop nicht sichtbar sind. Wir können jedoch die Energien berechnen, die in den Elektronenbewegungen stecken. Die Bindungsenergie, also diejenige Energie, die man aufbringen muss, um ein Elektron vom Kern zu trennen, ist wiederum gegeben durch die elektrostatische Anziehung, deren Potential bei einem Abstand r des Elektrons vom Kern gerade

$$V = -\frac{e^2}{4\pi\epsilon_0 r} = -mc^2 \left(\frac{e^2}{4\pi\epsilon_0 \hbar c} \right)^2 \frac{1}{n^2}$$

ist. hinzuaddieren müssen wir noch die kinetische Energie, die wir aus dem Zusammenhang zwischen Zentrifugalkraft und Anziehung durch Multiplikation mit $r/2$ erhalten:

$$\frac{mv^2}{2} = \frac{e^2}{8\pi\epsilon_0 r} = \frac{mc^2}{2} \left(\frac{e^2}{4\pi\epsilon_0 \hbar c} \right)^2 \frac{1}{n^2},$$

also gerade die Hälfte der potentiellen Energie Damit folgt:

$$E_n = -\frac{mc^2}{2} \left(\frac{e^2}{8\pi\epsilon_0 \hbar c} \right)^2 \frac{1}{n^2} \qquad (2.40)$$

oder numerisch mit $mc^2 = 510.99906\,\text{keV}$ und der Feinstrukturkonstanten $\alpha = e^2/4\pi\epsilon_0 \hbar c = 1/137.0359895$:

$$E_n = -13.6056981\,\text{eV} \cdot \frac{1}{n^2}.$$

Die Energiedifferenz zwischen zwei Bahnen mit den Quantenzahlen n und m ist damit

$$E_n - E_m = 13.6056981\,\text{eV} \cdot \left(\frac{1}{m^2} - \frac{1}{n^2} \right) \qquad (2.41)$$

und die Wellenlänge der beim Übergang absorbierten oder emittierten Strahlung

$$\lambda_{nm} = \frac{c}{\nu_{nm}} = \frac{hc}{E_n - E_m} = 91.126705\,\text{nm} \cdot \left(\frac{1}{m^2} - \frac{1}{n^2} \right)^{-1}.$$

Diese Formel stimmt hervorragend mit gemessenen Wasserstoffspektren überein. Interessant ist der Grenzfall $m = n - 1 \gg 1$, der den Abstand benachbarter hochangeregter Niveaus wiedergibt. Der Ausdruck $1/m^2 - 1/n^2$ geht dann in

$$\frac{2n - 1}{n^2 (n^2 - 1)} \approx \frac{2}{n^3}$$

über. Für große n wird das schnell sehr klein, das heißt das Spektrum nähert sich einem kontinuierlichen, also klassischen Spektrum. Wir vermuten also – und das ist in der Tat der Fall – dass die klassische Theorie aus der Quantentheorie durch einen geeigneten Grenzübergang konstruiert werden kann. Dieses „Korrespondenzprinzip" ist ein ganz wesentlicher Zug der Quantenmechanik, der zu ihrer Akzeptanz einen bedeutenden Beitrag geleistet hat.

Auf dem Weg zur Quantenmechanik: Wellenfunktionen, Operatoren und die Unbestimmtheitsrelation

Der Erfolg des Bohrschen Atommodells ist jedoch mit einer Inkonsistenz erkauft. Denn wir haben einerseits die Gesetze der klassischen Physik benutzt, um die Formel für den Radius einer Elektronenbahn herzuleiten, habe aber die wichtige Tatsache unterschlagen, dass eine Kreisbewegung beschleunigt ist. Und nach der klassischen Elektrodynamik, die wir ebenfalls herangezogen haben, verliert eine beschleunigte Ladung Energie durch Strahlung. Die Konsequenz wäre ein Abnehmen des Bahnradius, das letzten Endes dazu führen müsste, dass das Elektron in den Kern fällt. Nicht nur, dass das offensichtlich nicht passiert, sondern es liegt ein krasser innerer Widerspruch in der Theorie vor.

Diesen Widerspruch aufzulösen, gelang in den zwanziger Jahren der „Quantenmechanik", die sehr rasch – angetrieben und beaufsichtigt von Niels Bohr selbst – die „alte Quantentheorie" ablöste. Allerdings geschah auch dies nicht ganz umsonst. Der Preis bestand dieses Mal aus der Aufgabe des vertrauten, aber unhaltbar gewordenen Begriffs der Teilchenbahn („Trajektorie") und aus dem der Anschauung schwer zugänglichen Begriff der Äquivalenz von Teilchen und Wellenpaketen. Außerdem, und das war für viele Physiker ein schwer verdaulicher Brocken, wurde klar, dass die Quantenmechanik nur *statistische* Aussagen über beobachtbare Größen machen kann. Für Einstein war das Grund genug, sie ganz in Zweifel zu ziehen [62]: „Gott würfelt nicht!"

Was haben wir uns nun unter der Doppelnatur von Teilchen und Wellen vorzustellen? Bei elektromagnetischen Wellen ist dieses Konzept schon mit der Einsteinschen Lichtquantenhypothese eingeführt worden. Es ist dann Anfang der zwanziger Jahre zunächst Louis de Broglie [45] aufgefallen, dass

Photonen, denen eine Energie $E = h\nu$ (siehe (2.32)) zugewiesen wird, auch einen Impuls haben müssen, der bei jeder Wechselwirkung ebenfalls streng erhalten bleibt. Nach der speziellen Relativitätstheorie hängen Energie und Impuls über die Formel (2.12) miteinander zusammen. Für ein masseloses Photon gilt daher $E = pc$, und der Impuls eines Quantums ist

$$p = \frac{h\nu}{c} = \frac{h}{\lambda},\tag{2.42}$$

wobei λ die Wellenlänge ist. Wenn einem Photon nun wie einem Teilchen kinematische Größen zugeordnet werden können, besteht kein Grund, nicht umgekehrt einem Teilchen wie einem Elektron Welleneigenschaften zu verleihen. Mathematisch wird eine Welle durch eine „Wellenfunktion" ψ beschrieben, die einer Wellengleichung gehorcht. Das kennen wir bereits aus der Elektrodynamik, wo die Amplituden des elektrischen und magnetischen Felds die Rolle der Wellenfunktion einnehmen. Wie diese Gleichung auszusehen hat, können wir uns anhand der Beziehung zwischen Impuls und Wellenlänge überlegen, indem wir weiter fordern, dass sie so beschaffen sein soll, dass sie einen Übergang zur klassischen Theorie in einem geeigneten Grenzfall ermöglicht. Setzen wir $\psi(x,t)$ als eine ebene Welle an:

$$\psi(x,t) = \psi_0 e^{ikx} e^{-i\omega t},\tag{2.43}$$

ist die erste Ableitung nach x gegeben durch

$$\frac{\partial \psi}{\partial x} = ikx.$$

Wir erinnern uns an die Definition der Wellenzahl $k = 2\pi/\lambda$ und kann nun die de-Broglie-Beziehung $p = h\lambda = \hbar k$ heranziehen, um einen Zusammenhang zwischen der *Wirkung* der ersten Ableitung auf ψ und der Multiplikation von ψ mit dem Impuls zu konstruieren:

$$-i\hbar \frac{\partial \psi}{\partial x} = p\psi.$$

Wir definieren also einen Impuls*operator*

$$\underline{p} = -i\hbar \frac{\partial}{\partial x},\tag{2.44}$$

der natürlich nur dann sinnvoll ist, wenn man ihm eine Funktion anhängt, auf die er wirken kann. Ganz analog definieren wir gleich einen Energie-*Operator*

$$\underline{E} = i\hbar \frac{\partial}{\partial t},\tag{2.45}$$

denn $\underline{E}\psi = i\hbar(-i\omega)\psi = (\hbar\omega)\psi = (h\nu)\psi$. Dies ist das entscheidende neue Werkzeug der Quantenmechanik: Jeder „Observablen", also jeder beobachtbaren Größe, wird ein Operator zugeordnet, der auf eine Wellenfunktion wirkt. Neben dem Impuls- und dem Energieoperator gibt es den Ortsoperator $\underline{x}$, der mit der Ortsvariablen identisch ist: $\underline{x}\psi = x\psi$, den Drehimpulsoperator, Ladungsoperatoren und andere. Wenn es für das Verständnis wichtig ist, werden wir weiterhin Operatoren durch Unterstreichen kenntlich machen. Wir werden wenig später sehen, in welcher Weise die Operatoren und ihre wechselseitigen Beziehungen etwas über die Observablen aussagen. Jetzt wenden wir uns aber erst wieder unserem ursprünglichen Ziel, der Aufstellung einer Wellengleichung für Teilchen, zu. Dazu benutzen wir die klassische, nichtrelativistische Beziehung zwischen dem Impuls $p = mv$ und der kinetischen Energie:

$$T = \frac{mv^2}{2} = \frac{p^2}{2m}.$$

Die Erhaltung der Gesamtenergie bedeutet $E = T + V = $ const. Multiplizieren wir dies mit der Wellenfunktion ψ und ersetze Energie und Impuls durch ihre Operatoren, erhalten wir die zeitabhängige Schrödinger-Gleichung [149]:

$$-\frac{\hbar^2}{2m}\frac{\partial^2 \psi}{\partial x^2} + V(x,t)\psi = i\hbar\frac{\partial \psi}{\partial t}. \tag{2.46}$$

Dies ist die gesuchte Wellengleichung für nichtrelativistische Teilchen. Was wir in der Praxis mit ihr anfangen, werden wir etwas später sehen. Für den Augenblick reicht uns die Lösung für ein freies Teilchen, also für den Fall $V = 0$. Wir setzen eine ebene Welle (2.43) an und erhalten durch Einsetzen die Identität

$$\frac{\hbar^2 k^2}{2m} = \hbar\omega = E,$$

die uns den Zusammenhang zwischen Energie und Wellenlänge liefert:

$$\lambda = \sqrt{\frac{h}{2mE}}. \tag{2.47}$$

Der Welle-Teilchen-Dualismus beschränkt aber, wie bereits erwähnt, die Beobachtung klassischer Observablen wie der Trajektorie eines Teilchens. Warum das so ist, vergegenwärtigen wir uns an einem Gedankenexperiment, das auf Niels Bohr und Werner Heisenberg zurückgeht [100]. Wir stellen uns vor, dass wir die Bahn eines Elektrons in der Fokalebene eines Mikroskops beobachten wollten. Nach dem Abbeschen Kriterium (siehe Kapitel 1) kann die Bahnposition in einer Richtung mit einer Genauigkeit von $\Delta x = \lambda/\sin\alpha$ gemessen werden, wenn α der maximale Beobachtungswinkel ist. Wenn wir nun das Elektron tatsächlich sehen wollen, muss mindestens ein Lichtquant an ihm gestreut werden. Dieses Photon trägt nun einen Impuls $h\nu/c$, der teilweise an das Elektron abgegeben wird. Den Impulsübertrag messen wir mit einer Genauigkeit von $\Delta p \approx (h\nu/\lambda)\sin\alpha$, da wir das Maximum der senkrecht auf der optischen Achse stehenden Komponenten nur durch den maximalen Beobachtungswinkel α abschätzen können. Das Produkt aus der Ortsunschärfe und der Impulsunsicherheit ist damit

$$\Delta x \Delta p \approx \frac{\lambda}{\sin\alpha} \cdot \frac{h\nu}{c} \sin\alpha = h, \qquad (2.48)$$

da $\lambda = c/\nu$. Die auf den ersten Blick überraschende Konsequenz dieser „Unbestimmtheitsrelation" (manchmal auch mit dem etwas irreführenden Namen „Unschärferelation" bedacht) ist die Unmöglichkeit, Ort und Impuls *gleichzeitig* exakt zu bestimmen. Später werden wir auch zeigen, wie das in der formalen Quantenmechanik zustandekommt.

Der Formalismus: Zustandsvektoren, bra's und ket's

Der Formalismus, der in den zwanziger Jahren vor allem von Heisenberg [99], Born [27] und Dirac [47] begründet wurde, beruht auf der Feststellung, dass es zwischen den Operatoren, die wir gerade eingeführt hatten, um eine Zusammenhang zwischen Observablen und Wellenfunktionen herzustellen, und Matrizen, die auf einen linearen Vektorraum wirken, einen engen Zusammenhang gibt. In der Tat kann man Wellenfunktionen als Vektoren in einem unendlich-dimensionalem Raum, dem Hilbert-Raum, auffassen, in dem das Skalarprodukt durch

$$\langle \psi\phi \rangle = \int \psi^* \cdot \phi \, \mathrm{d}^3 x \qquad (2.49)$$

gegeben ist.[14] Diese Definition erlaubt uns, statt der Wellenfunktionen „Zustandsvektoren" einzuführen, die es uns erlauben werden, mit Hilfe der Operatoren etwas über die zugehörigen Observablen auszusagen. Dazu stellen wir erst einmal Diracs „ket"- und „bra"-Vektoren vor [49]. Ein Zustand α wird durch einen ket-Vektor $|\alpha\rangle$ gekennzeichnet, dem eine Wellenfunktion ψ_α entspricht. Der komplex konjugierten Wellenfunktion ψ_α^* wird ein bra-Vektor $\langle\alpha|$ zugeordnet. Damit lässt sich das Skalarprodukt als eine spitze Klammer (englisch: bracket) schreiben:

$$\langle \beta|\alpha \rangle = \int \psi_\beta^* \psi_\alpha \mathrm{d}^3 x. \qquad (2.50)$$

Es stellt gewissermaßen die Projektion des einen Vektors auf den andern dar. Sein Verschwinden bedeutet, dass die beiden Zustandsvektoren senkrecht aufeinander stehen.[15] Es gilt $\langle\beta|\alpha\rangle^* = \langle\alpha|\beta\rangle$. Die Norm eines Vektors $|\alpha\rangle$ ist eine reelle, positive Zahl:

---

[14] $\int \mathrm{d}^3 x$ bezeichnet ein Volumenintegral über den gesamten Raum.

[15] Der vielleicht etwas überraschende Begriff der „Orthogonalität von Funktionen" erklärt sich aus der Definition des Skalarprodukts. Zur Verdeutlichung betrachten wir ein eindimensionales System: Der Sinus ist eine „ungerade" Funktion

$$\langle \alpha | \alpha \rangle = \int \psi_\alpha^* \psi_\alpha \mathrm{d}^3 x. \tag{2.51}$$

Damit sie endlich ist, muss die Wellenfunktion ψ_α sich „vernünftig" verhalten. Insbesondere muss sie weit entfernt von ihrem Maximum hinreichend schnell verschwinden. Im allgemeinen sind Zustandsvektoren „auf Eins normiert": $\langle \alpha | \alpha \rangle = 1$. Dies vermeidet nicht nur viel Schreibarbeit, sondern erleichtert auch, wie gleich erläutert wird, die Interpretation der Wellenfunktion als eine Wahrscheinlichkeitsdichte.

Nun nehmen wir an, wir hätten durch Lösen der Schrödinger-Gleichung alle möglichen Wellenfunktionen eines Systems gefunden, die wir mit den ket-Vektoren $|1\rangle$, $|2\rangle$, $|3\rangle$ und so weiter bezeichnen. Weiterhin gehen wir davon aus, dass die Zustände senkrecht aufeinander stehen und auf Eins normiert sind. Das bedeutet, dass[16]

$$\langle n | m \rangle = \delta_{nm}.$$

Wir können nun einen Projektionsoperator $|n\rangle \langle n|$ definieren, der genau diese Eigenschaft ausnutzt, um aus allen möglichen Zuständen $|k\rangle$ den Zustand $|n\rangle$ herauszufiltern, denn

$$\sum_k |n\rangle \langle n | m \rangle = \sum_k |n\rangle \, \delta_{nk} = |n\rangle \,. \tag{2.52}$$

Wenn wir wirklich alle Zustände erfasst haben, gilt die „Vollständigkeitsrelation"

$$\sum_n |n\rangle \langle n| = \mathbf{1}, \tag{2.53}$$

wobei $\mathbf{1}$ den Einheitsoperator bezeichnet, der jeden Zustand unverändert lässt.

Ebene Wellen möchten wir auch als Quantenzustände behandeln, die durch ket- und bra-Vektoren dargestellt werden. In einer Dimension schreiben wir

$$\psi(p, x) = \frac{1}{\sqrt{A}} e^{-ipx/\hbar} = \frac{1}{\sqrt{A}} e^{-ikx}.$$

($\sin(-x) = -\sin x$), während der Kosinus „gerade" ist ($\cos(-x) = \cos x$). Das Skalarprodukt aus beiden ist daher:

$$\int_{-\infty}^{+\infty} \sin x \cos x \mathrm{d}x = \int_0^{+\infty} \sin(-x) \cos(-x) \mathrm{d}x + \int_0^{+\infty} \sin x \cos x \mathrm{d}x$$

$$= -\int_0^{+\infty} \sin x \cos x \mathrm{d}x + \int_0^{+\infty} \sin x \cos x \mathrm{d}x = 0.$$

In Sinne dieser Definition stehen also Sinus und Kosinus senkrecht aufeinander.

[16] $\delta_{nm} = 1$, wenn $n = m$, und $\delta_{nm} = 0$, wenn $n \neq m$, ist das Kronecker-Symbol.

Dabei ist A eine noch festzulegende Normierungskonstante. Die Zeitabhängigkeit $\exp iEt/\hbar$ haben wir fallengelassen, da sie im folgenden belanglos ist. Nun gibt es unendlich viele solche Zustände, und da sowohl x als auch p kontinuierliche Variablen sind, erwarten wir, dass die Summation in der Vollständigkeitsrelation durch eine Integration und δ_{nm} durch eine Delta-Funktion ersetzt werden müssen. In der Integraldarstellung der Delta-Funktion (siehe (A.3)):

$$2\pi\delta\left(k - k'\right) = 2\pi\hbar\delta\left(p - p'\right)$$
$$= \int \mathrm{d}x\, e^{i\left(k-k'\right)x} = A \int \mathrm{d}x\, \psi^*(p, x)\psi\left(p', x\right)$$

haben wir bereits alle Eigenschaften eines orthogonalen Systems von Zustandsvektoren. Denn offensichtlich ist das Skalarprodukt im Hilbert-Raum nur dann von Null verschieden, wenn beide Zustände identisch sind. Wir schreiben nun die Orthogonalitätsbedingung um, indem wir dem Impuls zugeordnete bra- und ket-Vektoren benutzen:

$$A \int \mathrm{d}x\, \psi^*(p, x)\psi\left(p', x\right) = A\left\langle p|p'\right\rangle = 2\pi\hbar\delta\left(p - p'\right).$$

Damit können wir auch einen Projektionsoperator $|p\rangle\langle p|$ definieren und finden:

$$A\left(\int \frac{\mathrm{d}p}{2\pi\hbar}\,|p\rangle\langle p|\right)|p'\rangle = A \int \frac{\mathrm{d}p}{2\pi\hbar}\,|p\rangle\left(\langle p|p'\rangle\right) = |p'\rangle.$$

Das ist gleichbedeutend mit der Vollständigkeitsrelation

$$A \int \frac{\mathrm{d}p}{2\pi\hbar}\,|p\rangle\langle p| = 1, \tag{2.54}$$

die uns nahelegt, für ebene Wellen die Integration $A\int\frac{\mathrm{d}p}{2\pi\hbar}$ als die Summation über alle Impulszustände zu interpretieren. Das Resultat lässt sich leicht auf drei Dimensionen erweitern.

Natürlich kann man auf dieselbe Weise dem Ort zugeordnete Zustandsvektoren definieren. Die Orthogonalitätsbedingung ist dann:

$$\delta\left(x - x'\right) = \langle x|x'\rangle = \int \frac{\mathrm{d}p}{2\pi\hbar}e^{ip\left(x-x'\right)/\hbar} = \int \frac{\mathrm{d}k}{2\pi}e^{ik\left(x-x'\right)}$$

und die Vollständigkeitsrelation:

$$\int \mathrm{d}x\,|x\rangle\langle x| = 1.$$

Setzen wir die nun in die Orthonormierungsgleichung für die Impulszustände ein, erhalten wir:

$$A \langle p|p' \rangle = A \langle p| \left[\int dx\, |x\rangle \langle x| \right] |p'\rangle = A \int dx\, \langle p|x\rangle \langle x|p'\rangle \,.$$

Wir identifizieren also die ebene Welle mit einem Skalarprodukt im Hilbert-Raum:

$$\langle x|p\rangle = \langle p|x\rangle^* = \frac{e^{-ipx/\hbar}}{\sqrt{A}}\,.$$

Eine Schwierigkeit stellt die Normierung A dar, denn die Norm ebener Wellen, die sich über den ganzen Raum erstrecken, ist für endliche A natürlich unendlich. Wir beschränken sie künstlich auf ein Intervall Δx und normiere sie, indem wir verlangen:

$$1 = A \int_{-\Delta x/2}^{+\Delta x/2} dx\, \psi^* \psi\,.$$

Das legt $A = \Delta x$ fest. Die Vollständigkeitsrelation für Impulszustände wird damit

$$\Delta x \int \frac{dp}{2\pi\hbar}\, |p\rangle \langle p| = 1\,.$$

In drei Dimensionen entspricht die Summation über alle Impulszustände also dem Integral

$$V \int \frac{d^3 p}{(2\pi\hbar)^3}\,, \tag{2.55}$$

wobei V das Normierungsvolumen ist. Es wird sich später herausstellen, dass dieses zunächst willkürliche Volumen sich in konkreten Berechnungen von Observablen, in denen über unbeobachtete Zustände summiert wir, einfach hinauskürzt.

Erwartungswerte und Ströme

Mit Hilfe der Zustandsvektoren sehen unsere Definitionsgleichungen für Operatoren aus wie Eigenwertgleichungen in einem gewöhnlichen Vektorraum. Das wird uns erlauben, auf einfache Weise einen Zusammenhang zwischen den Operatoren und messbaren Größen herzustellen. Multiplizieren wir nämlich eine solche Eigenwertgleichung wie $\underline{A}\,|\alpha\rangle = a\,|\alpha\rangle$ *von links* mit dem bra-Vektor $\langle \alpha|$, erhalten wir

$$\langle \alpha|\underline{A}|\alpha\rangle \equiv \langle \alpha|\underline{A}\alpha\rangle = a \langle \alpha|\alpha\rangle = a\,,$$

vorausgesetzt natürlich, dass $|\alpha\rangle$ normiert ist. Zwar darf der Operator nicht wie die Zahl a aus der Klammer herausgezogen werden, doch sagt uns diese

Beziehung, dass der mit der Wellenfunktion gewichtete Mittelwert des Operators mit dessen Eigenwert identisch ist. Der zugehörige ket-Eigenvektor stellt eine Wellenfunktion dar, die Lösung einer Schrödinger-Gleichung sein muss. Wir können die wirklich relevanten Operatoren noch dadurch einschränken, dass wir verlangen, dass die Eigenwerte als „Erwartungswerte" einer Messung reell sein müssen, also $a = a^*$. Das bedeutet[17]

$$0 = (a - a^*) \langle \alpha | \alpha \rangle = \langle \alpha | \underline{A} \alpha \rangle - \langle \alpha | \underline{A} \alpha \rangle^* = \langle \alpha | \underline{A} \alpha \rangle - \langle \underline{A} \alpha | \alpha \rangle \, .$$

In der Quantenmechanik spielen also vor allem hermitesche Operatoren eine Rolle, die sich durch die Eigenschaft

$$\langle \alpha | \underline{A} \alpha \rangle = \langle \underline{A} \alpha | \alpha \rangle \quad \text{oder} \quad \langle \alpha | \underline{A} | \alpha \rangle = \left\langle \alpha | \underline{A}^\dagger | \alpha \right\rangle \qquad (2.56)$$

auszeichnen. Für ein hermitesches $\underline{A}$ und eine beliebige komplexe Zahl λ ist dann

$$\langle \alpha_1 + \lambda \alpha_2 | \underline{A} | \alpha_1 + \lambda \alpha_2 \rangle = \langle \alpha_1 + \lambda \alpha_2 | \underline{A} | \alpha_1 + \lambda \alpha_2 \rangle^* \, ,$$

reell, also auch

$$\langle \alpha_1 | \underline{A} | \alpha_1 \rangle + \lambda^* \langle \alpha_2 | \underline{A} | \alpha_1 \rangle + \lambda \langle \alpha_1 | \underline{A} | \alpha_2 \rangle + \lambda^2 \langle \alpha_2 | \underline{A} | \alpha_2 \rangle$$
$$= \langle \alpha_1 | \underline{A} | \alpha_1 \rangle^* + \lambda \langle \alpha_2 | \underline{A} | \alpha_1 \rangle^* + \lambda^* \langle \alpha_1 | \underline{A} | \alpha_2 \rangle^* + \lambda^2 \langle \alpha_2 | \underline{A} | \alpha_2 \rangle^* \, .$$

Da nach Voraussetzung $\langle \alpha_k | \underline{A} | \alpha_k \rangle = \langle \alpha_k | \underline{A} | \alpha_k \rangle^*$, folgt, dass auch

$$\lambda^* \langle \alpha_2 | \underline{A} | \alpha_1 \rangle + \lambda \langle \alpha_1 | \underline{A} | \alpha_2 \rangle = \lambda^* \langle \alpha_1 | \underline{A} | \alpha_2 \rangle^* + \lambda \langle \alpha_2 | \underline{A} | \alpha_1 \rangle^*$$
$$= \lambda^* \left\langle \alpha_2 | \underline{A}^\dagger | \alpha_1 \right\rangle + \lambda \left\langle \alpha_1 | \underline{A}^\dagger | \alpha_2 \right\rangle$$

reell ist. Das geht nur, wenn $\langle \alpha_1 | \underline{A} | \alpha_2 \rangle = \langle \alpha_2 | \underline{A} | \alpha_1 \rangle$.

Es ist uns jetzt auch möglich, die Orthogonalitätsforderung für Zustände besser zu motivieren. Seien a_1 und a_2 zwei *verschiedene* Eigenwerte des hermiteschen Operators $\underline{A}$ (siehe (2.56)) mit den zugehörigen Eigenvektoren $|\alpha_1\rangle$ und $|\alpha_2\rangle$. Schreiben wir die eine Eigenwertgleichung mit kets:

$$\underline{A} |\alpha_1\rangle = a_1 |\alpha_1\rangle$$

und die andere mit bras:

---

[17] Die ursprüngliche Schreibweise mit Wellenfunktionen zeigt, dass

$$\langle \alpha | \underline{A} \beta \rangle^* = \left(\int \mathrm{d}^3 x \psi_\alpha^* \left(\underline{A} \psi_\beta \right) \right)^* = \int \mathrm{d}^3 x \left(\underline{A} \psi_\beta \right)^* \psi_\alpha = \langle \underline{A} \beta | \alpha \rangle \, ,$$

oder $\langle \alpha | \underline{A} | \beta \rangle^* = \langle \beta | \underline{A}^\dagger | \alpha \rangle$, wobei die Notation $A^\dagger$ hier bedeutet, dass der Operator komplex konjugiert und auf die links von ihm stehende Wellenfunktion angewandt wird.

$$\langle \alpha_2 | \underline{A} = \langle \underline{A}\alpha_2 | = \langle \alpha_2 | a_2,$$

multipliziere die erste Gleichung von links mit $\langle \alpha_2 |$, die zweite von rechts mit $|\alpha_1\rangle$, erhalten wir:

$$0 = \langle \alpha_2 | \underline{A}\alpha_1\rangle - \langle \underline{A}\alpha_2 | \alpha_1\rangle = (a_1 - a_2)\langle \alpha_2 | \alpha_1\rangle,$$

also $\langle \alpha_2 | \alpha_1\rangle = 0$, da nach Voraussetzung $a_1 \neq a_2$. Damit haben wir gezeigt, dass zu verschiedenen Eigenwerten gehörende Wellenfunktionen orthogonal sind.

Wir stellen fest, dass der Erwartungswert $a = \langle \alpha | \underline{A} | \alpha\rangle$ einem gewichteten Mittelwert für $\underline{A}$ entspricht. Wir können $\psi^*\psi$ als eine Wahrscheinlichkeitsverteilung interpretieren und fassen so in einem kurzen Satz die sogenannte „Kopenhagener Deutung" der Quantenmechanik als eine probabilistische Theorie zusammen. Ihren Namen hat diese Interpretation von den Anstrengungen, die Ende der zwanziger Jahre in Niels Bohrs Kopenhagener Institut stattgefunden haben, um den zunächst recht abstrakten Formalismus mit der physikalischen Realität zu verbinden. Sie hat allerdings viele Physiker lange an ihrer Aussagefähigkeit zweifeln lassen, darunter wie bereits gesagt auch Einstein.

Um die Interpretation von $\psi^*\psi$ als Wahrscheinlichkeitsdichte zu untermauern, werden wir die eindimensionale Schrödinger-Gleichung so manipulieren, dass wir eine „Kontinuitätsgleichung" erhalten, die uns aus der klassischen Flüssigkeitsmechanik bekannt ist. Wir multiplizieren sie mit ψ^*:

$$\psi^*\left(-\frac{\hbar^2}{2m}\frac{\partial^2\psi}{\partial x^2}\right) + \psi^* V\psi = -i\hbar\psi^*\frac{\partial\psi}{\partial t}$$

und die komplex konjugierte Gleichung mit ψ:

$$\left(-\frac{\hbar^2}{2m}\frac{\partial^2\psi^*}{\partial x^2}\right)\psi + \psi^* V\psi = i\hbar\frac{\partial\psi^*}{\partial t}\psi.$$

Nach der Produktregel gilt

$$\psi^*\frac{\partial\psi}{\partial t} + \frac{\partial\psi^*}{\partial t}\psi = \frac{\partial}{\partial t}|\psi|^2$$

$$\psi^*\frac{\partial^2\psi}{\partial x^2} = \frac{\partial}{\partial x}\left(\psi^*\frac{\partial\psi}{\partial x}\right) - \frac{\partial\psi^*}{\partial x}\frac{\partial\psi}{\partial x}$$

$$\frac{\partial^2\psi^*}{\partial x^2}\psi = \frac{\partial}{\partial x}\left(\frac{\partial\psi^*}{\partial x}\psi\right) - \frac{\partial\psi^*}{\partial x}\frac{\partial\psi}{\partial x}.$$

Damit liefert die Subtraktion der zweiten Gleichung von der ersten:

$$i\hbar\frac{\partial|\psi|^2}{\partial t} = \frac{\hbar^2}{2m}\frac{\partial}{\partial x}\left(\psi^*\frac{\partial\psi}{\partial x} - \frac{\partial\psi^*}{\partial x}\psi\right). \tag{2.57a}$$

Die Größe in Klammern ist die Differenz einer komplexen Zahl und der zu ihr komplex konjugierten. Dies ist gerade das Doppelte des Imaginärteils: $i\mathcal{I}a = \frac{1}{2}(a - a^*)$. Mit den Definitionen

$$\rho = |\psi|^2 \quad \text{und}$$

$$j = \frac{i\hbar}{m}\mathcal{I}\left(\psi^*\frac{\partial\psi}{\partial x}\right) = \mathcal{R}\left(\psi^*\frac{-i\hbar}{m}\frac{\partial\psi}{\partial x}\right) \qquad (2.57\text{b})$$

erhalten wir in der Tat eine Kontinuitätsgleichung:[18]

$$\frac{\partial\rho}{\partial t} + \frac{\partial j}{\partial x} = 0. \qquad (2.57\text{c})$$

Wir haben jetzt also nicht nur sichergestellt, dass die Interpretation von $|\psi|^2 = \psi^*\psi$ als Wahrscheinlichkeitsdichte sinnvoll ist, sondern gleichzeitig eine Formel für eine Wahrscheinlichkeitsstromdichte gefunden. Wir fügen noch an, dass die Stromdichte eigentlich ein Vektor ist, dessen Komponente in die Richtung der k-ten Koordinate durch

$$j_k = \frac{i\hbar}{m}\mathcal{I}\left(\psi^*\frac{\partial\psi}{\partial x_k}\right) = \mathcal{R}\left(\psi^*\frac{-i\hbar}{m}\frac{\partial\psi}{\partial x}\right)$$

gegeben ist. Für die vollständige Kontinuitätsgleichung müssen wir die drei Komponenten aufaddieren:

$$\frac{\partial\rho}{\partial t} + \sum_{k=1}^{3}\frac{\partial j_k}{\partial x_k} = 0. \qquad (2.58)$$

Abschließend machen wir noch die wichtige Feststellung, dass die Norm einer physikalischen Wellenfunktion zeitlich erhalten ist:

---

[18] Dass ρ eine Teilchenzahldichte und j eine Stromdichte (Teilchen pro Zeit- und Flächeneinheit oder Teilchenzahldichte mal Geschwindigkeit) ist, sieht man an der hydrodynamischen Herleitung derselben Gleichung: In ein kleines Volumen der Länge Δx und der Querschnittsfläche A fließe von der einen Seite eine Flüssigkeit hinein, auf der andern Seite aus ihm hinaus. Ist die während einer kurzen Zeit Δt eintretende Menge $M_1 = A \cdot j(x) \cdot \Delta t$ von der austretenden Menge $M_2 = A \cdot j(x + \Delta x) \cdot \Delta t$ verschieden, ändert sich die im Kasten enthaltene Menge entsprechend:

$$\Delta M = A\left[j(x) - j(x + \Delta x)\right]\Delta t.$$

Dividieren wir diese Bilanz durch das Volumen $A\Delta x$ und das Zeitintervall Δt, erhalten wir eine ähnliche Beziehung für die zeitliche Dichteänderung:

$$\frac{\Delta\rho}{\Delta t} = \frac{\Delta M}{V\Delta t} = -\frac{j(x + \Delta x) - j(x)}{\Delta x} = -\frac{\Delta j}{\Delta x}$$

Der Übergang zu infinitesimalen Größen liefert dann die Kontinuitätsgleichung (2.57c).

$$i\hbar \frac{\mathrm{d}}{\mathrm{d}t} \int \mathrm{d}x\, |\psi|^2 = \frac{\hbar^2}{2m} \int \mathrm{d}x\, \frac{\partial}{\partial x} \left(\psi^* \frac{\partial \psi}{\partial x} - \frac{\partial \psi^*}{\partial x} \psi \right),$$

da der Ausdruck in Klammern auf der rechten Seite nach den weiter oben begründeten Voraussetzungen an Wellenfunktionen im Unendlichen verschwindet.

Formaler Beweis der Unbestimmtheitsrelation

Dieser Formalismus und seine Deutung sind konsistent mit der zuvor heuristisch hergeleiteten Unbestimmtheitsrelation. Um dies zu beweisen[19], zeigen wir zunächst, dass Orts- und Impulsoperator nicht miteinander vertauschbar sind: wirken sie nacheinander auf eine Wellenfunktion, kommt es auf die Reihenfolge an. Die Wirkung des Ortsoperators besteht aus einer Multiplikation mit einer Koordinate, die Anwendung des Impulsoperators (2.44) beinhaltet die Ableitung nach der Koordinate und eine Multiplikation mit $-i\hbar$. Lassen wir zunächst den Impulsoperator auf eine Wellenfunktion wirken, mit dem Ergebnis

$$\underline{p}\psi = -i\hbar \frac{\partial \psi}{\partial x},$$

und danach den Ortsoperator, erhalten wir

$$\underline{x}\left(\underline{p}\psi\right) = -i\hbar x \frac{\partial \psi}{\partial x}.$$

In umgekehrter Reihenfolge müssen wir, da der Impulsoperator nun auf $\underline{x}\psi = x\psi$ wirkt, die Produktregel anwenden, um zu dem Ergebnis

$$\underline{p}\left(\underline{x}\psi\right) = -i\hbar \frac{\partial}{\partial x}(x\psi) = -i\hbar x \frac{\partial \psi}{\partial x} - i\hbar \psi$$

zu kommen. Die Differenz zwischen beiden Ausdrücken beträgt

$$\underline{x}\left(\underline{p}\psi\right) - \underline{p}\left(\underline{x}\psi\right) = i\hbar \psi.$$

Für die Operatoren gilt also, dass der Kommutator

$$[\underline{x}, \underline{p}] = \underline{x}\underline{p} - \underline{p}\underline{x} = i\hbar \tag{2.59}$$

von Null verschieden ist. Wenn wir uns die Eigenschaften von Matrizen in Erinnerung rufen, wird die Analogie zwischen linearen Vektorräumen und Funktionenräumen vollends klar: während die Funktionen den Vektoren entsprechen, finden die Operatoren ihr Pendant in den Matrizen. Heisenberg

---

[19] Wir folgen hier im wesentlichen der Darstellung in [124].

hatte den von ihm entwickelten Mechanismus auch „Matrizenmechanik" genannt.

Die unmittelbare Konsequenz des nichtverschwindenden Kommutators ist die Unmöglichkeit, eine *gemeinsame* Eigenfunktion zum Orts- und Impulsoperator zu konstruieren. Denn die Eigenwerte x und p sind ja Zahlen, deren Produkt natürlich kommutiert, und es gilt

$$\left(\underline{x}\,\underline{p} - \underline{p}\,\underline{x}\right)\psi = (xp - px)\,\psi = 0.$$

Das ist mit $\left[\underline{x},\,\underline{p}\right]\psi = i\hbar\psi$ nur verträglich, wenn $\psi = 0$. Anschaulich bedeutet das, dass man *entweder* den Impuls *oder* den Ort beliebig präzise messen kann, aber nicht beide gleichzeitig! Um das etwas genauer darzustellen, leiten wir jetzt die Unbestimmtheitsrelation in aller formalen Strenge her und bilden dafür zuerst den *positiven* Ausdruck

$$\int_{-\infty}^{+\infty} \left|\underline{x}\psi + \lambda\underline{p}\psi\right|^2 \, \mathrm{d}x.$$

Die willkürliche imaginäre Konstante λ sorgt dafür, dass beide Summanden dieselbe Dimension haben. Wir setzen wie üblich voraus, dass die Wellenfunktion auf Eins normiert und räumlich beschränkt ist, das heißt $\psi = \psi^* \to 0$ für $x \to \pm\infty$. Beim Ausmultiplizieren des Integranden achten wir darauf, dass $\underline{p}$ ein Differentialoperator ist und auf alles, was rechts von ihm steht, wirkt. Daher müssen wir auf die Reihenfolge der Faktoren achten. Wir benutzen außerdem, dass die Definition von $\underline{p}$ die Identität $\lambda^*\underline{p}^* = \lambda\underline{p}$ zur Folge hat. Schließlich bezeichnen wir

$$\hbar^2 \frac{\partial^2}{\partial x^2} = \underline{p}^*\underline{p} \equiv \underline{p}^2$$

als das Quadrat des Impulsoperators (2.44). Der Integrand schreibt sich nun:

$$\left|\underline{x}\psi + \lambda\underline{p}\psi\right|^2 = \left(\underline{x}\psi^* + \lambda^*\underline{p}^*\psi^*\right)\left(\underline{x}\psi + \lambda\underline{p}\psi\right)$$
$$= \psi^*\underline{x}^2\psi + \lambda\left(\underline{p}\psi^*\right)\left(\underline{x}\psi\right) + \lambda\left(\underline{x}\psi^*\right)\left(\underline{p}\psi\right) - |\lambda|^2\left(\underline{p}^*\psi^*\right)\left(\underline{p}\psi\right).$$

Der zweite Term wird durch Anwendung der Produktregel und der Kommutator-Beziehung $\left[\underline{x},\,\underline{p}\right] = i\hbar$

$$\lambda\underline{p}\left(\psi^*\underline{x}\psi\right) - \lambda\psi^*\underline{p}\left(\underline{x}\psi\right) = \lambda\underline{p}\left(\psi^*\underline{x}\psi\right) + \lambda i\hbar\psi^*\psi - \lambda\left(\underline{x}\psi^*\right)\left(\underline{p}\psi\right).$$

Ebenfalls mit Hilfe der Produktregel kann man den letzten Term als

$$|\lambda|^2\,\underline{p}\left(\psi^*\underline{p}\psi\right) + |\lambda|^2\,\psi^*\underline{p}^2\psi$$

umschreiben. fasst man alle Terme zusammen, erhält man:

$$\psi^* \underline{x}^2 \psi + \lambda \underline{p} \left(\psi^* \underline{x} \psi + \lambda^* \underline{p} \psi \right) + i\hbar \lambda \psi^* \psi + |\lambda|^2 \, \psi^* \underline{p}^2 \psi.$$

Integriert man diesen Ausdruck, fällt der zweite Term heraus, weil er das Differential einer Funktion ist, die im Unendlichen verschwindet. Die anderen Terme ergeben, wenn wir wieder $\int \psi^* \underline{A} \psi \, \mathrm{d}x$ als den Mittelwert des Operators $\underline{A}$ interpretieren

$$\langle \underline{x}^2 \rangle + i\hbar \lambda + |\lambda|^2 \langle \underline{p}^2 \rangle.$$

Damit das für alle möglichen Werte von λ größer als Null ist, muss die Bedingung $4 \langle \underline{p}^2 \rangle \langle \underline{x}^2 \rangle - \hbar^2 \geq 0$ erfüllt sein. Also muss gelten:

$$\langle \underline{p}^2 \rangle \langle \underline{x}^2 \rangle \geq \frac{\hbar^2}{4}.$$

Dieselbe Rechnung kann man durchführen, wenn man $\underline{p}$ durch $\underline{p} - \langle \underline{p} \rangle$ und $\underline{x}$ durch $\underline{x} - \langle \underline{x} \rangle$ ersetzt, sie wird nur etwas unübersichtlicher. Das Ergebnis ist dann die Unbestimmtheitsrelation, „entschärft" um einen Faktor 2 gegenüber der heuristischen Abschätzung:

$$\left(\langle \underline{p}^2 \rangle - \langle \underline{p} \rangle^2 \right) \left(\langle \underline{x}^2 \rangle - \langle \underline{x} \rangle^2 \right) \geq \frac{\hbar^2}{4}$$

oder

$$\Delta p \Delta x \geq \frac{\hbar}{2}. \tag{2.60}$$

Wir stellen uns jetzt vor, ein Teilchen bewege sich mit der konstanten Geschwindigkeit v in x-Richtung. Der Zeitpunkt, zu dem es eine Stelle passiert, ist wegen der endlichen Ausdehnung des Wellenpakets nicht genau definiert. Seine Unschärfe ist $\Delta t = \Delta x / v$. Ebenso ist seine Energie unbestimmt. Für kleine Δp gilt

$$\Delta E \approx \frac{\mathrm{d}E}{\mathrm{d}p} \Delta p = v \Delta p.$$

Damit erhalten wir

$$\Delta E \Delta t \approx \Delta p \Delta x \geq \hbar. \tag{2.61}$$

In der Praxis bedeutet dies zum Beispiel, dass die Spektrallinie, die dem Zerfall eines Zustands mit der mittleren Lebensdauer τ zuzuordnen ist, eine Unschärfe oder Breite von $\Delta E \approx \hbar / \tau$ hat. Da allein die Existenz der Linie schon beweist, dass die Lebensdauer des Zustands nicht unendlich ist, schließen wir, dass alle Spektrallinien eine natürliche Breite haben. Wenn unser Spektrometer eine hinreichend gute Energieauflösung hat, können wir durch die Messung der Breite die mittlere Lebensdauer bestimmen.

Nachdem wir jetzt das subtile Zusammenspiel von Operatoren und Wellenfunktionen verstanden haben, werden wir jetzt versuchen, die tatsächliche physikalische Bedeutung der Wellenfunktion zu erfassen. In der Herleitung der Kontinuitätsgleichung (2.57) haben wir bereits ihr Normquadrat bereits als Wahrscheinlichkeitsdichte und bei der Herleitung der Unbestimmtheitsrelation (2.60) als eine Verteilung behandelt. Natürlich liegt es dann nahe, $\psi^*\psi$ als eine Aufenthaltswahrscheinlichkeit zu interpretieren: ist d^3x ein infinitesimales Volumen, gibt $|\psi(x)|^2 \, \mathrm{d}^3x$ die Wahrscheinlichkeit dafür an, dass sich das durch $\psi(x)$ beschriebene Teilchen in diesem um x zentrierten Volumen aufhält. Die Normierungsbedingung $\int |\psi(x)|^2 \, \mathrm{d}^3x = 1$ bedeutet dann einfach, dass das Teilchen irgendwo im Raum sein muss. Die Folge dieser Interpretation ist die Unmöglichkeit, eine durch Anfangsbedingungen und kausale Gesetze festgelegte Trajektorie anzugeben, selbst wenn es gar keine Wechselwirkung gibt. Der Zufall, die Unvorhersagbarkeit sind prinzipielle Ingredientien der Quantentheorie. Die Wellenfunktion selbst hat überdies auch einen physikalischen Inhalt. Die Tatsache, dass sie im allgemeinen komplex ist und eine Phase hat:

$$\psi = \psi_0 e^{i\phi},$$

kann messbare Auswirkungen auf Erwartungswerte haben, wenn sie nicht räumlich oder zeitlich konstant sind. So ist zum Beispiel

$$\psi^* \underline{p} \psi = i\hbar\psi_0 \left(\frac{\partial\psi_0}{\partial x} + i\frac{\partial\phi}{\partial x}\psi_0 \right).$$

Die Ortsabhängigkeit der Phase hat also einen direkten Einfluss auf den Erwartungswert des Impulses. Das werden wir später ausnutzen, um die elektromagnetische Wechselwirkung in die Quantenmechanik geladener Teilchen „einzubauen".

Der quantenmechanische Drehimpuls

Nach dem Ort und dem Impuls werden wir als nächstes den Drehimpuls quantisieren. Der klassische Drehimpuls ist definiert als das Vektorprodukt aus dem Abstandsvektor und dem Impuls: $\boldsymbol{L} = \boldsymbol{r} \times \boldsymbol{p}$. Wir betrachten die x- und y-Komponente:

$$L_x = yp_z - zp_y$$
$$L_y = zp_x - xp_z.$$

Fassen wir $\boldsymbol{r}$ und $\boldsymbol{p}$ als Operatoren auf, ist der Kommutator

$$[L_x, L_y] = L_x L_y - L_y L_x$$
$$= (yp_z zp_x - yp_z xp_z - zp_y zp_x + zp_y xp_z)$$
$$\quad - (zp_x yp_z - zp_x zp_y - xp_z yp_z + xp_z zp_y).$$

Nun kann manImpuls- und Ortsoperatoren, die zu verschiedenen Koordinaten gehören, vertauschen. Deshalb ist

$$zp_x zp_y + xp_z yp_z = zp_y zp_x + yp_z xp_z,$$

und es bleibt lediglich

$$L_x L_y - L_y L_x = (zp_z - p_z z) \cdot (xp_y - yp_x) = i\hbar (xp_y - yp_x) = i\hbar L_z.$$

Die drei Komponenten des quantenmechanischen Drehimpulses hängen also über eine Kommutatorbeziehung zusammen:

$$[L_x, L_y] = i\hbar L_z. \tag{2.62}$$

Genauso rechnet man leicht nach, dass

$$[L_y, L_z] = i\hbar L_x \text{ und}$$
$$[L_z, L_x] = i\hbar L_y.$$

Auf der anderen Seite kommutieren alle drei Komponenten mit dem Quadrat des Drehimpulses $L^2 = L_x^2 + L_y^2 + L_z^2$:

$$\left[L_x, L^2 \right] = \left[L_y, L^2 \right] = \left[L_z, L^2 \right] = 0. \tag{2.63}$$

Also können wir – anders als für Ort und Impuls – eine Wellenfunktion konstruieren, die gleichzeitig Eigenfunktion zu L^2 und zu einer der drei Komponenten ist. Per Konvention wählt man L_z. Man kann nun die möglichen Eigenwerte dieser beiden Operatoren durch eine abstrakte, ziemlich rechenaufwendige Betrachtung einschränken. Wir sparen uns diese Arbeit und rechnen stattdessen drei konkrete, besonders wichtige Beispiele durch, um uns auf diese Weise mit der Drehimpulsalgebra vertraut zu machen.

Das erste ist der Drehimpuls, der aus der Relativbewegung von zwei Teilchen entsteht. Wir nennen ihn den Bahndrehimpuls. Seine Eigenfunktionen, die wir nicht explizit konstruieren wollen, haben einige Eigenschaften, die uns später erlauben werden, das Verhalten von Mehrteilchensystemen einfach zu klassifizieren. Zunächst gehen wir zu Polarkoordinaten über und finden, da

$$\frac{\partial x}{\partial \phi} = -y \text{ und } \frac{\partial y}{\partial \phi} = x,$$

unter Anwendung der Kettenregel:

$$\frac{\partial}{\partial \phi} = \frac{\partial x}{\partial \phi} \frac{\partial}{\partial x} + \frac{\partial y}{\partial \phi} \frac{\partial}{\partial y} = x \frac{\partial}{\partial y} - y \frac{\partial}{\partial x}.$$

Die z-Komponente des Bahndrehimpulses ist also:

$$L_z = -i\hbar \left(x \frac{\partial}{\partial y} - y \frac{\partial}{\partial x} \right) = -i\hbar \frac{\partial}{\partial \phi}. \tag{2.64}$$

Die Eigenfunktionen zu diesem Operator sind $e^{im\phi}$ mit zunächst beliebigem m. Da aber die Funktion eindeutig sein muss, also ihren Wert behält, wenn man ϕ durch $\phi + 2\pi$ ersetzt, kann die „magnetische Quantenzahl" m nur ganzzahlige Werte annehmen, denn

$$e^{im\phi} = e^{im(\phi+2\pi)} = e^{im\phi}e^{2\pi i m} = e^{im\phi}\,(\cos 2\pi m + i\sin 2\pi m)$$

bedeutet $\cos 2\pi m = 1$ und $\sin 2\pi m = 0$, und das ist nur für $m = 0, \pm 1, \pm 2, \dots$ zu erfüllen. Damit ist auch die Quantenzahl l, die den Eigenwert $l(l+1)$ des Quadrats des Drehimpulses $\boldsymbol{L}^2$ bestimmt, ganzzahlig. Es gibt keine halbzahligen Bahndrehimpulse!

Wie kommen wir auf diesen seltsamen Eigenwert für $\boldsymbol{L}^2$? Wir stellen es für den Fall $l = m = 1$ dar. Die Eigenfunktion zu L_z ist

$$e^{i\phi} = \cos\phi + i\sin\phi.$$

Sowohl Real- als auch Imaginärteil variieren zwischen -1 und $+1$ und nehmen zwischen $\phi = 0$ und $\phi = 2\pi$ je einmal die beiden Extremwerte an. Ersetzt man alle drei *kartesischen* Koordinaten durch ihr Negatives – für den Azimutwinkel ϕ bedeutet es, dass man π hinzuaddiert – ändern sich auch die Vorzeichen von $\cos\phi$ und $\sin\phi$, damit das Vorzeichen der Eigenfunktion $e^{i\phi}$. Man sagt, die Funktion habe negative Parität. Zeichnen wir den Realteil dieser Funktion, also $\cos\phi$ in ein Polardiagramm (siehe Abbildung 2.14), sehen wir, dass wir zwei Kreise auf der x-Achse bekommen, deren Mittelpunkte bei $\pm\frac{1}{2}$ liegen. Für den Imaginärteil erhalten wir entsprechende Kreise auf der y-Achse. Um diese Symmetrie beim Übergang zu drei Dimensionen zu erhalten,

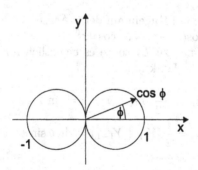

Abbildung 2.14. Polardiagramm für $\cos\phi$: Die Länge der Linie zwischen dem Ursprung und dem Diagramm ist $|\cos\phi|$, wenn sie den Winkel ϕ mit der positiven x-Achse einschließt

setzen wir die gemeinsame Eigenfunktion von $\boldsymbol{L}^2$ und L_z zum Eigenwert $+1$ als

$$Y_{11} = -\sin\vartheta\, e^{i\phi}$$

an, denn sie liefert in einem dreidimensionalen Polardiagramm (siehe Abbildung 2.15) *Kugeln* auf der x- beziehungsweise y-Achse. Die negative Parität bleibt erhalten, denn Multiplikation der *kartesischen* Komponenten mit -1 entspricht dem Übergang von ϑ zu $\pi - \vartheta$, und $\sin(\pi - \vartheta) = \sin \vartheta$. Entsprechend

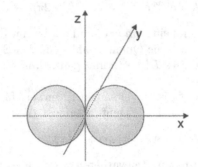

Abbildung 2.15. Dreidimensionales Polardiagramm für $\sin \vartheta \cos \phi$

muss die Eigenfunktion zum Eigenwert -1

$$Y_{1,-1} = \sin \vartheta \, e^{-i\phi}$$

sein. Für $m = 0$ setzen wir

$$Y_{10} = \cos \vartheta$$

an, denn das gibt uns zwei Kugeln auf der z-Achse. Auch diese Funktion hat negative Parität, da $\cos(\pi - \vartheta) = -\cos \vartheta$.[20]

Mehr Eigenfunktionen zu L_z sollte es eigentlich für $l = 1$ nicht geben, denn wir haben über die Funktionen

$$p_x = -\frac{1}{2}(Y_{11} - Y_{1-1}) = \sin \vartheta \cos \phi$$

$$p_y = \frac{i}{2}(Y_{11} + Y_{1-1}) = \sin \vartheta \sin \phi$$

$$p_z = \cos \vartheta$$

alle drei Möglichkeiten ausgenutzt, zwei Kugeln symmetrisch auf den Achsen anzuordnen. In einer etwas kühnen Verallgemeinerung leiten wir daraus ab, dass die magnetische Quantenzahl für den Bahndrehimpuls auf ganzzahlige Werte zwischen $-l$ und $+l$ beschränkt ist. Wir vermuten außerdem, dass die drei Eigenfunktionen zu L_z auch Eigenfunktionen zu L^2 sind. Das können wir explizit nachrechnen, indem wir auch L^2 in Polarkoordinaten ausdrücken.

---

[20] Diese Eigenfunktionen sind noch nicht normiert. Für $m = \pm 1$ wird das durch eine Faktor $\sqrt{3/8\pi}$ erreicht, für $m = 0$ durch $\sqrt{3/4\pi}$.

Nach einer einfachen, aber etwas länglichen Rechnung, die nach demselben Prinzip funktioniert wie für L_z, erhalten wir

$$L^2 = -\hbar^2 \left[\frac{1}{\sin\vartheta} \frac{\partial}{\partial\vartheta} \left(\sin\vartheta \frac{\partial}{\partial\vartheta} \right) + \frac{1}{\sin^2\vartheta} \frac{\partial^2}{\partial\phi^2} \right].$$

Durch Einsetzen unserer Ansätze finden wir, dass sie tatsächlich Eigenfunktionen zum Eigenwert $l(l+1) = 2$ sind.

Für höhere l wird die Form der Eigenfunktionen komplizierter. Sie sind bekannt unter dem Namen „Kugelflächenfunktionen", die man mit Hilfe von Rekursionsformeln aus den jeweils niedrigeren Ordnungen sukzessiv berechnen kann. Festhalten möchten wir vor allem ihre Parität, die für alle Werte von l unabhängig von der magnetischen Quantenzahl ist. Für gerades l ist sie positiv, für ungerades l negativ, also $P = (-1)^l$. Man spricht deshalb auch oft von gerader oder ungerader Parität. Als innere Quantenzahl von Teilchen wird sie später eine zentrale Rolle spielen.

Nun kehren wir den bisherigen Gedankengang um und *definieren* jeden Operator $\boldsymbol{J} = (J_x, J_y, J_z)$ als einen Drehimpulsoperator, dessen Komponenten die oben hergeleitete Algebra erfüllen. Dann stellen wir fest, dass der aus den Pauli-Matrizen

$$\sigma_1 = \begin{pmatrix} 0 & 1 \\ 1 & 0 \end{pmatrix}, \quad \sigma_2 = \begin{pmatrix} 0 & -i \\ i & 0 \end{pmatrix}, \quad \sigma_2 = \begin{pmatrix} 1 & 0 \\ 0 & -1 \end{pmatrix} \tag{2.65}$$

gebaute Operator

$$\boldsymbol{S} = \left(\frac{\hbar}{2}\sigma_x, \frac{\hbar}{2}\sigma_y, \frac{\hbar}{2}\sigma_z \right)$$

in diesem Sinne ein Drehimpulsoperator ist. So verifizieren wir zum Beispiel:

$$\frac{\hbar^2}{4}[\sigma_x, \sigma_y] = \frac{\hbar^2}{4}\left[\begin{pmatrix} 0 & 1 \\ 1 & 0 \end{pmatrix} \begin{pmatrix} 0 & -i \\ i & 0 \end{pmatrix} - \begin{pmatrix} 0 & -i \\ i & 0 \end{pmatrix} \begin{pmatrix} 0 & 1 \\ 1 & 0 \end{pmatrix} \right]$$

$$= \frac{\hbar^2}{4}\left[\begin{pmatrix} i & 0 \\ 0 & -i \end{pmatrix} - \begin{pmatrix} -i & 0 \\ 0 & i \end{pmatrix} \right] = i\hbar\frac{\hbar}{2}\begin{pmatrix} 1 & 0 \\ 0 & -1 \end{pmatrix}$$

$$= i\hbar\left(\frac{\hbar}{2}\sigma_z \right)$$

(siehe auch (A.8)). Weiter finden wir, dass $\boldsymbol{S}^2 = \frac{3}{4}\hbar^2\mathbf{1}$, wobei $\mathbf{1}$ die zweidimensionalen Einheitsmatrix ist. Der Eigenwert von $\boldsymbol{S}^2$ ist also $\frac{3}{4}\hbar^2$, jeder beliebige zweikomponentige Vektor ist Eigenvektor. Wir wählen also die Eigenvektoren der dritten Komponente S_z. Da die Matrix σ_z bereits Diagonalform hat, können wir ihre Eigenwerte direkt auf der Hauptdiagonalen ablesen: sie betragen $+1$ und -1. Die Eigenvektoren sind

$\begin{pmatrix} 1 \\ 0 \end{pmatrix}$ zum positiven und $\begin{pmatrix} 0 \\ 1 \end{pmatrix}$ zum negativen Eigenwert.

Bezeichnen wir die Eigenwerte von S_z als $m\hbar$ und die von S^2 als $s(s + 1)\hbar^2$, finden wir also $s = \frac{1}{2}$ und $m = \pm s$. Unser zweites Beispiel führt also halbzahlige Drehimpulse ein.

Wir erlauben uns an dieser Stelle, aus dem bisher Gesagten einige allgemeine Regeln für den quantenmechanischen Drehimpuls herzuleiten:

1. Die Eigenwerte des Operators J^2 kann man immer als $j(j + 1)\hbar^2$ schreiben, wobei die Quantenzahl j positiv und entweder ganz- oder halbzahlig ist, das heißt

$$j = 0, \frac{1}{2}, 1, \frac{3}{2}, 2, \ldots$$

2. Der Operator J_z hat die Eigenwerte $m\hbar$, wobei m die $2j + 1$ Werte

$$-j, -j + 1, \ldots, j - 1, j$$

annehmen kann. Die magnetische Quantenzahl m – der Grund für die Bezeichnung wir bald klar werden – gibt also die möglichen Einstellungen des Drehimpulses in Bezug auf eine „Quantisierungsachse" an. In der Abbildung 2.16 ist dies für $j = \frac{1}{2}$ veranschaulicht.

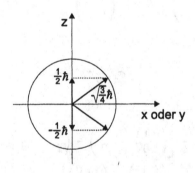

Abbildung 2.16. Zur Bedeutung der magnetischen Quantenzahl

Als ein drittes und letztes Beispiel geben wir den Drehimpulsoperator für $j = 1$ an:

$$J_x = \begin{pmatrix} 0 & 0 & 0 \\ 0 & 0 & -1 \\ 0 & 1 & 0 \end{pmatrix}, \quad J_y = \begin{pmatrix} 0 & 0 & 1 \\ 0 & 0 & 0 \\ -1 & 0 & 0 \end{pmatrix}, \quad J_z = \begin{pmatrix} 0 & -1 & 0 \\ 1 & 0 & 0 \\ 0 & 0 & 0 \end{pmatrix}.$$

Das Nachprüfen der Vertauschungsregeln geht auf dieselbe Art wie für $j = \frac{1}{2}$. Die Eigenwerte zu J_z berechnet man durch Lösen der Säkulargleichung

$$\det\left(J_z - \lambda \cdot \mathbf{1}\right) = i\hbar \begin{vmatrix} -\lambda & -1 & 0 \\ 1 & -\lambda & 0 \\ 0 & 0 & -\lambda \end{vmatrix} = i\hbar \left(\lambda^3 - \lambda\right) = 0,$$

also $\lambda = 0$ und ± 1, in Übereinstimmung mit der zweiten Regel. Man verifiziert leicht durch Nachrechnen, dass $J^2 = 2\hbar^2 \cdot \mathbf{1}$ ist, was man nach $j(j+1) = 2$ und der ersten Regel ohnehin erwartet hätte.

Wie in der klassischen Mechanik addieren sich quantenmechanische Drehimpulse vektoriell. Das Resultat für die Summe von zwei Drehimpulsen J_1 und J_2 ist dann nach längerer Rechnung:

1. Der Eigenwert zu $J^2 = \left(J_1 + J_2\right)^2$ hat wieder die Gestalt $j(j+1)\hbar^2$. Wenn J_1^2 den Eigenwert $j_1(j_1+1)\hbar^2$ und J_2^2 den Eigenwert $j_2(j_2+1)\hbar^2$ haben, kann j alle Werte zwischen $j_1 + j_2$ und 0 annehmen, die sich von $j_1 + j_2$ um eine ganze Zahl unterscheiden.

2. Die Eigenwerte zu J_z gehorchen derselben Regel wie im Fall eines einzelnen Drehimpulses J, also

$$m = -j, -j+1, \ldots, j-1, j.$$

Die Kopplung von zwei Drehimpulsen mit $j_1 = j_2 = \frac{1}{2}$ kann nach der ersten Regel also entweder auf $j = 0$ oder $j = 1$ führen. Da für $j = 0$ nur ein einziger Werte für m möglich ist, nämlich $m = 0$, nennt man einen solchen Zustand ein Singulett. Der Zustand $j = 1$ heißt wegen der $2j+1 = 3$ möglichen Werte für ein Triplett.

Ein intrinsischer Drehimpuls: der Spin

Wir kommen noch einmal auf das Argument zurück, dass man eine vektorielle Größe, deren quantenmechanische Beschreibung auf die Drehimpulsalgebra führt, als eine Drehimpuls behandeln soll. Das gilt auch für Observable, bei denen diese Interpretation nicht sofort ersichtlich ist, zum Beispiel den „internen" Drehimpuls eines punktförmigen Teilchens, den Spin. Dass es diesen Freiheitsgrad gibt, haben 1922 Otto Stern und Walter Gerlach gezeigt [83]. Ausgangspunkt ihres Experiments ist der Zusammenhang zwischen dem Drehimpuls und dem magnetischen Moment (siehe (B.14))

$$\mu = \frac{q}{2m} J. \tag{2.66}$$

Ist der Drehimpuls eines Teilchens verschieden von Null, führt die Wechselwirkung des magnetischen Moments mit einem inhomogenen Magnetfeld zu einer Kraft, die zum Beispiel die Ablenkung eines Atomstrahls hervorruft. Im Experiment wurden die Polschuhe eines Magneten so geformt, dass ein Gradient in z-Richtung entstand (siehe Abbildung 2.17). Ein Strahl von Silberatomen wurde entlang der x-Achse durch den Magneten geschickt. Im Grundzustand des Silber-Atoms sind die Elektronen so kombiniert, dass die

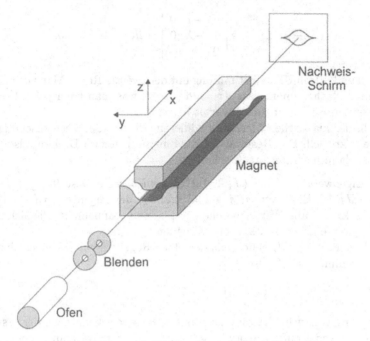

Abbildung 2.17. Der Stern-Gerlach-Versuch

gemeinsame Wellenfunktion den Bahndrehimpuls-Eigenwert $l = 0$ hat. Damit ist auch $m = 0$. Man sollte also erwarten, dass die Atome ohne Ablenkung das Magnetfeld durchqueren. Das Experiment liefert aber ein ganz anderes Ergebnis, nämlich dass die Hälfte der Atome in positive z-Richtung, die andere Hälfte um denselben Betrag in negative z-Richtung abgelenkt werden. Das heißt, es findet eine Richtungsquantisierung entlang der Feldachse statt. Das ist genau, was man von einem *quantisierten* magnetischen Moment erwartet. Denn die Kraft, die das Feld auf das magnetische Moment ausübt, ist (siehe (B.12))

$$F_z = -\frac{\mathrm{d}}{\mathrm{d}z}(-\boldsymbol{\mu} \cdot \boldsymbol{B}) = \frac{\mathrm{d}}{\mathrm{d}z}(\boldsymbol{\mu} \cdot \boldsymbol{B}).$$

Das Ergebnis des Experiments kann also so interpretiert werden, dass der Betrag von $\boldsymbol{\mu}$ immer derselbe ist, seine Richtung in Bezug auf das Feld jedoch mit derselben Wahrscheinlichkeit nach oben oder nach unten zeigt. Wir stellen eine vollständige Analogie mit dem Drehimpuls $\frac{1}{2}\hbar$ fest: in Bezug auf eine Quantisierungsachse kann er zwei Einstellungen wählen, sein Betrag ist immer derselbe, aber seine Richtung ändert sich. Damit hat dieses Experiment die Gegenwart eines halbzahligen Drehimpulses gezeigt. Nun hatten wir vorher festgestellt, dass der gesamte Bahndrehimpuls im Silber-Grundzustand Null ist. Wir müssen also eine weiteren Freiheitsgrad einführen, der sich wie ein Drehimpuls $\frac{1}{2}\hbar$ verhält. Daher postulieren wir, dass Elektronen einen internen Drehimpuls, den Spin, besitzen. Dieser Begriff, 1925 von George Uhlenbeck und Samuel Goudsmit eingeführt [169], ist zwar anschaulich schwer zu fassen, da man sich nicht einfach vorstellen kann, um welche Achse das punktförmige Elektron rotieren kann, aber er ist unumgänglich, wenn man seine Eigenschaften vollständig beschreiben will. Die Interpretation des Spins als Drehimpuls ist umso besser motiviert, als er sich bei der Konstruktion von Wellenfunktionen vektoriell zum Bahndrehimpuls addiert: $J = L + s$, mit den üblichen Rechenregeln für die Addition von Drehimpulsen. Auch die Nukleonen, also die Konstituenten des Atomkerns, haben einen Spin $\frac{1}{2}\hbar$, ebenso die Neutrinos (siehe Kapitel 3).

Der Zusammenhang zwischen dem Spin und dem von ihm induzierten magnetischen Moment ist allerdings anders als für den Bahndrehimpuls. Wir müssen einen zusätzlichen Faktor, das „gyromagnetische Verhältnis" g_s, einführen:

$$\mu = g_s \frac{e}{2m} s. \qquad (2.67a)$$

Es ist nun üblich, den Faktor $\hbar$ aus den Drehimpulsen herauszuziehen und das magnetische Moment von Elementarteilchen in Einheiten des „Bohrschen Magnetons" μ_B anzugeben, das man auf Ladung und Masse des Elektrons bezieht:

$$\mu = g_s \frac{e\hbar}{2m} s = g_s \mu_B s. \qquad (2.67b)$$

Der Spin-Vektor s ist hier dimensionslos. Numerisch ist $\mu_B = 5.7883826 \cdot 10^{-11}$ MeV Tesla^{-1}. Für das Elektron kann man g_s im Rahmen der relativistischen Quantenfeldtheorie auf 11 Stellen genau berechnen und auch so genau messen. Es beträgt $g_s = 2.00231930439 \pm 0.00000000002$ [135]. Für die Nukleonen ist der Zusammenhang als Folge ihrer inneren Struktur viel komplizierter, und die Rechnungen sind mit großen Fehlern behaftet. Die Messungen ergeben für das Proton $g_s = 5.58569478 \pm 0.00000012$ und für das Neutron $g_s = -3.8260856 \pm 0.0000010$, bezogen auf das nukleare Magneton $\mu_N = e\hbar/2M = 3.1524517 \cdot 10^{-14}$ MeV Tesla^{-1} [135]. Kurioserweise zeigt das magnetische Moment des Neutrons in die entgegengesetzte Richtung wie der Spin, auch das eine Konsequenz seiner inneren Struktur.

Mit diesen Definitionen ist die potentielle Energie des Elektronenspins Spin in einem Induktionsfeld (siehe (B.13))

$$\underline{V} = -\mu \cdot B = -g_s \mu_B (s \cdot B).$$

Da der Spin ein Operator ist, ist auch $\underline{V}$ ein Operator. Solange er der einzige ist, der auf den Spinanteil der Wellenfunktion wirkt,[21] kann man seine Eigenwerte sofort angeben:

---

[21] Im allgemeinen separiert man den Spinanteil multiplikativ: $\psi = \phi \cdot \chi$, wobei χ ein $(2s + 1)$-dimensionaler Spaltenvektor ist, auf den der Spinoperator s wirkt. Im Fall $s = \frac{1}{2}$ sind die Komponenten des Spinoperators die Pauli-Matrizen (2.65).

$$V = \mp \frac{g_s}{2} \mu_B B.$$

Fügt man ihn in eine Schrödinger-Gleichung ein, sieht man, dass er Energieniveaus aufspaltet. In Atomen geht in diesen Term allerdings nicht der Spin, sondern der gesamte Drehimpuls ein. Die Zahl der Unterniveaus, deren Abstand vom Feld abhängt, ist $2j+1$, wenn j die Quantenzahl des Drehimpulses ist. Die Nomenklatur „magnetische Quantenzahl" für m sollte jetzt klar sein.

Wir können die Diskussion des Spins nicht abschließen, ohne kurz den Zusammenhang zwischen Spin und Statistik anzusprechen. *Empirisch* hat sich bald nach der Entdeckung des Elektronenspins Spin herausgestellt, dass zwei Elektronen nicht in demselben Quantenzustand sein können. Dieses „Paulische Ausschließungsprinzip" [133] wurde bald auf alle anderen Teilchen mit halbzahligem Spin ausgedehnt. Nach Enrico Fermi, der sehr wichtige Beiträge zum Verständnis ihrer Statistik geleistet hat [66], nennt man solche Teilchen Fermionen. Weiter unten und vor allem im Anhang C werden wir die Konsequenzen des Pauli-Prinzips für Vielteilchenysteme diskutieren seinen mikroskopischer Ursprung im Kausalitätsprinzip für Quantenfelder zeigen. Es gilt übrigens nicht für Teilchen mit ganzzahligem Spin, die Bosonen, die nach Satyendra Nath Bose benannt wurden [30]. Bosonen können sich also in einem einzigen Quantenzustand sammeln.

Zusammengesetzte Wellenfunktionen

Bisher haben wir fast nur einzelne Teilchen behandelt. Um die Wellenfunktion für zwei Teilchen zu konstruieren, rufen wir uns zunächst in Erinnerung, dass die Wahrscheinlichkeit für das gemeinsame Auftreten von zwei unkorrelierten Ereignissen das Produkt der Einzelwahrscheinlichkeiten ist. Wir setzen daher die kombinierte Wellenfunktion als Produkt der beiden Einzelwellenfunktionen an: $\psi = \psi_1 \cdot \psi_2$, da das Quadrat dieses Ausdrucks eine kombinierte Wahrscheinlichkeit liefert. Allerdings sind Teilchenzustände nicht immer unkorreliert, sodass dieser einfache Ansatz nicht ganz richtig ist. Die Tatsache, dass zwei Fermionen nicht denselben Zustand besetzen können, hat eine ganz eigenartige Konsequenz für ihre gemeinsame Wellenfunktion. Wir betrachten die Streuung zweier Elektronen. Nach der Wechselwirkung, deren detaillierter Ablauf uns wegen der Unmöglichkeit, Trajektorien zu verfolgen, unbeobachtbar ist, sind beide Teilchen streng ununterscheidbar: wir können nicht sagen, welches Elektron das gestreute, und welches das streuende ist. Das müssen wir in der Konstruktion der gemeinsamen Wellenfunktion berücksichtigen. Sind ψ_1 und ψ_2 zwei normierte orthogonale Wellenfunktionen, das heißt[22]

---

[22] Die Orthogonalität können wir immer erreichen, indem wir von einer der beiden Wellenfunktionen nur den Teil berücksichtige, der senkrecht auf der zweiten steht. Im übrigen haben wir ja bereits gezeigt, dass zwei zu verschiedenen Eigenwerten gehörende Zustände notwendigerweise senkrecht aufeinander stehen. Und das ist genau der Fall, der uns hier interessiert.

$$\int \psi_1^* \psi_2 \mathrm{d}^3 x = \int \psi_2^* \psi_1 \mathrm{d}^3 x = 0,$$

können wir die Koordinaten der beiden Teilchen den beiden Wellenfunktionen auf zwei verschiedene Arten zuordnen und die Produkte

$$\psi_1(\boldsymbol{r}_1)\psi_2(\boldsymbol{r}_2) \text{ und } \psi_1(\boldsymbol{r}_2)\psi_2(\boldsymbol{r}_1)$$

bilden. Die kombinierte Wellenfunktion muss dann beide Produkte mit derselben absoluten Amplitude enthalten, damit die Ununterscheidbarkeit gewährleistet ist. Wieder haben wir zwei Möglichkeiten: die Summe

$$\psi_S(\boldsymbol{r}_1, \boldsymbol{r}_2) = \frac{1}{\sqrt{2}} \left[\psi_1(\boldsymbol{r}_1)\psi_2(\boldsymbol{r}_2) + \psi_1(\boldsymbol{r}_2)\psi_2(\boldsymbol{r}_1) \right] \qquad (2.68a)$$

oder die Differenz

$$\psi_A(\boldsymbol{r}_1, \boldsymbol{r}_2) = \frac{1}{\sqrt{2}} \left[\psi_1(\boldsymbol{r}_1)\psi_2(\boldsymbol{r}_2) - \psi_1(\boldsymbol{r}_2)\psi_2(\boldsymbol{r}_1) \right]. \qquad (2.68b)$$

Der Faktor $\frac{1}{\sqrt{2}}$ dient der Normierung. Die Indizes „S" und „A" drücken aus, dass die erste Variante ihr Vorzeichen unter dem Austausch der beiden Zustände behält – sie ist symmetrisch – während die zweite, die antisymmetrische, ihr Vorzeichen ändert. Es ist klar, dass die antisymmetrische Wellenfunktion verschwindet, wenn beide Zustände identisch sind. Das ist genau, was wir für Fermionen brauchen. Übrig bleiben die symmetrischen Wellenfunktionen, die wir sinngemäß für Kombinationen von Bosonen verwenden. Wieder verweisen wir auf den Anhang C, in dem wir die unterschiedlichen Statistiken für große Fermionen- oder Bosonen-Systeme eingehend behandeln. Anwenden werden wir sie dann im vierten Kapitel.

Zwischenspiel: Das Heisenberg-Bild

Wir kehren noch einmal zur Schrödinger-Gleichung zurück und setzen die Wellenfunktion als eine zeitlich mit der Kreisfrequenz ω oszillierende Funktion an. Wir separieren also die Orts- und Zeitabhängigkeit von $\psi(x, t)$ durch Aufspalten in zwei Faktoren:

$$\psi(x, t) = \phi(x) e^{-i\omega t}.$$

Die rechte Seite der Schrödinger-Gleichung nimmt dann die Form $i\hbar\dot{\psi} = \hbar\omega\psi = E\psi$ an. Die linke Seite enthält den Differentialoperator $\underline{H}$, der auf dieselbe Wellenfunktion ψ wirkt. So erhalten wir dann die Eigenwertgleichung des Operators

$$H = -\frac{\hbar^2}{2m} \frac{\partial^2}{\partial x^2} + V, \qquad (2.69)$$

den man, da er aus dem quantenmechanischen Pendant zur Summe aus kinetischer und potentieller Energie, der Hamilton-Funktion, entstanden ist, den
Hamilton-Operator nennt. Seine Eigenwerte bestimmen die möglichen Energien, die zugehörigen Eigenfunktionen liefern die Konfiguration der Zustände.
Das ist genau die gesuchte Verknüpfung zwischen Schrödingers Wellenmecha-
nik und der formalen Quantenmechanik Heisenbergs und Diracs [150]. In der
Tat sind beide Formulierungen äquivalent.

Wir stellen das noch an einer wichtigen Beziehung dar, die es erlaubt, die
Zeitabhängigkeit von Wellenfunktionen auf Operatoren überzuwälzen. Die
Schrödinger-Gleichung

$$i\hbar\frac{\partial\psi}{\partial t} = \underline{H}\psi$$

hat eine formale Lösung

$$\psi(t) = \exp\left(-\frac{i\underline{H}}{\hbar}t\right)\psi_0.$$

Die Exponentialfunktion eines Operators ist vielleicht wenig anschaulich, aber
wohldefiniert durch die Taylor-Entwicklung:

$$\exp\left(-\frac{i\underline{H}}{\hbar}t\right)\psi_0 = \left(\mathbf{1} - \frac{i\underline{H}}{\hbar}t + \left(\frac{i\underline{H}}{\hbar}\right)^2\frac{t^2}{2} - \dots\right)\psi_0$$

$$= \psi_0 - \frac{it}{\hbar}\underline{H}\psi_0 + \frac{1}{2}\left(\frac{it}{\hbar}\right)^2\underline{H}\left(\underline{H}\psi_0\right) - \dots.$$

Der Faktor ψ_0 ist zeitlich konstant. Sei nun $\underline{\tilde{A}}$ ein Operator mit einem Eigenwert α in Bezug auf $\psi(t)$, also

$$\underline{\tilde{A}}\psi(t) = \alpha\psi(t).$$

Auf der linken Seite fügen wir zwischen $\underline{\tilde{A}}$ und ψ den Einheitsoperator $\mathbf{1}$ ein,
den wir

$$\mathbf{1} = \exp\left(-\frac{i\underline{H}}{\hbar}t\right)\exp\left(\frac{i\underline{H}}{\hbar}t\right)$$

schreiben. Auf der rechten Seite multiplizieren wir einfach $\psi(t)$ mit $\mathbf{1}$. Da

$$\psi_0 = \exp\left(\frac{i\underline{H}}{\hbar}t\right)\psi(t),$$

erhalten wir

$$\underline{\tilde{A}}\exp\left(-\frac{i\underline{H}}{\hbar}t\right)\psi_0 = \exp\left(-\frac{i\underline{H}}{\hbar}t\right)\alpha\psi_0.$$

Diese Gleichung multiplizieren wir von links mit $i\hbar \exp(i\underline{H}t/\hbar)$ und leiten sie nach der Zeit ab:

$$i\hbar\frac{\partial A}{\partial t}\psi_0 = i\hbar\frac{\partial}{\partial t}\left[\exp\left(\frac{i\underline{H}}{\hbar}t\right)\tilde{A}\exp\left(-\frac{i\underline{H}}{\hbar}t\right)\right]\psi_0$$

$$= (-\underline{H}A + \underline{A}\underline{H})\psi_0 = [\underline{A}, \underline{H}]\psi_0.$$

Dabei haben wir den zeitabhängigen Operator

$$\underline{A} = \exp\left(\frac{i\underline{H}}{\hbar}t\right)\tilde{A}\exp\left(-\frac{i\underline{H}}{\hbar}t\right)$$

eingeführt. Die Heisenberg-Gleichung

$$i\hbar\frac{\partial A}{\partial t} = [\underline{A}, \underline{H}] \tag{2.70}$$

für Operatoren wird uns in der Quantenfeldtheorie wiederbegegnen.[23] Zunächst möchten wir aber die Schrödinger-Gleichung für einen ganz speziellen Fall lösen.

Äquidistante Zustände: Der harmonische Oszillator

Wir behandeln den „harmonischen Oszillator", dessen Potential dem Quadrat der Ortskoordinate proportional ist:

$$V = \frac{\alpha}{2}x^2.$$

Im klassischen Fall beschreibt dieses Potential die der Auslenkung proportionale Rückstellkraft einer Feder. Die Lösung der Bewegungsgleichung $m\ddot{x} = -\alpha x$ ist $x(t) = e^{i\omega t}$ mit $\omega^2 = \alpha/m$. Diese Funktion beschreibt eine einfache sinusoidale Schwingung mit der Frequenz $\nu = \omega/2\pi$. Um die Lösung des quantenmechanischen Problems zu finden, folgen wir einer Methode, die auf Dirac zurückgeht [49]. Kurioserweise – und das ist der Grund, aus dem wir uns mit diesem scheinbar nicht besonders interessanten Fall beschäftigen – wird sie uns den Zugang zur relativistischen Quantenmechanik erleichtern.

Der Hamilton-Operator für den harmonischen Oszillator ist

$$\underline{H} = -\frac{\hbar^2}{2m}\frac{\partial^2}{\partial x^2} + \frac{m\omega^2}{2}x^2 = \frac{p^2}{2m} + \frac{m\omega^2}{2}\underline{x}^2.$$

---

[23] Aus der Definition des Impulsoperators (siehe (2.44)) erhält man eine ähnliche Beziehung:

$$-i\hbar\frac{\partial A}{\partial x} = [\underline{A}, \underline{p_x}].$$

Die letzte Form verdeutlicht noch einmal die Analogie des Hamilton-Operators zur klassischen Summe aus kinetischer und potentieller Energie. Die Quantisierung des Systems beruht nun auf der Orts-Impuls-Vertauschungsrelation $[\underline{x}, \underline{p}] = i\hbar$. Zur Konstruktion der Eigenwerte und Eigenvektoren definieren wir durch $\mathcal{H} = \underline{H}/\hbar\omega$ einen dimensionslosen Hamilton-Operator. Weiterhin führen wir die Operatoren

$$\underline{a} = \frac{1}{\sqrt{2}} \left(\sqrt{\frac{m\omega}{\hbar}}\underline{x} + \frac{i}{\sqrt{m\hbar\omega}}\underline{p} \right) \quad \text{und}$$

$$\underline{a}^\dagger = \frac{1}{\sqrt{2}} \left(\sqrt{\frac{m\omega}{\hbar}}\underline{x} - \frac{i}{\sqrt{m\hbar\omega}}\underline{p} \right)$$

ein. Eine einfache Rechnung ergibt:

$$\underline{a}^\dagger\underline{a} = \frac{1}{2} \left(\frac{m\omega}{\hbar}\underline{x}^2 + \frac{\underline{p}^2}{m\hbar\omega} + \frac{i}{\hbar}\left(\underline{x}\underline{p} - \underline{p}\underline{x}\right) \right) = \frac{1}{2} \left(\frac{m\omega}{\hbar}\underline{x}^2 + \frac{\underline{p}^2}{m\hbar\omega} - \mathbf{1} \right)$$

und ähnlich

$$\underline{a}\underline{a}^\dagger = \frac{1}{2} \left(\frac{m\omega}{\hbar}\underline{x}^2 + \frac{\underline{p}^2}{m\hbar\omega} + \mathbf{1} \right).$$

Die Operatoren $\underline{a}$ und $\underline{a}^\dagger$ erfüllen also die Vertauschungsrelation

$$[\underline{a}, \underline{a}^\dagger] = \mathbf{1} \tag{2.71}$$

und die Summe

$$\frac{1}{2}\left(\underline{a}\underline{a}^\dagger + \underline{a}^\dagger\underline{a}\right) = \frac{1}{\hbar\omega}\left(\frac{\underline{p}^2}{2m} + \frac{m\omega^2}{2}\underline{x}^2\right) = \mathcal{H} \tag{2.72a}$$

liefert den durch $\hbar\omega$ dividierten Hamilton-Operator. Mit der Bezeichnung $\underline{N} = \underline{a}^\dagger\underline{a}$ und der aus der Vertauschungsrelation folgenden Beziehung

$$\mathcal{H} = \frac{1}{2}\left(\underline{a}\underline{a}^\dagger + \underline{a}^\dagger\underline{a}\right) = \frac{1}{2}\left(\underline{a}\underline{a}^\dagger - \underline{a}^\dagger\underline{a} + \underline{a}^\dagger\underline{a} + \underline{a}^\dagger\underline{a}\right)$$

$$= \frac{1}{2}\left(\mathbf{1} + 2\underline{N}\right) = \underline{N} + \frac{1}{2}\mathbf{1} \tag{2.72b}$$

erhalten wir das Ergebnis, dass die Eigenwerte n des Operators $\underline{N} = \underline{a}^\dagger\underline{a}$ nach Addition von $\frac{1}{2}$ und Multiplikation mit $\hbar\omega$ die Energieeigenwerte des harmonischen Oszillators liefern. Noch haben wir allerdings nicht viel erreicht, wir haben lediglich das Problem umformuliert. Die einfache Vertauschungsrelation zwischen $\underline{a}$ und $\underline{a}^\dagger$ wird uns jedoch erlauben, das Eigenwert-Spektrum ohne großen Rechenaufwand zu konstruieren. Aus (2.71) leiten wir zwei wichtige Beziehungen her:

$$\underline{N}\underline{a} = (\underline{a}^\dagger \underline{a})\, \underline{a} = (\underline{a}\underline{a}^\dagger - 1)\, \underline{a} = \underline{a}\, (\underline{a}\underline{a}^\dagger - 1) = \underline{a}\, (\underline{N} - 1)$$

$$\underline{N}\underline{a}^\dagger = (\underline{a}^\dagger \underline{a})\, \underline{a}^\dagger = \underline{a}^\dagger\, (\underline{a}^\dagger \underline{a}) = \underline{a}^\dagger\, (1 + \underline{a}\underline{a}^\dagger) = \underline{a}^\dagger\, (\underline{N} + 1)\,. \tag{2.73}$$

Außerdem machen wir uns klar, dass $\langle \alpha | \underline{a}\alpha \rangle = \langle \underline{a}^\dagger \alpha | \alpha \rangle$, $\underline{a}$ und $\underline{a}^\dagger$ also durch hermitesches Konjugieren auseinander hervorgehen. Denn durch partielle Integration finden wir unter der Voraussetzung, dass physikalische Wellenfunktionen im Unendlichen verschwinden:

$$
\begin{aligned}
\langle \alpha | \underline{a}\alpha \rangle &= \int_{-\infty}^{+\infty} \mathrm{d}x\, \psi_\alpha^* \frac{1}{\sqrt{2}} \left[\sqrt{\frac{m\omega}{\hbar}} x + \frac{1}{\sqrt{m\hbar\omega}} \frac{\partial}{\partial x} \right] \psi_\alpha \\
&= \int_{-\infty}^{+\infty} \mathrm{d}x\, \psi_\alpha^* \sqrt{\frac{m\omega}{2\hbar}} x \psi_\alpha \\
&\quad + \int_{-\infty}^{+\infty} \mathrm{d}x\, \frac{1}{\sqrt{2m\hbar\omega}} \left[\frac{\partial}{\partial x}(\psi_\alpha^* \psi_\alpha) - \frac{\partial \psi_\alpha^*}{\partial x} \psi_\alpha \right] \\
&= \int_{-\infty}^{+\infty} \mathrm{d}x\, \left[\frac{1}{\sqrt{2}} \left(\sqrt{\frac{m\omega}{\hbar}} x - \frac{1}{\sqrt{m\hbar\omega}} \frac{\partial}{\partial x} \right) \psi_\alpha^* \right] \psi_\alpha \\
&\quad + \frac{1}{\sqrt{2m\hbar\omega}} [\psi_\alpha^* \psi_\alpha(+\infty) - \psi_\alpha^* \psi_\alpha(-\infty)] \\
&= \langle \underline{a}^\dagger \alpha | \alpha \rangle\,.
\end{aligned}
$$

Auf die selbe Art rechnet man nach, dass die Norm des Vektors $\underline{a}\,|\alpha\rangle$ durch

$$\langle \alpha | \underline{a}^\dagger \underline{a} | \alpha \rangle = \langle \alpha | \underline{N} | \alpha \rangle \tag{2.74}$$

gegeben ist. Da Normen positiv sind, sind auch die Eigenwerte von $\underline{N}$ positiv oder Null: sei n ein Eigenwert von $\underline{N}$ und $|n\rangle$ der zugehörige Eigenvektor:

$$\underline{N}\,|n\rangle = n\,|n\rangle\,, \tag{2.75}$$

dann ist

$$\langle n | \underline{N} | n \rangle = n\,\langle n | n \rangle \geq 0 \tag{2.76}$$

und $n \geq 0$, weil auch $\langle n | n \rangle > 0$. Es folgt außerdem $\underline{a}\,|0\rangle = 0$. Mit der zuvor bewiesenen Formel (2.73) sieht man weiterhin, dass $\underline{a}\,|n\rangle$ ein Eigenvektor von $\underline{N}$ zum Eigenwert $n - 1$ ist:

$$\underline{N}\,(\underline{a}\,|n\rangle) = \underline{a}\,(\underline{N} - 1)\,|n\rangle = \underline{a}\,(n - 1)\,|n\rangle = (n - 1)\,(\underline{a}\,|n\rangle)\,. \tag{2.77}$$

Es folgt außerdem aus (2.71) und (2.73), dass $\underline{a}^\dagger\,|n\rangle$ immer größer als Null und Eigenvektor von $\underline{N}$ zum Eigenwert $n + 1$ ist:

$$
\begin{aligned}
\langle n | \underline{a}\underline{a}^\dagger | n \rangle &= \langle n | \underline{N} + 1 | n \rangle = (n + 1)\,\langle n | n \rangle > 0 \\
\underline{N}\,(\underline{a}^\dagger\,|n\rangle) &= \underline{a}^\dagger\,(\underline{N} + 1)\,|n\rangle = (n + 1)\,(\underline{a}^\dagger\,|n\rangle)\,.
\end{aligned} \tag{2.78}
$$

Nun konstruieren wir eine Folge von Vektoren

$$\underline{a}\,|n\rangle\,,\ \underline{a}\underline{a}\,|n\rangle \equiv \underline{a}^2\,|n\rangle\,,\ \ldots,\ \underline{a}^m\,|n\rangle\,,\ \ldots,$$

deren Eigenwerte bezüglich $\underline{N}$ durch $n-1,\ n-2,\ \ldots,\ n-m,\ \ldots$ gegeben sind. Da die Folge absteigt und gleichzeitig alle Eigenwerte positiv oder Null sein müssen, verschwinden von einer bestimmten Stelle k an alle Eigenwerte:

$$\underline{a}^k\,|n\rangle = (n-k)\,|n\rangle = 0.$$

Das bedeutet, dass n eine ganze Zahl ist. Umgekehrt konstruieren wir also die Folge

$$\underline{a}^\dagger\,|n\rangle\,,\ \underline{a}^{\dagger 2}\,|n\rangle\,,\ \ldots$$

mit den Eigenwerten $n+1,\ n+2,\ \ldots$ Diese Folge ist durch nichts beschränkt und setzt sich ins Unendliche fort. Damit haben wir gezeigt, dass die Eigenwerte des Operators $\underline{N}$ alle positiven ganzen Zahlen einschließlich der Null sind. Die möglichen Energien des harmonischen Oszillators sind nach (2.72) also $\frac{1}{2}\hbar\omega$, $\frac{3}{2}\hbar\omega$, $\frac{5}{2}\hbar\omega$ und so weiter. Bemerkenswert ist, dass die „Nullpunktsenergie" $\hbar\omega/2$ eine endliche Energie auch für das „Vakuum", den Zustand mit $n=0$, liefert. Außerdem ist festzuhalten, dass die Abstände zwischen den Niveaus konstant sind!

Abgesehen von der Bedeutung des harmonischen Oszillators für die Beschreibung von Vibrationen in Molekülen und schweren Kernen, ist der Formalismus, der zur Konstruktion des Spektrums geführt hat, eines der wichtigsten Werkzeuge der relativistischen Quantenmechanik. Diese Feststellung beruht auf einer abstrakten Interpretation der Operatoren $\underline{a}$, $\underline{a}^\dagger$ und $\underline{N}$, und der Tatsache, dass Einsteins Formel $E = mc^2$ (siehe (2.11)) erlaubt, Teilchen zu erzeugen oder zu vernichten, das heißt, dass im relativistischen Regime die Teilchenzahl nicht mehr konstant ist. Denn betrachten wir ein Teilchen mit hoher Orts- oder Zeitauflösung, führt die Unbestimmtheitsrelation ((2.60) und (2.61)) zu einer großen Impuls- und Energieunschärfe. Sobald die Energieunschärfe die Schwelle mc^2 überschreitet, können wir für eine Zeitspanne $\Delta t \approx \hbar/mc^2$ ein weiteres Teilchen der Masse m erzeugen. Deshalb ist jeder relativistische Zustand eigentlich ein Vielteilchenzustand mit unbestimmter Teilchenzahl. Sogar das Vakuum enthält in diesem Bild Teilchen als kurzzeitige Anregungen. Solche „Vakuumfluktuationen" sind eine fundamentale Eigenschaft aller relativistischen Quantentheorien und führen nicht nur zu begrifflichen, sondern auch zu erheblichen rechnerischen Problemen, wie wir am Ende dieses Kapitels kurz andeuten werden.

Teilchenerzeugung und -vernichtung in relativistischen Wellengleichungen: Klein-Gordon und Dirac

Man kann nun die Erzeugung eines Teilchens als die Anregung eines Zustands mit einem zusätzlichen Quantum betrachten. In einem System identischer Teilchen mit derselben Energie sind diese Anregungen genau wie im

Fall des harmonischen Oszillators äquidistant. Der Operator $\underline{N}$ zählt nun die angeregten Quanten $\hbar\omega$ in einem Oszillator. In der Beschreibung eines Mehrteilchensystems können wir ihn also als den „Teilchenzahloperator" auffassen. Der Operator $\underline{a}^\dagger$ hat den Effekt, dass die Zahl der angeregten Quanten, die $\underline{N}$ im Zustand $\underline{a}^\dagger\,|n\rangle$ um Eins größer ist als die Zahl im ursprünglichen Zustand $|n\rangle$: wir haben hier einen „Erzeugungsoperator". Entsprechend ist $\underline{a}$ ein „Vernichtungsoperator". Ein n-Teilchenzustand wird also aus dem Vakuum $|0\rangle$ durch n-fache Anwendung von $\underline{a}^\dagger$ erzeugt:

$$|n\rangle = \underline{a}^{\dagger n}\,|0\rangle\,.$$

Logischerweise kann im Vakuum kein Zustand mehr vernichtet werden:

$$\underline{a}\,|0\rangle = 0\,.$$

Wendet man diese Methode als „zweite Quantisierung" auf Mehrteilchensysteme an, sagt sie noch gar nichts über die kinematischen Variablen wie Ort, Zeit, Impuls und Energie aus. Um diese zu bestimmen, brauchen wir ein relativistisches Analogon zur Schrödinger-Gleichung, das wir sofort konstruieren können, wenn wir dieselben Substitutionen, die wir in der nichtrelativistischen Definition der Gesamtenergie $E = p^2/2m + V$ vorgenommen haben, nämlich

$$p \rightarrow -i\hbar\frac{\partial}{\partial x} \quad \text{und} \quad E \rightarrow i\hbar\frac{\partial}{\partial t},$$

in der relativistischen Energie-Impuls-Beziehung (2.12) durchführen. Wir kommen dann auf die Klein-Gordon-Gleichung [90]:

$$-\hbar^2\frac{\partial^2}{\partial t^2}\psi = \left[m^2c^4 - \hbar^2c^2\left(\frac{\partial^2}{\partial x^2} + \frac{\partial^2}{\partial y^2} + \frac{\partial^2}{\partial z^2}\right)\right]\psi, \qquad (2.79a)$$

die wir durch Einführen des d'Alembert-Operators

$$\Box = \frac{\partial^2}{\partial t^2} - c^2\left(\frac{\partial^2}{\partial x^2} + \frac{\partial^2}{\partial y^2} + \frac{\partial^2}{\partial z^2}\right)$$

kürzer als

$$\left(\hbar^2\Box - m^2c^2\right)\psi = 0 \qquad (2.79b)$$

schreiben können. Dass wir uns hier wohl auf dem richtigen Weg befinden, sehen wir daran, dass die Gleichung für $m = 0$ gerade die Wellengleichungen für das elektromagnetische Feld ist, die ja gleichzeitig eine Bewegungsgleichung für die Feldquanten, die Photonen sein muss. Die Klein-Gordon-Gleichung sollte also die entsprechende Bewegungsgleichung für massive, freie, relativistische Teilchen sein. Leider hat sie bei der ersten näheren Betrachtung einen Haken. Versuchen wir nämlich, auf dieselbe Art wie für Schrödinger-Wellenfunktionen (siehe (2.57)) eine Kontinuitätsgleichung zu konstruieren:

$$\psi^* \left(\Box \psi\right) - \left(\Box \psi\right)^* \psi = 0 \qquad (2.80a)$$

oder

$$\frac{\partial}{\partial t} \left(\psi^* \frac{\partial \psi}{\partial t} - \psi \frac{\partial \psi^*}{\partial t} \right) + c^2 \sum_{i=1}^{3} \frac{\partial}{\partial x_i} \left(\psi^* \frac{\partial \psi}{\partial x_i} - \psi \frac{\partial \psi^*}{\partial x_i} \right) = 0, \qquad (2.80b)$$

können wir zwar den ersten Term wieder als proportional zur Zeitableitung einer Wahrscheinlichkeitsdichte betrachten, aber diese ist nicht notwendigerweise positiv! Der Grund dafür ist offensichtlich, dass die Klein-Gordon-Gleichung eine *zweite* Ableitung nach der Zeit enthält, im Gegensatz zur Schrödinger-Gleichung. Diese Komplikation, die sich später nach der Entdeckung von Antiteilchen als notwendiger Bestandteil der Theorie herausgestellt hat, hat dann kurz nach der Formulierung der Gleichung im Jahr 1926 zu intensiven Bemühungen geführt, eine relativistische Wellengleichung zu finden, die nur eine erste Ableitung nach der Zeit enthält. Dirac hat es zwei Jahre später geschafft [48]. Der erste Schritt besteht in der Aufspaltung des Operators $\hbar^2 \Box - m^2 c^2$ in zwei Faktoren. In der Tat hat er die Form $a^2 - b^2 = (a + b)(a - b)$, wenn man bedenkt, dass die d'Alembert-Operator das Quadrat des Vierervektors $\left(\dfrac{\partial}{\partial t}, c\dfrac{\partial}{\partial x}, c\dfrac{\partial}{\partial y}, c\dfrac{\partial}{\partial z} \right)$ ist. Dirac hat also gefordert, dass eine relativistische Wellengleichung die Form

$$i\hbar \frac{\partial \psi}{\partial t} + i\hbar c \left(\alpha_1 \frac{\partial \psi}{\partial x} + \alpha_2 \frac{\partial \psi}{\partial y} + \alpha_3 \frac{\partial \psi}{\partial z} + \right) - \beta m c^2 \psi = 0$$

haben soll. Zwar sieht die Dirac-Gleichung recht einfach aus, aber die Forderung der Lorentz-Invarianz, die wir nicht beweisen werden, da sie in Lehrbüchern ganze Kapitel füllt, hat eine gewisse Komplexität zur Folge. Es muss jedoch nachgeprüft werden, ob die richtige Energie-Impuls-Beziehung herauskommt und eine Kontinuitätsgleichung aufgestellt werden kann, die einen Ausdruck für die Wahrscheinlichkeitsdichte liefert.

Im nichtrelativistischen Fall, also in der Schrödinger-Theorie, haben wir explizit von der Substitution $E \to i\hbar \dfrac{\partial}{\partial t}$ Gebrauch gemacht. Aus der in der klassischen Mechanik trivialen Formel $E = H$ wurde die Operator-Gleichung $\underline{E}\psi = \underline{H}\psi$. In der Dirac-Gleichung gibt es nun ebenfalls einen Term $i\hbar \dfrac{\partial \psi}{\partial t}$, den wir mit $\underline{E}\psi$ identifizieren. Dann ist der Hamilton-Operator

$$\underline{H} = -i\hbar c \left(\alpha_1 \frac{\partial}{\partial x} + \alpha_2 \frac{\partial}{\partial y} + \alpha_3 \frac{\partial}{\partial z} \right) + \beta m c^2. \qquad (2.81)$$

In die relativistische Energie-Impuls-Beziehung (2.12) gehen sowohl Energie als auch Impuls quadratisch ein, was uns ja auf die Klein-Gordon-Gleichung geführt hat. Wir verlangen also, dass die zweifache Anwendung der Operatoren $\underline{E} = i\hbar\dfrac{\partial}{\partial t}$ und $\underline{H}$ die Klein-Gordon-Gleichung liefert. Das bedeutet:

$$-\hbar^2 \frac{\partial^2 \psi}{\partial t^2} = -\hbar^2 c^2 \sum_{i,j=1}^{3} \frac{\alpha_i \alpha_j + \alpha_j \alpha_i}{2} \frac{\partial^2 \psi}{\partial x_i \partial x_j}$$
$$- i\hbar m c^3 \sum_{i=1}^{3} (\alpha_i \beta + \beta \alpha_i) \frac{\partial \psi}{\partial x_i} + \beta^2 m^2 c^4 \psi.$$

Wir haben hier x in x_1, y in x_2 und z in x_3 umbenannt und außerdem auf die Reihenfolge der α_i und β geachtet. Dass dies von Bedeutung ist, erkennt man, wenn man diese Resultat mit der Klein-Gordon-Gleichung vergleicht. Es folgt nämlich, dass die α_i und β folgende Bedingungen erfüllen müssen:

$$\alpha_i \alpha_j + \alpha_j \alpha_i = 2\delta_{ij}$$
$$\alpha_i \beta + \beta \alpha_i = 0$$
$$\beta^2 = 1.$$

Es ist klar, dass das mit reellen oder komplexen Zahlen nicht erfüllt werden kann. Eine solche Algebra verlangt Matrizen. Damit muss die Wellenfunktion ψ ein Vektor sein, dessen Komponenten allerdings in einem abstrakten Raum liegen, der mit dem vertrauten Raum-Zeit-Kontinuum nichts zu tun hat. Die Eigenschaften der Matrizen α_i und β können wir mit Hilfe der angegebenen Bedingungen einschränken. Erstens haben sie die Eigenwerte ± 1, da $\alpha_i^2 = \beta^2 = 1$:

$$\alpha_i^2 \psi = \alpha_i (\alpha_i \psi) = \alpha_i (\lambda_i \psi) = \lambda_i^2 \psi = \psi.$$

Die Spur der vier Matrizen, also die Summe der Eigenwerte, verschwindet, denn aus $\beta^2 = 1$ folgt $\beta = \beta^{-1}$, aus $\alpha_i \beta + \beta \alpha_i = 0$ folgt $\alpha_i = -\beta \alpha_i \beta$ und, wenn wir von der zyklischen Vertauschbarkeit in der Spur Gebrauch machen, gilt

$$\mathrm{Sp}\,\alpha_i = \mathrm{Sp}\,\beta^2 \alpha_i = \mathrm{Sp}\,\beta \alpha_i \beta = -\mathrm{Sp}\,\alpha_i = 0.$$

Aus diesen beiden Eigenschaften folgeren wir weiter, dass es genauso viele positive wie negative Einsen in den Eigenwerten geben muss. Da die Zahl der Eigenwerte die Dimension der Matrix widerspiegelt, bedeutet dies, dass die Dimension gradzahlig ist. In zwei Dimensionen werden, wie man durch Nachrechnen verifiziert, alle spurlosen Matrizen durch Linearkombinationen aus den drei Pauli-Matrizen (2.65) dargestellt. Die geforderte Algebra ist mit ihnen nicht zu erreichen. Die kleinste mögliche Dimension ist also 4. Eine oft verwendete Darstellung der Matrizen α_i und β ist:

$$\alpha_i = \begin{pmatrix} 0 & \sigma_i \\ \sigma_i & 0 \end{pmatrix}, \quad \beta = \begin{pmatrix} 1 & 0 \\ 0 & -1 \end{pmatrix},$$

wobei jedes Element eine 2×2-Matrix ist:

$$\alpha_1 = \begin{pmatrix} 0 & 0 & 0 & 1 \\ 0 & 0 & 1 & 0 \\ 0 & 1 & 0 & 0 \\ 1 & 0 & 0 & 0 \end{pmatrix} \quad \alpha_2 = \begin{pmatrix} 0 & 0 & 0 & -i \\ 0 & 0 & i & 0 \\ 0 & -i & 0 & 0 \\ i & 0 & 0 & 0 \end{pmatrix}$$

$$\alpha_3 = \begin{pmatrix} 0 & 0 & 1 & 0 \\ 0 & 0 & 0 & -1 \\ 1 & 0 & 0 & 0 \\ 0 & -1 & 0 & 0 \end{pmatrix} \quad \beta = \begin{pmatrix} 1 & 0 & 0 & 0 \\ 0 & 1 & 0 & 0 \\ 0 & 0 & -1 & 0 \\ 0 & 0 & 0 & -1 \end{pmatrix}.$$

Da die Matrizen α_i in der Dirac-Gleichung mit den Komponenten eines vektoriellen Differentialoperators multipliziert werden, schreibt man sie gern als einen „matrizenwertigen" Vektor: $\boldsymbol{\alpha} = (\alpha_1, \alpha_2, \alpha_3)$. An dieser Stelle führen wir eine neue, handlichere Schreibweise der Dirac-Gleichung ein. Dazu multiplizieren wir sie von links mit β und erhalten mit den Definition $\gamma_i = \beta \alpha_i$ und $\gamma_0 = \beta$:

$$i\hbar\gamma_0 \frac{\partial\psi}{\partial t} + i\hbar c \left(\gamma_1 \frac{\partial\psi}{\partial x_1} + \gamma_2 \frac{\partial\psi}{\partial x_2} + \gamma_3 \frac{\partial\psi}{\partial x_3} \right) - mc^2\psi = 0. \qquad (2.82)$$

Wenn wir uns an die Substitution der Energie durch $i\hbar\dfrac{\partial}{\partial t}$ und des Impulses durch $-i\hbar\dfrac{\partial}{\partial x}$ erinnere, können wir analog zum Vorgehen in der Relativitätstheorie einen „Energie-Impuls-Vektor", aber jetzt als Operator, einführen:

$$p = i\hbar c\partial = i\hbar \left(\frac{\partial}{\partial t}, -c\frac{\partial}{\partial x_1}, -c\frac{\partial}{\partial x_2}, -c\frac{\partial}{\partial x_3} \right) = i\hbar \left(\partial_0, -c\boldsymbol{\partial} \right).$$

Bilden wir aus den vier γ-Matrizen ebenfalls einen „Vierervektor" $\gamma = (\gamma_0, \boldsymbol{\gamma})$, schreibt sich die Dirac-Gleichung kurz und bündig:

$$\left(i\hbar\gamma_0\partial_0 + i\hbar c\boldsymbol{\gamma} \cdot \boldsymbol{\partial} - mc^2 \right) \psi = \left(i\hbar c\gamma\partial - mc^2 \right) \psi = 0. \qquad (2.83)$$

Die Lorentz-Invarianz erscheint in dieser Schreibweise plausibel, da das Skalarprodukt zweier Vierervektoren Lorentz-invariant ist. Da wir aber nicht gezeigt haben, dass sowohl γ als auch ∂ tatsächlich Vierervektoren sind, haben wir sie nicht bewiesen. Wir wiederholen noch einmal, dass der formale Beweis kompliziert und rechenaufwendig ist. Als wichtiges Ergebnis halten wir dennoch fest, dass die vier Komponenten der Dirac-Wellenfunktion die Klein-Gordon-Gleichung erfüllen – das haben wir ja durch die Algebra der γ-Matrizen erreicht – und damit dem quantenmechanischen Analogon zur relativistischen Energie-Impuls-Beziehung (2.12) genügen.

Die Algebra der γ-Matrizen lässt sich übrigens symbolisch in einer einzigen Gleichung zusammenfassen:

$$\gamma_\mu \gamma_\nu + \gamma_\nu \gamma_\mu = 2g_{\mu\nu}\mathbf{1},$$

wobei $g_{\mu\nu}$ der metrische Tensor des Minkowski-Raums ist:

$$g_{00} = -g_{11} = -g_{22} = -g_{33} = 1 \text{ und } g_{\mu\nu} = 0 \text{ für alle } \mu \neq \nu.$$

Im Detail bedeutet diese Gleichung, dass $\gamma_\mu \gamma_\nu = -\gamma_\nu \gamma_\mu$, wenn $\mu \neq \nu$, und

$$\gamma_0^2 = -\gamma_1^2 = -\gamma_2^2 = -\gamma_3^2 = \mathbf{1}.$$

In der Darstellung, die wir zuvor für die α_i und β gewählt haben, sehen die γ-Matrizen wie folgt aus:

$$\gamma_0 = \beta = \begin{pmatrix} 1 & 0 \\ 0 & -1 \end{pmatrix} \qquad \gamma_i = \beta\alpha_i = \begin{pmatrix} 0 & \sigma_i \\ -\sigma_i & 0 \end{pmatrix}.$$

Allgemein gilt $\gamma_0 = \gamma_0^\dagger$ und $\gamma_i = -\gamma_i^\dagger$. Zum Beweis nutzt man aus, dass die adjungierten γ-Matrizen dieselbe Algebra haben, also

$$\gamma_0^{\dagger 2} = -\gamma_1^{\dagger 2} = -\gamma_2^{\dagger 2} = -\gamma_3^{\dagger 2} = \mathbf{1},$$

und damit

$$\mathbf{1}\gamma_\mu^\dagger = \left(\gamma_\mu \gamma_\mu^\dagger\right)\gamma_\mu^\dagger = \gamma_\mu \left(\gamma_\mu^\dagger \gamma_\mu^\dagger\right) = \gamma_\mu \left(\pm \mathbf{1}\right),$$

wobei das Pluszeichen für $\mu = 0$ und das Minuszeichen für $\mu = 1, 2, 3$ gilt. Es folgt weiter, dass $\gamma_\mu \gamma_\mu^\dagger = \mathbf{1}$, wie man leicht sieht, wenn man diese Identität von links mit γ_μ und von rechts mit $\gamma_\mu^\dagger$ multipliziert.

Es bleibt uns noch, eine Kontinuitätsgleichung aufzustellen, die nur die Wellenfunktionen und ihre komplex Konjugierten enthält. Da wir hier statt einer einzigen Wellenfunktion einen vierkomponentigen Vektor $\psi = (\psi_1, \psi_2, \psi_3, \psi_4)$ haben, sind die Produkte $\psi^* \psi$ Skalarprodukte. Wir gehen auch gleich zu der in diesem Fall üblichen Schreibweise über und statt ψ^*, der komplex konjugierten Funktion, benutzen wir den hermitesch konjugierten Vektor $\psi^\dagger$. Man erhält ihn wie im Fall einer hermitesch konjugierten Matrix durch Stürzen und Konjugieren. Die Nomenklatur stammt daher, dass man das Skalarprodukt zweier Vektoren als das Produkt zweier Matrizen betrachten kann, von denen die erste nur eine Zeile, die zweite nur eine Spalte enthält:

$$\psi^\dagger \psi = (\psi_1^*, \psi_2^*, \psi_3^*, \psi_4^*) \begin{pmatrix} \psi_1 \\ \psi_2 \\ \psi_3 \\ \psi_4 \end{pmatrix}.$$

Wir betonen noch einmal, dass die Dirac-Wellenfunktion kein Vierervektor im Sinne der Relativitätstheorie ist. Das Skalarprodukt enthält also kein Minuszeichen:

$$\psi^\dagger \psi = \psi_1^* \psi_1 + \psi_2^* \psi_2 + \psi_3^* \psi_3 + \psi_4^* \psi_4.$$

Für die weiteren Rechnungen ist es praktisch, die adjungierte Wellenfunktion umzudefinieren. Sie wird als $\bar{\psi}$ bezeichnet und ergibt sich aus $\psi^\dagger$, indem man $\psi^\dagger$ von rechts mit γ_0 multipliziert:

$$\bar{\psi} = \psi^\dagger \gamma_0 = (\psi_1^*,\ \psi_2^*,\ \psi_3^*,\ \psi_4^*) \begin{pmatrix} 1 & 0 & 0 & 0 \\ 0 & 1 & 0 & 0 \\ 0 & 0 & -1 & 0 \\ 0 & 0 & 0 & -1 \end{pmatrix} = (\psi_1^*,\ -\psi_2^*,\ -\psi_3^*,\ \psi_4^*).$$

Die beiden letzten Gleichheitszeichen gelten natürlich nur für die oben gewählte Darstellung. Wegen $\gamma_0^2 = 1$ folgt

$$\psi^\dagger \psi = \left(\psi^\dagger \gamma_0\right) \gamma_0 \psi = \bar{\psi} \gamma_0 \psi.$$

Damit können wir die der Dirac-Gleichung (2.83) äquivalente „adjungierte Gleichung" aufstellen. Dazu gehen wir von der komplex konjugierten und transponierten Dirac-Gleichung aus:

$$-i\hbar \left(\partial_0 \psi^\dagger\right) \gamma_0^{\ \dagger} - i\hbar c \left(\boldsymbol{\partial} \psi^\dagger\right) \boldsymbol{\gamma}^\dagger - mc^2 \psi^\dagger$$
$$= -i\hbar \left(\partial_0 \psi^\dagger\right) \gamma_0 + i\hbar c \left(\boldsymbol{\partial} \psi^\dagger\right) \boldsymbol{\gamma} - mc^2 \psi^\dagger = 0$$

und multipliziere sie von rechts mit γ_0. Unter Berücksichtigung von $\boldsymbol{\gamma} \gamma_0 = -\gamma_0 \boldsymbol{\gamma}$ erhalten wir:

$$-i\hbar \left(\partial_0 \psi^\dagger \gamma_0\right) \gamma_0 - i\hbar c \left(\boldsymbol{\partial} \psi^\dagger \gamma_0\right) \boldsymbol{\gamma} - mc^2 \left(\psi^\dagger \gamma_0\right)$$
$$= -i\hbar \left(\partial_0 \bar{\psi}\right) \gamma_0 - i\hbar c \left(\boldsymbol{\partial} \bar{\psi}\right) \boldsymbol{\gamma} - mc^2 \bar{\psi} = 0. \tag{2.84}$$

Die Differenz zwischen der ursprünglichen Dirac-Gleichung (2.83), von links mit $\bar{\psi}$ multipliziert, und der von rechts mit ψ multiplizierten adjungierten Gleichung ergibt unter Anwendung der Produktregel:

$$i\hbar \left[\partial_0 \left(\bar{\psi} \gamma_0 \psi\right) + c \boldsymbol{\partial} \left(\bar{\psi} \boldsymbol{\gamma} \psi\right)\right] = 0. \tag{2.85}$$

Der Ausdruck in eckigen Klammern liefert nun in der Tat die Kontinuitätsgleichung $\partial_0 \rho + \boldsymbol{\partial} \boldsymbol{j} = 0$, wenn wir

$$\rho = \bar{\psi} \gamma_0 \psi = \psi^\dagger \psi \tag{2.86a}$$

als die Dichte und

$$j = c\bar{\psi}\gamma\psi \tag{2.86b}$$

als die Stromdichte interpretieren. Wir haben nun also gezeigt, dass die Dirac-Gleichung sowohl die Postulate der speziellen Relativitätstheorie als auch die der Quantenmechanik erfüllt.

Wir haben jedoch einen gewissen Preis für diesen Erfolg bezahlt: statt einer Wellenfunktion haben wir jetzt vier, deren physikalische Bedeutung auf den ersten Blick gar nicht klar ist. Wir vermuten, dass der Spin eine Rolle spielt, aber wenn die Dirac-Gleichung unter anderen auch Elektronen beschreiben soll, gibt es immer noch doppelt so viele Freiheitsgrade wie nötig. Woher das kommt, versuchen wir uns klarzumachen, indem wir sie für den Fall eines freien ruhenden Elektrons lösen. Der Impuls ist dann Null, und wir können die räumlichen Ableitungen fallen lassen:

$$i\hbar\gamma_0 \frac{\partial\psi}{\partial t} = mc^2\psi.$$

In der gewählten Darstellung der γ-Matrizen gibt es vier Lösungen

$$\psi_1 = \exp\left(-\frac{imc^2}{\hbar}t\right)\begin{pmatrix}1\\0\\0\\0\end{pmatrix} \quad \psi_2 = \exp\left(-\frac{imc^2}{\hbar}t\right)\begin{pmatrix}0\\1\\0\\0\end{pmatrix}$$

$$\psi_3 = \exp\left(+\frac{imc^2}{\hbar}t\right)\begin{pmatrix}0\\0\\1\\0\end{pmatrix} \quad \psi_4 = \exp\left(+\frac{imc^2}{\hbar}t\right)\begin{pmatrix}0\\0\\0\\1\end{pmatrix}. \tag{2.87}$$

Die beiden ersten Lösungen, ψ_1 und ψ_2 zusammengenommen, sind nichts anderes als die Wellenfunktionen eines Teilchens mit dem Spin $\frac{1}{2}\hbar$, denn wenn wir die beiden unteren Komponenten des Spaltenvektors weglassen, finden wir:

$$S_z\psi_1 = \frac{1}{2}\hbar\sigma_z\psi_1 = \frac{1}{2}\hbar\begin{pmatrix}1&0\\0&1\end{pmatrix}\left[\exp\left(-\frac{imc^2}{\hbar}t\right)\begin{pmatrix}1\\0\end{pmatrix}\right] = +\frac{1}{2}\hbar\psi_1 \text{ und}$$

$$S_z\psi_2 = \frac{1}{2}\hbar\sigma_z\psi_1 = \frac{1}{2}\hbar\begin{pmatrix}1&0\\0&1\end{pmatrix}\left[\exp\left(-\frac{imc^2}{\hbar}t\right)\begin{pmatrix}0\\1\end{pmatrix}\right] = -\frac{1}{2}\hbar\psi_2.$$

Die unteren Komponenten der beiden letzten Lösungen, ψ_3 und ψ_4, verhalten sich *in dieser Hinsicht* genauso. Die Dirac-Gleichung ist also tatsächlich eine Wellengleichung für Spin-$\frac{1}{2}$-Teilchen, für Fermionen also.

Doch was hat die Verdoppelung der Lösungen zu bedeuten? Der Unterschied zwischen ψ_1 und ψ_2 auf der einen, sowie ψ_3 und ψ_4 auf der andern Seite besteht offensichtlich im Vorzeichen des Arguments der Exponentialfunktion. Da die Dirac-Gleichung die Form einer Schrödinger-Gleichung hat, können wir ihre Lösungen mit der formalen Lösung der Schrödinger-Gleichung, $\psi \propto e^{-(i\underline{H}/\hbar)t}$, vergleichen. Identifizieren wir den Hamilton-Operator im Exponenten mit seinem Eigenwert, der Energie, stellen wir fest, dass ψ_3 und ψ_4 Lösungen negativer Energie sind.[24] Geradeaus weitergedacht kommt man zu dem Schluß, dass es eigentlich keine Elektronen geben dürfte. Denn jedem Zustand positiver Energie steht ein Zustand negativer Energie gegenüber, in den er unter Aussendung von Strahlung zerfallen könnte. Um seine Theorie zu retten, hat Dirac 1930 eine originelle Erklärung vorgeschlagen. In Anlehnung an die Festkörperphysik, in der der Grundzustand eines Metalls durch eine vollständig gefüllte Fermi-See gegeben ist (siehe Anhang C), hat er postuliert, dass im physikalischen Vakuum alle Zustände negativer Energie besetzt sind (siehe Abbildung 2.18). Das Pauli-Prinzip verbietet dann den Zerfall von Zuständen positiver Energie. Dass diese Dirac-See eine unendliche negative Ladung trägt, kann man dadurch reparieren, dass man den Nullpunkt der Ladung genau wie den Nullpunkt eines Potentials beliebig einstellen kann.[25] Nun kann man jedoch einen Zustand aus der Dirac-See

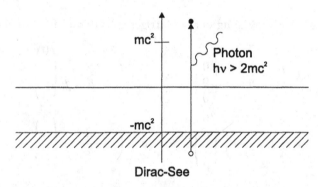

Abbildung 2.18. Die Dirac-See: Ein Loch in der See erscheint als ein Teilchen positiver Energie mit umgekehrter Ladung

durch Zuführung von genügend Energie, zum Beispiel in der Absorption eines Photons, in einen Zustand positiver Energie heben. Ein Beobachter, der sein Vakuum als den Zustand mit Energie und Ladung Null definiert hat, würde dann die *Abwesenheit* eines Teilchens mit der Energie $-E$ und der Ladung $-e$ als die *Anwesenheit* eines Teilchens mit der Energie $+E$ und der Ladung $+e$ interpretieren. Ansonsten würde sich dieser Zustand wie ein Elektron verhalten. Die Dirac-Theorie verlangt also die Existenz von positiv geladenen

---

[24] Dass diese Lösungen sich leicht auf den Fall bewegter Elektronen verallgemeinern lassen, sieht man daran, dass $E \cdot t$ die Zeitkomponente eines Produkts von Vierervektoren ist. Durch eine Lorentz-Transformation (2.3) geht man über zu $Et - \boldsymbol{p} \cdot \boldsymbol{x}$.

[25] Außerdem muss es ja für die Protonen, die ja als Fermionen ebenfalls der Dirac-Gleichung gehorchen, eine *positiv* geladene See geben, die die Ladung der Elektronen-See aufheben würde, genau wie Protonen und Elektronen sich in der sichtbaren Materie neutralisieren.

Elektronen. Die Entdeckung des „Positrons" durch Anderson im Jahre 1932 [11] hat diese Interpretation triumphal bestätigt.

Eichinvarianz und Kopplungen

Bis jetzt haben wir die relativistischen Bewegungsgleichungen nur für freie Teilchen formuliert. In der physikalischen Wirklichkeit unterliegen jedoch alle Teilchen Wechselwirkungen, die wir irgendwie in die Gleichung einbauen müssen. Der eleganteste Weg dorthin wurde von Weyl gefunden [171]. Er basiert auf der Feststellung, dass die Bewegungsgleichungen unter „Eichtransformationen" invariant sein müssen.

Der Begriff der Eichinvarianz stammt aus der Elektrodynamik. Das elektrostatische Feld kann ja als die Ableitung eines Potentials geschrieben werden. Für die x-Komponente gilt zum Beispiel $E_x = -\partial\Phi/\partial x$. Es ist klar, dass sich am Feld nichts ändert, wenn wir eine Konstante zum Potential addieren, das heißt, wir können den Nullpunkt des Potentials beliebig einstellen, oder das Potential „eichen". Im Fall des Induktionsfelds ist der Zusammenhang etwas komplizierter. Wir können es ja als „Rotation" eines Vektorpotentials A schreiben (siehe (B.16)). So ist

$$B_x = \frac{\partial A_y}{\partial z} - \frac{\partial A_z}{\partial y}.$$

Dieser Ausdruck bleibt invariant, wenn wir zu jeder der drei Komponenten die entsprechende partielle Ableitung eines skalaren Felds hinzuaddieren, also zum Beispiel

$$A_x \rightarrow A_x + \frac{\partial\phi}{\partial x},$$

denn

$$B_x \rightarrow B_x + \frac{\partial}{\partial z}\frac{\partial\phi}{\partial y} - \frac{\partial}{\partial y}\frac{\partial\phi}{\partial z} = B_x.$$

Auch das ist natürlich eine Eichtransformation. Eine Wellengleichung ist invariant unter der Multiplikation der Wellenfunktion mit einem zeitlich und räumlich konstanten Phasenfaktor: $\psi \rightarrow e^{i\alpha}\psi$. Auch die Erwartungswerte von Observablen ändern sich nicht, da

$$\int d^3x\, \psi^* e^{-i\alpha}\underline{A}e^{i\alpha}\psi = \int d^3x\, \psi^*\underline{A}\psi.$$

Allerdings ist eine solche „globale" Phase nicht sehr sinnvoll, denn es widerspricht dem Kausalitätsprinzip, wenn eine Wellenfunktion *überall gleichzeitig* transformiert wird: die Übertragungsgeschwindigkeit des Transformationssignals wäre unendlich. Daher muss man die Phase als orts- und zeitabhängig ansetzen: $\alpha = \alpha(x,t)$. Der Energieoperator (2.45), angewandt auf die phasentransformierte Wellenfunktion $\psi' = e^{i\alpha}\psi$, ergibt dann den Ausdruck:

$$i\hbar\frac{\partial\psi'}{\partial t} = i\hbar e^{i\alpha}\frac{\partial\psi}{\partial t} - \hbar\frac{\partial\alpha}{\partial t}e^{i\alpha}\psi. \tag{2.88}$$

Damit der zweite Term auf der rechten Seite nicht die Invarianz der Dirac-Gleichung unter „lokalen" Phasentransformationen zerstört, muss man der Gleichung noch einen Term $g\hbar\Phi\,(x,t)\,\psi\,(x,t)$ hinzufügen und von der Funktion Φ verlangen, dass die Phasentransformation mit einer Eichtransformation

$$\Phi \to \Phi + \frac{1}{g}\frac{\partial\alpha}{\partial t} \tag{2.89}$$

einhergeht. Denn so erhält man

$$i\hbar\frac{\partial\psi'}{\partial t} + g\hbar\Phi'\psi' = i\hbar e^{i\alpha}\frac{\partial\psi}{\partial t} - \hbar\frac{\partial\alpha}{\partial t}e^{i\alpha}\psi + g\hbar\Phi e^{i\alpha}\psi + \hbar\frac{\partial\alpha}{\partial t}e^{i\alpha}\psi$$

$$= e^{i\alpha}\left[i\hbar\frac{\partial\psi}{\partial t} + g\hbar\Phi\psi\right].$$

Die „Kopplungskonstante" g ist zunächst völlig beliebig. Den Phasenfaktor kann man weglassen, wenn auch seine räumlichen Ableitungen durch entsprechende Zusatzterme kompensiert werden können. Und das ist in der Tat der Fall: man addiert $ig\boldsymbol{A}\,(x,t)\,\psi\,(x,t)$ zu den räumlichen Ableitungen von $\psi\,(x,t)$ und verlangt, dass die Komponenten von $\boldsymbol{A}$ sich wie

$$A_i \to A_i - \frac{1}{g}\frac{\partial\alpha}{\partial x_i} \tag{2.90}$$

transformieren. Die nun vollständige Dirac-Gleichung lautet:

$$i\hbar\gamma_0\,(\partial_0 - ig\Phi)\,\psi + i\hbar c\gamma\,(\boldsymbol{\partial} + ig\boldsymbol{A})\,\psi - mc^2\psi = 0.$$

Wir fassen $\partial_0 - ig\Phi$ und $\boldsymbol{\partial} + ig\boldsymbol{A}$ in einem neuen Vierervektor, der „kovarianten Ableitung"[26] zusammen:

$$D = \left(\frac{1}{c}\,(\partial_0 - ig\Phi),\, -(\boldsymbol{\partial} + ig\boldsymbol{A})\right) = \partial - igA,$$

wobei A den aus Φ und $\boldsymbol{A}$ gebildeten Vierervektor $A = (\Phi/c, \boldsymbol{A})$ bezeichnet. Damit schreibt sich die Dirac-Gleichung:

---

[26] Der Begriff kommt aus der Differentialgeometrie. Die kovariante Ableitung ist in einem gewissen Sinne invariant unter allgemeinen, ortsabhängigen Koordinatentransformationen. Formal ist sie die Summe aus einer gewöhnlichen Ableitung und einem „Krümmungsterm", genau wie hier.

$$(i\hbar c\gamma D - mc^2)\,\psi = (i\hbar c\gamma\,(\partial - igA) - mc^2)\,\psi. \qquad (2.91)$$

Der einfachste Weg zu zeigen, dass A wirklich ein Vierervektor ist, und dass damit die Dirac-Gleichung in der Form (2.91) wirklich Lorentz-invariant ist, besteht darin, ihn mit einem bekannten Vierervektor zu identifizieren. Die einzigen physikalischen Größen, die so interpretiert werden können und außerdem wie oben gefordert geeicht werden können, sind die Potentiale des elektromagnetischen Felds. Denn wenn man A einer Lorentz-Transformation (2.3) unterwirft, bleiben die Maxwell-Gleichungen für die Felder, die man aus A und dem elektrostatischen Potential Φ durch

$$E_i = -\frac{\partial \Phi}{\partial x_i} - \frac{\partial A_i}{\partial t} \quad \text{und } B_i = \frac{\partial A_j}{\partial x_k} - \frac{\partial A_k}{\partial x_j} \qquad (2.92)$$

mit $(ijk) = (123)$, (231) und (312) aufbaut, unverändert. Das ist eine notwendige und hinreichende Bedingung für die Konstanz der Lichtgeschwindigkeit als Ausbreitungsgeschwindigkeit elektromagnetischer Wellen. Damit ist als Folge der geforderten Invarianz der Dirac-Gleichung (2.91) unter lokalen Phasentransformationen das elektromagnetische Feld einbezogen worden. Nun können wir auch die Kopplungskonstante g festlegen: wir identifizieren sie mit der elektrischen Ladung, dividiert durch die Plancksche Konstante:

$$g = \frac{e}{\hbar} = \sqrt{\frac{4\pi\epsilon_0 c}{\hbar}\alpha}.$$

Man sagt, dass die Forderung der Eichinvarianz das elektromagnetische Feld an das Elektron (und natürlich jedes andere geladene Fermion) koppelt.

Übrigens erlaubt uns diese Kopplung auch, das adjungierte Feld $\bar\psi$ physikalisch zu interpretieren. In der gewählten Darstellung der γ-Matrizen löst es, nach Transposition und Multiplikation mit $i\gamma_2\gamma_0$, die „ladungskonjugierte" Dirac-Gleichung, also diejenige, in der g durch $-g$ ersetzt wird. Denn mit $i\gamma_2\gamma_0\bar\psi^T = i\gamma_2\psi^* = (i\gamma_2)^*\,\psi^*$ erhalten wir

$$\left(i\hbar c\gamma\,(\partial + igA) - mc^2\right)(i\gamma_2)\,\psi^*$$
$$= \left(-i\hbar c\gamma^*\,(\partial - igA) - mc^2\right)^*(i\gamma_2)^*\,\psi^* = 0.$$

Es gilt $\gamma_0^* = \gamma_0$, $\gamma_1^* = \gamma_1$, $\gamma_2^* = -\gamma_2$ (daher $(i\gamma_2)^* = i\gamma_2$!) und $\gamma_3^* = \gamma_3$. Mit den Vertauschungsregeln kann man $(i\gamma_2)^*$ ganz nach links ziehen und kommt schließlich auf

$$(i\gamma_2)^*\left[\left(i\hbar c\gamma^*\,(\partial - igA) - mc^2\right)^*\psi^*\right] = 0.$$

Der Ausdruck in Klammern ist gerade die komplex konjugierte Dirac-Gleichung (2.91).

Wir haben jetzt eine sinnvolle Wellengleichung für Spin-$\frac{1}{2}$-Teilchen, die mit dem elektromagnetischen Feld wechselwirken. Ausdrücke für die Dichte und die Stromdichte haben wir auch schon angeben können. Nun bleibt uns noch, die entsprechenden Felder unter Beachtung der gerade hergeleiteten Eichtransformationen in die Maxwell-Gleichungen einzubauen. Diese habe ja automatisch eine Wellengleichung zur Folge. So gilt in einer Dimension für das elektrische Feld *im Vakuum* (vergleiche (B.27)):

$$\frac{\partial^2 E_x}{\partial x^2} - \frac{1}{c^2}\frac{\partial^2 E_x}{\partial t^2} = 0.$$

Die Eichfreiheit des Potentials erlaubt uns außerdem, dieselbe Wellengleichung auch für ein Potential Φ zu formulieren. Denn wir können zu $\Phi(x,t)$ eine beliebige zeitabhängige Funktion $\Lambda(t)$ addieren, ohne dass sich das elektrische Feld ändert:

$$E_x(x,t) = -\frac{\partial}{\partial x}\Phi(x,t) = -\frac{\partial}{\partial x}(\Phi(x,t) + \Lambda(t)).$$

Einsetzen in die Wellengleichung ergibt:

$$-\frac{\partial}{\partial x}\left(\frac{\partial^2 \Phi}{\partial x^2} - \frac{1}{c^2}\frac{\partial^2 \Phi}{\partial t^2} - \frac{1}{c^2}\frac{\partial^2 \Lambda}{\partial t^2}\right) = 0.$$

Der Ausdruck in Klammern ist also ausschließlich eine Funktion der Zeit und nicht des Orts, also:

$$\frac{\partial^2 \Phi}{\partial x^2} - \frac{1}{c^2}\frac{\partial^2 \Phi}{\partial t^2} - \frac{1}{c^2}\frac{\partial^2 \Lambda}{\partial t^2} = f(t),$$

und wir können $f(t)$ so wählen, dass $\partial^2 \Lambda/\partial t^2 = -c^2 f(t)$. Damit haben wir eine Wellengleichung für Φ, die in der Form identisch mit der für das Feld ist. Ähnlich können wir für das Vektorpotential $\boldsymbol{A}$ vorgehen. Nun ist diese Wellengleichung nach Multiplikation mit $(\hbar c)^2$ gerade die Klein-Gordon-Gleichung für $m = 0$. Das ist natürlich die Basis für die Interpretation des Photons als das quantisierte elektromagnetische Feld. Um nun den Kreis zu schließen, müssen wir noch die Elektronen-Wellenfunktion in die Klein-Gordon-Gleichung einführen, also das Elektronenfeld an das Photon koppeln, genau wie wir in der Dirac-Gleichung (2.91) das elektromagnetische Feld an das Elektron gekoppelt haben. Das geschieht in einer Dimension, indem wir von der klassischen Wellengleichung für Φ und $\boldsymbol{A}$ *in Anwesenheit von Ladungen* ausgehen:

$$\frac{\partial^2 \Phi}{\partial x^2} - \frac{1}{c^2}\frac{\partial^2 \Phi}{\partial t^2} = -\sqrt{4\pi\alpha}\cdot c\rho$$
$$\frac{\partial^2 A_x}{\partial x^2} - \frac{1}{c^2}\frac{\partial^2 A_x}{\partial t^2} = -\sqrt{4\pi\alpha}\cdot \frac{j_x}{c},$$

$$(2.93)$$

die man aus den Maxwell-Gleichungen (B.20) für $\epsilon = \mu = 1$ nach der Transformation $(\Phi, A) \to (c\epsilon_0/e)\cdot(\Phi, A)$ und mit der Eichung

$$\frac{\partial A_x}{\partial x} + \frac{1}{c^2}\frac{\partial \Phi}{\partial t} = 0$$

erhält.[27] Auf der linken Seite stehen Felder mit Dimensionen, die uns gleich bei quantisierten Klein-Gordon-Feldern wiederbegegnen, die rechten Seiten enthalten Dichten (ρ in m^{-3} gemessen) und Stromdichten (j_i in $m^{-2}s^{-1}$). Für ein einzelnes Elektron übernehmen wir nun einfach die Ausdrücke der Dirac-Theorie (2.86). Die Interpretation dieser Terme, die ja die Quellen und Senken des elektromagnetischen Felds darstellen, ist sehr einfach, wenn man $\bar{\psi}$ als die Wellenfunktion des ladungskonjugierten Teilchens, also des Anti-teilchens, auffasst: das elektromagnetische Feld kann ein Teilchen-Antiteilchenpaar erzeugen, und umgekehrt kann ein Teilchen-Antiteilchenpaar sich gegenseitig unter Aussendung elektromagnetischer Wellen vernichten. Damit hat auch die heuristische Erklärung der Existenz von Zuständen negativer Energie im Rahmen der Diracschen „Löchertheorie" eine formale Basis erhalten. In drei Raumdimensionen erhalten wir natürlich vier Feldgleichungen, die wir zusammenfassen können, wenn wir die Vierervektoren des Potentials $A = (\Phi/c, \boldsymbol{A})$ und des Stroms

$$j \equiv (c\rho, \boldsymbol{j}) = \left(c\bar{\psi}\gamma_0\psi,\, c\bar{\psi}\boldsymbol{\gamma}\psi\right) \tag{2.94}$$

verwenden:

$$\left[\frac{\partial^2}{\partial t^2} - c^2\left(\frac{\partial^2}{\partial x^2} + \frac{\partial^2}{\partial y^2} + \frac{\partial^2}{\partial z^2}\right)\right] A = \sqrt{4\pi\alpha}\cdot cj.$$

Wir haben nun den entscheidenden Unterschied zwischen der relativistischen und der nichtrelativistischen Quantenmechanik gefunden: die Teilchenzahl ist im relativistischen Fall nicht erhalten. Wir müssen daher Operatoren einführen, die Teilchen erzeugen oder vernichten können. Im Falle des elektromagnetischen Felds kann man diese Notwendigkeit anhand des Messprozesses motivieren. Zum Beispiel wird ein elektrostatisches Feld durch die Kraft auf eine Probeladung gemessen, durch die es natürlich selbst verändert wird. Im Rahmen der klassischen Physik kann man diese Änderung exakt berücksichtigen, da sich die Felder linear überlagern. Wir müssen aber den Ort der Probeladung zum Zeitpunkt der Messung genau kennen. Und das ist in der Quantenmechanik nicht möglich. Denn die Kraft bestimmen wir durch Messung der Impulsänderung. Je genauer wir sie also messen, desto schlechter kennen wir wegen der Unbestimmtheitsrelation (2.60) den Ort, an dem sich die Ladung befindet. Das heißt aber auch, dass das zu messende Feld auf unkontrollierbare Weise beeinflusst wird.

Wir erinnern uns daran, dass wir bei der formalen Herleitung der Unbestimmtheitsrelation vom nichtverschwindenden Kommutator zwischen Ort

---

[27] Natürlich gehen wir davon aus, dass für die Beschreibung von einzelnen, fast freien Teilchen die Umgebung die Eigenschaften des Vakuums hat.

und Impuls, $[\underline{x}, \underline{p}] = i\hbar$, ausgegangen sind. Einen ähnlichen Kommutator zwischen dem Feld und dem Impuls müssen wir wohl an den Anfang einer Quantenfeldtheorie stellen.

Quantisierung des Klein-Gordon-Felds

Wir werden hier aber nicht das elektromagnetische Feld behandeln, das wegen der Bedingung der verschwindenden Masse einige rechnerische und begriffliche Komplikationen aufweist, sondern das Klein-Gordon-Feld. Wir wissen bereits, dass ebene Wellen der Form $e^{\pm i(\boldsymbol{p}\cdot\boldsymbol{x}-Et)/\hbar}$ die *freie* Klein-Gordon-Gleichung lösen. Einsetzen führt auf die relativistische Energie-Impuls-Beziehung (2.12). Damit kann die Energie sowohl positiv als auch negativ sein. Zunächst hatten wir aus diesem Grunde die Klein-Gordon-Gleichung verworfen. Nach dem für die Dirac-Gleichung (2.83) entwickelten Interpretationsmuster für Lösungen negativer Energie müssen wir aber auch für das Klein-Gordon-Feld die Existenz von Antiteilchen erlauben. Damit wird sie eine durchaus akzeptable Feldgleichung. Wir setzen eine allgemeine *reelle* Lösung als eine Überlagerung von Wellen positiver und negativer Energie an. Der Beitrag eines Impulses hat dann die Form:

$$\tilde{\phi}(E, \boldsymbol{p}) = \alpha e^{i(\boldsymbol{p}\cdot\boldsymbol{x}-Et)/\hbar} + \alpha^* e^{-i(\boldsymbol{p}\cdot\boldsymbol{x}-Et)/\hbar}.$$

Dabei ist die Energie E als Variable aber stets positiv. Über den Impuls als eine kontinuierliche Variable müssen wir integrieren (siehe (2.55)), wenn wir eine physikalische Lösung konstruieren wollen. Die α und α^* sind in diesem Sinne Gewichtsfaktoren. Wegen der Unbestimmtheitsrelationen (2.60) und (2.61) gibt es nun *a priori* keinen festen Zusammenhang zwischen Impuls und Energie. Daher müssen wir auch über die Energie integrieren. In einer Normierung, die sich später als praktisch herausstellen wird, setzen wir also unsere allgemeine Lösung wie folgt an:

$$\phi(\boldsymbol{x}, t) = \int \frac{d^3p}{(2\pi\hbar)^3} \int_0^{+\infty} dE' \sqrt{\hbar c}\, \delta\left((E'^2 - p^2 c^2) - m^2 c^4\right) \tilde{\phi}(E', \boldsymbol{p}). \quad (2.95)$$

Die δ-Funktion stellt sicher, dass letzten Endes doch der physikalische Zusammenhang zwischen Impuls und Energie wiederhergestellt wird. In diesem Ausdruck erkennen wir eine vierdimensionale Fourier-Transformation wieder, wenn wir die Impulse mit Hilfe der de-Broglie-Beziehung durch Wellenzahlen und die Energie über die Plancksche Formel (2.32) durch die Kreisfrequenz ersetzen, also $\boldsymbol{k} = \boldsymbol{p}/\hbar$ und $\omega = E/\hbar$. Außerdem bemerken wir, dass diese Amplitude offensichtlich Lorentz-invariant ist, denn alle Faktoren unter dem Integral, einschließlich des vierdimensionalen Volumenelements sind Lorentz-Skalare. Das Energieintegral kann wegen (A.5) sofort angegeben werden:

$$\int_0^{+\infty} dE' \sqrt{\hbar c}\, \delta\left((E'^2 - p^2 c^2) - m^2 c^4\right) \tilde{\phi}\,(E', \boldsymbol{p})$$

$$= \int_0^{+\infty} dE' \sqrt{\hbar c}\, \frac{1}{2E} \left[\delta\,(E' - E) + \delta\,(E' + E)\right] \tilde{\phi}\,(E', \boldsymbol{p})$$

$$= \frac{\sqrt{\hbar c}}{2E}\, \tilde{\phi}\,(E, \boldsymbol{p})$$

mit $E = +\sqrt{p^2 c^2 + m^2 c^4}$. Nur die positive Nullstelle im Argument der δ-Funktion trägt zu diesem Ergebnis bei, da die negative Nullstelle außerhalb des Integrationsbereichs liegt. Damit hat unsere Feldamplitude die Form:

$$\phi\,(\boldsymbol{x}, t) = \int \frac{d^3 p}{(2\pi\hbar)^3} \frac{\sqrt{\hbar c}}{2E} \left(\alpha e^{i(\boldsymbol{p}\cdot\boldsymbol{x} - Et)/\hbar} + \alpha^* e^{-i(\boldsymbol{p}\cdot\boldsymbol{x} - Et)/\hbar}\right).$$

Der entscheidende Schritt besteht nun darin, die zunächst beliebigen komplexen Funktionen als Operatoren aufzufassen und zu verlangen, dass der Feldoperator

$$\underline{\phi}\,(\boldsymbol{x}, t) = \int \frac{d^3 p}{(2\pi\hbar)^3} \frac{\sqrt{\hbar c}}{2E} \left(\underline{a}\,(\boldsymbol{p})\, e^{i(\boldsymbol{p}\cdot\boldsymbol{x} - Et)/\hbar} + \underline{a}^\dagger\,(\boldsymbol{p})\, e^{-i(\boldsymbol{p}\cdot\boldsymbol{x} - Et)/\hbar}\right) \quad (2.96)$$

den weiter oben für den Hamilton-Operator und den Impuls-Operator bewiesenen Heisenberg-Gleichungen (2.70)

$$i\hbar \frac{\partial\phi}{\partial t} = \left[\phi,\, \underline{H}\right],\ -i\hbar \frac{\partial\phi}{\partial x} = \left[\phi,\, \underline{p_x}\right]\ \text{und so weiter}$$

genügen. Die Operatoren $\underline{a}$ und $\underline{a}^\dagger$ brauchen natürlich noch einen Zustandsvektor, auf den sie wirken können, und der durch dem Impuls gekennzeichnet ist. Der einfachste Zustand dieser Art ist natürlich das „Vakuum" $|0\rangle$ – nicht zu verwechseln mit dem Nullvektor – dessen Energie- und Impuls-Eigenwerte verschwinden, also

$$\underline{H}\,|0\rangle = 0$$

$$\underline{p}\,|0\rangle = 0.$$

Setzen wir nun den Ansatz (2.96) für den Feldoperator in die Heisenberg-Gleichung $i\hbar\underline{\dot{\phi}} = \left[\underline{H},\, \underline{\phi}\right]$ ein, erhalten wir

$$\int \frac{d^3 p}{(2\pi\hbar)^3} \frac{\sqrt{\hbar c}}{2} \left(\underline{a} e^{i(\boldsymbol{p}\cdot\boldsymbol{x} - Et)/\hbar} - \underline{a}^\dagger e^{-i(\boldsymbol{p}\cdot\boldsymbol{x} - Et)/\hbar}\right)$$

$$= -\int \frac{d^3 p}{(2\pi\hbar)^3} \frac{\sqrt{\hbar c}}{2E} \left\{\left[\underline{H},\, \underline{a}\,(\boldsymbol{p})\right] e^{i(\boldsymbol{p}\cdot\boldsymbol{x} - Et)/\hbar} + \left[\underline{H},\, \underline{a}^\dagger\,(\boldsymbol{p})\right] e^{-i(\boldsymbol{p}\cdot\boldsymbol{x} - Et)/\hbar}\right\}.$$

Da die positiven und negativen Eigenwerte stets verschieden voneinander sind, müssen beide Summanden getrennt gleichgesetzt werden:

$$[\underline{H}, \underline{a}(p)] = -E\underline{a}(p)$$
$$[\underline{H}, \underline{a}^\dagger(p)] = E\underline{a}^\dagger(p).$$

Ähnliche Beziehungen erhält man für die drei Impulskomponenten. Hängen wir an diese Operator-Gleichungen nun den Zustandsvektor des Vakuums an, sehen wir, dass $\underline{a}^\dagger(p)|0\rangle$ ein Eigenzustand des Hamilton-Operators zur Energie $E = +\sqrt{p^2c^2 + m^2c^4}$ ist:

$$[\underline{H}, \underline{a}^\dagger(p)]|0\rangle = \underline{H}\underline{a}^\dagger(p)|0\rangle - \underline{a}^\dagger(p)\,\underline{H}\,|0\rangle$$
$$= \underline{H}\underline{a}^\dagger(p)|0\rangle = E\underline{a}^\dagger(p)|0\rangle.$$

Wir bezeichnen ihn mit dem ket $|p\rangle$. Aus der anderen Beziehung folgt:

$$\underline{H}\underline{a}(p)|0\rangle = -E\underline{a}(p)|0\rangle.$$

Da die Natur negative Energien nicht kennt, müssen wir fordern, dass

$$\underline{a}(p)|0\rangle = \langle 0|\,\underline{a}^\dagger(p) = 0.$$

Wirken $\underline{a}^\dagger(p)$ und $\underline{a}(p)$ nun statt auf das Vakuum auf einen Zustand $|p_0\rangle$, erhält man Zustände mit anderen Energie-Eigenwerten:

$$\underline{H}\underline{a}^\dagger(p)|p_0\rangle = E\underline{a}^\dagger(p)|p_0\rangle + \underline{a}^\dagger(p)\,\underline{H}\,|p_0\rangle$$
$$= E\underline{a}^\dagger(p)|p_0\rangle + \underline{a}^\dagger(p)\,E_0\,|p_0\rangle$$
$$= (E_0 + E)\,\underline{a}^\dagger(p)|p_0\rangle$$

mit $E_0 = +\sqrt{p^2c^2 + m^2c^4}$ und

$$\underline{H}\underline{a}(p)|p_0\rangle = E\underline{a}(p)|p_0\rangle + \underline{a}(p)\,\underline{H}\,|p_0\rangle$$
$$= (E_0 - E)\,\underline{a}(p)|p_0\rangle.$$

Der Operator $\underline{a}^\dagger(p)$ erhöht also den Eigenwert um E, während $\underline{a}(p)$ ihn um denselben Betrag erniedrigt. Anders ausgedrückt *erzeugt* $\underline{a}^\dagger(p)$ ein Quantum der Energie E und des Impulses p, $\underline{a}(p)$ *vernichtet* es.

Erzeugungs- und Vernichtungsoperatoren dieser Art haben wir schon in der Diskussion des harmonischen Oszillators kennengelernt. Dass die Analogie noch weiter geht, sehen wir, wenn wir außer den Kommutatoren zwischen einem Feldoperator auf der einen und einem Energie- oder Impulsoperator auf der andern Seite auch noch die Kommutatoren zwischen zwei Feldoperatoren bei gleichen Zeiten betrachten. Die letzte Einschränkung ist durch das Kausalitätsprinzip der Relativitätstheorie motiviert: zwei Ereignisse, das eine am Ort x und zu der Zeit t, das andere am Ort y und zu der Zeit t', erfahren nichts voneinander, wenn

$$c|t' - t| < |y - x|.$$

Denn die Geschwindigkeit, mit der ein Signal übertragen wird, wäre

$$v = \frac{\Delta s}{\Delta t} = \frac{|\boldsymbol{y} - \boldsymbol{x}|}{|t' - t|} > c,$$

und das ist natürlich nicht möglich. Insbesondere sind zwei räumlich getrennte Punkte zum selben Zeitpunkt „nicht kausal verbunden". Deshalb muss es völlig gleichgültig sein, in welcher Reihenfolge zwei Feldoperatoren $\phi\,(\boldsymbol{x}, t)$ und $\phi\,(\boldsymbol{y}, t)$ auf einem beliebigen Zustand wirken: ihr Kommutator verschwindet:

$$\left[\phi\,(\boldsymbol{x}, t),\, \phi\,(\boldsymbol{y}, t)\right] = 0, \text{ wenn } \boldsymbol{x} \neq \boldsymbol{y}. \tag{2.97}$$

Natürlich ist dieser Kommutator auch dann Null, wenn $\boldsymbol{x} = \boldsymbol{y}$, denn ein Operator kann trivialerweise mit sich selbst vertauscht werden. Darüberhinaus gilt auch:

$$\left[\phi\,(\boldsymbol{x}, t),\, \dot{\phi}\,(\boldsymbol{y}, t)\right] = 0, \text{ wenn } \boldsymbol{x} \neq \boldsymbol{y}. \tag{2.98}$$

Dies erkennt man, wenn man die allgemeine Forderung

$$\left[\phi\,(\boldsymbol{x}, t),\, \phi\,(\boldsymbol{y}, t')\right] = 0, \text{ wenn } c\,|t' - t| < |\boldsymbol{y} - \boldsymbol{x}|$$

nach t' differenziert und danach $t' = t$ setzt. Schreiben wir den Feldoperator (2.96) nach der Substitution $\boldsymbol{p} \to -\boldsymbol{p}$ im zweiten Summanden als:

$$\phi\,(\boldsymbol{x}, t) = \int \frac{\mathrm{d}^3 p}{(2\pi\hbar)^3} \frac{\sqrt{\hbar c}}{2E} \left(a\,(\boldsymbol{p})\, e^{i(\boldsymbol{p}\cdot\boldsymbol{x} - Et)/\hbar} + a^\dagger\,(-\boldsymbol{p})\, e^{i(\boldsymbol{p}\cdot\boldsymbol{x} + Et)/\hbar} \right)$$

und setzen diesen Ansatz in die Kommutatoren für gleiche Zeiten ein, erhalten wir:

$$\left[\phi\,(\boldsymbol{x}, t),\, \phi\,(\boldsymbol{y}, t)\right] = \int \frac{\mathrm{d}^3 p_1}{(2\pi\hbar)^3} \frac{\mathrm{d}^3 p_2}{(2\pi\hbar)^3} \frac{\sqrt{\hbar c}}{2E_1} \frac{\sqrt{\hbar c}}{2E_2} e^{i(\boldsymbol{p}_1\cdot\boldsymbol{x} + \boldsymbol{p}_2\cdot\boldsymbol{y})/\hbar}$$

$$\times \left\{ [a\,(\boldsymbol{p}_1),\, a\,(\boldsymbol{p}_2)]\, e^{-i(E_1 + E_2)t/\hbar} + [a\,(\boldsymbol{p}_1),\, a^\dagger\,(-\boldsymbol{p}_2)]\, e^{-i(E_1 - E_2)t/\hbar} + \right.$$

$$\left. + [a^\dagger\,(-\boldsymbol{p}_1),\, a\,(\boldsymbol{p}_2)]\, e^{i(E_1 - E_2)t/\hbar} + [a^\dagger\,(-\boldsymbol{p}_1),\, a^\dagger\,(-\boldsymbol{p}_2)]\, e^{i(E_1 + E_2)t/\hbar} \right\}$$

$$\left[\phi\,(\boldsymbol{x}, t),\, \dot{\phi}\,(\boldsymbol{y}, t)\right] = \int \frac{\mathrm{d}^3 p_1}{(2\pi\hbar)^3} \frac{\mathrm{d}^3 p_2}{(2\pi\hbar)^3} \frac{\sqrt{\hbar c}}{2E_1} \frac{i}{2} \sqrt{\frac{c}{\hbar}} e^{i(\boldsymbol{p}_1\cdot\boldsymbol{x} + \boldsymbol{p}_2\cdot\boldsymbol{y})/\hbar}$$

$$\times \left\{ -[a\,(\boldsymbol{p}_1),\, a\,(\boldsymbol{p}_2)]\, e^{-i(E_1 + E_2)t/\hbar} + [a\,(\boldsymbol{p}_1),\, a^\dagger\,(-\boldsymbol{p}_2)]\, e^{-i(E_1 - E_2)t/\hbar} - \right.$$

$$\left. - [a^\dagger\,(-\boldsymbol{p}_1),\, a\,(\boldsymbol{p}_2)]\, e^{i(E_1 - E_2)t/\hbar} + [a^\dagger\,(-\boldsymbol{p}_1),\, a^\dagger\,(-\boldsymbol{p}_2)]\, e^{i(E_1 + E_2)t/\hbar} \right\}.$$

Da $[\phi, \phi]$ für beliebige $\boldsymbol{x}$ und $\boldsymbol{y}$ verschwindet, muss auf der rechten Seite der ersten Gleichung der Ausdruck in geschweiften Klammern Null sein. Nun ist $E_1 + E_2$ immer verschieden von $E_1 - E_2$, $-E_1 + E_2$ und $-E_1 - E_2$. Das bedeutet, dass sowohl der erste als auch der letzte Summand gleich Null sein müssen:

$$[\underline{a}\,(p_1),\ \underline{a}\,(p_2)] = 0 \text{ für alle } p_1, p_2,$$
$$[\underline{a}^\dagger\,(p_1),\ \underline{a}^\dagger\,(p_2)] = 0 \text{ für alle } p_1, p_2. \tag{2.99}$$

Damit können die entsprechenden Terme im zweiten Kommutator weggelassen werden:

$$\left[\underline{\phi}\,(x,t),\ \underline{\dot{\phi}}\,(y,t)\right] = \int \frac{\mathrm{d}^3 p_1\ \mathrm{d}^3 p_2}{(2\pi\hbar)^3 (2\pi\hbar)^3} \frac{\sqrt{\hbar c}}{2 E_1} \frac{i}{2} \sqrt{\frac{c}{\hbar}} e^{i(p_1 \cdot x + p_2 \cdot y)/\hbar}$$

$$\times \left\{ [\underline{a}\,(p_1),\ \underline{a}^\dagger\,(p_2)]\, e^{-i(E_1 - E_2)t/\hbar} + [\underline{a}^\dagger\,(-p_1),\ \underline{a}\,(-p_2)]\, e^{i(E_1 - E_2)t/\hbar} \right\}.$$

Hier haben wir im zweiten Term $p_2 \to -p_2$ substituiert. Wir wissen bereits, dass der Ausdruck für $x \neq y$ verschwinden muss. Wenn wir ihn auch für $x = y$ Null setzen, sind auch die Kommutatoren zwischen $\underline{a}$ und $\underline{a}^\dagger$ gleich Null, mit der Folge, dass Feldoperatoren für beliebige Kombinationen von x, y, t und t' kommutieren. Das würde nach dem oben Gesagten zu einem Widerspruch mit der Unbestimmtheitsrelation führen. Setzen wir aber

$$[\underline{a}\,(p_1),\ \underline{a}^\dagger\,(p_2)] = (2\pi\hbar)^3 \cdot 2E_1 \cdot \delta^3\,(p_1 - p_2), \tag{2.100}$$

erhalten wir:

$$\left[\underline{\phi}\,(x,t),\ \underline{\dot{\phi}}\,(y,t)\right] = \frac{ic}{2} \int \frac{\mathrm{d}^3 p_1}{(2\pi\hbar)^3} \mathrm{d}^3 p_2\, e^{i(p_1 \cdot x + p_2 \cdot y)/\hbar}$$

$$\times \delta^3\,(p_1 - p_2) \left(e^{-i(E_1 - E_2)t/\hbar} + e^{i(E_1 - E_2)t/\hbar} \right)$$

$$= ic \int \frac{\mathrm{d}^3 p_1}{(2\pi\hbar)^3} e^{ip \cdot (x - y)/\hbar} = ic\delta^3\,(x - y).$$

Damit ist der Kommutator immer noch Null, wenn $x \neq y$, wie in (2.98). Er wird aber beliebig groß für $x = y$. Ohne die Rechnung im Detail auszuführen, können wir uns jetzt vorstellen, dass die Feldoperatoren für solche Paare von Koordinaten, für die $c\,|t' - t| \geq |y - x|$, nicht miteinander vertauscht werden können. Für sehr kleine Zeitdifferenzen können wir zum Beispiel $\underline{\phi}\,(y, t')$ näherungsweise als $\underline{\phi}\,(y, t) + \underline{\dot{\phi}}\,(y, t)\,(t' - t)$ schreiben und erhalten so

$$\int \mathrm{d}^3 y\, \left[\underline{\phi}\,(x, t),\ \underline{\phi}\,(y, t')\right] \approx ic\,(t' - t).$$

Der „gleichzeitige" Kommutator *zwischen dem Feldoperator und seiner zeitlichen Ableitung* beschränkt also den Abstand, in dem die Felder etwas voneinander spüren, auf den kausalen Bereich.

Wir können die Resultate dieser etwas längeren Rechnung wie folgt zusammenfassen:

1. Die Feldamplitude kann nicht mit ihrer zeitlichen Ableitung am selben Ort vertauscht werden. Die Zeitableitung spielt somit formal die Rolle eines Impulses.

2. Die Erzeugungs- und Vernichtungsoperatoren gehorchen für $p_1 = p_2$ derselben Algebra wie die des harmonischen Oszillators. Allerdings haben die Operatoren jetzt die Dimension $\sqrt{\text{Energie} \cdot \text{Volumen}}$.

3. Aus dem Kommutator $[\underline{a}^\dagger, \underline{a}^\dagger] = 0$ folgt, dass die die beiden Zweiteilchen-Zustände $\underline{a}^\dagger(p_1)\,\underline{a}^\dagger(p_2)\,|0\rangle$ und $\underline{a}^\dagger(p_2)\,\underline{a}^\dagger(p_1)\,|0\rangle$ identisch sind. Das Klein-Gordon-Feld beschreibt Bosonen.

4. Der Feldoperator (2.96) hat die Dimension einer inversen Länge, wie man am einfachsten am Kommutator

$$\left[\underline{\phi}(x,t),\,\dot{\underline{\phi}}(y,t)\right] = ic\,\delta^3(x-y)$$

sieht. Die dreidimensionale δ-Funktion hat nämlich die Dimension eines inversen Volumens. Die Wellenfunktion eines Teilchens definiert man als Überlagerung von Einteilchenzuständen verschiedener Impulse, die auf den Vakuumzustand wirken:

$$|\phi\rangle = \int \frac{d^3p}{(2\pi\hbar)^3}\,\frac{1}{\sqrt{2E}}\,f(p)\,\underline{a}^\dagger(p)\,|0\rangle \qquad (2.101)$$

mit einem gewissen „Spektrum" $f(p)$. Die Norm dieses Zustands ist positiv:

$$\langle\phi|\phi\rangle = \int \frac{d^3p_1}{(2\pi\hbar)^3}\frac{d^3p_2}{(2\pi\hbar)^3}\,\frac{f^*(p_1)\,f(p_2)}{\sqrt{2E_1 2E_2}}\,\langle 0|\underline{a}(p_1)\,\underline{a}^\dagger(p_2)|0\rangle$$

$$= \int \frac{d^3p_1}{(2\pi\hbar)^3}\frac{d^3p_2}{(2\pi\hbar)^3}\,\frac{f^*(p_1)\,f(p_2)}{\sqrt{2E_1 2E_2}}\,\langle 0|[\underline{a}(p_1),\,\underline{a}^\dagger(p_2)]|0\rangle$$

$$= \int \frac{d^3p}{(2\pi\hbar)^3}\,|f(p)|^2\,.$$

Die Spektralfunktion $f(p)$ ist also dimensionslos.

Die Dimension des Felds verdient noch ein paar Bemerkungen. Wir haben die Faktoren $\hbar$ und c im Ansatz bereits so kombiniert, dass schließlich nach der Integration über die Impulse nur noch die inverse Länge übrigbleibt. Auch der Kommutator $[\underline{a}, \underline{a}^\dagger]$ ist entsprechend konstruiert worden. Aber eigentlich hatten wir auch gar keine andere Wahl, denn in einer relativistischen Quantenfeldtheorie sind $\hbar$ und c die einzigen Naturkonstanten, die eine Rolle spielen dürfen. Wir haben sie derart eingesetzt, dass die Dimension des Felds möglichst niedrig wird, um uns Rechenarbeit zu ersparen. Der Erfolg der Theorie wird uns später rechtgeben.

... und des Dirac-Felds

Nach dem Klein-Gordon-Feld kommen wir wieder zum Dirac-Feld. Auch hier beginnen wir mit den Lösungen der freien Dirac-Gleichung (2.83), von denen wir ja bereits vier für den Fall $p = 0$ gefunden haben. Wir setzen die allgemeinen Lösungen der freien Gleichung ($p \neq 0$) in der Form:

$$\psi_{1,2} = u\,(p,s)\,e^{+i(p\cdot x - Et)/\hbar} = u\,(p,s)\,e^{-ipx/\hbar c} \text{ und}$$

$$\psi_{3,4} = v\,(p,s)\,e^{-i(p\cdot x - Et)/\hbar} = v\,(p,s)\,e^{+ipx/\hbar c} \tag{2.102}$$

an. In dem letzten Ausdruck auf der rechten Seite haben wir die Vierervektoren $p = (E, cp)$ und $x = (ct, x)$ verwendet. Dem Parameter s, der die je zwei zusammengefassten Lösungen unterscheidet, ordnen wir die – zunächst willkürlichen – Werte $\pm\frac{1}{2}$ zu. Durch diese Wahl wird gleich der Bezug zum Spin verdeutlicht. Setzen wir diese Ausdrücke in die freie Dirac-Gleichung (2.83) ein, bekommen wir *algebraische* Bestimmungsgleichungen für u und v:

$$\left(\gamma p - mc^2 \mathbf{1}\right) u\,(p,s) = 0$$

$$\left(\gamma p + mc^2 \mathbf{1}\right) v\,(p,s) = 0. \tag{2.103}$$

Wie üblich bezeichnet $\gamma p = \gamma_0 E - \boldsymbol{\gamma} \cdot (cp)$ ein Produkt von Vierervektoren. In der zuvor eingeführten Darstellung der γ-Matrizen ist es:

$$\gamma p = \begin{pmatrix} E \cdot \mathbf{1} & -\boldsymbol{\sigma} \cdot cp \\ \boldsymbol{\sigma} \cdot cp & -E \cdot \mathbf{1} \end{pmatrix}$$

$$= \begin{pmatrix} E & 0 & -cp_z & -cp_x + icp_y \\ 0 & E & -cp_x - icp_y & cp_z \\ cp_z & cp_x - icp_y & -E & 0 \\ cp_x + icp_y & cp_z & 0 & -E \end{pmatrix}.$$

Dazu ist auf der Hauptdiagonalen mc^2 zu addieren oder zu subtrahieren, um zu die Bestimmungsgleichungen in Matrixform zu gelangen. Die Lösungen können wir direkt an der Matrix ablesen, wenn wir uns die Energie-Impuls-Beziehung (2.12) in Erinnerung rufen. Wir prüfen nämlich leicht nach, dass

$$u\left(\boldsymbol{p}, \frac{1}{2}\right) = \frac{1}{\sqrt{E+mc^2}} \begin{pmatrix} E+mc^2 \\ 0 \\ cp_z \\ cp_x + icp_y \end{pmatrix}$$

$$u\left(\boldsymbol{p}, -\frac{1}{2}\right) = \frac{1}{\sqrt{E+mc^2}} \begin{pmatrix} 0 \\ E+mc^2 \\ cp_x - icp_y \\ -cp_z \end{pmatrix}$$

$$v\left(\boldsymbol{p}, \frac{1}{2}\right) = \frac{1}{\sqrt{E+mc^2}} \begin{pmatrix} cp_x - icp_y \\ -cp_z \\ 0 \\ E+mc^2 \end{pmatrix}$$

$$v\left(\boldsymbol{p}, -\frac{1}{2}\right) = \frac{1}{\sqrt{E+mc^2}} \begin{pmatrix} -cp_z \\ -cp_x - icp_y \\ -E - mc^2 \\ 0 \end{pmatrix} .$$

Mit den schon erwähnten Zweier-„Spinoren"

$$\chi_{1/2} = \begin{pmatrix} 1 \\ 0 \end{pmatrix} \text{ und } \chi_{-1/2} = \begin{pmatrix} 0 \\ 1 \end{pmatrix}$$

können wir die Dirac-Spinoren nun als

$$u\left(\boldsymbol{p}, s\right) = \sqrt{E+mc^2} \begin{pmatrix} \chi_s \\ \dfrac{\boldsymbol{\sigma} \cdot c\boldsymbol{p}}{E+mc^2}\chi_s \end{pmatrix} \qquad (2.104\text{a})$$

und

$$v\left(\boldsymbol{p}, s\right) = \sqrt{E+mc^2} \begin{pmatrix} \dfrac{\boldsymbol{\sigma} \cdot c\boldsymbol{p}}{E+mc^2}\epsilon\chi_s^* \\ \epsilon\chi_s^* \end{pmatrix} \qquad (2.104\text{b})$$

schreiben. Dabei haben wir die beiden 2×2-Matrizen

$$\boldsymbol{\sigma} \cdot c\boldsymbol{p} = \begin{pmatrix} cp_z & c(p_x - ip_y) \\ c(p_x + ip_y) & -cp_z \end{pmatrix} = (\boldsymbol{\sigma} \cdot c\boldsymbol{p})^\dagger$$

und

$$\epsilon = \begin{pmatrix} 0 & -1 \\ 1 & 0 \end{pmatrix}$$

benutzt. Der Sinn der komplexen Konjugation in den v-Spinoren wird erst später deutlich werden. Die Zuordnung der Spins beruht auf dem nichtrelativistischen Grenzwert ($\boldsymbol{p} \to 0$), der uns erlaubt, die Lösungen positiver und negativer Energie unabhängig voneinander zu behandeln. Bei den u-Lösungen können wir die beiden unteren Komponenten fallen lassen und bekommen:

$$u\left(\boldsymbol{p}, s\right) \xrightarrow[p \to 0]{} \sqrt{2mc^2}\chi_s.$$

Ähnlich interpretieren wir die beiden unteren Komponenten der v-Lösungen:

$$v\left(\boldsymbol{p}, s\right) \xrightarrow[p \to 0]{} \sqrt{2mc^2}\epsilon\chi_s^*.$$

Der Vorfaktor $1/\sqrt{E + mc^2}$ ist so gewählt worden, dass

$$u^\dagger\left(\boldsymbol{p}, s\right) u\left(\boldsymbol{p}, s'\right) = \bar{u}\left(\boldsymbol{p}, s\right) \gamma_0 u\left(\boldsymbol{p}, s'\right) = 2E\delta_{ss'} \text{ und}$$
$$v^\dagger\left(\boldsymbol{p}, s\right) v\left(\boldsymbol{p}, s'\right) = \bar{v}\left(\boldsymbol{p}, s\right) \gamma_0 v\left(\boldsymbol{p}, s'\right) = 2E\delta_{ss'}.$$

Diese Normierung erweist sich in Rechnungen als besonders praktisch. Sie hat keinen tieferen Sinn und soll uns nicht mehr weiter beschäftigen.

Die adjungierten Spinoren $\bar{u}$ und $\bar{v}$ erfüllen natürlich die adjungierte Dirac-Gleichung (2.84):

$$\bar{u}\left(\gamma p - mc^2\right) = 0$$
$$\bar{v}\left(\gamma p + mc^2\right) = 0. \tag{2.105}$$

Aus den Komponenten von u und $\bar{u}$ kann man nun eine Matrix

$$(u\left(\boldsymbol{p}, s\right) \bar{u}\left(\boldsymbol{p}, s\right))_{ik} = \sum_j \left(u_i\left(\boldsymbol{p}, s\right) u_j^\dagger\left(\boldsymbol{p}, s\right)\right) (\gamma_0)_{jk}$$

bilden. Durch direktes Nachrechnen leitet man die „Spinsummenformeln"

$$\sum_{s=\pm 1/2} (u\left(\boldsymbol{p}, s\right) \bar{u}\left(\boldsymbol{p}, s\right))_{ik} = \left(\gamma p + mc^2\right)_{ik}$$
$$\sum_{s=\pm 1/2} (v\left(\boldsymbol{p}, s\right) \bar{v}\left(\boldsymbol{p}, s\right))_{ik} = \left(\gamma p - mc^2\right)_{ik} \tag{2.106}$$

her. Sie werden uns bald bei der Berechnung von Amplituden und Raten nützlich sein. Im folgenden Kapitel werden wir bei der Behandlung des β-Zerfalls die Spinsumme für einen einfachen Fall explizit ausrechnen.

Mit diesen Lösungen sind wir jetzt in der Lage, den Operator für das Dirac-Feld angeben:

$$\underline{\psi}\left(\boldsymbol{x}, t\right) = \int \frac{\mathrm{d}^3 p}{(2\pi\hbar)^3} \frac{1}{2E} \sum_{s=\pm 1/2} \left\{ u\left(\boldsymbol{p}, s\right) \underline{d}\left(\boldsymbol{p}, s\right) e^{-ipx/\hbar c} \right.$$
$$\left. + v\left(\boldsymbol{p}, s\right) \underline{b}^\dagger\left(\boldsymbol{p}, s\right) e^{ipx/\hbar c} \right\}. \tag{2.107}$$

Aus den Heisenberg-Gleichungen

$$i\hbar \frac{\partial \psi}{\partial t} = \left[\underline{\psi},\, \underline{H}\right] \quad \text{und} \quad i\hbar \frac{\partial \psi}{\partial x_i} = -\left[\underline{\psi},\, \underline{p}_i\right]$$

folgen, wenn wir den hermitesch konjugierten Feldoperator einbeziehen, acht Kommutator-Beziehungen:

$$\left[\underline{p},\, \underline{d}^\dagger\,(\boldsymbol{p}, s)\right] = p\underline{d}^\dagger\,(\boldsymbol{p}, s)$$

$$\left[\underline{p},\, \underline{b}^\dagger\,(\boldsymbol{p}, s)\right] = p\underline{b}^\dagger\,(\boldsymbol{p}, s)$$

$$\left[\underline{p},\, \underline{d}\,(\boldsymbol{p}, s)\right] = -p\underline{d}\,(\boldsymbol{p}, s)$$

$$\left[\underline{p},\, \underline{b}\,(\boldsymbol{p}, s)\right] = -p\underline{b}\,(\boldsymbol{p}, s)\,,$$

jeweils für $s = \pm\frac{1}{2}$. Um die Gleichungen zu berücksichtigen, die den Impuls enthalten, haben wir den Operator-Vierervektor $\underline{p} = (\underline{H}, c\underline{\boldsymbol{p}})$ und den Energie-Impuls-Vektor $p = (E, c\boldsymbol{p})$ verwendet. Wie im Fall des Klein-Gordon-Felds müssen wir fordern, dass

$$\underline{d}\,(\boldsymbol{p}, s)\,|0\rangle = \underline{b}\,(\boldsymbol{p}, s)\,|0\rangle = 0.$$

Statt eines einzigen Einteilchenzustands können wir nun aber deren vier aufbauen, indem wir die Erzeugungsoperatoren $\underline{d}^\dagger$ und $\underline{b}^\dagger$ auf das Vakuum wirken lassen: zu jedem der beiden Operatoren gehören zwei Spineinstellungen.

Nun fehlt uns noch die Algebra der Erzeugungs- und Vernichtungs-Operatoren. Wir versuchen es zunächst mit den Vertauschungsregeln, die für das Klein-Gordon-Feld ein sinnvolles Ergebnis geliefert haben:

$$\left[\underline{d}\,(\boldsymbol{p}, s),\, \underline{d}^\dagger\,(\boldsymbol{p}', s')\right] = \delta_{ss'}\,(2\pi\hbar)^3\,2E\,\delta^3\,(\boldsymbol{p} - \boldsymbol{p}')$$

$$\left[\underline{b}\,(\boldsymbol{p}, s),\, \underline{b}^\dagger\,(\boldsymbol{p}', s')\right] = \delta_{ss'}\,(2\pi\hbar)^3\,2E\,\delta^3\,(\boldsymbol{p} - \boldsymbol{p}')\,.$$

Alle anderen Kommutatoren setzen wir Null. Die Kausalitätsbedingung verlangt nun zum Beispiel $\left[\underline{\psi}\,(\boldsymbol{x}, t),\, \underline{\bar{\psi}}\,(\boldsymbol{y}, t)\right] = 0$ für $x \neq y$. Eine etwas längere, aber gar nicht so komplizierte Rechnung beweist, dass diese Bedingung mit den gerade angesetzten Vertauschungsregeln nicht erfüllt ist. Das Dirac-Feld kann also keine Bosonen darstellen. Das erstaunt uns nicht, denn aus der Beobachtung wissen wir bereits, dass Teilchen mit halbzahligem Spin Fermionen sind und daher dem Pauli-Prinzip gehorchen, das die gleichzeitige Existenz von zwei Teilchen im selben Zustand verbietet. Wir hatten ja, um die korrekte Wellenfunktion für zwei Fermionen zu konstruieren, die Einteilchen-Wellenfunktionen antisymmetrisch kombiniert (siehe (2.68b)):

$$\psi = \frac{1}{\sqrt{2}}\left\{\psi(1)\psi(2) - \psi(2)\psi(1)\right\},$$

sodass $\psi = 0$, wenn die Zustände 1 und 2 identisch sind. Dieser Ansatz legt nahe, dass der relativistische Zweiteilchen-Zustand $\underline{d}^\dagger\,(\boldsymbol{p}, s)\,\underline{d}^\dagger\,(\boldsymbol{p}', s')\,|0\rangle$ sein Vorzeichen ändert, wenn die Reihenfolge der Erzeugungs-Operatoren vertauscht wird. Wir fordern also „Antivertauschungsregeln":

$$
\begin{aligned}
\left[\underline{d}^\dagger\,(\boldsymbol{p}, s),\,\underline{d}^\dagger\,(\boldsymbol{p}', s')\right]_+ &= \left[\underline{b}^\dagger\,(\boldsymbol{p}, s),\,\underline{b}^\dagger\,(\boldsymbol{p}', s')\right]_+ \\
&= [\underline{d}\,(\boldsymbol{p}, s),\,\underline{d}\,(\boldsymbol{p}', s')]_+ = [\underline{b}\,(\boldsymbol{p}, s),\,\underline{b}\,(\boldsymbol{p}', s')]_+ \\
&= \left[\underline{d}\,(\boldsymbol{p}, s),\,\underline{b}^\dagger\,(\boldsymbol{p}', s')\right]_+ = \left[\underline{b}\,(\boldsymbol{p}, s),\,\underline{d}^\dagger\,(\boldsymbol{p}', s')\right]_+ \\
&= \left[\underline{d}^\dagger\,(\boldsymbol{p}, s),\,\underline{b}^\dagger\,(\boldsymbol{p}', s')\right]_+ = [\underline{d}\,(\boldsymbol{p}, s),\,\underline{b}\,(\boldsymbol{p}', s')]_+ = 0
\end{aligned}
\tag{2.108}
$$

mit dem neuen Symbol für einen „Antikommutator":

$$
[\underline{a},\,\underline{b}]_+ = \underline{a}\underline{b} + \underline{b}\underline{a}.
$$

Anstelle eines nichtverschwindenden Kommutators zwischen Erzeugungs- und Vernichtungs-Operatoren, den wir für das Klein-Gordon-Feld gefordert haben, setzen wir jetzt nichtverschwindende Antikommutatoren:

$$
\begin{aligned}
\left[\underline{d}\,(\boldsymbol{p}, s),\,\underline{d}^\dagger\,(\boldsymbol{p}', s')\right]_+ &= \delta_{ss'}\,(2\pi\hbar)^3\,2E\delta^3\,(\boldsymbol{p} - \boldsymbol{p}') \\
\left[\underline{b}\,(\boldsymbol{p}, s),\,\underline{b}^\dagger\,(\boldsymbol{p}', s')\right]_+ &= \delta_{ss'}\,(2\pi\hbar)^3\,2E\delta^3\,(\boldsymbol{p} - \boldsymbol{p}').
\end{aligned}
\tag{2.109}
$$

Man sieht sofort, dass

$$
\left[\underline{\psi}\,(\boldsymbol{x}, t),\,\underline{\psi}\,(\boldsymbol{y}, t)\right]_+ = \left[\underline{\psi}\,(\boldsymbol{x}, t),\,\underline{\psi}\,(\boldsymbol{y}, t)\right] = 0 \text{ für } \boldsymbol{x} \neq \boldsymbol{y}.
$$

Eine kurze Rechnung, die auch von den Spinsummenformeln (2.106) Gebrauch macht, führt auf

$$
\left[\underline{\psi}\,(\boldsymbol{x}, t),\,\bar{\underline{\psi}}\,(\boldsymbol{y}, t)\right]_+ = \gamma_0 \delta^3\,(\boldsymbol{x} - \boldsymbol{y}).
$$

Es wird deutlich, dass die Dirac-Felder die Dimension (Länge$^{-3/2}$) haben.

Wir haben jetzt zwar einen Feldoperator aufgebaut, der sich wie ein Fermion verhält, und sind damit einer vernünftigen Interpretation der Dirac-Gleichung ein gutes Stück nähergekommen. Wir haben aber dabei die Kausalitätsbedingung verletzt, denn das Verschwinden des Antikommutators bei gleichen Zeiten und verschiedenen Orten schließt aus, dass der Kommutator, also diejenige Größe, die wir über die Unbestimmtheitsrelation interpretieren können, ebenfalls Null ist! Das Dirac-Feld kann also nicht mit einer beobachtbaren Größe in Verbindung gebracht werden. Es gibt noch ein weiteres Indiz dafür, nämlich das Verhalten des Felds unter Drehungen.

Noch ein Zwischenspiel: Spins und Drehungen

Um das zu zeigen, kehren wir für einen Augenblick zur nichtrelativistischen Quantenmechanik zurück. Eine skalare Wellenfunktion sei als Funktion der drei Koordinaten x, y und z gegeben. Wird das Koordinatensystem um die z-Achse um einen Winkel ϕ gedreht, sind die neuen Koordinaten:

$$x' = x \cos \phi + y \sin \phi$$
$$y' = -x \sin \phi + y \cos \phi$$
$$z' = z.$$

Für sehr kleine Drehwinkel ϕ kann man die Kreisfunktionen durch das erste Glied ihrer Taylor-Entwicklung ersetzen, also $\cos \phi \approx 1$ und $\sin \phi \approx \phi$. Damit kommen wir auf einen einfachen Ausdruck für die Wellenfunktion in den gedrehten Koordinaten:

$$\psi(x', y', z') \approx \psi(x + y\phi, -x\phi + y, z)$$
$$\approx \psi(x, y, z) + \phi \left(y \frac{\partial \psi}{\partial x} - x \frac{\partial \psi}{\partial y} \right)$$
$$= \left(1 - \frac{i}{\hbar} \phi L_z \right) \psi(x, y, z).$$

Dabei haben wir auch die Wellenfunktion Taylor-entwickelt und außerdem die Definition des Drehimpulses

$$L_z = -i\hbar \left(y \frac{\partial}{\partial x} - x \frac{\partial}{\partial y} \right)$$

benutzt. Liegt die Drehachse beliebig im Raum, ersetzt man $\phi \cdot L_z$ durch $\phi \cdot L$, wobei ϕ ein Vektor ist, der auf der Drehachse liegt, und dessen Betrag den Drehwinkel (im Bogenmaß) angibt. Die Formel für kleine Winkel kann man auf beliebige Drehungen verallgemeinern, wenn man sich klarmacht, dass mit $1 - ix$ die Taylor-Entwicklung der komplexen Exponentialfunktion beginnt. Wir schließen also, dass sich skalare Wellenfunktionen bei Koordinatendrehungen wie

$$\psi(x', y', z') = \exp \left(-\frac{i}{\hbar} \phi \cdot L \right) \psi(x, y, z)$$

transformieren. Es leuchtet ein, dass man für Teilchen mit Spin statt des Bahndrehimpulses L den gesamten Drehimpuls $J = L + s$ einsetzen muss.

Nun zurück zum Dirac-Feld. In einem Koordinatensystem, in dem das Teilchen ruht, kann man die vier Komponenten wie gesehen in zwei zweikomponentige „Spinoren" zerlegen, die beide jeweils ein Teilchen mit dem

Spin $\frac{1}{2}\hbar$ beschreiben. In diesem System gibt es keinen Bahndrehimpuls, so-dass wir für das Transformationsverhalten eines Spinors bei Drehungen um die z-Achse verlangen müssen, dass

$$\psi_s\left(x', y', z'\right) = \exp\left(-\frac{i}{\hbar}\phi \cdot \frac{1}{2}\hbar\sigma_z\right)\psi_s\left(x, y, z\right)$$

$$= \exp\left(-\frac{i}{2}\phi\sigma_z\right)\psi_s\left(x, y, z\right).$$

Dabei ist

$$\psi_s\left(x, y, z\right) = \psi\left(x, y, z\right)\begin{pmatrix}1\\0\end{pmatrix}$$

für $s_z = \frac{1}{2}\hbar$ und

$$\psi_s\left(x, y, z\right) = \psi\left(x, y, z\right)\begin{pmatrix}0\\1\end{pmatrix}$$

für $s_z = -\frac{1}{2}\hbar$. Für eine vollständige Drehung ($\phi = 2\pi$) wird aus der Expo-nentialfunktion:

$$\exp\left(i\pi\sigma_z\right) = \cos\pi \cdot \mathbf{1} + i\sin\pi\sigma_z = -\mathbf{1},$$

da $\sigma_z^{2n} = \mathbf{1}$ und $\sigma_z^{2n-1} = \sigma_z$. Das bedeutet, dass ein Spinor bei einer vollständigen Drehung sein Vorzeichen ändert! Den ursprünglichen Zustand erreicht man erst wieder nach *zwei* vollständigen Drehungen. Diese Eigen-schaft ist typisch für eine Größe, die zwei Werte annehmen kann. Ein hübsches Analogon ist folgendes „Experiment", das man leicht mit einem langen schmalen Band oder einem Gürtel durchführen kann: Das eine Ende wird festgehalten, das andere um eine Achse gedreht, die am festgehaltenen Ende senkrecht auf der Oberfläche steht. Dabei wird die Orientation des beweg-ten Endes festgehalten, das heißt die obere Seite bleibt immer oben, das Ende deutet immer in dieselbe Richtung. Hat man, wie in der Abbildung 2.19 angedeutet, eine vollständige Drehung durchgeführt, befindet sich also das gedrehte Ende wieder am Ausgangspunkt, und versucht man „*lokal*" den ursprünglichen Zustand wiederherzustellen, muss man zwei Drehungen um die Achse ausführen, die in der Mitte des Bandes in seiner Ebene verläuft. Natürlich ist dieses topologische Kuriosum nicht ohne weiteres auf die Quan-tenmechanik übertragbar, aber es hilft, das Verhalten eines Spinors unter Drehungen etwas anschaulicher zu machen.[28]

Analog zu dieser Diskussion können wir mit einem einfachen Zählargu-ment schließen, dass dreikomponentige Vektorfelder einen Spin $1 \cdot \hbar$ haben, denn mit $j = 1$ können wir gerade $2j + 1 = 3$ Einstellungen aufbauen. Ihre

---

[28] Der Autor hat dieses „Experiment" vor einigen Jahren in den Vorlesungen für CERN-Sommerstudenten bei V. Weisskopf kennengelernt.

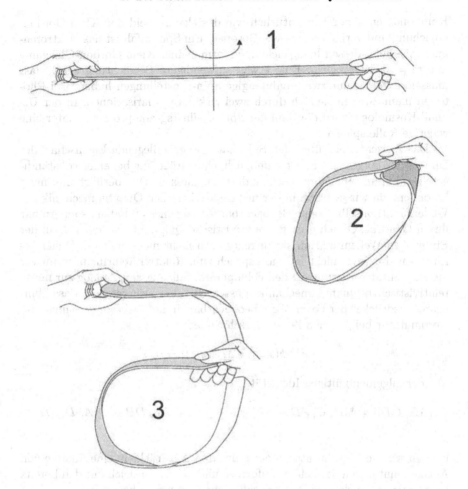

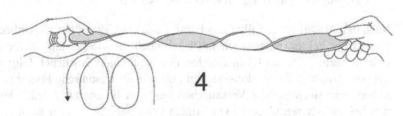

Abbildung 2.19. Ein Analogon zur Drehung eines Spinors

Komponenten gehorchen natürlich wie das skalare Feld der Klein-Gordon-Gleichung und verhalten sich wie Bosonen. Ein Spezialfall ist das elektromagnetische Feld, dessen Feldgleichungen formal einer Klein-Gordon-Gleichung mit $m = 0$ entsprechen. Eine etwas aufwendigere Betrachtung zeigt, dass masselose Felder nur zwei unabhängige Spin-Einstellungen haben. Bei Photonen manifestieren sie sich durch zwei zirkulare Polarisationen. In der Urknall-Kosmologie wird die Zahl der Spin-Freiheitsgrade pro Feld später eine wichtige Rolle spielen.

Das Zwischenspiel über den Spin hat eine grundlegende Eigenschaft des Dirac-Felds aufgezeigt: Es ist unmöglich, eine Größe, die bei einer vollständigen Umdrehung ihr Vorzeichen ändert, zu messen. Das berührt uns nicht besonders, da wir ja schon in der nichtrelativistischen Quantenmechanik der Wellenfunktion selbst keine Beobachtbarkeit zugemessen haben, sondern nur ihrem Quadrat. Ohnehin ist für relativistische Quantenfelder der Begriff der Einteilchen-Wellenfunktion strenggenommen nicht mehr sinnvoll. Daher geraten wir durchaus nicht in Widerspruch zum Relativitätsprinzip, wenn wir die Kausalitätsforderung für den Feldoperator fallen lassen. Analog zur nichtrelativistischen Quantenmechanik müssen wir aber sicherstellen, dass „bilineare Ausdrücke" der Form $\bar{\psi}\underline{M}\psi$ beobachtbar sind.[29] Insbesondere muss der Kommutator bei gleichen Zeiten verschwinden:

$$[\bar{\psi}\underline{M}\psi(x,t),\ \bar{\psi}\underline{M}\psi(y,t)] = 0.$$

Mit der allgemeingültigen Identität

$$[AB,\ CD] = A\,[B,\ C]_+\,D - AC\,[B,\ D]_+ + [A,\ C]_+\,DB - C\,[A,\ D]_+\,B.$$

können wir die Kommutatoren der bilinearen Ausdrücke in eine Summe von Antikommutatoren der Felder umformen und durch Vergleich mit den bereits hergeleiteten Ausdrücken die Kausalitätsbedingungen überprüfen.

Von Feldoperatoren zu Erwartungswerten

Nach den Ausführungen über das Dirac-Feld, besonders über die Unbeobachtbarkeit der Felder, müssen wir natürlich noch die Motivation für die Kausalitätsforderung für das Klein-Gordon-Feld nachholen. Natürlich folgt aus der Vertauschbarkeit der Feldoperatoren , die wir für bosonische Felder gefordert haben, trivialerweise die Vertauschbarkeit von bilinearen Ausdrücken, also von beobachtbaren Größen. Die Algebra der Feldoperatoren kann im nachhinein als bloße Voraussetzung für den richtigen Zusammenhang zwischen Spin und Statistik betrachtet werden: die Bose-Einstein-Verteilung (C.18) [30] gilt nur für Felder, die miteinander vertauscht werde können, die Fermi-

---

[29] Wir erinnern uns daran, dass der Viererstrom des Dirac-Felds $j = (ec/\epsilon_0)\bar{\psi}\gamma\psi$ genau diese Form hat (vergleiche (2.94)).

Dirac-Verteilung (C.17) [66] für solche, deren Antikommutatoren verschwinden. Streng genommen kann man die Kausalität nur für bilineare Ausdrücke postulieren. Wir haben aber deutlich gemacht, dass man auch mit dieser weniger strengen Bedingung nur dann auf eine konsistente Feldtheorie kommt, wenn entsprechende Vertauschungs- oder Antivertauschungsregeln auch für die Feldoperatoren selbst gelten. Genau das ist die Basis der Feststellung, dass in einer relativistischen Quantenfeldtheorie der Zusammenhang zwischen Spin und Statistik aus der Kausalitätsforderung folgt.

Wenn wir nun im Rahmen unserer Feldtheorie physikalische Größen berechnen wollen, müssen wir wie in der nichtrelativistischen Quantenmechanik Erwartungswerte bestimmen. Wir haben gesehen, dass Zustände durch Anwenden des Feldoperators auf einen Vakuumzustand konstruiert werden. Für Bosonen haben wir zum Beispiel

$$|\phi\rangle = \int \frac{\mathrm{d}^3 p}{(2\pi\hbar)^3} \frac{1}{\sqrt{2E}} f(p)\, \underline{a}^\dagger(p)\, |0\rangle .$$

Im fermionischen Fall gibt es zwei Möglichkeiten, einen Teilchen-Zustand

$$|\psi\rangle = \int \frac{\mathrm{d}^3 p}{(2\pi\hbar)^3} \frac{1}{\sqrt{2E}} \sum_{s=\pm 1/2} f(p,s)\, \underline{d}^\dagger(p,s)\, |0\rangle \qquad (2.110a)$$

und einen Antiteilchen-Zustand[30]

$$|\psi^c\rangle = \int \frac{\mathrm{d}^3 p}{(2\pi\hbar)^3} \frac{1}{\sqrt{2E}} \sum_{s=\pm 1/2} f(p,s)\, \underline{b}^\dagger(p,s)\, |0\rangle . \qquad (2.110b)$$

Wegen der Antivertauschbarkeit der Operatoren $\underline{d}^\dagger$ und $\underline{b}^\dagger$ verschwindet der Zustandsvektor, der zwei Teilchen im selben Quantenzustand hat. Nun bilden wir den „Vakuum-Erwartungswert" eines reellen Boson-Zustands, wobei wir aber dem bra-Vektor einen anderen Ort und eine andere Zeit zuordnen als dem ket: Wir schreiben:

$$\langle 0|\, \underline{\phi}(\boldsymbol{x},t) = \int \frac{\mathrm{d}^3 p_1}{(2\pi\hbar)^3} \frac{\sqrt{\hbar c}}{2E_1} \langle 0|\, \underline{a}(\boldsymbol{p}_1)\, e^{i(\boldsymbol{p}_1 \cdot \boldsymbol{x} - E_1 t)/\hbar}$$

und

$$\underline{\phi}(\boldsymbol{y},t')\, |0\rangle = \int \frac{\mathrm{d}^3 p_2}{(2\pi\hbar)^3} \frac{\sqrt{\hbar c}}{2E_2} \underline{a}^\dagger(-\boldsymbol{p}_2)\, e^{i(\boldsymbol{p}_2 \cdot \boldsymbol{y} + E_2 t')/\hbar}\, |0\rangle .$$

Die anderen Terme fallen natürlich heraus, da

$$\langle 0|\, \underline{a}^\dagger = \underline{a}\, |0\rangle = 0.$$

---

[30] Das hochgestellt c kommt vom englischen „charge conjugate", also ladungskonjugiert.

Damit erhalten wir:

$$\langle 0|\underline{\phi}\,(\boldsymbol{x},t)\,\underline{\phi}\,(\boldsymbol{y},t')|0\rangle$$

$$= \int \frac{\mathrm{d}^3p_1}{(2\pi\hbar)^3}\frac{\mathrm{d}^3p_2}{(2\pi\hbar)^3}\frac{\hbar c}{2E_1 \cdot 2E_2}e^{i(\boldsymbol{p}_1 \cdot \boldsymbol{x}+\boldsymbol{p}_2 \cdot \boldsymbol{y})/\hbar}e^{-i\left(E_1 t - E_2 t'\right)/\hbar}$$

$$\times \langle 0|\left[\underline{a}\,(\boldsymbol{p}_2),\,\underline{a}^\dagger\,(-\boldsymbol{p}_1)\right]|0\rangle$$

$$= \int \frac{\mathrm{d}^3p_1}{(2\pi\hbar)^3}\frac{\mathrm{d}^3p_2}{(2\pi\hbar)^3}\frac{\hbar c}{2E_1 \cdot 2E_2}e^{i(\boldsymbol{p}_1 \cdot \boldsymbol{x}+\boldsymbol{p}_2 \cdot \boldsymbol{y})/\hbar}e^{-i\left(E_1 t - E_2 t'\right)/\hbar}$$

$$\times (2\pi\hbar)^3\,2E_2\delta^3\,(\boldsymbol{p}_1+\boldsymbol{p}_2)$$

$$= \int \frac{\mathrm{d}^3p_1}{(2\pi\hbar)^3}\frac{\hbar c}{2E_1}e^{i\boldsymbol{p}_1 \cdot (\boldsymbol{x}-\boldsymbol{y})/\hbar}e^{-iE_1\left(t-t'\right)/\hbar}.$$

Wir betonen noch einmal, dass die Energie in diesem Ausdruck keine unabhängige Variable, sondern durch $E_1^2 = p_1^2 c^2 + m^2 c^4$ festgelegt ist. Nun wissen wir, dass für $c\,|t'-t| < |\boldsymbol{y}-\boldsymbol{x}|$ die beiden Feldoperatoren vertauschen, nicht aber für $c\,|t'-t| \geq |\boldsymbol{y}-\boldsymbol{x}|$. Außerdem behält die Zeitdifferenz unter allen Lorentz-Transformationen (2.3) ihr Vorzeichen, denn in

$$c\Delta\tilde{t} = \gamma\,(c\Delta t - \beta\Delta x)$$

kann $\Delta\tilde{t}$ nur dann ein von Δt verschiedenes Vorzeichen haben, wenn $|\beta| \cdot |\Delta x| > |c\Delta t|$ oder $|\Delta x|\,/\,|\Delta t| > c/\,|\beta| > c$. Für kausal verbundene Punkte ist das nicht möglich. Daher können wir das Produkt aus zwei Feldoperatoren für negative Zeitdifferenzen anders anordnen als für positive. Mit der Stufenfunktion $\Theta(x)$, die als

$$\Theta(x) = \begin{cases} 1 & \text{für } x \geq 0 \\ 0 & \text{für } x < 0 \end{cases}$$

definiert ist, definieren wir ein „zeitgeordnetes Produkt":

$$T\left(\underline{\phi}\,(\boldsymbol{y},t')\,\underline{\phi}\,(\boldsymbol{x},t)\right) = \Theta(t-t')\underline{\phi}\,(\boldsymbol{x},t)\,\underline{\phi}\,(\boldsymbol{y},t') + \Theta(t'-t)\underline{\phi}\,(\boldsymbol{y},t')\,\underline{\phi}\,(\boldsymbol{x},t).$$
$$(2.111)$$

Wegen der Kausalitätsbedingung und der Lorentz-Invarianz der Stufenfunktion für kausale Raum–Zeit–Abstände ist diese Festlegung der Reihenfolge ebenfalls Lorentz-invariant. Der Vakuum-Erwartungswert des zeitgeordneten Produkts nimmt nun die besonders einfache Form einer vierdimensionalen Fourier-Transformation an:

$$\langle 0|T\left(\underline{\phi}\,(\boldsymbol{y},t')\,\underline{\phi}\,(\boldsymbol{x},t)\right)|0\rangle = \lim_{\epsilon \to 0}\int \frac{\mathrm{d}^4 p}{(2\pi\hbar c)^4}\frac{-i\,(\hbar c)^2}{p^2 - m^2 c^4 + i\epsilon}e^{-ip(x-y)/\hbar c}.$$

Dabei haben wir wieder die Vierervektoren $x = (ct, \boldsymbol{x})$, $y = (ct', \boldsymbol{y})$ und $p = (p_0, c\boldsymbol{p})$ mit $p^2 = p_0^2 - c^2\boldsymbol{p}^2$ und das vierdimensionale Lorentz-invariante Volumenelement $\mathrm{d}^4 p = \mathrm{d}p_0\, c\mathrm{d}p_1\, c\mathrm{d}p_2\, c\mathrm{d}p_3$ benutzt. Der Imaginärteil $i\epsilon$ ist aus rechnerischen Gründen eingeführt worden, die gleich deutlich werden. Wir skizzieren den Beweis dieser Formel, indem wir bemerken, dass der Nenner $p^2 - m^2c^4 = p_0^2 - c\boldsymbol{p}^2 - m^2c^4$, und mit (2.12):

$$p^2 - m^2c^4 + i\epsilon = p_0^2 - E^2 + i\epsilon = \left(p_0 - \sqrt{E^2 - i\epsilon}\right)\left(p_0 + \sqrt{E^2 - i\epsilon}\right).$$

Damit können wir den Integranden als Funktion der Energie in einer Form schreiben, die uns die Anwendung des Cauchyschen Integralsatzes auf das Energieintegral erlaubt:

$$\lim_{\epsilon \to 0} \int \frac{\mathrm{d}p_0}{2\pi\hbar c} \frac{-i\,(\hbar c)^2}{p_0^2 - E^2 + i\epsilon} e^{-ip_0\left(t-t'\right)/\hbar}$$

$$= 2\pi i \frac{1}{2\pi\hbar c} \frac{-i\,(\hbar c)^2}{2E} e^{-iE\left(t-t'\right)/\hbar} = \frac{\hbar c}{2E} e^{-iE\left(t-t'\right)/\hbar}.$$

Den Integrationsweg, der eigentlich nur entlang der reellen Achse läuft, haben wir für $t > t'$ über einen unendlich großen Halbkreis unterhalb der reellen Achse geschlossen, der nichts zum Integral beiträgt, da die Exponentialfunktion für große negative Imaginärteile von E beliebig klein wird. Jetzt wird auch die Motivation für den zusätzliche Term $i\epsilon$ deutlich: er schiebt die positive Nullstelle des Nenners unter die reelle Achse, sodass sie im Innern des Integrationswegs liegt. Damit haben wir den Ausdruck

$$iD_F(x - y) = \lim_{\epsilon \to 0} \int \frac{\mathrm{d}^4 p}{(2\pi\hbar c)^4} \frac{-i\,(\hbar c)^2}{p^2 - m^2c^4 + i\epsilon} e^{-ip(x-y)/\hbar c} \qquad (2.112)$$

für $t > t'$ mit dem Vakuum-Erwartungswert

$$\langle 0|\underline{\phi}\,(\boldsymbol{x}, t)\,\underline{\phi}\,(\boldsymbol{y}, t')|0\rangle$$

identifiziert. Genauso zeigt man, dass für $t < t'$

$$iD_F(x - y) = \langle 0|\underline{\phi}\,(\boldsymbol{y}, t')\,\underline{\phi}\,(\boldsymbol{x}, t)|0\rangle.$$

Fasst man beide Fälle zusammen, kommt man auf das zeitgeordnete Produkt (2.111).

Das Produkt zweier Feldamplituden an verschiedenen Orten und zu verschiedenen Zeiten ist eine Verallgemeinerung des Quadrats einer Feldamplitude. Anstelle einer lokalen Intensität gibt es die Stärke der Korrelation zwischen den beiden Punkten an. Anders ausgedrückt bestimmt es, welches Feld man am Ort $\boldsymbol{x}$ zur Zeit t erwartet, wenn man am Ort $\boldsymbol{y}$ zur Zeit t' die Amplitude kennt. Der Vakuum-Erwartungswert dieses Produkts beschreibt also die Ausbreitung, die „Propagation" des Felds in Raum und Zeit. Man bezeichnet daher D_F oder auch die Fourier-Transformierte

$$\frac{-i\,(\hbar c)^2}{p^2 - m^2 c^4 + i\epsilon}$$

als den Propagator des bosonischen Felds [69].[31] Auch die Zeitordnung hat eine anschauliche Bedeutung. Wir haben gesehen, dass für $t > t'$ nur der Pol (das ist die übliche Bezeichnung für eine Nullstelle des Nenners) mit positiver Energie im Innern des Integrationswegs liegt und damit zum Propagator beiträgt. Natürlich bedeutet das umgekehrt, dass für $t < t'$ nur negative Energien eine Rolle spielen. In einem gewissen Sinne beschreiben die beiden Terme im zeitgeordneten Produkt (2.111) also die zeitlich vorwärts gerichtete Ausbreitung von „Teilchen" (mit positiver Energie) und die rückwärtige Ausbreitung von „Antiteilchen" (mit negativer Energie). Diese Interpretation ergibt sich daraus, dass der ganz rechts stehende Operator als derjenige, der zuerst auf einen Zustand wirkt, den Ausgangspunkt festlegt.

Wechselwirkende Felder: Elektronen-Streuung als Beispiel

Bisher haben wir Felder aus dem Vakuum erzeugt, physikalisch vielleicht nicht sehr relevant. Wir können aber das formale Resultat, den Propagator, jetzt verwenden, um Wechselwirkungs-Wahrscheinlichkeiten zu bestimmen. Uns interessiert vor allem die Wechselwirkung zwischen zwei Fermionen, da ja die Materie, soweit wir sie bisher verstanden haben, aus Fermionen zusammengesetzt ist. Die Quanten der Felder, die die Wechselwirkung vermitteln, haben hingegen bosonischen Charakter, wie zum Beispiel das Photon.[32] Wir stellen uns also vor, dass die einfachste Wechselwirkung darin besteht, dass ein Fermion an einem bestimmten Ort und zu einer bestimmten Zeit unter Änderung seines Impulses und seiner Energie ein Boson emittiert, das zu einer späteren Zeit und an einem anderen Ort von einem anderen Fermion absorbiert wird, das damit ebenfalls seinen Impuls und seine Energie ändert. Da es für die Ausbreitung des Bosons belanglos ist, wie es entstanden ist und wie es vernichtet wird, wird es natürlich durch den Propagator in angemessener Weise beschrieben. Über die Orte und Zeiten der Emission und Absorption müssen wir, da sie nicht messbar sind, integrieren. Für die vier Fermionen brauchen wir insgesamt vier Wellenfunktionen, die Stärke der Wechselwirkung wird durch dieselbe Kopplungskonstante beschrieben, die wir in der Diskussion der Eichinvarianz eingeführt haben.

Wir betrachten die Streuung eines Elektrons an einem Proton, vermittelt durch den Austausch eines Photons. Das Proton soll innerhalb unserer

---

[31] Der Index „F" ehrt den Erfinder der Propagator-Theorie, Richard P. Feynman.

[32] Das muss schon aus Gründen der Drehimpulserhaltung so sein: ein Teilchen mit halbzahligem Spin ist und bleibt ein Fermion, es kann daher nur ganzzahlige Drehimpulse (in Einheiten von $\hbar$) abgeben oder aufnehmen.

Auflösung keine Struktur haben. Da wir ja bereits wissen, dass sein Radius etwa 10^{-15} m beträgt, schränkt diese Voraussetzung den Gültigkeitsbereich unseres Ansatzes auf Impulsüberträge unterhalb von etwa 200 MeV/c ein. Denn es gilt

$$c\Delta p \Delta x \geq \hbar c = 197 \, \text{MeV} \cdot \text{fm}.$$

In Wirklichkeit wurde durch Elektronenstreuung bei höheren Impulsüberträgen zum ersten Mal festgestellt, dass das Proton eine Struktur hat. Darauf werden wir im nächsten Kapitel eingehen.

Die einlaufenden Teilchen werden durch die Wechselwirkung vernichtet, daher werden sie durch die Feldoperatoren $\underline{\psi}_1(\boldsymbol{x}, t)$ und $\underline{\psi}_2(\boldsymbol{y}, t')$ beschrieben, die beide den Vernichtungsoperator $\underline{d}$ enthalten. Entsprechend müssen wir die auslaufenden Teilchen erzeugen: wir ordnen ihnen die Feldoperatoren $\underline{\psi}_3(\boldsymbol{x}, t)$ und $\underline{\psi}_4(\boldsymbol{y}, t')$ zu, in denen der Erzeugungsoperator $\underline{d}^\dagger$ steht. Das Photon ist nun ein vektorielles Feld, das bedeutet, dass seine Feldoperatoren einen Koordinatenindex haben. Der Photon-Propagator bekommt davon zwei, je einen für die Erzeugung und die Vernichtung des Felds:

$$-ig_{\mu\nu}D_F(x-y) = \lim_{\epsilon \to 0} \int \frac{\mathrm{d}^4 p}{(2\pi\hbar c)^4} \frac{-ig_{\mu\nu}(\hbar c)^2}{p^2 + i\epsilon} e^{-ip(x-y)/\hbar c}, \qquad (2.113)$$

hat aber keinen Massenterm im Nenner (vergleiche (2.112)). Der Faktor $g_{\mu\nu}$ ist natürlich der „metrische Tensor" des Minkowski-Raums , also $g_{00} = -g_{11} = -g_{22} = -g_{33} = 1$ und $g_{\mu\nu} = 0$ für alle $\mu \neq \nu$ (siehe (2.14)). Da wir für die Streuamplitude einen Skalar erwarten, müssen wir aus den Elektronen-Operatoren $\underline{\psi}_1(\boldsymbol{x}, t)$ und $\underline{\psi}_3(\boldsymbol{y}, t')$ sowie den Protonen-Operatoren $\underline{\psi}_2(\boldsymbol{x}, t)$ und $\underline{\psi}_4(\boldsymbol{y}, t')$ jeweils einen Vektor formen, sodass es möglich ist, zusammen mit dem metrischen Tensor ein vierdimensionales Skalarprodukt zu bilden. Wir wählen den fermionischen Strom (2.94), der uns schon in der Diskussion der Eichinvarianz der Wellengleichung des elektromagnetischen Felds begegnet ist:

$$\underline{j}_\mu(\boldsymbol{x}, t) = -\sqrt{4\pi\alpha}\underline{\psi}_1(\boldsymbol{x}, t)\,\gamma_\mu \underline{\psi}_3(\boldsymbol{x}, t).$$

Die Kopplungskonstante $g = \sqrt{4\pi\alpha} = e/\sqrt{\epsilon_0 \hbar c}$ hat jetzt keine Dimension, da wir statt des in Volt gemessenen elektrostatischen Potentials jetzt ein Quantenfeld mit der Dimension einer inversen Länge benutzen, und das Produkt igA in der kovarianten Ableitung natürlich auch als inverse Länge ausgedrückt wird. In dem gerade formulierten Ansatz ist j_μ ein Operator, dessen Erwartungswert uns die entsprechende Observable liefert, also hier einen aus freien Wellenfunktionen zusammengesetzten Strom. Für unsere Rechnung ersetzen wir den allgemeinen Feldoperator $\underline{\psi}_1(\boldsymbol{x}, t)$ durch die Dirac-Wellenfunktion positiver Energie, einer ebenen Welle, die ja ein freies Teilchen beschreibt. Für ein einlaufendes Elektron mit der Energie E_1 und dem Impuls $\boldsymbol{p}_1$ haben wir zum Beispiel:

$$\psi_1\left(\boldsymbol{x},t\right) = \frac{1}{\sqrt{V_1 2E_1}} u\left(\boldsymbol{p}_1,s_1\right) e^{-i(E_1 t - \boldsymbol{p}_1 \cdot \boldsymbol{x})/\hbar}.$$

Der Faktor $1/\sqrt{V_1 2E_1}$ normiert die Wellenfunktion im Volumen V_1. Da $u^\dagger u = 2E$, gilt nämlich für das Integral über das Normierungsvolumen V_1:

$$\int_{V_1} \mathrm{d}^3 x \psi^\dagger \psi = \frac{1}{V_1 \cdot 2E} \cdot u^\dagger u \cdot \int_{V_1} \mathrm{d}^3 x = 1.$$

Entsprechende Ausdrücke setzen wir für die übrigen drei Wellenfunktionen an. Der Strom für eine gegebene Spin-Kombination ist dann:

$$j_\mu\left(\boldsymbol{x},t\right) = \frac{-\sqrt{4\pi\alpha}}{2V\sqrt{E_1 E_3}} \bar{u}\left(\boldsymbol{p}_3,s_3\right) \gamma_\mu u\left(\boldsymbol{p}_1,s_1\right) e^{-i(p_1-p_3)x/\hbar c}.$$

Der Proton-Strom hat dieselbe Form, allerdings ist die Ladung positiv:

$$j_\nu\left(\boldsymbol{y},t'\right) = \frac{+\sqrt{4\pi\alpha}}{2V\sqrt{E_2 E_4}} \bar{u}\left(\boldsymbol{p}_4,s_4\right) \gamma_\nu u\left(\boldsymbol{p}_2,s_2\right) e^{-i(p_2-p_4)y/\hbar c}.$$

Die Übergangsamplitude ergibt sich aus dem Produkt der beiden Ströme und des Photon-Propagators (2.113), integriert über die Koordinaten im vierdimensionalen Raum-Zeit-Kontinuum:

$$S = \sum_{\mu,\nu=0}^{3} \int \mathrm{d}^4 x \, \mathrm{d}^4 y \, j_\mu\left(\boldsymbol{x},t\right) \left[-ig_{\mu\nu} D_F(x-y)\right] j_\nu\left(\boldsymbol{y},t'\right). \qquad (2.114)$$

Das Symbol $\mathrm{d}^4 x$ bezeichnet das Volumenelement $c\mathrm{d}t\,\mathrm{d}x_1\,\mathrm{d}x_2\,\mathrm{d}x_3$. Wir stellen fest, dass S dimensionslos ist. Als die Übergangswahrscheinlichkeit können wir daher sofort das Quadrat der Amplitude $|S|^2$ identifizieren. Vereinfachen können wir den Ausdruck, wenn wir berücksichtigen, dass die Abhängigkeit von den Koordinaten x und y nur in der Exponentialfunktion steckt. Mit

$$\int \mathrm{d}^4 x \, e^{-ikx} = (2\pi)^4 \, \delta^4(k)$$

erhalten wir, wenn wir den *limes* der Übersichtlichkeit halber nicht ausschreiben:

$$S = \sum_{\mu,\nu} \int \frac{\mathrm{d}^4 p}{(2\pi\hbar c)^4} \bar{u}(p_3, s_3)\, \gamma_\mu u(p_1, s_1) \frac{-ig_{\mu\nu} 4\pi\alpha\,(\hbar c)^2}{p^2} \bar{u}(p_4, s_4)\, \gamma_\nu u(p_2, s_2)$$

$$\times \frac{1}{4V^2\sqrt{E_1 E_2 E_3 E_4}} \int \mathrm{d}^4 x\, \mathrm{d}^4 y\, e^{-i(p_1 - p_3 + p)x/\hbar c} e^{-i(p_2 - p_4 - p)y/\hbar c}$$

$$= \sum_{\mu,\nu} \int \frac{\mathrm{d}^4 p}{(2\pi\hbar c)^4} \bar{u}(p_3, s_3)\, \gamma_\mu u(p_1, s_1) \frac{-ig_{\mu\nu} 4\pi\alpha\,(\hbar c)^2}{p^2} \bar{u}(p_4, s_4)\, \gamma_\nu u(p_2, s_2)$$

$$\times \frac{1}{4V^2\sqrt{E_1 E_2 E_3 E_4}} (2\pi\hbar c)^4\, \delta^4(p_1 - p_3 + p) \int \mathrm{d}^4 y\, e^{-i(p_2 - p_4 - p)y/\hbar c}$$

$$= \frac{(\hbar c)^2}{4V^2\sqrt{E_1 E_2 E_3 E_4}} \cdot \mathcal{M} \cdot (2\pi\hbar c)^4\, \delta^4(p_1 + p_2 - p_3 - p_4).$$

Hier haben wir die energie- und impulsabhängige „reduzierte" Amplitude

$$\mathcal{M} = \sum_{\mu,\nu} \bar{u}(p_3, s_3)\, \gamma_\mu u(p_1, s_1) \frac{-ig_{\mu\nu} 4\pi\alpha}{p^2} \bar{u}(p_4, s_4)\, \gamma_\nu u(p_2, s_2) \qquad (2.115)$$

eingeführt, die alle Informationen über die Struktur der Wechselwirkung enthält. Die vierdimensionale δ-Funktion stellt die Erhaltung der Energie und des Impulses sicher, denn sie legt fest, dass die Summer der Energien und der Impulse der auslaufenden Teilchen mit denen der einlaufenden identisch sind:

$$E_1 + E_2 = E_3 + E_4$$
$$p_1 + p_2 = p_3 + p_4.$$

Nun stoßen wir aber auf eine rechnerische Schwierigkeit. Denn in $|S|^2$ finden wir das Quadrat einer δ-Funktion, das schlicht und einfach nicht definiert ist. Wir helfen uns mit einem Trick: eine der beiden δ-Funktionen ersetzen wir durch das Normierungsvolumen V, multipliziert mit c und einem Zeitintervall T:

$$\left[(2\pi\hbar c)^4\, \delta^4(p) \right]^2 = (2\pi\hbar c)^4\, \delta^4(0)\, (2\pi\hbar c)^4\, \delta^4(p) = cTV\, (2\pi\hbar c)^4\, \delta^4(p).$$

Beide werden später herausfallen, die vermeintliche Willkür dieser Manipulation hat also keine Folgen. Dieser Schritt ist besser zu verstehen, wenn wir uns die Integral-Darstellung der δ-Funktion (A.3) in Erinnerung rufen:

$$2\pi\delta(k) = \lim_{x\to\infty} \int_{-x/2}^{+x/2} \mathrm{d}x\, e^{-ikx}, \text{ also: } 2\pi\delta(0) = \lim_{x\to\infty} \int_{-x/2}^{+x/2} \mathrm{d}x = \lim_{x\to\infty} x.$$

Wir kommen auf

$$|S|^2 = (\hbar c)^4 \, |\mathcal{M}|^2 \, \frac{cT}{V^3 \cdot 16 E_1 E_2 E_3 E_4} \, (2\pi\hbar c)^4 \, \delta^4 \, (p_1 + p_2 - p_3 - p_4) \, .$$

Das Ergebnis ist offensichtlich unabhängig vom Vorzeichen der Ladungen. Mathematisch leuchtet es ein, weil wir das Quadrat einer Amplitude benutzen, physikalisch, weil nicht herauszufinden ist, ob die Streuung durch Anziehung oder Abstoßung zustandekommt. Wir benutzen $|S|^2$ nun, um den „Wirkungsquerschnitt" für die Streuung eines Elektrons an einem ruhenden Proton zu berechnen. Den Begriff des Wirkungsquerschnitts erklären wir im Anhang E. Wir nehmen an, dass wir den Impuls der einlaufenden Teilchen kennen, nicht aber deren Spins, und dass wir durch den Nachweis des gestreuten Elektrons den Impuls p_3 in einem „Volumen" d^3p gefunden haben, während wir das Rückstoß-Proton nicht beobachten. Wir müssen also über die Spins der einlaufenden Teilchen mitteln, das heißt über die 2×2 Einstellungen summieren und durch 4 dividieren, und über alle möglichen Quantenzustände der auslaufenden Teilchen summieren. Diese Summe schließt sowohl die Spins als auch die Impulse ein. Nun haben wir in den Betrachtungen über Zustandsvektoren gesehen, dass die Summe über alle Impulszustände der Integration

$$V \cdot \int \frac{d^3p}{(2\pi\hbar)^3}$$

entspricht (siehe (2.55)), wobei V wieder das Normierungsvolumen der Wellenfunktion ist. Dass die gestreuten Elektronen gemessen werden, berücksichtigen wir, indem wir die Amplitude mit $V \cdot (d^3p_3/(2\pi\hbar)^3)$ multiplizieren, aber nicht integrieren. Die Übergangsrate ergibt sich aus der Übergangswahrscheinlichkeit nach Division durch die Wechselwirkungszeit T, die damit herausfällt. Wir erhalten:

$$
\begin{aligned}
dw &= \frac{1}{4} \sum_{s_1, s_2, s_3, s_4} V \frac{d^3p_3}{(2\pi\hbar)^3} \int \frac{d^3p_4}{(2\pi\hbar)^3} \frac{|S|^2}{T} \\
&= \frac{d^3p_3}{(2\pi\hbar)^3} \int \frac{d^3p_4}{(2\pi\hbar)^3} \frac{(\hbar c)^4}{4} \sum_{s_1, s_2, s_3, s_4} |\mathcal{M}|^2 \frac{c}{V \cdot 16 E_1 E_2 E_3 E_4} \qquad (2.116) \\
&\quad \times (2\pi\hbar c)^4 \, \delta^4 \, (p_1 + p_2 - p_3 - p_4) \, .
\end{aligned}
$$

Per definitionem ist der Wirkungsquerschnitt die Übergangsrate, dividiert durch das Produkt aus der einfallenden Elektronenstromdichte und der Zahl der im Wechselwirkungsvolumen V enthaltenen Protonen (siehe Anhang E). Die Stromdichte ist die Zahl der Elektronen, die sich gerade in V aufhalten, multipliziert mit ihrer Geschwindigkeit, also mit (2.13)

$$j = \frac{v_1}{V} = \frac{\beta_1 c}{V} = \frac{p_1 c^2}{E_1 V} \, .$$

In unserer Normierung gibt es natürlich genau ein Proton im Normierungs-volumen. Damit erhalten wir ein von V unabhängiges Ergebnis:

$$d\sigma = \frac{d^3 p_3}{(2\pi\hbar)^3} \int \frac{d^3 p_4}{(2\pi\hbar)^3} \frac{(\hbar c)^4}{4} \sum_{s_1, s_2, s_3, s_4} |\mathcal{M}|^2 \frac{E_1}{cp_1} \frac{1}{16 E_1 E_2 E_3 E_4}$$

$$\times (2\pi\hbar c)^4 \delta^4 (p_1 + p_2 - p_3 - p_4). \qquad (2.117)$$

Jetzt wenden wir denselben Trick an, der uns erlaubt hat, das Klein-Gordon-Feld (2.95) und den bosonischen Propagator (2.112) als vierdimensionale, Lorentz-invariante Integrale zu schreiben:

$$\int \frac{d^3 p}{2E} = \int \frac{d^4 p}{c^3} \Theta(p_0) \delta(p^2 - m^2 c^4). \qquad (2.118)$$

Das folgt aus (A.5), wobei die Stufenfunktion zur Folge hat, dass nur der erste Summand zum Integral über p_0 beiträgt, was die Energie auf positive Werte beschränkt. So können wir die Integration über p_4 sofort ausführen:

$$d\sigma = \frac{d^3 p_3}{(2\pi\hbar)^2} \frac{E_1}{p_1} \frac{2(\hbar c)^4}{16 E_1 E_2 E_3}$$

$$\times \Theta(E_1 + E_2 - E_3) \delta\left((p_1 + p_2 - p_3)^2 - M^2 c^4\right) \frac{1}{4} \sum_{s_1, s_2, s_3, s_4} |\mathcal{M}|^2.$$

Die Stufenfunktion stellt jetzt sicher, dass die Energie des auslaufenden Elektrons nicht größer sein kann als die Summe der Energien der einlaufenden Teilchen. Da das Proton anfänglich ruht, ist seine Energie durch seine Ruhemasse gegeben, $E_2 = Mc^2$, und sein Impuls ist Null, $\boldsymbol{p}_2 = 0$. Die δ-Funktion liefert dann einen eindeutigen Zusammenhang zwischen der Energie des gestreuten Elektrons und dem „Streuwinkel"

$$\vartheta = \angle(\boldsymbol{p}_1, \boldsymbol{p}_3) = \arccos \frac{(\boldsymbol{p}_1 \cdot \boldsymbol{p}_3)}{|\boldsymbol{p}_1| |\boldsymbol{p}_3|}.$$

Beschränken wir uns auf den Fall $E_1 \gg mc^2$, $E_3 \gg mc^2$, also $c|\boldsymbol{p}_1| \approx E_1$ und $c|\boldsymbol{p}_3| \approx E_3$, rechnen wir nach, dass

$$\delta\left((p_1 + p_2 - p_3)^2 - M^2 c^2\right)$$

$$= \delta\left((p_1 - p_3)^2 + p_2^2 + 2p_2(p_1 - p_3) - M^2 c^2\right)$$

$$= \delta\left(2m^2 c^4 - 2E_1 E_3 + 2\boldsymbol{p}_1 \cdot \boldsymbol{p}_3 + M^2 c^4 + 2Mc^2(E_1 - E_3) - M^2 c^4\right)$$

$$\approx \frac{1}{2} \delta\left(E_1 E_3(1 - \cos\vartheta) - Mc^2(E_1 - E_3)\right)$$

$$= \frac{1}{2|Mc^2 + E_1(1 - \cos\vartheta)|} \delta\left(E_3 - E_1 \frac{Mc^2}{Mc^2 + E_1(1 - \cos\vartheta)}\right).$$

$$(2.119)$$

Außerdem ist das Volumenelement d^3p_3 in Polarkoordinaten:

$$d^3p_3 = |\boldsymbol{p}_3|^2 \, d\,|\boldsymbol{p}_3| \sin\vartheta \, d\vartheta \, d\phi$$

mit der z-Achse in Richtung des einfallenden Elektrons. Aus der relativistischen Energie-Impuls-Beziehung (2.12) folgt weiter, dass

$$\frac{dE}{d|\boldsymbol{p}|} = \frac{c^2 \, |\boldsymbol{p}|}{E}$$

und damit $|\boldsymbol{p}_3|^2 \, d\,|\boldsymbol{p}_3| = (1/c^2) \cdot |\boldsymbol{p}_3| \, dE_3$. Die Stufenfunktion $\Theta \left(E_1 - E_3 + Mc^2 \right)$ beschränkt E_3 auf Werte kleiner als $E_1 + Mc^2$. Der durch die δ-Funktion festgelegte Wert liegt innerhalb dieses Bereichs, denn

$$\frac{E_1 Mc^2}{Mc^2 + E_1 \left(1 - \cos\vartheta \right)} \leq E_1 + Mc^2.$$

Wir integrieren also über ϕ und E_3 und erhalten für $E_1 \gg mc^2$, $E_3 \gg mc^2$:

$$d\sigma = \frac{2\pi \sin\vartheta \, d\vartheta}{\left(2\pi\hbar c \right)^2} \frac{\left(\hbar c \right)^4}{16 \left[Mc^2 + E_1 \left(1 - \cos\vartheta \right) \right]^2} \cdot \frac{1}{4} \sum |\mathcal{M}|^2 .$$

Das Quadrat der Amplitude $\mathcal{M}$, summiert über die Spins, berechnet man nach Regeln, die auf den Spinsummenformeln (2.106) und der Algebra der γ-Matrizen beruhen. Wir geben nur das Resultat der etwas langwierigen und mühsamen Rechnung für den Fall ultrarelativistischer Elektronen an $(E_1, E_3 \gg mc^2)$:

$$\frac{1}{4} \sum_{s_1, s_2, s_3, s_4} |\mathcal{M}|^2$$

$$= 2 \left(4\pi\alpha \right)^2 \frac{Mc^2 \left[\left(E_1 - E_3 \right) \left(1 - \cos\vartheta \right) + Mc^2 \left(1 + \cos\vartheta \right) \right]}{E_1 E_3 \left(1 - \cos\vartheta \right)^2}$$

$$= \frac{4 \left(4\pi\alpha \right)^2 \cos^2 \left(\vartheta/2 \right)}{4 E_1^2 \sin^4 \left(\vartheta/2 \right)} \left[Mc^2 + 2 E_1 \sin^2 \left(\vartheta/2 \right) \right]$$

$$\times \left(Mc^2 + \frac{2 E_1^2 \sin^2 \left(\vartheta/2 \right)}{Mc^2 + 2 E_1 \sin^2 \left(\vartheta/2 \right)} \tan^2 \frac{\vartheta}{2} \right).$$

In der ersten Zeile enthält der Zähler die Kopplungskonstante und die Spinsummen (2.106), der Nenner den Propagator (2.113). Wir fassen das Zwischenergebnis zusammen:

$$d\sigma = \left(2\pi \sin\vartheta \, d\vartheta \right) \frac{\left(\alpha\hbar c \right)^2}{4 E_1^2} \frac{\cos^2(\vartheta/2)}{\sin^4(\vartheta/2)}$$

$$\times \frac{Mc^2}{Mc^2 + 2 E_1 \sin^2(\vartheta/2)} \left[1 + \frac{Q^2}{2 M^2 c^4} \tan^2 \frac{\vartheta}{2} \right].$$

Hier haben wir die Lorentz-invariante Größe

$$Q^2 = 4E_1 E_3 \sin^2 \frac{\vartheta}{2} = \frac{4E_1^2 Mc^2 \sin^2(\vartheta/2)}{Mc^2 + 2E_1 \sin^2(\vartheta/2)} \qquad (2.120)$$

(vergleiche (2.16)) eingeführt, die uns später als kinematische Variable sehr nützlich sein wird. Der Faktor $(2\pi \sin \vartheta \, d\vartheta)$ ist gerade die Fläche eines Rings auf der Einheitskugel, dessen Begrenzungen durch die Polarwinkel ϑ und $\vartheta + d\vartheta$ gegeben sind. Sie ist gerade das (über den Azimutwinkel ϕ integrierte) Raumwinkelelement $d\Omega$, das wir schon im Robertson-Walker-Linienelement (2.30) kennen gelernt haben. Damit können wir als Endergebnis den „differentiellen" Wirkungsquerschnitt für die elektromagnetische Streuung zweier strukturloser Spin-$\frac{1}{2}$-Teilchen angeben:

$$\frac{d\sigma}{d\Omega} = \frac{d\sigma}{d\Omega}_M \frac{1 + (Q^2/2M^2c^4) \tan^2(\vartheta/2)}{1 + (2E_1/Mc^2) \sin^2(\vartheta/2)}. \qquad (2.121)$$

Der erste Faktor

$$\left(\frac{d\sigma}{d\Omega}\right)_M = \frac{(\alpha\hbar c)^2}{4E_1^2} \cdot \frac{\cos^2(\vartheta/2)}{\sin^4(\vartheta/2)} = \frac{(e^2/4\pi\epsilon_0)^2}{4E_1^2} \cdot \frac{\cos^2(\vartheta/2)}{\sin^4(\vartheta/2)} \qquad (2.122)$$

ist der Mott-Wirkungsquerschnitt, den wir erhalten hätten, wenn das Target keinen Spin hätte [131]. Es ist sehr wichtig, gerade für spätere Anwendungen, dass die Eigenschaften des Targets sich in einem Faktor niederschlagen, der, multipliziert mit einem universellen Ausdruck, die physikalische Realität vollständig beschreibt. Wir können noch eine Schritt weitergehen und auch den Spin des Elektrons unterschlagen. Dann kommen wir auf den Rutherford-Wirkungsquerschnitt [147]

$$\left(\frac{d\sigma}{d\Omega}\right)_R = \frac{(\alpha\hbar c)^2}{4E_1^2 \sin^4(\vartheta/2)}. \qquad (2.123)$$

Anfang dieses Jahrhunderts hat Rutherford diese Formel im Rahmen der klassischen Physik (Energie-, Impuls- und Drehimpulserhaltung) hergeleitet, um zu beweisen, dass Geigers und Marsdens Messungen der Streuung von α-Teilchen [79] auf einen sehr kleinen, massiven Kern im Innern des Atoms schließen lassen. Mit (2.120) und $d\Omega = (\pi/E_3^2) \, dQ^2$ können wir sie als Funktion der Variablen Q^2 ausdrücken:

$$\left(\frac{d\sigma}{dQ^2}\right)_R = 4\pi \frac{(\alpha\hbar c)^2}{Q^4}. \qquad (2.124)$$

Auch den Mott-Wirkungsquerschnitt schreiben wir um:

$$\left(\frac{d\sigma}{dQ^2}\right)_M = 4\pi \frac{(\alpha\hbar c)^2}{Q^4} \left[1 - \frac{Mc^2}{2E_1} \cdot \frac{y}{1-y}\right]. \qquad (2.125)$$

Den Ausdruck in eckigen Klammern haben wir mit Bedacht als Funktion der Primärenergie E_1 und des relativen Energieverlusts

$$y = \frac{(p_1 - p_3) \cdot p_2}{p_1 \cdot p_2} \underset{\text{Laborsystem}}{=} \frac{E_1 - E_3}{E_1} \qquad (2.126)$$

geschrieben, weil wir ihn in dieser Form später für die Diskussion der Proton-Struktur brauchen. Wir haben bei seiner Berechnung von der Beziehung (2.119) zwischen E_3 und ϑ Gebrauch gemacht. Schließlich haben wir noch die vollständige Formel für die Streuung von zwei Spin-$\frac{1}{2}$-Teilchen:

$$\frac{\mathrm{d}\sigma}{\mathrm{d}Q^2} = 4\pi \frac{(\alpha \hbar c)^2}{Q^4} \cdot \left[1 - y + \frac{y^2}{2} - \frac{Mc^2 \cdot y}{2E_1} \right]. \qquad (2.127)$$

Für reale Protonen müssen wir noch einen „Formfaktor" berücksichtigen, den wir empirisch durch Anpassen an Messdaten ermitteln müssen. Wir finden, dass

$$F\left(Q^2\right) = \left[1 + \frac{Q^2}{0.7\,\mathrm{GeV}^2} \right]^{-2} \qquad (2.128)$$

die Daten in einem großen Q^2-Bereich gut wiedergibt. Oberhalb von $0.7\,\mathrm{GeV}^2$ fällt der differentielle Wirkungsquerschnitt also mit der vierten Potenz von Q^2 ab.

Wir kehren noch einmal zu $\mathrm{d}\sigma/\mathrm{d}\Omega$ zurück: Die Dimension einer Fläche ist durch den Faktor $(\hbar c/E_1)^2 = (\hbar/p_1)^2$ gegeben. Das erinnert natürlich an die Unbestimmtheitsrelation (2.48). In Abwesenheit einer Längenskala – wir sind ja von punktförmigen Teilchen ausgegangen – kommt die Dimension also durch die Quantenmechanik zustande!

Allgemeine Baupläne für Amplituden

Bevor wir dieses Kapitel schließen, kehren wir noch einmal zum Ausgangspunkt unserer Rechnung zurück, um ein Regelwerk aufzustellen, dass wir in breiterem Zusammenhang benutzen können. Die Amplitude (2.114) hatten wir aus fermionischen Strömen (2.94) und einem bosonischen Propagator (2.113) für das Austausch-Photon durch einfaches Multiplizieren aufgebaut.

Motiviert war diese Methode zum einen dadurch, dass man kombinierte Wahrscheinlichkeiten ebenfalls durch Multiplikation berechnet (siehe Anhang D), zum andern *a posteriori* durch den Erfolg. Damit geben wir uns hier zufrieden, erwähnen aber wenigstens, dass man den Ansatz axiomatisch begründen kann. Für praktische Rechnungen ist die heuristische Methode sehr gut geeignet. Man kann sich auf den Standpunkt stellen, dass die ganze Theorie aus der Gesamtheit solcher Amplituden besteht, denn nur diese lassen ja, wie wir gesehen haben, den unmittelbaren Vergleich mit dem Experiment zu. So können wir die Theorie gleich visualisieren. Fangen wir beim bosonischen

Propagator an: er stellt die Ausbreitung einer Welle von einem Raumzeit-
punkt zu einem anderen dar. Das können wir leicht zeichnen:

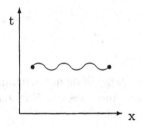

Die beiden Punkte stellen die Erzeugung und Vernichtung des Quants dar,
das mit der Welle verbunden ist. Das Koordinatensystem können wir im folgenden selbstverständlich weglassen, erinnern uns aber stets, dass die Zeitach-
se nach oben zeigt. Als nächstes brauchen wir ein Symbol für die Fermionen,
die in unseren bisherigen Betrachtungen frei waren, sobald sie weit genug von
der Wechselwirkungszone entfernt waren. Wir zeichnen sie deshalb als Linien,
die nur in einem Punkt enden, während das andere Ende offen bleibt. Dass
es sich um Teilchen und nicht um Antiteilchen handelt, drücken wir dadurch
aus, dass wir der Linie einen Pfeil in positiver Zeitrichtung aufsetzen. Ein
ankommendes Fermion sieht dann so aus:

ein auslaufendes so:

Die räumliche – in unserer Graphik horizontale – Orientierung kann sich
natürlich ändern. In einem beliebigen Prozess, der Fermionen enthält, müssen wir Linien haben, die nach beiden Seiten offen sind, und in denen die
Pfeilrichtung sich kontinuierlich fortsetzt, zum Beispiel:

Nehmen wir zwei solcher durch eine je Wechselwirkung unterbrochene Linien
und verbinde die Punkte – im Jargon die „Vertizes" – mit einem Propagator

haben wir die graphische Darstellung der Streuung zweier Fermionen, vermittelt durch den Austausch eines Bosons. Nun schreiben wir noch die Quantenzahlen an die offenen „Beine":

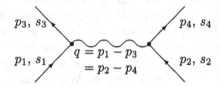

und können die energie- und impulsabhängige Amplitude $\mathcal{M}$ unter Verwendung einiger weniger Regeln sofort aufschreiben:

1. Ein einlaufendes Fermion entspricht einem Faktor $u\,(\boldsymbol{p}, s)$, ein einlaufendes Antifermion einem Faktor $v\,(\boldsymbol{p}, s)$.
2. Ein auslaufendes Fermion entspricht einem Faktor $\bar{u}\,(\boldsymbol{p}, s)$, ein einlaufendes Antifermion einem Faktor $\bar{v}\,(\boldsymbol{p}, s)$.
3. Der Propagator wird durch einen Faktor $-ig_{\mu\nu}/p^2$ und eine Integration $\int \mathrm{d}^4p/\,(2\pi\hbar c)^4$ berücksichtigt.
4. Für jeden Vertex gibt es einen Faktor $-i\sqrt{4\pi\alpha}\gamma_\mu$.

An dieser Stelle bemerken wir, dass der Nenner im Photon-Propagator (2.113) für reelle Photonen Null wäre: $p^2 = E^2 - \boldsymbol{p}^2 = 0$. Da über alle vier Impuls-Komponenten unabhängig integriert wird, ist das im allgemeinen nicht der Fall, sondern nur an den „Polen". Physikalisch bedeutet dies, dass Austausch-Photonen eine Masse bekommen: $m^2c^4 = E^2 - \boldsymbol{p}^2 = 0$, sie sind „virtuell" und können nach der Unbestimmtheitsrelation (2.61) nur für eine Zeit $\Delta t \approx E/\hbar$ leben und über eine Strecke $\Delta x = |\boldsymbol{p}|\,/\hbar$ wirken.

Wohlgemerkt gelten diese „Feynman-Regeln" nur für die elektromagnetische Wechselwirkung. Vertizes und Propagator sehen für andere Wechselwirkungen anders aus. Darauf kommen wir im nächsten Kapitel zu sprechen.

Anhand solcher Feynman-Graphen können wir zunächst alle möglichen Prozesse graphisch analysieren, bevor wir konkrete Rechnungen durchführen. So sehen wir zum Beispiel, dass die Elektron-Elektron-Streuung auf diesem Niveau durch zwei Prozesse zustandekommt:

$$\mathcal{M} = \text{[Feynman-Diagramm: } p_3, s_3;\ p_1, s_1;\ p_1 - p_3;\ p_4, s_4;\ p_2, s_2\text{]} \quad - \quad \text{[Feynman-Diagramm: } p_4, s_4;\ p_1, s_1;\ p_1 - p_4;\ p_3, s_3;\ p_2, s_2\text{]}$$

da die Elektronen im Endzustand nicht unterscheidbar sind. Zwischen den beiden Amplituden gibt es ein relatives Minuszeichen wegen der Antisymmetrie einer Zwei-Fermionen-Wellenfunktion. Auch die Streuung eines Elektrons an einem Positron ermöglicht zwei Graphen:

$$\mathcal{M} = \text{[Feynman-Diagramm: } p_3, s_3;\ p_1, s_1;\ p_1 - p_3;\ p_4, s_4;\ p_2, s_2\text{]} \quad + \quad \text{[Feynman-Diagramm: } p_3, s_3;\ p_4, s_4;\ p_1 + p_2;\ p_1, s_1;\ p_2, s_2\text{]}$$

Da im zweiten Graph das Elektron-Positron-Paar im Anfangszustand vernichtet wird, kann im Endzustand, sofern die Energie des virtuellen Photons ausreicht, ein Paar anderer Fermionen entstehen, zum Beispiel Myonen. In diesem Fall fällt natürlich der erste Graph weg, jedenfalls nach heutigem Kenntnisstand, da noch nie die Umwandlung eines Fermiontyps in einen anderen unter bloßer Aussendung eines Photons beobachtet wurde.

Haben wir so die energie- und impulsabhängige Amplitude konstruiert, können wir Wirkungsquerschnitte für „$2 \to n$-Prozesse" (zwei Fermionen im Anfangs- und und n im Endzustand) über die Formel

$$
\begin{aligned}
d\sigma = \ &\frac{(\hbar c)^2 |\mathcal{M}|^2}{4\sqrt{(p_1 \cdot p_2)^2 - m_1^2 m_2^2 c^4}} \frac{d^3 p_3}{(2\pi\hbar)^3\, 2E_3} \frac{d^3 p_4}{(2\pi\hbar)^3\, 2E_4} \cdots \frac{d^3 p_{n+2}}{(2\pi\hbar)^3\, 2E_{n+2}} \\
&\times (2\pi\hbar c)^4\, \delta^4 \left(p_1 + p_2 - \sum_{k=3}^{n+2} p_k \right)
\end{aligned}
$$

(2.129)

berechnen. Wenn die Spins nicht beobachtet werden, muss noch über sie gemittelt oder summiert werden, wie in dem Beispiel, das wir konkret durchgerechnet haben. Ruht das Teilchen 2, wie in eben diesem Beispiel, ist die Wurzel im Nenner

$$\sqrt{(p_1 \cdot p_2)^2 - m_1^2 m_2^2 c^4} = \sqrt{E_1^2 m_2^2 c^2 - m_1^2 m_2^2 c^4} = \beta_1 E_1 m_2^2 c^4 = p_1 m_2^2 c^4.$$

So kommen wir wieder auf den Ausdruck für den Mott-Wirkungsquerschnitt (2.122). Im Fall eines „Colliders" mit $E_1 = E_2 \equiv E$, $p_1 = -p_2 \equiv p$ und $m_1 = m_2 \equiv m$ wird daraus über (2.13) $2E\,|p| = 2\beta E^2$.

Eine Komplikation: Höhere Ordnungen

Unsere Graphen können aber auch komplizierter werden. Denn statt eines Photons können in einem StreuProzess zwei oder mehr Photonen ausgetauscht werden. Ein Graph „zweiter Ordnung" für die Elektron-Proton-Streuung ist:

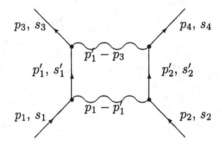

Über nicht die beobachteten Zwischenzustände (p_1', s_1') und (p_2', s_2') muss integriert werden. Natürlich tragen diese Prozesse genauso zum Wirkungsquerschnitt bei wie der Prozess niedrigster Ordnung. Allerdings tritt in der Amplitude nun das Quadrat der Kopplungskonstanten α auf. Da die Konstante selbst sehr klein ist ($\alpha \approx 1/137$), ist die Amplitude zweiter Ordnung wesentlich kleiner als die erster Ordnung. Insgesamt erwartet man also für die Streuamplitude eine unendliche, aber offensichtlich konvergente Reihe

$$S = s_1\alpha + s_2\alpha^2 + s_3\alpha^3 + \dots,$$

deren Koeffizienten man aus den Feynman-Graphen mit Hilfe der entsprechenden Regeln berechnen muss. Man erwartet natürlich, keinen großen Fehler zu machen, wenn man die Reihe nach den ersten Gliedern abbricht. Die am genauesten bekannte Größe, bei der man einen Messwert mit dem Ergebnis einer Rechnung auf der Basis der Quantenfeldtheorie vergleichen kann, ist das „gyromagnetische Verhältnis" g_s des Elektrons. Wie bereits erwählt, beträgt der gemessene Wert[33] [135]

$$g_s = 2.00231930439 \pm 0.00000000002. \qquad (2.130a)$$

Die Rechnung bis zur vierten Ordnung ergibt:

$$g_s = 2.00231930427 \pm 0.00000000058. \qquad (2.130b)$$

---

[33] Es wird die Resonanzfrequenz eines *einzelnen* Elektrons bestimmt, das in einer „Falle" über Tage beobachtet wird.

Die phantastische Übereinstimmung macht die „Quantenelektrodynamik" mittlerweile zur bestgeprüften physikalischen Theorie schlechthin. Übrigens enthält die vierte Ordnung 891 Feynman-Diagramme, deren Berechnung zehndimensionale Integrationen von Funktionen mit bis zu 20000 Termen erfordert. Man braucht da bereits Computer, um die Formeln aufzustellen, die dann mit Hilfe von Computern numerisch ausgewertet werden.

Schleifendiagramme oder Wie man aus der Not eine Tugend macht

Es mag vielleicht erstaunen, dass ein theoretischer Wert genauso wie ein gemessener Wert fehlerbehaftet ist. Das ist hier nicht etwa eine Folge von numerischen Ungenauigkeiten, sondern spiegelt die ungenaue Kenntnis einiger Parameter wieder, wie zum Beispiel Teilchenmassen. Diese treten in der Rechnung auf, weil Propagatoren in höherer Ordnung eine kompliziertere Struktur haben können. So kann zum Beispiel ein Photon sich für einen kurzen Augenblick in ein Fermion-Antifermion-Paar materialisieren, das später wieder vernichtet wird:

Dies ist ein typischer Quanteneffekt, denn die Erzeugung eines massiven Teilchenpaares aus einem masselosen Feld ist nicht mit der gleichzeitigen Erhaltung von Energie und Impuls verträglich. Denn für das Photon gilt ja $E^2 - c^2 p^2 = 0$, für ein Fermion mit dem Viererimpuls $p_1 = (E_1, \boldsymbol{p}_1)$ gilt $E_1^2 - c^2 p_1^2 = m^2 c^4$. Da die beiden Fermionen dieselbe Masse m haben, folgt

$$E_1^2 - c^2 p_1^2 = (E - E_1)^2 - c^2 (\boldsymbol{p} - \boldsymbol{p}_1)^2$$

und nach kurzer Rechnung $E_1 = |c p_1 \cos \vartheta|$, wenn ϑ der Winkel zwischen dem Photonimpuls und dem des Fermions ist. Diese Gleichung ist nicht zu erfüllen, da $E_1 / c p_1 = 1/\beta_1 > 1$ für massive Teilchen.

In der Quantentheorie ist ein solcher Prozess *als kurzzeitige Fluktuation*, als „virtuelle Anregung", durchaus erlaubt, da in einem Zeitraum Δt die Energie um $\Delta E / \hbar$ variieren kann. Dadurch wird das gerade angeführte Argument außer Kraft gesetzt. Es ist einsichtig, dass solche Anregungen einen Einfluss auf den Photon-Propagator haben. Allerdings führen sie zu einer rechnerischen Schwierigkeit, denn die Integration über den internen Impuls p_1 führt dazu, dass der Propagator unendlich groß wird. Um das zu zeigen, brauchen wir den Fermion-Propagator – wir schenken uns die Rechnung, sie geht ganz analog zum bosonischen Fall (siehe [22]), und geben nur das Ergebnis an:

$$iS_F(x-y) = \lim_{\epsilon \to 0} \int \frac{\mathrm{d}^4 p}{(2\pi\hbar c)^4} i\hbar c \frac{\gamma p + 1mc^2}{p^2 - m^2 c^4 + i\epsilon} e^{-ip(x-y)/\hbar c}. \qquad (2.131)$$

Daraus leiten wir die Feynman-Regeln für innere Fermion-Linien her: Der Propagator wird in der Amplitude $\mathcal{M}$ durch einen Faktor

$$iS_F(p) = i\hbar c \frac{\gamma p + 1mc^2}{p^2 - m^2 c^4}$$

repräsentiert. Er hat die Form einer 4×4-Matrix, in der gewählten Darstellung der γ-Matrizen:

$$iS_F(p)$$
$$= \frac{i\hbar c}{E^2 - c^2 \mathbf{p}^2 - m^2 c^4} \begin{pmatrix} E - mc^2 & 0 & cp_z & cp_x - icp_y \\ 0 & E - mc^2 & cp_x + icp_y & cp_z \\ -cp_z & -cp_x + icp_y & -E - mc^2 & 0 \\ -cp_x - icp_y & cp_z & 0 & -E - mc^2 \end{pmatrix}.$$

Dann kann man den Beitrag der Fermion-Schleife angeben:

$$-i\Sigma_{\mu\nu}(p) = \int \frac{\mathrm{d}^4 p}{(2\pi\hbar c)^4} \left(-i\sqrt{4\pi\alpha}\gamma_\mu\right) i\hbar c \frac{\gamma p + 1mc^2}{p^2 - m^2 c^4}$$
$$\times \left(-i\sqrt{4\pi\alpha}\gamma_\nu\right) i\hbar c \frac{\gamma(p - p_1) + 1mc^2}{(p - p_1)^2 - m^2 c^4}.$$

Der Propagator in erster Ordnung (das heißt proportional zu α) ist dann:

$$ig_{\kappa\lambda} D_F^{(1)}(p) = \sum_{\mu,\nu} ig_{\kappa\mu} D_F(p) \left(-i\Sigma_{\mu\nu}(p)\right) ig_{\nu\lambda} D_F(p). \qquad (2.132)$$

Das Integral in $\Sigma_{\mu\nu}$ „divergiert" nun, da sechs Potenzen von p_1 im Zähler stehen (einschließlich des Volumenelements), aber nur vier im Nenner. Durch einfaches Abzählen der Potenzen erwarten wir daher, dass es quadratisch von seinen Grenzen abhängt, und die sind ja unendlich! Die Rechnung ergibt zwar nur eine lineare Divergenz, die ist aber nicht minder störend. Ähnliche Divergenzen, entweder lineare oder logarithmische, erhält man in anderen Teilgraphen:

„Fermionen–Selbstenergie"   „Vertex–Korrektur"

Damit sie den Erfolg der Theorie nicht in Frage stellen, muss man zum einen eine korrekte physikalische Interpretation, zum andern aber auch mathematische „Rezepte" finden, die es erlauben, trotzdem aussagekräftige Rechnungen durchzuführen.

Wir wenden uns der ersten Forderung zu. Unendlichkeiten gibt es ja auch in der klassischen Physik. Zum Beispiel wächst die potentielle Energie einer Ladung q im elektrischen Feld eines Elektrons, $|E_{pot}| = qe/4\pi\epsilon_0 r$ unbegrenzt, je näher man an die *punktförmige* Ladung herankommt. Spätestens, wenn die Ruheenergie des Elektrons erreicht wird, bricht das Konzept einer einzigen statischen Ladung zusammen, da an diesem Punkt die kombinierten Felder des Elektrons und der Testladung genügend Energie haben, um ein Elektron-Positron-Paar zu erzeugen. Unterhalb des „klassischen Elektronenradius"

$$r_e = \frac{e^2}{4\pi\epsilon_0 mc^2} = 2.8179409 \cdot 10^{-15}\,\text{m} \qquad (2.133)$$

wird sich das Elektron also durch „Vakuumpolarisation" abschirmen, ganz so, wie sich eine Ladung in einem Dielektrikum durch Ausrichtung der umliegenden Dipole abschirmt. Die Divergenz in den Propagatoren (2.112), (2.113) und (2.131) kommt auf dieselbe Art und Weise zustande: hohe Impulse entsprechen nach der Unbestimmtheitsrelation kleinen Abständen. Sie ist also eine Folge einer unvollständigen Beschreibung der wirklichen Verhältnisse. Die Ladung, die wir messen, ist von der Vakuumpolarisation beeinflusst, sie ist „angezogen", im Gegensatz zur „nackten" Ladung, mit der wir bisher implizit gearbeitet haben. Die vollständige Beschreibung der Physik kann natürlich nur durch durch vollständiges Addieren aller Ordnungen in α erreicht werden. Um unsere „störungstheoretische" Beschreibung zu retten – eine Wechselwirkung ist eine kleine Störung der freien Ausbreitung – brauchen wir dann nur noch die zweite obengenannte Forderung zu erfüllen, nämlich eine Prozedur zu finden, die uns erlaubt, die physikalischen Massen und Ladungen in einer Theorie zu verwenden, die auf nackten Größen aufgebaut ist: die Renormierung. Sie ist ein wichtiges Werkzeug, so wichtig, dass die Akzeptanz eines Modells sich nach seiner „Renormierbarkeit" richtet.

Renormierung

Im Detail ist die Renormierung[34] nicht nur ein sehr rechenintensives, sondern auch konzeptionell anspruchsvolles Verfahren [165]. Es gibt mehrere verschiedene Ansätze. Einer besteht darin, die Integrale "abzuschneiden" [152], das heißt die unendlichen Grenzen durch endliche zu ersetzen und nachzuweisen, dass messbare Größen, die so berechnet wurden, nicht von den Grenzen abhängen. Ein anderes Verfahren, die „dimensionale Regularisierung" [162], ändert die Dimension des Integrals in $d' = 4 - \epsilon$ und leitet Ergebnisse für

---

[34] Der Begriff wurde zum ersten Mal von S.M. Dancoff [43] in einer Arbeit über die Selbstenergie des Elektrons verwendet.

$d = 4$ durch die mathematisch wohldefinierte „analytische Fortsetzung" her. Numerisch hängen Massen und Ladungen, die man so erhält, vom Renormierungsschema ab, das man deshalb auch immer angibt.

Für den Propagator (2.132) fast reeller Photonen ergibt die explizite Rechnung unter der Voraussetzung, dass nur Elektronen berücksichtigt werden müssen, bis zur Ordnung α – das entspricht einer Schleife – den Ausdruck:

$$-ig_{\mu\nu}D_F^{(1)}(p) \approx \frac{-ig_{\mu\nu}}{p^2}\left(1 - \frac{\alpha}{3\pi}\ln\frac{M^2}{m^2} - \frac{\alpha}{15\pi}\frac{p^2}{m^2c^4}\right). \qquad (2.134)$$

Dabei ist M ein Abschneideparameter mit der Dimension einer Masse, der in dieser Form denselben Effekt hat wie die Subtraktion einer zweiten Fermion-Schleife, in dem das Elektron durch ein Teilchen der Masse M ersetzt wurde. In physikalischen Amplituden ist der Propagator immer zwischen zwei Vertizes geklemmt. Man hat Ausdrücke der Form $\sqrt{4\pi\alpha}\,(-ig_{\mu\nu}D_F(p))\,\sqrt{4\pi\alpha}$. Den nicht vom Impuls abhängigen Teil des Korrekturfaktors können wir deshalb in die Ladung einbeziehen. Wir stellen fest, dass die renormierte Ladung, die wir in Rechnungen zu verwenden haben, statt $e = \sqrt{4\pi\epsilon_0\hbar c\alpha}$

$$e_r = \sqrt{4\pi\epsilon_0\hbar c\alpha}\sqrt{1 - \frac{\alpha}{3\pi}\ln\frac{M^2}{m^2}} \qquad (2.135)$$

beträgt und vom Abschneideparameter M, also vom Renormierungsverfahren abhängt. Den impulsabhängigen Teil fasst man als eine zusätzliche Wechselwirkung auf, die die Amplitude wie folgt beeinflusst:

$$4\pi\alpha\left(-ig_{\mu\nu}D_F^{(1)}(p))\right) \approx \frac{-ig_{\mu\nu}}{p^2}4\pi\alpha_r\left(1 - \frac{\alpha_r}{15\pi}\frac{p^2}{m^2c^4} + \mathcal{O}\left(\alpha_r^2\right)\right),$$

das heißt Korrekturen enthalten α mindestens quadratisch. In der nichtrelativistischen Quantenmechanik ändert der Zusatzterm

$$\left(\frac{\alpha_r}{15\pi m^2c^4}\right)p^2 = \left(\frac{\alpha_r}{15\pi m^2c^4}\right)\hbar^2\sum_{i=1}^{3}\frac{\partial^2}{\partial x_i^2}$$

die Form des Potentials V in der Schrödinger-Gleichung:

$$\frac{e^2}{4\pi\epsilon_0 r} \rightarrow \left(1 - \frac{\alpha_r}{15\pi m^2c^4}\hbar^2\sum_{i=1}^{3}\frac{\partial^2}{\partial x_i^2}\right)\frac{e_r^2}{4\pi\epsilon_0 r} = \frac{e_r^2}{4\pi\epsilon_0 r} + \frac{\alpha_r e_r^2}{15\pi\epsilon_0 m^2c^4}\delta^3\left(\boldsymbol{x}\right)$$

mit $r^2 = x_1^2 + x_2^2 + x_3^2$. In Atomen, in denen die Elektronen ja der elektrostatischen Anziehung des Kerns ausgesetzt sind, führt das zu einer Änderung der Energieniveaus von der Größenordnung

$$-\frac{\alpha_r e_r^2}{15\pi\epsilon_0 m^2c^4}\left|\psi(0)\right|^2, \qquad (2.136)$$

die sich in der Realität dadurch bemerkbar macht, dass Niveaus mit dem Bahndrehimpuls 0 – die einzigen, deren Wellenfunktion ψ am Ort des Kerns von Null verschieden sind – gegenüber solchen mit höheren Drehimpulsen verschoben sind. Diese Verschiebung, zusammen mit dem noch größeren, positiven Beitrag der Vertexkorrektur, ist im Fall des Niveaus $n = 2$ im Wasserstoff als „Lamb-Verschiebung" [114] bekannt. Die erste Berechnung der Verschiebung auf der Grundlage der Renormierung wurde 1947 von Hans A. Bethe durchgeführt [20]. Die Übereinstimmung des theoretischen mit dem experimentellen Wert ist hervorragend. Nicht nur funktioniert die Renormierungsprozedur, sie ist sogar notwendig, um Quanteneffekte wie die Lamb-Verschiebung theoretisch zu erfassen. Mit der Renormierung haben wir also in der Quantenfeldtheorie im Gegensatz zur klassischen Physik ein konsistentes Verfahren gefunden, das uns die Behebung von Divergenzen erlaubt.

Wir hatten allerdings festgestellt, dass die renormierte Ladung von einem willkürlichen Abschneideparameter M abhängt. Für die Kopplung zwischen Photonen und Elektronen gibt es nun einen Prozess, für den *die exakte und die störungstheoretische Rechnung* dasselbe Ergebnis liefern [161]: die Streuung von sehr langwelligen Photonen an Elektronen. Der Wirkungsquerschnitt ist durch die Thomson-Formel gegeben:[35]

$$\sigma = \frac{8\pi}{3} \left(\frac{\hbar c\, \alpha_r}{mc^2} \right)^2 = \frac{8\pi}{3} r_e^2 = 0.6653 \pm 0.0004\,\text{barn}. \qquad (2.137)$$

Man kann also die renormierte Ladung durch das Experiment bestimmen und eliminiert dadurch jegliche Abhängigkeit vom Abschneideparameter. Nur die physikalisch wichtige Impulsabhängigkeit spielt noch eine Rolle. Leider steht nicht für alle Quantenfeldtheorien eine solche Festlegung der Renormierungs-Skala zur Verfügung.

Rückblick

Am Ende des Kapitels machen wir uns noch einmal klar, wie weit der Weg ist, den wir von den ersten Anfängen der Quantentheorie bis zur Formulierung der Renormierung zurückgelegt haben. Am Anfang stand die Entdeckung des Welle-Teilchen-Dualismus, deren formale Ausgestaltung die nichtrelativistische Quantenmechanik hervorgebracht hat. Die Kopenhagener Deutung hat dann bald eine befriedigende Verknüpfung zwischen den Ingredientien der Theorie und experimentell zugänglichen Größen hergestellt. Dann wurde

---

[35] Sie kann bereits aus der klassischen Elektrodynamik hergeleitet werden (siehe [110], Kapitel 14). Die Verknüpfung mit dem Begriff des klassischen Elektronenradius stellte Max Born her [29]. Er ahnte bereits voraus, was Thirring später strikt bewiesen hat, der letzte Satz in seinem Artikel lautet: „Man sieht, dass solche Unschärferelationen, nach denen man heute eifrig sucht, schon im Gebiete langer, langsam schwingender Wellen auftreten, wo die klassische Elektrodynamik ohne Zweifel gilt."

die spezielle Relativitätstheorie einbezogen und so eine Quantenfeldtheorie formuliert, in der Teilchen entstehen und verschwinden können. Wir halten uns vor Augen, dass die Umwandelbarkeit von Materie und Energie mit Einsteins Formel *lediglich verträglich* ist, vorhergesagt wird sie durch $E = mc^2$ (siehe (2.11)) noch lange nicht: das geschieht erst über die Vorstellung relativistischer Quantenfelder. Aber abgesehen von solchen eher philosophischen Überlegungen vergessen wir nicht, einfach die pure Schönheit des Gedankengebäudes zu genießen. Wenn wir sicher sein können, als Ergebnis von zugegeben manchmal etwas langen, mühseligen Rechnungen das Funktionieren der Natur immer wieder auf einige wenige Prinzipien zurückführen zu können, wenn wir manchmal ein bestimmtes Verhalten sogar vorhersagen können, erscheinen uns die Schwierigkeiten, die uns auf diesem Weg begegnet sind, beinahe belanglos.

So können wir jetzt, aufbauend auf dem Erreichten, ein erstaunlich erfolgreiches Modell für *alle* Teilchen und *alle* Wechselwirkungen konstruieren, das Standardmodell der Teilchenphysik. Ganz einfach ist aber immer noch nicht: das folgende Kapitel ist lang und anspruchsvoll.

3. Das Standardmodell der Teilchenphysik

Einstieg: Der Isospin als innere Quantenzahl

Atomkerne bestehen aus zwei Sorten Teilchen, den positiv geladenen Protonen und den neutralen Neutronen. Beide sind erheblich schwerer als das Elektron, die Differenz ihrer Massen beträgt aber nur zweieinhalb Elektronenmassen:

$$\left. \begin{array}{l} \text{Proton:} \quad m_p c^2 = 938.272\,\text{MeV} \\ \text{Neutron:} \quad m_n c^2 = 939.566\,\text{MeV} \end{array} \right\} \quad \Delta m c^2 = 1.294\,\text{MeV}.$$

Es liegt nahe, sie unter einem Namen, in einem Teilchentyp zusammenzufassen, dem Nukleon. Es war Heisenbergs Idee, die beiden Erscheinungsformen des Nukleons so zu behandeln, als entsprächen sie den Einstellungen eines Spins in einem abstrakten Raum [101]. Er nannte diese neue Quantenzahl den Isotopenspin, da sie bei einem gegebenen Element, also fester Kernladungs- oder Protonen-Zahl über die Zahl der Neutronen vom Isotop abhängt. Sie gehorcht dann denselben Regeln wie ein ganz gewöhnlicher quantisierter Drehimpuls, die z-Komponente gibt die Differenz zwischen der Zahl der Protonen und Neutronen an. Definiert man den Isotopenspin-Zustand des Protons analog zu einem Zustand mit aufwärts gerichtetem Spin als

$$|p\rangle = \begin{pmatrix} 1 \\ 0 \end{pmatrix}$$

und den des Neutrons als

$$|n\rangle = \begin{pmatrix} 0 \\ 1 \end{pmatrix}$$

erkennt man zunächst, dass das Nukleon offensichtlich den Isotopenspin 1/2 hat. Die elektrische Ladung, in Einheiten der positiven Elementarladung gemessen, erhalten wir, indem wir zur z-Komponente des Isotopenspins die Hälfte der „Baryonenzahl" hinzuaddieren: $Q = I_3 + \frac{1}{2}B$, die für Nukleonen Eins beträgt. Ihre genaue Definition holen wir später nach.

Setzen wir ein Proton und ein Neutron zusammen, erhalten wir den einfachsten Bindungszustand zwischen zwei Nukleonen, das Deuteron, den Kern des schweren Wasserstoffs. Es kann den Isotopenspin 0 oder 1 haben, die z-Komponente ist natürlich 0. Nun hat das Deuteron den *realen* Spin 1, der durch die parallele Einstellung der beiden halbzahligen Nukleonenspins zustandekommt, also ist der Spinanteil der Wellenfunktion symmetrisch. Andererseits gehorchen die Nukleonen dem Pauli-Prinzip, ihre gemeinsame Wellenfunktion muss also antisymmetrisch sein. Nun sehen wir, dass wir den Isotopenspin als Quantzahl sogar brauchen, um das Pauli-Prinzip zu erfüllen, denn nur er erlaubt uns, die bisher symmetrische Wellenfunktion dadurch antisymmetrisch zu machen, dass wir die beiden Isotopenspins antiparallel einstellen. Das Deuteron ist daher ein Zustand mit dem Isotopenspin 0.[1]

Im Laufe der Zeit hat sich für den Isotopenspin die Kurzform Isospin eingebürgert. In der Kernphysik hat er eine wichtige Rolle im Verständnis der Kräfte gespielt, die zwischen Nukleonen wirken. Die Entdeckung von Isospin-Multipletts hat aufgezeigt, dass diese Kräfte offensichtlich von der elektrischen Ladung der Nukleonen nicht abhängen. So haben zum Beispiel die angeregten Zustände der Kerne ^{11}B und ^{11}C (Bor und Kohlenstoff) praktisch dieselbe Energie [164]. Beide haben einen Rumpf aus je fünf Protonen und Neutronen und ein relativ locker gebundenes „Valenznukleon", das das Spektrum der angeregten Zustände bestimmt, im Falle des Bors ein Neutron, für den Kohlenstoff ein Proton. Abgesehen von einer kleinen relativen Verschiebung der Zustände durch die Neutron-Proton-Massendifferenz und die zwar kleine, aber nicht verschwindende elektronische Abstoßung des Protons, haben beide Spektren dieselbe Form. Uns interessiert jetzt die Art der Wechselwirkung zwischen Nukleonen. In Analogie zur elektromagnetischen vermuten wir – und folgen damit Hideki Yukawa [177] – dass sie auf einen Austausch von Feldquanten zurückzuführen ist. Allerdings müssen die damit einhergehenden Teilchen, die man Mesonen nennt, auch in einer elektrisch geladenen Variante auftreten. Denn wir müssen zulassen, dass sich das Proton unter Aussendung eines Quants in ein Neutron umwandelt und umgekehrt. Wir erwarten also ein Triplett von Teilchen: ein neutrales und je ein positiv und negativ geladenes. Im Isospin-Formalismus sehen wir, dass es sich um einen Zustand mit dem Gesamtisospin 1 und der Baryonenzahl 0 handeln muss. Außerdem müssen die Mesonen, wie wir gleich beweisen werden, eine Masse von etwa 100 MeV haben, um die kurze Reichweite der Wechselwirkung zu erklären – jenseits von zwei Nukleonenradien (≈ 2 fm) ist sie praktisch nicht mehr wirksam – daher auch der Name („mittleres Teilchen").

---

[1] Natürlich ist die Antisymmetrie-Forderung nur dann gerechtfertigt, wenn wir Proton und Neutron als identische Teilchen auffassen. In einem gewissen Sinne haben wir also am Ende der Überlegungen unseren ursprünglichen Ansatz abgeleitet und damit einen Zirkelschluss produziert. Aber wir werden später ein ähnliches Argument benutzen, um eine weitere Quantzahl für die Konstituenten des Nukleons zu motivieren.

Die Nukleon-Nukleon-Wechselwirkung

Ein geeignetes bosonisches Isotriplett stellen die 1946 von Cecil F. Powell und seinen Mitarbeitern in der kosmischen Strahlung gefundenen positiven und negativen Pionen ($mc^2 = 139.570\,\text{MeV}$ [135]) [116] und die 1950 an einem Beschleuniger identifizierten neutralen Pionen ($mc^2 = 134.976\,\text{MeV}$ [135]) [24] dar.[2] Allerdings haben diese Teilchen sehr eigenartige Eigenschaften: ihr Spin ist Null, man sollte also annehmen, dass ihr Feld ein Skalar ist, aber aus der Wechselwirkung muss man schließen, dass es unter Spiegelungen sein Vorzeichen ändert! Das sieht man am einfachsten daran, dass ein Deuteron ein negatives Pion aus einem Zustand mit dem Bahndrehimpuls 0 einfangen und dabei ein Neutronenpaar erzeugen kann, das den Spin des Deuterons übernehmen muss:

$$\pi^- \quad d \to nn$$
$$J = \quad 0 \; + 1 = 1$$

Das Pauli-Prinzip verlangt eine antisymmetrische Wellenfunktion für die beiden identischen Teilchen im Endzustand. Das bedeutet, dass die Spins der Neutronen einander entgegengerichtet sein müssen, der Spin des Deuterons geht in einen Bahndrehimpuls $l = 1$ über. Die Wellenfunktion des Endzustands hat also ungerade Parität. Alle experimentellen Befunde zur Pion-Nukleon-Wechselwirkung sind nun mit einer strengen Erhaltung der Parität verträglich, sodass wir schließen müssen, dass auch der Anfangszustand ungerade Parität hat. Nun hat das Deuteron gerade Parität – die beiden Nukleonen sind in einem Zustand mit $l = 0$ – und auch das Hinzufügen des Pions ändert den Bahndrehimpuls nicht. Der einzige Weg, im Anfangszustand zu ungerader Parität des zu gelangen, besteht darin, dem Pion eine ungerade *innere* Parität -1 zuzuordnen. Mit demselben Argument kann man nun vorhersagen, dass die Reaktion $\pi^- d \to nn\pi^0$ für $l = 0$ nicht stattfindet, da sie die Parität nicht erhält. Das entspricht der Beobachtung.

Die Wellenfunktion der Nukleonen muss natürlich die Dirac-Gleichung lösen. Da bei der Wechselwirkung mit Pionen die Parität offensichtlich eine große Bedeutung hat, müssen wir uns überlegen, wie sich die Dirac-Gleichung unter Koordinatenspiegelungen verhält. Genauer gesagt, haben wir den Paritäts-transformierten Spinor zu konstruieren, der die Dirac-Gleichung erfüllt, in der alle Raum-Koordinaten mit einem negativen Vorzeichen versehen werden. Statt der Lösung von

---

[2] Dies war der erste große Erfolg der beschleunigergebundenen Teilchenphysik. Das neutrale Pion kann in der kosmischen Strahlung kaum beobachtet werden, weil es sehr schnell in zwei Photonen zerfällt ($\tau = 8 \cdot 10^{-17}$ s [135]), die in einem Schauer von einem gewaltigen Untergrund anderer Teilchen überdeckt werden. In einem Laborexperiment am Beschleuniger kann es unter Ausnutzung von (2.15) aus den beiden Photonen „rekonstruiert" werden, eine seither gängige Methode für den Nachweis instabiler Teilchen.

$$\left(i\hbar\gamma_0\partial_0 + i\hbar\gamma\cdot\boldsymbol{\partial} - mc^2\right)\psi = 0$$

suchen wir also die Lösung von

$$\left(i\hbar\gamma_0\partial_0 - i\hbar\gamma\cdot\boldsymbol{\partial} - mc^2\right)\psi^P = 0. \tag{3.1}$$

Nun nutzen wir die Antivertauschungsrelation $\gamma_0\gamma + \gamma\gamma_0 = 0$ aus, um ψ^P mit $\gamma_0\psi$ zu identifizieren, denn durch

$$\left(i\hbar\gamma_0\partial_0 - i\hbar\gamma\cdot\boldsymbol{\partial} - mc^2\right)\gamma_0\psi = \gamma_0\left(i\hbar\gamma_0\partial_0 + i\hbar\gamma\cdot\boldsymbol{\partial} - mc^2\right)\psi = 0$$

kommen wir auf die Dirac-Gleichung zurück. Wie ändert sich nun aber eine physikalische Größe wie der Viererstrom (2.94) unter der Paritätstransformation? Wieder hilft uns die Algebra der γ-Matrizen, um uns zu überzeugen, dass die Zeitkomponente gleichbleibt, während die Raumkomponenten ihr Vorzeichen ändern. Von einem Vierervektor haben wir auch nichts anderes zu erwarten. Mit einem Produkt aus allen vier γ-Matrizen

$$\gamma_5 = i\gamma_0\gamma_1\gamma_2\gamma_3 = \begin{pmatrix} 0 & 0 & 1 & 0 \\ 0 & 0 & 0 & 1 \\ 1 & 0 & 0 & 0 \\ 0 & 1 & 0 & 0 \end{pmatrix} \tag{3.2}$$

können wir einen weiteren bilinearen Ausdruck bilden, nämlich $\bar\psi\gamma_5\psi$. Da die γ_5-Matrix mit allen γ-Matrizen antikommutiert:

$$\gamma_5\gamma_0 + \gamma_0\gamma_5 = 0 \text{ und } \gamma_5\gamma + \gamma\gamma_5 = 0, \tag{3.3}$$

ändert $\bar\psi\gamma_5\psi$ sein Vorzeichen, wenn wir ψ durch $\gamma_0\psi$ ersetzen: er ist ein Pseudoskalar und könnte uns für die Beschreibung der Nukleon-Pion-Wechselwirkung nützlich sein. Leider können wir diese Wechselwirkung aber nicht wie im Falle des Elektromagnetismus durch eine lokale Eichinvarianz motivieren. Das geht offensichtlich nur für Vektorfelder. Aber wir können einen Wechselwirkungsterm in Anlehnung an die Eichfelder von Hand in die Feldgleichungen für Nukleonen und Pionen einsetzen. Als Bosonen werden Pion-Felder durch die Klein-Gordon-Gleichung beschrieben, die ja der Wellengleichung der Maxwell-Theorie nicht nur formal sehr eng verwandt ist (siehe (2.93)). Anstelle der Viererstromdichte setzen wir als Quellenterm auf der rechten Seite also den bilinearen Ausdruck $(\hbar c)^2\,\bar\psi\gamma_5\psi$, damit wir auf beiden Seiten reelle Pseudoskalare mit der Dimension (Energie^2/Länge) bekommen. Wir multiplizieren ihn noch mit einer dimensionslosen Kopplungskonstanten g, die experimentell bestimmt werden muss:

$$\left(\hbar^2\Box - m^2c^4\right)\phi = g\left(\hbar c\right)^2\bar\psi\gamma_5\psi. \tag{3.4}$$

In der Dirac-Gleichung, die die Nukleonen beschreibt, sind die Wechselwirkungsterme Produkte aus dem fermionischen und dem bosonischen Feld, wie wir im Fall der elektromagnetischen Kopplung aus dem Prinzip der lokalen Eichinvarianz hergeleitet haben. Das pseudoskalare Pion-Feld müssen wir aber noch mit γ_5 multiplizieren, um einen Skalar zu erhalten, der die Lorentz-Invarianz der Dirac-Gleichung sicherstellt. Wir gehen also von folgendem Ansatz aus:

$$\left(i\hbar c\gamma\partial - mc^2\right)\psi = g\left(\hbar c\right)\gamma_5\phi\psi.$$

Mit den zwei Typen von Nukleonen und dem Pionentriplett müssen wir natürlich alle möglichen Kopplungen berücksichtigen, die die elektrische Ladung nicht ändern, und wir kommen auf einen Satz von gekoppelten Gleichungen, die uns wie in der elektromagnetischen Wechselwirkung ermöglichen, Feynman-Regeln aufzustellen und physikalische Prozesse zu berechnen. Formal bekommen wir eine einzige Gleichung, indem wir aus den drei Pion-Feldern ϕ_+, ϕ_0 und ϕ_- einen Vektor bilden. Dazu definieren wir erst ϕ_1, ϕ_2 und ϕ_3 so, dass

$$\phi_+ = \frac{1}{\sqrt{2}}\left(\phi_1 - i\phi_2\right)\ ,\ \phi_- = \frac{1}{\sqrt{2}}\left(\phi_1 + i\phi_2\right)\ \text{und}\ \phi_3 = \phi_0. \qquad (3.5)$$

Dann ergibt das Skalarprodukt mit dem Isospin-Vektor $\frac{1}{2}\boldsymbol{\sigma}$:

$$\frac{1}{2}\left(\boldsymbol{\sigma}\cdot\boldsymbol{\phi}\right)\binom{p}{n} = \frac{1}{2}\begin{pmatrix}\phi_0 & \sqrt{2}\phi_- \\ \sqrt{2}\phi_+ & -\phi_0\end{pmatrix}\binom{p}{n} = \frac{1}{2}\begin{pmatrix}\phi_0 p & \sqrt{2}\phi_- n \\ \sqrt{2}\phi_+ p & -\phi_0 n\end{pmatrix}.$$

An der „isovektoriellen" Feldgleichung, in der ψ jetzt für das Dublett (p, n) steht:

$$\left(i\hbar c\gamma\partial - mc^2\right)\psi = g\left(\hbar c\right)\gamma_5\left(\boldsymbol{\sigma}\cdot\boldsymbol{\phi}\right)\psi \qquad (3.6)$$

sehen wir, dass die Kopplung des neutralen Pions zwar um einen Faktor $\sqrt{2}$ schwächer ist als die des geladenen, dafür aber sowohl beim Proton als auch beim Neutron auftritt. Umgekehrt kann man natürlich gemessene Wechselwirkungen herausziehen, um diese Isospin-Abhängigkeit zu prüfen. Schwierigkeiten gibt es allerdings dadurch, dass zum einen die Kopplungskonstante keinesfalls klein ist ($g^2/4\pi \approx 14$), was die Störungstheorie erschwert, und dass zum anderen noch andere, schwerere Bosonen als das Pion zur Wechselwirkung beitragen. Eine eingehende Behandlung dieser komplizierten Verhältnisse würde hier zu weit führen. Wir verweisen auf die einschlägige Kernphysik-Literatur. Allerdings müssen wir noch den Nachweis für die Kurzreichweitigkeit der Wechselwirkung nachholen.

Haben wir zu einem Hamilton-Operator die Eigenwerte berechnet und die Eigenfunktionen $|\psi_0\rangle$ konstruiert

$$H_0\left|\psi_0\right\rangle = E_0\left|\psi_0\right\rangle,$$

können wir den Einfluss einer kleinen Störung wie folgt bestimmen: Zu H_0 addieren wir das Störpotential V und lasse die Summe auf die ungestörte Wellenfunktion wirken. Die Änderung des Eigenwerts bezeichnen wir als ΔE:

$$(H_0 + V)\,|\psi_0\rangle = (E_0 + \Delta E)\,|\psi_0\rangle\,.$$

Multiplikation von links mit dem bra $\langle\psi_0|$ ergibt, sofern ψ_0 auf Eins normiert ist:

$$\Delta E = \langle\psi_0|V|\psi_0\rangle\,.$$

Dies ist nur der erste Term der formalen Störungsreihe in der nichtrelativistischen Quantenmechanik. Wir behalten vor allem im Gedächtnis, dass das Störpotential zwischen zwei ungestörten Wellenfunktionen steht. Handelt es sich dabei um ebene Wellen, also Lösungen des freien Hamilton-Operators, der im nichtrelativistischen Fall die Form $p^2/2m$ hat, spricht man von der Bornschen Näherung [28]. Nun rufen wir uns den Propagator für massive Bosonen in Erinnerung:

$$\frac{-i\,(\hbar c)^2}{p^2 - m^2 c^4}\,.$$

Den kleinen Imaginärteil im Nenner des Integranden und den Grenzübergang können wir weglassen, da beides für das folgende überflüssig ist. Denn im nichtrelativistischen Grenzfall können wir die Energie gegenüber dem mit der Lichtgeschwindigkeit multiplizierten Impuls vernachlässigen, also ist

$$p^2 - m^2 c^4 \approx -p^2 c^2 - m^2 c^4\,.$$

Dann können wir die dreidimensionale Fourier-Transformation leicht durchführen:

$$\int \frac{\mathrm{d}^3 p}{(2\pi\hbar)^3}\, \frac{i\,(\hbar c)^2\, e^{-i\boldsymbol{p}\cdot\boldsymbol{r}/\hbar}}{p^2 c^2 + m^2 c^4}$$

$$= \int_0^{2\pi} \frac{\mathrm{d}\phi}{2\pi\hbar} \int_0^{\pi} \frac{\sin\vartheta\,\mathrm{d}\vartheta}{2\pi\hbar} \int_0^{\infty} \frac{p^2\,\mathrm{d}p}{2\pi\hbar}\, \frac{i\,(\hbar c)^2\, e^{-ipr\cos\vartheta/\hbar}}{p^2 c^2 + m^2 c^4}$$

$$= \frac{1}{\hbar} \int_{-1}^{+1} \frac{\mathrm{d}(\cos\vartheta)}{2\pi\hbar} \int_0^{\infty} \frac{p^2\,\mathrm{d}p}{2\pi\hbar}\, \frac{i\,(\hbar c)^2\, e^{-ipr\cos\vartheta/\hbar}}{p^2 c^2 + m^2 c^4}$$

$$= \frac{\hbar c^2}{2\pi r} \int_0^{\infty} \frac{p\,\mathrm{d}p}{2\pi\hbar}\, \frac{e^{ipr/\hbar} - e^{-ipr/\hbar}}{p^2 c^2 + m^2 c^4}$$

$$= \frac{\hbar}{2\pi r} \int_0^{\infty} \frac{p\,\mathrm{d}p}{2\pi\hbar}\, \frac{2i\sin(pr/\hbar)}{p^2 + m^2 c^2} = \frac{i}{4\pi r} \exp-\left(\frac{mc}{\hbar} r\right).$$

Das bedeutet umgekehrt, dass der Propagator im nichtrelativistischen Grenzfall die Fourier-Transformation des Ausdrucks

$$\frac{i}{4\pi r} \exp - \left(\frac{mc}{\hbar} r\right) \tag{3.7}$$

ist. Da $\exp ipr/\hbar$ eine ebene Welle darstellt, ist er außerdem die Bornsche Näherung für ein Störpotential der Form $(1/r)\exp -r/\lambda_C$. Die Größe

$$\lambda_C = \frac{h}{mc}, \tag{3.8}$$

die man die Compton-Wellenlänge [41] eines Teilchens nennt, bestimmt die Reichweite des Potentials $r_0 = \lambda_C = \lambda/2\pi$, da dieses für $r \gg \lambda_C$ sehr rasch abfällt. Für das Pion beträgt die „reduzierte Compton-Wellenlänge" λ_C etwa 1.4 fm. Die durch das Pion vermittelte Wechselwirkung zwischen zwei Nukleonen wirkt also, und zwar letzten Endes als Folge der Unbestimmtheitsrelation, nur bei sehr kurzen Abständen. In der Tat müssen die beiden Nukleonen fast einander überlappen, damit sie etwas voneinander spüren.

Es wird jetzt auch klar, warum Atomkerne Ausdehnungen von einigen fm haben. Die bei diesen Abständen außerordentlich starke Wechselwirkung verschwindet, soweit man sich einige pionische Compton-Wellenlängen vom Kern entfernt. Ihre Stärke und Abstandsabhängigkeit wird, wie bereits erwähnt, experimentell aus der Streuung von Nukleonen an Nukleonen ermittelt. Im Bereich von 1 bis 2 fm ist sie ungefähr von der Größenordnung der elektronischen Anziehung von zwei Teilchen, die etwas mehr als drei Elementarladungen tragen. Dass sie wirklich anziehend ist und damit die Existenz von Atomkernen ermöglicht, die mehr als ein Nukleon enthalten, ist eine Konsequenz der Quantenzahlen von Pionen und Nukleonen. Aus der Nukleon-Nukleon-Streuung lernt man aber auch, dass bei sehr kleinen Abständen, unterhalb eines fm, das Potential stark abstoßend wird, so stark, dass man es durch ein unendlich großes beschreiben kann: man hat einen „harten Kern". Mit dem Pion-Austausch allein kann man das nicht mehr erklären. Man muss schwerere Mesonen mit anderen Quantenzahlen hinzunehmen. Die gibt es tatsächlich, und zwar in zahlreichen Erscheinungsformen. Heute sind einige hundert Mesonen bekannt, von denen allerdings nur wenige zur „alltäglichen" Nukleon-Nukleon-Wechselwirkung beitragen. Darüberhinaus hat man ebenso einige hundert stark wechselwirkende Fermionen gefunden, darunter einige, die wie angeregte Zustände der Nukleonen aussehen, da sie als „Resonanzen", also ausgeprägte Maxima des Wirkungsquerschnitts in Streuungen und Reaktionen bei gewissen Energien E_1 erscheinen, wenn $p^2 = (m_1^2 + m_2^2)c^4 + 2E_1 m_2 c^2$ gerade das Quadrat der Ruheenergie ist (siehe (2.15)). Die mittlere Lebensdauer eines solchen Zustands kann man aus der Energieunschärfe, der Breite der Resonanz über die Unbestimmtheitsrelation bestimmen. Die bedeutendste ist wohl die Delta-Resonanz, die auftritt, wenn ein Pionen-Strahl mit einer kinetischen Energie von $T_\pi = 190\,\text{MeV}$ auf ruhende Nukleonen trifft. Nach (2.15) entspricht sie einem Zustand mit einer invarianten Masse von 1232 MeV/c^2. Ihre Breite ist ungefähr 120 MeV, entsprechend einer Lebensdauer von $5.5 \cdot 10^{-24}$ s. Da sie in allen Kombinationen von Pionen

und Nukleonen als Resonanz erscheint, existiert sie in vier Ladungszustän-
den und hat daher den Isospin $\frac{3}{2}$. Ihren Spin hat man zu $\frac{3}{2}\hbar$ gemessen (aus
der Winkelabhängigkeit des differentiellen Wirkungsquerschnitts). Manchmal
bezeichnet man sie daher auch als (33)-Resonanz. Später wird sich dieser Befund als ein wichtiger Hinweis auf die Existenz von Quarks herausstellen.

Seltsamkeit und $SU(3)$

Anfang der sechziger Jahre hat man begonnen, in diesen „Teilchenzoo" ein
wenig Ordnung zu bringen. Eine wichtige Rolle hat dabei eine Sorte von Teilchen gespielt, deren verblüffende Eigenschaften den Teilchenphysikern so viel
Kopfzerbrechen bereitet haben, dass man sie unter der Bezeichnung „seltsame
Teilchen" eingeordnet hat.

Es gibt seltsame Mesonen, wie die Kaonen, die etwa dreieinhalbmal so
schwer sind wie Pionen, aber genau wie diese in drei Ladungszuständen existieren und sich wie Pseudoskalare verhalten. Seltsame Fermionen erfahren
untereinander und in Wechselwirkungen mit den Nukleonen Kräfte, die denen zwischen Nukleonen sehr ähnlich sind. Man fasst daher alle wechselwirkenden Fermionen unter der Bezeichnung Baryonen („schwere Teilchen")
zusammen. Das leichteste seltsame Baryon, das Lambda-Teilchen, ist ungefähr 20% schwerer als die Nukleonen. Es gibt allerdings nur einen einzigen Ladungszustand: das Lambda-Teilchen ist elektrisch neutral. Es hat eine
mittlere Lebensdauer von 0.26 μs und zerfällt fast ausschließlich in ein Proton und ein negatives Pion (64%) oder ein Neutron und ein neutrales Pion
(36%) [135]. Andere Zerfallsmoden sind sehr selten. Vergleichen wir diese Lebensdauer mit der des Delta-Teilchens, die fünfzig Billionen mal kleiner ist,
kommen wir zu dem Schluss, dass die Wechselwirkung, die für den Lambda-
Zerfall verantwortlich ist, viel schwächer ist als die, die das Delta-Teilchen
zerfallen lässt. Denn die Zerfallsrate hängt ja wie der Wirkungsquerschnitt
quadratisch von der Kopplungskonstante ab, die die Wechselwirkungsstärke
bestimmt. Es liegt daher nahe, dem Lambda-Teilchen eine Quantenzahl zuzuordnen, die unter der starken Wechselwirkung genau wie die Baryonenzahl
erhalten bleibt. Uns fällt dafür genauso wie den damaligen Protagonisten
nichts Besseres ein als „Seltsamkeit", oder englisch strangeness. Per Konvention gibt man Baryonen die Seltsamkeit -1. Nun haben wir mit dem Isospin,
oder seiner z-Komponente I_3, der Baryonenzahl B und der Seltsamkeit S
drei Quantenzahlen, die uns erlauben, versuchsweise eine Formel für die elektrische Ladung aller Baryonen aufzuschreiben:

$$Q = I_3 + \frac{1}{2}(B + S). \tag{3.9}$$

Für die Nukleonen ist diese Identität mit $B = 1$ erfüllt, da sie keine Seltsamkeit besitzen. Das Lambda-Teilchen sollte, da es nur in einer einzigen

Variante existiert, den Isospin 0 haben. Als Baryon hat es natürlich $B = 1$, also ist $S = -1$. Gibt es analog zum Nukleonen-Dublett ein Baryonen-Paar mit $I_3 = \pm\frac{1}{2}$ und $S = -1$? Die Antwort ist nein, aber es gibt drei Sigma-Teilchen mit $I = 1$, also $I_3 = 0$ oder $I_3 = \pm1$, und $S = -1$, die nur wenig schwerer als das Lambda sind [135]:

$$m_\Lambda c^2 = 1115.7 \, \text{MeV}$$
$$m_{\Sigma^+} c^2 = 1189.4 \, \text{MeV}$$
$$m_{\Sigma^0} c^2 = 1192.6 \, \text{MeV}$$
$$m_{\Sigma^-} c^2 = 1197.4 \, \text{MeV}$$

und zwei Xi-Teilchen mit $I = \frac{1}{2}$ und $S = -2$ [135]:

$$m_{\Xi^0} c^2 = 1314.9 \, \text{MeV}$$
$$m_{\Xi^-} c^2 = 1321.3 \, \text{MeV}.$$

Nun fassen wir diese Zustände zusammen mit den Nukleonen in einem Diagramm zusammen, in dem wir die Seltsamkeit gegen die z-Komponente des Isospins auftragen:

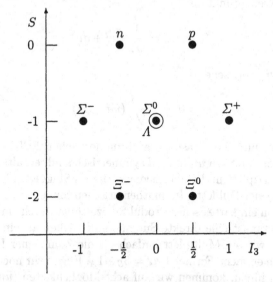

Für diese acht Baryonen ist unsere Ladungs-Formel offensichtlich korrekt.

Welche Bewandtnis es mit der hochsymmetrischen Anordnung der Zustände im I_3-S-Diagramm hat, werden wir jetzt erörtern. Da die Massen in einem recht engen Bereich liegen, gehen wir zunächst davon aus, dass es sich um ein Multiplett handelt, das wir durchaus als eine Verallgemeinerung des Isospin-Dubletts Proton und Neutron betrachten können. Doch welches ist die zugrundeliegende Struktur? Wir kehren noch einmal zum Isospin zurück.

Die beiden Einstellungen der z-Komponente zeichnen wir als einen Doppelpfeil in ein „Gewichtsdiagramm" (siehe Anhang A, Seite 324 ff.):

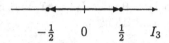

$$-\tfrac{1}{2} \qquad 0 \qquad \tfrac{1}{2} \qquad I_3$$

Wir bezeichnen die Einstellung $+\tfrac{1}{2}$ als „u" für „up", die Einstellung $-\tfrac{1}{2}$ als „d" für „down'". Kombinieren wir nun zwei Wellenfunktionen, können wir sie auf vier Arten anordnen: uu, ud, du, und dd. Im Gewichtsdiagramm verdeutlichen wir das, indem wir je einen Doppelpfeil an die beiden Endpunkte in unserem ursprünglichen Diagramm zeichnen:

$$-1 \qquad 0 \qquad 1 \qquad I_3$$

Den Punkt $I_3 = 0$ erreichen wir zweimal und kennzeichnen dies durch einen Ring um den Punkt. Offensichtlich entsprechen die Extreme den Kombinationen uu und dd. Die beiden anderen Kombinationen ersetzen wir durch eine symmetrische Wellenfunktion

$$|I_3 = 0\rangle_S = \frac{1}{\sqrt{2}} \, (ud + du)$$

und eine antisymmetrische

$$|I_3 = 0\rangle_A = \frac{-i}{\sqrt{2}} \, (ud - du) \,.$$

Die Normierung und die Phase im antisymmetrischen Fall, $-i = \exp\frac{-i\pi}{2}$, sind eine Konvention.[3] Da uu und dd symmetrisch sind, erhalten wir also ein symmetrisches Triplett und ein antisymmetrisches Singulett als Resultat der Kombination zweier Dubletts. Im mathematischen Sinne nennt man eine solche Kombination ein kartesisches Produkt, bezeichnet durch ein eingekreistes „×". Das Resultat ist eine direkte Summe, geschrieben als ein eingekreistes „+". Schreiben wir ein Multiplett einfach als die Zahl seiner Elemente, bekommen wir die einfache Formel $2 \otimes 2 = 3_S \oplus 1_A$. Fügen wir noch eine weitere Wellenfunktion hinzu, kommen wir auf acht Möglichkeiten (uuu, uud, udu, duu, udd, dud, ddu und ddd), deren Gewichtsdiagramm ohne die ursprünglichen Pfeile jetzt so aussieht:

---

[3] Mit $\langle d|u\rangle = \langle u|d\rangle = 0$ und der Notation $ud = |ud\rangle = |u\rangle\,|d\rangle$ ist $\langle ud|ud\rangle = \langle du|du\rangle = 1$ und $\langle ud|du\rangle = \langle du|ud\rangle = 0$. Damit sind alle vier Zustände orthogonal zueinander.

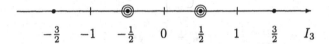

Offensichtlich bekommen wir zunächst ein symmetrisches Quartett:

$$I_3 = \frac{3}{2}: \quad uuu$$

$$I_3 = \frac{1}{2}: \quad \frac{1}{\sqrt{3}}\,(uud + udu + duu)$$

$$I_3 = -\frac{1}{2}: \quad \frac{1}{\sqrt{3}}\,(udd + dud + ddu)$$

$$I_3 = -\frac{3}{2}: \quad ddd.$$

Die Form der übrigen vier Zustände, die zwei Dubletts formen, erhält man aus der Forderung, dass alle acht Zustände orthogonal zueinander sein müssen:

$$I_3 = \frac{1}{2}: \quad \frac{1}{\sqrt{6}}\,(2uud - udu - duu)$$

$$I_3 = -\frac{1}{2}: \quad \frac{1}{\sqrt{6}}\,(udd + dud - 2ddu)$$

und

$$I_3 = \frac{1}{2}: \quad \frac{1}{\sqrt{2}}\,(udu - duu)$$

$$I_3 = -\frac{1}{2}: \quad \frac{1}{\sqrt{2}}\,(udd - dud)\,.$$

Das erste Dublett ist symmetrisch, das zweite antisymmetrisch unter dem Austausch der ersten beiden Faktoren. Nimmt man den dritten Faktor hinzu, wird das Verhalten unter Permutationen unbestimmt. Wir zerlegen also unser kartesisches Produkt wie folgt:

$$2 \otimes 2 \otimes 2 = 4_S \oplus 2 \oplus 2. \tag{3.10}$$

Soweit haben wir zwei Gewichtsvektoren u und d behandelt, die einander entgegengesetzt sind. Drei Vektoren u, d und s kann man symmetrisch so anordnen, dass sie untereinander Winkel von 120° aufspannen. Wir brauchen eine zweite Koordinate, die wir Hyperladung nennen und mit einem Y bezeichnen. Die absolute Größe der Hyperladung haben wir so gewählt, dass der Abstand zwischen dem Maximum und dem Minimum genauso ist wie im Isospin Eins beträgt. Das so entstandene Triplett nennen wir 3:

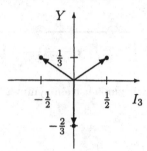

Spiegeln wir alle drei Vektoren am Ursprung, erhalten wir das konjugierte Triplett $\bar{3}$:

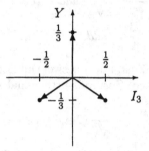

Konstruieren wir Kombinationen von Wellenfunktionen, kommen wir zunächst auf $3 \otimes 3 = 6 \oplus \bar{3}$. Das sehen wir am einfachsten am Gewichtsdiagramm:

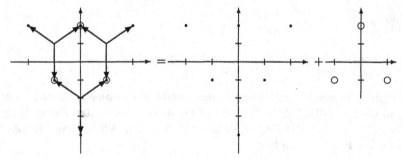

Das Hinzufügen eines weiteren Tripletts ergibt sich durch dieselbe Konstruktion:

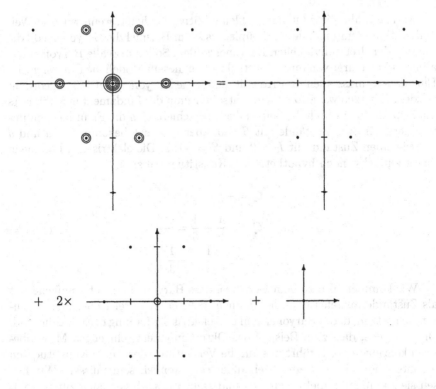

also:

$$3 \otimes 3 \otimes 3 = 10 \oplus 8 \oplus 8 \oplus 1. \tag{3.11}$$

Wir überzeugen uns über eine längliche formale Rechnung, dass wir unter den 27 Kombinationsmöglichkeiten von u, d und s ein symmetrisches Dekuplett, zwei Oktette unbestimmter Symmetrie und ein antisymmetrisches Singulett finden, genau wie es uns die zeichnerische Konstruktion suggeriert hat. Es fällt auf, dass die obere Reihe dieselbe Struktur hat wie (3.10).

Doch was hat das alles mit den Baryonen zu tun? Ganz einfach: die vier Delta-Teilchen stecken wir in das Isospin-$\frac{3}{2}$-Quartett, das die ($y = 1$)-Reihe im Dekuplett bildet. Die beiden Nukleonen kommen in die ($y = 1$)-Reihe eines der beiden Oktette. So füllen wir die aus der Kombination von drei Tripletts entstandenen Multipletts leicht mit beobachteten Teilchen. Nehmen wir zum Beispiel das Oktett mit den Nukleonen, können wir das ($y = 0$)-Triplett mit den Sigmas, das ($y = 0$)-Singulett mit dem Lambda und das ($y = -1$)-Dublett mit den Xi-Teilchen identifizieren. Wir finden dann, dass die Hyperladung mit der Baryonenzahl und der Seltsamkeit über die Beziehung $Y = B + S$ verbunden ist. Alle drei Quantenzahlen sind bei der starken Wechselwirkung erhalten. Die elektrische Ladung eines Teilchens ist immer noch $Q = I_3 + \frac{1}{2}Y$ (vergleiche (3.9)).

Nun sind alle diese Quantenzahlen additiv, das heißt, wenn wir drei Wellenfunktionen miteinander verknüpfen, ist zum Beispiel die Baryonenzahl die Summe der drei individuellen Baryonenzahlen. Sollen also alle Baryonen unabhängig von ihrer von ihrer Konstruktion in diesem Modell die Baryonenzahl Eins haben, muss allen drei Konstituenten die Baryonenzahl 1/3 zugeordnet werden. Ersetzen wir also im Gewichtsdiagramm des fundamentalen Tripletts die Hyperladung durch die Seltsamkeit, verschiebt sich die Figur so nach unten, dass wir zwei Zustände mit $S = 0$, aber $I_3 = \pm\frac{1}{2}$ bekommen – u und d – sowie einen Zustand mit $I_3 = 0$ und $S = -1$: s. Die elektrischen Ladungen dieser zunächst noch hypothetischen Konstituenten sind:

$$u: \quad Q = +\frac{1}{2} + \frac{1}{6} = +\frac{2}{3}$$

$$d: \quad Q = -\frac{1}{2} + \frac{1}{6} = -\frac{1}{3}$$

$$s: \quad Q = 0 - \frac{1}{3} = -\frac{1}{3}$$

Wir kommen also zu dem Ergebnis, dass Baryonen auf sehr einfache Art als Zustände aufgefasst werden können, die sich aus drei Konstituenten zusammensetzen, deren Baryonenzahl und elektrische Ladung drittelzahlig sind. Die Tatsache, dass zum Beispiel das Oktett in einem sehr engen Massenbereich konzentriert ist, führt uns auf die Vermutung, dass diese Konstituenten – sollten sie den existieren – einander sehr ähnlich sein müssen. Wir fassen sie zu einem Tripel zusammen und stellen fest, dass analog zur Isospin-$SU(2)$- Symmetrie eine näherungsweise $SU(3)$-Symmetrie im Raum dieser Wellenfunktion herrschen muss. Die Massenunterschiede haben S. Okubo und Murray Gell-Mann in einer semiempirischen Formel beschrieben, die die Teilchenmasse als Funktion des Isospins und der Hyperladung ausdrückt [80]:

$$M = a + bY + c\left[I(I+1) - \frac{1}{4}Y^2\right]. \tag{3.12}$$

Betrachten wir die elektrisch neutralen Mitglieder des Oktetts – hier erwarten wir wenig Störung durch elektromagnetische Effekte – können wir nicht nur die drei Konstanten bestimmen:

$$M = m_\Lambda - \frac{1}{2}(m_{\Xi^0} - m_n)Y + \frac{1}{2}(m_{\Sigma^0} - m_\Lambda)\left[I(I+1) - \frac{1}{4}Y^2\right],$$

sondern auch Beziehungen zwischen den Massen herleiten, die mit der Beobachtung sehr gut übereinstimmen, zum Beispiel:

$$m_n + m_{\Xi^0} = \frac{3}{2}m_\Lambda + \frac{1}{2}m_{\Sigma^0}.$$

Im Dekuplett wurde mit Hilfe der vermuteten Struktur und der Massenformel das damals noch nicht gefundene Teilchen bei $S = 2$ ($S = -3$), das Omega, korrekt vorhergesagt [21]. Die anderen Mitglieder sind [135]:

$$Y = 1, I = \frac{3}{2}: \quad \Delta^-, \Delta^0, \Delta^+, \Delta^{++} \quad (1232\,\text{MeV})$$

$$Y = 0, I = 1: \quad \Sigma^{*-}, \Sigma^{*0}, \Sigma^{*+} \quad (1385\,\text{MeV})$$

$$Y = -1, I = \frac{1}{2}: \quad \Xi^{*-}, \Xi^{*0} \quad (1530\,\text{MeV})$$

$$Y = -2, I = 0: \quad \Omega^- \quad (1672\,\text{MeV}).$$

Hier ist die Massendifferenz zwischen den durch dieselbe Hyperladung aus-gezeichneten Multipletts sogar konstant und hängt nicht vom Isospin ab:

$$M = a + bY \approx 1382\,\text{MeV}/\text{c}^2 - 147\,\text{MeV}/\text{c}^2 \cdot Y.$$

Aber nicht nur die Baryonen, auch die Mesonen folgen einfachen Mustern. Das Isospin-Triplett der Pionen haben wir bereits kennen gelernt. Aber es gibt noch andere pseudoskalare Mesonen relativ kleiner Masse, nämlich die Kaonen (die positiv und negativ geladenen bei 493.7 MeV, die neutralen bei 497.7 MeV) und das Eta-Teilchen bei 547.5 MeV. Die Kaonen werden zum Beispiel in hochenergetischen Pion-Nukleon-Stößen produziert, aber immer assoziiert mit einem seltsamen Baryon, zum Beispiel $\pi^- + p \to K^0 + \Lambda$. Die Vermutung liegt nahe, dass sie ebenfalls seltsame Teilchen sind. Gibt man dem K_0 die Seltsamkeit $+1$, ist die gesamte Seltsamkeit in dieser Reaktion erhalten, genau wie der Isospin! Nun bilden zwar die Pionen, die Kaonen[4] und das Eta ein Oktett, aber hier hört die Analogie mit den Baryonen auch schon auf. Denn es gibt kein Mesonen-Dekuplett. Daher ist die Kombination $3 \otimes 3 \otimes 3$ für die Mesonen wertlos. Aber es gibt eine andere, die uns genau liefert, was wir brauchen, nämlich

$$3 \otimes \bar{3} = 8 \oplus 1. \tag{3.13}$$

Dass wir so ein Oktett konstruieren können, haben wir schon beim Baryonen-Multiplett $3 \otimes 3 \otimes 3$ gesehen, da wir im ersten Schritt ein Antitriplett erhalten haben: $3 \otimes 3 = 6 \oplus \bar{3}$. Das Isospin-Dublett bei $Y = 1$ identifizieren wir mit dem K^- und dem K^0, das Triplett bei $Y = 0$ natürlich mit den Pionen, das

---

[4] Das neutrale Kaon hat ein Antiteilchen, das anders als das π^0 nicht mit ihm identisch ist.

Singulett bei $Y = 0$ mit dem Eta und schließlich das Dublett bei $Y = -1$ mit dem $\bar{K}^0$ und dem K^+. Für das noch fehlende $SU(3)$-Singulett nehmen wir das η'-Meson bei 957.8 MeV. Mit denselben Konstituenten erklären wir auch das Oktett der leichten Vektormesonen, also Teilchen mit dem Spin $1\hbar$:

$$Y = 1, I = \frac{1}{2}: \quad K^{*-}, \bar{K}^{*0} \quad (892\,\text{MeV})$$

$$Y = 0, I = 1: \quad \rho^-, \rho^0, \rho^+ \quad (770\,\text{MeV})$$

$$Y = 0, I = 0: \quad \omega \quad (782\,\text{MeV})$$

$$Y = -1, I = \frac{1}{2}: \quad K^{*0}, K^{*+} \quad (892\,\text{MeV}).$$

Das Phi-Teilchen bei 1020 MeV könnte das zugehörige Singulett sein. Auf der Basis des fundamentalen Tripletts (u, d, s) können wir folgende Wellenfunktion bilden:[5]

$$Y = 1, I = \frac{1}{2}: \quad s\bar{u}, \, -s\bar{d}$$

$$Y = 0, I = 1: \quad d\bar{u}, \frac{1}{\sqrt{2}}\left(u\bar{u} - d\bar{d}\right), \, -u\bar{d}$$

$$Y = 0, I = 0: \quad \text{PS: } \frac{1}{\sqrt{6}}\left(u\bar{u} + d\bar{d} - 2s\bar{s}\right), \frac{1}{\sqrt{3}}\left(u\bar{u} + d\bar{d} + s\bar{s}\right)$$

$$\text{V: } \frac{1}{\sqrt{2}}\left(u\bar{u} + d\bar{d}\right), s\bar{s}$$

$$Y = -1, I = \frac{1}{2}: \quad u\bar{s}, d\bar{s}.$$

Die Tatsache, dass dieselben Konstituenten verschiedene Zustände liefern, ist darauf zurückzuführen, dass wir ja noch andere Freiheitsgrade haben, nämlich den Drehimpuls und letztlich auch radiale Anregungen, das heißt Zustände, in denen sich die Konstituenten voneinander entfernen. Das ist vielleicht der erste ernstzunehmende Hinweis, dass diese mathematische Konstruktion etwas mit der Wirklichkeit zu tun hat, dass das Konstituenten-Triplett, einmal korrekt quantisiert, physikalischen Teilchen und das konjugierte Triplett den zugehörigen Antiteilchen entsprechen müssen.[6]

Die Bedeutung dieser Entdeckungen haben Murray Gell-Mann und unabhängig von ihm G. Zweig im Jahre 1964 als erste erkannt [81]. Gell-Manns Bezeichnung für die neuen Teilchen hat sich durchgesetzt: inspiriert durch einen mysteriösen Satz in James Joyce's „Finnegan's Wake" [111]:

„Three quarks for Muster Mark."

---

[5] Die Zusammensetzung der Singuletts ist so gewählt, dass die Produktion und der Zerfall physikalischer Zustände so einfach wie möglich erklärt werden können.

[6] Natürlich haben die Antiteilchen jeweils dieselben Quantenzahlen der entsprechenden Teilchen, nur mit negativem Vorzeichen. So hat zum Beispiel das Anti-Lambda die Baryonenzahl -1 und die Seltsamkeit $+1$.

nannte er sie Quarks. Obwohl heute sechs Quarks bekannt sind – und höchstwahrscheinlich hat man damit alle gefunden – ist ihre Beziehung zur Drei und insbesondere zur $SU(3)$ immer noch wichtig, wenn auch auf eine ganz andere Weise als von Gell-Mann und Zweig ursprünglich erdacht. Wir werden gleich darauf kommen. Gleich nachdem sie postuliert worden waren, hat sich eine große Zahl von Experimentatoren darangemacht, Quarks nachzuweisen. Überall wurde gesucht: an Beschleunigern, in der Kosmischen Strahlung und auf sogar auf Öltröpfchen, nach dem Muster des Millikan-Versuchs [126]. Eine Gruppe von Experimentatoren hat eine Zeitlang geglaubt, auf diese Art drittelzahlige Ladungen nachgewiesen zu haben. Dieses Ergebnis konnte jedoch nicht reproduziert werden. Heute geht man davon aus, dass es freie Quarks unter normalen Bedingungen nicht gibt: sie sind immer im Verbund mit anderen Quarks oder Antiquarks und bilden entweder Baryonen (qqq) oder Mesonen ($q\bar{q}$), die wir unter dem Begriff Hadronen (griechisch = stark) zusammenfassen. Nur bei sehr harten Kollisionen können sie sich kurzzeitig wie fast freie Teilchen verhalten. Warum das so ist, ist bis heute noch nicht restlos aufgeklärt und ein Gegenstand intensiver und mühsamer Forschungsarbeit. Das entscheidende Problem ist die Stärke der Wechselwirkung, die mit wachsendem Abstand ins Unermessliche wächst – im Gegensatz zu allen anderen Kräften, die wir bisher kennen gelernt haben – und daher die Methode der Störungstheorie unbrauchbar macht.

Partonen in der tiefinelastischen Streuung

Doch da haben wir etwas vorgegriffen. Wir müssen ja erst einmal darlegen, weshalb wir trotzdem von der Existenz der Quarks überzeugt sind. Der entscheidende Befund kommt aus der Beobachtung von Protonen mit Hilfe eines Elektronenmikroskops fantastischer Auflösung. Wir wissen, dass das Proton einen Radius von ungefähr 10^{-15} m hat. Dass wir es nicht als punktförmig sehen wie das Elektron, wundert uns nicht. Denn die starken Felder in seiner Nähe sollten nach der Quantenfeldtheorie zu einem unaufhörlichen Entstehen und Vergehen von Mesonen führen, die eine Art Wolke um das eigentliche Proton bilden und uns sozusagen die Sicht versperren. Das Elektron schirmt sich zwar auch ab, indem es das Vakuum in seiner Umgebung durch Erzeugen und Vernichten von Elektron-Positron-Paaren polarisiert, doch können wir diesen Effekt, da er auf dem wohlverstandenen Elektromagnetismus beruht, über die Renormierung abziehen. Das haben wir schon im vorangegangenen Kapitel diskutiert. Beim Proton ist das so leicht nicht möglich. Deshalb können wir aus der Tatsache, dass das Proton bei der Streuung von Elektronen im MeV-Bereich eine ausgedehnte Ladungsverteilung zeigt, noch nicht schließen, dass es ein zusammengesetztes Objekt ist. Dennoch ist es wert, sich die Dinge einmal mit sehr hoher örtlicher und zeitlicher Auflösung anzusehen, nicht zuletzt, um vielleicht die virtuellen Anregungen zu Mesonen einmal in flagranti zu erwischen. Darüberhinaus kann man ja auch vor Überraschungen nie sicher sein!

Die Unbestimmtheitsrelation steckt uns nun das Ziel ab, das wir experimentell zu erreichen haben, wenn wir etwas wirklich Neues lernen wollen. Insbesondere schreibt es uns die nötige Elektronenenergie vor. Schon im MeV-Bereich ist das Elektron so schnell, dass wir seine Masse beziehungsweise seine Ruheenergie vernachlässigen können:

$$E^2 = m^2 c^4 + p^2 c^2 \approx p^2 c^2.$$

Daher schreibt sich die Unbestimmtheitsrelation jetzt:

$$c \Delta p \Delta x \approx \Delta E \Delta x \approx \hbar c \approx 200 \, \text{MeV fm}.$$

Wollen wir nun eine Auflösung von ungefähr einem hundertstel Protonradius erreichen, also $\Delta x \approx 1/100$ fm, brauchen wir eine Energie von 20 GeV.

Das war in den sechziger Jahren eine große technologische Herausforderung, der schließlich in Form eines zwei Meilen langen Linearbeschleunigers im kalifornischen Stanford begegnet wurde. Der scharf fokussierte Strahl traf am Ende auf eine mit flüssigem Wasserstoff gefüllte Targetzelle. In einem magnetischen Spektrometer konnten der Streuwinkel und der Impuls von Elektronen gemessen werden, die im Target einen harten Stoß erlitten hatten. Die Impulsmessung beruht natürlich auf der Ablenkung einer bewegten Ladung in einem Induktionsfeld. Im Anhang zeigen wir, dass ein Teilchen mit der Ladung q und dem Impuls p in einem homogenen Induktionsfeld B, das stets senkrecht auf der Bewegungsrichtung des Teilchens steht, die Lorentz-Kraft $F = \dot{p} = qvB$ erfährt. Ist die Ablenkung klein, können wir die in guter Näherung senkrecht auf der ursprünglichen Richtung stehende Impulsänderung durch Integration über die Zeit ausrechnen:

$$\Delta p = q \int \mathrm{d}t \, vB = q \int \mathrm{d}x \frac{\mathrm{d}t}{\mathrm{d}x} vB = q \int B \, \mathrm{d}x.$$

Wir können, immer vorausgesetzt, dass der Ablenkwinkel ϕ klein ist, $\Delta p \approx p\phi$ setzen, wenn ϕ im Bogenmaß angegeben wird. Kennen wir also die „magnetische Steifheit‴ $\int B \, \mathrm{d}x$ unseres Feldes, ergibt sich der Impuls direkt aus dem Ablenkwinkel:

$$p = \frac{q \int B \, \mathrm{d}x}{\phi}.$$

Für ein homogenes Feld gilt:

$$p = \frac{qBx}{\phi} = qBR,$$

wobei R der Radius des vom Teilchen durchlaufenen Kreissegments ist. Messen wir p in GeV/c und $B \cdot R$ in Tm (1 Tesla-Meter=1 Volt-Sekunde pro

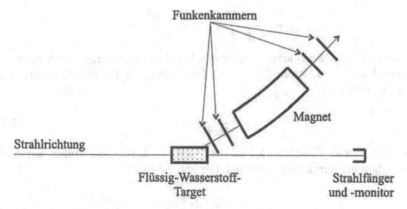

Abbildung 3.1. Das Spektrometer für die Messung der Elektronen-Streuung an Wasserstoff in Stanford

Meter), ergibt sich $p = 0.3zBR$, wenn z die Ladung in Einheiten der Elementarladung ist. Ein Magnetspektrometer in Stanford sah im Prinzip so aus wie in der Abbildung 3.1 dargestellt. Es war um das Target drehbar, um verschiedene Streuwinkelbereiche abdecken zu können. Wichtig sind die vier Detektorebenen. Die ersten beiden braucht man, um den Streuwinkel, die letzten beiden, um den Impuls zu messen.

Nun hatten wir gelernt, dass in der elastischen Streuung ein eindeutiger Zusammenhang zwischen Streuwinkel ϑ und Sekundärenergie E' besteht (siehe (2.119)):

$$E' = E \frac{Mc^2}{Mc^2 + E(1 - \cos\vartheta)}.$$

Hier sind M die Proton-Masse und E die Primärenergie. Warum sollen wir also zwei kinematische Größen messen, wenn eine uns die elastische Streuung vollständig definiert? Die Antwort ist offensichtlich: wir wollen auch Zugang zur inelastischen Streuung haben. Wir können uns nämlich gut vorstellen, dass auch durch elektromagnetische Wechselwirkung Resonanzen angeregt werden können, vielleicht sogar völlig unbekannte. Nun ist es für solche Studien nötig, aus den gemessenen Parametern Lorentz-invariante Größen zu bilden. Wir erinnern uns an den quadratischen Energie-Impuls-Übertrag zwischen dem einfallenden und dem auslaufenden Elektron (siehe (2.16) und (2.120)):

$$q^2 = (p - p')^2 = 2mc^2 - 2EE' + 2\boldsymbol{p} \cdot \boldsymbol{p}'$$

$$\approx -2EE'(1 - \cos\vartheta) = -4EE' \sin^2\frac{\vartheta}{2}$$

und an den relativen Energieverlust des Elektrons (2.126)

$$y = \frac{(p - p') \cdot P}{p \cdot P} = \frac{E - E'}{E} = \frac{\nu}{E}.$$

Es ist üblich, den negativen quadratischen Impulsübertrag durch einen positiven Wert zu ersetzen, $Q^2 = -q^2$. Die Bedingung für elastische Streuung schreibt sich nun:

$$\frac{Q^2}{2Mc^2\nu} = 1, \tag{3.14}$$

wie man durch Einsetzen leicht verifiziert. Insbesondere prüfen wir leicht nach, dass sie durch den Ausdruck (vergleiche (2.120))

$$Q^2 = \frac{4E^2 Mc^2 \sin^2 \frac{\vartheta}{2}}{Mc^2 + 2E \sin^2 \frac{\vartheta}{2}}$$

erfüllt wird. Wir führen nun die *Variable*

$$x = \frac{Q^2}{2Mc^2\nu} \leq 1 \tag{3.15}$$

ein, um die inelastische Streuung zu erfassen. Dass x nach oben durch 1 begrenzt ist, ist gleichbedeutend mit der Bedingung

$$E' \leq E \frac{Mc^2}{Mc^2 + E(1 - \cos\vartheta)},$$

da ein Teil der Energie ja in Anregungen des Protons übergeht.

Obwohl bereits die elastische Streuung über die Abweichung vom Wirkungsquerschnitt für strukturlose Teilchen wichtige Informationen liefert, werden wir uns Schritt für Schritt in den Bereich der inelastischen Streuung vortasten, da wir hier Phänomene neuer Qualität vorfinden werden. Außer den bereits eingeführten Variablen

$$Q^2 = 4EE' \sin^2 \frac{\vartheta}{2}$$

$$\nu = E - E'$$

$$x = \frac{Q^2}{2P \cdot (p - p')} = \frac{Q^2}{2Mc^2\nu} \tag{3.16}$$

$$y = \frac{P \cdot (p - p')}{P \cdot p} = \frac{\nu}{E}$$

werden wir noch die Ruheenergie des hadronischen Zustands, das heißt aller Teilchen im Endzustand außer dem Elektron benutzen. Bezeichnen wir diesen Zustand mit „X", gilt natürlich $P_X = p - p' + P$ und weiter

$$W^2 \equiv P_X^2 = -Q^2 + M^2c^4 + 2(p - p') \cdot P = M^2c^4 + Q^2 \frac{1 - x}{x}. \tag{3.17}$$

Beobachten wir Elektronen zum Beispiel bei $\nu = 1$ GeV und $x = 0.66$, beträgt die hadronische Ruheenergie 1.23 GeV, die Energie der Delta-Resonanz! In der Tat hat der Wirkungsquerschnitt hier ein ausgeprägtes Maximum, und misst man auch die Hadronen, sieht man, dass hier die Reaktion

$$e^- + p \rightarrow e^- + \Delta^+ \rightarrow \begin{cases} e^- + \pi^+ + n \\ e^- + \pi^0 + p \end{cases}$$

stattfindet. Bei wachsender Inelastizität finden wir noch mehr Resonanzen. Aber von einem gewissen Punkt an, etwa bei $W = 2$ GeV hören die Resonanzen auf und etwas völlig Neues tritt ein. Der Wirkungsquerschnitt wird nicht etwa verschwindend klein, wie wir erwarten würden, wenn nur die Produktion von Resonanzen beiträgt. Im Gegenteil, er bleibt sogar ziemlich groß, und er legt ein Verhalten an den Tag, das zunächst überrascht. Denn im Gegensatz zur elastischen Streuung, wo bei hohem Impulsübertrag wie Q^{-8} abfällt (siehe (2.128)), finden wir nur eine Q^{-4}-Abhängigkeit, die wir ja schon als eine Folge der Quantennatur des Prozesses und der beteiligten Teilchen erkannt haben. Der Formfaktor, der bei der elastischen Streuung noch so steil abfiel, ist jetzt also flach, das heißt er hängt kaum von Q^2 ab [127].

Dieses Verhalten ist durchaus analog zur Beugung von Licht an einem Objekt, das wesentlich kleiner als die Wellenlänge ist: die Intensität hängt nicht von der Beobachtungsrichtung ab. Um das ein bißchen quantitativer auszudrücken, kehren wir zur quantenfeldtheoretischen Betrachtung solcher Streuprozesse zurück. Es findet in niedrigster Ordnung natürlich wieder ein Photon-Austausch statt, nur ist das Photon jetzt so energiereich, dass es imstande ist, das Proton aufzubrechen. Die Energie des Photons ist natürlich gerade der Energieverlust des Elektrons, also $\nu = E - E'$. Zusammen mit dem dreidimensionalen Impulsübertrag können wir die Norm des Energie-Impuls-Vierervektors berechnen. Das haben wir schon getan: $q^2 = -4EE' \sin^2 \frac{\vartheta}{2}$. Dieses Ergebnis ist für endliche Streuwinkel von Null verschieden: das Photon erhält im mathematischen Sinne eine imaginäre Masse. Da ein massives Photon nicht als freier Zustand existiert, muss es nach einer gewissen Zeit, die durch die Unbestimmtheitsrelation gegeben ist, absorbiert werden. Wir haben hier ein virtuelles Photon.[7] Nun betrachten wir den Prozess einmal in einem sehr seltsamen Bezugssystem, nämlich in demjenigen, in dem das Photon nur Impuls, jedoch keine Energie überträgt. Das Elektron hat dann nach dem Stoß dieselbe Energie wie vorher. Das Ereignis ähnelt also dem Zurückprallen eines elastischen Balls von einer massiven Mauer. Im englischen Sprachgebrauch heißt dieses System so auch „brick wall frame". Meistens spricht man aber vom Breit-System. Wir legen die Achsen außerdem so, dass der Photon-Impuls in die negative z-Richtung zeigt:

---

[7] Man spricht oft von einem „off-shell"-Photon im Gegensatz zu einem „on-shell"-Photon. Dieser Ausdruck bezieht sich auf die „Massenschale", einen zweischaligen Hyperboloiden im E-p-Raum, den man erhält, wenn man die Bedingung $m^2 c^4 = E^2 + p^2 c^2$ in zwei p-Dimensionen gegen E aufträgt.

$$q = (0,\, 0,\, 0,\, -Q).$$

Das Proton ist nun natürlich nicht mehr in Ruhe und bekommt einen Impuls in positiver z-Richtung:

$$P = \left(\sqrt{P^2 c^2 + M^2 c^4},\, 0,\, 0,\, Pc \right).$$

Die Norm der Gesamtenergie von Photon und Proton ist:

$$W^2 = (q + P)^2 = -Q^2 + M^2 c^4 - 2QPc. \tag{3.18}$$

Über einen Vergleich von (3.17) und (3.18) können wir den Proton-Impuls im Breit-System durch Q^2 und x ausdrücken:

$$Pc = -\frac{Q}{2x}. \tag{3.19}$$

Wenn sowohl Q^2 als auch ν ins Unendliche wachsen, der Quotient $x = Q^2/2Mc^2\nu$ aber konstant bleibt,[8] wird auch der Proton-Impuls beliebig groß. Wir befinden uns im „infinite momentum frame"[9] und können sogar die Nukleon-Masse vernachlässigen. Jetzt nehmen wir an, dass das Nukleon sich in einen Strahl von praktisch freien, strukturlosen Konstituenten, den „Partonen", zerlegt. Jedes Parton trägt dann einen Anteil ξ sowohl an der Energie als auch am Impuls des Protons. Alle Impulskomponenten senkrecht zur Bewegungsrichtung des Protons können wir bei diesen hohen Energien fallen lassen, der Viererimpuls des Partons ist einfach ξP. Das Photon wird dann von einem einzigen Parton elastisch gestreut, während die anderen inaktiv bleiben, sie sind Zuschauer oder „spectators". Das Quadrat der Gesamtenergie von Photon und Parton ist:

$$w^2 = (q + \xi P)^2 = \xi^2 M^2 c^4 + Q^2 \frac{\xi - x}{x}.$$

Wenn wir an der Interpretation einer elastischen Streuung an einem Parton der Masse ξM festhalten, sehen wir uns gezwungen, ξ und x miteinander zu identifizieren. Handelt es sich bei der tiefinelastischen Streuung der Protonen tatsächlich um elastische Streuung am Parton, legt die Bedingung der Elastizität die Variable x auf den Impulsanteil ξ des Partons im Breit-System fest, analog zu der Beziehung zwischen Energie und Winkel des gestreuten Elektrons in der elastischen Elektron-Proton-Streuung.

Nun haben nicht alle Partonen denselben Impuls. Es wird Verteilungen $f_p(\xi)$ geben, die beschreiben, mit welcher Wahrscheinlichkeit wir ein Parton zwischen ξ und $\xi + \mathrm{d}\xi$ finden. Wir gehen davon aus, dass wir den Protonimpuls

---

[8] Das ist der nach seinem Erfinder James D. Bjorken benannte Bjorken-Limes, abgekürzt Bj-lim [23].

[9] Momentum: englisch für Impuls.

durch Bildung des gewichteten Mittelwerts von ξ und Summierung über alle Partonen erhalten, also:

$$\sum_p \int_0^1 \xi f_p(\xi) \mathrm{d}\xi = 1.$$

Die Rate in einem Intervall $\mathrm{d}x$ finden wir, indem wir die Parton-Verteilung mit der δ-Funktion $\delta(\xi/x - 1)$ multiplizieren, die sicherstellt, dass $w^2 = \xi^2 M^2 c^4$, und über den nicht gemessenen Impulsanteil ξ integrieren:

$$\left[\int_0^1 \mathrm{d}\xi f_p(\xi) \delta \left(\frac{\xi}{x} - 1 \right) \right] \mathrm{d}x = x f_p(x) \mathrm{d}x.$$

Damit können wir den doppelt differentiellen Wirkungsquerschnitt für die Streuung von Elektronen an Partonen auf der Grundlage des Wirkungsquerschnitts für die Streuung von zwei Spin-$\frac{1}{2}$-Teilchen (2.127) ansetzen:

$$\frac{\mathrm{d}^2\sigma}{\mathrm{d}Q^2 \mathrm{d}x} = \frac{4\pi \left(\alpha \hbar c \right)^2}{Q^4} \left(1 - y + \frac{y^2}{2} - \frac{Mc^2}{2E} xy \right) x \sum_p e_p^2 f_p(x).$$

Diesen Ausdruck hatten wir schon im vorigen Kapitel im Zusammenhang mit der elastischen Elektron-Proton-Streuung gefunden, allerdings mussten wir hier getreu der Parton-Hypothese Mc^2 durch xMc^2 ersetzen. Natürlich lassen wir zu, dass die Ladung des Partons, gemessen in Einheiten der Protonladung, nicht notwendigerweise ganzzahlig ist. Dabei haben wir im Hinterkopf, dass wir die Partonen mit den Quarks identifizieren wollen. Bevor wir diesen Schritt wagen, erwähnen wir aber noch, dass man die soeben mehr oder weniger heuristisch motivierte Wirkungsquerschnitt-Formel, ausgehend von einigen wenigen fundamentalen Prinzipien (Lorentz-Invarianz, Paritätserhaltung, Erhaltung des elektromagnetischen Viererstroms und Inkohärenz der einzelnen Streuamplituden) streng herleiten kann. Man kommt so auf zwei „Strukturfunktionen", F_1 und F_2, die von den kinematischen Variablen x und Q^2 und natürlich von den Parton-Ladungen abhängen:

$$\frac{\mathrm{d}^2\sigma}{\mathrm{d}Q^2 \mathrm{d}x} = \frac{4\pi \left(\alpha \hbar c \right)^2}{Q^4} \left[xy^2 F_1 + \left(1 - y - \frac{Mc^2}{2E} xy \right) F_2 \right].$$

Die Parametrisierung ist so gewählt, dass F_1 nur dann von Null verschieden ist, wenn es geladene Spin-$\frac{1}{2}$-Partonen gibt, während F_2 sowohl von fermionischen als auch von bosonischen Partonen Beiträge erhält. Genauer gesagt ist das Verhältnis $R = 2xF_1/F_2$ Eins, wenn wir nur Spin-$\frac{1}{2}$-Fermionen finden, und Null, wenn es nur Spin-0-Bosonen gibt [34]. In der Tat erhalten wir für $F_1 = 0$ und $x = 1$ ein Resultat, dass dem Mott-Wirkungsquerschnitt (2.125) proportional ist.

Von diesen Befunden heben wir zunächst zwei hervor: Zum einen erweist sich, dass die Daten mit $R = 1$ verträglich sind: die geladenen Partonen müssen also zumindest überwiegend Fermionen sein. Und weiter scheinen die Strukturfunktionen tatsächlich nur von $x = Q^2/2Mc^2\nu$ abzuhängen. Dass dies auf strukturlose Konstituenten hinweist, ist uns schon klar geworden. Wir bemerken hier aber vor allem, dass das Fehlen einer Q^2-Abhängigkeit mit der Abwesenheit einer inneren Längenskala zu erklären ist.[10] Das System verhält sich bei allen Skalen in derselben Weise. Man spricht etwas ungenau von einem „Skalenverhalten" (englisch „scaling"), das die tiefinelastische Streuung auszeichnet.

Nun wagen wir die Hypothese, dass es sich bei den Partonen wirklich um Quarks handelt. Das Proton wäre so aus zwei u-Quarks und einem d-Quark zusammengesetzt, und wir setzen:

$$F_2^{(p)} = x \sum_q e_q^2 f_q^{(p)} = x \left[\frac{4}{9} u^{(p)} + \frac{1}{9} d^{(p)} \right].$$

Für das Neutron erhalten wir:

$$F_2^{(n)} = x \sum_q e_q^2 f_q^{(n)} = x \left[\frac{4}{9} u^{(n)} + \frac{1}{9} d^{(n)} \right].$$

Die Isospin-Invarianz legt nahe, dass

$$u^{(p)} = d^{(n)} \equiv u$$
$$d^{(p)} = u^{(n)} \equiv d.$$

Das Deuteron ist ein sehr locker gebundener isoskalarer $(I = 0)$ Zustand, den wir in diesem Bild als eine inkohärente Summe von Proton und Neutron behandeln können. Damit ist

$$F_2^{(d)} = \frac{5}{9} x \left[u + d \right].$$

Es ist jetzt natürlich überflüssig, die Zugehörigkeit der Verteilungen zu Proton oder Neutron zu kennzeichnen. Wir definieren uns also ein isoskalares Nukleon, dessen Strukturfunktion die Hälfte derjenigen des Deuterons ist:

$$F_2^{(N)} = \frac{5}{18} x \left[u + d \right].$$

Es ist eine allgemeingültige und sehr nützliche Regel, dass in isoskalaren Strukturfunktionen die Quark-Verteilungen und Ladungsquadrate getrennt aufsummiert werden können. Wenn diese Formeln stimmen, können wir aus

---

[10] Aus dem Zusammenhang zwischen Partonimpuls und Q (siehe (3.19)) sehen wir anhand der Unbestimmtheitsrelation, dass $\hbar/Q$ etwa der Ortsauflösung Δx entspricht. Für $\partial F/\partial Q^2 \approx 0$ gilt dann $\Delta x \approx 0$. In der Diskussion der Quantenchromodynamik werden wir diese Zusammenhänge etwas detaillierter betrachten.

den Strukturfunktionen von Proton und Deuteron die Quark-Verteilungen extrahieren. Ein bißchen Algebra liefert uns:

$$u^{(p)} = d^{(n)} = \frac{9}{15x}\left[5F_2^{(p)} - F_2^{(d)}\right]$$

$$d^{(p)} = u^{(n)} = \frac{9}{15x}\left[4F_2^{(d)} - 5F_2^{(p)}\right].$$

Allerdings zeigt uns das Experiment, dass unser Ansatz so nicht ganz richtig oder zumindest unvollständig ist. Denn das Integral über F_2 ist deutlich kleiner als die Zahl, die wir erwartet hätten, wenn wirklich die Quarks den gesamten Impuls des Nukleons tragen. Denn für das isoskalare Nukleon sollte das Integral über F_2 den Wert 5/18 liefern, wenn es nichts anderes als u- und d-Quarks in seinem Inneren gibt. Man findet aber im Experiment – zum Beispiel in der Strukturfunktion des tatsächlich in guter Näherung isoskalaren Eisens – nur etwa 0.1, also ein Drittel des Quark-Beitrags. Der Rest des Nukleonimpulses muss also auf andere Partonen aufgeteilt sein, die für das virtuelle Photon unsichtbar sind. Das ist allerdings nicht so erstaunlich, wie es zunächst scheint, denn von irgendetwas müssen die Quarks ja im Nukleon zusammengehalten werden, von einem wie auch immer gearteten Feld, dessen Quanten durchaus in der Gesamtenergie erscheinen müssen.

Dass allerdings nach den experimentellen Ergebnissen die in diesem Feld steckende Energie größer ist als die der Teilchen, die es bindet, ist ein Phänomen, das der Wechselwirkung zwischen Quarks eine ganz neue Qualität gibt. Die Bindungsenergien in Atomen sind 10 bis 100 Millionen Mal kleiner als die Ruhemasse des Systems, in Kernen liegen noch zwei Zehnerpotenzen dazwischen. Für die Nukleonen haben wir erstmals Bindungsenergien, die mindestens so groß sind wie die Ruheenergien der Quarks. Das sehen wir übrigens auch an den statischen Eigenschaften der Baryonen. Wir betrachten zum Beispiel die Massenaufspaltung im Baryonen-Dekuplett. Sie hängt ganz offensichtlich im wesentlichen von der Seltsamkeit ab. Jedesmal, wenn wir ein u- oder d-Quark durch ein s-Quark ersetzen, gewinnen wir ungefähr 150 MeV, innerhalb eines Fehlerrahmens von etwa 10 MeV. Wir können also davon ausgehen, dass ein s-Quark etwa 150 MeV/c^2 wiegt, während die u- und d-Quarks Massen von höchstens 10 MeV/c^2 haben sollten. Eine genaue Analyse liefert etwa 2-8 MeV/c^2 für das u-Quark und 5-15 MeV/c^2 für das d-Quark. Eine der Folgen dieser kleinen Differenz ist, dass das Neutron ein wenig massiver ist als das Proton. Besonders frappierend ist jedoch, dass nur etwa 2-3% der Masse der Nukleonen in den Massen seiner Konstituenten steckt! Es wird also Zeit, sich Gedanken über diese ungeheuer starke Wechselwirkung zu machen.

Quarks und Gluonen

Natürlich sehen wir die experimentelle Basis für die Quark-Hypothese jetzt als hinreichend solide an, dass wir im folgenden ohne weitere Begründung Baryonen als Drei-Quark-Zustände und Mesonen als Quark-Antiquark-Zustände auffassen.

Nun gibt es experimentelle Befunde, die das naive Quark-Modell in Schwierigkeiten bringen, aber gleichzeitig den Ausweg weisen, indem sie die Gestalt der Wechselwirkung zwischen Quarks festlegen. Drei dieser Fakten möchten wir besprechen. Da ist zunächst der Zerfall des neutralen Pions in zwei Photonen. Da Photonen nur an geladene Teilchen koppeln, muss der Prozess über einen Zwischenzustand ablaufen, den wir aus Quarks zusammensetzen. Die einfachste Möglichkeit ist der sogenannte Dreiecks-Graph, der übrigens auch in der axiomatischen Feldtheorie eine zentrale Rolle spielt:

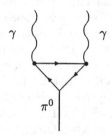

Die Zerfallrate auszurechnen, ist kein leichtes Unterfangen, da die Kopplung des pseudoskalaren Pions an das virtuelle Quark-Antiquark-Paar gerade wegen der Stärke der Wechselwirkung nicht berechnet werden kann. Wir gehen jedoch wegen der Isospin-Invarianz davon aus, dass sie für das neutrale Pion denselben Wert hat wie für die geladenen, aus dessen Zerfallsraten wir sie also extrahieren kann. Die Rechnung liefert dann für die Lebensdauer des neutralen Pions den Wert $2.6 \cdot 10^{-16}$ s.[11] Der experimentelle Wert ist $8.4 \cdot 10^{-17}$ s, also genau um einen Faktor Drei kleiner. Andersherum ausgedrückt: das π^0 zerfällt dreimal schneller als erwartet.

Derselbe Faktor Drei taucht im totalen Wirkungsquerschnitt der Elektron-Positron-Annihilation bei hohen Energien auf. Im der Diskussion der speziellen Relativitätstheorie hatten wir schon einmal die Myonen erwähnt, die auf Meereshöhe den bedeutendsten Anteil der harten kosmischen Strahlung ausmachen. Diese Teilchen, die eine mittlere Lebensdauer von 2.19 μs haben – für einen Teilchenphysiker ist das eine halbe Ewigkeit – verhalten sich in allen Wechselwirkungen wie Elektronen, nur dass sie 207mal schwerer sind. Ist die Schwerpunktsenergie einer Elektron-Positron-Kollision größer als zweimal die Ruheenergie der Myonen, 105.7 MeV, kann ein Paar, bestehend

---

[11] Der Formalismus wurde bereits 1949 von Jack Steinberger entwickelt [156], allerdings mit Nukleonen statt Quarks.

aus je einem negativen und einem positiven Myon, entstehen. Den Wirkungsquerschnitt für diesen Prozess kann man exakt berechnen. Eigentlich haben
wir den größten Teil dieser Rechnung schon hinter uns, denn der Feynman-
Graph ist derselbe wie der für die elastische Elektronen-Streuung an einem
strukturlosen Fermion, nur um 90° gedreht:

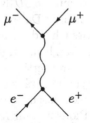

Lediglich die Kinematik ist anders. Diese enge Beziehung zwischen zwei
sonst sehr verschiedenen Prozessen heißt „Crossing-Symmetrie". Wir erkennen übrigens noch einmal, dass es in Feynman-Graphen durchaus darauf ankommt, die Fermion-Linien mit der richtigen Pfeilrichtung durchzuzeichnen.
Für die physikalische Interpretation bedeutet diese Symmetrie, dass wir unter
Befolgung einiger einfacher Regeln, die aus den Graphen klarer hervorgehen,
als wir sie in Worten beschreiben könnten, Teilchen als Antiteilchen zwischen
Anfangs- und Endzustand hin- und herbewegen können. So können wir leicht
den totalen, also über alle Winkel integrierten Wirkungsquerschnitt für die
Myon-Paar-Produktion ausrechnen:

$$\sigma = \frac{4\pi\,(\alpha\hbar c)}{3E_{cm}^2}.$$ (3.20)

Das Quadrat der Schwerpunktsenergie im Nenner

$$E_{cm}^2 = (E_{e^-} + E_{e^+})^2 - c^2\,(\boldsymbol{p}_{e^-} + \boldsymbol{p}_{e^+})^2$$

kommt natürlich vom Photon-Propagator, so wie die $1/Q^4$-Abhängigkeit im
differentiellen Wirkungsquerschnitt der elastischen Streuung. Statt der Myonen können natürlich auch Quark-Antiquark-Paare entstehen, die dann als
Folge ihrer starken Wechselwirkung mehr und mehr Quarks und Antiquarks
erzeugen, so dass schließlich zwei Gruppen von Hadronen, also Baryonen und
Mesonen herauskommen, die in je einem „Jet" aus dem Wechselwirkungs-
punkt, dem „Vertex", herauskommen. Der Wirkungsquerschnitt ist derselbe
wie für die Myon-Paar-Produktion, allerdings multipliziert mit dem Quadrat
der Quark-Ladung. In einem Energiebereich, in dem auch seltsame Teilchen
erzeugt werden können, erwarten wir daher für das Verhältnis des totalen
hadronischen zum totalen myonischen Wirkungsquerschnitt

$$R = \frac{\sigma\,(e^+e^- \to q\bar{q})}{\sigma\,(e^+e^- \to \mu^+\mu^-)} = \sum_{u,d,s} e_q^2 = \left(\frac{2}{3}\right)^2 + 2\left(\frac{1}{3}\right)^2 = \frac{2}{3}.$$ (3.21)

Das Experiment liefert $R = 2$ [135]!

Als letztes Problem des naiven Quark-Modells führen wir die Existenz des doppelt geladenen Delta-Baryons (Δ^{++}) an, das aus drei u-Quarks mit parallelem Spin besteht, die keinen relativen Bahndrehimpuls haben. Nach dem Pauli-Prinzip kann ein solches System – drei Fermionen im selben Quantenzustand – gar nicht bestehen. Die Wellenfunktion des Δ^{++} ist, wie die aller Baryonen, symmetrisch, wenn man nur die $SU(3)$-Quantenzahl, die Spins und den Bahndrehimpuls in Betracht zieht.[12] Da es sich aber um Bindungszustände aus fermionischen Konstituenten handelt, müssen die Wellenfunktionen antisymmetrisch sein. Die einzige Möglichkeit, die Antisymmetrie herzustellen, ist eine weitere, offensichtlich dreiwertige Quantenzahl, deren Anteil in der totalen Wellenfunktion antisymmetrisch sein kann. Ihre Existenz würde natürlich nicht nur das Δ^{++}-Problem lösen, sondern auch den richtigen Wert für die Zerfallsrate des neutralen Pions und für R liefern: beide werden einfach mit der Zahl der Freiheitsgrade multipliziert. Hadronen sind dann in Bezug auf diese Quantenzahl offensichtlich Singuletts, das heißt sie bleiben invariant unter jeder möglichen Transformation in dem entsprechenden Raum.

In unserer alltäglichen Erfahrung gibt es eine Erscheinung, die sich ganz analog verhält. Kombinieren wir die drei Grundfarben rot, grün und blau, erhalten wir weißes Licht, das man ja gern als farblos ansieht. Es liegt also nahe, den neuen Quantenzahlen der Quarks den Namen Farbe zu geben. Die total antisymmetrische Wellenfunktion für drei Quarks ist dann:

$$\frac{1}{\sqrt{6}}\left(rgb + gbr + brg - rbg - grb - bgr\right).$$

Im Fall der Mesonen spielt das Pauli-Prinzip natürlich keine Rolle, da ja Quarks und Antiquarks verschieden voneinander sind. Eine Farbsingulett-Wellenfunktion ist dann einfach:

$$\frac{1}{\sqrt{3}}\left(r\bar{r} + g\bar{g} + b\bar{b}\right).$$

Die drei neuen Freiheitsgrade erinnern uns an die zur Klassifizierung der Hadronen verwendeten u, d und s. Wir hatten gesehen, dass die Wellenfunktionen einer $SU(3)$-Symmetrie gehorchen. Dasselbe wird für die Farbe der Fall sein. Deshalb führen wir zur Unterscheidung den Oberbegriff „Flavour" für u, d und s ein. Wir erinnern uns aber auch, dass die Flavour-$SU(3)$ nur näherungsweise gilt. Die Brechung dieser Symmetrie hat uns ja auf die Gell-Mann-Okubo-Massenformel (3.12) geführt.

Nun haben wir also die drei durch die Beobachtung aufgeworfenen Probleme des naiven Quarks-Modells gelöst. Allerdings haben wir dafür den Preis bezahlt, dass wir *ad hoc* eine neue Quantenzahl einführen mussten, deren Sinn und Zweck bisher gar nicht klar ist. Nun ist es Anfang der siebziger Jahre

---

[12] Für Nukleonen sieht man zum Beispiel am „radiativen Zerfall" des Delta-Baryons, dass Δ und Proton dieselbe räumliche Wellenfunktion haben.

Fritzsch, Gell-Mann, Leutwyler [75] gelungen, auf der Basis der Farbladung eine der Quantenelektrodynamik nachempfundene Feldtheorie aufzubauen, die eine konsistente Beschreibung der Wechselwirkung zwischen Quarks liefert und mit allen experimentellen Fakten verträglich ist. Das entscheidende Werkzeug ist wieder die lokale Eichinvarianz. Die Kopplung des elektromagnetischen Feldes – in Form seines Potential-Vierervektors $(\Phi/c, \boldsymbol{A})$ – an das Dirac-Feld haben wir dadurch bewerkstelligt, dass wir die Invarianz der Dirac-Gleichung unter lokalen, also zeit- und ortsabhängigen Phasentransformationen des Spinors verlangt haben. Nun werden Quarks als Fermionen ebenfalls durch die Dirac-Gleichung beschrieben. Es liegt also nahe, der Farbe eine ähnliche Bedeutung zuzuschreiben wie der elektrischen Ladung, ein Vektorfeld einzuführen, das an die Farbladung gebunden ist, und dann genau dieselbe Eichinvarianz zu fordern. Die Neuerung bei der Farbe ist, dass wir statt eines Ladungszustands deren drei zu berücksichtigen haben. Diese spannen einen dreidimensionalen abstrakten Raum auf, in dem Phasentransformationen wie Drehungen aussehen. Denn im gewöhnlichen Raum entsprechen Drehungen von Wellenfunktionen um den Winkel φ (der Vektorpfeil verdeutlicht, dass Drehungen eine Achse, also eine Richtung haben) der Multiplikation mit einem Phasenfaktor $\exp\left(\frac{i}{\hbar}\boldsymbol{\varphi}\cdot\boldsymbol{L}\right)$. Dabei ist $\boldsymbol{L}$ der Drehimpulsoperator, den wir durch eine Linearkombination dreier Matrizen darstellen können. Die Algebra dieser Basismatrizen ist die der $O(3)$, also der orthogonalen Matrizen $(AA^T = 1)$ in drei Dimensionen. Für unsere Eichtransformation werden wir also, um der vermuteten Symmetrie in einem dreidimensionalen komplexen Raum Rechnung zu tragen, die acht $SU(3)$-Generatoren verwenden und den Phasenfaktor als

$$\exp\left(i\sum_{a=1}^{8}\frac{\lambda_a}{2}\alpha_a(\boldsymbol{x},t)\right)$$

ansetzen. Eine häufig verwendete Darstellung der $(9^2 - 1) = 8$ Generatoren besteht aus den Gell-Mann-Matrizen [80]:

$$\lambda_1 = \begin{pmatrix} 0 & 1 & 0 \\ 1 & 0 & 0 \\ 0 & 0 & 0 \end{pmatrix} \quad \lambda_2 = \begin{pmatrix} 0 & -i & 0 \\ i & 0 & 0 \\ 0 & 0 & 0 \end{pmatrix}$$

$$\lambda_3 = \begin{pmatrix} 1 & 0 & 0 \\ 0 & -1 & 0 \\ 0 & 0 & 0 \end{pmatrix} \quad \lambda_4 = \begin{pmatrix} 0 & 0 & 1 \\ 0 & 0 & 0 \\ 1 & 0 & 0 \end{pmatrix}$$

$$\lambda_5 = \begin{pmatrix} 0 & 0 & -i \\ 0 & 0 & 0 \\ i & 0 & 0 \end{pmatrix} \quad \lambda_6 = \begin{pmatrix} 0 & 0 & 0 \\ 0 & 0 & 1 \\ 0 & 1 & 0 \end{pmatrix} \qquad (3.22)$$

$$\lambda_7 = \begin{pmatrix} 0 & 0 & 0 \\ 0 & 0 & -i \\ 0 & i & 0 \end{pmatrix} \quad \lambda_8 = \frac{1}{\sqrt{3}}\begin{pmatrix} 1 & 0 & 0 \\ 0 & 1 & 0 \\ 0 & 0 & -2 \end{pmatrix}$$

Von sehr großer Bedeutung ist, dass diese Matrizen nicht vertauschbar sind. Wie wir im Abschnitt über Gruppen erwähnt haben, gilt für nichtabelsche Algebren:

$$[\lambda_a, \lambda_b] = 2i \sum_c f_{abc} \frac{\lambda_c}{2}.$$

Fordern wir nun die lokale Eichinvarianz des Dirac-Feldes beziehungsweise der Dirac-Gleichung, führen die nicht verschwindenden Strukturkonstanten zu einer erstaunlichen Konsequenz. Am einfachsten sehen wir das, wenn wir eine infinitesimale Eichtransformation betrachten, also

$$\psi' = \left(1 + i \sum_a \frac{\lambda_a}{2} \alpha_a\right) \psi.$$

In der Zeitabteilung (vergleiche (2.88))

$$i\hbar \frac{\partial \psi'}{\partial t} = \left(1 + i \sum_a \frac{\lambda_a}{2} \alpha_a\right) i\hbar \frac{\partial \psi}{\partial t} - \hbar \left(\sum_a \frac{\lambda_a}{2} \frac{\partial \alpha_a}{\partial t}\right) \psi$$

taucht wieder ein Term auf, den wir in der kovarianten Ableitung durch

$$g\hbar \left(\sum_a \frac{\lambda_a}{2} \Phi^a\right) \psi$$

kompensieren können, sofern das neue Feld Φ^a sich wie

$$\Phi^{a\prime} = \Phi^a + \frac{1}{g} \frac{\partial \alpha_a}{\partial t} - \sum_{bc} f_{abc} \alpha_b \Phi^c \tag{3.23}$$

transformiert. Der letzte Term ist offensichtlich auf die nichtabelsche Struktur der $SU(3)$ zurückzuführen. Wir rechnen leicht nach, dass

$$i\hbar\frac{\partial\psi'}{\partial t} + g\hbar\left(\sum_a \frac{\lambda_a}{2}\Phi'_a\right)$$

$$= \left(1 + i\sum_a \frac{\lambda_a}{2}\alpha_a\right)i\hbar\frac{\partial\psi}{\partial t} - \hbar\left(\sum_a \frac{\lambda_a}{2}\frac{\partial\alpha_a}{\partial t}\right)\psi$$

$$+ g\hbar\left[\sum_r \frac{\lambda_r}{2}\left(\Phi^r + \frac{1}{g}\frac{\partial\alpha_r}{\partial t} - \sum_{b,c} f_{rbc}\alpha_b\Phi^c\right)\right]\left(1 + i\sum_a \frac{\lambda_a}{2}\alpha_a\right)\psi$$

$$\approx \left(1 + i\sum_a \frac{\lambda_a}{2}\alpha_a\right)i\hbar\frac{\partial\psi}{\partial t}$$

$$+ g\hbar\left[\sum_r \frac{\lambda_r}{2}\left(\Phi^r + i\left(\sum_a \frac{\lambda_a}{2}\alpha_a\right)\Phi^r - \sum_{bc} f_{rbc}\alpha_b\Phi^c\right)\right]\psi$$

$$= \left(1 + i\sum_a \frac{\lambda_a}{2}\alpha_a\right)\left[i\hbar\frac{\partial\psi}{\partial t} + g\hbar\left(\sum_r \frac{\lambda_r}{2}\Phi^r\right)\psi\right].$$

Im vorletzten Schritt haben wir Terme vernachlässigt, die α^2 enthalten. Im letzten Schritt haben wir den Kommentator

$$\frac{\lambda_r}{2}\frac{\lambda_a}{2} = \frac{\lambda_a}{2}\frac{\lambda_r}{2} - i\sum_c f_{arc}\frac{\lambda_c}{2}$$

und die Antisymmetrie der Strukturkonstanten f_{abc} benutzt:

$$f_{abc} = f_{bca} = f_{cab} = -f_{acb} = -f_{bac} = -f_{cba}.$$

Außerdem haben wir in der dreifachen Summe die Indizes umbenannt, sodass

$$\sum_{arc} f_{arc}\alpha_a\Phi^r\frac{\lambda_c}{2} = \sum_{arc} f_{car}\alpha_a\Phi^r\frac{\lambda_c}{2} = \sum_{rbc} f_{rbc}\alpha_b\Phi^c\frac{\lambda_r}{2}.$$

Natürlich müssen wir das Feld Φ^a noch um drei Komponenten erweitern, um auch die räumliche Eichinvarianz sicherzustellen. Das Ergebnis ist ein Vektorfeld $G^a = (\Phi^a/c, \boldsymbol{G}^a)$, das sich vom elektromagnetischen Vektorpotential dadurch unterscheidet, dass es in acht Varianten auftritt. Der Zusatzterm, der die $SU(3)$-Strukturkonstanten enthält, hat nun eine ganz wichtige Konsequenz.

Aus dem elektromagnetischen Vektorpotential A können wir die physikalischen Felder $\boldsymbol{E}$ und $\boldsymbol{B}$ durch Differenzieren berechnen (siehe (2.92)):

$$E_i = -\frac{\partial A_i}{\partial t} - \frac{\partial\Phi}{\partial x_i}, \quad i = 1, 2, 3$$

$$B_i = \frac{\partial A_j}{\partial x_k} - \frac{\partial A_k}{\partial x_j}, \quad (ijk) = (123), (231), (312)$$

Diese Rechenvorschriften sind mit den Maxwell-Gleichungen durchaus verträglich. Außerdem bleiben die so definierten Felder unter den Eichtransformationen (2.89) und (2.90) unverändert. Eine ähnliche Eichinvarianz müssen wir natürlich nach dem Muster (3.23) auch für die G-Felder fordern:

$$\Phi^{a\prime} = \Phi^a + \frac{1}{g}\frac{\partial \alpha^a}{\partial t} - \sum_{bc} f_{abc}\alpha^b \Phi^c$$

$$G_i^{a\prime} = G_i^a - \frac{1}{g}\frac{\partial \alpha^a}{\partial x_i} - \sum_{bc} f_{abc}\alpha^b G_i^c. \tag{3.24}$$

Wegen des nichtabelschen Terms in der Transformation müssen auch die Felder etwas anders aussehen als im elektromagnetischen Fall. Wir kommen auf

$$E_i^a = -\frac{\partial G_i^a}{\partial t} - \frac{\partial \Phi^a}{\partial x_i} - g\sum_{bc} f_{abc}\Phi^b G_i^c, \quad i = 1, 2, 3$$

$$B_i^a = \frac{\partial G_j^a}{\partial x_k} - \frac{\partial G_k^a}{\partial x_j} - g\sum_{bc} f_{abc}G_k^b G_j^c, \quad (ijk) = (123), (231), (312) \tag{3.25}$$

In den Feldgleichungen führen die letzten Terme, die aus der nichtabelschen Struktur der Eichgruppe herrühren, zu den bereits erwähnten Kopplungen zwischen den Feldern, die es in der Elektrodynamik nicht gibt. Dass die Felder eichinvariant sind, sieht man daran, dass Terme, die durch die Phasentransformationen (3.24) hinzukommen, wegen der Antisymmetrie der Strukturkonstanten herausfallen. Mit diesem Ergebnis können wir also die starke Wechselwirkung der Quarks genau wie die elektromagnetische über die Forderung der lokalen Eichinvarianz in die Dirac-Gleichung einbauen. Wir haben nur die Ableitungen durch

$$\partial \to \partial - ig\sum_a \frac{\lambda_a}{2}G^a$$

zu ersetzen. Nun sind die λ_a 3×3-Matrizen, die einen dreikomponentigen Vektor brauchen, auf den sie wirken können. Natürlich kommt hier die Farbe der Quarks ins Spiel. Stellen zum Beispiel die Vektoren

$$r = \begin{pmatrix} 1 \\ 0 \\ 0 \end{pmatrix} \text{ und } g = \begin{pmatrix} 0 \\ 1 \\ 0 \end{pmatrix}$$

„rote" und „grüne" Quarks dar, dann macht das Feld $G^{(1)}$ ein grünes Quark aus einem roten und umgekehrt, da $\lambda_1 r = g$ und $\lambda_1 g = r$. Im Gegensatz zur elektromagnetischen Wechselwirkung ändert die starke also die mit ihr assoziierte Ladung! Darüberhinaus hat der nichtabelsche Term im G-Feld zur Folge, dass das Feld einer Selbstwechselwirkung unterliegt. Die Feldenergie, die wie im Elektromagnetismus proportional zum Quadrat der Feldamplitude ist, enthält also Produkte aus drei und sogar vier Feldern, sodass die folgenden Vertizes in Feynman-Diagrammen auftreten:

Diese Drei- und Vier-Bosonen-Kopplung erlaubt es, die nichtabelsche Struktur der Theorie experimentell nachzuprüfen.

Natürlich legt die Nichtlinearität der Feldenergie die Vermutung nahe, dass gerade dieses Feld für die große Ruheenergie der Hadronen verantwortlich ist. Der augenblickliche Stand der theoretischen Forschung scheint dies zu bestätigen, doch ist ein „Beweis" noch nicht erreicht. Wenn er denn kommen sollte, so wahrscheinlich über aufwendige Simulationen auf Computern, die eigens zu diesem Zweck konstruiert worden sind. Erste Erfolge sind schon zu verzeichnen. So kann man manche Massenverhältnisse erklären oder Zerfallsamplituden bestimmen. Aber der eigentliche Grund für unsere Zuversicht, dass hier die korrekte Beschreibung für die Kräfte im Inneren der Hadronen vorliegt, kommt aus einem ganz anderen Bereich, in dem selbst die starke Wechselwirkung als „kleine" Störung behandelt werden kann.

In der Quantenelektrodynamik führt die Vakuumpolarisation in erster Ordnung zu einer Renormierung der in der Störungstheorie benutzten Kopplungskonstanten (vergleiche (2.135)):

$$\alpha\left(Q^2\right) = \alpha_0 \left[1 + \frac{\alpha_0}{3\pi} \ln \frac{m^2 c^4 + Q^2}{\Lambda^2} + F\left(Q^2\right)\right].$$

Hier ist Q^2 das Quadrat des Energie-Impuls-Vierervektors des virtuellen Photons, m die Masse des Fermions in der geschlossenen Schleife und Λ eine beliebige Abschneideenergie. Die Funktion $F(Q^2)$ hat für kleine Q^2 die Form

$$F\left(Q^2\right) = -\frac{4\alpha_0}{15\pi} \frac{Q^2}{m^2 c^4}.$$

Da in diesem Bereich

$$\ln \frac{m^2 c^4 + Q^2}{\Lambda^2} \approx \ln \frac{m^2 c^4}{\Lambda^2} + \frac{Q^2}{m^2 c^4},$$

kommen wir wieder auf den Ausdruck, den wir im vorigen Kapitel bereits benutzt hatten. In höheren Ordnungen finden wir

$$\alpha\left(Q^2\right) \approx \alpha_0 \left[1 + \frac{\alpha_0}{3\pi} \ln \frac{m^2 c^4 + Q^2}{\Lambda^2} + \left(\frac{\alpha_0}{3\pi} \ln \frac{m^2 c^4 + Q^2}{\Lambda^2} \right)^2 + \dots \right]$$

$$= \frac{\alpha_0}{1 - \dfrac{\alpha_0}{3\pi} \ln \dfrac{m^2 c^4 + Q^2}{\Lambda^2}}.$$

Die Kopplungs-„Konstante" nimmt also mit wachsendem Q^2 langsam zu. Bei sehr kleinen Werten wissen wir nun, dass $\alpha = 1/137.03599$. Als „Feinstrukturkonstante" spielt sie in der Atomphysik eine wichtige Rolle. Setzen wir also $\Lambda^2 = m^2 c^4$, erhalten wir

$$\alpha\left(Q^2\right) \approx \frac{\alpha_0}{1 - \dfrac{\alpha_0}{3\pi} \ln \dfrac{m^2 c^4 + Q^2}{m^2 c^4}} \xrightarrow{Q^2 \to 0} \alpha_0.$$

Folgen wir also dem naheliegenden Prinzip, uns auf messbare Größen zu beschränken, können wir den zunächst willkürlichen Abschneideparameter Λ eliminieren. Natürlich bricht diese Prozedur zusammen, wenn Q^2 sich der Nullstelle des Nenners nähert:

$$Q_L^2 \approx m^2 c^4 \exp\left(\frac{3\pi}{\alpha} \right) \approx m^2 c^4 \cdot 10^{561} \approx \left(10^{277} \, \text{GeV} \right)^2.$$

Diese „Landau-Energie" ist aber bereits weit höher als die „Planck-Energie", bei der die Compton-Wellenlänge eines Teilchens kleiner wird als sein Schwarzschild-Radius, sodass die Gravitation selbst Quantenfluktuationen ausgesetzt ist (siehe auch (4.66)). Das heißt, dass unser störungstheoretischer Ansatz also im gesamten physikalisch zugänglichen Energiebereich vernünftige Resultate liefern sollte. Selbst bei den höchsten heutzutage zugänglichen Energien - man erreicht etwa $Q^2 \approx 10^5 \, \text{GeV}^2$ – beträgt die relative Änderung der Kopplung nur 2%.

Ganz allgemein können wir für jede solche Theorie die „laufende Kopplungskonstante" für große Q^2 in der Form

$$\alpha\left(Q^2\right) = \frac{\alpha_0}{1 + \dfrac{\alpha_0 b}{4\pi} \ln \dfrac{Q^2}{\mu^2}} \tag{3.26}$$

schreiben. Wir haben drei Parameter α_0, b und μ, die wir aus dem Teilcheninhalt der Theorie und der Struktur der Wechselwirkung bestimmen müssen. In der Quantenelektrodynamik ist der b-Parameter offensichtlich $-4/3$. Das Feld, das die Quarks zusammenhält, hat eine kompliziertere Struktur als das elektromagnetische. Da es mit sich selbst wechselwirken kann, brauchen wir in der Ordnung α zwei Diagramme, um den Propagator zu renormieren:

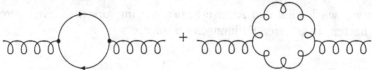

Das erste Diagramm enthält eine Quark-Schleife, das zweite eine bosonische Schleife, in der das Feld selbst vorkommt. Natürlich müssen wir das erste Diagramm über alle Quark-Typen und das zweite über alle Farbkombinationen summieren. Darüberhinaus erwarten wir ein relatives Minuszeichen zwischen beiden Beiträgen, da die fermionische Schleife antisymmetrisiert und die bosonische symmetrisiert werden müssen. Das Resultat der Rechnung ergibt

$$b = -\frac{2}{3} N_f + \frac{11}{3} N_c.$$

Der erste Term kommt von den Quark-Schleifen und ist proportional zur Zahl der „Flavours", N_f. Im zweiten Term finden wir die Zahl der Farbfreiheitsgrade, $N_c = 3$, wieder. Nun ist der b-Parameter positiv, solange $N_f < \frac{11}{2} N_c = \frac{33}{2}$, im Gegensatz zur Quantenelektrodynamik. Wir nehmen vorweg, dass es mit großer Wahrscheinlichkeit sechs Flavours gibt, das heißt es ist tatsächlich $b > 0$, und die Kopplung wird mit wachsendem Q^2 immer schwächer. Da hohe Energie- und Impulsüberträge nach der Unbestimmtheitsrelation kurze Abstände bedingen, schließen wir, dass Quarks um so weniger voneinander spüren, je näher sie sich kommen! Dieses Phänomen ist als „asymptotische Freiheit" bekannt [94]. Im Nachhinein wird jetzt erst richtig deutlich, warum wir in der tiefinelastischen Elektronstreuung bei großem Q^2 die Partonen als einen fast unzusammenhängenden Teilchenstrom gesehen haben. Auf der anderen Seite müssen wir die Wechselwirkung aber irgendwo doch spüren, deren Stärke irgendwie in den Parametern α_0 und μ steht. Unsere Unwissenheit können wir in einem einzigen „Skalenparameter"

$$\Lambda^2 = \mu^2 \exp\left(-\frac{4\pi}{\alpha_0 b}\right) \tag{3.27}$$

zusammenfassen. Denn damit erhalten wir aus (3.26)

$$\alpha\left(Q^2\right) = \frac{4\pi}{b \ln \dfrac{Q^2}{\Lambda^2}} = \frac{12\pi}{(11 N_c - 2 N_f) \ln \dfrac{Q^2}{\Lambda^2}}. \tag{3.28}$$

Die Zahl der Farben liegt natürlich fest, die Zahl der Flavours hängt von dem physikalischen Prozess ab, den man betrachtet. Denn nur die Quarks u, d und s sind leicht genug, um in praktisch jedem Propagator als virtuelles Paar angeregt werden zu können. Die schwereren Quarks sind bei kleinem Q^2 stark unterdrückt. Für $N_f = 3$ haben wir

$$\alpha\left(Q^2\right) = \frac{4\pi}{9 \ln \dfrac{Q^2}{\Lambda^2}},$$

für $N_f = 6$ steht im Nenner statt der 9 eine 7. Die Wechselwirkungsstärke steckt dann im Skalenparameter. Den festzulegen ist bedeutend schwieriger als in der Quantenelektrodynamik, da die dem Feld innewohnende Nichtlinearität dazu führt, dass wir weder experimentell noch theoretisch den Grenzübergang einen festen Ausgangspunkt für die Variation der Kopplung festlegen können. Wir sind also gezwungen, Λ als einen Parameter anzusehen, den wir experimentell bestimmen müssen.

Natürlich hat das Feld, das zwischen Quarks wirkt, genauso seine Quanten wie das elektromagnetische. Man bezeichnet sie als „Gluonen", vom englischen „glue" für Klebstoff. Die Theorie, die die Wirkung des Klebers beschreibt, nennt man Quantenchromodynamik[13] (QCD), in Anlehnung an den Begriff Quantenelektrodynamik (QED). Über ihre Feldquanten weist uns die QCD eine Reihe experimenteller Zugänge auf, von denen drei besonders wichtig sind. Der erste beruht auf einer detaillierten Analyse der tiefinelastischen Streuung. Um das zu veranschaulichen, kehren wir zum Partonmodell zurück. Im Breit-System, in dem ja das virtuelle Photon den Viererimpuls $(0, 0, 0, -Q)$ hat, wird deutlich, dass Q der linearen Dimension der an der Streuung beteiligten Konstituenten des Nukleons umgekehrt proportional ist (siehe (3.19)). Natürlich kommt hier wieder die Unbestimmtheitsrelation ins Spiel. Sind die eigentlichen Partonen wesentlich kleiner als die Auflösung des Streuprozesses, müssen wir bei verbesserter Auflösung, also steigendem Q^2, immer mehr, immer kleinere Konstituenten sehen, die jede für sich weniger Impuls haben als die größeren. Wir erwarten also ein Anwachsen von $F_2(x)$ bei kleinem x und eine gleichzeitige Abnahme bei großem x (siehe Abbildung 3.2). Diese sehr langsame Q^2-Abhängigkeit ist tatsächlich beobachtet worden,

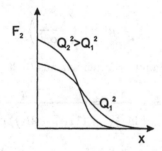

Abbildung 3.2. Schematische Darstellung der Q^2-Abhängigkeit der Strukturfunktion F_2

als hochenergetische Myonen- und Neutrinostrahlen[14] verfügbar wurden, mit denen man bis $Q^2 \approx 200\,\mathrm{GeV}^2$ messen kann. Die QCD liefert unter Zuhilfenahme einiger einfacher Annahmen die Rezepte für eine konkrete Beschreibung der Q^2-Abhängigkeit. Der Ausgangspunkt ist die Hypothese, dass man bei höherem Q^2 die „Aufspaltung" eines Quarks in ein Quark und ein Gluon,

---

[13] Vom Griechischen „chromos" = Farbe.
[14] Zur Neutrino-Nukleon-Wechselwirkung kommen wir ein wenig später.

oder aber eines Gluons in ein Quark-Antiquark-Paar oder zwei Gluonen sehen sollte. Ein Parton mit einem Impulsanteil x kann also von einem anderen mit dem Impulsanteil $y > x$ stammen. Die Wahrscheinlichkeit dafür ist der Kopplungskonstanten α proportional. Der Beitrag zur Verteilungsfunktion $N_i(x)$ für Partonen vom Typ i, der auf diese Aufspaltung zurückzuführen ist, ist außerdem der *relativen* Q^2-Änderung $\Delta Q^2/Q^2$ und der *relativen* Impulsänderung $\Delta y/y$ proportional. Wir setzen also an:

$$\Delta N_i\left(x, Q^2\right) = \frac{\alpha\left(Q^2\right)}{2\pi} \sum_j P_{ij}(x, y) N_j\left(y, Q^2\right) \frac{\Delta Q^2}{Q^2} \frac{\Delta y}{y}. \tag{3.29}$$

Die Splitting-Funktionen sollten im Grenzfall kleiner Massen nur vom Impuls*verhältnis* x/y abhängen. Nach dem Übergang zu infinitesimalen Intervallen und Integration über y erhalten wir so die „DGLAP-Gleichungen" [93]

$$Q^2 \frac{\partial N_i\left(x, Q^2\right)}{\partial Q^2} = \frac{\alpha\left(Q^2\right)}{2\pi} \sum_j \int_x^1 \frac{dy}{y} P_{ij}\left(\frac{x}{y}\right) N_j\left(y, Q^2\right), \tag{3.30}$$

die uns in der Störungstheorie erster Ordnung die Q^2-Abhängigkeit der Partonenverteilungen zu berechnen erlauben. Die Splitting-Funktionen haben in der QCD eine recht einfache analytische Form. Trotzdem sind solche Integro-Differentialgleichungen nicht einfach zu behandeln. Uns genügt es hier, dass im Rahmen dieses Formalismus die Q^2-Abhängigkeit der aus Partonenverteilungen zusammengesetzten Strukturfunktionen sehr gut mit den QCD-Erwartungen übereinstimmt. Im Prinzip können wir damit sogar den Skalenparameter Λ bestimmen. Wegen großer theoretischer und experimenteller Unsicherheiten[15] ist das Ergebnis jedoch mit einem bedeutenden Fehler behaftet. Erst seit kurzem sind diese Unsicherheiten durch verbesserte Messungen bei $Q^2 < 200\,\text{GeV}^2$ [10] und vor allem durch neue Präzisionsmessungen bei höheren $Q^2 <$ reduziert worden [6], die am Elektron-Proton-Speicherring HERA in Hamburg durchgeführt werden.

Nun können wir jedoch von der „Crossing-Symmetrie" Gebrauch machen, um dieselben fundamentalen Prozesse in ganz anderen Reaktionen zu betrachten. Das verdeutlichen wir uns wieder graphisch. In der tiefinelastischen Streuung kann das Photon zum Beispiel an einem Quark gestreut werden, das entweder vor oder nach der Wechselwirkung ein Gluon abstrahlt.[16] Wenn das Gluon im Anfangszustand emittiert wird, wie im folgenden Diagramm, haben wir genau die Situation, die soeben zu den DGLAP-Gleichungen geführt hat.

---

[15] Die theoretischen Schwierigkeiten kommen daher, dass bei kleinem Q^2 die Störungstheorie erster Ordnung nicht ausreicht. Höhere Ordnungen und Effekte, die der Störungstheorie überhaupt nicht zugänglich sind, spielen eine nicht zu vernachlässigende Rolle.

[16] Das elektromagnetische Äquivalent ist die Bremsstrahlung, die durch die Wechselwirkung von schnellen Elektronen mit dem elektrostatischen Feld in der Nähe von Atomkernen entsteht. Sie ist uns als Röntgenstrahlung aus dem täglichen Leben vertraut.

Quark
Elektron
Gluon
Photon

Drehen wir dieses Diagramm um 90°, beschreibt es die Elektron-Position-Annihilation in ein Quark-Antiquark-Paar, von denen eines ein Gluon emittiert:

Gluon
Quark   Antiquark
Photon
Elektron   Positron

An Elektron-Positron-Collidern sind solche Ereignisse sehr leicht daran zu erkennen, dass anstelle der zwei entgegengesetzten Quark-Jets drei Jets entstehen, deren Öffnungswinkel kleiner als 180° sind. Auch hier fand man eine hervorragende Übereinstimmung zwischen den QCD-Erwartungen und den Beobachtungen. Die Analogie zu den Photonen ist damit sehr weitgehend: in der Theorie werden Gluonen genauso wie Photonen als masselose Vektorbosonen behandelt. Der entscheidende Unterschied ist die Ladung: Photonen sind natürlich elektrisch neutral, während Gluonen ein Farb-Oktett sind. Sie können daher, wie wir bereits gezeigt haben, mit sich selbst wechselwirken. Der dritte Prozess, den wir für besonders wichtig für das Verständnis der QCD halten, gerade im Hinblick auf die interne Struktur der Hadronen, ist der Drell-Yan-Prozess, die Erzeugung von Myon-Paaren im Gluonen-Feld von zwei kollidierenden Hadronen [52]. Der relevante Graph zeigt, dass es auch in Hadronen – nicht nur in Antihadronen! – Antiquarks gibt:

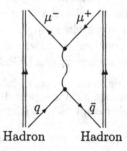

μ^- μ^+

q $\bar{q}$

Hadron   Hadron

So erstaunlich ist das natürlich nicht, denn die Gluonen im Hadron sind eine Quelle von virtuellen Quark-Antiquark-Paaren. Bei genügend großer

Auflösung können wir gerade ein Antiquark erwischen, bevor es wieder vernichtet wird. Nützlich ist diese Reaktion, um den Beitrag von Antiquarks zur Strukturfunktion zu bestimmen. Verwandt mit dem Drell-Yan-Prozess ist die „Photon-Gluon-Fusion", die in der tiefinelastischen Streuung die Messung der Gluon-Strukturfunktion erlaubt:

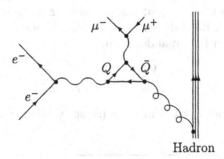

Hadron

Im Diagramm haben wir durch die Verwendung von Großbuchstaben angedeutet, dass hier bevorzugt schwere Quarks entstehen, deren Bindungszustände häufig in Myon-Paare zerfallen. Es genügt dann, mit Hilfe der Impulse der beiden Myonen nachzuprüfen, ob die Masse des Bindungszustandes einem bekannten Teilchen entspricht,[17] um den Prozess eindeutig zu kennzeichnen. Der Impulsanteil des Gluons ist dann wieder über Streuwinkel und Energieverlust des Elektrons zu bestimmen:

$$x = \frac{Q^2}{2Mc^2\nu} = \frac{2EE'}{Mc^2(E - E')}\sin^2\frac{\theta}{2}.$$

Mit all diesen Reaktionen haben wir genügend experimentelle Mittel in der Hand, um praktisch jede einzelne Komponente im Innern der Hadronen abzutasten.

Nehmen wir alle verfügbaren Daten zusammen, können wir heute mit Sicherheit zeigen, dass die Kopplungs-„Konstante" wirklich „läuft". Sie variiert von etwa 0.35 bei $Q^2 = (1.8\,\text{GeV})^2$ bis zu 0.12 bei $Q^2 = (90\,\text{GeV})^2$. Nicht nur die Größe, sondern auch ihre Q^2-Abhängigkeit ist deutlich größer als die der Feinstrukturkonstante. Daraus können wir den Skalenparameter Λ zu etwa 300 MeV ablesen, allerdings immer noch mit ungefähr 75 MeV Fehler [135].

---

[17] Die invariante Masse des Myon-Paares ist (siehe (2.15)):

$$M^2c^4 = (E_1 + E_2)^2 - c^2(\boldsymbol{p}_1 + \boldsymbol{p}_2)^2 = 2m^2c^4 + 2E_1E_2 - 2c^2p_1p_2\cos\varphi,$$

wobei φ der Winkel zwischen den beiden Myon-Richtungen ist. Bei hohen Energien können wir die Myon-Masse m vernachlässigen und $E \approx cp$ setzen:

$$M^2c^4 \approx 4E_1E_2\sin^2\frac{\varphi}{2}.$$

Es mag mehr als ein Zufall sein, dass Λ von derselben Größenordnung ist wie die Ruheenergie des leichten Hadrons, des Pions.

Die Q^2-Abhängigkeit der Kopplung gibt uns auch einen Hinweis auf den Ursprung des „confinements", der Einschließung der Quarks in Hadronen. Für kleine Q^2, also große Abstände, wächst sie an, in unserer Störungstheorie erster Ordnung sogar ins Unendliche, wodurch natürlich der Begriff „kleine Störung" sinnlos wird. Es gibt Bindungszustände schwerer Quarks, die man nichtrelativistisch im Rahmen eines Potentialmodells behandeln kann. Das Spektrum legt ein Potential der Form

$$\frac{V(r)}{\hbar c} = -\frac{4}{3} \cdot \frac{\alpha}{r} + \frac{r}{a^2} \tag{3.31}$$

mit $\alpha \approx 0.25$ und $a \approx 0.4\,\mathrm{fm}$ nahe (siehe Abbildung 3.3). Der erste Term

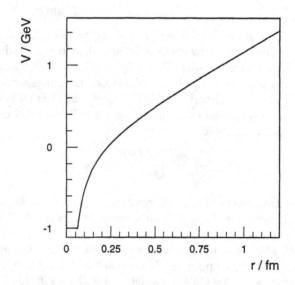

Abbildung 3.3. Mögliche Form des Quark-Quark-Potentials

ist das Ein-Gluon-Austauschpotential bei kleinen Abständen – also da, wo die Störungstheorie sinnvoll ist. Der zweite Term ist reine Phänomenologie und steht nur da, weil man ihn für die Beschreibung des Spektrums braucht. Das einzige, was man bis heute über dem langreichweitigen Teil des Quark-Quark-Potentials sagen kann, ist, dass er mit wachsendem Abstand immer größer wird: die Quarks kommen voneinander nicht los! Aber eine echte Erklärung des „confinements" auf der Basis der QCD steht noch aus, genauso wie die Erklärung der Hadron-Massen. Die starke Wechselwirkung ist nach wie vor ein faszinierendes Forschungsobjekt, in dem Experiment und Theorie einander brauchen. Sowohl im Bereich großer Q^2 als auch dort, wo die Störungstheorie versagt, sind in nächster Zeit bedeutende Fortschritte zu erwarten.

Die zweite wichtige Quantenzahl der Quarks, den Flavour, haben wir bereits kennen gelernt. Sie ist offenbar von der Farbe völlig unabhängig und hat mit der starken Wechselwirkung nichts zu tun. Drei Flavours sind uns bis jetzt bekannt. Normale baryonische Materie, Protonen, Neutronen und Kerne, sind im wesentlichen aus u- und d-Quarks zusammengesetzt, s-Quarks kommen noch in der kosmischen Strahlung vor. Natürlich sind noch die Gluonen als das bindende Feld und deren virtuelle Materialisationen in Form von Quark-Antiquark-Paaren hinzuzuzählen. Dabei spielen allerdings auch s-Quarks eine wichtige Rolle. Man spricht, in Analogie zur Elektronenhülle von Atomen, von Valenz-Quarks, wenn diese die Quantenzahlen eines Hadrons bestimmen. Die immer nur für kurze Zeit überlebenden Quark-Antiquark-Paare heißen See-Quarks. Ein Hadron kann man sich bildlich also als eine Gruppe von drei Quarks oder einem langlebigen Quark-Antiquark-Paar vorstellen, die in einer bewegten See von Gluonen und virtuellen Quark-Antiquark-Paaren schwimmen.

Eine andere Wechselwirkung, ein anderer Prozess: der β-Zerfall

Nun springen wir einmal um gut sechzig Jahre zurück. Die Quantenmechanik war gerade mehr oder weniger als gültige physikalische Theorie akzeptiert worden – einige prominente Opponenten wie Einstein ausgenommen – und man gewöhnte sich allmählich an konkrete Rechnungen im Rahmen des neuen Formalismus. Aber natürlich gab es noch eine ganze Reihe von Phänomenen, zu denen der Zugang noch recht schwierig war. Ein besonders mysteriöses Verhalten zeigte die β-Radioaktivität. Es war gezeigt worden, dass „β-Strahlen" Elektronen sind, aber im ZerfallsProzess bekamen diese offensichtlich nicht die Energie, die man erwarten würde. Denn der Zweikörperzerfall eines ruhenden Kerns sollte aus kinematischen Gründen ein Spektrum aus diskreten Linien erzeugen. Im α-Zerfall hat man genau das gefunden: Die Impulse des α-Teilchens und des Tochterkerns haben denselben Betrag und sind einander entgegengesetzt: $p_\alpha = -p_2$. Die Energiebilanz ist: $M_1 c^2 = E_\alpha + E_2$. Kombiniert man beide Gleichungen, kommt man mit Hilfe der relativistischen Energie-Impulsbeziehung auf:

$$E_\alpha = \frac{\left(M_1^2 - M_2^2 + m_\alpha^2\right) c^2}{2M_1} = T_\alpha + m_\alpha c^2.$$

Das hängt nur von den Ruheenergien der drei beteiligten Teilchen ab. Da der Tochterkern angeregte Zustände hat, muss das Spektrum aus mehreren

Linien bestehen, deren Breite nach der Unbestimmtheitsrelation nur durch die Lebensdauer der Zustände bestimmt wird. Genau das findet man im Experiment.

Ganz anders im β-Zerfall: die kinetische Energie der Elektronen variiert kontinuierlich zwischen Null und einem Endpunkt, der offensichtlich gerade der Differenz zwischen den Ruheenergien des Mutter- und Tochterkerns entspricht. Zwei Erklärungen sind möglich: die erste geht davon aus, dass die Energie in diesem Prozess tatsächlich nicht erhalten ist, sondern statistischen Fluktuationen unterworfen ist – eine Auffassung, die Niels Bohr eine Zeitlang vertreten hat – die andere verlangt die Emission eines weiteren Teilchens, für das die gängigen Teilchendetektoren wohl blind sind. Dieser zweite Weg, zuerst eingeschlagen von Wolfgang Pauli [134], hat sich schließlich als der richtige herausgestellt. Es hat zwar mehr als zwanzig Jahre gedauert, bevor Paulis „unsichtbare" Teilchen, die heute Neutrinos genannt werden – ein Name, der auf Enrico Fermi zurückgeht – endlich nachgewiesen wurden [143], aber die Theorie, die den β-Zerfall korrekt beschreibt, wurde schon bald nach der Neutrinohypothese formuliert, von eben diesem Fermi [67]. Der Ausgangspunkt der Fermischen Theorie der „schwachen Wechselwirkung", wie sie heute noch wegen der kaum je in Erscheinung tretenden Neutrinos genannt wird, obwohl diese Bezeichnung, wie wir später sehen werden, nur bei niedrigen Energien gerechtfertigt ist, ist die Annahme, dass der Zerfall durch die Umwandlung eines Neutrons in ein Proton unter Aussendung eines Elektrons und eines Neutrinos zustande kommt. Alle vier Teilchen befinden sich zum Zeitpunkt der Wechselwirkung am selben Ort, sind also in Kontakt. In der Sprache der Quantenmechanik heißt das, dass die Wellenfunktionen alle dasselbe Argument haben. Im folgenden Feynman-Graphen haben wir bereits ein Konzept eingeführt, das wir im Augenblick noch nicht begründen können, das uns bald jedoch sehr nützlich sein wird.

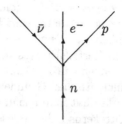

Wir haben nämlich das Elektron und das Neutrino als zwei Erscheinungsformen derselben Familie aufgefasst, ähnlich wie Proton und Neutron.

Wir nennen diese Teilchen Leptonen[18] und verlangen, dass ihre Zahl in jeder Wechselwirkung erhalten sein soll. Das können wir erfüllen, wenn wir annehmen, dass im β-Zerfall ein *Antineutrino* emittiert wird, dem wir eine Leptonenzahl -1 zuordnen. Die Analogie zur Baryonenzahl ist ganz offensichtlich. Später werden wir sogar noch weiter gehen und Elektronen und

---

[18] Vom Griechischen leptos = dünn, fein.

Neutrinos als Mitglieder eines Dubletts betrachten, auf das wir dieselben gruppentheoretischen Methoden anwenden können, die wir für den Isospin entwickelt haben. Zunächst befassen wir uns jedoch mit der allgemeinen Struktur der Wechselwirkung. Verlangen wir, dass die Wechselwirkung an einem Punkt stattfindet, muss die Amplitude dem Produkt der vier Wellenfunktionen proportional sein. Wir setzen die reduzierte Amplitude (vergleiche (2.115)) also wie folgt an:

$$\mathcal{M} = G_F \sum_{\kappa,\lambda=0}^{3} (\bar{u}_p \Gamma_\kappa u_n) \, g_{\kappa\lambda} \, (\bar{u}_e \Gamma_\lambda v_\nu) \,. \tag{3.32}$$

Dabei haben wir bereits von der Feynman-Regel Gebrauch gemacht, dass für auslaufende Teilchen und einlaufende Antiteilchen der adjungierte Spinor einzusetzen ist. Die Faktoren Γ sind irgendwelche Produkte aus γ-Matrizen, die die bilinearen Ausdrücke unter Lorentz-Transformationen invariant lassen. Da die Spinoren u und v die Dimensionen der Wurzel aus einer Energie haben, müssen wir der Fermi-Konstanten G_F die Dimension einer inversen Energie zum Quadrat geben.

Als einfachsten Ansatz für Γ_μ wählen wir die γ-Matrizen selbst. Denn so erhalten wir für die Amplitude $\mathcal{M}$ ein Produkt aus zwei Viererstromdichten wie in der elektromagnetischen Wechselwirkung. Nur werden jetzt der Propagator und die dimensionslose Kopplungskonstante durch eine dimensionsbehaftete Konstante ersetzt. Für den β-Zerfall von Kernen nehmen wir an, dass die Wechselwirkung dieselbe ist wie für freie Neutronen: Ein gebundenes Neutron wandelt sich unter Aussendung eines Elektron-Antineutrino-Paars in ein Proton um, das gleich in den Kernverbund eingebaut wird. Die anderen Nukleonen beteiligen sich nicht. So können wir die eben angegebene Amplitude beibehalten, während wir für kinematische Größen wie Energie, Impuls und Masse die Werte der beteiligten Kerne verwenden. Die differentielle Zerfallrate erhalten wir natürlich über denselben Formalismus, der uns im letzten Kapitel auf einen Wirkungsquerschnitt geführt hat (siehe (2.116) und (2.117)). Allerdings haben wir für beide nicht beobachteten Teilchen, das Neutrino und den Tochterkern, einen Faktor $V \int \mathrm{d}^3 p/(2\pi\hbar)^3$ zu berücksichtigen:

$$
\begin{aligned}
\mathrm{d}\Gamma = &\frac{\mathrm{d}^3 p_e}{(2\pi\hbar)^3} \int \frac{\mathrm{d}^3 p_\nu}{(2\pi\hbar)^3} \frac{\mathrm{d}^3 p_p}{(2\pi\hbar)^3} (\hbar c)^4 \\
&\times \frac{1}{2} \sum_{s_n,s_p,s_e,s_\nu} |\mathcal{M}|^2 \frac{c}{16 M_n c^2 E_p E_e E_\nu} (2\pi\hbar c)^4 \delta^4 (p_n - p_p - p_e - p_\nu) \,.
\end{aligned}
\tag{3.33}
$$

Der Faktor $\frac{1}{2}$ vor der Spinsumme ist einfach die Wahrscheinlichkeit für eine der beiden möglichen Spin-Einstellungen des Neutrons. Eine Integration können wir wieder sofort ausführen, indem wir wie im vorigen Kapitel

$$\int \frac{\mathrm{d}^3 p_p}{2E_p} \delta^4 \left(p_n - p_p - p_e - p_\nu \right)$$

$$= \int \frac{\mathrm{d}^4 p_p}{c^3} \Theta\left(E_p \right) \delta \left(p_p^2 - M_p^2 c^4 \right) \delta^4 \left(p_n - p_p - p_e - p_\nu \right)$$

$$= \frac{1}{c^3} \Theta\left(M_n c^2 - E_e - E_\nu \right) \delta \left(\left(p_n - p_e - p_\nu \right)^2 - M_p^2 c^4 \right)$$

ausnutzen (siehe (2.118)). Bevor wir das Quadrat der Amplitude ausrechnen, vereinfachen wir sie für den Fall, dass das Neutron relativ zum Beobachter ruht. Die Massendifferenz zwischen Neutron und Proton ist darüberhinaus so klein im Vergleich zu ihren Ruhemassen ($1.5 \cdot 10^{-3}$), dass wir auch den auf das Proton übertragenen Rückstoß-Impuls vernachlässigen können. Erinnern wir uns an die Form der Dirac-Spinoren (siehe (2.104)):

$$u\left(\boldsymbol{p}, s \right) = \sqrt{E + mc^2} \left(\begin{array}{c} \chi_s \\ \dfrac{\boldsymbol{\sigma} \cdot c\boldsymbol{p}}{E + mc^2} \chi_s \end{array} \right)$$

erkennen wir, dass für $\boldsymbol{p} = 0$:

$$u\left(0, s \right) = \sqrt{2mc^2} \left(\begin{array}{c} \chi_s \\ 0 \end{array} \right) .$$

Damit trägt im nukleonischen Strom nur die Nullkomponente zur Amplitude bei:

$$\bar{u}\left(0, s_p \right) \gamma_0 u\left(0, s_n \right) = u^\dagger \left(0, s_p \right) u\left(0, s_n \right) = \sqrt{4 M_p c^2 M_n c^2} \chi_{s_p}^\dagger \chi_{s_n} .$$

Das Produkt der Zweierspinoren ist nur dann verschieden von Null, wenn $s_p = s_n$: Der Nukleonen-Spin bleibt erhalten. Dass die Terme $\mu = 1, 2, 3$ verschwinden, sieht man leicht:

$$\bar{u}\left(0, s_p \right) \boldsymbol{\gamma} u\left(0, s_n \right) = u^\dagger \left(0, s_p \right) \gamma_0 \boldsymbol{\gamma} u\left(0, s_n \right)$$

$$= \sqrt{4 M_p c^2 M_n c^2} \left(\chi_{s_p}^\dagger, 0 \right) \begin{pmatrix} 1 & 0 \\ 0 & -1 \end{pmatrix} \begin{pmatrix} 0 & -\boldsymbol{\sigma} \\ \boldsymbol{\sigma} & 0 \end{pmatrix} \begin{pmatrix} \chi_{s_n} \\ 0 \end{pmatrix}$$

$$= \sqrt{4 M_p c^2 M_n c^2} \left(\chi_{s_p}^\dagger, 0 \right) \begin{pmatrix} 0 \\ -\boldsymbol{\sigma} \chi_{s_n} \end{pmatrix} = 0 .$$

Damit genügt es auch, nur die Null-Komponente der Leptonen-Stromdichte, also die Ladungsdichte, zu betrachten. Die Raumkomponenten fallen wegen $g_{\kappa\lambda} = 0$ für $\kappa \neq \lambda$ weg. Weiter vereinfacht sich dieser Faktor, wenn wir die Masse des Neutrinos vernachlässigen. Das können wir dadurch begründen, dass sich die gemessenen Elektronenspektren bis zum Endpunkt, also $T_e = E_e - m_e c^2 = \Delta M c^2$, erstrecken, wenn $\Delta M c^2$ die Differenz der Ruheenergien von Mutter- und Tochterkern ist. Hätte das Neutrino eine endliche Masse, dürfte das Elektron höchstens die kinetische Energie $T_e = \Delta M c^2 - m_\nu c^2$

haben. Innerhalb der Messgenauigkeit sind jedoch alle Beta-Zerfälle mit $m_\nu = 0$ verträglich.[19] Wir finden also:

$$\bar{u}\,(p_e, s_e)\,\gamma_0 v\,(p_\nu, s_\nu) = u^\dagger\,(p_e, s_e)\,v\,(p_\nu, s_\nu)$$

$$= \sqrt{(E_e + m_e c^2)\,E_\nu}\left(\chi_{s_e}^\dagger, \chi_{s_e}^\dagger\,\frac{\boldsymbol{\sigma}\cdot c\boldsymbol{p}_e}{E_e + m_e c^2}\right)\begin{pmatrix}\dfrac{\boldsymbol{\sigma}\cdot \boldsymbol{p}_\nu}{|\boldsymbol{p}_\nu|}\epsilon\chi_{s_\nu}^* \\[2mm] \epsilon\chi_{s_\nu}^*\end{pmatrix}$$

$$= \sqrt{(E_e + m_e c^2)\,E_\nu}\,\chi_{s_e}^\dagger\left(\frac{\boldsymbol{\sigma}\cdot c\boldsymbol{p}_e}{E_e + m_e c^2} + \frac{\boldsymbol{\sigma}\cdot \boldsymbol{p}_\nu}{|\boldsymbol{p}_\nu|}\right)\epsilon\chi_{s_\nu}^*.$$

Die weitere Rechnung können wir erheblich vereinfachen, wenn wir statt der auf die z-Achse bezogenen Zweier-Spinoren

$$\begin{pmatrix}1\\0\end{pmatrix}\quad\text{und}\quad\begin{pmatrix}0\\1\end{pmatrix}$$

Eigenfunktionen zum „Helizitätsperator" $(\boldsymbol{\sigma}\cdot\boldsymbol{p})/|\boldsymbol{p}|$ wählen. Da

$$\boldsymbol{\sigma}\cdot\boldsymbol{p} = \begin{pmatrix}p_z & p_x - ip_y\\ p_x + ip_y & -p_z\end{pmatrix} = (\boldsymbol{\sigma}\cdot\boldsymbol{p})^\dagger$$

und $(\boldsymbol{\sigma}\cdot\boldsymbol{p})^2 = |\boldsymbol{p}|^2\cdot\mathbf{1}$, sind die möglichen Helizitätseigenwerte $+1$ und -1. Die Eigenwerte dieses Operators geben die möglichen Einstellungen des Spins

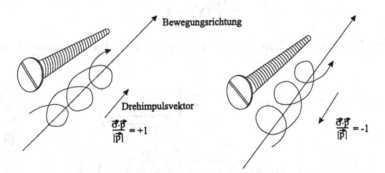

Abbildung 3.4. Die Helizität: Der Drehsinn wird auf die Bewegungsrichtung bezogen, wie bei einer Schraube

relativ zur Bewegungsrichtung an. Klassisch wäre $(\boldsymbol{\sigma}\cdot\boldsymbol{p})/|\boldsymbol{p}|$ gerade der Kosinus des Winkels zwischen dem Vektor $\boldsymbol{\sigma}$ (mit der Länge 1) und dem Vektor $\boldsymbol{p}$. In der Quantentheorie gibt es für Spin-$\frac{1}{2}$-Teilchen nur zwei mögliche Werte. Der positive Wert entspricht einer Spin-Einstellung in Bewegungsrichtung,

---

[19] Augenblicklich ist die beste Grenze $m_\nu c^2 < 15\,\mathrm{eV}$ [135]. Das Neutrino ist also mindestens 30000mal leichter als das Elektron!

oder in der nicht ganz adäquaten Sprache der klassischen Physik gesagt, das Teilchen dreht sich, in der Bewegungsrichtung betrachtet, rechts herum, die entgegengesetzte Einstellung wird durch den negativen Wert wiedergegeben (siehe Abbildung 3.4). Die zugehörigen Eigenfunktionen hängen natürlich vom Impuls ab und sind nur dann Lorentz-invariant, wenn $E = c\,|\boldsymbol{p}|$, also für masselose Teilchen. So ist zum Beispiel

$$\chi_+ = \frac{1}{\sqrt{2\,|\boldsymbol{p}|\,(|\boldsymbol{p}| - p_z)}} \begin{pmatrix} p_x - ip_y \\ |\boldsymbol{p}| - p_z \end{pmatrix} = \frac{1}{\sqrt{2}} \begin{pmatrix} \sqrt{1 + \cos\vartheta}\,e^{-i\phi} \\ \sqrt{1 - \cos\vartheta} \end{pmatrix}$$

eine normierte Eigenfunktion $(|\chi_+|^2 = 1)$ zum Eigenwert $+1$ und

$$\chi_- = \frac{1}{\sqrt{2\,|\boldsymbol{p}|\,(|\boldsymbol{p}| - p_z)}} \begin{pmatrix} |\boldsymbol{p}| - p_z \\ -p_x - ip_y \end{pmatrix} = \frac{1}{\sqrt{2}} \begin{pmatrix} \sqrt{1 - \cos\vartheta} \\ -\sqrt{1 + \cos\vartheta}\,e^{i\phi} \end{pmatrix}$$

zum Eigenwert -1. Die Winkel ϑ und ϕ sind dabei die Polarkoordinaten des Einheitsvektors in der Richtung des Impulses. Außer der Orthogonalität der beiden Funktionen, $\chi_+^\dagger \chi_- = \chi_-^\dagger \chi_+ = 0$, finden wir:

$$\epsilon\chi_+^* = -\chi_-$$
$$\epsilon\chi_-^* = \chi_+$$

und

$$\frac{\boldsymbol{\sigma} \cdot \boldsymbol{p}}{|\boldsymbol{p}|}\epsilon\chi_\pm^* = \chi_\mp.$$

Damit können wir die Matrizen $(\boldsymbol{\sigma} \cdot \boldsymbol{p})/\,|\boldsymbol{p}|$ aus den Dirac-Spinoren eliminieren:

$$u_\pm(\boldsymbol{p}) = \sqrt{E + mc^2} \begin{pmatrix} \chi_\pm \\ \dfrac{\pm c\,|\boldsymbol{p}|}{E + mc^2}\chi_\pm \end{pmatrix}$$

$$v_\pm(\boldsymbol{p}) = \sqrt{E + mc^2} \begin{pmatrix} \dfrac{c\,|\boldsymbol{p}|}{E + mc^2}\chi_\mp \\ \mp\chi_\mp \end{pmatrix}.$$

(3.34)

Die Indizes „+" und „−" beziehen sich nun auf die Eigenwerte zum Operator $(\boldsymbol{\sigma} \cdot \boldsymbol{p})/\,|\boldsymbol{p}|$. In den v-Spinoren scheinen die Eigenfunktionen vertauscht zu sein. Dennoch stimmen die *physikalischen* Spin-Einstellungen mit der Notation auf der linken Seite überein. Das machen wir uns klar, indem wir uns in Erinnerung rufen, dass sie im Feld-Operator im Term negativer Energie stehen. Die so beschriebenen Felder laufen in der Zeit rückwärts, wodurch die Projektion des Spins auf die Bewegungsrichtung sich umzukehren scheint. Die *physikalischen*, also in der Zeit vorwärts laufenden, Teilchen haben also gerade die dem *mathematischen* Ausdruck entgegengesetzte Spin-Projektion. Dass diese Spinoren die Dirac-Gleichung lösen, also

$$(p\gamma - mc^2)\, u_\pm = \begin{pmatrix} E - mc^2 & -\boldsymbol{\sigma} \cdot c\boldsymbol{p} \\ \boldsymbol{\sigma} \cdot c\boldsymbol{p} & -E - mc^2 \end{pmatrix} \sqrt{E + mc^2} \begin{pmatrix} \chi_\pm \\ \dfrac{\pm c\,|\boldsymbol{p}|}{E + mc^2}\chi_\pm \end{pmatrix} = 0$$

$$(p\gamma + mc^2)\, v_\pm = \begin{pmatrix} E + mc^2 & -\boldsymbol{\sigma} \cdot c\boldsymbol{p} \\ \boldsymbol{\sigma} \cdot c\boldsymbol{p} & -E + mc^2 \end{pmatrix} \sqrt{E + mc^2} \begin{pmatrix} \dfrac{c\,|\boldsymbol{p}|}{E + mc^2}\chi_\mp \\ \mp \chi_\mp \end{pmatrix} = 0,$$

prüfen wir leicht durch Nachrechnen. In dieser Darstellung können wir den leptonischen Faktor im Quadrat der Amplitude leicht bestimmen. Zunächst wählen wir ein Koordinatensystem, dessen z-Achse in die Richtung der Elektronenbewegung zeigt, also $\cos\vartheta_e = 1$. Der Azimutwinkel ϕ_e des Elektrons ist dann beliebig, wir setzen ihn auf Null. Damit gilt:

$$\chi_+ = \begin{pmatrix} 1 \\ 0 \end{pmatrix} \quad \text{und} \quad \chi_- = \begin{pmatrix} 0 \\ -1 \end{pmatrix}.$$

Die Produkte von Elektronen- und Neutrino-Spinoren sind dann:

$$u_+^\dagger\,(\boldsymbol{p}_e)\, v_+\,(\boldsymbol{p}_\nu) = u_-^\dagger\,(\boldsymbol{p}_e)\, v_-\,(\boldsymbol{p}_\nu) = \sqrt{-E_\nu\,(E_e - cp_e)\,(1 - \cos\vartheta_\nu)}$$

$$u_-^\dagger\,(\boldsymbol{p}_e)\, v_+\,(\boldsymbol{p}_\nu) = u_+^\dagger\,(\boldsymbol{p}_e)\, v_-\,(\boldsymbol{p}_\nu) = \sqrt{-E_\nu\,(E_e + cp_e)\,(1 + \cos\vartheta_\nu)}.$$

Dabei ist ϑ_ν der Winkel zwischen den Richtungen von Elektron und Neutrino. Die Summe der Quadrate dieser Produkte gibt uns dann den leptonischen Teil des Amplituden-Quadrats:

$$\sum_{s_e, s_\nu} \left| u_{s_e}^\dagger v_{s_\nu} \right|^2 = 2E_\nu\,[(E_e - cp_e)\,(1 - \cos\vartheta_\nu) + (E_e + cp_e)\,(1 + \cos\vartheta_\nu)]$$

$$= 4E_\nu\,(E_e + cp_e \cos\vartheta_\nu) = 4E_\nu E_e\,(1 + \beta_e \cos\vartheta_\nu).$$

Hier bezeichnet $\beta_e = cp_e/E_e = v_e/c$ die Geschwindigkeit des Elektrons bezogen auf die Lichtgeschwindigkeit. Diese Rechnung ist ein explizites Beispiel für die im vorigen Kapitel bereits eingefügten Spinsummen-Regeln (2.106).

Für den hadronischen Faktor finden wir

$$\frac{1}{2}\sum_{s_n, s_p} \left| u_{s_n}^\dagger(0) u_{s_p}(0) \right|^2 = \frac{1}{2}\left(4M_n c^2 M_p c^2\right)(1 + 1) = 4M_n c^2 M_p c^2$$

und erhalten damit das Amplituden-Quadrat

$$\frac{1}{2}\sum_{spins} |\mathcal{M}|^2 = 16 G_F^2 M_n c^2 M_p c^2 E_e E_\nu\,(1 + \beta_e \cos\vartheta_\nu). \qquad (3.35)$$

Damit können wir jetzt die Zerfallsrate berechnen. Der Einfachheit halber drücken wir wieder das Impuls-Volumenelement in Polarkoordinaten aus und integrieren gleich über den Azimutwinkel:

$$\mathrm{d}^3 p \to \int_0^{2\pi} \mathrm{d}\phi \, \sin\vartheta\mathrm{d}\vartheta p^2 \mathrm{d}p = \frac{2\pi}{c^2} \sin\vartheta\mathrm{d}\vartheta pE\mathrm{d}E.$$

Vernachlässigen wir den sehr kleinen Rückstoßimpuls des Protons, können wir außerdem die δ-Funktion vereinfachen:

$$\Theta\left(M_n c^2 - E_e - E_\nu\right) \delta\left(\left(p_n - p_e - p_\nu\right)^2 - M_p^2 c^4\right)$$

$$= \Theta\left(M_n c^2 - E_e - E_\nu\right) \delta\left(\left(M_n c^2 - E_e - E_\nu\right)^2 - M_p^2 c^4\right)$$

$$= \Theta\left(M_n c^2 - E_e - E_\nu\right) \frac{\delta\left(E_\nu - \left(M_n c^2 - M_p c^2 - E_e\right)\right)}{2M_p c^2}.$$

Mit (3.33) und (3.35) erhalten wir

$$\mathrm{d}\Gamma = \frac{G_F^2}{(2\pi)^3 \hbar} \sin\vartheta_e\mathrm{d}\vartheta_e cp_e E_e\mathrm{d}E_e \int_0^\pi \sin\vartheta_\nu\mathrm{d}\vartheta_\nu \int_0^{M_n c^2 - E_e} E_\nu^2\mathrm{d}E_\nu$$

$$\times \left(1 + \beta_e \cos\vartheta_\nu\right) \delta\left(E_\nu - \left(M_n c^2 - M_p c^2 - E_e\right)\right)$$

$$= \frac{2G_F^2}{(2\pi)^3 \hbar} \sin\vartheta_e\mathrm{d}\vartheta_e cp_e E_e\mathrm{d}E_e \left(M_n c^2 - M_p c^2 - E_e\right)^2$$

und nach Integration über den Polarwinkel des Elektrons:

$$\frac{\mathrm{d}\Gamma}{\mathrm{d}E_e} = \frac{G_F^2}{2\pi^3\hbar} cp_e E_e \left(M_n c^2 - M_p c^2 - E_e\right)^2. \tag{3.36}$$

Leider beschreibt diese Formel das gemessene Spektrum nur sehr unvollkommen, da wir das Abbremsen der Elektronen im elektrostatischen Feld des Protons nicht berücksichtigt haben. Die zusätzliche Energieabhängigkeit können wir allerdings in einem berechenbaren Faktor $F(Z, E_e)$ berücksichtigen, der außer von der Elektronenenergie noch von der Ladung $+Ze$ des Tochterkerns abhängt. Im Fall des Neutron-Zerfalls ist natürlich $Z = 1$. Tragen wir nun die Größe

$$K(E_e) = \sqrt{\frac{\mathrm{d}\Gamma}{\mathrm{d}E_e} \Big/ p_e E_e F(Z, E_e)}$$

gegen die Elektronenenergie auf, erhalten wir eine Gerade, die die Abzisse bei $E_e = \Delta Mc^2$, also der Massendifferenz zwischen Mutter- und Tochterkern, schneidet (siehe Abbildung 3.5). Abweichungen dieses „Kurie-Plots" [113] von einer Geraden deuten auf kinematische Anomalien hin. So untersucht man zum Beispiel die genaue Form des Spektrums in unmittelbarer Nähe

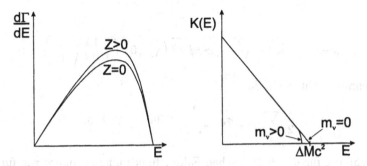

Abbildung 3.5. Das Spektrum von β-Elektronen und der Kurie-Plot

des Endpunkts, um eventuell eine endliche Neutrinomasse zu etablieren - bis heute ohne Erfolg.

Die einfache Form des β-Spektrums erhält man auch mit anderen Ansätzen für die Wechselwirkung. Anders ausgedrückt: man kann aus dem Spektrum nicht viel über die Struktur der Wechselwirkung aussagen. Dass die vektoriellen Stromdichten in Fermis Amplitude keineswegs die einzige Möglichkeit darstellen, haben George Gamow und Edward Teller schon sehr bald festgestellt [76]. Es gibt nämlich β-Zerfälle in Kernen, bei denen der Nukleonen-Spin umklappt – das wäre im Vektorstrom-Modell nicht möglich, wie wir eben gezeigt haben. In der Tat sind solche Gamow-Teller-Übergänge sogar wesentlich häufiger als Fermi-Übergänge. Einen „Spin-Flip" bekommen wir in unserem Vier-Fermionen-Ansatz durch Axialvektorströme:

$$j_\mu^A = \bar{\psi}\gamma_\mu\gamma_5\psi.$$

Die γ_5-Matrix haben wir bereits in der Diskussion der Pion-Nukleon-Wechselwirkung kennen gelernt (siehe (3.2) und (3.3)). Die Raumkomponenten des Axialvektorstroms bleiben unter der Paritätstransformation $\psi^P = \gamma_0\psi$ unverändert:

$$\left(\bar{\psi}\gamma\gamma_5\psi\right)^P = \left(\psi^\dagger\gamma_0^\dagger\right)\gamma_0\gamma\gamma_5\gamma_0\psi = -\bar{\psi}\gamma_0\gamma\gamma_0\gamma_5\psi = +\bar{\psi}\gamma\gamma_5\psi,$$

während die Zeitkomponente ihr Vorzeichen wechselt. Die Berechnung des Amplituden-Quadrats zeigt, dass im nichtrelativistischen Grenzfall nur die Raumkomponenten beitragen – im Fermi-Ansatz war es nur die Zeitkomponente – und liefert für jede Komponente dasselbe Ergebnis. Für den hadronischen Teil ist das leicht zu zeigen:

$$\bar{u}_p\left(0, s_p\right)\gamma\gamma_5 u_n\left(0, s_n\right)$$

$$= \sqrt{4M_p c^2 M_n c^2}\left(\chi_{s_p}^\dagger, 0\right)\begin{pmatrix} 0 & \sigma \\ \sigma & 0 \end{pmatrix}\begin{pmatrix} 0 & 1 \\ 1 & 0 \end{pmatrix}\begin{pmatrix} \chi_{s_n} \\ 0 \end{pmatrix}$$

$$= \sqrt{4M_p c^2 M_n c^2}\chi_{s_p}^\dagger\sigma\chi_{s_n},$$

aber

$$\bar{u}_p\left(0, s_p\right)\gamma_0\gamma_5 u_n\left(0, s_n\right) = \sqrt{4 M_p c^2 M_n c^2}\left(\chi_{s_p}^\dagger, 0\right)\begin{pmatrix} 0 & 1 \\ 1 & 0 \end{pmatrix}\begin{pmatrix} \chi_{s_n} \\ 0 \end{pmatrix} = 0.$$

Wir rechnen leicht nach, dass

$$\frac{1}{2}\sum_{s_n, s_p}\left|\chi_{s_p}^\dagger \sigma_i \chi_{s_n}\right|^2 = 1 \text{ für } i = 1, 2, 3.$$

Die Rechnung für den leptonischen Faktor funktioniert genauso wie für den Fermi-Ansatz. Da es drei Raumkomponenten gibt, erhalten wir einen Faktor Drei für das Verhältnis der axialen Rate zur vektoriellen. Natürlich kann darüberhinaus die Wechselwirkungsstärke für Axialvektorströme anders sein als für gewöhnliche Vektorströme, allein schon wegen der inneren Struktur der beteiligten Hadronen. Im allgemeinen müssen wir also beide Möglichkeiten zulassen und setzen für den hadronischen Strom im Zerfall des Neutrons an:

$$h_\mu = \bar{\psi}\gamma_\mu\left(1 - c_A\gamma_5\right)\psi. \tag{3.37}$$

Der dimensionslose Parameter c_A gibt die relative Stärke der axialen Kopplung an. Damit muss der leptonische Strom eine äquivalente Struktur haben, denn nur wenn er wie der hadronische Strom sowohl eine vektorielle als auch eine axiale Komponente hat, überleben beide Komponenten des hadronischen Stroms im Skalarprodukt. Außerdem verlangen wir, da wir für die strukturlosen Leptonen keinen Unterschied zwischen den Kopplungen erwarten, $c_A = 1$:

$$l_\mu = \bar{\psi}\gamma_\mu\left(1 - \gamma_5\right)\psi. \tag{3.38}$$

Mit der Amplitude

$$\mathcal{M} = \frac{G}{\sqrt{2}}\sum_{\mu,\nu}\left[\bar{u}_p\gamma_\mu\left(1 - c_A\gamma_5\right)u_n\right]g_{\mu\nu}\left[\bar{u}_e\gamma_\nu\left(1 - \gamma_5\right)v_\nu\right] \tag{3.39}$$

kommen wir auf das β-Spektrum:

$$\frac{d\Gamma}{dE_e} = \frac{G^2}{2\pi^3\hbar}c p_e E_e\left(M_n c^2 - M_p c^2 - E_e\right)^2\left(1 + 3c_A^2\right)F\left(Z, E_e\right), \tag{3.40}$$

das exakt dieselbe Form, aber eine andere absolute Normierung hat wie dasjenige des Fermi-Ansatzes. Der Zusammenhang zwischen den Kopplungskonstanten ist sehr einfach:

$$G_F^2 = G^2\left(1 + 3c_A^2\right) \tag{3.41}$$

und rechtfertigt den Faktor $1/\sqrt{2}$ in der Amplitude. Übrigens hätten wir dasselbe Ergebnis erhalten, wenn wir für den axialen Strom das andere Vorzeichen gewählt hätten.

Über den inversen β-Zerfall $\bar{\nu} + p \rightarrow e^+ + n$ haben   F. Reines, C.L. Cowan und Mitarbeiter in den fünfziger Jahren die Existenz von Neutrinos nachgewiesen [143]. Sie haben einen großen Tank mit einem szintillierenden Mineralöl, das viele freie Protonen enthielt, nahe an den Kern eines Leistungsreaktors gebracht, der über die β-Zerfälle von Spaltprodukten sehr viele Antineutrinos erzeugt. Das Signal besteht aus einer Koinzidenz zwischen dem Energieverlust des Positrons und der 511 keV-Gammastrahlung aus seiner Annihilation, die sehr schnell auf seine Entstehung folgt, und der einige Millisekunden später zu beobachtenden 2.2 MeV-Gammastrahlung, die beim Einfang des Neutrons durch ein Proton entsteht $(p + n \rightarrow d + \gamma)$. Durch diese Technik konnten Reines und Cowan einige wenige Ereignisse pro Tag aus einem riesigen Untergrund herausfiltern, der durch die natürliche Radioaktivität des Detektors entsteht.

Eigentlich könnten wir an dieser Stelle versuchen, durch Vergleich mit dem Experiment die Konstanten G und c_A zu bestimmen. Wir schieben das aber noch ein bißchen auf, da wir später auf dem Quarkniveau noch einen weiteren Faktor berücksichtigen müssen, der es erlauben wird, den β-Zerfall mit anderen schwachen Prozessen wie dem Myon-Zerfall in Zusammenhang zu bringen.

Rechtsherum und linksherum sind nicht dasselbe

Wir betrachten den leptonischen Strom einmal etwas genauer und finden für die Neutrino-Wellenfunktion (siehe (3.34) für $m_\nu = 0$):

$$(1 - \gamma_5)\, v_\nu = \sqrt{E_\nu} \begin{pmatrix} 1 & -1 \\ -1 & 1 \end{pmatrix} \begin{pmatrix} \chi_\mp \\ \mp\chi_\mp \end{pmatrix} = \sqrt{E_\nu} \begin{pmatrix} \chi_\mp \pm \chi_\mp \\ -(\chi_\mp \pm \chi_\mp) \end{pmatrix},$$

also

$$(1 - \gamma_5)\, v_{\nu-} = 2v_{\nu-} \quad \text{und} \quad (1 - \gamma_5)\, v_{\nu+} = 0.$$

Mit einem Faktor $(1 - \gamma_5)$ im Strom nehmen also nur Antineutrinos mit positiver Helizität an der Wechselwirkung teil.[20] Das ist eine offensichtliche Verletzung der Invarianz unter Spiegelungen. Diese Form der Wechselwirkung, die wir hier *ad hoc*, mit der Existenz von Gamow-Teller-Übergängen als einziger Motivation[21] eingeführt haben, wurde 1956 von T.D.Lee und C.N. Yang

---

[20] Zur Erinnerung: Antiteilchen bewegen sich rückwärts in der Zeit. Daher hat v_- positive und v_+ negative Helizität.

[21] Solche Übergänge könnten aber auch durch den spiegelungsinvarianten Ansatz:

$$\mathcal{M} = G \sum_{\mu,\nu} [(\bar{u}_p \gamma_\mu u_n)\, g_{\mu\nu}\, (\bar{u}_e \gamma_\nu v_\nu) - c_A\, (\bar{u}_p \gamma_\mu \gamma_5 u_n)\, g_{\mu\nu}\, (\bar{u}_e \gamma_\nu \gamma_5 v_\nu)]$$

beschrieben werden, der dasselbe Spektrum liefert.

vorgeschlagen [118], um ein eigenartiges Phänomen in der Teilchenphysik zu erklären. Man hatte nämlich zwei Zustände mit derselben Ruheenergie gefunden, von denen einer in zwei Pionen, der andere in drei zerfällt. Da solche Zerfälle immer von einem ($l = 0$)-Zustand ausgehen, wird ihre Parität durch das Produkt der inneren Paritäten der Zerfallsprodukte bestimmt. Für zwei Pionen, die ja als pseudoskalare Teilchen negative Parität haben, finden wir also $P = +1$, für drei Pionen $P = -1$. Warum sollen sich nun zwei ansonsten identische Zustände nur in der Parität unterscheiden? Dieses „Θ-τ-Rätsel" (so genannt nach den beiden vermeintlich verschiedenen Zuständen) versuchten Lee und Yang nun dadurch zu lösen, dass sie eine Änderung der Parität während des Zerfalls zuließen. Damit wäre die Parität in solchen Prozessen keine erhaltene Quantenzahl mehr.

Sie argumentierten weiter, dass sie in anderen Prozessen, die auf die schwache Wechselwirkung zurückzuführen sind, so auch im β-Zerfall, ebenfalls verletzt werden sollte. Im Experiment kann man dies direkt nachweisen, indem man zeigt, dass ein nicht spiegelungsinvarianter Operator einen von Null verschiedenen Erwartungswert hat. Es kommen also nur pseudoskalare Operatoren in Frage. Nun ist der Drehimpuls!klassischer ja klassisch als ein Vektorprodukt definiert. Skalar multipliziert mit einem gewöhnlichen Vektor sollte er also einen Pseudoskalar bilden. Einer solchen Größe sind wir gerade schon begegnet, nämlich der Helizität:

$$\mathcal{H} = \frac{\boldsymbol{\sigma} \cdot \boldsymbol{p}}{p}. \tag{3.42}$$

Es gibt kein direktes Analogon in der klassischen Physik, da $\boldsymbol{L} \cdot \boldsymbol{p} = (\boldsymbol{r} \times \boldsymbol{p}) \cdot \boldsymbol{p} = 0$. Sie ist bestenfalls vergleichbar mit dem „Drall" $\boldsymbol{\omega} \cdot \boldsymbol{p}/\omega p$, weil der Vektor der Winkelgeschwindigkeit $\boldsymbol{\omega}$ ja in die Richtung des Drehimpulses zeigt. Natürlich ist der Erwartungswert der Helizität eine Quantenzahl, die aber bei massiven Teilchen schon aus einem trivialen kinematischen Grund nicht erhalten ist. Das sehen wir daran, dass wir uns als Beobachter entweder schneller oder langsamer als das Teilchen in die Richtung $\boldsymbol{p}/p$ bewegen können. In unserem Ruhesystem würde sich die Bewegungsrichtung des Teilchens aber bei einer entsprechenden Geschwindigkeitsänderung umdrehen, während sein Spin unverändert bleibt. Also ist die Helizität je nach unserem Bewegungszustand einmal positiv und einmal negativ. Wellenfunktionen massiver Spin-$\frac{1}{2}$-Teilchen haben so immer zwei Helizitätskomponenten, deren relative Bedeutung vom Bezugssystem abhängt. Für masselose Teilchen filtern die Operatoren $\frac{1}{2}(1 \pm \mathcal{H})$ Zustände positiver beziehungsweise negativer Energie heraus:

$$\frac{1}{2}\left(1 \pm \frac{\boldsymbol{\sigma} \cdot \boldsymbol{p}}{p}\right) u_\pm = \frac{\sqrt{E}}{2}\left(1 \pm \frac{\boldsymbol{\sigma} \cdot \boldsymbol{p}}{p}\right)\begin{pmatrix} \chi_\pm \\ \pm\chi_\pm \end{pmatrix}$$

$$= \frac{\sqrt{E}}{2}\begin{pmatrix} (1+1)\chi_\pm \\ \pm(1-1)\chi_\pm \end{pmatrix} = \begin{cases} 1 \cdot u_+ \\ 0 \cdot u_- \end{cases}.$$

Wir hatten schon gesehen, dass $\frac{1}{2}(1\pm\gamma_5)$ dasselbe leistet. Aber darüberhinaus sind diese Operatoren im Gegensatz zur Helizitätsprojektion invariant unter Koordinatentransformationen. Um sie einerseits von Helizitätszuständen zu unterscheiden, aber auch den Zusammenhang herauszustellen, nennt man die Wellenfunktionen

$$\psi_{R/L} = \frac{1}{2}(1 \pm \gamma_5)\psi \tag{3.43}$$

„chirale" Zustände (siehe Abbildung 3.6).[22] Leider sind sie für $m > 0$ we-

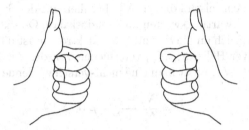

Abbildung 3.6. Chiralität und Helizität: Wie bei Schrauben gibt es zwei Einstellungen des von den Fingern angezeigten Drehsinns relativ zu der vom Daumen angegebenen Bewegungsrichtung

der Lösungen der Dirac-Gleichung, noch sind sie mit Helizitäts-Zuständen zu identifizieren. Sie sind aber nützlich, um paritätsverletzende Ströme zu bilden. Denn mit

$$\gamma_5^2 = 1$$

$$\left[\frac{1}{2}(1 \pm \gamma_5)\right]^2 = \frac{1}{2}(1 \pm \gamma_5)$$

$$\frac{1}{2}(1 + \gamma_5)\frac{1}{2}(1 - \gamma_5) = 0 \tag{3.44}$$

$$[\gamma_5, \gamma_\mu]_+ = 0$$

erhalten wir

$$\bar{u}_L\gamma_\mu v_L = u^\dagger \frac{1}{2}(1 - \gamma_5)\gamma_0\gamma_\mu\frac{1}{2}(1 - \gamma_5)v = \bar{u}\frac{1}{2}(1 + \gamma_5)\gamma_\mu\frac{1}{2}(1 - \gamma_5)v$$

$$= \bar{u}\gamma_\mu\left[\frac{1}{2}(1 - \gamma_5)\right]^2 v = \bar{u}\gamma_\mu\frac{1}{2}(1 - \gamma_5)v. \tag{3.45}$$

Noch einmal bemerken wir, dass v_L ein Antineutrino positiver Helizität, also ein rechtshändiges Antineutrino beschreibt. Die Vermutung liegt nahe, dass

---

[22] Griechisch: cheir = Hand.

es im β-Zerfall nur rechtshändige Antineutrinos gibt, während die Elektronen bevorzugt linkshändig emittiert werden sollten!

Natürlich haben wir bisher keineswegs bewiesen, dass die Parität im β-Zerfall verletzt ist. Wir hatten ja schon bemerkt, dass die Amplitude auch eine andere Form haben könnte (siehe Fußnote 21 auf Seite 193). Im Jahre 1956 gab es außer dem Θ-τ-Rätsel auch keinen weiteren Anhaltspunkt für irgendeine Abhängigkeit physikalischer Gesetze von der Orientierung eines Bezugsterms.[23] Es stellte sich also die herausragende Aufgabe, diese Hypothese experimentell zu prüfen. Lee und Yang hatten in ihrer Arbeit eine Reihe von Experimenten vorgeschlagen, die eine Paritätsverletzung in der schwachen Wechselwirkung nachweisen können. Alle beruhen auf der Suche nach nicht-verschwindenden Erwartungswerten für pseudoskalare Operatoren. Zunächst denkt man da natürlich an die Helizität der Elektronen: Ist die Zahl der Elektronen mit positiver Helizität, N_+, verschieden von der der Elektronen mit negativer Helizität, N_-, misst man eine nicht-verschwindende „Polarisation":

$$P = \frac{N_+ - N_-}{N_+ + N_-} \neq 0.$$

Der Spin der Elektronen ist in Streuungen messbar, allerdings nur, wenn er senkrecht auf der Bewegungsrichtung steht (sie sind dann transversal polarisiert). Man muss die Elektronen aus einem β-Zerfall, bei denen man ja eine longitudinale Polarisation erwartet, also um 90° ablenken, ohne den Spin zu ändern, um sie danach auf ein Target zu schicken, das Elektronen einer Spinorientierung bevorzugt in eine Richtung streut. Die Ablenkung erreicht man durch ein elektrostatisches Feld, das keinen Einfluss auf das mit dem Spin verbundene magnetische Moment hat. Dieses recht komplizierte Experiment zeigt tatsächlich, dass die Elektronen bevorzugt linkshändig sind – vollständig polarisiert sind sie nicht, da sie ja eine endliche Masse haben.

Der allererste experimentelle Beweis für Paritätsverletzung im β-Zerfall kam aber aus einer anderen Richtung. Im Januar 1957 gelang es nämlich C.S. Wu und ihren Mitarbeitern, nachzuweisen, dass ausgerichtete ^{60}Co-Kerne, also solche, deren Kernspin in eine bestimmte Richtung zeigen, die Zerfallselektronen bevorzugt in die dem Spin entgegengesetzte Richtung emittieren [176]. Damit hat der Pseudoskalar $\sigma_{\text{Co}} \cdot p_e/p_e$ einen nicht-verschwindenden Erwartungswert: die Parität ist verletzt und zwar, wie man aus der gemessenen Asymmetrie berechnen kann, „maximal", das heißt, dass Vektor- und Axialvektorstrom im Leptonenstrom tatsächlich mit derselben Stärke auftreten. Der Ansatz $l_\mu = \bar{\psi}\gamma_\mu(1 - \gamma_5)\psi$ hat sich also als richtig herausgestellt.

---

[23] Die augenscheinliche Paritätsverletzung in optisch aktiven Medien wie linksdrehenden Zuckern, kann ebensogut auf einen evolutionären Zufall zurückgeführt werden.

Allerdings ist es wichtig zu verifizieren, dass das Antineutrino, sofern es keine Masse hat, rechtshändig emittiert wird.[24] Das haben 1958 M. Goldhaber, L. Grodzins und A.W. Sunyar in einem wunderschönen Experiment gezeigt [87]. Genauer gesagt, haben sie nachgewiesen, dass Neutrinos aus demselben fundamentalen Prozess wie dem, der dem β-Zerfall zugrunde liegt, linkshändig sind. Der entsprechende Prozess ist der Einfang eines Hüllenelektrons durch den Kern, bei dem ein Tochternuklid mit der Ladungszahl $Z - 1$ – es hat ein Proton weniger und ein Neutron mehr als der Mutterkern – und ein Neutrino entstehen. Das Feynman-Diagramm

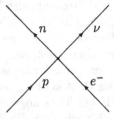

zeigt, dass die Amplitude praktisch dieselbe Form hat wie für den β-Zerfall (siehe (3.39)):

$$\mathcal{M} = \frac{G}{\sqrt{2}} \sum_{\mu,\nu} [\bar{u}_n \gamma_\mu (1 - c_A \gamma_5) u_p] \, g_{\mu\nu} [\bar{u}_\nu \gamma_\nu (1 - \gamma_5) u_e] , \qquad (3.46)$$

nur dass Spinoren etwas anders angeordnet sind. Nun kann man die Helizität des Neutrinos wegen der Schwäche seiner Wechselwirkung nicht direkt messen. Aber man kann die Erhaltung des Impulses und des Drehimpulses ausnutzen, um aus der Helizität des Tochterkerns auf die des Neutrinos zu schließen. Goldhaber und seine Mitarbeiter machten sich die günstigen Verhältnisse in einem Zweistufen-Zerfall, dem des metastabilen Europium-Isotop ^{152m}Eu, zunutze. Der Mutterkern hat den Spin 0. Dadurch addieren sich die Spins des Neutrinos und des Tochterkerns so, dass sie den Spin des absorbierten Elektrons ergeben. Hat der Tochterkern nun den Spin 1, sind die Drehimpulsvektoren von Neutrino und Kern einander entgegengesetzt, wie die folgende Skizze zeigt:

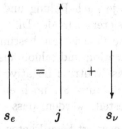

---

[24] Die Kombination eines linkshändigen Elektrons und eines linkshändigen Antineutrinos wäre ebenfalls paritätsverletzend, könnte aber nicht mit der genannten Amplitude beschrieben werden.

Nun hat das Tochterisotop ^{152}Sm (Samarium) einen *angeregten* Zustand mit dem Spin 1. Dieser Drehimpuls wird beim zweiten Zerfall, einem gewöhnlichen Strahlungsübergang in den Grundzustand des Samarium-Kerns, der wieder den Spin 0 hat, auf das Photon übertragen. Photonen haben als Vektorteilchen immer den Spin 1, der entweder parallel oder antiparallel zur Flugrichtung ausgerichtet ist.[25] Diesen Spin, der einer longitudinalen Polarisation entspricht, kann man durch Streuung an magnetisiertem Eisen messen. Das Prinzip des Experiments wird nun klar. Zerfällt ein ruhender Europium-Kern, sind sowohl Spin als auch Impuls des Neutrinos und des Samarium-Tochterkerns entgegengerichtet. Den Spin des Kerns messen wir über sein Zerfallsphoton und schließen damit auf den des Neutrinos. Ein ganz wichtiges Element fehlt jedoch noch. Um die *Helizität* des Kerns, und nicht nur seinen Spin zu messen, müssen wir sicherstellen, dass das Photon in Flugrichtung emittiert wurde. Nicht nur der Drehimpuls, sondern auch die Impulsrichtung muss beim Zerfall auf das Photon übergehen. Goldhaber, Grodzins und Sunyar haben einen kinematischen Trick angewandt, um solche Photonen zu selektieren. Sie wiesen nämlich nach, dass die Photonen von einem Sm_2O_3-Streukörper absorbiert und wieder emittiert werden. Diese „Resonanz-Fluoreszenz" ist nur möglich, wenn sich der zerfallende Samarium-Kern mit einer ganz bestimmten Geschwindigkeit auf den Streukörper zu bewegt. Denn ein Photon, das von einem ruhenden Kern emittiert wird, trägt immer etwas weniger als die Anregungsenergie, da ein Teil vom Rückstoß des Tochterkerns aufgenommen wird, und kann daher von einem ebenfalls ruhenden Kern desselben Isotops nicht absorbiert werden, zumal auch dieser einen Rückstoß derselben Größe erfährt. Die Verhältnisse sind ganz ähnlich wie im Mößbauer-Effekt, nur sind hier die Energien so hoch, dass die Bindung im Festkörper keine Rolle spielt. Resonanz-Fluoreszenz tritt genau dann auf, wenn der zerfallende Kern genau zweimal den Rückstoßimpuls des Tochterkerns hat. In der Sequenz ist diese Bedingung dadurch erfüllt, dass die Energiedifferenz beider Zerfälle praktisch gleich sind. Der angeregte Samarium-Kern trägt daher fast genau den Impuls des Photons, den er beim Zerfall teilweise an das Photon weitergibt. Dieses kann dann von ruhenden Samarium-Kernen absorbiert werden. Voraussetzung ist, wie gesagt, dass das Photon in Flugrichtung des Kerns emittiert wird. Die experimentelle Anordnung ist nebenstehend skizziert. Der Magnet lässt je nach Polung und Photon-Polarisation mehr oder weniger Photonen passieren. Aus der Differenz der Zählraten bei verschiedener Polung konnte die Polarisation bestimmt werden. Man fand klar eine negative Photon-Polarisation und schloß aus der Impuls- und Drehimpulserhaltung, dass auch das Neutrino negative Helizität haben muss. Die Verhältnisse sind in der Abbildung 3.7 noch einmal für genau diesen Fall skizziert. Es muss herausgestellt werden, dass die Spinfolge $0 \rightarrow 1 \rightarrow 0$,

---

[25] Die Projektion mit $m = 0$ existiert beim Photon nicht. Anschaulich sehen wir das daran, dass eine ebene elektromagnetische Welle durch zwei Vektoren in der Ebene senkrecht zur Ausbreitung beschrieben wird. *Tertium non datur!*

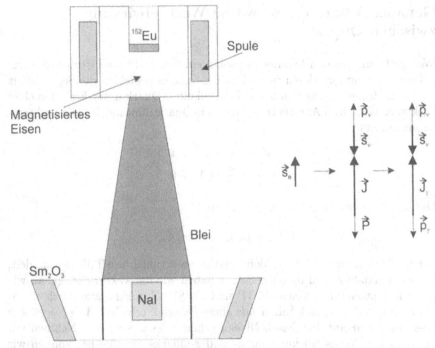

Abbildung 3.7. Das ^{152m}Eu-Experiment: Links ist die Apparatur skizziert, rechts die Impuls- und Drehimpuls-Bilanz

verbunden mit der fast perfekten Abstimmung der Zerfallsenergien, ein einmaliger Zerfall ist. Vielleicht kann man es auch als ein Geschenk der Natur ansehen. Das größte Verdienst von Goldhaber, Grodzins und Sunyar ist vielleicht, den Wert dieses Geschenkes erkannt und konsequent ausgenutzt zu haben.

Jedenfalls können wir jetzt in unseren Ansatz Vertrauen haben. In der Tat gibt es bis heute keinen experimentellen Hinweis auf irgendeine Abweichung vom „$(V - A)$-Strom".[26] Er ist anwendbar auf alle schwachen Prozesse, ob sie nun Leptonen oder Hadronen betreffen. Allerdings bleibt noch die relative Stärke der axialen Kopplung von Hadronen zu beleuchten. Konsequenterweise gehen wir jetzt aber über in das Quark-Modell.

---

[26] Die Abkürzung steht für „Vektor minus Axialvektor". Diese Form des leptonischen Stroms wurde 1956 und 1957 von Lev Landau, Abdus Salam, T.D. Lee und C.N. Yang vorgeschlagen [115].

Genaueres über die schwache Wechselwirkung zwischen Quarks

Was geht nun mit den Quarks vor, wenn ein Neutron in ein Proton zerfällt? Da ein Neutron aus einem u- und zwei d-Quarks besteht – die See spielt ja hier keine Rolle – muss sich beim β-Zerfall ein d-Quark unter Emission eines Elektrons und eines Antineutrinos in ein u-Quark umwandeln. Die Ladungsbilanz stimmt:

$$d \rightarrow u + e^- + \bar{\nu}$$
$$-\frac{1}{3} = \frac{2}{3} - 1 + 0.$$

Der schwache Strom sollte also die Form

$$h_\mu = \bar{\psi}_u \gamma_\mu (1 - \gamma_5) \psi_d \tag{3.47}$$

haben, denn wenn es sich bei den Quarks um strukturlose Teilchen handelt, muss der axiale Anteil dieselbe Stärke haben wie der vektorielle, genau wie bei den Leptonen (vergleiche (3.37) und (3.38)). Nun kann aber auch ein Λ-Teilchen mit dem Quark-Inhalt uds einen β-Zerfall erleiden: $\Lambda \rightarrow p + e^- + \bar{\nu}$ oder, wenn wir auf das Quark-Niveau gehen: $s \rightarrow u + e^- + \bar{\nu}$. Nehmen wir an, dass die Wechselwirkung für d- und s-Quarks dieselbe ist, können wir also aus der mittleren Lebensdauer des Neutrons unter Vernachlässigung der Coulomb-Korrektur die Lebensdauer des Lambda-Teilchens abschätzen. Mit (3.36) und (3.41) gilt nämlich:

$$
\begin{aligned}
\frac{1}{\tau_n} &= \int_{m_e c^2}^{\Delta} \frac{\mathrm{d}N}{\mathrm{d}E_e} \mathrm{d}E_e \\
&\approx \frac{G^2}{2\pi^3 \hbar} \left(1 + 3c_A^2\right) \int_{m_e c^2}^{\Delta} \mathrm{d}E_e \sqrt{E_e^2 - m_e c^2} E_e \left(\Delta - E_e\right)^2 \\
&= \frac{G^2}{2\pi^3 \hbar} \left(1 + 3c_A^2\right) \left[\sqrt{\Delta^2 - m_e^2 c^4} \left(\frac{\Delta^4}{30} - \frac{m_e^4 c^8}{12} - \frac{3m_e^2 c^4 \Delta^2}{20} \right) \right. \\
&\qquad \left. + \frac{m_e^4 c^8 \Delta}{4} \ln \frac{\Delta + \sqrt{\Delta - m_e c^2}}{m_e c^2} \right] \\
&= \frac{G^2}{2\pi^3 \hbar} \left(1 + 3c_A^2\right) f(\Delta).
\end{aligned}
\tag{3.48}
$$

Das Integral haben wir [91] entnommen. Da die Massendifferenzen für die beiden Zerfälle sehr verschieden sind:

$$\text{Neutron:} \quad \Delta = M_n c^2 - M_p c^2 = 1.29 \, \text{MeV}$$
$$\text{Lambda:} \quad \Delta = M_\Lambda c^2 - M_p c^2 = 177.4 \, \text{MeV}$$

sind auch die Integrale sehr verschieden:

$$\text{Neutron:} \quad f(\Delta) = 0.06 \,\text{MeV}^5$$
$$\text{Lambda:} \quad f(\Delta) = 5.9 \cdot 10^9 \,\text{MeV}^5 \tag{3.49}$$

Sie variieren etwa mit der fünften Potenz der Massendifferenz. Das Lambda-Teilchen sollte also ungefähr 10^{11}-mal schneller zerfallen als das Neutron. Mit einer Neutronen-Lebensdauer von 887 s erwarten wir also für den β-Zerfall des Lambdas $\tau \approx 10^{-8}$ s. In Wirklichkeit zerfällt das Lambda-Teilchen jedoch überwiegend in ein Proton und ein negatives Pion (64%) oder in ein Neutron und ein neutrales Pion (36%) [135]. Nur ein sehr kleiner Bruchteil (weniger als 0.1%) der Lambda-Teilchen zerfällt wirklich „semi-leptonisch" wie im β-Zerfall. Die β-Lebensdauer ist nun die, die wir aus der gemessenen Lebensdauer, $\tau = 2.63 \cdot 10^{-10}$ s [135], erhalten, wenn wir die anderen Zerfälle „ausschalten". Wir multiplizieren dazu die Zerfallsrate mit dem Verzweigungsverhältnis B (englisch: branching ratio oder branching fraction), das angibt, wieviele Lambda-Teilchen durch einen β-Zerfall enden, und kommen, da die mittlere Lebensdauer der Kehrwert der Rate ist, auf:

$$\tau(\Lambda \to pe^-\bar{\nu}) = \frac{2.63 \cdot 10^{-10}\,\text{s}}{8.32 \cdot 10^{-4}} = 3.16 \cdot 10^{-7}\,\text{s}.$$

Das ist 35-mal länger als die Extrapolation aus dem Neutron-Zerfall! Die Amplitude für den Zerfall des s-Quarks muss also um einen Faktor $\sqrt{35} \approx 6$ kleiner sein. Ist das wirklich noch dieselbe Wechselwirkung? Die Antwort darauf fand Nicola Cabbibo im Jahr 1963, allerdings noch ohne auf Quarks zurückzugreifen [33]. Sein Argument benutzt das Grundprinzip der Quantenmechanik, nämlich die Beschreibung von Teilchen und Feldern durch Wellenfunktionen. Er behauptete, dass die an der schwachen Wechselwirkung teilnehmenden Quarkfelder Linearkombinationen der freien oder nur der starken und elektromagnetischen Wechselwirkung unterworfenen Felder sind. Statt d und s verwenden wir also

$$d' = d \cdot \cos\vartheta_C + s \cdot \sin\vartheta_C$$
$$s' = -d \cdot \sin\vartheta_C + s \cdot \cos\vartheta_C. \tag{3.50}$$

Der „Cabbibo-Winkel" ϑ_C ist ein Parameter, den wir aus den Neutron- und Lambda-Lebensdauern abschätzen können. Dieser Ansatz hat den Vorteil, dass $|d'|^2 = |s'|^2 = 1$ und $d's' = 0$, wenn auch d und s normiert und orthogonal sind. Damit brauchen wir an der Normierung der Felder nichts zu ändern. Formal entsprechen die Definitionsgleichungen für d' und s' einer Drehung um ϑ_C in einem abstrakten Flavourraum.

Weiter verlangt Cabbibo, dass nur d', nicht aber s' mit dem u-Quark in einer Amplitude verknüpft werden kann. Damit müssen wir die hadronischen Ströme im Neutron-Zerfall mit $\cos\vartheta_C$ und im Lambda-Zerfall mit $\sin\vartheta_C$ multiplizieren, um jeweils die Zustände d und s herauszufiltern. In den Zerfallsraten stehen dann $\cos^2\vartheta_C$ beziehungsweise $\sin^2\vartheta_C$. Damit bekommen wir die gewünschte Abschätzung des Cabbibo-Winkels:

$$\tan \vartheta_C \approx \sqrt{\frac{(f\tau)_\Lambda}{(f\tau)_n}} \approx \frac{1}{6},$$

oder $\vartheta_C \approx 10°$, wobei wir das Energieintegral mit f abgekürzt haben. Der exakte Wert, extrahiert aus vielen experimentellen Informationen, ist nur wenig größer, nämlich zwischen 12.6° und 13° [135]. Angesichts der Grobheit unserer Näherung ist diese Übereinstimmung erstaunlich gut.[27]

Nun haben wir drei Parameter eingeführt, die Kopplung G, die relative Stärke der axialen Kopplung c_A und den Cabbibo-Winkel ϑ_C, aber erst zwei experimentelle Zahlen herausgezogen, die uns erlaubt haben, ϑ_C und eine Kombination von G und c_A zu bestimmen. Wollen wir G unabhängig von c_A festlegen, brauchen wir noch eine dritte Messung, die frei von Komplikationen durch die innere Struktur der Hadronen sein sollte. Also brauchen wir einen rein leptonischen Zerfall. Das Myon ist der geeignete Kandidat, denn es verhält sich praktisch wie ein schweres Elektron. Insbesondere stimmt sein magnetisches Moment mit sehr hoher Genauigkeit mit der Erwartung aus der Dirac-Theorie eines strukturlosen Teilchens überein (siehe (2.130)). Wir betrachten es also mit Fug und Recht als ein punktförmiges Lepton. Es zerfällt fast ausschließlich in ein Elektron und zwei Neutrinos:

$$\mu^\pm \to e^\pm + \nu + \nu.$$

Die totale Zerfallsrate für diesen Prozess ist ohne Berücksichtigung der Strahlungskorrekturen:

$$\Gamma = \tau^{-1} = \frac{G^2 \left(m_\mu c^2\right)^5}{192\pi^3 \hbar}. \tag{3.51}$$

Aus dem Vergleich mit der gemessenen mittleren Lebensdauer $\tau = 2.19\ \mu$s bestimmen wir die Kopplungskonstante

$$G = \left[\frac{192\pi^3 \cdot 6.582122 \cdot 10^{-25}}{2.19703 \cdot 10^{-6} (0.10565839)^5}\right]^{1/2} \text{GeV}^{-2} = 1.16381 \cdot 10^{-5}\,\text{GeV}^{-2}. \tag{3.52}$$

Strahlungskorrekturen ändern den Wert um 0.2%:

$$G = (1.16639 \pm 0.00002) \cdot 10^{-5}\,\text{GeV}^{-2}. \tag{3.53}$$

Die gemessene Neutronen-Lebensdauer ($\tau = (887 \pm 2)$ s [135]) gibt uns in Verbindung mit dem korrekten Wert für das Energieintegral (siehe (3.49)) die Möglichkeit, c_A zu bestimmen:

---

[27] Insbesondere ist festzuhalten, dass c_A nicht denselben Wert für das Lambda-Teilchen haben muss wie für das Neutron.

$$|c_A| = \left[\frac{1}{3} \left(\frac{2\pi^3 \cdot 6.58 \cdot 10^{-25}}{(1.16 \cdot 10^{-5})^2 \cdot 6 \cdot 10^{-17} \cdot 887} - 1 \right) \right]^{1/2} = 1.26. \qquad (3.54)$$

Aus der Verteilung der Winkel zwischen Elektron und Neutrino im β-Zerfall, die die Form

$$\frac{\mathrm{d}\Gamma}{\mathrm{d}\vartheta} \propto \left(1 + \frac{cp_e}{E_e} \frac{(1 - c_A)^2}{1 + 3c_A^2} \cos\vartheta \right) \sin\vartheta$$

hat, kann man natürlich c_A direkt bestimmten, wobei der Winkel durch gleichzeitigen Nachweis des Elektrons und des Rückstoßprotons gemessen wird. Das Resultat ist dasselbe wie das unserer Rechnung, zeigt aber darüberhinaus, dass c_A ein negatives Vorzeichen hat. Damit können wir Cabbibos Ansatz als sinnvoll betrachten. Er sagt uns, dass die schwache Wechselwirkung, wenn man die richtigen Felder betrachtet, immer dieselbe Stärke hat. Diese Tatsache nennt man die Universalität der schwachen Wechselwirkung. Es ist darüberhinaus erstaunlich, dass auch für ein komplexes Objekt wie das Neutron die vektorielle und axiale Kopplung praktisch gleich sind. Das rechtfertigt im Nachhinein, dass wir den β-Zerfall des Lambda-Teilchens genauso behandelt haben wie den des Neutrons, und erklärt die gute Übereinstimmung unserer Abschätzung für den Cabbibo-Winkel mit dem tatsächlichen Wert. Zuletzt können wir auch die Bezeichnung „schwache Wechselwirkung" noch einmal rechtfertigen. Multiplizieren wir die Kopplungskonstante mit dem Quadrat einer typischen Ruheenergie, also der eines Teilchens, das der schwachen Wechselwirkung unterliegt, kommen wir auf eine dimensionslose Zahl, die wir zum Beispiel mit der Feinstrukturkonstanten vergleichen können. Nehmen wir die Masse des Protons, erhalten wir:

$$\left(m_p c^2 \right)^2 G \approx 10^{-5} \ll 4\pi\alpha \approx 2 \cdot 10^{-2}.$$

Natürlich stellt sich nun die Frage nach der Herkunft dieser Schwäche. Da die Konstante G dimensionsbehaftet ist, können wir sie durch eine Änderung der Massenskala auf etwa dieselbe Größe wie die Feinstrukturkonstante anheben. So ergibt sich nämlich $\left(Mc^2 \right)^2 G^2 \approx 4\pi\alpha$ für $Mc^2 \approx 45\,\mathrm{GeV}$. Nun haben wir zu Anfang dieses Kapitels gesehen, dass die Reichweite einer durch den Austausch von massiven Teilchen vermittelten Kraft durch die Compton-Wellenlänge des Quants, also $\lambda = \hbar/mc$ begrenzt ist. Für größere Abstände fällt das Potential exponentiell ab (siehe (3.7)):

$$V(r) \propto \frac{e^{-r/\lambda}}{r}.$$

In der Amplitude des β-Zerfalls haben wir eine Kontakt-Wechselwirkung angesetzt, also die Reichweite als Null angenommen. Es wäre natürlich durchaus denkbar, dass sie schon endlich, aber wesentlich kleiner als der Nukleon-Radius von 1 fm ist. Für ein Teilchen mit $Mc^2 = 45\,\mathrm{GeV}$ beträgt die Compton-

Wellenlänge gerade einmal $4 \cdot 10^{-3}$ fm. Diese Überlegungen, sowie der Wunsch, eine der so erfolgreichen Quantenelektrodynamik ähnliche Theorie aufzubauen, führen uns zwangsläufig auf die Hypothese, dass die schwache Wechselwirkung über den Austausch sehr schwerer Bosonen abläuft. Bei Energien im Bereich der Ruheenergien dieser noch genauer zu definierenden Teilchen wird sie eine ähnliche Stärke haben wie die elektromagnetische Wechselwirkung und sie sogar übersteigen, da deren Wirkungsquerschnitte ja wie $1/E^2$ abfallen.

Wir erwähnen noch, dass unsere heuristische Argumentation natürlich keine befriedigende Motivation für einen Teilchenphysiker darstellt. Für ihn besteht diese in erster Linie darin, dass die Fermi-Theorie bei hohen Energien sinnlose Ergebnisse liefert. Insbesondere steigt der Wirkungsquerschnitt für viele Prozesse wie $\nu + p \rightarrow e^- + X$, wobei X ein beliebiger hadronischer Endzustand ist, ins Unermessliche, und zwar bereits in niedriger Ordnung. Darüberhinaus gibt es, weil die Kopplungskonstanten dimensionsbehaftet sind, kein Renormierungschema wie in der Quantenelektrodynamik oder der Quantenchromodynamik. Wir werden jedoch auch weiterhin unseren heuristischen Weg beibehalten und mit der Konstruktion der Theorie dadurch beginnen, dass wir die beteiligten Fermionen klassifizieren.

Eine neue Theorie: schwache und elektromagnetische Wechselwirkung unter einem Dach

Auf der leptonischen Seite ist der Teilcheninhalt bereits identifiziert. Nach dem ^{60}Co-Experiment von Wu und Mitarbeitern haben wir im schwachen Strom den linkshändigen Anteil der Elektronen-Wellenfunktion, und Goldhaber, Grodzins und Sunyar haben über den Zweistufen-Zerfall des ^{152m}Eu gezeigt, dass auch nur linkshändige Neutrinos ins Spiel kommen. Die Antineutrinos aus dem β-Zerfall müssen dann, wenn man sie als in der Zeit zurücklaufende Neutrinos interpretiert, rechtshändig sein. Die beiden linkshändigen Leptonen ordnen wir nun, in Analogie zu dem Formalismus zum Nukleonen-Dublett, in einem Dublett des „schwachen Isospins" an:

$$l_L = \begin{pmatrix} \nu_L \\ e_L \end{pmatrix},$$

wobei

$$\nu_L = \frac{1}{2} (1 - \gamma_5) \, \nu \text{ und } e_L = \frac{1}{2} (1 - \gamma_5) \, e.$$

Das Myon lassen wir zunächst außer Acht. Ebenso vernachlässigen wir vorläufig das seltsame Quark und postulieren für den hadronischen Sektor auf dem Quark-Niveau dieselbe Struktur, also:

$$q_L = \begin{pmatrix} u_L \\ d_L \end{pmatrix}.$$

Nach dem Muster der Quantenchromodynamik setzen wir nun eine Eichtheorie an, deren Symmetriegruppe die $SU(2)$ des Isospins ist. Das würde uns nach den Ausführungen des vorigen Kapitels garantieren, dass die Theorie renormierbar ist, also in allen Ordnungen sinnvolle Ergebnisse liefert. Das Feld, das die Wechselwirkung vermittelt, sollte dann, analog zum Pion in der Nukleon-Nukleon-Wechselwirkung, ein Isotriplett sein, das in drei Ladungszuständen existiert, allerdings nicht als Pseudoskalar, sondern als Vektor, wie das elektromagnetische Feld. Wir definieren also analog zu (3.5)

$$W^\pm = \frac{1}{\sqrt{2}} \left(W_1 \mp i W_2 \right) \text{ und } W_0 = W_3. \tag{3.55}$$

Damit erhalten wir wieder eine Feldgleichung für das Isodublett $\psi_L = q_L$ oder $\psi_L = l_L$:

$$\left[i\hbar c \gamma \delta - mc^2 \right] \psi_L = \frac{g}{2} (\hbar c) \left(\boldsymbol{\sigma} \cdot \boldsymbol{W} \right) \psi_L, \tag{3.56}$$

wobei

$$\frac{1}{2} \left(\boldsymbol{\sigma} \cdot \boldsymbol{W} \right) = \frac{1}{2} \begin{pmatrix} W_0 & \sqrt{2}W^+ \\ \sqrt{2}W^- & -W_0 \end{pmatrix}.$$

Angewandt auf das Dublett (ν_L, e_L) ergibt das:

$$\frac{1}{2} \left(\boldsymbol{\sigma} \cdot \boldsymbol{W} \right) \begin{pmatrix} \nu_L \\ e_L \end{pmatrix} = \frac{1}{2} \begin{pmatrix} W_0 \nu_L + \sqrt{2}W^+ e_L \\ -W_0 e_L + \sqrt{2}W^- \nu_L \end{pmatrix}. \tag{3.57}$$

Die rechte Seite der Feldgleichung können wir auf die linke Seite bringen und in einer kovarianten Ableitung nach Art der Quantenelektrodynamik oder der Quantenchromodynamik unterbringen:

$$i\hbar c \gamma \mathrm{D} = i(\hbar c) \sum_{\mu,\nu} \gamma_\mu g_{\mu\nu} \left(\partial_\nu - \frac{ig}{2} \left(\boldsymbol{\sigma} \cdot \boldsymbol{W}_\nu \right) \right)$$

und bekommen dann eine offensichtlich unter Eichtransformationen invariante Dirac-Gleichung:

$$\left[i\hbar c \gamma \mathrm{D} - mc^2 \right] \psi_L = 0.$$

Wie in der Quantenchromodynamik tauchen hier in den Ausdrücken für die „E"- und „B"-Felder nicht nur die Ableitungen der „Potentiale" auf, sondern auch Terme, die die Strukturkonstanten enthalten (vergleiche (3.25)). Mit $[\sigma_a, \sigma_b] = 2i\epsilon_{abc}\sigma_c$, $\epsilon_{123} = \epsilon_{231} = \epsilon_{312} = -\epsilon_{132} = -\epsilon_{213} = -\epsilon_{321} = 1$ (siehe (A.8)), gilt

$$E_i^a = -\frac{\partial W_i^a}{\partial t} - \frac{\partial \Phi^a}{\partial x_i} - g \sum_{b,c} \epsilon_{abc} \Phi^b W_i^c, \; i = 1, 2, 3$$

$$B_i^a = \frac{\partial W_j^a}{\partial x_k} - \frac{\partial W_k^a}{\partial x_j} - g \sum_{b,c} \epsilon_{abc} W_j^b W_k^c, \; (ikl) = (123), (231), (312),$$

(3.58)

wenn der Vierervektor eines W-Feldes $W^a = (\Phi^a/c, \boldsymbol{W}^a)$ ist. Die Kopplungskonstante g ist dieselbe wie die in der Dirac-Gleichung. Damit haben wir die
Grundgleichungen der $SU(2)$-Eichtheorie.

Nun ergibt sich aber eine erstaunliche Konsequenz. Denn in unserem Ansatz steckt eine Wechselwirkung, die uns noch nicht begegnet ist, nämlich eine
Kopplung *beider* Mitglieder des Dubletts an das Feld W_0, die die elektrische
Ladung nicht ändert. Es sollte also unter anderem eine Streuung von Neutrinos an Neutrinos geben! Damit kann W_0 nicht mit dem Photon identifiziert
werden, da dieses ja nicht an neutrale Teilchen koppelt. Außerdem wäre es
schwierig zu begründen, weshalb eines der drei Teilchen eines Tripletts gar
keine Masse hat, während die beiden anderen außerordentlich schwer sind.
Die Suche nach diesen „neutralen schwachen Strömen" hat die Experimental-
physiker gut ein Jahrzehnt nach ihrer Postulierung durch Sheldon Glashow
[85] im Jahr 1961 in Atem gehalten. Gelungen ist ihr Nachweis 1973 in der
Gargamelle-Blasenkammer am CERN [98]. Die Gargamelle-Gruppe hat ihre
Kammer in einen Myon-Neutrino-Strahl gestellt, den man dadurch erzeugt,
dass man Pionen und Kaonen, die aus dem Beschuß eines Metall-Targets mit
hochenergetischen Protonen stammen, in einem langen, evakuierten Tunnel
zerfallen lässt. Über den β-Zerfall des Pions (siehe Fußnote 34 auf Seite 226)
erhält man zwar eine kleine Beimischung von Elektron-Neutrinos, dennoch
kommen durch den geladenen Strom fast ausschließlich Ereignisse zustande,
die keine Strahlspur, dafür aber ein Myon im Endzustand haben. In Gargamelle wurde nun nicht nur nachgewiesen, dass es viel mehr Ereignisse ohne
Myonen gibt, als man aus der Strahlzusammensetzung und den Eigenschaften
des geladenen Stroms erwartet, sondern auch, dass diese gleichmäßig über das
ganze Volumen verteilt sind. Neutronen würden wegen ihrer kurze Wechselwirkungslänge (siehe (E.4)) schon sehr bald nach dem Eintritt in die Kammer
mit einem Kern kollidieren, die Ereignisse müssten also in den dem Strahl
zugewandten Teilvolumen konzentriert sein. Da dies nicht der Fall ist, bleiben nur Neutrinos als Quelle. Die einzigen möglichen Reaktionen sind dann
$\nu_\mu + \text{Kern} \to \nu_\mu + X$ und $\nu_\mu + e \to \nu_\mu + e$, die beide über den neutralen
Strom laufen (siehe Abbildung 3.8).

Allerdings ist unsere Theorie bisher noch unvollständig. Wir haben nämlich
ein photonartiges Feld, das aber nicht an das rechtshändige Elektron koppelt
– im Gegensatz zum realen Photon, dem Händigkeit egal ist – dafür aber
an das Neutrino. Dieses Feld sollte aus den am Ende des vorigen Abschnitts
angegebenen Gründen ein massives Teilchen liefern. Ein Feld, das dem realen
Photon entsprechen könnte, gibt es bis jetzt noch nicht. Wir haben aber die
Möglichkeit, noch ein weiteres neutrales Feld einzuführen und die Parameter

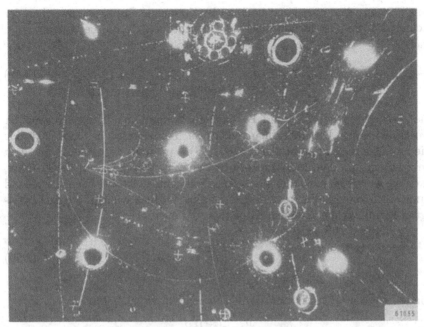

Abbildung 3.8. Ein leptonisches Neutrino-Ereignis in Gargamelle. Das auslaufende Teilchen ist ein Elektron (Bild: CERN, Genf)

so zu drehen, dass eines davon das Photon beschreibt. Zwangsläufig müssen wir dann die schwache und die elektromagnetische Wechselwirkung unter einen Hut bringen.

Der andere ebenso ernste Fehler der Theorie ist die Unmöglichkeit, den Bosonen *ad hoc* eine Masse zu geben, ohne die Eichinvarianz zu zerstören. Diese ist jedoch, wie wir im vorigen Kapitel dargelegt haben, unabdingbar für die Renormierbarkeit der Theorie. Ohne Eichinvarianz geht ihre Aussagekraft praktisch vollständig verloren. Es ist unmittelbar einsichtig, dass ein Massenterm in der Wellengleichung der Bosonen – einer Klein-Gordon-Gleichung mit kovarianter Ableitung – dazu führt, dass diese Gleichung nicht mehr invariant unter einer $SU(2)$-Eichtransformation sein kann.

Wir gehen zunächst den ersten Punkt an und füge zu den linkshändigen Dubletts rechtshändige Singuletts hinzu, also e_R zu den Leptonen sowie u_R und d_R zu den Quarks. Die zugehörige Eichgruppe ist dann die $U(1)$. Eine Eichtransformation besteht aus der Multiplikation mit einem Phasenfaktor $e^{i\phi(r)}$ wie in der Quantenelektrodynamik (siehe (2.88)). Natürlich müssen sich auch die Dubletts unter diesen $U(1)$-Transformationen richtig verhalten. Im Prinzip könnten die Transformationen für beide Händigkeiten völlig unabhängig sein. Allerdings ist es ja unser Ziel, die beiden neutralen Felder miteinander in Verbindung zu bringen. Wir setzen also die $U(1)$-Transformationen so an, dass eine feste, noch zu bestimmende Beziehung zwischen der rechtshändigen und der linkshändigen besteht, also für die Leptonen:

$$\begin{pmatrix} \nu'_L \\ e'_L \end{pmatrix} = e^{iY_L\phi(r)} \begin{pmatrix} \nu_L \\ e_L \end{pmatrix}$$

$$e'_R = e^{iY_R\phi(r)} e_R. \tag{3.59}$$

Die „Hyperladungen" Y_L und Y_R bestimmen dann später die Struktur der Wechselwirkung. Die Ortsabhängigkeit der Transformation führt natürlich wieder auf ein Eichpotential $B = (\Phi/c, \boldsymbol{B})$ – nicht zu verwechseln mit dem elektrischen und dem Induktions-Potential – das allerdings auf Felder führt, in denen es wie im elektromagnetischen Fall keine nichtabelschen Terme und damit auch keine Selbstwechselwirkung gibt. Ordnen wir nun die drei beteiligten Fermionfelder in einem Triplett an:[28]

$$l = \begin{pmatrix} \nu_L \\ e_L \\ e_R \end{pmatrix}, \tag{3.60}$$

können wir die $U(1)$-Eichtransformation abgekürzt schreiben:

$$l' = e^{i\phi(r)Y} l$$

mit dem Hyperladungsoperator:

$$Y = \begin{pmatrix} Y_L & 0 & 0 \\ 0 & Y_L & 0 \\ 0 & 0 & Y_R \end{pmatrix}. \tag{3.61}$$

Die $SU(2)$-Eichtransformation der linkshändigen Felder drücken wir durch eine 3×3-Matrix aus:

$$\boldsymbol{T} = \frac{1}{2} \begin{pmatrix} & & 0 \\ \boldsymbol{\sigma} & & 0 \\ 0 & 0 & 0 \end{pmatrix}, \tag{3.62}$$

die die Pauli-Matrizen (2.65) in der linken oberen Ecke enthält. Die vollständige Algebra unserer Eichgruppe $SU(2) \times U(1)$ ist dann

$$[T_a, T_b] = i\epsilon_{abc}T_c$$
$$[T_a, Y] = 0 \text{ für } a = 1, 2, 3.$$

Die kovariante Ableitung in der Dirac-Gleichung für das Triplett hat nun die Form

$$i\hbar c\gamma D = i\hbar c \sum_{\mu,\nu} \gamma_\mu g_{\mu\nu} \left(\partial_\nu + ig\boldsymbol{T} \cdot \boldsymbol{W}_\nu + ig'YB_\nu\right).$$

---

[28] Für die Quarks wäre es ein Quadruplett: (u_L, d_L, u_R, d_R)

Nun lassen wir die Kopplungsterme dieses Operators auf das Leptonen-Triplett wirken, multiplizieren von links mit den adjungierten Wellenfunktionen und schreiben jeden Summanden mit Hilfe von (3.55) und (3.57) explizit aus:

$$
\begin{aligned}
- \left(\bar{\nu}_L, \bar{e}_L, \bar{e}_R \right) (\hbar c) \sum_{\mu,\nu} & \gamma_\mu g_{\mu\nu} \left(g\boldsymbol{T} \cdot \boldsymbol{W}_\nu + g'Y \cdot B_\nu \right) \begin{pmatrix} \nu_L \\ e_L \\ e_R \end{pmatrix} \\
= -\frac{\hbar c}{\sqrt{2}} & \left(\sum_{\mu,\nu} (\bar{\nu}_L \gamma_\mu e_L)\, g_{\mu\nu} g W_\nu^+ + \sum_{\mu,\nu} (\bar{e}_L \gamma_\mu \nu_L)\, g_{\mu\nu} g W_\nu^- \right) \\
& - \frac{\hbar c}{2} \sum_{\mu,\nu} (\bar{\nu}_L \gamma_\mu \nu_L)\, g_{\mu\nu} \left(g W_\nu^0 + 2g' Y_L B_\nu \right) \\
& + \frac{\hbar c}{2} \sum_{\mu,\nu} (\bar{e}_L \gamma_\mu e_L)\, g_{\mu\nu} \left(g W_\nu^0 - 2g' Y_L B_\nu \right) \\
& - (\hbar c) \sum_{\mu,\nu} (\bar{e}_R \gamma_\mu e_R)\, g_{\mu\nu} g' Y_R B_\nu.
\end{aligned}
\tag{3.63}
$$

In diesen Ausdrücken erkennen wir, wie die verschiedenen Bosonen-Felder an die Fermionen-Ströme koppeln. Zunächst stellen wir fest, dass die noch fehlende Festlegung der Kopplungskonstante g' uns erlaubt, die linkshändige Hyperladung frei zu wählen. Wir setzen sie auf $Y_L = -\frac{1}{2}$. Dadurch bekommen wir auch wieder die für den starken Isospin hergeleitete Beziehung (3.9): $Q = T_3 + Y$. Dann nutzen wir die quantenmechanische Tatsache, dass mit zwei Wellenfunktionen, die eine bestimmte Wellengleichung lösen, auch eine beliebige Linearkombination der beiden eine Lösung darstellt, um aus den beiden Feldern W^0 und B zwei andere Felder zu bilden, die der physikalischen Realität entsprechen. Normieren wir die Linearkombination, die an den Neutrinostrom koppelt, erhalten wir mit

$$
Z_\nu = \frac{1}{\sqrt{g^2 + g'^2}} \left(g W_\nu^0 - g' B_\nu \right)
\tag{3.64a}
$$

das Feld, das den neutralen schwachen Strom vermittelt. Das orthogonale Feld

$$
A_\nu = \frac{1}{\sqrt{g^2 + g'^2}} \left(g' W_\nu^0 + g B_\nu \right)
\tag{3.64b}
$$

können wir als Photon interpretieren, wenn wir

$$
Y_R = -1 \quad \text{und} \quad \frac{g g'}{\sqrt{g^2 + g'^2}} = \sqrt{4\pi\alpha}
\tag{3.65}
$$

setzen. Diese Transformation ähnelt der Cabbibo-Drehung (3.50). Wir parametrisieren sie daher wieder durch einen Winkel, den Weinberg-Winkel ϑ_W:

$$\begin{pmatrix} A_\nu \\ Z_\nu \end{pmatrix} = \begin{pmatrix} \cos\vartheta_W & \sin\vartheta_W \\ -\sin\vartheta_W & \cos\vartheta_W \end{pmatrix} \begin{pmatrix} B_\nu \\ W_\nu^0 \end{pmatrix}. \tag{3.66}$$

Die rechtshändige Hyperladung ist natürlich mit der Ladung des Elektrons identisch, da $T = T_3 = 0$. Da $(\bar{e}_R\gamma_\mu e_R) + (\bar{e}_L\gamma_\mu e_L) = (\bar{e}\gamma_\mu e)$, kommen wir schließlich von (3.63) auf

$$
\begin{aligned}
-\,(\bar{\nu}_L, \bar{e}_L, \bar{e}_R)\,(\hbar c) \sum_{\mu,\nu} \gamma_\mu g_{\mu\nu} \left(g\boldsymbol{T}\cdot\boldsymbol{W}_\nu + g'Y\cdot B_\nu \right) \begin{pmatrix} \nu_L \\ e_L \\ e_R \end{pmatrix} & \\
= -\frac{\hbar c}{\sqrt{2}} \left(\sum_{\mu,\nu} (\bar{\nu}_L\gamma_\mu e_L)\, g_{\mu\nu} g W_\nu^+ + \sum_{\mu,\nu} (\bar{e}_L\gamma_\mu \nu_L)\, g_{\mu\nu} g W_\nu^- \right) & \\
-\,\frac{\hbar c}{2} \sum_{\mu,\nu} (\bar{\nu}_L\gamma_\mu\nu_L)\, g_{\mu\nu} \sqrt{g^2 + g'^2}\, Z_\nu & \\
+\,\frac{\hbar c}{2} \sum_{\mu,\nu} (\bar{e}_L\gamma_\mu e_L)\, g_{\mu\nu} \sqrt{g^2 + g'^2}\, Z_\nu & \\
-\,(\hbar c) \sum_{\mu,\nu} (\bar{e}\gamma_\mu e)\, g_{\mu\nu} \frac{g'^2}{\sqrt{g^2 + g'^2}}\, Z_\nu & \\
+\,(\hbar c) \sum_{\mu,\nu} (\bar{e}\gamma_\mu e)\, g_{\mu\nu} \frac{gg'}{\sqrt{g^2 + g'^2}}\, A_\nu. &
\end{aligned}
\tag{3.67}
$$

Statt der beiden Kopplungskonstanten g und g' können wir ebensogut die elektromagnetische Kopplungskonstante $\sqrt{4\pi\alpha}$ und den Mischungswinkel ϑ_W verwenden. Wir finden:

$$
\begin{aligned}
-\,(\bar{\nu}_L, \bar{e}_L, \bar{e}_R)\,(\hbar c) \sum_{\mu,\nu} \gamma_\mu g_{\mu\nu} \left(g\boldsymbol{T}\cdot\boldsymbol{W}_\nu + g'Y\cdot B_\nu \right) \begin{pmatrix} \nu_L \\ e_L \\ e_R \end{pmatrix} & \\
= -\,(\hbar c)\sqrt{4\pi\alpha} \left[\frac{1}{\sqrt{2}\sin\vartheta_W} \sum_{\mu,\nu} \left(j_\mu^c g_{\mu\nu} W_\nu^+ + j_\mu^{c\dagger} g_{\mu\nu} W_\nu^- \right) \right. & \\
\left. +\sum_{\mu,\nu} \frac{1}{2\sin\vartheta_W \cos\vartheta_W} j_\mu^n g_{\mu\nu} Z_\nu + j_\mu^{em} g_{\mu\nu} A_\nu \right] &
\end{aligned}
\tag{3.68a}
$$

mit den Strömen:

$$
\begin{aligned}
j_\mu^{em} &= -\bar{e}\gamma_\mu e \\
j_\mu^n &= \bar{\nu}_L\gamma_\mu\nu_L - \bar{e}_L\gamma_\mu e_L - 2\sin^2\vartheta_W j_\mu^{em} \\
j_\mu^c &= \bar{\nu}_L\gamma_\mu e_L.
\end{aligned}
\tag{3.68b}
$$

Die hochgestellten Indizes kürzen den Charakter des Stroms ab: „em" bedeutet elektromagnetisch, „n" neutral und „c" geladen (englisch charged). Folgende Feynman-Vertizes können aus dieser Formel abgelesen werden:

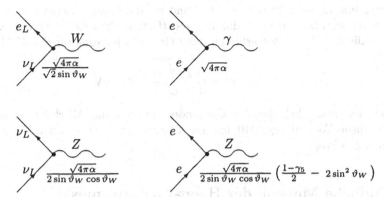

Neutrinos koppeln also sowohl über den neutralen als auch den geladenen schwachen Strom an gewöhnliche Materie. Wir haben damit unser Ziel erreicht und mit Hilfe der vier Felder W und B sowohl die schwache als auch die elektromagnetische Wechselwirkung im Rahmen einer Eichtheorie erfasst. Die Tatsache, dass wir zwei Eichgruppen verwendet haben, schlägt sich in dem zusätzlichen Parameter ϑ_W nieder, der aus dem Experiment zu bestimmen ist. Wenn wir bei dieser Theorie von einer „Vereinheitlichung" von elektromagnetischer und schwacher Wechselwirkung reden, ist dies eine Beschönigung. Zwar haben wir beide auf dieselbe Weise behandelt, und die Verknüpfung von W^0 und B zu den physikalischen Feldern A und Z verlangt eine sehr enge Beziehung, aber noch haben wir zwei Kopplungskonstanten als freie Parameter.

So weit haben wir keinem der vier bosonischen Felder eine Masse gegeben. Wie wir in der Diskussion des β-Zerfalls schon angedeutet haben, müssen wir jedoch genau das tun, um die schwache Wechselwirkung bei kleinen Energien zu unterdrücken. Das erkennen wir am einfachsten, wenn wir den Propagator eines W-Teilchens zusammen mit der Kopplungskonstante[29] für $q^2 \to 0$ betrachte:

$$\left| \frac{\pi\alpha}{2\sin^2\vartheta_W} D_W \right| = \left| \frac{\pi\alpha/(2\sin^2\vartheta_W)}{q^2 - m_W^2 c^4} \right| \xrightarrow[q^2 \to 0]{} \frac{\pi\alpha}{2m_W^2 c^4 \sin^2\vartheta_W}.$$

Wenn wir diesen Ausdruck in eine Amplitude für den β-Zerfall einsetzen und mit der Fermi-Theorie vergleichen, kommen wir auf eine einfache Beziehung zwischen den Konstanten α, $\sin\vartheta_W$ und G:

$$\frac{G}{\sqrt{2}} = \frac{\pi\alpha}{2m_W^2 c^4 \sin^2\vartheta_W}. \tag{3.69}$$

Hat $\sin^2\vartheta_W$ den Wert $\frac{1}{4}$, koppeln rechts- und linkshändige Elektronen mit derselben Stärke, wenn auch mit umgekehrten Vorzeichen an das Z. Es gibt

---

[29] Diese lesen wir aus den soeben hergeleiteten Kopplungstermen ab und dividieren sie durch 4, da in der Fermi-Amplitude ein Produkt $(2l_L) \cdot (G_F/\sqrt{2}) \cdot (2l_L)$ steht.

zwar überhaupt keinen *a-priori*-Grund für diese quasi ästhetisch motivierte Annahme, aber sie ist dadurch gerechtfertigt, dass sie nicht weit von der Wirklichkeit liegt. Wir erhalten dann eine Abschätzung für die W-Masse:

$$m_W c^2 \approx \sqrt{\frac{2\sqrt{2}\pi\alpha}{G}} = 75\,\text{GeV}.$$

Das ist tatsächlich dieselbe Größenordnung wie die Abschätzung über die Compton-Wellenlänge. Mit unserer Theorie sind wir offensichtlich auf dem richtigen Weg.

Endliche Massen: der Higgs-Mechanismus

Nun bleibt aber noch die schwierige Aufgabe, den W- und Z-Bosonen diese große Masse zu verschaffen, ohne die Eichinvarianz zu zerstören. Hier kommt uns ein Mechanismus zu Hilfe, den wir aus täglicher Anschauung gut kennen. Das Prinzip des Roulette als Glücksspiel ist die Erfahrung, dass die Kugel mit derselben Wahrscheinlichkeit auf jeder Zahl landen kann. Die einzige Sicherheit besteht darin, dass sie in der Mulde mit den Zahlenfeldern auf *irgendeiner* Zahl ankommen muss. Das stochastische Moment kommt dadurch ins Spiel, dass diese Mulde ausgedehnt und rotationssymmetrisch ist. Fällt nun die Kugel auf eine Zahl, ist die Symmetrie spontan gebrochen: das System hat sich auf einen Wert festgelegt.

In der Physik gibt es solche spontanen Symmetrieberechnungen vor allem bei der Entstehung von Aggregaten. Ein Stück Eisen, das auf mehr als 1011 K (774°C) erhitzt wird, verliert jede Magnetisierung. Trivialerweise ist diese dann richtungsunabhängig, also rotationssymmetrisch. Da das Feld eines Permanentmagneten sich aus den Feldern von Elementarmagneten zusammensetzt, die ihrerseits durch das Ausrichten von Elektronenspins zustandekommen, kann man diesen Zustand dadurch kennzeichnen, dass die Elementarmagnete sich ungeordnet bewegen, so dass beim Aufsummieren im zeitlichen Mittel ein Nullfeld herauskommt. Kühlt man das Eisen nun ab, werden die Felder innerhalb kleiner Zonen, den Körnern, entlang einer Richtung einfrieren. Ist das Stück aber groß genug, dass es sehr viele Körner enthält, wird die mittlere Magnetisierung wieder verschwinden, da die Ausrichtung innerhalb eines Korns rein zufällig und unabhängig von den anderen abläuft. Es sei denn, man hat ein äußeres Feld, das eine bevorzugte Richtung definiert. In diesem Fall macht sich die spontane Symmetriebrechung, die sich sonst nur auf mikroskopisch kleine Regionen beschränkt, makroskopisch bemerkbar. Das Phänomen ist uns also bekannt, doch wie verschafft es den W- und Z-Bosonen eine Masse?

Die Form unseres Roulettetisches entspricht etwa einem Potential:

$$V(r) = -\frac{\mu^2}{2}r^2 + \frac{\lambda}{4}r^4, \tag{3.70}$$

wobei $r^2 = x^2 + y^2$ und μ^2, $\lambda > 0$ (siehe Abbildung 3.9). Die *stabilen* Gleichgewichtspunkte sind die Minima dieser Funktionen. Die erste Ableitung muss an diesen Stellen verschwinden, also:

$$\left.\frac{dV}{dr}\right|_{r_0} = -\mu^2 r_0 + \lambda r_0^3 = 0,$$

und die zweite Ableitung muss positiv sein:

$$\left.\frac{d^2 V}{dr^2}\right|_{r_0} = -\mu^2 + 3\lambda r_0^2 > 0.$$

Beide Bedingungen werden von $r_0 = \sqrt{\mu^2/\lambda}$ erfüllt. Nun ersetzen wir aus

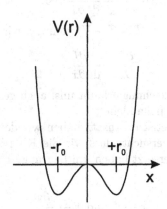

Abbildung 3.9. Die Funktion $V(r)$ in der Ebene $y = 0$

später zu erläuternden Gründen die Koordinaten x und y durch komplexe bosonische Felder $\sqrt{2}\Phi_1$ und $\sqrt{2}\Phi_2$, die ein $SU(2)$-Dublett

$$\Phi = \begin{pmatrix} \Phi_1 \\ \Phi_2 \end{pmatrix} \tag{3.71}$$

bilden. Damit wird das Potential (3.70) ein „Funktional", also die Funktion einer Funktion:

$$V\left[\Phi\left(x\right)\right] = -\mu^2 \left(\Phi^\dagger \Phi\right) + \lambda \left(\Phi^\dagger \Phi\right)^2. \tag{3.72}$$

Die Minima entsprechen nun gewissen Konfiguration für die Feldamplituden an allen Raum-Zeit-Punkten. Davon gibt es natürlich unendlich viele.

Nun möchten wir dieses Potential ja in einer Quantenfeldtheorie anwenden. Bisher haben wir aber noch keine Methode entwickelt, solche Funktionale der Felder in den Formalismus der Feldgleichungen einzubauen. In der klassischen Mechanik kann man jedoch die Bewegungsgleichungen aus den Ausdrücken für die kinetische und die potentielle Energie herleiten [88]. Für eine eindimensionale Bewegung gilt zum Beispiel:

$$\dot{p}_x + \frac{\partial V}{\partial x} = 0.$$

Nun ist

$$\dot{p}_x = m\ddot{x} = \frac{\mathrm{d}}{\mathrm{d}t}\frac{\partial T}{\partial \dot{x}},$$

wenn T die kinetische Energie $m\dot{x}^2/2$ darstellt. Damit können wir die Bewegungsgleichung durch Ableitungen der beiden Energieterme ausdrücken:

$$\frac{\partial V}{\partial x} + \frac{\mathrm{d}}{\mathrm{d}t}\frac{\partial T}{\partial \dot{x}} = 0.$$

Mit der Lagrange-Funktion, $L = T - V$, kommen wir auf

$$\frac{\partial L}{\partial x} - \frac{\mathrm{d}}{\mathrm{d}t}\frac{\partial L}{\partial \dot{x}} = 0. \tag{3.73}$$

Diese Euler-Lagrange-Gleichung erlaubt uns, auch geschwindigkeitsabhängige Potentiale $V(x, \dot{x})$ zu behandeln.

In unserem „Roulettetisch"-Ansatz haben wir den Übergang zur Quantenfeldtheorie dadurch versucht, dass wir die Koordinaten des klassischen Potentials durch Felder ersetzt haben. Im Lagrange-Formalismus können wir also die Substitution

$$x \rightarrow \Phi \text{ und } \dot{x} \rightarrow \frac{\partial \Phi}{\partial x_\mu}$$

und $\mathrm{d}/\mathrm{d}t \rightarrow \partial/\partial x_\mu$ versuchen, wobei x_μ nun eine beliebige Zeit- oder Ortskoordinate ist. So kommen wir mit dem Ansatz

$$(\hbar c)\mathcal{L} = (\hbar c)^2 \sum_{\mu,\nu} \frac{\partial \Phi^\dagger}{\partial x_\mu} g_{\mu\nu} \frac{\partial \Phi}{\partial x_\nu} + \left(mc^2\right)^2 \Phi^\dagger \Phi$$

über die Euler-Lagrange-Gleichung:

$$\frac{\partial \mathcal{L}}{\partial \Phi^\dagger} - \sum_\lambda \frac{\partial}{\partial x_\lambda} \frac{\partial \mathcal{L}}{\partial(\partial \Phi^\dagger/\partial x_\lambda)} = 0 \tag{3.74}$$

auf die Klein-Gordon-Gleichung für ein freies Teilchen:

$$m^2 c^4 \Phi - (\hbar c)^2 \sum_{\mu,\nu,\lambda} \frac{\partial}{\partial x_\lambda}\frac{\partial \Phi}{\partial x_\mu} g_{\mu\nu} \delta_{\nu\lambda} = m^2 c^4 \Phi - (\hbar c)^2 \sum_{\mu,\nu} \frac{\partial}{\partial x_\nu} g_{\nu\mu} \frac{\partial \Phi}{\partial x_\mu}$$

$$= \left((\hbar c)^2 \Box - m^2 c^4\right)\Phi = 0.$$

Der Faktor $\hbar c$ in der Definition von $\mathcal{L}$ bewirkt, dass diese die Dimension einer Energiedichte hat. Die Lagrange-Funktion ergibt sich also durch Integration über den gesamten Raum. Integrieren wir dann noch über ct, erhalten wir die Wirkung

$$S = \int \mathrm{d}^4 x \mathcal{L} = \int c\,\mathrm{d}t \int \mathrm{d}^3 x \mathcal{L}$$

eine Größe mit der Dimension Energie mal Länge. Nach Division durch $\hbar c$ kommen wir aber auf eine dimensionslose Zahl, die unter Lorentz-Transformationen invariant ist. Da auch das Volumenelement $\mathrm{d}^4 x$ Lorentz-invariant ist, gilt das auch für die Lagrange-Dichte $\mathcal{L}$. Diese Eigenschaft ermutigt uns, die gesamte Theorie statt direkt über Feldgleichungen im Lagrange-Formalismus zu konstruieren. Die Feldgleichungen bekommen wir ja zu jeder Zeit auf direktem Weg mit Hilfe der Euler-Lagrange-Gleichungen. Trivialerweise folgt, dass wir jeden Sektor der Theorie durch einen Summanden in der Lagrange-Dichte ausdrücken können.

Das Potential $V[\Phi]$ oder genauer gesagt die Potentialdichte haben wir also von der Lagrange-Dichte für ein freies Feld zu subtrahieren. Nun hat der Term $\mu^2 \Phi^2$ bereits die Form eines Massenterms, daher setzen wir $m = 0$:

$$(\hbar c)\,\mathcal{L}_\Phi = (\hbar c)^2 \sum_{\mu,\nu} \frac{\partial \Phi^\dagger}{\partial x_\mu} g_{\mu\nu} \frac{\partial \Phi}{\partial x_\nu} - V[\Phi], \qquad (3.75)$$

wobei V durch (3.72) gegeben ist. Das Minimum dieser Funktion gibt uns eine klassische Feldkonfiguration, die wir mit dem Grundzustand des Quantensystems identifizieren.[30] Die „Länge" des Feldes im Minimum erhalten wir durch Differenzieren nach Φ oder $\Phi^\dagger$:

$$\Phi^\dagger \Phi = \frac{\mu^2}{2\lambda} \equiv \frac{v^2}{2}. \qquad (3.76)$$

Natürlich bleibt uns noch die Möglichkeit, eine Konfiguration willkürlich festzulegen, soweit sie diese Bedingung erfüllt. Das entspricht dem Fallen der Roulette-Kugel in unserem Spielzeug-Modell. Wir wählen $\Phi_1 = 0$ und $\Phi_2 = v/\sqrt{2}$, also:

$$\Phi_0 = \begin{pmatrix} 0 \\ \dfrac{v}{\sqrt{2}} \end{pmatrix}, \qquad (3.77)$$

als den Grundzustand und brechen damit explizit die $SU(2)$-Symmetrie, die in der Lagrange-Dichte noch intakt war, da $\Phi'^\dagger \Phi' = \Phi^\dagger \Phi$. Nun stellt sich das Feld überall und zu jeder Zeit auf diese Konfiguration ein. Sie definiert also einen Vakuumzustand in dem Sinne, als alle anderen Felder sich auf diesem

---

[30] Das ist in der formalen Quantenfeldtheorie durchaus zu beweisen. Hier genügt uns das klassische Analogon, um die Annahme plausibel zu machen.

Hintergrund bewegen. Das ist durchaus vergleichbar mit der Gravitation auf der Oberfläche von Planeten. Die Anziehung der Sonne merken wir nicht, weil sich die Erde auf einer stabilen Bahn um die Sonne dreht. Wir befinden uns im freien Fall im Bezug auf die Sonne. Wenn wir also die Erdbewegung auf das durch das Zentralgestirn verursachte „Hintergrundfeld" zurückführen, können wir dieses für alle Bewegungen in Bezug auf die Erde in guter Näherung vernachlässigen. Natürlich müssen wir Anregungen oder Störungen zulassen, so dass das tatsächliche Feld in der sogenannten unitären Eichung durch

$$\Phi = \Phi_0 + \Phi' = \frac{1}{\sqrt{2}} \begin{pmatrix} 0 \\ v + H(x) \end{pmatrix}$$

parametrisiert werden kann. Hierbei haben wir erneut eine Orientierung festgelegt. Natürlich können wir eine beliebige Konfiguration durch Multiplizieren mit $\exp\left(\frac{i\sigma}{2} \cdot \phi\right)$ konstruieren.

Welchen Effekt das Feld Φ auf die Fermionen und die Eichbosonen[31] γ, W und Z hat, studieren wir nun, indem wir die Lagrange-Dichte Schritt für Schritt konstruieren. Dabei beschränken wir uns im fermionischen Sektor zunächst auf die Elektronen und Neutrinos. Die Dirac-Gleichung für freie masselose Fermionen leiten wir aus

$$\mathcal{L}_F^0 = (\hbar c)\, \bar{\psi} i \gamma \partial \psi \tag{3.78}$$

über die Euler-Lagrange-Gleichung her:

$$\frac{\partial \mathcal{L}_F^0}{\partial \bar{\psi}} - \sum_{\mu,\nu} \frac{\partial}{\partial x_\mu} g_{\mu\nu} \frac{\partial \mathcal{L}_F^0}{\partial (\partial \bar{\psi}/\partial x_\nu)} = 0. \tag{3.79}$$

Die adjungierte Gleichung erhalten wir, wenn wir $\bar{\psi}$ durch ψ ersetzen. Ein zusätzlicher Term $-mc^2 \bar{\psi}\psi$ in der Lagrange-Dichte gäbe uns die Dirac-Gleichung für ein freies massives Teilchen. In unserer Theorie steht der Spinor ψ für linkshändige Elektronen und Neutrinos oder für rechtshändige Elektronen. So setzen wir zum Beispiel in Analogie zu (3.45):

$$\mathcal{L}_\nu^0 = (\hbar c)\, \bar{\nu}_L i \gamma \partial \nu_L = (\hbar c)\, \bar{\nu} i \gamma \partial \frac{1}{2}\,(1 - \gamma_5)\, \nu.$$

Nun fügen wir, um Wechselwirkungen einzuschalten, masselose Eichbosonen hinzu. Die Lagrange-Dichte $\mathcal{L}_B^0$ der „freien" Felder liefert uns gekoppelteKlein-Gordon-Gleichungen für die vier Felder, deren explizite Form uns hier nicht interessiert. Außerdem haben wir aber die Ableitungen im fermionischen Sektor durch kovariante Ableitungen zu ersetzen, sodass

$$\mathcal{L}_{F+B}^0 = (\hbar c) \sum_{l=\nu_L, e_L, e_R} \bar{l} i \gamma D l + \mathcal{L}_B^0$$

---

[31] Aus historischen Gründen wird das Photon abgekürzt durch ein γ dargestellt, sein Feld aber durch ein A.

mit

$$i\gamma D = i \sum_{\mu,\nu} \gamma_\mu g_{\mu\nu} \left(\partial_\nu + ig\boldsymbol{T} \cdot \boldsymbol{W}_\nu + ig'YB_\nu\right).$$

Als letzte Komponente setzen wir nun noch das symmetriebrechende Feld Φ' über (3.75) ein. Allerdings koppeln wir es sowohl an die Eichbosonen, indem wir auch $\partial_\mu \Phi'$ durch $D_\mu \Phi'$ ersetzen, als auch an die Fermionen, was wir durch eine Yukawa-Kopplung $c\bar{\psi}\psi\Phi'$ (vergleiche (3.4)) bewerkstelligen. Darauf müssen wir ein bißchen genauer eingehen. In unserer Theorie haben wir händige Fermionen, also gibt es vier Möglichkeiten

$$\mathcal{L}_Y = c_{LL}\bar{\psi}_L\psi_L\Phi, \ c_{RL}\bar{\psi}_R\psi_L\Phi, \ c_{LR}\bar{\psi}_L\psi_R\Phi \ \text{und} \ c_{RR}\bar{\psi}_R\psi_R\Phi.$$

Nun gilt:

$$\bar{\psi}_{L,R} = \left(\frac{1}{2}\left(1 \mp \gamma_5\right)\psi\right)^\dagger \gamma_0 = \psi^\dagger \frac{1}{2}\left(1 \mp \gamma_5\right)\gamma_0 = \bar{\psi}\frac{1}{2}\left(1 \pm \gamma_5\right).$$

Aus $(1 + \gamma_5)(1 - \gamma_5) = (1 - \gamma_5)(1 + \gamma_5) = 0$ folgt nun

$$\bar{\psi}_L\psi_L = \bar{\psi}_R\psi_R = 0.$$

Yukawa-Kopplungen verknüpfen also im Gegensatz zu den Strömen (vergleiche (3.45)) rechts- und linkshändige Felder. Mit den Fermion-Feldern

$$\begin{pmatrix} \nu_L \\ e_L \end{pmatrix} \ \text{und} \ e_R$$

setzen wir also:

$$\mathcal{L}_Y = c\bar{e}_R\Phi^\dagger \begin{pmatrix} \nu_L \\ e_L \end{pmatrix} + c\left(\bar{\nu}_L, \bar{e}_L\right)\Phi^* e_R. \tag{3.80}$$

Damit dieser Ausdruck $SU(2)$-invariant ist, muss Φ ein $SU(2)$-Dublett sein, so wie wir es eingeführt haben. Setzen wir das weiter oben konstruierte Φ in diese Ausdrücke ein, kommen wir auf:

$$\mathcal{L}_Y = \frac{cv}{\sqrt{2}}\left(1 + \frac{H(x)}{v}\right)[\bar{e}_Re_L + \bar{e}_Le_R] = \frac{cv}{\sqrt{2}}\left(1 + \frac{H(x)}{v}\right)\bar{e}e. \tag{3.81}$$

Legen wir den freien Parameter c so fest, dass

$$\frac{cv}{\sqrt{2}} = m_e c^2, \tag{3.82}$$

erhalten wir einen Massenterm für das Elektronenfeld. Ausgehend von masselosen Teilchen bekommen wir durch eine Yukawa-Kopplung an das Φ-Feld eine Theorie mit massiven Fermionen!

Noch eleganter funktioniert dieser Mechanismus für die Eichbosonen. Denn wenn wir, den Methoden der Eichtheorien folgend, die kovariante Ableitung

$$i\mathrm{D}_\mu = i\left(\partial_\mu + ig\boldsymbol{T} \cdot \boldsymbol{W}_\mu + ig'Y \cdot B_\mu\right)$$

statt der gewöhnlichen Ableitung in der Lagrange-Dichte für das Φ-Feld verwenden, erhalten wir unter anderen den Term

$$\left(0, \frac{v}{\sqrt{2}}\right) \left(\begin{array}{cc} \frac{g}{\sqrt{2}}W^0 + g'Y_\Phi B & \frac{g}{\sqrt{2}}W^+ \\ \frac{g}{\sqrt{2}}W^- & -\frac{g}{\sqrt{2}}W^0 + g'Y_\Phi B \end{array}\right)^2 \left(\begin{array}{c} 0 \\ \frac{v}{\sqrt{2}} \end{array}\right)$$

$$= \frac{1}{2}\left[\frac{g^2}{2}W^+W^- + \left(\frac{g}{2}W^0 - g'Y_\Phi B\right)^2\right] v^2.$$

Dabei ist Y_Φ die $U(1)$-Hyperladung des Φ-Feldes. Nun möchten wir ja das Photon als einen Bestandteil der Theorie haben. Wir haben bereits im vorigen Kapitel gezeigt, dass die Eigenschaften des elektromagnetischen Feldes mit seiner Kopplung an geladenen Teilchen invariant unter $U(1)$-Phasentransformationen der Form $\exp(i\phi(x)Q)$ sind, wenn Q die elektrische Ladung des wechselwirkenden Teilchens ist. Formal ausgedrückt, möchten wir $SU(2)_W \times U(1)_Y$ so brechen, dass eine elektromagnetische $U(1)_{em}$-Symmetrie übrig bleibt. Da $Q = T_3 + Y$, fordern wir

$$\exp\left[i\phi(x)\left(T_3 + Y_\Phi\right)\right]\begin{pmatrix} 0 \\ v \end{pmatrix} = \begin{pmatrix} 0 \\ v \end{pmatrix},$$

also eine $U(1)$-Invarianz für den Grundzustand des Φ-Feldes. Da

$$T_3 + Y_\Phi = \begin{pmatrix} \frac{1}{2} + Y_\Phi & 0 \\ 0 & -\frac{1}{2} + Y_\Phi \end{pmatrix} \text{ und } e^{i\phi(T_3 + Y_\Phi)} = 1 + i\phi\left(T_3 + Y_\Phi\right) + \dots,$$

können wir das nur erfüllen, wenn $-\frac{1}{2} + Y_\Phi = 0$, also $Y_\Phi = \frac{1}{2}$. Damit wird

$$\frac{1}{2}\left[\frac{g^2}{2}W^+W^- + \left(\frac{g}{2}W^0 - g'Y_\Phi B\right)^2\right] v^2 = \left[\frac{g^2}{4}W^+W^- + \frac{g^2 + g'^2}{8}Z^2\right] v^2.$$

Diese beiden Terme geben uns nun die Massen der W- und Z-Bosonen:

$$m_W c^2 = (\hbar c)\frac{g}{2}v \text{ und } m_Z c^2 = (\hbar c)\frac{\sqrt{g^2 + g'^2}v}{2}. \tag{3.83}$$

Es folgt, dass das Verhältnis der Massen durch den Weinberg-Winkel gegeben ist:

$$\cos \vartheta_W = \frac{m_W}{m_Z}. \tag{3.84}$$

Die Massen und die Kopplungen der schweren Bosonen sind also über denselben Parameter mit einander verknüpft. In unserer Abschätzung, $\sin^2 \vartheta_W \approx 0.25$ und $m_W c^2 \approx 75\,\text{GeV}$, bekommen wir $m_Z c^2 \approx 86\,\text{GeV}$. Außerdem können wir (3.83) und die weiter oben hergeleitete Beziehung (3.69) heranziehen, um den numerischen Wert von v zu bestimmen:

$$(\hbar c)v = \frac{2m_W c^2}{g} = \frac{2\left(m_W c^2\right)\sin \vartheta_w}{\sqrt{4\pi\alpha}} = \frac{1}{\sqrt{\sqrt{2}G}} = 246\,\text{GeV}. \tag{3.85}$$

Nun haben wir aus einem ganz offensichtlich eichinvarianten Ansatz mit masselosen Teilchen über die Wechselwirkung mit dem Hintergrundfeld Φ, die wir ebenfalls auf eichinvariante Art und Weise, nämlich über Yukawa-Kopplungen und eine kovariante Ableitung eingeführt haben, eine Theorie formuliert, die nicht nur die Teilchen mit den korrekten Eigenschaften beschreibt, sondern auch für sämtliche physikalische Prozesse, auch die höherer Ordnung, sinnvolle Rechenergebnisse liefert. Und all das wurde dadurch möglich, dass wir bei jedem Schritt darauf geachtet haben, die Eichinvarianz nicht zu verletzen. Die vollständige Lagrange-Dichte hat nun die Form

$$
\begin{aligned}
\mathcal{L} = {}& \mathcal{L}_{F+B}^0 + \mathcal{L}_Y + \mathcal{L}_\Phi \\
= {}& \mathcal{L}_F + \mathcal{L}_B \\
& - (\hbar c)\sqrt{4\pi\alpha}\left[\frac{1}{\sqrt{2}\sin \vartheta_W}\left(j^c W^+ + j^{c\dagger} W^-\right) + \right. \\
& \left. \qquad\qquad + \frac{1}{2\sin \vartheta_W \cos \vartheta_W} j^n Z + j^{em} A\right] \\
& + \frac{\hbar c}{2}(\partial H)^2 - \frac{m_H^2 c^4}{2(\hbar c)}H^2\left[1 + \frac{H}{v} + \frac{1}{4}\left(\frac{H}{v}\right)^2\right].
\end{aligned}
\tag{3.86}
$$

Hier sind und die Lagrange-Dichten für massive Fermionen und Bosonen einschließlich der Kopplung an die „Störung" H:

$$
\begin{aligned}
\mathcal{L}_F = {}& \mathcal{L}_F^0 - m_e c^2 \bar{e}e\left(1 + \frac{H}{v}\right) \\
\mathcal{L}_B = {}& \mathcal{L}_B^0 + (\hbar c)\left[m_W c^2 W^+ W^-\left(1 + \frac{H}{v}\right)^2 + \frac{m_Z c^2}{2}Z^2\left(1 + \frac{H}{v}\right)^2\right].
\end{aligned}
\tag{3.87}
$$

Die letzte Zeile in der vollständigen Formel ergibt sich aus

$$(\hbar c)\left(\partial \Phi^\dagger\right)\left(\partial \Phi\right) - \frac{1}{\hbar c}\left[\mu^2 \Phi^\dagger \Phi - \lambda \left(\Phi^\dagger \Phi\right)^2\right]$$

$$= \frac{\hbar c}{2}\left(\partial H\right)^2 - \frac{1}{2(\hbar c)}\left[\mu^2 v^2 \left(1 + \frac{H}{v}\right)^2 - \frac{\lambda v^4}{2}\left(1 + \frac{H}{v}\right)^4\right]$$

$$= \frac{\hbar c}{2}\left(\partial H\right)^2 - \frac{\mu^2 v^2}{4(\hbar c)} + \frac{\mu^2}{\hbar c}H^2\left[1 + \frac{H}{v} + \frac{1}{4}\left(\frac{H}{v}\right)^2\right].$$

Dabei haben wir natürlich $v^2 = \mu^2/\lambda$ benutzt und berücksichtigt, dass der zu H^2 proportionale Term dem Feld die Masse $m_H c^2 = 2\mu^2$ gibt. Den Term $\mu^2 v^2/4(\hbar c)$ können wir weglassen, da er mit keinem physikalischen Feld verknüpft ist und daher in keiner Wellengleichung auftaucht. Nun sehen wir auch den Preis, den wir für diesen Mechanismus zu bezahlen haben: wir bekommen ein fundamentales skalares Feld, das bei der Quantisierung der Theorie ein neues Teilchen, das Higgs-Boson,[32] liefert.

Die Bestätigung im Experiment

Bis auf den heutigen Tag ist das Higgs-Boson noch nicht nachgewiesen. Die Suche nach ihm ist ausgesprochen schwierig, da die Theorie praktisch nichts über seine Masse aussagt, denn der Parameter μ^2 taucht sonst nur in Strahlungskorrekturen auf und kann daher in Experimenten, denen reale Higgs-Teilchen nicht zugänglich sind, bestenfalls grob eingegrenzt werden. Die Teilchenphysiker hatten aber von Anfang an soviel Vertrauen in diese Theorie, dass sie die maßgeblich an ihrer Formulierung beteiligten Theoretiker Sheldon Glashow, Abdus Salam und Steven Weinberg [85] noch vor dem Nachweis der W- und Z-Bosonen für nobelpreiswürdig erachtet haben. Der gelang 1983 am CERN durch eine große kollektive Anstrengung, die auf einer brillanten Idee des Beschleuniger-Spezialisten Simon van der Meer aufbaute [170]. Van der Meer hatte einen einfachen Weg gefunden, in einem „Speicherring", also einem Zirkularbeschleuniger, dessen Strahl über Stunden im Umlauf gehalten wird, die laterale Ausdehnung des Strahls sukzessiv zu verkleinern. Ein Paket geladener Teilchen, das zwischen den Platten eines Kondensators durchläuft, induziert in diesem ein Spannungssignal, das von seiner Position relativ zu den Platten abhängt. Dieses Signal schickt man, umgekehrt und verstärkt, auf einen zweiten Kondensator, der dem eventuell verschobenen Paket einen korrigierenden Stoß gibt (siehe Abbildung 3.10). Allmählich werden so all Teilchen sehr nahe an die Sollbahn gedrückt. Mit dieser Technik konnten die Beschleuniger am CERN intensive, scharf fokussierte Antiprotonen-Strahlen liefern – ausgehend von den in einem weiten Winkel emittierten Antiprotonen aus einem mit Protonen beschossenen Wolfram-Blech – und sie in einem

---

[32] Es ist nach dem Erfinder dieses Symmetriebrechungs-Mechanismus, Peter W. Higgs, benannt [105].

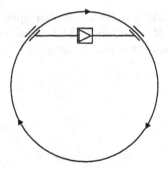

Abbildung 3.10. Das Prinzip der stochastischen Kühlung

Speicherring mit entgegengesetzt umlaufenden Protonen kollidieren lassen. Die Schwerpunktsenergie (siehe (2.15)) und die Intensität waren groß genug, um W- und Z-Bosonen zu erzeugen. Eine Gruppe unter Leitung Carlo Rubbias, die aus mehr als 100 Physikern aus aller Welt bestand, baute ein Detektor-System, das die gleichzeitige Messung aller emittierten Teilchen, die Bestimmung des Impulses und der Energie erlaubte. Die Impulsmessung geschah über die Analyse von Spuren in einem magnetischen Feld, das parallel zur Strahlachse orientiert war, sodass die Bahnen geladener Teilchen durch die Lorentz-Kraft auf eine Helix gezwungen wurden, deren Radius umgekehrt proportional zum Transversalimpuls ist (siehe den Abschnitt über tiefinelastische Streuung). Die Energie wurde in einem „Kalorimeter" bestimmt, das aus alternierenden Blei- beziehungsweise Eisen- und Plastikszintillator-Platten bestand. Durch Stöße mit den massiven, hoch geladenen Metall-Kernen erzeugen sowohl geladene als auch neutrale Teilchen, sofern sie der starken oder elektromagnetischen Wechselwirkung unterliegen, Schauer geladener Sekundärteilchen, deren Energieverlust in den Szintillatoren über die Menge des emittierten sichtbaren Lichts gemessen werden kann. Ihre Grenze findet diese Methode allerdings bei den Myonen, die sich von anderen geladenen Teilchen durch ihren sehr kleinen Energieverlust unterscheiden.[33] Da sie deswegen aber auch sehr durchdringend sind, konnten sie außerhalb des Kalorimeters in einem Spektrometer aus magnetisiertem Eisen identifiziert und vermessen werden. Besonders wichtig war die vollständige Überdeckung aller Richtungen, denn das W-Teilchen wurde über seinen leptonischen Zerfall, $W \rightarrow e\nu$ oder $W \rightarrow \mu\nu$, nachgewiesen. Da das Neutrino nicht ionisiert und wegen der extremen Schwäche seiner Wechselwirkung mit normaler Materie auch keine anderen Spuren im Detektor hinterlässt, kann man seine Energie nur dadurch bestimmen, dass man die Energie *aller* anderen Teilchen misst. Die Differenz zwischen der Schwerpunktenergie und der gemessenen Energie der Reaktionsprodukte misst man dem Neutrino zu. Die Abbildung 3.11 zeigt

---

[33] Weil sie wesentlich schwerer sind als Elektronen, übertragen sie in Stößen nur wenig Energie. Sie verursachen deswegen auch keine Schauer.

den auch heute noch gültigen Aufbau fast aller Speicherring-Detektoren, die sich allerdings in ihrem detaillierten Aufbau, je nach den Schwerpunkten des Experimentierprogramms, voneinander unterscheiden. Im Jahre 1983 wur-

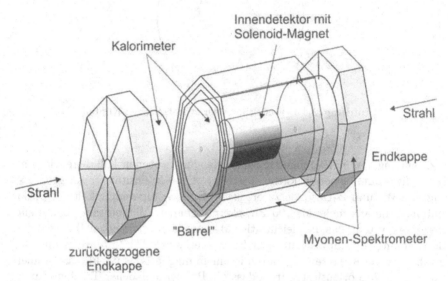

Abbildung 3.11. Aufbau eines Collider-Experiments

den in diesem und einem weiteren, ähnlichen Experiment die ersten W- und Z-Bosonen beobachtet [12]. Über (2.15) bestimmt man aus den gemessenen Energien und Impulsen der Zerfallsprodukte die Massen zu

$$m_W c^2 \approx 80 \, \text{GeV}$$
$$m_Z c^2 \approx 91 \, \text{GeV},$$

und wir können aus diesen Werten

$$\sin^2 \vartheta_W = 1 - \frac{m_W^2}{m_Z^2} \approx 0.23$$

bestimmen. Auf der anderen Seite hat $\sin^2 \vartheta_W$ ja auch die Bedeutung einer Kopplungskonstanten (siehe (3.68) und (3.86)), die zum Beispiel die Wirkungsquerschnitte für die Streuung von hochenergetischen Neutrinos an Nukleonen beeinflusst. Mit den W- und Z-Bosonen können wir die tiefinelastische Neutrino-Streuung ja ganz analog zum elektromagnetischen Fall betrachten. Strenggenommen müssen wir auch bei der Elektron-Nukleon-Streuung den Austausch eines Z-Bosons, zusätzlich zu dem eines Photons, betrachten. Bei Impulsüberträgen $Q^2 \ll m_Z^2 c^4 \approx 8300 \, \text{GeV}^2$ überwiegt jedoch der Photonaustausch so deutlich, dass wir den Z-Beitrag, zumindest was die Untersuchung der Target-Struktur betrifft, vernachlässigen können. Anders beim elektrisch neutralen Neutrino. Wie wir an den Feynman-Diagrammen sehen, müssen wir zwischen geladenem und neutralem Strom unterscheiden:

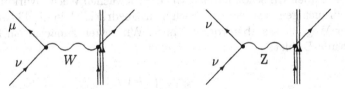

Die Wirkungsquerschnitte für die beiden Prozesse können wir dann wieder als Funktion der Quark-Verteilungen ausdrücken. Für die totalen, also über Q^2 und die Skalenvariable x integrierte, Wirkungsquerschnitte finden wir für ein isoskalares Target im Fall $Q^2 \ll m_W^2 c^4$, $m_Z^2 c^4$:

$$\sigma_{\nu N \to l^- X} = (\hbar c)^2 \frac{G^2 m_N c^2 E_\nu}{\pi} \int_0^1 \mathrm{d}x\, x q(x)$$

$$\sigma_{\nu N \to \nu X} = (\hbar c)^2 \frac{G^2 m_N c^2 E_\nu}{\pi} \left(\frac{1}{2} - \sin^2 \vartheta_W + \frac{20}{27} \sin^4 \vartheta_W \right) \cdot \int_0^1 \mathrm{d}x\, x q(x),$$

$$(3.88)$$

wobei $q(x) = u(x) + d(x)$. Natürlich sind diese Querschnitte viel kleiner als die elektromagnetischen:

$$\sigma_{\nu N} \approx 10^{-36}\,\mathrm{cm}^2 \text{ bei } E_\nu = 200\,\mathrm{GeV}$$

$$\sigma_{eN} \approx 10^{-28}\,\mathrm{cm}^2 \text{ für } E_e = 200\,\mathrm{GeV} \text{ und } Q^2 > 1\,\mathrm{GeV}^2.$$

Ein Neutrino-Experiment muss also, um eine messbare Rate zu erreichen, erheblich mehr Targetmasse aufweisen als ein Elektronen-Experiment, vorausgesetzt, die Strahlintensität ist dieselbe. Die einzige Möglichkeit, dies zu bewerkstelligen, ist eine Kombination von Target und Detektor in Form eines Sandwiches aus Absorbermaterial und Detektorebenen. Am CERN gab es bis in die achtziger Jahre zwei solche Experimente [5], die Neutrino-Wirkungsquerschnitte gemessen haben, am Fermilab eines [13]. Für das Verhältnis von neutralem zu geladenem Strom fanden sie

$$\frac{\sigma_{\nu N \to \nu X}}{\sigma_{\nu N \to l^- X}} = \frac{\sigma^{NC}}{\sigma^{CC}} \approx 0.31 = \frac{1}{2} - \sin^2 \vartheta_W + \frac{20}{27} \sin^4 \vartheta_W. \qquad (3.89)$$

Das ist verträglich mit $\sin^2 \vartheta = 0.23$, also dem Wert, den wir aus dem Verhältnis der W- und Z-Massen bestimmt haben. Diese Übereinstimmung bestätigt die Doppelrolle des Weinberg-Winkels als Kopplungskonstante und Massenparameter, ein Verhalten, das letzten Endes nur über die quantenmechanische Mischung der W^0- und B-Felder verstanden werden kann. Es ist dies vielleicht der größte Triumph der Glashow-Salam-Weinberg-Theorie.

Quarks im Standardmodell

Zwar haben wir schon implizit von der schwachen Wechselwirkung der Quarks Gebrauch gemacht, sie aber noch nicht ausdrücklich in die Theorie eingebaut. Der Weg ist uns aber vorgezeichnet. Wir setzen zunächst ein linkshändiges Isospin-Dublett

$$\begin{pmatrix} u_L \\ d_L \end{pmatrix}$$

und ein rechtshändiges Singulett d_R an. Damit haben wir genau dieselbe Struktur wie bei den Leptonen. Darüberhinaus müssen wir aber auch ein rechtshändiges u-Quark zulassen, und zwar zum einen, weil alle Quarks ja in paritätserhaltender Weise an der elektromagnetischen Wechselwirkung teilnehmen, und zum anderen, um dem u-Quark eine Masse geben zu können. In die Lagrange-Dichte haben wir also die Terme

$$
\begin{aligned}
\mathcal{L}_q = \bar{q} i \gamma D q &+ c_d \left[\bar{d}_R \Phi^\dagger \begin{pmatrix} u_L \\ d_L \end{pmatrix} + (\bar{u}_L, \bar{d}_L)\, \Phi d_R \right] \\
&- c_u \left[\bar{u}_R \Phi^T \epsilon \begin{pmatrix} u_L \\ d_L \end{pmatrix} + (\bar{u}_L, \bar{d}_L)\, \epsilon^T \Phi^* u_R \right]
\end{aligned}
\tag{3.90}
$$

aufzunehmen (vergleiche (3.80)). Dabei sind in q die Quarkfelder gesammelt:

$$q = \begin{pmatrix} u_L \\ d_L \\ u_R \\ d_R \end{pmatrix}. \tag{3.91}$$

Die kovariante Ableitung hat die übliche Form

$$i\mathrm{D} = (\partial + i\boldsymbol{T} \cdot \boldsymbol{W} + ig' Y \cdot B)$$

mit

$$T = \begin{pmatrix} \frac{1}{2}\sigma & 0\,0 \\ & 0\,0 \\ 0\,0 & 0\,0 \\ 0\,0 & 0\,0 \end{pmatrix} \quad \text{und} \quad Y = \begin{pmatrix} \frac{1}{6} & 0 & 0 & 0 \\ 0 & \frac{1}{6} & 0 & 0 \\ 0 & 0 & \frac{2}{3} & 0 \\ 0 & 0 & 0 & -\frac{1}{3} \end{pmatrix}.$$

Die Hyperladungen haben wir so festgelegt, dass die richtigen elektrischen Ladungen für die Quarks herauskommen, also 2/3 für u und $-1/3$ für d. Der erste Yukawa-Term hat offensichtlich dieselbe Form wie der für das Elektron. Die Form des zweiten ist von der Forderung der $SU(2)$-Invarianz bestimmt. Für kleine Drehwinkel haben wir nämlich:

$$-c_u \bar{u}_R \Phi^T \epsilon \begin{pmatrix} u_L \\ d_L \end{pmatrix} = -\frac{c_u}{\sqrt{2}} \bar{u}_R (0,\, v + H) \begin{pmatrix} 0 & 1 \\ -1 & 0 \end{pmatrix} \begin{pmatrix} u_L \\ d_L \end{pmatrix}$$

$$= -\frac{c_u}{\sqrt{2}} \bar{u}_R (0,\, v + H) \begin{pmatrix} d_L \\ -u_L \end{pmatrix} = \frac{c_u}{\sqrt{2}} \bar{u}_R u_L v \left(1 + \frac{H}{v} \right)$$

$$\to -c_u \bar{u}_R \Phi^T \left(1 + \frac{i}{2} \boldsymbol{\sigma} \cdot \boldsymbol{\phi} \right) \epsilon \left(1 + \frac{i}{2} \boldsymbol{\sigma} \cdot \boldsymbol{\phi} \right) \begin{pmatrix} u_L \\ d_L \end{pmatrix}$$

$$= -\frac{c_u}{\sqrt{2}} \bar{u}_R (0,\, v + H) \begin{pmatrix} 0 & 1 + \dfrac{\phi^2}{4} \\ -1 - \dfrac{\phi^2}{4} & 0 \end{pmatrix} \begin{pmatrix} d_L \\ -u_L \end{pmatrix}$$

$$\approx \frac{c_u}{\sqrt{2}} \bar{u}_R u_L v \left(1 + \frac{H}{v} \right),$$

wenn wir Terme mit ϕ^2 vernachlässigen. Nun sind wir also so weit, dass wir die elektromagnetische und schwache Wechselwirkung aller Teilchen, die wir zum Aufbau von Nukleonen, Kernen und schließlich Atomen brauchen, in einer einzigen konsistenten, aussagekräftigen Theorie zusammengefasst haben. Dazu müssen wir sechs Parameter experimentell festlegen: die Elementarladung e, die uns die Feinstrukturkonstante α liefert, die Fermi-Konstante G, den Weinberg-Winkel und drei Fermion-Massen. Das Verhältnis c_A von axialer zu vektorieller Kopplung der Nukleonen ist keine fundamentale Konstante. Mit genügender Kenntnis der inneren Struktur des Nukleons können wir erwarten, sie eines Tages berechnen zu können. Allerdings wird sie ja außer von der schwachen auch von der starken Wechselwirkung beeinflusst, die bei kleinen Energien wegen des Versagens der Störungstheorie große Schwierigkeiten bereitet.

Nun ist die Theorie aber immer noch unvollständig. Denn wir haben ja schon ein weiteres Lepton, das Myon, kennen gelernt, und außerdem gibt es ja noch das s-Quark, das ja mit dem d-Quark auf kuriose Art und Weise verbunden ist. Wir kommen zunächst auf das Myon zu sprechen. Ganz offensichtlich verhält es sich wie eine schwere Kopie des Elektrons. Seine elektromagnetische und schwache Wechselwirkung ist exakt dieselbe. In der Tat können wir aus den Feynman-Graphen des μ^--Zerfalls durch Umklappen der Elektronenlinie eine Graphen für den Prozess konstruieren, in dem beide geladenen Leptonen auf dieselbe Weise behandelt werden:

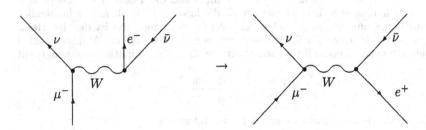

Insbesondere gibt es keinen Hinweis auf eine Mischung zwischen Myon und Elektron und damit offensichtlich kein leptonisches Pendant zum Cabbibo-Winkel. Unter diesen Umständen sollte aber das Myon wie das Elektron zu einem Isospin-Dublett gehören. Es muss also ein Neutrino als Partner haben. Leon Ledermann, Mel Schwartz und Jack Steinberger fanden um 1962 nicht nur heraus, dass es ein Neutrino gibt, das als Isospin-Partner des Myons auftritt, sondern auch, dass dieses Neutrino nicht dasselbe ist wie das aus dem β-Zerfall [44]. Sie schafften dies, indem sie einen Strahl von Neutrinos, die aus dem Zerfall von Pionen stammte[34] ($\pi^+ \rightarrow \mu^+ + \nu$ und $\pi^- \rightarrow \mu^- + \bar{\nu}$), auf ein mit Detektoren bestücktes massives Stahltarget schossen. Sie fanden eine Handvoll von Ereignissen, in denen das Neutrino sich über einen W-Austausch in ein geladenes Lepton umwandelte: diese Leptonen waren ausnahmslos Myonen, die man wegen ihrer großen Reichweite im Eisen sehr leicht von Elektronen unterscheiden kann. Mittlerweile ist dieser Befund immer wieder bestätigt worden: Neutrinos, die aus Zerfällen stammen, in denen sie von Myonen begleitet waren, wandeln sich ausschließlich in Myonen um. Wir geben also den beiden Neutrino-Typen einen Index und schreiben zum Beispiel für den Myon-Zerfall:

$$\mu^- \rightarrow \nu_\mu + e^- + \bar{\nu}_e$$
$$\mu^+ \rightarrow \bar{\nu}_\mu + e^+ + \nu_e.$$

Ordnen wir wie üblich den negativen Leptonen und den Neutrinos die Leptonenzahl $+1$ und den positiven Leptonen sowie den Antineutrinos -1 zu, erkennen wir, dass diese Quantenzahl für die Elektronen-Generation (e und ν_e) und für die Myonen-Generation (μ und ν_μ) getrennt erhalten ist. Damit können wir die Myonen-Generation ohne weiteres in unsere Theorie einbauen und sowohl die Kopplungen an die Eichfelder W, Z und γ als auch die Yukawa-Terme von den Elektronen kopieren. Wir bekommen dieselben Ausdrücke in der Lagrange-Dichte, sie unterscheiden sich nur im Massenparameter von den Elektronen-Termen.

Bei den Quarks muss das ganz anders sein: Da ja im geladenen Strom offensichtlich Mischungen aus d- und s-Quarks auftreten, kann eine strikte

---

[34] Der „β-Zerfall" der geladenen Pionen ($\pi \rightarrow e + \nu$) ist 8000mal seltener als der Zerfall in Myonen – trotz der größeren Massendifferenz zwischen dem Pion und den Zerfallprodukten. Der Grund liegt in der Paritätsverletzung: Im Ruhesystem des Pions müssen das geladene Lepton und das Neutrino mit derselben Helizität emittiert werden. Im Fall $\pi^+ \rightarrow e^+ + \nu$ muss also das Positron wie das Neutrino linkshändig sein. Das ist nun gerade die falsche Helizität: nur rechtshändige Positronen unterliegen der schwachen Wechselwirkung. Also ist der der Masse proportionale Anteil der Wellenfunktion des geladenen Leptons für diesen Zerfall verantwortlich. Da die Rate quadratisch von den Wellenfunktionen abhängt, gilt

$$\frac{\Gamma_\mu}{\Gamma_e} \approx \left(\frac{m_\mu}{m_e}\right)^2 \left(\frac{m_\pi^2 - m_\mu^2}{m_\pi^2 - m_e^2}\right)^2 \approx 8000.$$

Der zweite Faktor stammt aus den Energieintegralen.

Trennung wie bei den Leptonen nicht aufrechterhalten werden. Wir rekapitulieren Cabbibos Ansatz: aus den Feldern d und s konstruieren wir:

$$d' = d \cos \vartheta_C + s \sin \vartheta_C$$
$$s' = -d \sin \vartheta_C + s \cos \vartheta_C.$$

Nun hatten wir angenommen, dass nur d' an der schwachen Wechselwirkung teilnimmt, da es einen Isospin-Partner, das u-Quark, hat. Natürlich ist es sehr unbefriedigend, ein Feld s' einführen zu müssen, das keine Rolle in der Physik spielt. Es wäre wünschenswert, wenn auch s' einen Partner bekäme, den wir c' (für Charm!) nennen.

In Anwesenheit der neutralen Ströme ist dieses vierte Quark sogar notwendig. Denn wenn s' ein Singulett wäre, würden wir neutrale Ströme erhalten, die die Flavour-Quantenzahl der *freien* Felder ändern:

$$\bar{s}' \Gamma s' = \left(-\bar{d} \sin \vartheta_C + \bar{s} \cos \vartheta_C \right) \Gamma \left(-d \sin \vartheta_C + s \cos \vartheta_C \right)$$
$$= \left(\bar{d} \Gamma d \right) \sin^2 \vartheta_C + \left(\bar{s} \Gamma s \right) \cos^2 \vartheta_C$$
$$- \left(\bar{s} \Gamma d + \bar{d} \Gamma s \right) \sin \vartheta_C \cos \vartheta_C.$$

Der letzte Term würde zum Beispiel über den Prozess $\bar{d} + s \rightarrow Z \rightarrow \mu^+ + \mu^-$ den Zerfall neutraler Kaonen in Myon-Paare verursachen: $K^0 \rightarrow \mu^+ + \mu^-$. Dieser sieht dem leptonischen Zerfall der geladenen Kaonen $K^- \rightarrow \mu^- + \bar{\nu}_\mu$, der über den geladenen Strom abläuft, sehr ähnlich, und deshalb erwarten für ihn wir eine ähnliche Lebensdauer. In Wirklichkeit ist er extrem selten: im Fall des K_L[35] ist seine Rate $(0.14 \pm 0.01)\,\mathrm{s}^{-1}$, um mehr als acht Größenordnungen kleiner als die für den vergleichbaren Zerfall $K^- \rightarrow \mu^- + \bar{\nu}_\mu$, $(5.13 \pm 0.02) \cdot 10^7\,\mathrm{s}^{-1}$ [135]. Es liegt daher nahe, anzunehmen, dass der Vertex $\bar{s}dZ$ nicht existiert und der Zerfall über einen anderen, wesentlich langsameren Prozess vonstatten geht.

Genau das erwarten wir, wenn s' auch zu einem Isospin-Dublett gehört. Denn mit den freien Feldern d und s sowie ihren Partnern u und c hätten wir dann folgende Yukawa-Terme in der Lagrange-Dichte:

---

[35] Es gibt zwei Arten neutraler Kaonen. Darauf kommen wir im nächsten Abschnitt zu sprechen.

$$\mathcal{L}_Y = -c_u \left[\bar{u}_R \Phi^T \epsilon \begin{pmatrix} u_L \\ d_L \end{pmatrix} + (\bar{u}_L, \bar{d}_L) \, \epsilon^T \Phi^* u_R \right]$$

$$+ c_d \left[\bar{d}_R \Phi^\dagger \begin{pmatrix} u_L \\ d_L \end{pmatrix} + (\bar{u}_L, \bar{d}_L) \, \Phi d_R \right]$$

$$- c_c \left[\bar{c}_R \Phi^T \epsilon \begin{pmatrix} c_L \\ s_L \end{pmatrix} + (\bar{c}_L, \bar{s}_L) \, \epsilon^T \Phi^* c_R \right] \tag{3.92}$$

$$+ c_s \left[\bar{s}_R \Phi^\dagger \begin{pmatrix} c_L \\ s_L \end{pmatrix} + (\bar{c}_L, \bar{s}_L) \, \Phi s_R \right]$$

$$= (\bar{u}, \bar{c}) \begin{pmatrix} m_u c^2 & 0 \\ 0 & m_c c^2 \end{pmatrix} \begin{pmatrix} u \\ c \end{pmatrix} + (\bar{d}, \bar{s}) \begin{pmatrix} m_d c^2 & 0 \\ 0 & m_s c^2 \end{pmatrix} \begin{pmatrix} d \\ s \end{pmatrix}$$

$$+ \text{Higgs-Kopplungen.}$$

Hier haben wir wieder

$$m_i c^2 = \frac{c_i v}{\sqrt{2}}$$

gesetzt (vergleiche (3.82)) und die Quarkfelder nach ihrem Isospin sortiert. Nach Cabbibo (siehe (3.50)) sind nun die $(T_3 = -\frac{1}{2})$-Felder, die an der schwachen Wechselwirkung teilnehmen, durch

$$\begin{pmatrix} d' \\ s' \end{pmatrix} = V \begin{pmatrix} d \\ s \end{pmatrix} = \begin{pmatrix} \cos \vartheta_C & \sin \vartheta_C \\ -\sin \vartheta_C & \cos \vartheta_C \end{pmatrix} \begin{pmatrix} d \\ s \end{pmatrix}$$

zu konstruieren, während die $(T_3 = +\frac{1}{2})$-Quarks unverändert bleiben. Die Matrix V ist in diesem Ansatz unitär, das heißt

$$V^\dagger V = \begin{pmatrix} \cos \vartheta_C & -\sin \vartheta_C \\ \sin \vartheta_C & \cos \vartheta_C \end{pmatrix} \begin{pmatrix} \cos \vartheta_C & \sin \vartheta_C \\ -\sin \vartheta_C & \cos \vartheta_C \end{pmatrix} = \begin{pmatrix} 1 & 0 \\ 0 & 1 \end{pmatrix} = \mathbf{1}.$$

Daraus folgt für die neutralen Ströme

$$(\bar{d}', \bar{s}') \, \Gamma \begin{pmatrix} \bar{d}' \\ \bar{s}' \end{pmatrix} = (\bar{d}, \bar{s}) \, \Gamma \begin{pmatrix} \bar{d} \\ \bar{s} \end{pmatrix} = \bar{d} \Gamma d + \bar{s} \Gamma s,$$

und die nichtdiagonalen Terme sind eliminiert. Dieser „GIM-Mechanismus" – nach seinen Erfindern Sheldon Glashow, Jean Iliopoulos und Luciano Maiani benannt [86] – ist einerseits die natürliche Erklärung für das Fehlen von Flavour-ändernden neutralen Strömen, auf der andern Seite erfordert er jedoch die Existenz des Charm-Quarks. Vier Jahre nach seiner Vorhersage, nämlich 1974, wurde es dann in der Form eines $\bar{c}c$-Bindungszustandes praktisch gleichzeitig in zwei Experimenten gefunden [15]. Die eine Gruppe nannte das neue Teilchen J, die andere ψ. Bis heute hat man sich vor der Entscheidung für einen einzigen Namen gedrückt und nennt es J/ψ.

Nun könnte unsere Theorie vollständig sein, da sie alle Phänomene, die wir eindeutig auf die schwache Wechselwirkung zurückführen können, zu erklären scheint. Sie ist es aber immer noch nicht, denn wir haben bisher noch ein sehr merkwürdiges Phänomen im System der neutralen Kaonen unterschlagen, das ebenfalls durch die schwache Wechselwirkung zustandekommt, und außerdem wurde 1975 ein neues geladenes Lepton, das τ, gefunden[36] [139], sowie zwei Jahre später ein neues schweres Quark, das b-Quark (für „bottom" oder „beauty", je nach Schulzugehörigkeit), mit einer Masse von ungefähr 4.5 GeV/c^2 und einer elektrischen Ladung von $-\frac{1}{3}e$ [102]. Vorausgesetzt, dass beide Teilchen wieder einen Isospinpartner haben – ein Neutrino für das τ-Lepton und ein Quark mit der Ladung $+\frac{2}{3}$ für das b-Quark – wären sie eine neue Generation von fundamentalen Fermionen. Das t- oder Top-Quark ist mittlerweile, nach jahrelanger Suche, gefunden worden [1]. Erwartungsgemäß[37] hat es eine sehr große Masse, es ist etwa 200mal schwerer als ein Proton und wiegt damit etwa soviel wie der Kern eines schweren Metalls, etwa Gold. Nach dem τ-Neutrino wird noch gefahndet. Seine Existenz wird aber kaum in Frage gestellt, da das geladene τ-Lepton genauso universell an der schwachen Wechselwirkung teilnimmt wie das Elektron und das Myon. Diese dritte Generation von Quarks und Leptonen, so überflüssig sie zunächst erscheinen mag, ermöglicht eine direkte Erklärung der Physik der neutralen Kaonen über die Quark-Mischung im Rahmen der Glashow-Salam-Weinberg-Theorie.

CP-Verletzung: drei Quark-Generationen passen ins Bild

Um das zu zeigen, führen wir zunächst das Phänomen ein. Die schwache Wechselwirkung verletzt zwar die Parität, aber wenn wir die Koordinatenspiegelung mit dem Austauschen von Teilchen und Antiteilchen – etwas unkorrekt als Ladungskonjugation bezeichnet – kombinieren, scheinen die Prozesse nach exakt demselben Muster abzulaufen. Schließlich ist die Lebensdauer des positiven Myons mit der des negativen identisch, und dasselbe gilt für andere Paare von Teilchen und Antiteilchen. Im Jargon heißt es, dass die schwache Wechselwirkung „CP-erhaltend" sein soll (C steht für „charge conjugation" und P für Parität). Sie ist es nicht! Das neutrale Kaon $K_0 = \bar{s}d$ und sein Antiteilchen $\bar{K}_0 = s\bar{d}$ bilden durch quantenmechanische Zustandsmischung zwei Teilchen, die sich in ihren Eigenschaften und Quantenzahlen deutlich voneinander unterscheiden. Eines hat eine ziemlich große Lebenserwartung (52 ns) und zerfällt bevorzugt in drei Pionen. Es wird K_L (für

---

[36] Die Bezeichnung „Lepton" ist angesichts der τ-Masse, $m_\tau c^2 = 1.87$ GeV irreführend und rechtfertigt sich nur durch die Universalität der drei Leptonen in Bezug auf die schwache Wechselwirkung.

[37] Diese Erwartung stützte sich auf Präzisionsmessungen der elektroschwachen Kopplungen. Diese sind nämlich genau wie die elektrische Ladung in der Quantenelektrodynamik zu renormieren. Dabei spielen virtuelle t-Quarks eine herausragende Rolle. Vor dem Nachweis realer Quarks konnte man also die Grenzen etablieren. Die gemessene Masse fällt etwa in die Mitte dieses Fensters.

„long") genannt. Das andere, K_S zerfällt meist in zwei Pionen und lebt im Mittel nur 0.89 ns. Nun sind die Kaonen wie die Pionen pseudoskalare Mesonen. Für die Wellenfunktionen gilt also:

$$P|K_0\rangle = -|K_0\rangle$$
$$P|\bar{K}_0\rangle = -|\bar{K}_0\rangle .$$

Für die Ladungskonjugation setzen wir an:

$$C|K_0\rangle = |\bar{K}_0\rangle$$
$$C|\bar{K}_0\rangle = |K_0\rangle .$$

Damit können wir zwei Eigenzustände zum Operator CP konstruieren:

$$|K_0^1\rangle = \frac{1}{\sqrt{2}} \left(|K_0\rangle - |\bar{K}_0\rangle \right)$$
$$|K_0^2\rangle = \frac{1}{\sqrt{2}} \left(|K_0\rangle + |\bar{K}_0\rangle \right) . \tag{3.93}$$

Es gilt

$$CP|K_0^1\rangle = +|K_0^1\rangle$$
$$CP|K_0^2\rangle = -|K_0^2\rangle .$$

Wir erwarten nun, dass K_0^1 *ausschließlich* in zwei Pionen und K_0^2 in drei Pionen zerfällt. Denn offensichtlich ist für einen neutralen Zustand aus mehreren Pionen die CP-Quantenzahl mit der Parität identisch, und die ist positiv für eine gerade Anzahl von Pionen und negativ für eine ungerade Anzahl. Wir identifizieren also versuchsweise K_0^1 mit K_S und K_0^2 mit K_L. Nun haben aber James Cronin, Val Fitch und Mitarbeiter 1964 gefunden, dass auch das langlebige Kaon in zwei Pionen zerfallen kann, wenn auch nur in 0.3% aller Fälle [37]. Die richtigen Zustände haben also jeweils eine kleine Beimischung des „falschen" CP-Eigenzustandes. So setzen wir erneut an:

$$|K\rangle_S = \frac{1}{\sqrt{1+\eta^2}} \left(|K_0\rangle - \eta|\bar{K}_0\rangle \right)$$
$$|K\rangle_L = \frac{1}{\sqrt{1+\eta^2}} \left(|K_0\rangle + \eta|\bar{K}_0\rangle \right), \tag{3.94}$$

wobei η nun ein komplexer Parameter ist, dessen Betrag nicht sehr verschieden von Eins ist. Da wir nur eine schwache Verletzung der CP-Invarianz erwarten, betrachten wir statt η die ebenfalls komplexe Größe

$$\epsilon = \frac{1-\eta}{1+\eta}, \tag{3.95}$$

deren Betrag deutlich kleiner als Eins sein sollte. Zustandsmischungen sind ja nichts Außergewöhnliches in der Quantenwelt. Dafür, dass einer der beiden Zustände leicht dominiert, kann man natürlich Modelle entwickeln, die von bekannten oder unbekannten Wechselwirkungen ausgehen. Bleiben wir im Rahmen der Glashow-Salam-Weinberg-Theorie, können wir die CP-Verletzung nur dann erklären, wenn es mehr als zwei Isospin-Dubletts im Quarksektor gibt. Das liegt an der Unitarität der Mischungsmatrix V. Für die (2×2)-Matrix, die wir in Cabbibos Ansatz für zwei Generationen benutzt haben, bedeutet die Unitaritätsforderung:

$$|V_{11}|^2 + |V_{12}|^2 = 1$$
$$V_{11}^* V_{21} + V_{12}^* V_{22} = 0$$
$$|V_{21}|^2 + |V_{22}|^2 = 1.$$

Diese drei Bedingungen haben wir durch die Wahl

$$V_{11} = V_{22} = \cos\vartheta_C \text{ und } V_{12} = -V_{21} = \sin\vartheta_C$$

erfüllt. Fortan werden wir die Elemente dieser Matrix nicht mehr durch die Zeilen- und Spaltennummer, sondern durch die Namen der Quarks kennzeichnen, die sie miteinander verbinden. So ersetzen wir V_{11} durch V_{ud}, V_{12} durch V_{us}, V_{21} durch V_{cd} und V_{22} durch V_{cs}. Die K_0-$\bar{K}_0$-Mischung kommt nun im Standardmodell durch Prozesse der Art zustande, die wir im folgenden Feynman-Diagramm dargestellt haben.

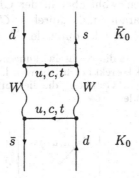

Die Amplitude für $K_0 \to \bar{K}_0$ setzt sich also aus Termen zusammen, die die Matrixelemente V_{ij} in Kombinationen wie $(V_{is}^* V_{id})(V_{js}^* V_{jd})$ enthalten, wobei i und j für Quarks mit $T_3 = +\frac{1}{2}$ stehen. Für den umgekehrten Prozess $\bar{K}_0 \to K_0$ kommt das komplex Konjugierte dieser Faktoren ins Spiel. Ist nun die Matrix reell wie im Fall von zwei Generationen, sind beide Raten gleich, und wir hätten $\eta = 1$, also keine CP-Verletzung. M. Kobayashi und T. Maskawa haben aber 1973, also ein paar Jahre vor der Entdeckung einer dritten Generation, darauf hingewiesen, dass ein Ungleichgewicht sich einstellen kann, wenn die Matrix V, die seither Cabbibo-Kobayashi-Maskawa-

Matrix oder kurz CKM-Matrix heißt, komplex ist [112]. Dazu muss sie mindestens drei Zeilen und Spalten haben. Die „Standard-Parametrisierung" für drei Generationen ist:

$$V = \begin{pmatrix} c_1 c_2 & s_1 c_2 & s_2 e^{-i\delta} \\ -s_1 c_3 - c_1 s_2 s_3 e^{-i\delta} & c_1 c_3 - s_1 s_2 s_3 e^{-i\delta} & c_2 s_3 \\ s_1 s_3 - c_1 s_2 c_3 e^{-i\delta} & -c_1 s_3 - s_1 s_2 c_3 e^{-i\delta} & c_2 c_3 \end{pmatrix},$$

wobei $s_i = \sin \vartheta_i$ und $c_i = \cos \vartheta_i$. Wir brauchen also drei Winkel statt des einen für zwei Generationen und zusätzlich eine Phase δ, die zur CP-Verletzung führt, wenn sie nicht Null oder π ist. Diese Parametrisierung ist so gewählt, dass die Diagonalelemente, also diejenigen, die nicht die Generationen mit einander verknüpfen, dominant werden, wenn die Mischungswinkel klein sind: $\cos \vartheta_i \approx 1$ für $\vartheta \approx 0$. Soweit haben wir deutlich gemacht, dass die CP-Verletzung im Rahmen der Glashow-Salam-Weinberg-Theorie beschrieben werden kann. Es ist aber keineswegs klar, ob dies die einzige Möglichkeit ist. In der Tat gibt es ein Modell, das die CP-verletzende Zustandsmischung auf eine neue, „superschwache" Wechselwirkung zurückführt [174]. Um zu beweisen, dass wirklich die komplexe Cabbibo-Kobayashi-Maskawa-Matrix verantwortlich ist, brauchen wir einen Prozess, für den das superschwache Modell keine CP-Verletzung vorhersagt.

Nun ist die Oszillation zwischen K_0 und $\bar{K}_0$ ein Prozess, der die Seltsamkeit um zwei Einheiten ändert, der Zerfall der neutralen Kaonen in Pionen hingegen nur um eine. Im superschwachen Modell gibt es keine CP-Verletzung in $(\Delta S = 1)$-Prozessen, wohl aber in der Glashow-Salam-Weinberg-Theorie[38]. Es kommt also darauf an, die „direkte" CP-Verletzung *im Zerfall* nachzuweisen. Experimentell wird das durch den Vergleich von zwei verschie-

---

[38] Vorausgesetzt wird dabei, dass die Wechselwirkung zwischen den Quarks durch die Quantenchromodynamik korrekt beschrieben wird. Die CP-verletzenden Amplituden kommen aus „Pinguin-Graphen", die die starke und schwache Wechselwirkung miteinander verbinden:

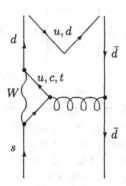

Sie sind theoretisch wegen der Fragwürdigkeit der Störungstheorie bei niedrigen Energien nur schwer zu behandeln. Die Unsicherheiten sind recht groß.

denen CP-verletzenden Zerfällen bewerkstelligt. So sollten, wenn ausschließlich die ($\Delta S = 2$)-Zustandsmischung ins Spiel kommt, die Verhältnisse

$$\eta_{+-}^2 = \frac{\Gamma(K_L \to \pi^+\pi^-)}{\Gamma(K_S \to \pi^+\pi^-)} \tag{3.96a}$$

und

$$\eta_{00}^2 = \frac{\Gamma(K_L \to \pi^0\pi^0)}{\Gamma(K_S \to \pi^0\pi^0)} \tag{3.96b}$$

exakt gleich sein. In der Tat misst man in beiden Fällen etwa $2.28 \cdot 10^{-3}$ [135]. Ausgehend von (3.93) und (3.94) zeigt eine kurze algebraische Rechnung außerdem, dass die Beimischung von zum ($CP = +1$)-Zustand K_0^1 proportional zu ϵ ist (siehe (3.95)):

$$\left|K_0^1\right\rangle \propto |K_S\rangle - \epsilon|K_L\rangle. \tag{3.97}$$

Damit gilt – immer noch vorausgesetzt, dass nur die Mischung für die CP-Verletzung verantwortlich ist:

$$\eta_{+-} = \eta_{00} = \epsilon.$$

Die direkte CP-Verletzung im Zerfall, parametrisiert als ϵ', ist für neutrale Pionen im Endzustand doppelt so groß wie für die geladenen und hat das andere Vorzeichen. Der Faktor Zwei ist plausibel, wenn wir uns die unverbundene Quarklinie im Endzustand des Pinguingraphen anschauen: um aus einem $\bar{d}d$-Paar zwei geladene Pionen zu machen, müssen wir ein $\bar{u}u$-Paar hinzufügen, für neutrale Pionen können wir sowohl ein $\bar{d}d$- als auch ein $\bar{u}u$-Paar nehmen. In Gegenwart von direkter CP-Verletzung im ($\Delta S = 1$)-Übergang erwarten wir also:

$$\frac{\eta_{+-}}{\eta_{00}} \equiv \frac{\epsilon + \epsilon'}{\epsilon - 2\epsilon'} \neq 1.$$

Man misst nun nicht die Amplituden, sondern deren Quadrat. Wenn $|\epsilon'/\epsilon| \ll 1$, erhalten wir

$$\frac{|\eta_{+-}|^2}{|\eta_{00}|^2} = \frac{|\epsilon + \epsilon'|^2}{|\epsilon - 2\epsilon'|^2} \approx \frac{1 + 2\Re(\epsilon'/\epsilon)}{1 - 4\Re(\epsilon'/\epsilon)},$$

also

$$\Re\frac{\epsilon'}{\epsilon} \approx \frac{1}{2}\frac{|\eta_{+-}|^2 / |\eta_{00}|^2 - 1}{2|\eta_{+-}|^2 / |\eta_{00}|^2 + 1} \approx \frac{1}{6}\left(\frac{|\eta_{+-}|^2}{|\eta_{00}|^2} - 1\right).$$

Die Messungen ergeben [135]

$$\Re\frac{\epsilon'}{\epsilon} = (1.5 \pm 0.8) \cdot 10^{-3}.$$

Das ist zwar verschieden von Null, aber der Fehler lässt $\epsilon' = 0$ noch nicht mit hinreichender Sicherheit ausschließen. Die Experimente werden daher fortgesetzt. Man muss sich allerdings klar werden, dass man einen Effekt der Größenordnung $3 \cdot 10^{-6}$ präzise messen muss. Dass dies nicht einfach ist und größte Sorgfalt erfordert, liegt auf der Hand. Nichtsdestotrotz ist das Ergebnis mit den Rechnungen verträglich, die allerdings wegen der hadronischen Komplikationen große Fehler aufweisen. Trotz aller Vorbehalte sehen wir die CP-Verletzung im System der neutralen Kaonen als eine weitere Bestätigung des Glashow-Salam-Weinberg-Modells an.

Zu erwähnen ist noch, dass auch die Quantenchromodynamik CP-verletzende Effekte zulässt. Der Mechanismus beruht auf der komplizierten Topologie der $SU(3)$-Eichfelder und hätte zum Beispiel zur Folge, das das Neutron ein elektrisches Dipolmoment bekommt. Die Abwesenheit oder extreme Schwäche der starken CP-Verletzung ist ein bisher ungelöstes Rätsel.

Eine mögliche Modifikation: Neutrino-Oszillationen

Im Quark-Sektor spielen also Zustandsmischungen eine bedeutende Rolle, während der leptonische Sektor des Standardmodells durch die Forderung verschwindender Neutrino-Massen davon verschont bleibt. Genau diese Forderung wollen wir jetzt aber versuchsweise fallen lassen, also auch rechtshändige Neutrinos zulassen, und die zu erwartenden Effekte studieren. Massive Neutrinos ermöglichen nun einen merkwürdigen Quanteneffekt, der weitgehende Konsequenzen in der Astrophysik hat. Wir werden diesen Effekt, die „Neutrino-Oszillationen" behandeln, da er die Möglichkeit einer endlichen Neutrinomasse in Verbindung mit astrophysikalischen Beobachtungen untermauert.

Als Einstieg in den Formalismus und zur Veranschaulichung der zu erwartenden Phänomenologie betrachten wir ein einfaches klassisches Analogon, das gekoppelte Pendel. Zwei Körper der Masse m sind an den Enden zweier masseloser Fäden der Länge l befestigt und über eine Feder mit der Rückstellkonstante k so miteinander verbunden, dass sie im Gleichgewichtszustand gerade senkrecht herunterhängen. Bei kleinen Auslenkungen ($\varphi \ll 1$, $\cos\varphi \approx 1 - \frac{\varphi^2}{2}$, $\sin\varphi \approx \varphi$) beträgt die kinetische Energie

$$T = \frac{m}{2}l^2 \left(\dot{\varphi}_1^2 + \dot{\varphi}_2^2\right)$$

und die potentielle Energie

$$V = \frac{1}{2}l^2 \left[mgl\left(\varphi_1^2 + \varphi_2^2\right) - kl\left(\varphi_1 - \varphi2\right)^2\right].$$

Die Bewegungsgleichungen lauten:

$$ml^2\ddot{\varphi}_1 + mgl\varphi_1 + kl^2\left(\varphi_1 - \varphi_2\right) = 0$$
$$ml^2\ddot{\varphi}_2 + mgl\varphi_2 - kl^2\left(\varphi_1 - \varphi_2\right) = 0.$$

Die Eigenfrequenzen bestimmen wir mit dem Ansatz $\varphi = a\exp -i\omega t$, der uns die algebraischen Bestimmungsgleichungen:

$$\begin{pmatrix} -ml^2\omega_1^2 + mgl + kl^2 & -kl^2 \\ -kl^2 & -ml^2\omega_2^2 + mgl + kl^2 \end{pmatrix} \begin{pmatrix} \varphi_1^0 \\ \varphi_2^0 \end{pmatrix} = 0 \qquad (3.98)$$

liefert. Die Lösungen ergeben sich aus der Säkulargleichung:

$$\begin{vmatrix} -ml^2\omega^2 + mgl + kl^2 & -kl^2 \\ -kl^2 & -ml^2\omega^2 + mgl + kl^2 \end{vmatrix} = 0.$$

Eine kurze Rechnung liefert: $\omega_1^2 = \frac{q}{l}$ und $\omega_2^2 = \frac{q}{l} + \frac{2k}{m}$. Einsetzen in (3.98) zeigt, dass ω_1 zu einer gleichphasigen ($\varphi_1^0 = \varphi_2^0$) und ω_2 zu einer gegenphasigen Schwingung ($\varphi_1^0 = -\varphi_2^0$) gehören. Jede beliebige Schwingung setzt sich aus diesen beiden Grundmoden zusammen:

$$\begin{pmatrix} \varphi_1 \\ \varphi_2 \end{pmatrix} = \begin{pmatrix} \varphi_{11} & \varphi_{12} \\ \varphi_{21} & \varphi_{22} \end{pmatrix} \begin{pmatrix} \exp -i\omega_1 \\ \exp -i\omega_2 \end{pmatrix}. \qquad (3.99)$$

Die φ_{ii} sind komplexe Konstanten, die durch die Anfangsbedingungen festgelegt werden. Dabei sind nur vier dieser insgesamt acht Parameter unabhängig. Die Bewegungsgleichungen (3) sind nämlich nur erfüllt, wenn $\varphi_{11} = \varphi_{21}$ und $\varphi_{21} = -\varphi_{22}$. Lenken wir das erste der beiden ruhenden Pendel zur Zeit $t = 0$ so aus, dass $\varphi_1(t = 0) = \varphi_{10}$, liegen die Konstanten alle fest:

$$\varphi_{11} = \varphi_{12} = \varphi_{21} = -\varphi_{22} = \frac{\varphi_{10}}{2}.$$

Mit $\Omega_1 = \left(\omega_1 + \omega_2\right)/2$ und $\Omega_2 = \left(\omega_1 - \omega_2\right)/2$ können wir die Lösungen anschaulicher schreiben:

$$\varphi_1 = \varphi_{10}e^{-i\Omega_1 t}\cos\Omega_2 t$$
$$\varphi_2 = -i\varphi_{10}e^{-i\Omega_1 t}\sin\Omega_2 t. \qquad (3.100)$$

Die physikalischen Lösungen sind natürlich die Realteile dieser Ausdrücke. Wir erhalten also für beide Pendel eine „schnelle" Schwingung der Frequenz Ω_1, die von einer „langsamen" Schwebung der Frequenz Ω_2 überlagert ist. Für uns ist hier vor allem von Interesse, dass die Amplituden der beiden Pendel durch die Schwebung moduliert sind: für $\Omega_2 \approx n\pi$ schwingt praktisch nur das erste Pendel, für $\Omega_2 \approx \frac{2n+1}{2}\pi$ nur das zweite – das System oszilliert zwischen zwei Zuständen hin und her. Genau demselben Effekt begegnen wir in der quantenmechanischen Überlagerung von zwei gekoppelten Zuständen.

Ein freies Teilchen mit der Energie E gehorcht der Schrödinger-Gleichung (2.46)

$$-i\hbar\frac{\partial\psi}{\partial t} = E\psi$$

deren Lösung

$$\psi = \psi(0)e^{-iEt/\hbar}$$

ist. Nun betrachten wir die zeitliche Entwicklung eines von zwei nach dem Muster des Cabbibo-Mechanismus gemischten Neutrino-Zuständen:[39]

$$|\nu_e\rangle = |\nu_1\rangle\cos\vartheta + |\nu_2\rangle\sin\vartheta$$
$$|\nu_\mu\rangle = -|\nu_1\rangle\sin\vartheta + |\nu_2\rangle\cos\vartheta. \qquad (3.101)$$

Hier sind $|\nu_1\rangle$ und $|\nu_2\rangle$ genau die „Massen-Eigenzustände", die wir bereits zur Erklärung der Quarkmischung eingeführt haben. Sie sind es, die der Schrödinger-Gleichung für freie Teilchen gehorchen. In einem schwachen Prozess, wie dem β-Zerfall, würden wir also zunächst einen reinen ν_e-Zustand erzeugen, der aber mit der Zeit eine Beimischung des ν_μ bekommt:

$$|''\nu''_e\rangle = |\nu_1\rangle\cos\vartheta e^{-iE_1t/\hbar} + |\nu_2\rangle\sin\vartheta e^{-iE_2t/\hbar}$$
$$= |\nu_e\rangle\left[\cos^2\vartheta e^{-iE_1t/\hbar} + \sin^2\vartheta e^{-iE_2t/\hbar}\right] \qquad (3.102)$$
$$- |\nu_\mu\rangle\sin\vartheta\cos\vartheta\left[e^{-iE_1t/\hbar} - e^{-iE_2t/\hbar}\right].$$

Die zweite Identität folgt aus der Umkehrung von (3.101)

$$|\nu_1\rangle = |\nu_e\rangle\cos\vartheta - |\nu_\mu\rangle\sin\vartheta$$
$$|\nu_2\rangle = |\nu_e\rangle\sin\vartheta + |\nu_\mu\rangle\cos\vartheta. \qquad (3.103)$$

Die Wahrscheinlichkeit dafür, dass der Zustand nach der Zeit t sich immer noch wie ein Elektron-Neutrino verhält, ist

$$P(\nu_e \to \nu_e) = |\langle\nu_e|''\nu''_e\rangle|^2 = \left|\cos^2\vartheta e^{-iE_1t/\hbar} + \sin^2\vartheta e^{-iE_2t/\hbar}\right|^2$$
$$= 1 - \frac{1}{2}\sin^2 2\vartheta\left(1 - \cos\frac{(E_1 - E_2)\,t}{\hbar}\right). \qquad (3.104\text{a})$$

Andererseits benimmt sich der Zustand mit der Wahrscheinlichkeit

---

[39] Wir nehmen an, dass die Zustände orthonormiert sind:

$$\langle\nu_e|\nu_e\rangle = \langle\nu_\mu|\nu_\mu\rangle = \langle\nu_1|\nu_1\rangle = \langle\nu_2|\nu_2\rangle = 1,$$

während alle gemischten Produkte verschwinden.

$$P(\nu_e \to \nu_\mu) = \frac{1}{2}\sin^2 2\vartheta \left(1 - \cos\frac{(E_1 - E_2)\,t}{\hbar}\right) \qquad (3.104\mathrm{b})$$

wie ein Myon-Neutrino. Natürlich ist die Summe beider Wahrscheinlichkeiten Eins. Nun sind die Energien für kleine Neutrinomassen relativistisch und nicht sehr verschieden voneinander. Daher können wir näherungsweise setzen:

$$\frac{(E_1 - E_2)\,t}{\hbar} = \frac{E_1^2 - E_2^2}{E_1 + E_2} \cdot \frac{t}{\hbar} \approx \frac{(m_1^2 - m_2^2)\,c^4}{2E} \cdot \frac{l}{\hbar c},$$

wobei $l \approx ct$ die Strecke ist, die ein fast masseloses Teilchen in der Zeit t zurücklegt. Die Differenz der Energiequadrate haben wir durch die Differenz der Quadrate der Ruheenergie ersetzt, da unter der Annahme

$$p_1 \approx p_2 \text{ und } E_1 \approx E_2 \equiv E$$

gilt. Die Oszillationswahrscheinlichkeiten können wir nun als Funktion des Abstands vom Entstehungsort ausdrücken:

$$\begin{aligned} P(\nu_e \to \nu_e) &= 1 - \sin^2 2\vartheta \sin^2 \frac{\pi l}{L} \\ P(\nu_e \to \nu_\mu) &= \sin^2 2\vartheta \sin^2 \frac{\pi l}{L} \end{aligned} \qquad (3.105)$$

Hier haben wir $\frac{1}{2}(1 - \cos\vartheta) = \sin^2\frac{\vartheta}{2}$ benutzt und die Oszillationslänge

$$L = \frac{4\pi E \hbar c}{\Delta m^2 c^4} = 2.48\,\mathrm{m} \cdot \frac{E\,/\,\mathrm{MeV}}{\Delta m^2 c^4\,/\,\mathrm{eV}^2} \qquad (3.106)$$

eingeführt. In Laborexperimenten, zum Beispiel solchen, die Neutrinos aus einem Kernreaktor verwenden, ist man also auf Massendifferenzen von einigen eV, oder auch etwas weniger, empfindlich. Ist die Quellenausdehnung wesentlich größer als die Oszillationslänge, ergibt eine Mittelung über den Bereich möglicher Quellenabstände:

$$P(\nu_e \to \nu_e) = 1 - \sin^2 2\vartheta \frac{1}{\Delta l} \int_0^{\Delta l} \mathrm{d}l \sin^2 \frac{\pi l}{L} \approx 1 - \frac{1}{2}\sin^2 2\vartheta,$$

da

$$\frac{1}{\Delta l} \int_0^{\Delta l} \mathrm{d}l \sin^2 \frac{\pi l}{L} = \frac{1}{2} - \frac{L}{4\pi \Delta l} \sin \frac{2\pi \Delta l}{L} \xrightarrow[\Delta l/L \to \infty]{} \frac{1}{2}.$$

Dieses Resultat hängt nicht mehr von den Neutrinomassen und der Energie ab. Für „maximale Mischung" $\vartheta = \frac{\pi}{4}$, $\sin\vartheta = \cos\vartheta = \frac{1}{\sqrt{2}}$, „verschwindet" die Hälfte der Elektron-Neutrinos, um als Myon-Neutrinos wieder aufzutauchen. Nun kennen wir ja drei Neutrino-Sorten, sollten also diesen Formalismus erweitern. Das erreichen wir sehr leicht, wenn wir den einen Mischungswinkel durch die den Cabbibo-Kobayashi-Maskawa-Matrixelementen analogen Mischungsparameter ersetzen:

$$
\begin{pmatrix} \nu_e \\ \nu_\mu \\ \nu_\tau \end{pmatrix} = \begin{pmatrix} U_{e1} & U_{e2} & U_{e3} \\ U_{\mu 1} & U_{\mu 2} & U_{\mu 3} \\ U_{\tau 1} & U_{\tau 2} & U_{\tau 3} \end{pmatrix} \begin{pmatrix} \nu_1 \\ \nu_2 \\ \nu_3 \end{pmatrix}. \tag{3.107}
$$

Wir erhalten dann:

$$
P\left(\nu_i \to \nu_j\right) = \delta_{ij} - \sum_{k>l} 4 U_{ik} U_{jk}^* U_{il}^* U_{jl} \sin^2 \frac{\pi l}{L_{ij}} \tag{3.108}
$$

mit

$$
L_{ij} = \frac{4\pi E \hbar c}{\left| m_i^2 - m_j^2 \right| c^2}. \tag{3.109}
$$

Für große Quellenausdehnungen ist also die Überlebenswahrscheinlichkeit der Elektronen-Neutrinos

$$
P\left(\nu_e \to \nu_e\right) = 1 - 2 \sum_{k>l} \left| U_{ek} \right|^2 \left| U_{el} \right|^2.
$$

„Maximale Mischung" liegt zum Beispiel vor, wenn $|U_{ek}| = \frac{1}{\sqrt{3}}$. In diesem Fall behält nur ein Drittel der Neutrinos seinen ursprünglichen Charakter.

In Labor-Experimenten konnten bislang nur Grenzen für die quadratische Massendifferenz und den Mischungswinkel erstellt werden: demnach muss $\Delta m^2 c^4$ kleiner als einige 0.1 eV^2 oder $\sin^2 2\vartheta$ kleiner als ungefähr 10^{-2} sein [135]. Die Suche nach Neutrino-Oszillationen ist aber auch durch die Beobachtung eines signifikanten Defizits im Sonnenneutrino-Fluss motiviert. In jahrzehntelangen Messungen hat man nämlich ein signifikantes Defizit des Sonnenneutrino-Flusses gefunden, den man als einen Hinweis auf Neutrino-Oszillationen werten kann. Ende der sechziger Jahre hat man einen mit 600 Tonnen Tetrachlorkohlenstoff (CCl$_4$) gefüllten Tank in eine unbenutzte Mine gestellt und seinen Inhalt in ungefähr monatlichen Abständen gespült, um das durch den Neutrinoeinfang $\nu_e + {}^{37}\text{Cl} \to {}^{37}\text{Ar} + e^-$ produzierte Argon in Zählrohre füllen zu können, in denen man den umgekehrten Prozess ${}^{37}\text{Ar} + e^- \to \nu_e + {}^{37}\text{Cl}$ über die nach dem Elektroneneinfang emittierte Röntgenstrahlung nachweisen kann. Das Sonnenneutrino-Spektrum hat eine komplizierte Form, da es auf eine Kette mehrerer Prozesse zurückgeht:

$$p + p \rightarrow d + e^+ + \nu_e \ (99.96\%, \ E < 0.42 \, \text{MeV})$$

$$p + e + p \rightarrow d + \nu_e \ (0.04\%, \ E = 1.44 \, \text{MeV})$$

$$\downarrow$$

$$p + d \rightarrow {}^3\text{He} + \gamma$$

86% | 14%

$${}^3\text{He} + {}^3\text{H} \rightarrow {}^4\text{He} + 2p \qquad {}^3\text{He} + {}^4\text{He} \rightarrow {}^7\text{Be} + \gamma$$

99.98% | 0.02%

$${}^7\text{Be} + e^- \rightarrow {}^7\text{Li} + \nu_e \ (E = 0.86 \, \text{MeV}) \qquad {}^7\text{Be} + p \rightarrow {}^8\text{B} + \gamma$$

$$p + {}^7\text{Li} \rightarrow {}^4\text{He} + {}^4\text{He} \qquad\qquad\qquad \hookleftarrow {}^8\text{Be} + e^+ + \nu_e$$

$$2\alpha \nearrow (E < 15 \, \text{MeV})$$

Die weitaus meisten Sonnenneutrinos kommen also aus der Reaktion $p + p \rightarrow d + e^+ + \nu_e$. Allerdings haben die pp-Neutrinos eine sehr niedrige Energie, und der Neutrinoeinfang im Chlor findet erst oberhalb der Schwellenenergie von 0.8 MeV statt. Deshalb können so praktisch nur die wenigen hochenergetischen Neutrinos, vor allem die aus dem ^{8}B-Zerfall nachgewiesen werden. Aus Modellrechnungen[40] [17] erwartet man etwa 8 Neutrinoeinfänge pro 10^{36} Chlorkerne in einer Sekunde. Also sollten in dieser Chlormenge etwa sechzehn Argon-Atome pro Monat entstehen. Gefunden wurden im Mittel um die vier Atome – in einem Detektor, der $2.3 \cdot 10^{30}$ Atome enthält. Dieses Defizit bereitet als das Sonnenneutrinoproblem sowohl den Astrophysikern als auch den

---

[40] Danach produziert die Sonne $1.8 \cdot 10^{38}$ Neutrinos pro Sekunde, die isotrop abgestrahlt werden. Der Fluss auf der Erde beträgt dann $6.5 \cdot 10^{10}$ Neutrinos pro Quadratzentimeter und Sekunde. Die Einfangrate pro Targetatom ist durch die „Faltung" des Spektrums mit dem Wirkungsquerschnitt gegeben:

$$\Gamma = \int_{E_0}^{\infty} dE \, j(E) \cdot \frac{d\sigma}{dE} = 6.5 \cdot 10^{10} \, \text{s}^{-1} \cdot \int_{E_0}^{\infty} dE \, \frac{j(E)}{j_0} \cdot \frac{d\sigma/dE}{\text{cm}^2}.$$

Das letzte Integral ist der gewichtete Mittelwert des Wirkungsquerschnitts. Das Maximum von $d\sigma/dE$ liegt im Bereich der „Gamow-Teller-Riesenresonanz" in der Nähe von 8 MeV. Aus genau diesem Grund ist das Chlorexperiment fast nur auf den ^{8}B-Anteil des Sonnenneutrino-Spektrums empfindlich, das sich bis 15 MeV erstreckt. Numerisch hat das Integral den Wert

$$\int_{E_0}^{\infty} dE \, \frac{j(E)}{j_0} \cdot \frac{d\sigma}{dE} = 1.2 \cdot 10^{-46} \, \text{cm}^2.$$

Das ergibt gerade die Rate von $8 \cdot 10^{-36}$ Einfängen pro Sekunde und Targetkern.

Teilchenphysikern seit drei Jahrzehnten Kopfzerbrechen. Es liegt natürlich nahe, es als einen Hinweis auf Neutrino-Oszillationen zu interpretieren, aber auf der Basis dieses einen Experiments ist es unmöglich, einen eventuellen Fehler in den Flussrechnungen auszuschließen. Deshalb sind große Anstrengungen unternommen worden, die Ergebnisse des Chlor-Experiments nachzuprüfen. Ergebnisse gibt es bereits von zwei großen Gallium-Detektoren (einer mit 30 Tonnen, der andere mit 60 Tonnen), in denen die Ereignisrate trotz der kleineren Masse deutlich höher ist [2]. Das liegt vor allem an der niedrigen Energieschwelle (0.23 MeV), die auch den hohen pp-Neutrinofluss nachweisbar macht. Diese Eigenschaft der Gallium-Detektoren, die wie das Chlor-Experiment radiochemisch arbeiten, indem sie die über $\nu_e + {}^{71}\text{Ga} \to {}^{71}\text{Ge} + e^-$ entstandenen Germanium-Atome durch ihren Zerfall in Zählrohren nachweisen, eröffnet zur Zeit den einzigen Zugang zu den Kernreaktionen im Zentrum der Sonne. Es ist daher ein großer Erfolg dieser beiden Experimente, dass sie praktisch den vollen erwarteten Neutrinofluss aus der pp-Reaktion nachgewiesen haben, nämlich ungefähr 70 Einfänge pro Sekunde und 10^{-36} Gallium-Atome. Allerdings erwartet man aus Modellrechnungen etwa 130 Einfänge, da auch andere Reaktionen beitragen, wie zum Beispiel der für den Nachweis im Chlor besonders wichtige Bor-Zerfall. Diese Neutrinos scheinen größtenteils zu fehlen. Es ist daher immer noch nicht klar, ob das Sonnenneutrino-Defizit auf eine ungenaue Kenntnis der Kernreaktionen im Innern der Sonne oder tatsächlich auf Neutrino-Oszillationen zurückzuführen ist. Allerdings erscheint bei einer kombinierten Betrachtung aller experimentellen Befunde die Oszillationshypothese als durchaus wahrscheinlich.

Untermauert wird sie außerdem durch einen möglichen Effekt, der die Oszillationswahrscheinlichkeit innerhalb der Sonne dramatisch erhöht. Man kann ihn analog zur Ausbreitung von Photonen in einem Medium verstehen. Durch vielfach Wechselwirkung erniedrigt sich nämlich die Ausbreitungsgeschwindigkeit, und Photonen verhalten sich so wie massive Teilchen. Auch Neutrinos bekommen innerhalb der Materie eine „effektive Masse", die sich natürlich für Elektron-, Myon- und Tau-Neutrinos voneinander unterscheidet. Allerdings gibt es durch die Änderung der Dichte auf dem Weg vom Inneren der Sonne nach außen einen Punkt, an dem die effektiven Massen zweier Typen, die sich ja aus den wirklichen Massen und den materialabhängigen zusammensetzen, praktisch gleich werden. Der Mischungswinkel zwischen den beiden fast identischen Zuständen ist dann sehr dicht an $\frac{\pi}{4}$, sodass die Oszillation, auch wenn der *Vakuum*-Mischungswinkel klein ist, aussieht wie die im Falle maximaler Mischung. Dieser Mikheyev-Smirnov-Wolfenstein-Mechanismus (abgekürzt MSW) lässt Neutrino-Oszillationen im Innern der Sonne als etwas ganz Natürliches erscheinen [175]. Alle bisher gesammelten Daten über den Sonnenneutrinofluss sind mit MSW-Oszillationen verträglich, wenn die Differenz der Massenquadrate des Elektron-Neutrinos und seines Oszillationspartners etwa $10^{-5}\,\text{eV}^2/c^4$ beträgt [18].

Solche kleinen Differenzen sind Laborexperimenten kaum zugänglich. In der Tat waren bisherige Experimente nur oberhalb von $10^{-2}\,\mathrm{eV}^2/c^4$ empfindlich. Das verstehen wir leicht anhand der Formel für die Oszillationslänge. Für 1 MeV-Neutrinos und $\Delta m^2 c^4 = 10^{-2}$ beträgt sie 250 m (siehe (3.106)). Der Reaktorneutrinofluss fällt mit dem Quadrat des Abstands ab, deshalb können Experimente von mäßiger Größe nicht viel weiter als etwa 50 m vom Reaktor entfernt betrieben werden. Die Oszillationswahrscheinlichkeit beträgt dort für maximale Mischung

$$P = \sin^2 \frac{\pi l}{L} \approx 0.35.$$

Eine solche Abnahme des Flusses ist angesichts des kleinen Wirkungsquerschnitts gerade noch mit genügender Genauigkeit zu messen. Folgen die Neutrinomassen aber in etwa dem Muster der geladenen Leptonen,[41] sollte

$$\left| m_{\nu_\tau}^2 - m_{\nu_\mu}^2 \right| \gg \left| m_{\nu_\mu}^2 - m_{\nu_e}^2 \right|$$

sein. Deshalb besteht eine gewisse Chance, dass die zur Zeit durchgeführten $(\nu_\mu - \nu_\tau)$-Oszillationsexperimente [64] durch ein positives Ergebnis die Oszillationshypothese für das Sonnenneutrinodefizit indirekt bestätigen.

Allerdings liegen die so vorhergesagten Massendifferenzen $\Delta m^2 c^4 \approx 10^{-5}\,\mathrm{eV}^2$ und Mischungswinkel deutlich außerhalb des Ausschließungsbereichs der Labor-Experimente. Deshalb werden einige dieser Experimente weiter betrieben und andere in Angriff genommen [9].

Eine weitere Möglichkeit, Neutrino-Oszillationen astrophysikalisch zu beobachten, eröffnet die kosmische Strahlung. Wie wir im Kapitel 4 (Seite 302 ff.) lernen werden, entstehen in der oberen Atmosphäre bei Kollisionen zwischen den eintreffenden hochenergetischen Kernfragmenten und dem Gas eine Vielzahl von Sekundärteilchen, die ihrerseits zerfallen und dabei vor allem geladene Leptonen und Neutrinos liefern, deren Energien im Bereich einiger GeV und darüber liegen. Neutrinos werden über den geladenen Strom nachgewiesen: es entstehen Elektronen, Myonen oder Tau-Leptonen. Natürlich ist der Untergrund von geladenen Leptonen, die direkt in der Atmosphäre entstehen, um viele Zehnerpotenzen größer als die Rate der Neutrinos, die aus diesen schwachen Prozessen stammen, aber Myonen, die „von unten", also scheinbar aus dem Erdinnern kommen, sind eine klare, eindeutige Signatur für Myon-Neutrinos, denn alle anderen Teilchen würden auf dem Weg absorbiert. Natürlich ist der Bereich der Oszillationsparameter, der durch diese Beobachtungen abgedeckt wird, sehr verschieden von denjenigen, die Laborexperimenten oder der Messung des Sonnenneutrino-Defizits zugänglich sind:

---

[41] Ein populäres Modell, das „see-saw"-Modell sagt $m_{\nu_e} : m_{\nu_\mu} : m_{\nu_\tau} \approx m_e^2 : m_\mu^2 : m_\tau^2$ voraus.

$$1 \approx \frac{l}{L} = \frac{1.3 \cdot 10^7 \, \text{m}}{2.5 \cdot 10^3 \, \text{m}} \cdot \frac{\Delta m^2 c^4 / \text{eV}^2}{E / \text{GeV}} \approx 5 \cdot 10^3 \cdot \frac{\Delta m^2 c^4 / \text{eV}^2}{E / \text{GeV}} \, ,$$

also ist man auf Massendifferenzen von $\Delta m^2 \approx 10^{-3} \, \text{eV}/c^{2^2}$ empfindlich. Der Fluss einer ν-Komponente kann zwar nicht genau genug berechnet werden, um ein etwaiges Defizit durch einen Vergleich zwischen Messung und Rechnung dingfest zu machen, wohl aber das Verhältnis von Myon- zu Elektron-Neutrinoflüssen. Kürzlich hat man in einem Untergrund-Experiment nun herausgefunden, dass es signifikant weniger Myon-Neutrinos gibt als erwartet werden. Andererseits scheint der Elektron-Neutrinofluss nicht wesentlich von den Erwartungen abzuweichen. Da auch die Energie- und Zenitwinkelabhängigkeit dieses Effekts perfekt zur Oszillations-Hypothese passen, gilt diese Beobachtung als erste eindeutige, nicht durch andere Effekte erklärbare Evidenz für Neutrino-Oszillationen, wahrscheinlich vorwiegend zwischen Myon- und Tau-Neutrinos.

Zum Schluss: eine Standortbestimmung und einige Spekulationen

Im Jahre 1989 wurde im CERN der Elektron-Positron-Speicherring LEP („Large Electron Positron Collider") in Betrieb genommen, der es erstmalig erlaubte, große Zahlen von realen Z-Bosonen zu erzeugen und damit Präzisionsmessungen von Parametern der elektroschwachen Theorie durchzuführen. Der zugrundeliegende Prozess ist im folgenden Feynman-Diagramm skizziert:

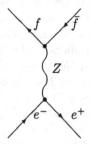

Der Wirkungsquerschnitt für diesen Prozess hängt quadratisch vom Z-Propagator ab:

$$P_Z = \frac{m_Z^2 c^4}{s - m_Z^2 c^4 + i \Gamma_Z m_Z c^2},$$

wobei s das Quadrat der Schwerpunktsenergie ist. Der Imaginärteil im Nenner berücksichtigt den Zerfall des kurzlebigen Z-Bosons. Als Funktion von s hat der Wirkungsquerschnitt also ein Maximum bei $s_0 = m_Z^2 c^4$. Die Höhe und die Breite der Kurven hängen von der Zahl der Fermionen und ihrer Kopplung an das Z ab. Mit besonderer Spannung wurde bei der Inbetriebnahme vom LEP erwartet, wieviele Neutrinos mit dem Z wechselwirken. Denn unter der Voraussetzung, dass Neutrinos wenigstens näherungsweise masselos sind, gibt diese Zahl direkt an, wieviele Generationen es gibt. Quarks und geladene Leptonen sind für diese Messung nicht geeignet, da sie so schwer sein können, dass sie aus energetischen Gründen nicht über den Zerfall realer Z-Bosonen erzeugt werden können. Das ist zum Beispiel der Fall für das t-Quark. Das Resultat der LEP-Messung ist [135]

$$N_\nu = 2.994 \pm 0.012.$$

Es ist also kein Platz mehr für ein viertes leichtes Neutrino mit universeller Kopplung, und wir können den Teilcheninhalt der Theorie als abgeschlossen betrachten. Wir fassen ihn in einer Tabelle mit den $SU(2) \times U(1)$-Quantenzahlen zusammen:

	T_3	Y	Q	Generation 1	2	3
	$\frac{1}{2}$	$-\frac{1}{2}$	0	ν_{eL}	$\nu_{\mu L}$	$\nu_{\tau L}$
	$-\frac{1}{2}$	$-\frac{1}{2}$	-1	e_L^-	μ_L^-	τ_L^-
	0	-1	-1	e_R^-	μ_R^-	τ_R^-
	$\frac{1}{2}$	$\frac{1}{6}$	$\frac{2}{3}$	u_L	c_L	t_L
	$-\frac{1}{2}$	$\frac{1}{6}$	$-\frac{1}{3}$	d_L	s_L	b_L
	0	$\frac{2}{3}$	$\frac{2}{3}$	u_R	c_R	t_R
	0	$-\frac{1}{3}$	$-\frac{1}{3}$	d_R	s_R	b_R
	1	0	1	W^+		
	-1	0	-1	W^-		
			0	Z		
			0	γ		
Higgs-Boson	$-\frac{1}{2}$	$\frac{1}{2}$	0	H		

(Linke Randbeschriftung: Fermionen, Eich-Bosonen; rechte Randbeschriftung: Leptonen, Quarks)

Für das Z-Boson und das Photon können wir natürlich keine Isospin- und Hyperladungs-Quantenzahlen angeben, da sie sich ja aus der Mischung von Zuständen ergeben. Aber wir können die Kopplungskonstanten angeben, die in die Amplituden für die entsprechenden Vertizes einzusetzen sind:

$$W^+ \nu \bar{l} \text{ und } W^- \bar{\nu} l : \quad \frac{-i\sqrt{4\pi\alpha}}{\sqrt{2}\sin\vartheta_W} \frac{1-\gamma_5}{2}$$

$$W^+ u_i \bar{d}_j : \quad \frac{-i\sqrt{4\pi\alpha}}{\sqrt{2}\sin\vartheta_W} \frac{1-\gamma_5}{2} V_{ij}$$

$$W^- \bar{u}_i d_j : \quad \frac{-i\sqrt{4\pi\alpha}}{\sqrt{2}\sin\vartheta_W} \frac{1-\gamma_5}{2} V_{ij}^*$$

$$\gamma \bar{f} f : \quad -i\sqrt{4\pi\alpha} Q$$

$$Z \bar{f} f : \quad \frac{-i\sqrt{4\pi\alpha}}{\sin\vartheta_W \cos\vartheta_W} \left[T_3 \frac{1-\gamma_5}{2} - \sin^2\vartheta_W \cdot Q \right]$$

$$H \bar{f} f : \quad \frac{-imc^2}{(\hbar c)v} \text{ (skalare Kopplung)}.$$

Hier sind Q und T_3 jeweils die Ladung und die dritte Isospin-Komponente der Fermionen. Für die geladenen Quarkströme brauchen wir noch die entsprechenden Elemente der Cabbibo-Kobayashi-Maskawa-Matrix.

Darüberhinaus gibt es natürlich noch entsprechende, aber recht komplizierte Ausdrücke für die Selbstwechselwirkung der Eichbosonen und ihre Kopplung an das Higgs-Boson. Bemerkenswert ist, dass die Stärke der Higgs-Fermion-Kopplung der Fermion-Masse proportional ist. Wir erwarten also, das Higgs-Boson vor allem mit den schweren Quarks wechselwirken zu sehen.

Die starke Wechselwirkung, die wir im Rahmen der Quantenchromodynamik behandelt haben, scheint von der schwachen insofern getrennt, als wir ihre $SU(3)$ nicht zu brechen brauchen – die Gluonen bleiben masselos. So können wir also unser Standardmodell der Teilchenphysik so formulieren, dass wir die fundamentale Eichgruppe als

$$SU(3)_C \times SU(2)_W \times U(1)_Y$$

ansetzen, die durch das Φ-Feld auf die geringere Symmetrie

$$SU(3)_C \times U(1)_{em}$$

gebracht wird. Den Teilcheninhalt müssen wir gegenüber der obigen Tabelle vervollständigen, indem wir jedes Quarkfeld in drei verschiedenen Farbzuständen ansetzen und acht masselose, aber farbgeladene Gluonen hinzufügen. Für die Quark-Gluon-Kopplungskonstante erhalten wir $-i\sqrt{4\pi\alpha_s}\cdot(\lambda_a/2)$ mit einer der acht Gell-Mann-Matrizen. Außerdem müssen wir wieder die Gluon-Selbstwechselwirkung berücksichtigen.

Nun sind wir eigentlich mit diesem Kapitel fertig. Jedenfalls haben wir eine konsistente Beschreibung *aller* bekannten Teilchen und Felder im Rahmen einer einfachen Theorie aufgebaut. Unser Mikrokosmos steht! Aber unglücklicherweise trügt der Schein: So vollkommen das Standardmodell aussieht, bereit es um so mehr Kopfzerbrechen, desto glänzender es durch die Experimente bestätigt wird. Wir sind in der kuriosen Situation, dass wir eine Theorie, gegen die überhaupt kein faktischer Einwand vorgebracht werden kann, aufgrund theoretischer Probleme in Zweifel ziehen müssen. Diese Probleme sind ernst genug, um auf sie wenigstens flüchtig einzugehen.

Zunächst ist da die Zahl der freien Parameter. Bleiben wir bei der Annahme, dass die Neutrinomassen exakt Null sind, haben wir noch neun Fermion-Massen, über die die Theorie nichts aussagt. Hinzu kommen zwei Kopplungskonstanten der elektroschwachen Wechselwirkung, nämlich die Feinstrukturkonstante α und der Weinberg-Winkel ϑ_W, die Massen der W-Bosonen und des Higgs-Bosons, vier Parameter für die Cabbibo-Kobayashi-Maskawa-Matrix und der Skalenparameter der Quantenchromodynamik. Das sind bereits 18 Zahlen, die wir dem Experiment entnehmen müssen. Streng genommen müssen wir ja auch noch die Stärke der CP-verletzenden Amplituden der starken Wechselwirkung mitzählen – so klein sie auch sein mag. Lassen wir dann noch Neutrino-Massen zu,[42] brauchen wir weitere sieben Parameter: drei Massen sowie drei Mischungswinkel und eine Phase für die leptonische Cabbibo-Kobayashi-Maskawa-Matrix. So kommen wir auf 26 Parameter!

Es stellt sich die Frage, warum die Natur so viele fundamentale Größen dem Zufall überlässt. Die erste Antwort, die uns da in den Sinn kommt, führt die Arbeit, die wir mit der einheitlichen Beschreibung der elektromagnetischen und der schwachen Wechselwirkung verrichtet haben, weiter. Wir fordern, dass die Eichgruppe $SU(3) \times SU(2) \times U(1)$ durch Brechung einer höheren Symmetrie entstanden ist. In der Tat finden wir, dass die renormierten Kopplungskonstanten der drei Eichgruppen eine solche Energieabhängigkeit haben, dass sie bei etwa 10^{15} GeV alle drei etwa dieselbe Stärke haben.[43] Wir können also davon ausgehen, dass in diesem Bereich eine ähnliche Symmetriebrechung stattfindet wie im elektroschwachen Fall. Um eine echte Vereinheitlichung der drei Wechselwirkungen zu erreichen, müssen wir dann die Leptonen und die Quarks in ein Multiplett stecken. Pro Generation haben wir fünfzehn fundamentale Fermionen, nämlich drei Leptonen (ν_L, e_L und e_R) und zwölf Quarks (u_L, d_L, u_R und d_R in je drei Farbzuständen). Es gibt mehrere Möglichkeiten, ein „15-Plett" in einer Lie-Algebra unterzubringen. Die populärsten Ansätze sind $SU(5)$ und $SO(10)$. Allen Modellen ist aber gemeinsam, dass sie Eichbosonen mit $mc^2 \approx 10^{15}$ GeV enthalten, die Übergänge zwischen Quarks und Leptonen ermöglichen. Damit werden sie experimentell überprüfbar. Denn durch solche Prozesse sollte das Proton instabil werden und – wie zum Beispiel von der $SU(5)$ vorhergesagt – über den Prozess $p \rightarrow e^+ \pi^0$ mit einer Lebensdauer von ungefähr 10^{28} - 10^{30} Jahren zerfallen. In mehreren großen Experimenten wurde nach diesem Zerfall und anderen gesucht, bislang ohne Erfolg. Die experimentelle untere Grenze für die Proton-Halbwertszeit liegt bei etwa 10^{32} Jahren – ein Wert, der den $SU(5)$-Ansatz ausschließt. Man kommt auf dieses Ergebnis durch die Beob-

---

[42] Das wäre nützlich, um Defizite im Fluss von Sonnenneutrinos und von Neutrinos in der kosmischen Strahlung zu erklären. Dazu mehr im nächsten Kapitel.

[43] Vorausgesetzt wird, dass die Hyperladung so normiert wird, dass sie in eine größere Symmetrie eingebettet werden können.

achtung einer großen Menge von Protonen über eine lange Zeit. So enthält eine Kilotonne Wasser

$$N_0 = \frac{10}{18} \cdot \frac{10^6 \, \text{kg}}{1.672 \cdot 10^{-27} \, \text{kg}} \approx 3.3 \cdot 10^{32}$$

Protonen. Aus N Zerfällen pro Jahr bestimmen wir die Halbwertszeit zu

$$T_{1/2} = \frac{\ln 2 \cdot N_0 T}{N} = \frac{2.3 \cdot 10^{32} \, \text{Jahre}}{N}.$$

Das Prinzip der Protonzerfalls-Experimente ist damit klar: Wir bestücken etwa eine Kilotonne Material mit Detektoren, schirmen uns gegenüber kosmischer Strahlung ab, indem wir tief unter die Erde gehen, und warten über einen Zeitraum von einigen Jahren auf Ereignisse, die wir eindeutig auf den Zerfall eines der vielen Protonen im Detektor zurückführen können. Zwar sind mehrere Kandidaten in dem einen oder anderen Experiment aufgetaucht, aber alle können ebensogut durch Untergrund-Prozesse, wie etwa die Wechselwirkung kosmischer Neutrinos, erklärt werden. Das Proton scheint bis jetzt absolut stabil zu sein. Darüberhinaus hat sich mit den neuen präzisen Messungen der Kopplungskonstanten herausgestellt, dass es einen einheitlichen Schnittpunkt, also einen Punkt, an dem die drei Kopplungen des Standardmodells gleich stark werden, im Rahmen der $SU(5)$ nicht gibt. Damit wird natürlich dieser Ansatz der großen Vereinheitlichung sinnlos.

Abgesehen von diesem experimentellen Widerspruch haben die vereinheitlichten Theorien – man bezeichnet sie abgekürzt als GUT's, sprich „Gatts", für „grand unified theories" – noch weitere Probleme. Ein besonders ernstes hat mit dem Higgs-Sektor zu tun. Die Brechung der GUT-Symmetrie bei 10^{15} GeV erfordert nämlich neben dem Skalarfeld, das die elektroschwache Eichgruppen-Symmetrie $SU(2)_W \times U(1)_Y$ auf $U(1)_{em}$ reduziert, ein weiteres Feld, dessen Anregungen als schwere Higgs-Bosonen erscheinen. Wie bei jedem physikalischen Feld müssen auch für die fundamentalen Skalare die Massen und Kopplungen renormiert werden. Im Fall von zwei symmetriebrechenden Skalaren führen nun die Wechselwirkungen untereinander zu großen Korrekturen und besonders dazu, dass sich ihre Massen einander nähern, und dass außerdem das Minimum des Potentials verschoben wird. Dieser Effekt ist natürlich fatal für das Standardmodell und muss um jeden Preis vermieden werden. Das ist zwar prinzipiell möglich, erfordert aber eine ungeheuer feine Abstimmung der Modell-Parameter: Es muss sichergestellt werden, dass das Minimum des Standard-Higgs-Potentials um etwa einen Faktor 10^{13} ($= 10^{15}/100$) kleiner ist als das GUT-Higgs-Potentials. Im Gegensatz zum Standardmodell, in dem das Muster der Parameter recht natürlich heraus kam,[44] erscheint das sehr willkürlich. Dieses „Hierarchie-Problem" ist allen GUT-Eichtheorien gemeinsam.

---

[44] Das ist allerdings *cum grano salis* aufzufassen. Die Fermion-Massen variieren immerhin um fünfeinhalb Zehnerpotenzen – die Neutrinos gar nicht mit mitgerechnet.

Eine elegante Lösung würde das Konzept der Supersymmetrie anbieten. Hier wird angenommen, dass die Natur Fermionen und Bosonen gleich behandelt, oder in der Sprache der Quantenmechanik ausgedrückt, dass es Operatoren gibt, die Fermionen in Bosonen umwandeln und umgekehrt. Demnach hat jedes Teilchen einen Partner mit einem um eine halbe Einheit von $\hbar$ erniedrigten Spin[45] und entsprechend anderer Statistik. Wie das realisiert werden kann, verdeutlichen wir an einem Spielzeug-Modell, dem supersymmetrischen harmonischen Oszillator. Im vorigen Kapitel haben wir den bosonischen harmonischen Oszillator behandelt, dessen Hamilton-Operator die Form

$$H_b = \frac{\hbar \omega_b}{2} \left[\underline{a}^\dagger, \underline{a} \right]_+$$

hat (vergleiche (2.72)), wobei die dimensionslosen Erzeugungs- und Vernichtungsoperatoren die Vertauschungsrelationen

$$[\underline{a}, \underline{a}^\dagger] = 1 \text{ und } [\underline{a}, \underline{a}] = [\underline{a}^\dagger, \underline{a}^\dagger] = 0$$

erfüllen. Für Fermionen haben wir die Rolle von Kommutatoren und Antikommutatoren zu vertauschen, also:

$$H_f = \frac{\hbar \omega_f}{2} \left[\underline{b}^\dagger, \underline{b} \right]$$

mit

$$\left[\underline{b}, \underline{b}^\dagger \right]_+ = 1 \text{ und } [\underline{b}, \underline{b}]_+ = \left[\underline{b}^\dagger, \underline{b}^\dagger \right]_+ = 0.$$

Addieren wir die beiden

$$H = H_b + H_f = \frac{\hbar \omega_b}{2} \left[\underline{a}^\dagger, \underline{a} \right]_+ + \frac{\hbar \omega_f}{2} \left[\underline{b}^\dagger, \underline{b} \right],$$

finden wir, dass die Nullpunktsenergie (siehe (2.72)) verschwindet, wenn die beiden Frequenzen gleich sind, $\omega_b = \omega_f = \omega$:

$$E = \hbar \omega \left(n_b + \frac{1}{2} \right) + \hbar \omega \left(n_f - \frac{1}{2} \right) = \hbar \omega \left(n_b + n_f \right).$$

Natürlich haben wir hier vorausgesetzt, dass

$$\left[\underline{a}^\dagger, \underline{b}^\dagger \right] = [\underline{a}^\dagger, \underline{b}] = \left[\underline{a}, \underline{b}^\dagger \right] = [\underline{a}, \underline{b}] = 0.$$

Nun können keine zwei Fermionen im selben Zustand sitzen, also kann n_f nur die Werte 0 und 1 annehmen. Daher ist jeder Zustand mit Ausnahme des Grundzustands, $n_b = n_f = 0$, doppelt vorhanden. Jeder zusätzliche bosonische Freiheitsgrad zieht einen fermionischen nach: das System kann genau

---

[45] Mit Ausnahme von skalaren Feldern ($J = 0$), die einen Spin-$\frac{1}{2}$-Partner haben.

soviele Fermionen wie Bosonen aufnehmen. Es ist einfach, die Operatoren anzugeben, die beide Teilchentypen ineinander überführen. Stellen $|B\rangle = \underline{a}^\dagger |0\rangle$ einen bosonischen und $|F\rangle = \underline{b}^\dagger |0\rangle$ einen fermionischen Zustand dar, ergeben die Vertauschungs- und Antivertauschungs-Beziehungen

$$Q\,|F\rangle = \sqrt{2\hbar\omega}\,\underline{a}^\dagger \underline{b}\,|F\rangle = \sqrt{2\hbar\omega}\,|B\rangle$$

und

$$Q^\dagger\,|B\rangle = \sqrt{2\hbar\omega}\,\underline{b}^\dagger \underline{a}\,|B\rangle = \sqrt{2\hbar\omega}\,|F\rangle\,.$$

Wir rechnen nach, dass Q und $Q^\dagger$ mit dem Hamilton-Operator kommutieren:

$$[Q,\,H] = [Q^\dagger,\,H] = 0.$$

Darüberhinaus zeigt sich aber auch, dass diese Operatoren eng mit der Energie des Systems zusammenhängen, und damit seine zeitliche Entwicklung beeinflussen, denn wir finden leicht, dass

$$[Q,\,Q^\dagger] = 2H.$$

In supersymmetrischen Quantenfeldtheorien wird auch der Raum über solche Feldoperatoren mit den inneren Freiheitsgraden der Teilchen verknüpft:

$$\left[Q_a,\,Q_b^\dagger\right]_+ = 2\sum_{\mu,\nu}(\gamma_\mu)_{ab}g_{\mu\nu}P_\nu,$$

wobei $P_\nu = (E,\,c\boldsymbol{p})$ der Energie-Impuls-Vierervektor des entsprechenden Feldes ist.

Als unmittelbare Konsequenz dieser Beziehung erkennen wir, dass Fermionen und ihre bosonischen Partner dieselben Massen und Wechselwirkungen haben. Während das für die Massen wegen der Einstein-Formel unmittelbar einsichtig ist, können wir uns diese Behauptung für die Kopplungen plausibel machen, indem wir uns in Erinnerung rufen, dass Wechselwirkungen durch Modifizieren der räumlichen und zeitlichen Ableitungen der Felder „eingeschaltet" worden sind, was ja im quantenmechanischen Sinne einer Änderung der Energie-Impuls-Bilanz eines Feldes gleichkommt. S. Coleman und Y. Mandula haben 1967 [38] – vor Erfindung der Supersymmetrie – nachgewiesen, dass man die Algebra der Raum-Zeit, die sogenannte Poincaré-Algebra nicht über Kommutatoren mit den Algebren verknüpfen kann, die man zur Beschreibung der inneren Eigenschaften von Teilchen benutzt. Nach Edward Witten kann man das an der elastischen Streuung veranschaulichen. Energie-, Impuls- und Drehimpulserhaltung lassen genau einen kinematischen Parameter frei, zum Beispiel den Streuwinkel. Gäbe es nun einen nichtverschwindenden Kommutator zwischen einer kinematischen Observablen und sagen wir einer Ladung, könnte man nicht beide unabhängig voneinander messen: der Streuwinkel wäre auf diskrete Werte beschränkt. Das ist im Widerspruch zu der Tatsache, dass die Quantenmechanik Streuamplituden verlangt, die kontinuierliche, hinreichend glatte Funktionen der kinematischen Variablen sind. Diese Einschränkung gilt aber selbstverständlich nicht für die Supersymmetrie, die ja einen Antikommutator von Feldoperatoren enthält. Um sie aber mit der Realität in Einklang zu bringen, müssen wir sie auf irgendeine Weise brechen, denn offensichtlich gibt es ja keine skalaren Partner der Fermionen mit exakt denselben Massen und Kopplungen, noch hat man Spin-$\frac{1}{2}$-Partner der Eichbosonen oder des Higgs-Bosons gefunden. Es ist aber durchaus möglich, die Supersymmetrie so zu brechen, dass ihre wichtige Eigenschaft, nämlich das gegenseitige Aufheben von fermionischen und bosonischen Schleifen-Amplituden, näherungsweise erhalten bleibt. Dieses Verhalten, das das Hierarchie-Problem erheblich entschärft, wenn nicht sogar ganz aufhebt, ist darauf zurückzuführen, dass fermionische Schleifen relativ zu bosonischen ein Minuszeichen bekommen, das der Antisymmetrie von Mehr-Fermionen-Wellenfunktionen Rechnung trägt. Divergenzen durch Schleifendiagramme fallen also völlig weg, und nur eine von der Differenz der Massenquadrate abhängige Korrektur bleibt zu berücksichtigen. Das weist aber darauf hin, dass Superpartner unterhalb von ungefähr 1 TeV gefunden werden müssen, wenn die Korrektur zur Higgs-Masse höchstens so groß wie die W-Masse sein soll:

$$\delta m_H^2 c^4 \approx 4\pi\alpha m_b^2 c^4 \leq m_W^2 c^4 \rightarrow m_b^2 c^4 \leq \frac{m_W^2 c^4}{4\pi\alpha} \approx 1\,\text{TeV}.$$

Abgesehen von ihren rein theoretischen Vorzügen hat die Supersymmetrie auch phänomenologische Konsequenzen, die sie zu einer Weiterentwicklung des Standardmodells machen. Zunächst einmal führt die neue Energieskala, die durch die Berechnung der Supersymmetrie bei etwa 1 TeV eingeführt wird, dazu, dass die drei Kopplungskonstanten des Standardmodells sich mit hoher Präzision in einem Punkt treffen, und zwar deutlich oberhalb des Punkts, den die $SU(5)$-Vereinheitlichung vorhergesagt wird. Damit ist eine supersymmetrische Vereinheitlichung (SUSY-GUT) wieder mit der experimentellen Proton-Lebensdauer verträglich und obendrein sinnvoll. Die meisten SUSY-Modelle haben ein Super-Teilchen, also einen Partner der uns bekannten Teilchen, das nicht mehr weiter zerfallen kann. Der Grund ist eine erhaltene multiplikative Quantenzahl, die für gewöhnliche Teilchen +1 und für Superteilchen −1 beträgt. Die Zerfallsprodukte eines Superteilchens müssen daher mindestens ein leichteres Superteilchen enthalten. Damit ist das leichteste Superteilchen (LSP für „lightest superparticle") stabil. Dieses Teilchen würde noch deutlich schwächer mit gewöhnlicher Materie wechselwirken als Neutrinos. Es würde sich aber, wenn es in genügender Anzahl vorkommt, durch seine Schwereanziehung bemerkbar machen und wäre den Kosmologen durchaus als „dunkle Materie" willkommen, die man zur Erklärung der Galaxien-Entstehung braucht. Dazu kommen wir im nächsten Kapitel.

Wir haben gesehen, dass jede Erweiterung des Standard-Modells zu einer reichhaltigen neuen Phänomenologie führt. Dabei haben wir bei weitem noch nicht alle Möglichkeiten aufgeführt. Der Phantasie der theoretischen Physiker sind, wenn es um die Weiterführung eines erfolgreichen Ansatzes geht, kaum Grenzen gesetzt. Um nur die wichtigsten Ideen aufzuführen, nennen wir zunächst die Supergravitation, sodann Modelle, die auch die heute als strukturlos angesehenen Teilchen und die Bausteine des Standardmodells, also zusammengesetzt behandeln, und schließlich „Technicolor", ein Modell, das die Probleme mit dem Higgs-Skalar dadurch umgeht, dass es zusammengesetzte Skalarfelder aus fundamentalen Fermionen bildet, die denselben symmetriebrechenden Effekt haben wie das fundamentale Higgs-Feld im Standardmodell.

Die Supergravitation ist eine Weiterentwicklung der globalen Supersymmetrie, indem sie wie in Eichtheorien die Feldtransformationen *lokal* ansetzt. Es stellt sich heraus, dass die komplette allgemeine Relativitätstheorie als ein Sektor der Theorie auftaucht, ganz analog zu den Eichbosonen, die eine Konsequenz der lokalen Eichinvarianz sind. Zwar scheint das zunächst zu versprechen, dass man sogar die Gravitation mit den anderen drei Wechselwirkungen unter einen Hut bekommen kann, leider sind diese Theorien jedoch nicht renormierbar. Die beiden anderen Modelle werden vor allem durch die Beobachtungen so stark eingeschränkt, dass sie als korrekte Beschreibung der Teilchenwelt fragwürdig erscheinen.

Eine Sonderstellung nehmen die „String-Theorien" ein, die physikalische Teilchen als harmonische Anregungen von ausgedehnten, wenn auch sehr kleinen (10^{-33} cm) Fäden behandeln. Zwar scheinen diese Theorien bislang die einzige Möglichkeit zu bieten, die Gravitation mit der Quantenmechanik zu versöhnen, aber sie sind nur in hochdimensionalen Räumen (je nach Ansatz bewegen sich die „Saiten" in 10 oder 26 Dimensionen) konsistent, haben eine sehr hohe Symmetrie, verbunden mit einem gewaltigen Teilcheninhalt, und gelten strenggenommen nur oberhalb der Planck-Energie $E_p = \sqrt{\hbar c^5 / G_N} = 1.2 \cdot 10^{19}$ GeV (siehe (4.66)). Versuche, einen Weg von dort zur Welt des Standardmodells aufzuspüren, gibt es viele. Ob ein *eindeutiger* Zusammenhang jemals gefunden wird, erscheint noch fraglich. Für die Phänomenologie der Teilchenphysik haben String-Theorien bisher nicht viel mehr als „Inspiration" zu bieten.

Jetzt können wir dieses Kapitel wirklich ruhigen Gewissens schließen. Wir haben mehr erreicht, als wir uns vorgenommen hatten. Nicht nur ist es uns gelungen, ein konsistentes, aussagekräftiges Modell für alle bekannten Teilchen und Wechselwirkungen – mit der wichtigen Ausnahme der Gravitation – zu formulieren, sondern wir haben auch den Weg zu seiner weiteren Entwicklung abgesteckt. Trotz der großen Menge an Arbeit, die an der Phänomenologie dieser Modelle noch zu verrichten ist, hat jetzt zunächst einmal das Experiment das Wort. Auf Resultate zum Higgs-Sektor und zur Supersymmetrie werden wir wohl noch ein paar Jahre warten müssen. Vielleicht gibt uns aber schon die eine oder andere Messung bei niedrigeren Energien einen Hinweis auf „neue Physik". Da kann es sich um eine endliche Neutrinomasse handeln – das wäre nichts wirklich Neues, sondern nur eine Komplikation des Standardmodells im Sinne zusätzlicher Parameter – oder um ein Signal von dunkler Materie, um exotische Phänomene in der kosmischen Strahlung und nicht zuletzt um kleine Fehlabstimmungen im streng festgelegten Muster der Parameter des Standardmodells. Und schließlich kann man auch vor völlig unerwarteten Überraschungen nie ganz sicher sein, wie die Geschichte der Experimentalphysik es uns immer vorgeführt hat. Aber auf der Grundlage des Erreichten können wir jetzt endlich den Werdegang des Universums bis auf wenige Augenblicke nach seiner Entstehung aufrollen und Ideen über die Epoche formulieren, die uns bis jetzt noch nicht zugänglich ist. Nun lassen wir unsere Teilchen erst einmal ruhen und wenden uns erneut dem großen Ganzen zu.

4. Kosmologie

Der Nachthimmel erscheint uns, wenn wir von den Bewegungen der Planeten absehen, recht statisch. Darüberhinaus zeigt uns die gleichförmige Verteilung der hellsten Fixsterne, dass sich die Erde entweder *im Mittelpunkt* eines räumlich begrenzten Universums oder *irgendwo* in einem unendlichen Universum befindet, das aber auf jeden Fall homogen mit Materie gefüllt sein muss. Seit Nikolaus Kopernikus, der gezeigt hat, dass die Erde nur ein Planet unter mehreren ist, haben wir uns an den Gedanken gewöhnt, keine besondere Stellung in der Schöpfung zu haben. Deshalb neigen wir auch jetzt eher zur zweiten Annahme. Unser kosmologischer Ansatz ist also der eines unendlich ausgedehnten, statischen, gleichmäßig mit Materie gefüllten Weltalls. Es ist aber schon lange bekannt, dass diese Hypothese nicht haltbar ist. Denn wäre sie korrekt, müssten wir in jeder Richtung einen Stern sehen, und der Nachthimmel wäre vollständig von Sternen bedeckt. Etwas quantitativer können wir das wie folgt sehen. Unter der Annahme, dass die Sternendichte ρ konstant sei, folgern wir, dass jede Kugelschale mit dem inneren Radius R und der Dicke dR

$$dN = 4\pi\rho R^2 \, dR$$

Sterne enthält. Nun nimmt die Helligkeit einer gleichmäßig in alle Richtungen strahlenden Lichtquelle mit dem Quadrat des Abstands ab, da jede um die Quelle zentrierte Kugelschale von derselben Lichtmenge durchdrungen wird (siehe (1.7)):

$$\mathcal{L} = \frac{L}{4\pi R^2}.$$

Damit beträgt die Helligkeit aller Sterne mit einer mittleren Luminosität L in einer um uns zentrierten Kugelschale:

$$d\mathcal{L} = L\rho \, dR.$$

Die Helligkeit des Nachthimmels erhalten wir dann durch Aufintegrieren:

$$\mathcal{L} = \int_0^\infty L\rho \, dR = \infty$$

für beliebige Luminosität und konstante Dichte. Dieses Paradoxon, das nach Wilhelm Olbers benannt wird, bringt also das allereinfachste Weltmodell zu Fall. Allerdings deutet schon die bloße Erscheinung der Milchstraße darauf hin, dass eine unserer Annahmen, nämlich die der gleichmäßigen Füllung des Universums mit Sternen, fragwürdig ist.

Gerade diese Forderung der Homogenität möchten wir jedoch aufrechterhalten, da sie uns vom „kosmologischen Prinzip", das uns und unserem Beobachtungs-Standpunkt jede Sonderstellung versagt, geradezu aufgezwungen wird. Mit Sternen als elementaren Konstituenten können wir es zwar nicht erfüllen, aber wenn wir akzeptieren, dass diese sich zu größeren Strukturen organisieren, erhalten wir zunächst keinen Widerspruch zur Beobachtung. Die Homogenität kann auf einer größeren Abstandsskala durchaus vorhanden sein. Allerdings steht das Olberssche Paradoxon immer noch der Annahme eines *statischen* Universums entgegen. Wir müssen eine Alternative zulassen. In den zwanziger Jahren dieses Jahrhunderts wurden die beiden Grundsteine zu dem heute noch gültigen Paradigma eines sich ausdehnenden Universums gelegt. Der eine besteht aus kosmologischen Lösungen der Allgemeinen Relativitätstheorie, während der andere Edwin Hubbles Beobachtung der Galaxien-Bewegung ist. Wir führen die Begriffe und Zahlen, die zum Verständnis der Expansion nötig sind, auf der Grundlage der vertrauten Newtonschen Gravitationstheorie ein und bringen die Bedingungen eines gekrümmten vierdimensionalen Raums erst dann zur Geltung, wenn sie wirklich nötig sind. Allerdings müssen wir dann, anders als in einer relativistischen Betrachtung, das Hubble-Gesetz als empirischen Ausgangspunkt nehmen.

Das expandierende Universum: von Newton zu Einstein und Friedmann

Wir gehen davon aus, dass die Geschwindigkeit, mit der sich eine entfernte Galaxie von uns weg bewegt, ihrem Abstand proportional ist (siehe (1.9)): $v = H \cdot d$. Uns erscheint der Hubble-Parameter H konstant, aber wir sind uns darüber klar, dass das nur an dem auf einer kosmischen Zeitskala extrem kurzen Beobachtungs-Zeitraum liegt, den wir ihm gewidmet haben. Wir erlauben ihm daher eine Variation: $H = H(t)$. Aus dieser Beobachtung heraus setzen wir die Beziehung zwischen Orts- und Geschwindigkeitsvektor mit Bezug auf einen beliebigen Ursprung an:

$$v(t) = H(t) \cdot x(t). \tag{4.1}$$

Verschieben wir den Ursprung um $-a(t)$, erhalten wir zwar einen neuen Ortsvektor: $x'(t) = a(t) + x(t)$, das Hubble-Gesetz bleibt uns jedoch erhalten, denn der Abstand zwischen zwei Punkten x'_1 und x'_2 ist:

$$d = |x'_2(t) - x'_1(t)| = |x_2(t) - x_1(t)| = \frac{v_{12}(t)}{H(t)}$$

mit

$$v_{12} = \left| \frac{\mathrm{d}}{\mathrm{d}t} \left(\dot{x}_2'(t) - \dot{x}_1'(t) \right) \right| = \left| \frac{\mathrm{d}}{\mathrm{d}t} \left(\dot{x}_2(t) - \dot{x}_1(t) \right) \right|.$$

Was hierin ausgedrückt wird, ist eine Konsequenz des kosmologischen Prinzips: der Ursprung ist nicht ausgezeichnet.

Es ist sinnvoll, die Zeitabhängigkeit der Koordinaten in einen skalaren Faktor mit der Dimension einer Länge zu stecken, der die Abstandsmessung als Funktion der kosmischen Zeitskala kalibriert. Wir definieren also einen Skalenparameter $R(t)$ über:

$$x(t) = R(t)x_0 \tag{4.2}$$

mit $R(t_0) = R_0$, sodass $x(t_0) = R_0 x_0$. Dann können wir auch den vektoriellen Ansatz für das Hubble-Gesetz (4.1) auf seine skalare Form zurückführen:

$$v(t) = \dot{x}(t) = \dot{R}(t)x_0 = H(t)x(t) = H(t)R(t)x_0. \tag{4.3a}$$

Der Hubble-Parameter $H(t)$ ist dann gerade die Änderungsrate des Skalenparameters:

$$H(t) = \frac{\dot{R}(t)}{R(t)}. \tag{4.3b}$$

Ein positiver Hubble-Parameter bedeutet also eine Zunahme des Skalenparameters R, der die Abstandsmessung bestimmt: das Universum dehnt sich aus.

Als nächsten Schritt setzen wir das Universum, oder besser gesagt seinen materiellen Inhalt, soweit er uns bekannt ist, mit einem Gas gleich, dessen Konstituenten durch die kleinsten auf kosmischen Zeitskalen invarianten Objekte gegeben sind. Das können Galaxien sein oder Galaxiengruppen, sogar große Galaxienhaufen, nicht aber kleinere Objekte wie Sterne oder Sonnensysteme, da diese weder lange genug leben noch auf den interessanten Längenskalen homogen verteilt sind. Diese Betrachtungsweise ist ganz analog zu derjenigen in der kinetischen Theorie der Gase, deren „fundamentale" Bestandteile ja Atome sind, von denen wir wissen, dass sie zusammengesetzte Strukturen sind. Für unser Galaxiengas bekommen wir in drei Dimensionen eine Kontinuitätsgleichung (siehe (2.58)), die uns die zeitliche Entwicklung der mittleren Dichte liefert, denn aus

$$\frac{\partial \rho}{\partial t} + \sum_{i=1}^{3} \frac{\partial}{\partial x_i}(\rho v_i) = \dot{\rho} + 3\rho H = 0 \tag{4.4}$$

folgt

$$\frac{\mathrm{d}\rho}{\rho} = -3H\mathrm{d}t = -3\frac{\mathrm{d}R}{R} \tag{4.5}$$

und schließlich mit $\rho_0 = \rho(t_0)$ und $R_0 = R(t_0)$:

$$\rho(t) = \rho_0 \left(\frac{R_0}{R(t)}\right)^3, \tag{4.6}$$

das heißt die Dichte skaliert mit dem inversen Volumen. Dieser intuitiv einleuchtende Zusammenhang ermöglicht es uns, die Dichte zu jedem Zeitpunkt zu bestimmen, wenn uns der durch die Dynamik gegebene Skalenparameter und eine Anfangsdichte bekannt sind.

Für ein „Probeteilchen", also zum Beispiel eine individuelle Galaxie, gilt die Bewegungsgleichung

$$m\dot{\boldsymbol{v}} = -\boldsymbol{F},$$

wobei die Kraft F durch die Gravitation bestimmt ist. Ihre explizite Form wollen wir jetzt herleiten. Die Schwereanziehung zwischen zwei Körpern hängt nur von ihren Massen und dem Abstand zwischen ihnen ab. Damit erfährt eine Probemasse auf der Oberfläche einer Kugel mit konstanter Massendichte ρ dieselbe Kraft, als ob die gesamte Masse der Kugel in ihrem Mittelpunkt konzentriert wäre. Wir prüfen das leicht nach, indem wir die z-Komponente der Kraft ausrechnen, die auf eine Masse m im Punkt $\boldsymbol{r} = (0, 0, r)$ wirkt, wobei r der Kugelradius ist:

$$
\begin{aligned}
F_z &= -\int_0^{2\pi}\int_0^{\pi}\int_0^r r'^2\,\mathrm{d}r'\sin\vartheta\mathrm{d}\vartheta\mathrm{d}\phi \frac{G_N m\rho}{|\boldsymbol{r}-\boldsymbol{r}'|^2}\cdot\left(\frac{(\boldsymbol{r}-\boldsymbol{r}')\cdot\boldsymbol{r}}{|\boldsymbol{r}-\boldsymbol{r}'|\cdot|\boldsymbol{r}|}\right) \\
&= 2\pi G_N m\rho \int_{-1}^1\int_0^r r'^2\,\mathrm{d}r'\mathrm{d}(\cos\vartheta)\frac{r-r'\cos\vartheta}{(r^2+r'^2-2rr'\cos\vartheta)^{3/2}} \\
&= -\frac{4\pi}{3}G_N m\rho r = -\frac{G_N m M(r)}{r^2}
\end{aligned}
\tag{4.7a}
$$

da $M(r) = (4\pi/3)\rho r^3$ die Masse einer homogenen Kugel mit dem Radius r ist. Die Kraft ist radial nach innen gerichtet. Auf dieselbe Weise weisen wir nach, dass die Kraft überall im Innern einer homogenen Kugelschale verschwindet. Ein Element innerhalb einer kugelsymmetrischen Massenverteilung spürt nur die Masse, die sich näher am Zentrum befindet als das Element selbst. Wirkt also der Gravitation keine repulsive Kraft entgegen, fällt es ohne Halt in Richtung auf das Zentrum. Dehnt sich die Massenverteilung mit der Geschwindigkeit v aus, sind die relevanten Abstände längenkontrahiert (vergleiche (2.4)). Statt (4.7a) haben wir also

$$
\begin{aligned}
F_z &= -\frac{4\pi}{3}G_N m\cdot\frac{\rho}{\gamma^3}\cdot(\gamma r) = -\frac{G_N m M(r)}{\gamma^2 r^2} \\
&= -\frac{4\pi}{3}G_N m\cdot\rho\cdot\left(1-\frac{v^2}{c^2}\right)r = -\frac{G_N m M(r)}{r^2}\cdot\left(1-\frac{v^2}{c^2}\right)
\end{aligned}
\tag{4.7b}
$$

anzusetzen. Nun hängt mit (C.7) der geschwindigkeitsabhängige Term mit dem Druck zusammen:[1]

$$\frac{1}{3}\rho v^2 = \frac{1}{3}\frac{\rho}{m}\left(|\boldsymbol{p}|\cdot v\right) = -P.$$

Es folgt $F_z = -(4\pi G_N m/3)\cdot(\rho + 3P/c^2)r$ oder, wenn wir die Beschränkung auf die z-Richtung aufgeben:

$$\boldsymbol{F} = m\dot{v} = -\frac{4\pi}{3}G_N m\left(\rho + \frac{3P}{c^2}\right)\boldsymbol{x}. \tag{4.8}$$

Indem wir nun jede Komponente nach der jeweiligen Koordinate differenzieren und das Ergebnis aufsummieren, kommen wir mit (4.3) und $\dot{H} = (\ddot{R}R - \dot{R}^2)/R^2 = (\ddot{R}/R) - H^2$ auf:

$$\sum_{i=1}^{3}\frac{\partial \dot{v}_i}{\partial x_i} = \sum_{i=1}^{3}\frac{\partial}{\partial x_i}\left(\dot{H}x_i + Hv_i\right)$$

$$= 3\left(\dot{H} + H^2\right) = 3\frac{\ddot{R}}{R} = -4\pi G_N\left(\rho + \frac{3P}{c^2}\right).$$

Vernachlässigen wir den Druck – eine Näherung, die für das gegenwärtige Universum bestimmt gerechtfertig ist, nicht aber für das frühe Universum (siehe Seite 261 ff.) – erhalten wir daraus mit (4.6) und nach Multiplikation mit $\dot{R}R/3$:

$$\dot{R}\ddot{R} + \frac{4\pi}{3}G_N\rho R\dot{R} = \dot{R}\ddot{R} + \frac{4\pi}{3}G_N\rho_0 R_0^3\frac{\dot{R}}{R^2} = 0. \tag{4.9}$$

Da

$$\dot{R}\ddot{R} = \frac{1}{2}\frac{\partial \dot{R}^2}{\partial t} \quad \text{und} \quad \frac{\dot{R}}{R^2} = -\frac{\partial}{\partial t}\left(\frac{1}{R}\right), \tag{4.10}$$

steht auf der linken Seite ein vollständiges Differential, und wir können diese Gleichung sofort integrieren:

$$\dot{R}^2 - \frac{8\pi G_N}{3}\frac{\rho_0 R_0^3}{R} + kc^2 = \dot{R}^2 - \frac{8\pi G_N}{3}\rho R^2 + kc^2 = 0, \tag{4.11}$$

also eine Differentialgleichung, die uns die zeitliche Entwicklung des Skalenparameters R angibt. Aus der Form der Gleichung wird sofort klar, dass der zunächst beliebige dimensionslose Parameter k auf die drei Werte 0 und ± 1 beschränkt werden kann, denn jeder andere von Null verschiedene Betrag

---

[1] Das negative Vorzeichen ist bei genauerer Betrachtung der Herleitung von (C.7) zu verstehen: die Änderung des Impulses bezieht sich hier auf das Teilchen selbst und nicht auf eine imaginäre Wand. Deshalb ist $\Delta p = -2p$.

kann durch eine Skalenänderung für R auf Eins zurückgeführt werden. In einer allgemein relativistischen Herleitung dieser „Einstein-Friedmann-Gleichung" [60] wird er dann auch mit dem k-Parameter im Robertson-Walker-Linienelement (2.30) für Räume konstanter Krümmung identifiziert, während der Skalenparameter, den wir in dieser Herleitung benutzt haben, entsprechend mit dem Robertson-Walker-R-Parameter zusammenhängt. Die Konstante k würde dann lediglich das Vorzeichen der Krümmung bestimmen. Im einfachsten Fall, dem materiedominierten flachen Universum mit $k = 0$, ist die Lösung von (4.11)

$$R(t) = R_0 \cdot (6\pi G_N \rho_0)^{1/3} \cdot t^{2/3}, \tag{4.12}$$

wobei wir die Anfangsbedingung $R(0) = 0$ gesetzt haben. Der Skalenparameter wächst also langsamer als linear mit der Zeit. Daraus folgt, dass die Expansionsrate, oder der Hubble-Parameter, fortwährend abnimmt:

$$H(t) = \frac{\dot{R}(t)}{R(t)} = \frac{2}{3t} \xrightarrow[t \to \infty]{} 0. \tag{4.13}$$

Auch die Dichte wird immer kleiner:

$$\rho(t) = \rho_0 \left(\frac{R_0}{R(t)}\right)^3 = \frac{1}{6\pi G_N t^2} = \frac{7.98 \cdot 10^{-30}\,\mathrm{g/cm}^3}{(t\,/\,10^{10}\,\mathrm{Jahre})^2}. \tag{4.14}$$

Die gegenwärtige Materiedichte beträgt ungefähr $2 \cdot 10^{-30}\,\mathrm{g/cm}^3$. Auflösen nach t liefert uns eine erste, gar nicht so schlechte Abschätzung für das Alter des Universums, nämlich ungefähr 20 Milliarden Jahre.

Anders verhalten sich die Lösungen für $k = \pm 1$. Im Fall positiver Krümmung sehen wir, indem wir (4.6) in (4.11) einsetzen, dass R bei

$$R_{max} = \frac{8\pi G_N \rho_0 R_0^3}{3c^2} \tag{4.15}$$

ein Maximum hat, denn dort verschwindet die Ableitung $\dot{R}$, während die zweite Ableitung überall negativ ist:

$$\ddot{R} = -\frac{4\pi G_N \rho_0 R_0^3}{3R^2} = -\frac{4\pi G_N \rho}{3} R < 0.$$

Ein solches „geschlossenes" Universum würde sich also nach dem Ende der Expansion wieder zusammenziehen und irgendwann in einem „big crunch" enden. Für eine negative Krümmung $k = -1$ ist die Expansion offensichtlich schneller als im flachen Fall. Vor allem ist der Hubble-Parameter *immer* größer als Null, auch für beliebig große Werte für R und t. Dieses „offene" Universum dehnt sich also ewig aus. Qualitativ sind das Verhalten des Skalenparameters in Abbildung 4.1 dargestellt.

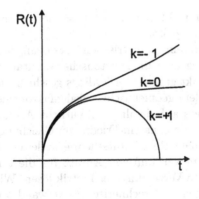

Abbildung 4.1. Zeitliche Entwicklung des Skalenparameters R in Abhängigkeit von der Krümmung

Nun hängt das Schicksal des Universums letztlich nur von der mittleren Dichte ab. Denn diese bestimmt, für welchen Wert von k die Einstein-Friedmann-Gleichung eine Lösung hat. Aus (4.11) erhalten wir

$$H^2 = \left(\frac{\dot{R}}{R}\right)^2 = \frac{8\pi G_N \rho}{3} - \frac{kc^2}{R^2}, \tag{4.16}$$

und formen diese Gleichung um, indem wir die kritische Dichte[2]

$$\rho_c = \frac{3H^2}{8\pi G_N} \tag{4.17}$$

einführen, deren gegenwärtiger Wert $1.8788 \cdot 10^{-29} h_0^2 \, \mathrm{g/cm^3}$ beträgt [135].[3] Wir kommen so auf

$$H^2\left(\frac{\rho}{\rho_c} - 1\right) = H^2 \left(\Omega - 1\right) = \frac{kc^2}{R^2}. \tag{4.18}$$

Mit dem Verhältnis $\Omega = \rho/\rho_c > 0$ zwischen tatsächlicher und kritischer Dichte ergeben sich offensichtlich folgende Zusammenhänge:

$$\rho < \rho_c \rightarrow k = -1, \quad \dot{R}^2 = \frac{c^2}{1 - \Omega}$$

$$\rho = \rho_c \rightarrow k = 0, \quad \dot{R}^2 \propto t^{-2/3} \text{ (siehe (4.12))}$$

$$\rho > \rho_c \rightarrow k = +1, \quad \dot{R}^2 = \frac{c^2}{\Omega - 1}$$

---

[2] Sie ist für ein flaches Universum nach (4.14) identisch mit $\rho(t = 2/3H)$.

[3] Zur Erinnerung: h_0 ist der *gegenwärtige* Hubble-Parameter, bezogen auf einen Referenzwert, der vor einiger Zeit als die beste Schätzung galt: $H_0 = h_0 \cdot 100 \, \mathrm{(km/s)/MPc}$. Die dimensionslose Zahl h_0 bewegt sich zwischen 0.6 und 0.8 (siehe (1.10) und [135]).

Es ist klar, dass k nun nicht mehr beliebig, sondern durch die mittlere Dichte des Universums festgelegt ist.

Wir haben nun den rein geometrischen Überlegungen aus dem zweiten Kapitel auf einem Umweg über die Newtonsche Gravitationstheorie einen physikalischen Bezugspunkt gegeben. Allerdings geschieht die Gleichsetzung des kosmologischen mit dem geometrischen Skalenfaktor und die Festlegung des Krümmungsparameters auf ziemlich willkürliche Art und Weise. Strenggenommen müssten wir die Einstein-Friedmann-Gleichung (4.18) natürlich im Rahmen der allgemeinen Relativitätstheorie herleiten, indem wir die Feldgleichungen mit einem vernünftigen Ansatz für die durch die Materie im Universum verursachte Verzerrung der Metrik lösen. Wir würden mit einem beträchtlichen formalen und rechnerischen Aufwand auf dasselbe Ergebnis kommen. Es reicht hier, uns von der Plausibilität unseres Vorgehens zu überzeugen und das richtige Ergebnis phänomenologisch weiter zu untermauern.

Wir wollen uns überlegen, auf welchen Abständen die kosmische Expansion zum Tragen kommt. Dazu multiplizieren wir die Einstein-Friedmann-Gleichung (4.11) mit der halben Masse eines Probekörpers und dem Quadrat der dimensionslosen Koordinate x_0, um eine Energiebilanz zu konstruieren:

$$\frac{m\,|v|^2}{2} - \frac{4\pi G_N}{3} m \frac{\rho_0 R_0^3}{R} |x_0|^2 + k \frac{mc^2}{2} |x_0|^2$$

$$= \frac{m\,|v|^2}{2} - \frac{4\pi G_N}{3} m\rho\,|x|^2 + k \frac{mc^2}{2} \frac{|x|^2}{R^2} = 0.$$

Den letzten Term können wir vernachlässigen, wenn $R \ll R_{max}$ (siehe (4.15)). Lebten wir in einem geschlossenen Universum ($k = 1$), wäre diese Bedingung sehr wohl erfüllt, da wir uns ja noch in der Ausdehnungsphase befinden. In einem offenen Universum ($k = -1$) hätte der letzte Term dasselbe Vorzeichen wie der zweite, und er ist von diesem nur durch eine gleichzeitige Messung der Dichte und des Hubble-Parameters zu trennen. Für $k = 0$ verschwindet er ohnehin. Wir lassen ihn also vorläufig fallen. Was übrig bleibt, ist offensichtlich die Energiebilanz eines Teilchens im Potential eines harmonischen Oszillators mit negativer Kraftkonstante. Das kosmologische Potential

$$V = -\frac{4\pi G_N}{3} m\rho\,|x|^2$$

treibt die Probemasse m von der Massenverteilung ρ weg – da m ein Teil der Verteilung ist, hat das gerade eine globale Ausdehnung zur Folge – und muss zu eventuellen lokalen Potentialen $G_N mM/|x|$, die ja immer anziehend sind, hinzuaddiert werden. Es dominiert für

$$|x| > \left(\frac{3M}{4\pi\rho}\right)^{1/3}.$$

Wäre die mittlere Dichte gerade die kritische, läge der Übergang zwischen kosmischer Expansion und lokaler Anziehung bei

$$x_c = \left(\frac{2 G_N M}{H^2}\right)^{1/3} \approx 100\,\text{Pc} \cdot \left(\frac{M}{M_\odot}\right)^{1/3},$$

wobei $M_\odot = 2 \cdot 10^{30}$ kg die Sonnenmasse ist. Selbst für eine Galaxie mit
100 Milliarden Sonnenmassen ist dieser Abstand mit etwa 500 kPc noch viel
größer als ihre Ausdehnung von 20 kPc. Auch sehr große Objekte bleiben
also auf kosmischen Zeitskalen stabil. Außerdem leuchtet jetzt ein, weshalb
das kosmologische Prinzip, besonders die Homogenitätsforderung, nur auf
sehr großen Skalen erfüllt sein kann. Dennoch hat das „Expansionspotenti-
al" einen, wenn auch winzigen, Einfluss auf kleinere Strukturen. Man kann
wie Dirac sogar darüber spekulieren, ob fundamentale Konstanten seit dem
Anfang aller Dinge wirklich konstant geblieben sind [51].

Dichte, Temperatur und Wellenlängen im Laufe der Entwicklung

Einige Begriffe der modernen Kosmologie haben wir jetzt schon ohne explizite Begründung verwendet, da sie unmittelbar einleuchten. Das zentrale
Konzept ist die Ausdehnung auf sehr großen Längenskalen, die im Hubble-
Parameter ihren Ausdruck findet. Nun bedeutet die beobachtete Expansion,
dass das Universum in ferner Vergangenheit wesentlich kleiner war als gegenwärtig. Hatte es denselben materiellen Inhalt, muss es auch dichter gewesen
sein. Gehen wir weit genug in der Zeit zurück, müssen wir irgendwann auf
einen Zustand treffen, in dem die Atome überlappen, und noch früher müssen auch die Kerne auf sehr engem Raum zusammengedrückt gewesen sein,
sodass die atomare Struktur der Materie, wie sie uns vertraut ist, noch nicht
verwirklicht war. Um das Verhalten des Universums in dieser fernen Vergangenheit zu erfassen, müssen wir seine thermische Geschichte rekonstruieren.
Denn wir können unmöglich die Dynamik einzelner Teilchen verfolgen, sondern müssen uns auf Größen beschränken, die über eine sehr große Zahl von
Teilchen gemittelt sind. Wir behandeln also die gesamte Materie als einen gewaltigen Gasball, dessen Temperatur und Dichten wir in die Vergangenheit
zurückverfolgen. Über den Zeitraum, den wir aufzuspannen haben, sagt uns
der Kehrwert des Hubble-Parameters aus, dass er in der Größenordnung der
Hubble-Zeit (1.11), also von etwa 10 Milliarden Jahren, liegen muss. Das ist
gut das doppelte Alter des Sonnensystems (4.55 Milliarden Jahre), das 150-
fache des Zeitraums, der seit dem Aussterben der Dinosaurier verflossen ist,
und das Anderthalb-Millionenfache des Alters der großen Kulturen.

Im folgenden werden wir die Materie durchgehend als ein ideales Gas behandeln, dessen Eigenschaften unabhängig von der inneren Struktur seiner
Konstituenten sind. Das ist, wie wir bereits mehrfach betont haben, immer
dann vernünftig, wenn wir zu jedem Zeitpunkt die richtigen „elementaren"
Konstituenten betrachten. In der Gegenwart sind es Galaxien, früher waren
es Moleküle und Atome, noch früher Kerne und Elektronen, und so weiter.

Als außerordentlich wichtig wird sich herausstellen, dass wir auch Photonen berücksichtigen, insofern sie in intensiver Wechselwirkung mit der Materie gestanden haben. Das war nach den Ausführungen des zweiten Kapitels sicher der Fall, solange die Materie weitgehend ionisiert war: Sobald sich neutrale Atome gebildet haben, hat sich jedoch das Licht von der Materie „entkoppelt" und sich getrennt von ihr weiterentwickelt, das Universum wurde durchsichtig. Solche Entkopplungen von Konstituenten hat es in der Frühgeschichte mehrfach gegeben, und jede war für die weitere Evolution sehr wichtig. Denn wenn die Dynamik gegenwärtig durch die von Baryonen dominierte neutrale Materie bestimmt wird, waren vor der Entstehung von Atomen die Photonen der wichtigste Bestandteil. Wir erwarten daher für den Zusammenhang zwischen Dichte und Skalenparameter in Gegenwart des wechselwirkenden Photonengases nicht mehr notwendigerweise dieselbe Form (4.6) wie für das heutige Universum.

Nun wenden wir die kinetische Gastheorie (siehe Anhang C) auf das junge expandierende Universum an. Halten wir den Druck konstant, ändert sich die Energie mit dem Volumen nach (C.10) wie

$$dE = -PdV.$$

Das Minuszeichen bedeutet, dass bei Ausdehnung Energie „nach außen", was auch immer das für das Universum heißen mag, abfließt, und die „innere Energie" daher abnimmt. Bezeichnen wir die Energiedichte mit ρc^2 (ρ behält so die gewohnte Dimension einer Massendichte), ergibt das

$$d\left(\rho c^2 R^3\right) + PdR^3 = 0,$$

da das Volumen des Universums der dritten Potenz des Skalenparameters R proportional ist. Unter der später begründeten Annahme, dass die Photonen die Energiedichte dominieren, setzen wir für den Druck die Formel (C.8b) an, die ein relativistisches Gas beschreibt:

$$P = \frac{1}{3}n\langle E_r\rangle = \frac{1}{3}\rho_r c^2.$$

Hier steht der Index r für „radiation". Damit gilt für das strahlungsdominierte Universum:

$$d\left(\rho_r R^3\right) + \frac{1}{3}\rho_r dR^3 = 0.$$

oder

$$R^3 d\rho_r + \frac{4}{3}\rho_r dR^3 = 0$$

und schließlich, da $dR^3 = \frac{3}{4}dR^4/R$:

$$R^4 d\rho_r + \rho_r dR^4 = d\left(\rho_r R^4\right) = 0.$$

Daraus folgt, dass die Energiedichte der Photonen mit der vierten Potenz des Skalenparameters abnimmt:

$$\rho_r(R) = \rho_0 \left(\frac{R_0}{R}\right)^4 \qquad (4.19)$$

mit der zunächst willkürlichen Integrationskonstante $\rho_0 R_0^4$. Die Einstein-Friedmann-Gleichung liefert dann, wenn wir den Krümmungsterm kc^2/R^2 gegenüber demjenigen, der der Energiedichte proportional ist, vernachlässigen:

$$H^2 = \left(\frac{\dot{R}}{R}\right)^2 = \frac{8\pi G_N}{3}\rho_r \propto R^{-4}, \qquad (4.20)$$

also $R\dot{R} = \frac{1}{2}(\mathrm{d}R^2/\mathrm{d}t) = const$. Daraus folgt, dass der Skalenparameter mit der Wurzel der Zeit wächst:

$$\frac{R(t)}{R_0} = \left(\frac{32 G_N \rho_0}{3}\right)^{1/4} \cdot \sqrt{t}. \qquad (4.21\mathrm{a})$$

Außerdem gilt

$$H = \frac{1}{2t}. \qquad (4.21\mathrm{b})$$

Und ferner können wir mit (4.19) schließen, dass

$$\rho_r = \frac{3}{32\pi G_N t^2}. \qquad (4.22)$$

Für das materiedominierte Universum bleibt natürlich der Ansatz $\rho \propto R^{-3}$ gültig, der uns $R \propto t^{2/3}$ und $H = 2/3t$ geliefert hat (siehe (4.12) und (4.13)).

Für die $1/R^4$-Abhängigkeit der Photonen-Energiedichte gibt es ein sehr anschauliches Argument. Im nichtrelativistischen Grenzfall steckt praktisch die gesamte Energie eines Teilchens in seiner Masse. Bei einem Photon und anderen hochrelativistischen Teilchen ist sie der Wellenlänge umgekehrt proportional: $E = h\nu = hc/\lambda$ (siehe (2.12) und (2.42)). Wächst nun die Längenskala, fällt die Energie entsprechend. Nehmen wir also an, dass die *Teilchenzahldichte* der Photonen durch die Expansion wie $1/R^3$ ausgedünnt wird, müssen wir noch einen weiteren Faktor $1/R$ heranmultiplizieren, um die *Energiedichte* korrekt zu beschreiben. In diese Erklärung geht mit der Planckschen Formel die Quantennatur der Photonen ein.

Diese Rotverschiebung des Photonengases hängt natürlich mit der „kinematischen" Rotverschiebung des Lichts von entfernten Galaxien zusammen. Das sehen wir am einfachsten an einem Wellenzug, der zur Zeit $t = -\tau$ am Ort $r = 0$ entsteht und sich in einem Friedmann-Universum von einem Punkt radial auf einen Beobachter zubewegt, der ihn zur Zeit $t = 0$ am Ort $R(0)r$ nachweist. Licht bewegt sich entlang der „Nullgeodäten", für die in der hier angebrachten Robertson-Walker-Metrik (siehe (2.30)) gilt:

$$ds^2 = c^2 dt^2 - R^2(t) \frac{dr^2}{1 - kr^2} = 0.$$

Also erhalten wir, wenn wir die zeit- und ortsabhängigen Größen voneinander trennen:

$$\frac{cdt}{R(t)} = \frac{dr}{\sqrt{1 - kr^2}}.$$

Integrieren liefert:

$$\int_{-\tau}^{0} \frac{cdt}{R(t)} = \int_{0}^{r} \frac{dr'}{\sqrt{1 - kr'^2}} = r + \frac{(kr)^3}{6} + \dots \quad (k = 0, \pm 1).$$

Nun bleibt r, abgesehen von eventuellen Eigenbewegungen von Quelle und Beobachter konstant. Beträgt die Zeitspanne zwischen zwei Maxima des Wellenzuges auf der Quellenseite $1/\nu_0$, misst der Beobachter die Periode $1/\nu$, und es gilt die Identität

$$\int_{-\tau + 1/\nu_0}^{1/\nu} \frac{cdt}{R(t)} = \int_{-\tau}^{0} \frac{cdt}{R(t)}.$$

Durch Aufspaltung der Integrationsintervalle finden wir

$$\int_{-\tau}^{-\tau + 1/\nu_0} \frac{cdt}{R(t)} = \int_{0}^{1/\nu} \frac{cdt}{R(t)}.$$

Nun ändert sich R kaum innerhalb der kurzen Periode $1/\nu$, und wir erhalten in sehr guter Näherung:

$$\frac{1}{\nu_0 R(-\tau)} = \frac{1}{\nu R(0)}$$

und damit:

$$\frac{\nu_0}{\nu} = \frac{\lambda}{\lambda_0} = 1 + z = \frac{R(0)}{R(-\tau)}. \qquad (4.23)$$

In dieser einfachen Formel steckt der Zusammenhang zwischen der kosmologischen Rotverschiebung $z = (\lambda - \lambda_0)/\lambda$ und der zeitlichen Entwicklung des Skalenparameters. Entwickeln wir $1/R(t)$ bis zur zweiten Ordnung, kommen wir auf

$$1 + z = 1 + \frac{\dot{R}}{R}(0)\tau + \frac{\dot{R}^2 - \frac{1}{2}\ddot{R}R}{R^2}(0)\tau^2 + \dots$$

Nun ist der Hubble-Parameter gerade $H_0 = \dot{R}(0)/R(0)$. Wenn wir außerdem den dimensionslosen „Akzelerationsparameter"

$$q_0 = -\frac{\ddot{R}R}{\dot{R}^2}(0) \qquad (4.24)$$

einführen, können wir die Entfernungs-Rotverschiebungs-Relation als

$$z = H_0\frac{D}{c} + H_0^2\left(1 + \frac{q_0}{2}\right)\left(\frac{D}{c}\right)^2 + \dots \qquad (4.25)$$

schreiben, wobei wir die Laufzeit durch den Quotienten aus Abstand und Lichtgeschwindigkeit ersetzt haben. Der erste Term gibt uns gerade das Hubble-Gesetz, während der zweite im Prinzip gestatten sollte, etwas über den Krümmungsparameter k zu lernen, da er die zweite Ableitung des Skalenparameters enthält. In der Tat gilt ja nach (4.9)

$$q_0 = \frac{4\pi G_N}{3H^2}\rho = \frac{1}{2}\cdot\frac{\rho}{\rho_c} = \frac{1}{2}\Omega. \qquad (4.26)$$

Um diesen quadratischen Term zu messen, braucht man ein genaues intergalaktisches Abstandsmaß hat. Dieses über Lichtquellen bekannter Luminosität wie Cepheiden und Supernovae zu etablieren, ist eine der Hauptaufgaben des Hubble Space Telescope und anderer Projekte [140]. In der Diskussion des inflationären Universums kommen wir darauf zurück.

Für ein Verständnis der mikroskopischen Prozesse im frühen Universum fehlt uns noch die Entwicklung der Temperatur, damit wir die Energien abschätzen können, die bei Reaktionen zwischen den Konstituenten des Urgases übertragen wurden. Die passenden Formeln stehen am Ende des Anhangs C: Die Energiedichte eines Photongases ist

$$\rho_\gamma c^2 = \tilde{a}T^4$$

(siehe (C.24a)), wobei $\tilde{a}$ mit der Stefan-Boltzmann-Konstante zusammenhängt:

$$\tilde{a} = \frac{\pi^2 k^4}{15(\hbar c)^3} = 7.566\cdot 10^{-16}\,\frac{\text{J}}{\text{m}^3\text{K}^4} = 4.722\cdot 10^{-3}\,\frac{\text{eV}}{\text{cm}^3\text{K}^4}, \qquad (4.27a)$$

die Energiedichte eines relativistischen Fermionengases ist um einen Faktor $\frac{7}{8}$ kleiner (siehe (C.24b)). Haben wir eine Mischung aus n_f verschiedenen Fermionen und n_b verschiedenen Bosonen mit jeweils zwei Polarisationen, gilt im chemischen Gleichgewicht:

$$\rho c^2 = \left(n_b + \frac{7}{8}n_f\right)\tilde{a}T^4 \equiv n_*\tilde{a}T^4. \qquad (4.27b)$$

Wenn wir (4.27) in (4.20) einsetzen, erhalten wir:

$$H^2 = \left(\frac{\dot{R}}{R}\right)^2 = \left(\frac{\dot{T}}{T}\right)^2 = \frac{8\pi G_N}{3}\rho_r = \frac{8\pi^3 k^4 G_N}{45\hbar^3 c^5}n_* T^4. \qquad (4.28)$$

Diese Formel bleibt auch unter Einschluss der Materie gültig, solange diese hochrelativistisch ist, also $E_{th} = kT \gg mc^2$. Nun können wir (4.28) mit der Bedingung $T(t = \infty) = 0$ integrieren:

$$T(t) = \left(\frac{45\hbar^3 c^5}{32\pi^3 k^4 G_N n_*}\right)^{1/4} t^{-1/2} = \frac{1.52 \cdot 10^{10}\,\mathrm{K}}{n_*^{1/4}\sqrt{t/\mathrm{s}}}. \qquad (4.29)$$

Im Falle des materiedominierten Universums folgt aus der Zustandsgleichung für ideale Gase bei fester Temperatur (C.14b):

$$T \propto \frac{1}{R^{3(\gamma-1)}}. \qquad (4.30)$$

Da $\gamma \approx \frac{4}{3}$ (siehe (C.15b)), fällt die Temperatur schneller als für relativistische Gase, denn $R \propto t^{2/3}$, also

$$T \propto R^{-1} \propto t^{-2/3}. \qquad (4.31)$$

Entscheidend ist, dass sie in beiden Fällen mit der Zeit abnimmt. Das Universum muss also in seinem Frühstadium heiß gewesen sein. Das haben wir natürlich schon stillschweigend vorausgesetzt, als wir im ersten Kapitel die kosmische Nukleosynthese angeschnitten haben. Nun haben wir jedoch gezeigt, dass dieses Szenario aus den bekannten Gesetzen der Thermodynamik und der Beobachtung der Expansion folgt. Insbesondere bedeutet dies, dass die Photonen, die nach der Entstehung neutraler Atome aus dem thermischen Gleichgewicht herausgefallen sind, immer noch gegenwärtig sein sollten und in etwa das Spektrum eines schwarzen Körpers haben sollten. Während für die gewöhnliche Materie die mittlere Temperatur im Universum kaum ein sinnvolles Konzept ist, ergibt sie sich für Photonen direkt aus dem Stefan-Boltzmann-Gesetz, dessen einziger freier Parameter sie ist.

Setzen wir nun die gegenwärtige Hubble-Zeit für das Strahlungsuniversum als sein Alter an, erhalten wir aus (4.29):

$$T = \left(\frac{45\hbar^3 c^5}{32\pi^3 k^4 G_N n_*}\right)^{1/4} \cdot \sqrt{H_0} = \frac{\sqrt{h_0}}{n_*^{1/4}} \cdot 27\,\mathrm{K}.$$

Die Spektrum des Photonengases hat bei dieser Temperatur, wenn n_* nicht sehr verschieden von Eins ist, sein Maximum bei einigen meV, die Wellenlängen liegen im Mikrowellen-Bereich. Dass es eine thermische Strahlung mit einer Temperatur von einigen Kelvin geben sollte, war erstmalig von R.A. Alpher und R. Herman im Jahre 1948 vorhergesagt worden [8]. Während der Einrichtung einer Antenne für die Satelliten-Kommunikation fanden, wie im ersten Kapitel erwähnt, Penzias und Wilson 1965 ein richtungsunabhängiges Rauschsignal, das sie nach langem Suchen nach „Dreckeffekten" schließlich auf eine Hintergrundstrahlung kosmischen Ursprungs zurückführten [138]. Dieser ersten Messung bei einer festen Wellenlänge von 7.35 cm folgten viele andere, gekrönt von den Präzisionsmessungen mit Hilfe des COBE-Satelliten (siehe Kapitel 1), der es erstmalig erlaubte, auch den kurzwelligen Anteil des Spektrums, bis hinein ins Infrarote, zu erfassen. Das Ergebnis ist ein Schwarzkörper-Spektrum mit einer Temperatur von 2.728 ± 0.004 K [71]: die Messung ist bis auf zwei Promille genau! Dass die Temperatur um etwa eine Größenordnung unter unserer Abschätzung liegt, wundert uns nicht, da wir ja die tatsächliche Geschichte der Strahlung, und hier vor allem ihrem Ursprung, überhaupt nicht berücksichtigt haben und die Zeitabhängigkeit der Temperatur für das gegenwärtige materiedominierte Universum eine andere ist (siehe (4.31)). Vielleicht noch wichtiger als die Temperatur-Messung, die über das Plancksche Strahlungsgesetz die Photonendichte auf 412 pro Kubikzentimeter festlegt, ist die Isotropie der Hintergrundstrahlung. Schwankungen der Temperatur wurden unter anderen vom COBE-Satelliten erst auf dem Niveau von ein paar Teilen in einer Million gefunden [19]. Auf der einen Seite ist dies im Nachhinein eine schöne Bestätigung unseres Ansatzes eines isotropen Universums, andererseits stellt es, wie wir später zeigen werde, eine der größten Herausforderungen an die Kosmologie dar.

Wir halten einen Augenblick inne, um uns zu vergegenwärtigen, was wir bisher erreicht haben. Ausgehend von dem einfachen Modell eines expandierenden Gases haben wir mit Hilfe der Newtonschen Mechanik und einer Stützinformation aus der Allgemeinen Relativitätstheorie die globale Geschichte des Universums rekonstruiert. Über eine differenzierte Betrachtung relativistischer und nichtrelativistischer Gase haben wir die Existenz einer kosmischen Schwarzkörperstrahlung plausibel machen können. Was jetzt zu tun ist, liegt auf der Hand. Wir müssen dieses bislang noch recht abstrakte Universum mit der bekannten Materie füllen, um das ganz reale Weltall beschreiben zu können. Zunächst aber werden wir noch diejenigen Punkte ausklammern, die bis heute nicht vollständig und konsistent erklärt werden können. Da ist vor allem das Problem der Strukturbildung: Was hat die Entstehung von Galaxien, Galaxienhaufen und gewaltigen Superstrukturen wie der „Großen Mauer" [82] hervorgerufen? Gab es zuerst einzelne Galaxien oder deren Vorläufer, die „Protogalaxien", die sich dann zu größeren Gruppen zusammengefunden haben? Oder fing es mit großen Strukturen an, die dann in hierarchischer Weise kleinere Strukturen gebildet haben? All das ist heute noch offen, und es gibt eine Vielzahl von Modellen. Eines wird jedoch immer klarer: der Grundstein zu unserem feinkörnigen Weltall wurde in einer sehr frühen Phase seiner Geschichte gelegt, möglicherweise lange vor der Entstehung von Nukleonen! Paradoxerweise scheinen wir auf die Teilchenphysik angewiesen zu sein, wenn wir den Ursprung der größten Gebilde im Universum erklären wollen. Dazu kommen wir jedoch erst ganz am Schluss dieses Kapitels.

Chemie im Urknall: Wie sind Atome und Atomkerne entstanden?

In der gegenwärtigen Epoche können wir den Inhalt des Universums also in zwei Teile spalten: Materie und Strahlung. Beide sind beinahe vollständig voneinander entkoppelt. Nun gibt es, wie erwähnt, 412 Hintergrund-Photonen in jedem Kubikzentimeter, die mittlere Materiedichte, von der wir wissen, dass sie von der kritischen Dichte

$$\rho_c = \frac{3H_0^2}{8\pi G_N} = (1.87882 \pm 0.00024) \cdot 10^{-29} \, h_0^2 \, \mathrm{g/cm}^3$$

$$\rho_c c^2 = \frac{3H_0^2}{8\pi G_N} = (1.05394 \pm 0.00013) \cdot 10^{-5} \, h_0^2 \, \mathrm{GeV/cm}^3$$

$$(4.32)$$

[135] nicht wesentlich abweicht, bedeutet aber, dass es höchstens ein Nukleon pro $10^5 \, \mathrm{cm}^3$ gibt. Diese riesige Diskrepanz von mindestens siebeneinhalb, wahrscheinlich neun Größenordnungen, ist eine erklärungsbedürftige Tatsache. Man kann sogar so weit gehen, sich über die Existenz von Materie zu wundern: Die Photonen sind größtenteils aus der Annihilation von Materie und Antimaterie entstanden, die paar Nukleonen und Elektronen, aus denen auch wir bestehen, sind der kümmerliche Rest. Ihre Existenz bedeutet, dass sich irgendwann eine sehr kleine Asymmetrie zwischen Materie und Antimaterie eingestellt hat. Die einzige mögliche Erklärung beruht auf der Verletzung der CP-Invarianz (siehe Kapitel 3 und [148]). Unser ganzes Dasein könnte auf diesem subtilen Quanteneffekt beruhen! Jedenfalls können wir davon ausgehen, dass in einer früheren Epoche, bei höherer Dichte und damit größerer Wechselwirkungswahrscheinlichkeit, die Ausdehnungsrate von den Photonen bestimmt war. Das Universum war „strahlungsdominiert".

Wir präzisieren nun noch, wie die Entkopplung der Photonen – und die anderer Teilchensorten vor ihnen – ablief. In einem gewöhnlichen Gas stellt sich ein thermisches Gleichgewicht sehr rasch als Folge der häufigen Stöße zwischen den Molekülen ein. Bei extremer Verdünnung können diese Stöße so selten werden, dass zum Beispiel eine lokale Energiezufuhr zu einer anhaltenden Abweichung vom Gleichgewichtszustand führen können. Das hat natürlich Auswirkungen auf die Dichte. Darüberhinaus wird die Dichte aber auch von „chemischen" Reaktionen zwischen den verschiedenen Komponenten des Gases beeinflusst. Ein chemisches Gleichgewicht besteht genau dann, wenn Dichten und Reaktionsraten dafür sorgen, dass im Mittel die Produktion und Annihilation jeder Komponente einander aufwiegen.

Im frühen Universum waren Materie und Strahlung chemisch gekoppelt, solange Prozesse wie

$$\gamma + H \leftrightarrow p + e^-$$

in beiden Richtungen genauso schnell abliefen. Die Rate eines solchen Prozesses ist in einem Gas durch das Produkt aus der Teilchenzahldichte, der Geschwindigkeit und dem Wirkungsquerschnitt gegeben, natürlich über das ganze Ensemble gemittelt:

$$\langle \Gamma \rangle = \langle \sigma n v \rangle . \tag{4.33}$$

Solange diese Rate größer ist als die Ausdehnungsrate des kosmischen Gases, bleiben das chemische und *a fortiori* das thermische Gleichgewicht perfekt. Die Entkoppelung findet also statt, wenn [77]

$$\langle \Gamma \rangle = \langle \sigma n v \rangle \approx \left(\frac{\dot{R}}{R} \right)_E = H(t_E). \tag{4.34}$$

Den Zeitpunkt aus dieser Formel zu bestimmen, ist schwierig, da zum einen sowohl der Wirkungsquerschnitt als auch die Dichte von der Temperatur, also von der Zeit abhängen, und zum anderen die zeitliche Entwicklung von der Entkopplung nicht in unserer Betrachtung berücksichtigt ist. Wir können ihn aber, wenn wir annehmen, dass die Entkopplungstemperatur 3000 K betrug, und das Universum seither von der Materie dominiert wird,[4] aus der heutigen Temperatur der Hintergrundstrahlung abschätzen. Denn die Strahlungstemperatur ist ja, wie wir schon gezeigt haben, dem Skalenparameter umgekehrt proportional (siehe (4.20) und (4.28)), und dieser wiederum hängt vom Quadrat der dritten Wurzel der Zeit ab (siehe (4.12)). Also gilt

$$\frac{T_0}{T_E} = \left(\frac{t_E}{t_0} \right)^{2/3}$$

oder

$$t_E \approx 10^{10} \, \text{Jahre} \cdot \left(\frac{2.7}{3000} \right)^{3/2} \approx 300000 \, \text{Jahre}. \tag{4.35}$$

Auf der Skala eines Menschenlebens gemessen ist das zwar eine lange Zeit, verglichen mit dem heutigen Alter des Universums jedoch sehr kurz.[5] Dennoch ist das, was vorher geschah, von entscheidender Bedeutung für die gegenwärtige Gestalt des Weltalls.

---

[4] Das hat das scheinbare Paradoxon zur Folge, dass auch die Temperatur der Strahlung, die ja praktisch völlig von der Materie entkoppelt ist, von dieser bestimmt wird.

[5] Natürlich gilt immer noch der Vorbehalt, dass wir im Prinzip noch nichts über die Geschichte vor der Entkopplung wissen. Diese Abschätzung ist also mit einem gewissen Fehler behaftet.

Unter der Annahme, dass die Strahlung vor ihrer Entkopplung die Expansionsrate bestimmt hat,[6] können wir nun die Zeitpunkte anderer wichtiger „Phasenübergänge" abschätzen. Dazu stellen wir noch einmal die wichtigsten Formeln für die zeitliche Entwicklung von Skalenparameter, Temperatur und Dichte zusammen:[7]

strahlungsdominiert:

$$R = \left(\frac{32 G_N \rho_0}{3}\right)^{1/4} \cdot \sqrt{t}$$

$$H = \frac{\dot{R}}{R} = \frac{1}{2t}$$

$$T = \left(\frac{45 \hbar^3 c^5}{32 \pi^3 k^4 G_N n_*}\right)^{1/4} \cdot t^{-1/2}$$

$$\rho = \frac{3}{32 \pi G_N t^2}$$

materiedominiert:

$$R = R_0 \cdot (6\pi G_N \rho_0)^{1/3} \cdot t^{2/3}$$

$$H = \frac{\dot{R}}{R} = \frac{2}{3t} \tag{4.36}$$

$$T \propto \frac{1}{t^{2/3}}$$

$$\rho = \frac{1}{6\pi G_N t^2}.$$

Während Temperatur und Dichte über die Gesetze der Thermodynamik normiert sind, müssen wir den Skalenparameter auf den gegenwärtigen Wert beziehen, solange wir noch nicht imstande bin, die detaillierte Geschichte bis zum Anfang ($R = t = 0$) zurückzuverfolgen. Mit dem Skalierungsgesetz für das materiedominierte Universum (4.35) erhalten wir für den Skalenparameter zur Zeit der Entkopplung, ausgehend von $R_0 \approx c/H_0 = ct_0 \approx c \cdot 9.8 \cdot 10^9$ Jahre$/h_0 = 9.25 \cdot 10^{25}$ m$/h_0$ (siehe (1.10)):

$$R_E \approx R_0 \cdot \frac{T_E}{T_0} \approx \frac{9.25 \cdot 10^{25}\,\text{m}}{h_0} \cdot \frac{2.7}{3000} \approx \frac{8 \cdot 10^{22}\,\text{m}}{h_0}. \tag{4.37}$$

Ausgehend von diesem Wert können wir mit (4.36) den Skalenparameter *vor der Entkopplung* abschätzen:

$$R(t) = R_E \sqrt{\frac{t}{t_E}} \approx \frac{1\,\text{Pc}}{h_0} \sqrt{\frac{t}{s}}. \tag{4.38}$$

Die nächste wichtige Epoche vor der Entstehung neutraler Atome war die der „primordialen Nukleosynthese", die für die Entstehung des größten Teils der leichten Elemente verantwortlich war, wie wir schon im ersten Kapitel skizziert haben. Das Einsetzen dieser Kernreaktionen wurde dadurch möglich, dass der β-Zerfall des Neutrons und sein Umkehrprozess $p + e^- \rightarrow n + \nu_e$ aus dem chemischen Gleichgewicht gerieten.[8] Das passiert, wenn die thermische Energie unter die Differenz der Ruheenergien von Proton und Neutron

---

[6] Das ist eine Vereinfachung der tatsächlichen Verhältnisse. Die Entkopplung der Photonen hat ein wenig nach dem Übergang von der strahlungsdominierten Expansion zur materiedominierten stattgefunden.

[7] Zum Zusammenhang zwischen Dichte und Temperatur bei nichtrelativistischen Gasen siehe die Fußnote auf Seite 354.

[8] Der andere „inverse β-Zerfall" $p + \nu_e \rightarrow n + e^+$ ist bereits früher „ausgefroren", da hier nicht nur die Proton-Neutron-Massendifferenz, sondern auch die Elektronenmasse aufgebracht werden muss.

fällt: $kT \leq (m_n - m_p) c^2 = 1.29\,\text{MeV}$, also bei eine Temperatur von ungefähr 15 Milliarden Kelvin. Nach (4.29) hat die Temperatur dieses Niveau nach etwa einer Sekunde erreicht. Das Ende der Synthese war bereits nach ungefähr 2000 Sekunden erreicht, da bei thermischen Energien unterhalb von etwa 30 keV Reaktionen zwischen leichten Kernen vor allem wegen der elektrostatischen Abstoßung zu selten werden, um noch eine wesentliche Rolle zu spielen. Es ist intuitiv einleuchtend und wird durch ausgeklügelte numerische Rechnungen und Simulationen bestätigt, dass in dieser auf kosmischen Skalen unglaublich kurzen Zeitspanne nur die leichtesten Elemente, etwa bis zum Lithium, in erwähnungswerten Mengen erzeugt werden konnten. Schwere Elemente, bis zum Eisen, entstehen durch das nukleare Brennen im Inneren der Sterne,[9] alles was schwerer ist als Eisen, kann nur über die extremen Verhältnisse in Supernova-Explosionen zustandekommen [32].

Die wesentlichen Fakten der primordialen Nukleosynthese haben wir schon im ersten Kapitel dargelegt. Es sind besonders die etwa 24% ^{4}He, die die Richtigkeit des Modells und vor allem das Bild des heißen „bis bang" untermauern. Diese Zahl hängt zum einen von der Neutron-Proton-Massendifferenz, aber auch ganz empfindlich von der Temperatur ab, bei der die beiden Nukleonen aus dem chemischen Gleichgewicht geraten sind. Denn unter der Annahme, dass die freien Neutronen entweder zerfallen oder in ^{4}He gebunden werden, ist die relative Häufigkeit von ^{4}He

$$Y = \frac{{}^4\text{He}}{{}^4\text{He} + p} = \frac{4r/2}{4r/2 + (1-r)} = \frac{2r}{r+1} \approx 0.24, \qquad (4.39)$$

wobei $r \approx 0.14$ das Verhältnis der Neutronen- zur Protonenzahl zur Zeit der Synthese ist, das sich durch den Ausdruck:

$$r = \frac{n_n}{n_p} = \exp\left(-\frac{(m_n - m_p)\,c^2}{kT}\right) \cdot \frac{\tau}{\Delta t} e^{t_0/\tau_n} \left(1 - e^{-\Delta t/\tau_n}\right) \qquad (4.40)$$

ergibt, der sowohl dem chemischen Gleichgewicht zwischen Protonen und Neutronen als auch dem Zerfall der Neutronen Rechnung trägt: der erste Faktor kommt aus der Boltzmann-Verteilung, der zweite ist der über die von t_0 bis $t_0 + \Delta t$ dauernden Nukleosynthese gemittelte Anteil der noch vorhandenen Neutronen (siehe Anhang E). Offenbar erhalten wir den richtigen Wert fr die Helium-Häufigkeit, wenn $r \approx 0.14$. Indem wir die Parameter t_0, Δt und T im Rahmen unseres Modells ableiten, in (4.40) einsetzen, und das Resultat mit der Beobachtung vergleichen, können wir seine Konsistenz prüfen. Zunächst bestimmen wir also den Zeitpunkt des Beginns der Nukleosynthese t_0, daraus bestimmen wir mit $t_0 + \Delta t = 2000\,\text{s}$ (siehe Seite 271) den Anteil der überlebenden Neutronen, und schließlich berechnen wir die Temperatur, bei der der inverse β-Zerfall energetisch unmglich wird.

---

[9] Hier sollte erwähnt werden, dass erst vor wenigen Jahren durch den Nachweis der Neutrinos aus dem Innern unserer Sonne der Beweis für diese Hypothese erbracht wurde.

Den Beginn der Nukleosynthese liefert uns das Gamow-Kriterium (4.34), nach dem Deuterium stabil bleiben sollte, sobald die Expansionsrate die Rate der „Photodissoziation" $\gamma + d \rightarrow n + p$ übersteigt: $H > \langle \sigma c \rangle \cdot n_\gamma$. Die Photonendichte n_γ, die wir aus (C.23a) erhalten, muss aber noch mit einem Boltzmann-Faktor $e^{-B/kT}$ mit $B = 2.225\,\mathrm{MeV}$ multipliziert werden, um auf die Dichte der Photonen zu kommen, die genügend Energie aufbringen, um das Deuteron zu dissoziieren (B ist gerade die Bindungsenergie des Deuterons). Das Produkt $\langle \sigma c \rangle$ ergibt sich experimentell zu etwa $5 \cdot 10^{-20}\,\mathrm{cm^3/s}$. Damit und mit (4.28) ergibt sich die Temperatur, bei der Deuterium ausfriert, aus der Gleichung:

$$\langle \sigma c \rangle \cdot \frac{2.404}{\pi^2} \left(\frac{kT}{\hbar c} \right)^3 e^{-B/kT} \approx \sqrt{\frac{8\pi^3 G_N}{45\hbar^3 c^5}} (kT)^2$$

oder

$$kT e^{-B/kT} = \frac{(\pi\hbar c)^2}{2.404\,\langle \sigma c \rangle} \sqrt{\frac{8\pi^3 G_N}{45(\hbar c)c^2}} \approx 1.8 \cdot 10^{-10}\,\mathrm{keV},$$

die von $kT = 83\,\mathrm{keV}$ erfüllt wird. Das entspricht einer Temperatur von 960 Millionen Kelvin, die gemäß (4.29) nach $250\,\mathrm{s}/n_*^{1/4}$ Sekunden erreicht wurde. In dieser Epoche bestand das die Energiedichte dominierende Teilchenensemble noch aus Photonen, Elektronen und Positronen, also ist nach (2.37) $n_* = 1 + \frac{7}{8} \cdot 2 = \frac{11}{4}$. So kommen wir auf $t_0 = 200\,\mathrm{s}$ für den Beginn der Nukleosynthese.

Mit $t_0 = 200\,\mathrm{s}$ und $\Delta t = 1800\,\mathrm{s}$ beträgt in (4.40) die Unterdrückung der Neutronen durch ihren Zerfall 0.34, und wir können nun die Entkopplungstemperatur bestimmen:

$$kT = \frac{(m_n - m_p)\,c^2}{\ln(0.34/r)} = 1.45\,\mathrm{MeV} \text{ oder } T = 16.8\,\mathrm{Milliarden\,Kelvin}. \quad (4.41)$$

Sie sollte, damit unser Bild konsistent bleibt, mit der Temperatur übereinstimmen, bei der der inverse β-Zerfall $e^- p \rightarrow \nu_e n$ nicht mehr zur Regeneration der zerfallenden Neutronen beitragen kann. Aus dem Gamow-Kriterium (4.34) erhalten wir mit dem Wirkungsquerschnitt

$$\sigma = \frac{(\hbar c G)^2 \left(1 + 3c_A^2 \right)}{\pi} E \left(E - \Delta \right) \quad (4.42)$$

($\Delta = (m_n - m_p)c^2$, vergleiche (3.40)), der Teilchendichte für *eine* Helizitätseinstellung (C.20) und $v \approx c$ die algebraische Bestimmungsgleichung[10]

---

[10] Der Fehler, den man macht, indem man die untere Grenze Δ durch 0 ersetzt, ist vernachlässigbar.

$$\langle \Gamma \rangle \approx \int_0^\infty dE \frac{(\hbar c G)^2 \left(1 + 3c_A^2\right)}{\pi} E\left(E - \Delta\right) \cdot \frac{1}{2\pi^2(\hbar c)^3} \frac{E^2}{e^{E/kT} + 1} \cdot c$$

$$= \frac{G^2 \left(1 + 3c_A^2\right)}{2\pi^3 \hbar} (kT)^4 \left[16.53(kT) - \frac{7\pi^4}{240}\Delta\right]$$

$$\approx \frac{\dot{R}}{R} = \left|\frac{\dot{T}}{T}\right| = \sqrt{\frac{8\pi^3 G_N n_*}{45\hbar^3 c^5}} (kT)^2 \quad (4.43)$$

mit der Gravitationskonstanten $G_N/\hbar c^5 = 6.707 \cdot 10^{-39}\,\mathrm{GeV}^{-2}$ und der Kopplungskonstanten der schwachen Wechselwirkung $G = 1.166 \cdot 10^{-5}\,\mathrm{GeV}^{-2}$. In dieser Rechnung haben wir für die Temperaturabhängigkeit des Hubble-Parameters wieder (4.28) eingesetzt.

Nun erwarten wir bei diesen Temperaturen ein Gas, in dem Photonen, Elektronen, Positronen, Neutrinos und Antineutrinos im Gleichgewicht sind.[11] Der Beitrag der Photonen zu n_* ist Eins, Elektronen und Positronen liefern jeweils $\frac{7}{8}$, und jedes Neutrino trägt $\frac{1}{2} \cdot \frac{7}{8}$ bei, wobei der Faktor $\frac{1}{2}$ wieder der Paritätsverletzung Rechnung trägt. Das Resultat ist

$$n_* = 1 + \frac{7}{8}\left(2 + 2 \cdot \frac{1}{2} \cdot n_\nu\right) = \frac{43}{8} + \frac{7}{8}\left(n_\nu - 3\right).$$

Aus (4.43) erhalten wir damit für $n_\nu = 3$ $kT = 1.37\,\mathrm{MeV}$ und daraus die Entkopplungstemperatur $T = 15.8 \cdot 10^9\,\mathrm{K}$, die erstaunlich nahe an (4.41) liegt, dem Wert, der uns die richtige Häufigkeit von Helium liefert. Angesichts der Grobheit unserer Näherungen können wir mit diesem Grad an Übereinstimmung überaus zufrieden sein (siehe [137, 46]). In der theoretischen Astrophysik dreht man das Argument sogar oft um: Mit Hilfe exakter Modellrechnungen kann man aus der Häufigkeit von ^{4}He die Zahl der Neutrinotypen bestimmen. Dass diese kosmologische Zahl mit dem Laborwert zusammenfällt, ist eine perfekte Rechtfertigung für die Anwendung teilchenphysikalischer Konzepte auch auf die Zeit vor der Nukleosynthese!

Den Zeitpunkt der Entkopplung der Neutronen können wir aus der Temperatur über (4.29) bestimmen:

$$t = \sqrt{\frac{8}{43}} \left(\frac{15.2}{15.8}\right)^2 \mathrm{s} \approx 0.4\,\mathrm{s}. \quad (4.44)$$

Wir haben also die globale Geschichte des Weltalls bis auf die allererste halbe Sekunde verstanden. Dabei haben wir uns auf Theorien gestützt, die im Labor bestätigt worden sind, und Messwerte benutzt, von denen wir nun mit einiger Sicherheit annehmen können, dass sie überall und zu jeder Zeit gelten. Im täglichen Leben begegnen uns sicherlich beeindruckende physikalische

---

[11] Die Neutrinos, auch μ- und τ-Neutrinos sind trotz der kleinen Wirkungsquerschnitte noch dabei, weil sie über den neutralen Strom an alle anderen Teilchensorten koppeln. Damit wird die effektive Wechselwirkungswahrscheinlichkeit im Vergleich zum inversen β-Zerfall groß.

Phänomene, aber diese enorme Tragweite der physikalischen Weltsicht, die in der teilchenphysikalischen Erklärung der Vorgänge im heißen Urknall gipfelt, erscheint uns als eine machtvolle Rechtfertigung des wissenschaftlichen Denkansatzes schlechthin. Ganz abgesehen von allen logischen und erkenntnistheoretischen Argumenten ist es hier der Erfolg, der uns recht gibt. Er ermutigt uns auch, noch weiter in die Frühzeit zurückzugehen und weitere Phasenübergänge, zum Beispiel den von einem ungebundenen Quark-Gluon-Plasma zu Hadronen oder von einem Vakuum mit verschwindenden Erwartungswerten des Higgs-Felds zu dem gegenwärtigen mit $v = 246\,\text{GeV}$ einzubeziehen. Der zuletzt angesprochene wird uns gleich noch intensiver beschäftigen.

Nun wagen wir uns aber für einen Moment auf ein Terrain mit etwas spekulativem Charakter. Denn für das, was folgt, fehlt der Beitrag der Teilchenphysik noch weitgehend, und was die kosmologische Seite betrifft, behandeln wir vor allem unerklärte Beobachtungen. Es gibt mit dem Modell des heißen Big Bang nämlich zwei Problembereiche, die letzten Endes eng miteinander und mit den zum Schluss des vorigen Kapitels behandelten offenen Fragen der Teilchenphysik zusammenhängen. Reizvoll ist an dieser Verknüpfung, dass Fortschritte auf dem einen Gebiet auch im anderen zum Tragen kommen.

Das erste Rätsel: Dunkle Materie

Kurz nach Hubbles Entdeckung der Expansion, nämlich 1933, gelang es Fritz Zwicky, die mittlere quadratische Geschwindigkeit der Galaxien im Coma-System, einem Galaxien-Haufen im „Haar der Berenike", zu messen [178]. Unter der Annahme, dass sich diese Gruppe im thermischen Gleichgewicht befindet, und damit kein nennenswerter Energiefluss über größere Abstände stattfindet, konnte er unter der Anwendung des Virialtheorems das Gravitationspotential und somit die gesamte Masse in der Galaxiengruppe abschätzen. Auf der anderen Seite konnte er aus der Helligkeit und der über das Hubble-Gesetz ermittelten Entfernung die Masse bestimmen, die in leuchtenden Sternen erscheint. Denn das Verhältnis der Leuchtkraft eines Sterns zu seiner Masse ist aus Beobachtungen gut bekannt. Für die Sonne beträgt es zum Beispiel

$$\frac{\mathcal{L}_\odot}{\mathcal{M}_\odot} = 0.193\,\text{mW/kg}.$$

Bei Galaxien muss man natürlich über die verschiedenen Sterntypen mitteln und kommt näherungsweise auf:

$$\frac{\mathcal{L}}{\mathcal{M}} \approx 3\,\frac{\mathcal{L}_\odot}{\mathcal{M}_\odot}$$

für Spiralgalaxien wie unsere Milchstraße [137, 43]. Zwicky kam aufgrund seiner Abschätzung zu einem verblüffenden Ergebnis: um die mittlere quadratische Geschwindigkeit der Galaxien im Rahmen des Virialtheorems mit der totalen Luminosität der Coma-Gruppe in Einklang zu bringen, musste er annehmen, dass nur ein Vierhundertstel der gesamten Masse leuchtet. Anders ausgedrückt: $99\frac{3}{4}\%$ der Materie ist unsichtbar! Zwar wissen wir, dass er damals einen viel zu großen Hubble-Parameter von 550 (km/s)/MPc benutzt und damit auch die Geschwindigkeiten erheblich überschätzt hatte, aber das Phänomen bleibt in seinem Wesen, wenn auch quantitativ abgeschwächt, bis heute gültig und unerklärt.

In der Tat braucht man dunkle Materie nicht nur in Galaxiengruppen, also Strukturen mit einer typischen Größe von einigen Megaparsec, sondern auch auf dem Niveau von gewöhnlichen Spiralgalaxien. Solche Galaxien rotieren um eine Achse, die durch ihr Zentrum läuft und senkrecht auf der Scheibe steht. Die Umlaufgeschwindigkeit wird dann ganz einfach durch die Keplerschen Gesetze bestimmt. So folgt aus der Energieerhaltung mit (4.7a)

$$\frac{1}{2}mv^2 = -\int_r^\infty \boldsymbol{F}\cdot\mathrm{d}\boldsymbol{x} = \frac{G_N m M(r)}{r}$$

und weiter

$$v \approx \sqrt{\frac{2G_N M(r)}{r}}.$$

Unter der Voraussetzung, dass die Masse, so wie die nach außen exponentiell abfallende Lichtkurve nahelegt, im Zentrum konzentriert ist, erwartet man $v \propto r^{-1/2}$ für hinreichend große Abstände r. Was man beobachtet, und zwar über die Dopplerverschiebung der 21 cm-Linie des molekularen Wasserstoffs bei Galaxien, deren Rotationsachse senkrecht auf der Sichtlinie steht, ist eine praktisch konstante Umlaufgeschwindigkeit bis weit über den sichtbaren Rand der Galaxien hinaus. Das können wir nur dadurch erklären, dass wir einen nicht sichtbaren, kugelförmigen Halo als den dominanten Anteil der galaktischen Masse annehmen, in den die leuchtende Materie eingebettet ist. Denn so können wir die zuvor schon hergeleiteten Tatsache, dass in einer kugelsymmetrischen Massenverteilung ein Körper bei einem Abstand nur diejenige Masse spürt, die näher am Zentrum ist als er selbst (siehe 256), benutzen, um mit der Beziehung

$$M(r) = 4\pi \int_0^r r'^2 \mathrm{d}r' \rho(r')$$

aus der konstanten Geschwindigkeit zu schließen: $M(r) \propto r$ und damit:

$$\rho(r) \propto \frac{1}{r^2}.$$

Die leuchtende Masse hingegen verhält sich wie $M(r) \propto \exp\left(-r/r_0\right)$. In der Nähe des Zentrums steigt bei allen Spiralgalaxien die Geschwindigkeit etwa linear an. Wir können dieser Beobachtung Rechnung tragen, indem wir einen

Kern mit nahezu konstanter Dichte hinzufügen. Wir parametrisieren $\rho(r)$ also wie folgt:

$$\rho(r) = \rho_0 \frac{a^2}{a^2 + r^2} \rightarrow \begin{cases} \rho_0 & \text{für } r \rightarrow 0 \\ \rho_0 \dfrac{a^2}{r^2} & \text{für } r \gg a \end{cases}.$$

Das ist ein universelles Gesetz, das die Rotationskurven aller beobachteten Spiralgalaxien sehr gut wiedergibt. Für unsere eigene gilt:

$$\rho_0 c^2 \approx 1 \frac{\text{GeV}}{\text{cm}^3}, \quad \rho_0 \approx 1.8 \cdot 10^{-24} \frac{\text{g}}{\text{cm}^3}$$

$$a \approx 5.6 \, \text{kPc}.$$

Im Zentrum der Milchstraße finden wir also im Mittel ein Proton pro Kubikzentimeter. Unsere Sonne ist ungefähr 8 kPc vom Zentrum entfernt, daher ist die lokale Halodichte

$$\rho_\odot c^2 \approx 0.3 \frac{\text{GeV}}{\text{cm}^3}. \tag{4.45a}$$

Die Unsicherheit in dieser Abschätzung ist allerdings recht groß: [135]:

$$0.1 \frac{\text{GeV}}{\text{cm}^3} < \rho_\odot c^2 < 0.7 \frac{\text{GeV}}{\text{cm}^3}. \tag{4.45b}$$

Da sich der Halo über Abstände erstreckt, die wesentlich größer sind als der Kernradius a, machen wir keinen großen Fehler, wenn wir die gesamte Masse in einer Galaxie über

$$M \approx 4\pi\rho_0 \int_0^R r^2 \mathrm{d}r \frac{a^2}{a^2 + r^2} = M_c \cdot \left(\frac{R}{a} - \arctan \frac{R}{a} \right)$$

abschätzen, wobei R der mittlere Abstand zwischen Galaxien in einer Gruppe und

$$M_c = \frac{4\pi}{3} a^3 \cdot \rho_0$$

die Kernmasse sind. Für $R \gg a$ gilt $\arctan(R/a) \approx \pi/4 \ll R/a$ und damit $M \approx 3M_c \cdot (R/a)$. Bei der Milchstraße ist $3M_c \approx 14$ Milliarden Sonnenmassen. Erstreckt sich unser Halo bis zum halben Abstand zur nächsten Spiralgalaxie, dem Andromeda-Nebel, kommen wir auf

$$M \approx 14 \cdot 10^9 M_\odot \frac{400}{5.6} \approx 10^{12} M_\odot.$$

Die leuchtende Masse der Milchstraße wird von den Astronomen zu

$$M_l \approx 10^{11} M_\odot$$

abgeschätzt. Demnach steckt auf galaktischen Längenskalen immerhin noch 90% der gesamten Masse in dunkler Materie.

Neuere, präzisere Abschätzungen des dunklen Anteils an der Masse von Galaxiengruppen liefern

$$\frac{M_l}{M} \approx (1 - 10)\,\%.$$

Diese Werte stützen sich vor allem auf Messungen der Temperatur des intergalaktischen Gases, die durch abbildende Röntgensatelliten wie ROSAT [132] möglich geworden sind. Auch auf größeren Abstandsskalen gibt es mittlerweile auch erste, wenn auch noch recht ungenaue Messungen von Galaxienbewegungen, denen zufolge es mindestens zwanzigmal mehr dunkle als leuchtende Materie gibt.

Kurioserweise verlangt sogar die Nukleosynthese im Urknall die Existenz dunkler Materie. Denn wir haben einen Aspekt ausgelassen, nämlich den Einfluss der Baryonendichte auf die Häufigkeit der leichten Elemente. Es stellt sich in den Modellrechnungen heraus, dass die Helium-Häufigkeit schwach, die Häufigkeit von Deuterium und ^{7}Li jedoch recht stark von diesem Parameter abhängt [42]. Die Schranken hängen natürlich, wie man aus (4.17) sofort abliest, quadratisch vom Hubble-Parameter ab. Genauer findet man also [42]:

$$0.006 \leq \Omega_b h_0^2 \leq 0.021 \tag{4.46a}$$

mit $\Omega_b = \rho_b/\rho_c$. Setzen wir großzügige Grenzen für den Hubble-Parameter ein $(0.4 < h_0 < 1)$, erhalten wir

$$0.006 \leq \Omega_b \leq 0.13. \tag{4.46b}$$

Auf der anderen Seite findet man für Sterne in Galaxien den Wert [137, 45]:

$$\Omega_* \approx 0.004 \tag{4.46c}$$

und eine obere Grenze für intergalaktische Sterne [137, 420]:

$$\Omega_l \leq 0.04. \tag{4.46d}$$

Dass die erlaubten Bereiche für Ω_b und Ω_l einander nur knapp überlappen, bedeutet, dass es unsichtbare *Baryonen* in etwa derselben Menge wie sichtbare geben kann. Das ist insofern überraschend, als die naheliegendsten Kandidaten für baryonische dunkle Materie, nämlich Planetensysteme, offensichtlich nur einen winzigen Bruchteil der Sternmassen ausmachen. Nun wissen wir aber, dass Sterne erst dann in ihrem Innern Kernreaktionen in Gang setzen – und damit anfangen zu leuchten – wenn sie etwa ein Hundertstel der Sonnenmasse erreichen [3]. Sterne mit weniger als einem Zehntel der Sonnenmasse leuchten so schwach, dass man sie in größerer Entfernung nicht

mehr sieht. Zwar erwartet man solche „braunen Zwerge" nicht in genügend
großer Häufigkeit – man kann ja die Häufigkeitsfunktion zu kleineren Massen
hier extrapolieren – aber ausschließen kann man sie *a priori* nicht. Mehrere umfangreiche Beobachtungsprogramme sind in den letzten Jahren durchgeführt worden, um „massive kompakte Halo-Objekte" (MACHOs) in der
Umgebung unserer Milchstraße indirekt nachzuweisen. Man macht sich dazu den „Gravitationslinsen-Effekt" zunutze, der das Licht eines Hintergrund-
Sterns im Schwerefeld eines solchen Objekts fokussiert und damit verstärkt
(siehe Abbildung 4.2). Die Ursache dieses Effekts ist dieselbe wie bei der
Lichtablenkung in der Nähe der Sonne (siehe Kapitel 2, Seite 52 f.). Man

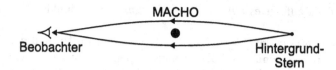

Abbildung 4.2. Lichtverstärkung durch eine Gravitationslinse

hat nun etwa eine Million Sterne in der Großen Magellanschen Wolke, einer
kleinen Satellitengalaxie der Milchstraße bei einer Entfernung von ungefähr
55 kPc, über Jahre beobachtet und tatsächlich mehrere Ereignisse gefunden, in denen die Intensität eines Sterns für etwa 30 Tage stark zunahm und
dann wieder abfiel [16]. Auch in Richtung des galaktischen Zentrums wurden solche Mikro-Gravitationslinsen gefunden [168]. Aus der Zeitabhängigkeit
der Intensitätsschwankung – die „Lichtkurve" ist völlig symmetrisch – und
der perfekten Achromatizität (dem Fehlen jeder Wellenlängen-Abhängigkeit)
kann man schließen, dass es sich nicht um veränderliche Sterne wie Cepheiden
handelt. Damit bleibt als einzige Erklärung das Vorbeiziehen eines braunen
Zwergs, in unmittelbarer Nähe der Sichtlinie zwischen der Erde und dem
Stern. Es wurden allerdings nicht genügend MACHOs gefunden, um den gesamten massiven Halo unserer Milchstraße zu erklären [16]. Überdies ist eine
genaue quantitative Interpretation durchaus nicht einfach, da man *a priori*
die Position der ablenkenden Masse nicht kennt. Darüberhinaus ist es auch
möglich, dass baryonische dunkle Materie in noch kleineren Objekten konzentriert ist, deren Mikrolinsen-Fokussierung nicht nachweisbar ist. Unter den
Astronomen zirkuliert ein Bonmot, das behauptet, eine große Zahl von Ko-
pien des „Astrophysical Journal" könnte der Hauptbestandteil der dunklen
Materie sein. Wäre das der Fall, hätte man große Schwierigkeiten, sie jemals
zu finden!

Wie wir gerade angegeben hatte, gibt die Nukleosynthese auch eine obere
Grenze für die Baryonendichte an, nämich $\Omega_b < 0.14$. Die ist noch gerade
mit dem Wert für die totale Dichte verträglich, die man aus der Dynamik
von Galaxiengruppen herleitet:

$$0.1 \leq \Omega_g \leq 0.3, \tag{4.46e}$$

aber keinesfalls mit der, die die Geschwindigkeitsfelder auf Längenskalen von mehreren Megaparsec oder Gravitationslinsen-Effekte zwischen Galaxien erklärt:

$$0.2 \leq \Omega \leq 2. \tag{4.46f}$$

Dies ist ein wichtiges Indiz für die Existenz von nichtbaryonischer dunkler Materie.

Hier stellen wir noch einmal heraus, was der Begriff „nichtbaryonisch" bedeutet. Da diese Materie offensichtlich nicht aktiv an der Nukleosynthese teilgenommen hat, muss sie vor deren Beginn aus dem chemischen Gleichgewicht ausgeschieden sein. Das heißt, dass die Wechselwirkung schwächer als die der Neutrinos oder höchstens gleichstark sein muss. Auf der anderen Seite müssen die Konstituenten eine Masse haben, um sich gravitativ bemerkbar zu machen. Es leuchtet ein, dass solche Materie sich nicht zu dichten Objekten organisieren kann, da dazu offensichtlich häufige Stöße und damit ein großer Wechselwirkungsquerschnitt nötig sind. Auf welchen Längenskalen sie „klumpt", hängt von den Details der Wechselwirkung ab. Auf jeden Fall wird sie aber in Form eines mehr oder weniger thermischen Gases vorliegen. Über dessen Konstituenten hat die Teilchenphysik einige sinnvolle Hypothesen anzubieten.

Die ersten Teilchen, die uns in den Sinn kommen, sind Neutrinos mit einer endlichen Masse. Denn die nach ihrer Entkopplung unabhängig sich entwickelnden Neutrinos bilden genau wie die Hintergrund-Photonen ein nahezu ideales Gas, dessen Teilchenzahldichte mit der der Photonen vergleichbar ist. Aber seine Temperatur ist eine andere, denn das Photonen-Gas wird über die e^+e^--Annihilation noch einmal aufgeheizt, nicht aber das Neutrino-Gas, da der Prozess $e^+ + e^- \rightarrow \bar{\nu} + \nu$ wesentlich seltener ist. Diese Temperaturerhöhung kommt dadurch zustande, dass sich die effektive Zahl der Freiheitsgrade n_* (siehe (4.27b)) bei der Entkopplung der Elektronen und Positronen, die dann stattfindet, wenn die Energie der Photonen für die Paarerzeugung $\gamma + \gamma \rightarrow e^+ + e^-$ nicht mehr ausreicht, von $2 \cdot \frac{7}{8} + 1 = \frac{11}{4}$ auf 1 ändert. Denn die summierte Teilchenzahldichte der Elektronen, Positronen und Photonen bleibt konstant, und die Temperatur steigt, da $n \propto n_* T^3$, um einen Faktor $(11/4)^{1/3}$ (siehe auch Seite 272). Wir finden also, dass das Gas der primordialen Neutrinos die Temperatur

$$T_\nu = \left(\frac{4}{11}\right)^{1/3} T_\gamma \approx 1.95\,\text{K} \tag{4.47}$$

haben muss. Die Teilchenzahldichte ist dann:

$$n_\nu = \frac{4}{11} \cdot \frac{3}{4} \cdot n_\gamma = \frac{3}{11} n_\gamma \approx 112 \text{ Neutrinos pro cm}^3. \tag{4.48}$$

Natürlich ist es fast unmöglich, diese Neutrinos nachzuweisen, denn die Wechselwirkung pro Targetteilchen ist mit $\sigma = (\hbar c G E)^2 / \pi$ (vergleiche (4.42)):

$$\Gamma = n\sigma c \approx 112 \cdot 1.69 \cdot 10^{-56} \cdot \left(\frac{kT}{\text{eV}}\right)^2 \cdot 3 \cdot 10^{10}\, \text{s}^{-1},$$

also ein Ereignis alle $2 \cdot 10^{43}$ Jahre! Darüberhinaus ist der Energieübertrag viel zu klein ($kT \approx 0.17\,\text{meV}$), um in einem der üblichen Teilchendetektoren sichtbar zu werden. Die kosmologische Bedeutung der Urknall-Neutrinos liegt darin, dass sie zumindest eine Teil der nichtbaryonischen Materie bilden könne, wenn sie eine endliche Masse haben. Dann beträgt ihre Energiedichte nämlich:

$$\rho_\nu c^2 = n_\nu \sum_{i=1}^{3} m_{\nu_i} c^2 = 112\, \frac{\text{eV}}{\text{cm}^3} \sum_{i=1}^{3} \frac{m_{\nu_i} c^2}{\text{eV}}. \tag{4.49}$$

Würde die Summe der drei Neutrinomassen etwa 100 eV betragen, wäre dies gerade die kritische Dichte (4.32), $\rho_c c^2 = 10539\ \text{eV}/\text{cm}^3 \cdot h_0^2$. Zwar liegt die Masse des Elektron-Neutrinos deutlich unterhalb dieses Bereichs, die oberen Grenzen für die beiden anderen [135]

$$m_{\nu_\mu} < 170\,\text{keV}$$
$$m_{\nu_\tau} < 18.2\,\text{MeV}$$

lassen ihn aber durchaus zu. Wie wir gleich sehen werden, sind massive Neutrinos auch in anderen Bereichen der Astrophysik von Interesse. Außerdem gibt es seit neuestem *aus astrophysikalischen Beobachtungen* die ersten experimentellen Hinweise auf eine endliche Neutinomasse (siehe Seite 302 ff.). Hier sind in de nächsten Jahren noch bedeutende Fortschritte zu erwarten. Nachzutragen wäre noch, da"die Energiedichte für masselose Neutrinos viel kleiner:

$$\rho_\nu c^2 = \frac{7}{8} a T^4 = 0.06\, \frac{\text{eV}}{\text{cm}^3} = \frac{1}{180000 h_0^2} \rho_c$$

und kosmologisch bedeutungslos ist.

„Exotische" Kandidaten für Dunkle Materie

Eines der drängendsten Probleme der Kosmologie ist das Verständnis der Strukturbildung auf galaktischen und größeren Längenskalen. Aus der Homogenität des Universums kann, wie wir später quantitativ erläutern werden (siehe Seite 285 ff.), geschlossen werden, dass diese Gebilde sehr früh entstanden sein müssen, noch während strahlungsdominierten Epoche. Dunkle Materie spielt hier durch ihre Schwereanziehung eine bedeutende Rolle, denn baryonische Materie hat erst ziemlich spät den dominierenden Part übernommen, und dann hätte ihre Gravitationswechselwirkung einfach nicht ausgereicht, eventuelle Dichtefluktuationen zu massiven Strukturen zu kondensieren. Für nichtbaryonische dunkle Materie wären natürlich massive Neutrinos die naheliegenden Kandidaten. Aber die aus den Oszillationsexperimenten und direkten kinematischen Messungen abgeleiteten Grenzen für Neutrinomassen lassen es als unwahrscheinlich erscheinen, dass die etwa 100 eV/c^2 zustandekommen, die für $\Omega = 1$ nötig wären (siehe Kapitel 3, Seite 234). Außerdem können Neutrinos auch nicht herangezogen werden, um die Bildung „kleiner" Strukturen wie Galaxien zu erklären. Das werden wir durch eine einfache Größenordnungsabschätzung nachweisen. Solange die Temperatur eines Gases sehr viel größer ist also die Ruheenergie seiner Konstituenten X, bewegen diese sich näherungsweise mit Lichtgeschwindigkeit. Nach dem Entkoppeln können sie nur noch gravitativ mit der übrigen Materie wechselwirken und Strukturen können sich erst bilden, wenn die Bewegung überwiegend nichtrelativistisch geworden ist. Das geschieht, wenn die thermische Energie etwa ein Zehntel der Ruheenergie ist:

$$\frac{1}{10}m_X c^2 \approx kT = \left(\frac{45\hbar^3 c^5}{32\pi^3 G_N n_*}\right)^{1/4} t^{-1/2} = \frac{1.74\,\mathrm{MeV}}{n_*^{1/4}\sqrt{t/\mathrm{s}}} \qquad (4.50)$$

(siehe (4.29)). Zu dieser Zeit haben die Teilchen bereits eine Wegstrecke von

$$d \approx ct = \frac{100c}{m_X^2 c^4}\sqrt{\frac{45\hbar^3 c^5}{32\pi^3 G_N n_*}} \approx \frac{3\,\mathrm{MPc}}{\sqrt{n_*}}\cdot\left(\frac{\mathrm{eV}}{m_X c^2}\right)^2 \qquad (4.51)$$

zurückgelegt und damit ein Volumen von etwa $\frac{4\pi}{3}d^3$ ausgefüllt. Die Zahl der Teilchen in diesem Volumen war, wenn es sich um Fermionen handelt, zu diesem Zeitpunkt nach (C.23b):

$$\begin{aligned} N &= n \cdot \frac{4\pi}{3}(ct)^3 = \frac{2.404 n_*}{\pi}\left(\frac{kT}{\hbar c}ct\right)^3 \\ &\approx \frac{2.404}{\pi\sqrt{n_*}}\left(\frac{10}{m_X c^2}\sqrt{\frac{45(\hbar c)c^4}{32\pi^3 G_N}}\right)^3 \approx \frac{1.4\cdot 10^{85}}{\sqrt{n_*}}\left(\frac{\mathrm{eV}}{m_X c^2}\right)^3 \end{aligned} \qquad (4.52)$$

Die Masse in diesen Teilchen ist dann

$$M = m \cdot N \approx \frac{1.3\cdot 10^{19} M_\odot}{\sqrt{n_*}}\left(\frac{\mathrm{eV}}{m_X c^2}\right)^2\cdot \qquad (4.53)$$

Selbst für $m_\nu c^2 \approx 100\,\mathrm{eV}$ ergibt dies noch die Masse von Tausenden von Galaxien. Nur große Galaxiengruppen können daher durch die Schwereanziehung von leichten Neutrinos entstanden sein. Natürlich können Neutrinos dann keine galaktischen Halos bilden. Dies gilt ganz allgemein für alle Typen von dunkler Materie, die bei ihrer Entkopplung noch überwiegend relativistisch waren. Man nennt sie „heiße dunkle Materie" (HDM).

Umgekehrt besteht kalte dunkle Materie (CDM) aus Teilchen, die im Augenblick der Entkopplung bereits so weit abgekühlt waren, dass ihre Geschwindigkeiten deutlich unter der Lichtgeschwindigkeit lagen. Die Energiedichte wird also im wesentlichen von der Teilchenmasse bestimmt, und sie können eine wichtige Rolle bei der Entstehung und Verstärkung gravitativer Instabilitäten auf kleinen Abstandsskalen spielen. Die Bestimmung der Entkopplungstemperatur geschieht auf ähnliche Weise wie für die Neutrinos. Allerdings hat hier die Annihilation eine große Bedeutung. Denn die in Frage kommenden Teilchen sind zwangsläufig wesentlich massiver als Neutrinos und wohl auch massiver als Elektronen, Myonen und die leichtesten Baryonen und können deshalb über paarweise Vernichtung zahlenmäßig abnehmen, bis sie so weit ausgedünnt sind, dass die Annihilationsrate kleiner ist als die Expansionsrate. Die gegenwärtige Dichte, bezogen auf die kritische Dichte (4.32), können wir auf die der Hintergrundphotonen beziehen. Aus (C.23a) und (C.23b) sehen wir sofort, dass für eine Teilchensorte X

$$\Omega_X h_0^2 \propto \sqrt{n_*} \left(\frac{T_X}{T_\gamma}\right)^3 . \tag{4.54}$$

Der Proportionalitätsfaktor hängt nach (4.34) von dem mit der Geschwindigkeit multiplizierten und gemittelten Annihilationsquerschnitt bei der Entkopplungs-Energie ab. Dies ist der Parameter, der den Zeitpunkt und die Temperatur der Entkopplung festlegt und damit auch bestimmt, auf welcher Skala diese kalte dunkle Materie klumpt. Aber über die lokale Dichte eines eventuellen nichtbaryonischen galaktischen Halos sagt (4.54) nicht viel aus. Dieser kann durchaus die phänomenologisch notwendigen 0.3 GeV/cm^3 (siehe (4.45)) haben, während das Mittel im Universum in der Nähe der kritischen Dichte (4.32), $\rho_c c^2 \approx 10^{-5} h_0^2$ GeV/cm^3, liegen kann. Nun ist ein solcher Halo aber in sehr hohem Maße von der baryonischen Materie entkoppelt. Insbesondere kann er nicht an den diversen Dissipationsprozessen teilgenommen haben, die für das Kollabieren der Sterne und des gewöhnlichen Gases in eine dünne Scheibe gesorgt haben. Er ist also sphärisch geblieben und hat keinen Drehimpuls aufgenommen. Mit der Erde bewegen wir uns also wegen der galaktischen Rotation durch eine stationäre Wolke nichtbaryonischer Materie. Unsere Geschwindigkeit können wir an den Rotationskurven ablesen. Sie beträgt im Mittel 230 km/s. Durch die Drehung der Erde um die Sonne variiert sie um etwa 10%, mit einem Maximum am 4. Juni und einem Minimum am 4. Dezember.[12] Diese Geschwindigkeit ist bereits groß genug, dass in empfindlichen Detektoren, zum Beispiel solchen, die aus Halbleiter-Dioden bestehen, eine Wechselwirkung mit einem Kern über dessen Energieverlust nach dem Stoß sichtbar wird. Außerdem kann, wenn der Wirkungsquerschnitt

---

[12] Das folgt aus der Keplerschen Umdrehungsgeschwindigkeit der Erde (30 km/s) und dem Winkel zwischen der Erdbahn und der galaktischen Ebene (70°).

nicht wesentlich kleiner ist als der für die schwache Wechselwirkung von massiven Neutrinos, die Rate für solche Stöße recht groß sein. Für einen einzelnen Targetkern ist sie $\Gamma = \langle \sigma n v \rangle$, wobei σ der Wirkungsquerschnitt, n die Teilchendichte der dunklen Materie, $(0.3\,\mathrm{GeV/cm^3})\,/\,m_X c^2$, und v die Relativgeschwindigkeit sind. Für ein Kilogramm Target-Materie haben wir diese Zahl mit dem Tausendfachen der Avogadrozahl zu multiplizieren und durch das Atomgewicht zu dividieren. Wir erhalten

$$\Gamma = 3.3 \frac{\text{Ereignisse}}{\text{kg} \cdot \text{Tag}} \cdot \frac{1\,\text{GeV}^2}{m_N c^2 m_X c^2}$$
$$\times \frac{\sigma}{10^{-38}\,\text{cm}^2} \cdot \frac{\rho c^2}{0.3\,\text{GeV/cm}^3} \cdot \frac{v}{230\,\text{km/s}}. \tag{4.55}$$

Die schwachen Wechselwirkungsquerschnitte an Kernen sind in der Tat recht groß, weil sich die Beiträge der einzelnen Nukleonen *kohärent* addieren, denn die Wellenlängen der Teilchen sind bei diesen niedrigen Energien größer als der Kerndurchmesser:

$$\lambda = \frac{h}{p_X} = \frac{2\pi\hbar c}{m_X c^2 \beta \gamma} \approx 1600\,\text{fm} \cdot \left(\frac{\text{GeV}}{m_X c^2} \right),$$

da $\beta \approx 8 \cdot 10^{-4}$. In der Streuamplitude addieren sich daher die Beiträge der Nukleonen auf, und wir erhalten zum Beispiel für den üblichen schwachen neutralen Strom:

$$\mathcal{M} \propto (N + Z) - 4Z \sin^2 \vartheta_W \approx N,$$

da $\sin^2 \vartheta_W \approx \frac{1}{4}$. Der Wirkungsquerschnitt ist damit für den im folgenden Feynman-Diagramm

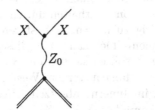

dargestellten Prozess dem Quadrat der Neutronenzahl proportional, also haben wir bei niedrigen Energien $(E_X \approx m_X c^2)$ [89]:

$$\sigma \approx \frac{(\hbar c G)^2 m_N c^2 m_X c^2}{\pi} N^2 = 1.58 \cdot 10^{-38}\,\text{cm}^2 \cdot N^2 \frac{m_X c^2}{\text{GeV}}. \tag{4.56}$$

Eine experimentelle Schwierigkeit ergibt sich aus den niedrigen Rückstoßenergien der getroffenen Kerne:

$$E_N^{kin} < \frac{2m_X^2}{(m_X^2 + m_N^2)} m_N c^2 \beta_X^2 \approx 1 \dots 100\,\text{keV}$$

für $\beta_X \approx 10^{-3}$ (siehe Seite 282). Germanium, aus dem wir kilogrammschwere Detektoren mit Nachweisschwellen im keV-Bereich bauen kann, hat etwa vierzig Neutronen. Mit einem Wirkungsquerschnitt von $2.5 \cdot 10^{-35}$ cm^2 erwarten wir also 120 Ereignisse pro Tag in einem Detektor von einem Kilogramm beziehungsweise 190 cm^3. Eine solche Rate ist meßbar, wenn wir den Detektor durch eine massive Blei- und Kupferabschirmung gegen die Umgebungsradioaktivität und in einem tief unter der Erde liegenden Labor gegen die kosmische Strahlung schützen. Bislang hat kein Experiment irgendeinen Hinweis auf diese Art von Wechselwirkungen geliefert. Zur Zeit können Neutrinos unterhalb einer Masse von ungefähr 5000 GeV/c^2 als galaktische dunkle Materie ausgeschlossen werden [144]. Es erscheint wenig wahrscheinlich, dass oberhalb dieser Grenze, die ja die Massen gewöhnlicher Teilchen schon deutlich übersteigt, noch weitere Neutrinosorten existieren, die dann, wenn wir dem bisherigen Muster der Generationen folgen, leichter sein sollten als die zugehörigen geladenen Leptonen und viel leichter als die entsprechenden Quarks.

Dennoch ist eine teilchenphysikalische Erklärung für das Problem der dunklen Materie damit noch nicht ausgeschlossen. Im Gegenteil: wie wir im vorigen Kapitel dargelegt haben, wären in der Teilchenphysik neue, recht schwere Zustände höchst willkommen, um das Hierarchieproblem im Rahmen der gebrochenen Supersymmetrie zu lösen. Das leichteste supersymmetrische Teilchen (LSP) wäre in den meisten SUSY-Modellen stabil und böte einen idealen Kandidaten für nichtbaryonische dunkle Materie. Seine Wechselwirkungsquerschnitte sind noch deutlich kleiner als die der Neutrinos. Dadurch konnte es der Entdeckung durch die Germanium-Detektoren bisher entgehen. Für seinen direkten Nachweis bräuchte man angesichts von Raten, die vielleicht nur um ein Ereignis pro zehn Tonnen und Tag betragen, sehr massive Detektoren, die darüberhinaus maximal ein Uran-, Thorium- oder Kalium-Atom auf 10^{15} stabile Atome enthalten dürfen, um den radioaktiven Untergrund genügend niedrig zu halten. Das ist sehr aufwendig, aber durchaus möglich! Mit ein bischen Glück kann man diese LSP's auch indirekt sehen. Durch ihre große Masse sollten sie von der Sonne und vielleicht sogar von der Erde gravitativ eingefangen werden. Wegen ihrer niedrigen Temperatur würden sie sich weit im Innern „absetzen". Bei hinreichend großer Dichte können sie über die Annihilation $\bar{X} + X \rightarrow \bar{\nu} + \nu$ so hohe Neutrinoflüsse im GeV-Bereich erzeugen, dass man in großen Untergrunddektoren (solche von einer Kilotonne oder mehr, die ursprünglich für die Suche nach dem Protonzerfall gebaut wurden oder noch gebaut werden) eine deutliche Überhöhung des „kosmischen" Neutrinoflusses aus der Richtung der Sonne oder des Erdmittelpunkts sehen sollte. Auch danach wurde bislang erfolglos gesucht [129]. Wir sehen uns nun also in der kuriosen Situation, dass ein offensichtliches Problem der Kosmologie und eine Unstimmigkeit in der naheliegenden, auf der lokalen Quantenfeldtheorie beruhenden Weiterentwicklung der Teilchenphysik möglicherweise eine gemeinsame Lösung haben, in der Form einer eleganten Verallgemeinerung des Standardmodells, deren Konsequenz gerade die Existenz von Teilchen wäre, die zwangsläufig als kalte dunkle Materie das Universum füllen müssten. Man hat diese Aussicht schon als die Vollendung der kopernikanischen Revolution bezeichnet:

> Wir sind nicht das Zentrum des Weltalls, und überdies bestehen wir nicht einmal aus derselben Materie wie neun Zehntel des Universums!

Weitere Fragen: Horizonte und Flachheit

Leider ist die Notwendigkeit dunkler Materie nicht das einzige Problem der modernen Kosmologie. Sehr schwer wirkt auch eine Serie von Argumenten, die die Konsistenz des bisher entwickelten Weltbilds in Frage stellen. Da ist zunächst einmal die Frage, weshalb die gegenwärtige mittlere Dichte so nahe an der kritischen Dichte liegt. Die Einstein-Friedmann-Gleichung würde nämlich nahelegen, dass die Dichte, auch wenn sie sich anfangs nur ganz schwach von der kritischen unterscheidet, sehr bald von ihr wegläuft. Denn aus (4.18) erhalten wir durch Multiplikation mit $\rho_c/H^2\rho = 3/8\pi G_N\rho$

$$\frac{\rho - \rho_c}{\rho} = 1 - \frac{1}{\Omega} = \frac{3kc^2}{8\pi G_N \rho R^2}. \qquad (4.57)$$

Gegenwärtig liegt der Betrag dieser Größe recht nahe an Null. Nun hängt die Dichte aber von der dritten oder vierten Potenz des Skalenparameters R ab, je nachdem, ob das Universum materie- oder strahlungsdominiert ist. Weiter variiert R mit der Zeit wie $t^{2/3}$ oder $t^{1/2}$ (siehe (4.36)), wenn der Krümmungsterm gegenüber den anderen vernachlässigt werden kann. Damit folgt für das Produkt ρR^2, das in der gerade hergeleiteten Beziehung im Nenner steht:

$$\rho R^2 \propto \begin{cases} 1/R \propto t^{-2/3} & \text{materiedominiert} \\ 1/R^2 \propto t^{-1} & \text{strahlungsdominiert.} \end{cases} \qquad (4.58)$$

So wächst die relative Abweichung von der kritischen Dichte wie $t^{2/3}$ oder t mit der Zeit an. Da sie jetzt noch recht klein ist, muss sie im Frühstadium des Universums noch wesentlich kleiner gewesen sein. Bei $t = 1\,\text{s}$, also etwa dem Zeitpunkt des Beginns der Nukleosynthese, gilt:

$$\left| \frac{\rho - \rho_c}{\rho} \right| < 10^{-15} \qquad (4.59)$$

und entsprechend weniger zu noch früheren Zeiten. Eine solche „Feinabstimmung" erscheint sehr unnatürlich. Sie kann nur vermieden werden, wenn $k = 0$, oder $\rho = \rho_c$, *exakt* erfüllt ist. Das Universum wäre dann wirklich

„flach" im Sinne der Robertson-Walker-Metrik. Dafür müsste es aber eine Ursache geben, die noch zu finden ist.[13]

Zu diesem „Problem der Natürlichkeit oder der Flachheit" kommt das „Horizont-Problem". Ein kosmologischer Horizont ist der maximale kausale Abstand zwischen zwei Ereignissen, der dadurch definiert ist, dass ein Signal, das mit Lichtgeschwindigkeit von einem Punkt zum anderen läuft, dazu eine Zeitspanne benötigt, die dem Alter des Universums oder einer anderen angemessenen Zeit, zum Beispiel dem Alter der beobachteten Strukturen entspricht. In einem flachen Universum ($k = 0$) legt ein Photon, das in der Robertson-Walker-Metrik (2.30) einer Nullgeodäten folgt, in einer kurzen Zeit dt die Distanz

$$R(t)dr = cdt$$

zurück. Auf der gegenwärtigen Längenskala gemessen, ist es also seit dem Urknall die Strecke

$$d(t) = R(t) \int_0^t \frac{cdt'}{R(t')}$$

gereist. Das ist der größte überhaupt beobachtbare Abstand zwischen zwei Punkten. Nun ist der Skalenparameter R nach (4.36) proportional zu $t^{2/3}$, wenn das Universum materiedominiert ist, und zu $t^{1/2}$, wenn es strahlungsdominiert ist, also gilt

$$d(t) \propto R(t)t^{1/3} \propto t \quad \text{(materiedominiert)} \tag{4.60a}$$

oder

$$d(t) \propto R(t)t^{1/2} \propto t \quad \text{(strahlungsdominiert)}. \tag{4.60b}$$

Das sichtbare Universum wird also nicht nur mit der Zeit größer, der Horizont wächst außerdem schneller als der Skalenparameter. Das ist deshalb nicht überraschend, weil die Ausdehnungsgeschwindigkeit kleiner als die Lichtgeschwindigkeit sein muss. Das Licht aus entfernten Quellen „überholt" also die Ausdehnung. Zur Zeit der Entkopplung der Hintergrund-Photonen war der Horizont also um

$$\frac{l_E}{l_0} = \frac{t_E}{t_0} \approx t_E \cdot H_0 \approx \frac{10^{13}}{3 \cdot 10^{17}} \approx 3 \cdot 10^{-5}$$

kleiner als heute. Wir stellen fest, dass Gegenden, die in unserer Epoche an entgegengesetzten Extremen des sichtbaren Universums liegen, zur Zeit

---

[13] Gegen dieses Argument wird bisweilen eingewandt, dass es gewissermaßen statistischer Natur ist: die Wahrscheinlichkeit für eine so kleine Abweichung ist gering. Es ist daher nur dann gültig, wenn das Universum „eine Wahl hatte". Beim gegenwärtigen Stand der Erkenntnisse kann über dieses Problem lediglich spekuliert werden.

der Entstehung der Hintergrundstrahlung nichts voneinander wissen konnten. Wie kommt es dann, dass die Hintergrundstrahlung bis auf winzige Fluktuationen auf dem Niveau einiger Teile pro Million in allen Himmelsrichtungen dieselbe Temperatur hat [19]? Wie können Galaxien, die sicher noch keinen Kontakt miteinander gehabt haben, so ähnlich aussehen?

Ähnlich gelagert ist die Frage, wie die beobachteten Riesengruppen von Galaxien, deren gegenwärtige Ausdehnung bis zu 50 MPc (1.5 · 10^{24} m oder 160 Millionen Lichtjahre!) reichen [82], vor der Entkopplung der Strahlung entstanden sind. Nachher können größere Strukturen nicht mehr spontan gebildet werden, da die einzige verbleibende langreichweitige Wechselwirkung, die Gravitation, dazu viel zu schwach ist. Nun ist die Skala von 50 MPc noch deutlich größer als der Horizont zur Zeit der Entkopplung:

$$\frac{10^{13}\,\text{s}}{50\,\text{MPc}/c} = \frac{10^{13}}{5 \cdot 10^{15}} \approx \frac{1}{500}.$$

Eine Strukturbildung lange vor der Entkopplung ist also im bisher entwickelten Urknall-Szenario nicht mit der Kausalitätsforderung in Einklang zu bringen.

Die mögliche Antwort: Eine kosmologische Konstante

Die Konsistenz-Probleme können möglicherweise ebenso elegant gelöst werden wie dasjenige der dunklen Materie. Die Teilchenphysik bietet – zumindest im Prinzip – einen Mechanismus an, der die Sache in Ordnung bringt. Dazu müssen wir unser Modell um einen Aspekt ergänzen, den wir bisher aus Gründen der Übersichtlichkeit unterschlagen haben. Zu Anfang des Kapitels hatten wir bei der Herleitung der Einstein-Friedmann-Gleichung die Kraft berechnet, die innerhalb einer homogenen Masseverteilung auf einen Probekörper der Masse m wirkt (siehe (4.8)):

$$\boldsymbol{F} = m\dot{\boldsymbol{v}} = -\frac{4\pi}{3} G_N m \rho \boldsymbol{x} \left(1 - \frac{v^2}{c^2}\right) = -\frac{4\pi}{3} G_N m \left(\rho + \frac{3P}{c^2}\right) \boldsymbol{x}.$$

Die Summe der Ableitungen nach den Komponenten, dividiert durch m, ergab

$$\sum_{i=1}^{3} \frac{\partial v_i}{\partial x_i} = -4\pi G_N \left(\rho + \frac{3P}{c^2}\right).$$

Nun kennen wir auf kosmischem Maßstab die Massendichte strenggenommen nicht. Alle Mutmaßungen, die wir darüber bisher angestellt haben, basieren auf der Einstein-Friedmann-Gleichung, so wie wir sie hergeleitet haben. Die rechte Seite von (4.8) kann also wie ein elektromagnetisches Potential „geeicht" werden, indem ein räumlich und zeitlich konstanter Term hinzuaddiert

wird. Ersetzen wir also die Massendichte durch $\rho \to \rho - \Lambda/4\pi G_N$ finden wir
– wieder unter Vernachlässigung des Drucks – auf demselben Weg wie (4.9)
und (4.11)

$$\dot{R}\ddot{R} + \frac{4\pi}{3}G_N\rho R\dot{R} - \frac{\Lambda}{3}R\dot{R} = 0 \tag{4.61}$$

und die modifizierte Einstein-Friedmann-Gleichung

$$\left(\frac{\dot{R}}{R}\right)^2 - \frac{8\pi}{3}G_N\rho + \frac{\Lambda}{3} + \frac{kc^2}{R^2}$$

$$= H^2\left(1 - \frac{\rho}{\rho_c}\right) + \frac{\Lambda}{3} + \frac{kc^2}{R^2} = H^2(1 - \Omega) + \frac{\Lambda}{3} + \frac{kc^2}{R^2} = 0. \tag{4.62}$$

Auch der IndexAkzelerationsparameter (4.24) hat eine andere Form: aus
(4.26) wird

$$q_0 = \frac{\Omega}{2} - \frac{\Lambda}{3H^2}. \tag{4.63}$$

Die „kosmologische Konstante" Λ hängt mit einer eventuellen Energiedichte
des Vakuums zusammen:

$$\rho_V c^2 = \frac{\Lambda c^2}{8\pi G_N}. \tag{4.64}$$

Sie könnte global eine ähnliche Rolle spielen wie dunkle Materie. Einstein
hatte sie ursprünglich eingeführt, um eine konsistente Beschreibung eines
statischen Universums im Rahmen der allgemeinen Relativitätstheorie zu erreichen [60]. Ihre Bedeutung ist darauf zurückzuführen, dass der Nullpunkt
der Energie in der allgemeinen Relativitätstheorie nicht mehr beliebig ist, im
Gegensatz zur Newtonschen Gravitationstheorie. Natürlich kann die Vakuumenergiedichte nicht größer sein als die der Materie, denn sonst würde die
Einstein-Friedmann-Gleichung für $\Lambda = 0$ nicht so gut zum realen Universum
passen. Also gilt für $\rho_V \approx \rho_c$:

$$\Lambda < \frac{8\pi G_N}{3}\rho_c = 3H_0^2 \approx h_0^2 \cdot 10^{-35}\,\text{s}^{-2} \tag{4.65}$$

(siehe (1.10)). Dass dies eine außerordentlich kleine Zahl ist, sehen wir an
folgender Überlegung. Wir betrachten zwei Teilchen der Masse m, die gerade
eine reduzierte Compton-Wellenlänge $\lambda = \hbar c/m$ (siehe (3.8)) voneinander
entfernt sind. Die Schwereanziehung zwischen ihnen liefert ein Potential

$$V = -\frac{G_N m^2}{\lambda} = -\frac{G_N m^3 c}{\hbar}.$$

Eine obere Grenze für die Richtigkeit dieses „klassischen" Ansatzes ist dadurch gegeben, dass dieses Potential nicht die Ruheenergie mc^2 überschreiten

darf, da Quantenfluktuationen des Abstands dann nach der Unbestimmtheitsrelation eine Impuls- beziehungsweise Energieunschärfe hervorrufen, die von
derselben Größenordnung wie die Ruheenergie ist. Wir könnten dann den
beiden Teilchen keine wohldefinierte Masse mehr zurechnen. Wir erhalten
für diesen Grenzwert die „Planck-Masse":

$$m_{Pl} = \sqrt{\frac{\hbar c}{G_N}} = 2.176 \cdot 10^{-8}\,\text{kg} = 1.221 \cdot 10^{19}\,\frac{\text{GeV}}{c^2}. \qquad (4.66\text{a})$$

Abgeleitete Größen sind die Planck-Länge

$$l_{Pl} = \frac{\hbar c}{m_{Pl}c^2} = 1.616 \cdot 10^{-35}\,\text{m} \qquad (4.66\text{b})$$

und die Planck-Zeit

$$t_{Pl} = \frac{l_{Pl}}{c} = 5.390 \cdot 10^{-44}\,\text{s}. \qquad (4.66\text{c})$$

Wenn wir berücksichtigen, dass die Geometrie des Raum-Zeit-Kontinuums
durch die Gravitation bestimmt wird, sehen wir, dass kleinere Längen und
Zeiten wegen der Quantenfluktuationen der Gravitation prinzipiell nicht
messbar sind. In Einheiten der Planck-Zeit ausgedrückt, beträgt die Grenze
(4.65) also

$$\Lambda < h_0^2 \cdot 1.5 \cdot 10^{-122} t_{Pl}^{-2}. \qquad (4.67)$$

Gehen wir davon aus, dass sich das materielle Universum seit der Planck-
Zeit stetig entwickelt hat, während das Vakuum unverändert geblieben ist,
würde dies bedeuten, dass zur Planck-Zeit der Beitrag der kosmologischen
Konstante zur Energiedichte gegenüber dem der Materie völlig vernachlässigbar war:

$$\frac{\rho_V c^2}{\rho_c c^2}\,(t_{Pl}) = \frac{\rho_V c^2}{\rho_c c^2}\,(t_0) \cdot \left(\frac{t_{Pl}}{t_0}\right)^2 \approx 1 \cdot (t_{Pl}H_0)^2 \approx 10^{-122}$$

(siehe (1.10) und (4.36)). Es stellt sich die Frage, ob die Vakuum-Energie-
dichte dann nicht *exakt* gleich Null ist.

Man kann das Argument umdrehen, indem man ansetzt, dass $\sqrt{\Lambda^{-1}} \approx t_{Pl}$, denn ein kleinerer Wert wäre nicht mit der durch die Unbestimmtheitsrelation festgelegten Mindestgröße einer Quantenfluktuation in Einklang zu
bringen. Aus (4.67) ergibt sich aber eine Diskrepanz von mehr als sechzig
Größenordnungen. Das sieht man auch daran, dass eine kleine kosmologischen
Konstante nur dann eine nennenswerte Rolle in der Einstein-Friedmann-Gleichung (4.62) spielen kann, wenn

$$R \approx \sqrt{\frac{3c^2}{\Lambda}} \approx h_0^{-1} \cdot 2 \cdot 10^{26}\,\text{m} \approx h_0^{-1} \cdot 10^{61} t_{Pl}. \qquad (4.68)$$

Wäre $\Lambda = 0$, wäre diese Diskrepanz gegenstandslos.

Unabhängig von den kosmologischen Schwierigkeiten mit einer kleinen, aber endlichen kosmologischen Konstante bleibt außerdem festzustellen, dass der Zusammenhang mit der Teilchenphysik nicht leicht herzustellen ist. Indem wir einen Teil der Überlegungen in den folgenden Abschnitten vorwegnehmen, betrachten wir die Möglichkeit, dass eine Vakuumenergiedichte durch ein skalares Feld, etwa das Higgs-Feld (3.71), zustandekommt: ein Potential der Form 3.72 könnte durchaus dazu herhalten. Die typische Energieskala des entsprechenden Felds wäre durch die vierte Wurzel aus dem Ausdruck

$$\rho_V c^2 \cdot (\hbar c)^3 = \frac{\Lambda c^2 (\hbar c)^3}{8\pi G_N} < 1.3 \cdot 10^{-11}\,\text{eV}^4 \tag{4.69}$$

gegeben und beträgt etwa 10^{-3} eV. Das ist natürlich sehr weit von der elektroschwachen Skala (3.85), $(\hbar c)v = 246\,\text{GeV}$, entfernt. Nichtsdestoweniger werden wir diese Hypothese, wenn auch in etwas abgewandelter Form und in einem etwas veränderten Kontext, später wieder aufgreifen. Die Gründe werden im nächsten Abschnitt klar werden.

Von der theoretischen Seite betrachtet, wäre $\Lambda = 0$ *zum gegenwärtigen Zeitpunkt* also durchaus wünschenswert. Astronomische Beobachtungen liefern jedoch seit einiger Zeit sehr deutliche Hinweise darauf, dass dies nicht der Fall ist. Die Evidenz kommt aus einer Bestimmung des Akzelerationsparameters (4.63) über die Entfernungs-Rotverschiebungs-Relations (siehe (4.25)). Ganz wie beim Hubble-Parameter zieht man dazu Quellen bekannter Leuchtkraft heran, und zwar einen bestimmten Typ von Supernovae (vergleiche Seite 11 ff.), um bei hinreichend großen Abständen noch eine meßbare Lichausbeute zu bekommen. Die Daten [145] zeigen nun, dass das Licht aus großen Entfernungen deutlich schwächer ist, dass das Universum sich also schneller ausdehnt, als man aus der Einstein-Friedmann-Gleichung für $\Lambda = 0$ erwartet. Der Akzelerationsparameter ist sogar negativ: die kosmologische Konstante dominiert heute noch die Ausdehnungsrate! Sollten diese Messungen bestätigt werden, gibt es sowohl für die Kosmologie als auch für die Teilchenphysik ein neues Rätsel.

Inflation!

Inwieweit kann eine kosmologische Konstante, selbst wenn sie unnatürlich klein erscheint, das Natürlichkeits- und Horizont-Problem lösen helfen? Um diese Frage zu beantworten, nehmen wir an, dass während einer gewissen Zeitspanne die kosmologische Konstante die rechte Seite der Einstein-Friedmann-Gleichung (4.62) beherrscht:

$$H^2 = \left(\frac{\dot{R}}{R}\right)^2 = \frac{\Lambda}{3}. \tag{4.70}$$

Die Lösung dieser „de-Sitter-Gleichung" [46] liefert eine exponentielle Expansion [96]

$$R(t) = R_0 \exp\left(\sqrt{\frac{\Lambda}{3}}\,(t - t_0)\right), \tag{4.71}$$

wobei R_0 der Skalenparameter zur Zeit t_0 ist. Eine solche „Inflation" würde in (4.62) die relative Bedeutung des Krümmungsterms um das Quadrat der Exponentialfunktion reduzieren. Das Problem der Natürlichkeit hört damit sofort auf zu existieren, denn aus (4.62) folgt für $kc^2/R^2 \approx 0$

$$\Omega = \frac{\Lambda}{3H^2} + 1, \tag{4.72}$$

das heißt, dass $\Omega = 1$ nach dem Ende der Ausdehnungs-Phase: das inflationäre Universum ist flach!

In (4.59) hatten wir gesehen, dass $|1 - \rho_c/\rho| < 10^{-15}$ zur Zeit der Nukleosynthese. Da dieser Ausdruck bei konstanter Energiedichte – das Universum wird ja von der Vakuum-Energie dominiert – mit R^{-2} skaliert, könnten eventuelle Abweichungen der Dichte von der kritischen Dichte durch eine inflationäre Ausdehnung der Größenordnung

$$\exp\left(\sqrt{\frac{\Lambda}{3}}\,\Delta t\right) \approx 10^{30} \tag{4.73}$$

vor dem Beginn der Nukleosynthese hinreichend ausgewaschen werden.

Trotz der Möglichkeit, dass es auch heute noch eine kleine kosmologische Konstante gibt, die zur Energiedichte beiträgt, ist das mit der Beobachtung, dass baryonische Materie etwa ein Zehntel der kritischen Dichte liefert, natürlich nur dann vereinbar, wenn ein großer Teil der Materie nichtbaryonischer Natur ist. Damit haben wir eine Verbindung zum Problem der dunklen Materie, deren Existenz also nicht nur zur Erklärung der Unterschiede in den beobachteten Dichten (siehe Seite 277 ff.), sondern auch im Rahmen des einzigen Modells gebraucht wird, das die Urknall-Kosmologie zu einem konsistenten Bild vervollständigt.

Auch das Horizont-Problem verschwindet in der Inflation. Abstände, die zur Zeit der Strahlungsentkopplung nichtkausal waren, können es vor dem Einsetzen der exponentiellen Expansion durchaus gewesen sein, denn ein Photon legt bis zum Ende der Inflation den Weg

$$\begin{aligned} d(t) &= R(t) \int_{t_0}^{t} \frac{c\,dt'}{R(t')} = \int_{t_0}^{t} c\,dt' \exp\left(\sqrt{\frac{\Lambda}{3}}(t - t')\right) \\ &= \sqrt{\frac{3c^2}{\Lambda}} \left[\exp\left(\sqrt{\frac{\Lambda}{3}}(t - t_0)\right) - 1\right] \approx \sqrt{\frac{3c^2}{\Lambda R_0^2}}\, R(t) \end{aligned} \tag{4.74}$$

zurück. Solange

$$\frac{3c^2}{\Lambda R_0^2} > 1, \tag{4.75}$$

erstreckt sich der Horizont also über das gesamte Universum. Da aus (4.73) folgt, dass

$$\sqrt{\frac{\Lambda}{3}}\Delta t \approx 69, \tag{4.76a}$$

ist die kosmologische Konstante in diesem Bild nach oben und nach unten beschränkt:

$$\left(\frac{120}{\Delta t}\right)^2 < \Lambda < \frac{3c^2}{R_0^2}. \tag{4.76b}$$

Allerdings ist die obere Schranke nicht sehr aussagekräftig, solange wir R_0 nicht kennen. Dennoch sind sowohl die Homogenität der Hintergrundstrahlung als auch die Existenz großer Strukturen nun völlig natürlich, wenn wir die Keime für die Strukturbildung auf die Epoche vor Einsetzen der Inflation begrenzen. Denn offensichtlich verbindet die exponentielle Expansion das gesamte Universum auf eine im Sinne der Relativitätstheorie kausale Weise. Die Widersprüche, die wir in den vorhergehenden Abschnitten aufgezeigt haben, bestehen nun nicht mehr.

Es bleibt uns nun noch, einen Mechanismus aufzuzeigen, der zu einer Zeit, in der die Temperatur und die Dichte noch die spontane Bildung von Keimen für die gegenwärtig zu beobachtenden Strukturen erlaubt haben, eine endliche Vakuumenergie erzeugt haben kann. Obwohl wir auf Seite 290 nachgewiesen haben, dass das skalare Higgs-Feld des Standardmodells nicht der Ursprung einer stabilen Vakuumenergie sein kann, betrachten wir die Möglichkeit, dass ein Potential der Form $V[\Phi] = -\mu^2\Phi^2 + \lambda\Phi^4$ (siehe (3.72)) für eine gewisse Zeit von Null verschieden ist und dabei gerade den richtigen Wert annimmt, um zu einer inflationären Ausdehnung zu führen. Letztendlich verschwindet es ja nur bei $|\Phi| = 0$ und $|\Phi| = \sqrt{\mu^2/\lambda}$. Möglicherweise hat das Feld Φ zu einer gewissen Zeit den Bereich zwischen den beiden stationären Punkten, an denen die *Ableitung* des Potentials verschwindet: $\Phi_0 = 0$ und $|\Phi_1| = \sqrt{\mu^2/2\lambda}$ durchlaufen und dem Potential dabei einen endlichen Wert gegeben. Nun ist leider V überall auf diesem Weg negativ und liefert daher auch eine kosmologische Konstante des falschen Vorzeichens. Ändern wir aber den Ansatz ein wenig ab:

$$V[\Phi] = \lambda\left(\Phi^2 - \sigma^2\right)^2, \tag{4.77}$$

erhalten wir mit $\mu^2 = 2\lambda\sigma^2$ dieselbe Teilchenphysik, da der konstante Term $\lambda\sigma^4$ natürlich nicht in die Bewegungsgleichungen eingeht. Nun liegen bei diesem Potential die beiden Extrema bei

$$V[0] = \lambda\sigma^4 \text{ und } V[\sigma] = 0,$$

und dazwischen ist $V > 0$.

Allerdings führt dieses Potential immer noch nicht zu einer effektiven Vakuumenergiedichte: es bestimmt lediglich die Dynamik der Teilchen, an die das Φ-Feld koppelt. Wir müssen noch einen weiteren Gesichtspunkt berücksichtigen. Bei den hohen Energien und Dichten in dieser Periode sind auch die skalaren Felder als ein thermisches Gas zu behandeln, dessen Energie durch die vielfachen Wechselwirkungen deutlich von derjenigen abweicht, die wir unter Verwendung des gerade angeführten „Einteilchenpotentials" erhalten würde. Wir müssen also den Feldoperator durch einen geeigneten thermischen Mittelwert ergänzen, den wir am Ende des Anhangs C herleiten (siehe Seite 354). Genauer gesagt müssen wir im Potential (4.77) die thermische Energie dadurch einführen, dass wir Φ_T zu $\underline{\Phi}$ hinzuaddieren und das Resultat thermisch mitteln. Ungerade Potenzen von $\underline{\Phi} + \Phi_T$ können wir aber fallen lassen, weil

$$\langle n|\underline{a}|n\rangle = \langle n|\underline{a}\underline{a}\underline{a}^\dagger|n\rangle = \ldots = 0 \text{ und } \langle n|\underline{a}^\dagger|n\rangle = \langle n|\underline{a}\underline{a}^\dagger\underline{a}^\dagger|n\rangle = \ldots = 0.$$

Die Lagrange-Dichte

$$\mathcal{L}_\Phi = \frac{\hbar c}{2}(\partial\underline{\Phi})^2 - \lambda\left[(\underline{\Phi} + \Phi_T)^2 - \sigma^2\right]^2 = \frac{\hbar c}{2}(\partial\underline{\Phi})^2 - V[(\underline{\Phi} + \Phi_T)], \quad (4.78)$$

liefert uns so die Euler-Lagrange-Gleichung

$$\begin{aligned}
(\hbar c)\partial^2\underline{\Phi} + 4\lambda\left[(\underline{\Phi} + \Phi_T)^3 - \sigma^2\underline{\Phi}\right] \\
= (\hbar c)\partial^2\underline{\Phi} + 4\lambda\left[\underline{\Phi}^3 + 3\underline{\Phi}\Phi_T^2 - \sigma^2\underline{\Phi}\right] \\
= (\hbar c)\partial^2\underline{\Phi} + 4\lambda\left(\underline{\Phi}^2 - \sigma^2\right)\underline{\Phi} + \lambda\left(\frac{kT}{\hbar c}\right)^2\underline{\Phi} = 0.
\end{aligned} \quad (4.79)$$

Diese Bewegungsgleichung erhalten wir natürlich auch, wenn wir einige irrelevante Terme in (4.78) nicht ausschreiben, also das Potential

$$V_T[\Phi] = -\mu^2\left(\underline{\Phi}^2 + \frac{1}{12}\left(\frac{kT}{\hbar c}\right)^2\right) + \lambda\underline{\Phi}^4 + \frac{\lambda}{2}\left(\frac{kT}{\hbar c}\right)^2\underline{\Phi}^2 - \frac{1}{6}\tilde{a}T^4 \quad (4.80)$$

mit $\mu^2 = 2\lambda\sigma^2$ ansetzen. Hier haben wir aber nicht nur Terme weggelassen, sondern außer dem thermischen Mittelwert (C.30) noch einen Beitrag $tildea T^4/6$ hinzuaddiert, der dem Druck des Φ-Feldes Rechnung trägt: Nach (C.8b) betr"gt der Druck gerade ein Drittel der thermischen Energiedichte und muss gemäß dem Ersten Hauptsatz (C.12) von dieser abgezogen werden, um auf die Dichte der *inneren Energie* zu kommen.[14] Dies ist nun die

---

[14] Ein weiterer Faktor Zwei im Nenner kommt dadurch zustande, dass die Beziehung $\rho c^2 = \tilde{a}T^4$ (siehe (4.27)) sich auf zwei Polarisationen bezieht, während unser skalares Feld trivialerweise nur eine hat.

vollständige Energiedichte des Φ-Felds, von der wir erwarten können, dass sie uns eine kosmologische Konstante liefert.

Aus der Bewegungsgleichung (4.79) erhalten wir die Bedingung für ein stationäres Feld ($\partial\Phi = 0$):

$$0 = \frac{\partial V_T}{\partial \Phi} = -2\mu^2\Phi + 4\lambda\Phi^3 + \lambda\left(\frac{kT}{\hbar c}\right)^2\Phi.$$

Eine Lösung ist natürlich $\Phi = 0$. Sie liefert für

$$T > T_c = \frac{\hbar c}{k}\sqrt{\frac{2\mu^2}{\lambda}} = \frac{2v(\hbar c)}{k} \qquad (4.81)$$

ein lokales Minimum des Potentials und entspricht dem Vakuum-Erwartungswert von Φ bei hohen Temperaturen. Für $T < T_c$ gibt es aber eine zweite Lösung:

$$\Phi^2 = \frac{2\mu^2 - \lambda\left(\frac{kT}{\hbar c}\right)^2}{4\lambda} = \frac{\mu^2}{2\lambda}\left(1 - \left(\frac{T}{T_c}\right)^2\right), \qquad (4.82)$$

die, wie es sich gehört, für $T = 0$ in den Vakuum-Erwartungswert des Higgs-Felds im Glashow-Salam-Weinberg-Modell, $\Phi = v = \sqrt{\mu^2/2\lambda}$ (siehe (3.76)) übergeht.

Fällt die Temperatur dieses Bosonen-Gases unter die kritische Temperatur T_c, findet also ein Phasenübergang von $\Phi = 0$ zu $\Phi = v$ statt, der nun bei $T = T_c$ tatsächlich zu einer effektiven Vakuumenergiedichte

$$\rho_V c^2 = V[0] - V[v] = \frac{\mu^4}{12\lambda} \qquad (4.83)$$

führt: das Universum ist während des Übergangs unterkühlt, die thermische Energie, die im Potential (4.80) bei hoher Temperatur im Feld selbst und seiner Wechselwirkung mit der Materie steckte, ist noch nicht in die „latente Wärme" des kondensierten Zustands übergegangen. Genau diese erhöhte *positive* Energiedichte (4.83) kann eine inflationäre Ausdehnung hervorrufen. Um diese Hypothese zu überprüfen, erinnern wir uns daran, dass die Einstein-Friedmann-Gleichung (4.62) mit Hilfe des Zusammenhangs (4.64) als:

$$H^2 = \left(\frac{\dot{R}}{R}\right)^2 = \frac{8\pi G_n}{3}(\rho + \rho_V) + \frac{kc^2}{R^2}$$

geschrieben werden kann. Die Dichten folgen in der frühen Phase des Universums natürlich dem Skalierungsgesetz (4.19), also $\rho_m \propto \rho_r \propto R^{-4}$. Für kleine Skalenparameter R können wir also wie zu Beginn des Kapitels (siehe Seite 260 ff.) den Krümmungsterm vernachlässigen. Der Phasenübergang geht nun mit einer endlichen Geschwindigkeit vonstatten, denn das Feld gehorcht einer Wellengleichung, die seine Ausbreitungsgeschwindigkeit begrenzt. Da aber das Volumen des Universums nicht konstant ist, können wir nicht wie in der gewöhnlichen Quantenfeldtheorie die Lagrange-*Dichte* $(\hbar c/2)(\partial\underline{\Phi})^2 - V[\underline{\Phi}]$ übernehmen, sondern wir müssen zu einer vollständigen Lagrange-*Funktion* übergehen. Diesen könne wir unter Auslassung irrelevanter konstanter Faktoren aus der Dichte durch Multiplikation mit der dritten Potenz des Skalenparameters konstruieren:[15]

$$L = \frac{\hbar c}{2} R^3 (\partial\underline{\Phi})^2 - R^3 V[\underline{\Phi}]. \tag{4.84}$$

Die Bewegungsgleichungen lauten dann:

$$\frac{1}{c}\frac{d}{dt}\frac{\partial L}{\partial \dot{\Phi}} - \sum_{i=1}^{3}\frac{d}{dx_i}\frac{\partial L}{\partial\left(\dfrac{\partial\Phi}{\partial x_i}\right)} - \frac{\partial L}{\partial\Phi}$$

$$= (\hbar c)\left[\frac{1}{c}\frac{d}{dt}\left(R^3\frac{\dot{\Phi}}{c}\right) - R^3\sum_{i=1}^{3}\frac{\partial^2\Phi}{\partial x_i{}^2}\right] + R^3\frac{\partial V}{\partial\Phi}$$

$$= (\hbar c)\left[\frac{3R^2\dot{R}\dot{\Phi} + R^3\ddot{\Phi}}{c^2} - R^3\sum_{i=1}^{3}\frac{\partial^2\Phi}{\partial x_i{}^2}\right] + R^3\frac{\partial V}{\partial\Phi} = 0 \tag{4.85}$$

oder nach Division durch R^3:

$$(\hbar c)\left[\frac{\ddot{\Phi}}{c^2} + \frac{3H\dot{\Phi}}{c^2} - \sum_{i=1}^{3}\frac{\partial^2\Phi}{\partial x_i{}^2}\right] + \frac{\partial V}{\partial\Phi} = 0. \tag{4.86}$$

Unter der Annahme, dass das Feld räumlich konstant ist, können wir $\partial^2\Phi/\partial x_i^2$ fallen lassen. Ferner setzen wir eine annähernd konstante „Geschwindigkeit" $\dot{\Phi}$ des Feldes während des Phasenübergangs voraus, also

$$\ddot{\Phi} \ll 3H\dot{\Phi}. \tag{4.87}$$

Damit erhalten wir endlich einen Ausdruck für den Hubble-Parameter

$$H = -\frac{c}{3\hbar}\frac{\partial V/\partial\Phi}{\dot{\Phi}}. \tag{4.88}$$

Damit dieses H groß genug wird, um alle anderen Beiträge zur Expansion zu dominieren, muss also $\dot{\Phi}$ klein sein: Mit (4.70) und (4.76) folgt

$$\left|\dot{\Phi}\right| = \frac{c}{3\hbar}\cdot\frac{\partial V}{\partial\Phi}\cdot\frac{1}{H} \approx \frac{c}{200\hbar}\cdot\frac{\partial V}{\partial\Phi}\cdot\Delta t. \tag{4.89}$$

---

[15] Das setzt natürlich voraus, dass die Skalarprodukte in der Robertson-Walker-Metrik gemessen werden.

In Analogie zum Verhalten eines Balls in einer Mulde spricht man von der Bedingung des langsamen Rollens. Es kommt also darauf an, dass der Phasenübergang lange genug dauert, um und einer signifikanten Inflation zu führen. Wohlgemerkt: in diesem Szenario ist es nicht die Energiedichte des Φ-Feldes bei $\langle \Phi \rangle = 0$, die die Inflation auslöst, sondern der langsame Übergang zu $\langle \Phi \rangle = v$. Damit ist auch das Ende der inflationären Phase klar bestimmt. Weshalb aber gegenwärtig $V[\Phi = v] \approx 0$, und so auch die kosmologische Konstante klein ist, bleibt ein großes Rätsel sowohl der Teilchenphysik als auch der Kosmologie.

Während der exponentiellen Ausdehnung kühlt sich natürlich die gewöhnliche Materie dramatisch ab, denn $T \propto 1/R$ (siehe (4.36)). Sobald das Φ-Feld jedoch das neue Minimum erreicht hat, werden seine Quanten wieder mit der Materie in Wechselwirkung treten und diese soweit aufheizen, dass die vorherige Abkühlung fast wettgemacht wird, sodass sich die Inflation auf die thermische Geschichte des Universums kaum auswirkt.

Nun haben wir zwar ein sehr attraktives Szenario für die inflationäre Epoche, sind aber noch recht weit von einer realistischen Verknüpfung mit bekannten Skalarfeldern entfernt. Denn obwohl wir es ausgiebig für die Diskussion des möglichen Ablaufs benutzt haben, kann das Higgs-Feld des Glashow-Salam-Weinberg-Modells die notwendigen Bedingungen nicht erfüllen. Die beiden Voraussetzungen (4.87) und (4.89) für die vorherrschende Rolle des Potentials in der Einstein-Friedmann-Gleichung schränken die Eigenschaften des klassischen Feldes so stark ein, dass sein Potential weder groß noch flach genug ist, um über eine ausreichende Zeit zu einer nennenswerten kosmologischen Konstante zu führen. Dies sehen wir an folgender Abschätzung. Aus (4.88) und (4.87) folgt für $\dot{H} \approx 0$:

$$\left| \frac{\partial^2 V}{\partial \Phi^2} \right| \ll 9\frac{\hbar}{c} H^2. \tag{4.90}$$

Die zweite Ableitung des potentiellen Inflations-Potentials (4.80) nimmt bei $kT \approx kT_c$ etwa den Wert $6\mu^2$ an (siehe (4.81) und (4.82)). Die Bedingung (4.90) ist also gleichbedeutend mit

$$H^2 \gg \frac{2\mu^2 c}{3\hbar}. \tag{4.91}$$

Mit $H^2 = 8\pi G_N \rho_V /3 = 8\pi\,(\hbar c)\,\rho_V c^2/\left(3m_{Pl}^2 c^4\right)$ (siehe (4.66)) und der effektiven Vakuumenergiedichte (4.83) erhalten wir schließlich

$$\frac{2\pi}{3} \left(\frac{(\hbar c)v}{m_{Pl}c^2} \right)^2 \gg 1. \tag{4.92}$$

Hier haben wir noch den Vakuum-Erwartungswert des Higgs-Felds, $v^2 = \mu^2/2\lambda$, eingesetzt. Mit $(\hbar c)v = 246\,\text{GeV}$ (siehe (3.85)) und $m_{Pl}c^2 = 1.2 \cdot 10^{19}\,\text{GeV}$ (siehe (4.66)) ist diese Bedingung nicht erfüllt, und das Higgs-Feld des Glashow-Salam-Weinberg-Modells scheidet als möglicher Verursacher der Inflation aus. Da $\partial^2 V/\partial \Phi^2$ die Krümmung des Potentials angibt, ist dieses Ergebnis mit Hilfe von (4.90) so zu interpretieren, dass V einfach nicht flach genug ist, um die Bedingungen des langsamen Rollens zu erfüllen. Das bedeutet aber nicht, dass eS nicht andere elementare Skalarfelder geben kann, die die gerade angesprochenen Bedingungen erfüllen. Denn das Higgs-Potential wurde im Standardmodell *ad hoc* so angesetzt, dass ein einfacher Mechanismus für die Entstehung der W- und Z-Masse herauskam. Bislang gibt es keine Beobachtung, die diesen Ansatz als den einzig richtigen bestätigt. Er muss sogar abgeändert werden, wenn man Strahlungskorrekturen berücksichtigt:

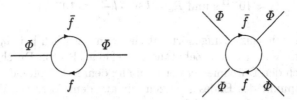

Wegen seiner großen Masse ($m_t \approx 175\,\mathrm{GeV}$) trägt vor allem das top-Quark zu dieser Korrektur bei. Heraus kommt ein „Coleman-Weinberg"-Potential [39] (siehe auch [40, 416])

$$V[\underline{\Phi}] = A \left[\underline{\Phi}^4 \left(2 \log \left(\frac{\Phi^2}{\sigma^2} \right) - 1 \right) + \sigma^4 \right],$$

das logarithmisch von der Top-Masse abhängt und offensichtlich auch für einen positiven Φ-Massenterm und für spontane Symmetriebrechung sorgen kann. Überdies gibt es im Rahmen der vereinheitlichten Feldtheorien und der Supersymmetrie weitere Skalarfelder, von denen vielleicht eines die richtigen Eigenschaften hat. Es bleibt aber nach wie vor ein Rätsel, weshalb das Potential gegenwärtig offensichtlich sehr viel kleiner ist als sein „natürlicher" Wert bei höherer Temperatur.

Selbst ohne präzise Kenntnis der Teilchenphysik, die die Geschichte des frühen Universums bestimmt hat, können wir jetzt ein Szenario entwerfen, das den Beobachtungen gerecht wird. Ausgehend von einem Zustand, in dem die thermische Energie dicht an der Planck-Energie (4.66) und der Skalen-Parameter R dicht an der Planck-Länge war (siehe (4.66)), lassen wir die zu dieser Epoche sicher relativistische Materie expandieren und abkühlen, wobei $\rho \propto R^{-4} \propto T^4 \propto t^{-2}$ (siehe (4.36)). Nach dem Einsetzen der Inflation fällt dann die Temperatur der Materie (nicht des Skalarfelds!) steil ab, während der Skalenparameter um dreißig Zehnerpotenzen zunimmt. Am Ende dieser Epoche heizt die Wechselwirkung mit den Quanten des Skalarfelds die Materie wieder an, die „normale" Expansion des strahlungsdominierten Universums geht weiter. Es folgen dann in der schon besprochenen Weise die Entstehung von Baryonen[16] und leichten Kernen, weiter die Entkopplung

---

[16] Hier bleibt die Asymmetrie zwischen Baryonen und Antibaryonen unerklärt.

der elektromagnetischen Strahlung und die Bildung neutraler Atome und schließlich das allmähliche Werden der komplexen Gebilde, die heute unsere materielle Umwelt formen. Setzen wir im Sinne des gerade Ausgeführten die kritische Temperatur des Skalarfeldes ungefähr bei der Temperatur an, deren Energie dem Vakuum-Erwartungswert des Higgs-Felds (3.85) entspricht, also

$$T_v = \frac{v}{k} = \frac{246\,\text{GeV}}{k} \approx 3 \cdot 10^{15}\,\text{K}.$$

an, finden wir mit (4.29), (4.36) und (4.66), dass die Inflation bei

$$t_0 \approx 10^{-11}\,\text{s} \text{ und } R_0 \approx l_{Pl} \cdot \sqrt{\frac{t_0}{t_{Pl}}} \approx 10^{-19}\,\text{m}$$

angefangen haben muss. Aufgehört hat sie dann natürlich bei $R_0 \approx 10^{11}\,\text{m}$. Das Universum war also vom Zehntausendstel eines Proton-Durchmesser auf das etwa durch den Durchmesser der Erdbahn definierte Volumen angewachsen. Der Zeitpunkt des Endes schätzen wir aus dem Alter des Universums und seiner gegenwärtigen Ausdehnung

$$R_0 \approx \frac{c}{H_0} \approx 3\,\text{GPc} \approx 10^{26}\,\text{m}$$

ab, natürlich unter der Annahme, dass von da an die Entwicklung stetig, ohne weitere Phasenübergänge ablief. Mit $R \propto T^{-1} \propto t^{2/3}$ (siehe (4.36)) für ein materiedominiertes Universum erhalten wir für den Radius zur Zeit der Strahlungsentkopplung ($t_E \approx 300000$ Jahre, siehe (4.35))

$$R_E \approx 3\,\text{MPc}.$$

Während der strahlungsdominierten Epoche galt $R \propto \sqrt{t}$ (siehe (4.36)), also

$$t\left(10^{11}\,\text{m}\right) \approx 10^{13}\,\text{s} \cdot \left(\frac{10^{11}}{10^{23}}\right)^2 = 10^{-11}\,\text{s}.$$

Der Spuk war also ebenso schnell vorbei, wie er angefangen hat! In Abbildung 4.3 fassen wir die Geschichte des Universums in diesem Szenario zusammen. Auf einer logarithmischen Zeitskala ist die materiedominierte Epoche also kurz im Vergleich zur strahlungsdominierten Vorgeschichte. Die Gerade $R = ct$ zeigt noch einmal anschaulich, wie die inflationäre Expansion – deutlich charakterisiert durch die kurzzeitige Unterkühlung von Materie und Strahlung – das gesamte Universum aus dem Kausalitätshorizont geschoben hat. Zu bemerken ist noch, dass wir die kritische Temperatur völlig willkürlich gewählt haben. Ein Skalarfeld mit einem entsprechenden Potential ist bis heute unbekannt. Wohl ist dieser Bereich aber der nächsten Beschleunigergeneration (LHC bei CERN in Genf, $E_{CM} = 14000\,\text{GeV}$) zugänglich. Das Szenario würde aber auch für $kT_c = 10^{16}\,\text{GeV}$ funktionieren, wo man eine erneute spontane Symmetrieberechnung erwartet, die ausgehend von einer großen Eichgruppe G die Physik des Standardmodells erzeugt:

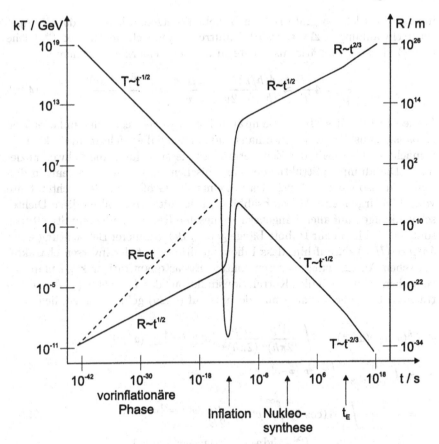

Abbildung 4.3. Zeitliche Entwicklung des Skalenparameters R und der Temperatur T des Universums. Die inflationäre Expansion fand bei etwa 10^{-11} s statt, die Entkopplung der elektromagnetischen Strahlung bei $t_E = 10^{13}$ s

$$G \xrightarrow[10^{16}\,\text{GeV}]{} SU(3)_C \times SU(2)_W \times U(1)_Y.$$

Es ist schon bedauerlich, dass das inflationäre Szenario zwar die drängendsten Probleme der Kosmologie zu lösen imstande ist, sich aber der Realisierung im Rahmen der bekannten Teilchenphysik entzieht. Eine Menge Arbeit – auf beiden Gebieten – muss noch verrichtet werden, um zu einer Lösung zu finden. Die Motivation liegt außer in seiner Nützlichkeit auch in der Eleganz dieses Bildes: es würde uns tatsächlich erlauben, die Geschichte des Weltalls bis an die untere Grenze der messbaren Zeit zurückzuverfolgen.

Es bleibt noch zu bemerken, dass Quantenfluktuationen des skalaren Feldes während der inflationären Phase zu lokalen Dichteschwankungen führen, die durchaus die Keime der heute zu beobachtenden Strukturen sein können. Wenn wir in der Unbestimmtheitsrelation (2.61) die Energieunschärfe mit der inversen Ausdehnungsrate H^{-1} in Beziehung setzen, sehen wir, dass Temperaturschwankungen $\Delta T \approx (\hbar/k)H$ auftreten, die sich wegen $\rho \propto T^4$ (siehe (4.27)) vierfach verstärkt als Dichtevariationen bemerkbar machen:

$$\frac{\delta\rho}{\rho} = 4\frac{\delta T}{T} \approx \frac{4(\hbar/k)H}{(\hbar/k)\cdot 2v} = \frac{2H/c}{v} = \frac{2\sqrt{2}\cdot(H/c)}{\mu^2/\lambda} \tag{4.93}$$

(siehe (4.81)). Diese Inhomogenitäten laufen dann wegen der inflationären Expansion aus dem Horizont hinaus und können daher nicht mehr rückgängig gemacht werden. Mit der Zeit vergrößern sie sich durch die Schwereanziehung. Die klumpige Struktur des baryonischen Universums erscheint in diesem Bild also ganz natürlich. Da in keiner der Größen auf der rechten Seite von (4.93) irgendeine Maßstabsabhängigkeit auftaucht, sollten diese Dichteschwankungen auf allen Längenskalen dieselbe Bedeutung haben: Strukturen sollte es bis hinauf zur Hubble-Länge geben. Bei genauerer Betrachtung weist $\delta\rho/\rho \propto (H/c)$ darauf hin, dass Inhomogenitäten mit der inversen charakteristischen Ausdehnung skalieren sollten. Etwas quantitativer kann man das verstehen, wenn man die „Korrelationsfunktion" des Φ-Felds $\langle\Phi(x)\Phi(x')\rangle$ betrachtet. Derselbe Formalismus, der uns auf (C.29) geführt haben, liefert

$$
\begin{aligned}
\langle\underline{\Phi}(x,t)\underline{\Phi}(x',t)\rangle &= \int \frac{d^3p}{(2\pi\hbar)^3}\frac{d^3p'}{(2\pi\hbar)^3}\,\langle 0|\underline{\Phi}_p(x)^\dagger\underline{\Phi}_{p'}(x')|0\rangle \\
&= \int \frac{d^3p}{(2\pi\hbar)^3}\cdot\frac{\hbar c}{2E}e^{ip\cdot(x-x')/\hbar} \\
&= \frac{1}{(2\pi\hbar)^2}\int_{-1}^{+1} d\,(\cos\vartheta)\int_0^\infty p^2 dp\cdot\frac{c}{2E}e^{ip|x-x'|\cos\vartheta/\hbar} \\
&\underset{E\approx cp\gg mc^2}{\approx} \frac{1}{(2\pi\hbar)^2}\int_0^\infty \frac{\hbar dp}{|x-x'|}\sin\frac{p|x-x'|}{\hbar} = \frac{1}{(2\pi)^2}\cdot\frac{1}{|x-x'|^2}.
\end{aligned}
\tag{4.94}
$$

Korrelationen sind also umgekehrt proportional zum Quadrat des Abstands zwischen den Punkten, das Skalierungsgesetz für Dichte-Inhomogenitäten sollte dasselbe Verhalten zeigen, also $\delta\rho/\rho = (r_0/r)^2$. Dessen Fourier-Transformierte ist

$$
\begin{aligned}
P(k) &= \int d^3x\, e^{-ik\cdot x}\cdot\frac{\delta\rho}{\rho} = 2\pi\int_{-1}^{+1}d\,(\cos\vartheta)\int_0^\infty r^2\,dr\,e^{-ikr\cos\vartheta}\cdot\left(\frac{r_0}{r}\right)^2 \\
&= 4\pi r_0^2\int_0^\infty dr\frac{\sin kr}{kr} = \frac{2\pi^2 r_0^2}{k}.
\end{aligned}
\tag{4.95}
$$

Ein solches „Harrison-Zeldovich-Spektrum" [97] kommt den beobachteten Strukturen über einen weiten Bereich sehr nahe. Allerdings bedeutet die kleine Amplitude der Schwankungen ($\delta\rho/\rho < 10^{-5}$ für die Hintergrundstrahlung), dass der λ-Parameter sehr klein, das Potential also sehr flach sein muss. Das ist konsistent mit dem Ergebnis der Betrachtungen über den Phasenübergang.

Wir haben einen gewaltigen Weg zurückgelegt, um von der gegenwärtigen Gestalt des Weltalls unter Einsatz der tiefsten Erkenntnisse der Teilchenphysik – und einiger wohl motivierter Spekulationen – bis in die unmittelbare Nähe des Anfangs zu gelangen. Bis kurz vor dem Ausfrieren der Neutronen, also bis etwa zur ersten halben Sekunde (siehe (4.44)), bleibt uns praktisch kein Spielraum für Variationen des Bildes. Und selbst für die Zeit davor ist uns der Weg angesichts des Erfolgs der Beschreibung des „reiferen" Universums vorgezeichnet, auch wenn uns noch wesentliche Grundlagen fehlen. Wir haben allen Grund zu der Annahme, dass unsere Methoden auch dann noch funktionieren werden. Das weitere Vorgehen ist uns mehr oder weniger vorgezeichnet. Auf der astronomischen Seite müssen wir durch Beobachtungen von immer weiter entfernten Objekten versuchen, der Frühgeschichte näher zu kommen. Eine Galaxie in einer Entfernung d hat das Licht, das wir empfangen, vor einer Zeit $t_0 - t = d/c$ abgeschickt. Dessen Wellenlänge hat sich um

$$z = \frac{R(t_0)}{R(t)} - 1$$

rotverschoben. Bei $z = 1$ blicken wir also in eine Zeit, in der das Universum halb so groß war wie heute. Die Struktur des Universums auf großen Skalen ist heute bis zu Rotverschiebungen von etwa 0.2 sehr genau vermessen [154]. Nach der Entfernungs-Rotverschiebungs-Relation (4.25) entspricht das einer Distanz von etwa

$$d = \frac{cz}{H_0} \approx 600\, h_0^{-1}\, \mathrm{MPc}.$$

Auf dieser enormen Längenskala ($2 \cdot 10^{22}$ km oder 10^{14} astronomische Einheiten) sehen wir Objekte, die zwei Milliarden Jahre alt sind. Es hat sich herausgestellt, dass es noch Strukturen auf einer Längenskala von 120 MPc gibt [63]. Man *muss* übrigens schon so weit in die Ferne und die Vergangenheit gehen, um wirklich die Homogenität zu sehen, die in unserer Kosmologie eine zentrale Rolle spielt. Einzelne Objekte, die „Quasare",[17] von denen man annimmt, dass sie Galaxien mit einem besonders aktiven Kern sind, wurden auch schon bei $z \approx 5$ beobachtet.

Natürlich sind so weit entfernte Objekte nur dann sichtbar, wenn sie eine ausreichende Luminosität haben. Deshalb ist es für ein weiteres Vordringen in die Tiefen des Raums und der Zeit erforderlich, sehr lichtstarke und hochauflösende Teleskope zu bauen. Beide Forderungen laufen auf große komplexe Apparate hinaus, wie zum Beispiel das im Bau befindliche „VLT" (Very Large Telescope) der Europäischen Südsternwarte im chilenischen Paranal. Aber in der anderen Richtung, der Teilchenphysik, sind die Anforderungen und Aufwendungen wohl noch beeindruckender. Als Beispiel zitieren wir noch einmal das LHC-Projekt am CERN in Genf, der uns mit seiner Kollisionsenergie

---

[17] Ein Akronym, das sich aus dem englischen Begriff „quasistellar object" ableitet.

von 14000 GeV auf eine Temperatur von $1.6 \cdot 10^{17}$ K und eine Energiedichte von etwa 10^{43} GeV/cm^3 bringen wird. Diese Temperatur hat im Universum 10^{-14} s nach dem Urknall bestanden, während die Energiedichte der des Universums nach ungefähr 10^{-7} s entspricht. Der Unterschied erklärt sich aus der Abwesenheit eines thermischen Gleichgewichts in einzelnen Proton-Proton-Kollisionen. Es ist aber klar, dass diese Maschine uns den Zuständen während des inflationären Phasenübergangs sehr nahe bringen wird.

Szenenwechsel: Kosmische Strahlung

Welche Bedeutung die Physik der Elementarteilchen für die Geschichte des Universums und letzten Endes für seine gegenwärtige Gestalt hat, sollte nach diesen Ausführungen klar sein. Im Zusammenhang mit den Sonnen-Neutrinos und der dunklen Materie haben wir jedoch schon bemerkt, dass auch in alltäglichen astrophysikalischen Vorgängen die Elementarteilchen eine Rolle spielen. Der augenfällige Beweis ist die kosmische Strahlung – ein aus allen Richtungen einfallender Strom von äußerst energiereichen Teilchen – deren nichtterrestrischer Ursprung 1912 von Victor Hess in Ballonflügen bewiesen wurde. In der Diskussion der speziellen Relativitätstheorie haben wir die erstaunliche Tatsache, dass in der Nähe des Erdbodens die hochenergetische Komponente des kosmischen Strahlung aus den recht kurzlebigen Myonen besteht, herangezogen, um die praktischen Konsequenzen der Zeit-Dilatation darzustellen. Oberhalb der Atmosphäre besteht die Strahlung aber im wesentlichen aus Protonen und Kernen bis hinauf zum Eisen. Die Myonen entstehen erst durch Kollisionen der Primärteilchen mit den Kernen der Luft-Atome und durch anschließende Zerfälle instabiler Teilchen. Sie werden neben den kaum beobachtbaren Neutrinos als einzige Teilchen von der Atmosphäre durchgelassen. Dass die stark wechselwirkenden Protonen, Neutronen, Pionen und Kaonen nur in kleiner Zahl auf dem Niveau des Meeresspiegels ankommen, sehen wir an ihrer Wechselwirkungslänge, die wir wegen der variablen Dichte der Luft als eine integrierte Massenbelegung (siehe Anhang E, Seite 369) ausdrücken. Da Luft im wesentlichen aus 80% Stickstoff (A=14) und 20% Sauerstoff (A=16) besteht, kommen wir mit $\sigma \propto r^2 \propto A^{2/3}$ (siehe (1.17) und Anhang E, Seite 369 ff.) auf:

$$\lambda = \frac{\langle m \rangle}{\sigma} \approx \frac{\dfrac{0.8 \cdot 14 + 0.2 \cdot 16}{N_A} \, \mathrm{g}}{(0.8 \cdot 14 + 0.2 \cdot 16)^{2/3} \cdot 5 \cdot 10^{-26} \, \mathrm{cm}^2} \qquad (4.96)$$

$$\approx \frac{2.4 \cdot 10^{-23} \, \mathrm{g}}{3 \cdot 10^{-25} \, \mathrm{cm}^2} \approx 80 \, \frac{\mathrm{g}}{\mathrm{cm}^2}.$$

Mit Hilfe der barometrischen Höhenformel, die wir für eine isothermische Atmosphäre aus der Boltzmann-Verteilung (C.16) mit $E = mgh$ herleiten:

$$\frac{\rho(h)}{\rho_0} = e^{-E/kT} = \exp\left(-\frac{mgh}{kT}\right) = \exp\left(-\frac{m_{mol}gh}{RT}\right) = e^{-h/h_0}, \quad (4.97)$$

können wir die Höhe ausrechnen, in der im Mittel die erste Wechselwirkung stattfindet. Dazu setzen wir das Integral

$$t = \rho_0 \int_0^h dh'\, e^{-h'/h_0} = \rho_0 h_0 e^{-h/h_0} = t_0 e^{-h/h_0} \quad (4.98)$$

mit λ gleich. Mit der Skalenlänge $h_0 = (RT/m_{mol}g) \approx 8\,$km, die für eine mittlere Molmasse $m_{mol} \approx (0.8 \cdot 28 + 0.2 \cdot 32) \approx 29\,$g und die Temperatur $T = 0°\text{C} = 273K$ gilt, erhalten wir

$$h = h_0 \ln\left(\frac{\rho_0 h_0}{\lambda}\right) \approx 20\,\text{km}. \quad (4.99)$$

Hier haben wir die integrierte Massenbelegung der Atmosphäre (siehe Anhang E, Seite 369)

$$t_0 \equiv \rho_0 \int_0^\infty dh\, e^{-h/h_0} = \rho_0 h_0 \approx 1.29 \cdot 10^{-3} \frac{\text{g}}{\text{cm}^3} \cdot 8 \cdot 10^5\,\text{cm} \approx 1000\frac{\text{g}}{\text{cm}^2}$$
$$(4.100)$$

aus der Skalenlänge und der gemessenen Dichte der Luft auf Meereshöhe bei $0°\text{C}$ und 1 bar berechnet.[18] Aus diesen Abschätzungen folgt, dass die Wahrscheinlichkeit dafür, dass stark wechselwirkende Teilchen die Atmosphäre durchdringen, sehr klein ist:

$$P_s = 1 - P_a \approx e^{-1000/80} \approx 4 \cdot 10^{-6}.$$

Ähnliches gilt für Elektronen, die durch Bremsstrahlung und andere harte Prozesse rasch ihre Energie verlieren. Ihre „Strahlungslänge", die nach Multiplikation mit $\frac{9}{7}$ für die elektromagnetische Wechselwirkung dieselbe Rolle spielt wie die Absorptionslänge für die starke Wechselwirkung, beträgt in Luft etwa $37\,\text{g/cm}^2$ [135], ist aber um $(m_\mu/m_e)^2$, also etwa 40000mal größer für Myonen, die deshalb kaum solchen Stößen ausgesetzt sind, bei denen sie einen signifikanten Anteil ihrer Energie verlieren, sondern nur einen kontinuierlichen Ionisations-Energieverlust von ungefähr $2\,\text{MeV}/(\text{g/cm}^2)$ erleiden. Der Fluss dieser Myonen hat eine charakteristische Abhängigkeit vom Einfallswinkel in Bezug auf den Zenit und ein charakteristisches Spektrum. Aus

---

[18] Dieselbe Massenbelegung erhalten wir wegen (C.3) und (C.4) aus dem Verhältnis zwischen dem Atmosphärendruck auf Meeresniveau P_0 und der Schwerebeschleunigung:

$$t_0 = \rho_0 \int dx\, e^{-h/h_0} = \frac{m_{mol}P_0}{RT} \int dx\, e^{-h/h_0} = \frac{P_0}{g} \approx 1000\frac{\text{g}}{\text{cm}^2}.$$

beiden können wir Rückschlüsse auf die Zusammensetzung und das Spektrum der primären Strahlung ziehen.

Praktisch alle Myonen auf Meeresniveau entstehen in Zerfällen von Pionen und Kaonen, die in Kern-Kern-Kollisionen in der oberen Atmosphäre entstehen. Aus deren mittlerer Lebensdauer bestimmen wir durch Multiplikation mit der Lichtgeschwindigkeit eine charakteristische Zerfallslänge, die für Pionen 7.8 und für Kaonen 3.7 m beträgt [135]. Durch die relativistische Zeitdilatation (2.1) verlängert sich die Lebensdauer um den Faktor $\gamma = 1/\sqrt{1 - v^2/c^2} = E/mc^2$ (siehe auch (2.13)). Bei sehr hohen Energien ist die Geschwindigkeit sehr nahe an der Lichtgeschwindigkeit, und die tatsächliche Zerfallslänge $d = \beta\gamma c\tau$ kann, wie wir bereits im zweiten Kapitel gesehen haben, sehr groß werden. Sie gibt uns die Überlebenswahrscheinlichkeit nach einer Wegstrecke δl an:

$$P_s = e^{-\delta l/d} \underset{\delta l \ll d}{\approx} 1 - \frac{\delta l}{d}. \tag{4.101}$$

Die Zerfallwahrscheinlichkeit ist dann mit (2.13)

$$P_d = 1 - P_s \underset{\delta l \ll d}{\approx} \frac{\delta l}{d} = \frac{\delta l}{\beta\gamma c\tau} = \frac{\delta l}{c\tau} \cdot \frac{mc^2}{\beta E}. \tag{4.102}$$

Sind die Energie und damit der γ-Faktor sehr groß, werden Pionen und Kaonen, da sie als Hadronen der starken Wechselwirkung unterliegen, in der Atmosphäre vielfachen Stößen ausgesetzt, bevor sie zerfallen. Die wesentlichen Folgen dieses Verhaltens wollen wir auf der Grundlage dieses einfachen, aber durchaus realistischen Ansatzes kurz diskutieren.

Die Formel (4.98), die wir hergeleitet haben, um auszurechnen, wieviel Materie ein Teilchen, das aus dem Unendlichen kommend bis zur Höhe h vorgedrungen ist, durchquert hat, gilt nur für senkrechten Einfall. Kommt das Teilchen unter einem Zenitwinkel ϑ an, zeigt eine einfache geometrische Überlegung (siehe Abbildung 4.4), dass unter Vernachlässigung der Erdkrümmung ein Faktor $1/\cos\vartheta$ berücksichtigt werden muss:

$$t(l, \vartheta) = \rho_0 \int_l^\infty dl'\, e^{-l' \cos\vartheta/h_0} = \frac{\rho_0 h_0}{\cos\vartheta}\, e^{-l \cos\vartheta/h_0} = \frac{t(h)}{\cos\vartheta}, \tag{4.103}$$

wobei $l = h/\cos\vartheta$ der gradlinige Abstand des betrachteten Punkts auf der Teilchentrajektorie vom Beobachter auf der Erdoberfläche ist. Es gilt

$$\frac{dt}{dl} = -\rho_0 e^{-l \cos\vartheta/h_0} = -\frac{t \cos\vartheta}{h_0}. \tag{4.104}$$

Auf dem Wegstück $dl = dt/(dt/dl)$ werden von N_h Hadronen (Pionen und Kaonen) $N_h \cdot (dt/\lambda)$ absorbiert, weitere $N_h \cdot (dl/\beta\gamma c\tau)$ zerfallen:

$$-dN_h = N_h \left(\frac{dt}{\lambda} - \frac{dl}{\beta\gamma c\tau} \right). \tag{4.105}$$

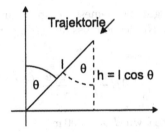

Abbildung 4.4. Zur Berechnung der atmosphärischen Massenbelegung

Der zweite Term bekommt sein negatives Vorzeichen durch $dl < 0$. Mit (4.104) können wir das umformen:

$$-\mathrm{d}N_h = N_h \left(\frac{\mathrm{d}t}{\lambda} + \frac{\mathrm{d}t}{t} \frac{h_0}{\beta\gamma c\tau \cos\vartheta} \right) \equiv N_h \left(\frac{\mathrm{d}t}{\lambda} + \frac{\alpha\mathrm{d}t}{t} \right). \qquad (4.106)$$

Diese Differentialgleichung wird durch

$$N_h = a\,e^{-t/\lambda}t^{-\alpha} \qquad (4.107)$$

gelöst. Um die Zahl der aus den Zerfällen hervorgehenden Myonen zu berechnen, müssen wir (4.107) mit der Zerfallswahrscheinlichkeit (4.102) multiplizieren:

$$\mathrm{d}N_\mu = -\frac{\mathrm{d}l}{\beta\gamma c\tau}N_h = -a \cdot \frac{\mathrm{d}l}{\beta\gamma c\tau}e^{-t/\lambda}t^{-\alpha} = a \cdot \alpha \cdot e^{-t/\lambda}t^{-\alpha-1} \cdot \mathrm{d}t. \quad (4.108)$$

Integrieren liefert

$$N_\mu = a \cdot \alpha \int_0^t \mathrm{d}t'\,e^{-t'/\lambda}t'^{-\alpha-1} \approx a \cdot \alpha \int_0^\infty \mathrm{d}t\,e^{-t/\lambda}t^{-\alpha-1}$$
$$= a \cdot \alpha \cdot \Gamma\left(-\alpha\right) \qquad (4.109)$$

Die Gammafunktion (siehe [4]) variiert nur langsam, es ist der Faktor $a \cdot \alpha = ah_0/\beta\gamma c\tau \cos\vartheta$, der die Form der Winkelverteilung bestimmt $(1/\cos\vartheta)$ und außerdem bewirkt, dass das Spektrum um eine Potenz steiler abfällt als das der Pionen und Kaonen, da $\beta\gamma \approx mc^2/E$ für $\beta \approx 1$.

Über einen weiteren Energiebereich folgt das Spektrum der primären kosmischen Strahlung einem einfachen Potenzgesetz:

$$\frac{\mathrm{d}^2\dot{N}}{\mathrm{d}\Omega\mathrm{d}E} = a \left(\frac{E}{\mathrm{GeV}} \right)^{-\gamma}. \qquad (4.110)$$

Für die isotrope Nukleonen-Strahlung an der Obergrenze der Atmosphäre findet man $a = 18500$ Nukleonen / (m^2 s sr GeV) und $\gamma = 2.72$. Diese

Formel beschreibt recht gut das gemessene Spektrum zwischen 10 GeV und 10^6 GeV. Der integrierte Nukleonenfluss oberhalb der Schwellenenergie E ist also ungefähr

$$I(> E) = \int_0^\infty dE \, \frac{d\dot{N}}{dE} = \frac{2\pi a}{\gamma - 1} \left(\frac{E}{\text{GeV}} \right)^{-\gamma+1} \tag{4.111}$$

Für $E = 10\,\text{GeV}$ erhalten wir $I \approx 1300\,\text{m}^{-2}\,\text{s}^{-1}$. Die deponierte Leistung beträgt

$$\dot{E}(> 10\,\text{GeV}) \approx \int_{10\,\text{GeV}}^\infty dE \, E \, \frac{d\dot{N}}{dE} = 31000\,\frac{\text{GeV}}{\text{m}^2\,\text{s}} \approx 5\,\frac{\mu\text{W}}{\text{m}^2}.$$

Das ist natürlich gegenüber der Sonnenleistung ($1.4\,\text{kW/m}^2$, siehe (1.7)) völlig vernachlässigbar.

Näherungsweise können wir das doppelt differentielle Myonen-Spektrum als

$$\frac{d^2\dot{N}_\mu}{d\Omega dE_\mu} = \frac{\tilde{a}}{\cos\vartheta} \left(\frac{E}{\text{GeV}} \right)^{-\tilde{\gamma}}$$

mit $\tilde{a} \approx 76000$ Myonen pro $\text{m}^2\,\text{s}\,\text{sr}\,\text{GeV}$ und $\tilde{\gamma} \approx 3.6 \approx \gamma + 1$ parametrisieren. Wie bei der primären Strahlung gibt diese Formel das gemessene Spektrum zwischen 10 GeV und 10^6 GeV recht gut wieder. Sie wird durch Rechnungen auf der Basis des gerade beschriebenen Ansatzes, der die Myonen als Produkte des Pion- und Kaon-Zerfalls behandelt, sehr gut wiedergegeben [166]. Der integrierte vertikale Fluss ($\cos\vartheta = 1$) ist

$$I(> E) = \int_E^\infty dE_\mu \, \frac{d^2\dot{N}_\mu}{d\Omega dE_\mu} = \frac{\tilde{a}}{\tilde{\gamma} - 1} E_\mu^{-\tilde{\gamma}+1} = \frac{29000\,\text{Myonen}}{\text{m}^2\,\text{s}\,\text{sr}} \left(\frac{E_\mu}{\text{GeV}} \right)^{-2.6},$$

also etwa 80 Myonen pro Quadratmeter, Sekunde und Steradian mit Energien oberhalb 10 GeV. Ein durchschnittlicher menschlicher Körper wird jede Sekunde von ungefähr 60 Myonen durchquert. Der Energieverlust eines Myons beträgt etwa 2 MeV/cm. Bei einer mittleren Weglänge von 50 cm deponieren die kosmischen Myonen also um die 6 GeV/s oder etwa 1 nW. Die Strahlendosis wird in der Einheit „Gray" gemessen: 1 Gy = 1 Joule/kg. Die kosmische Dosis beträgt also etwa $1.2 \cdot 10^{-11}$ Gy/s oder 0.4 mGy pro Jahr. Multipliziert mit einem „Qualitätsfaktor", der der jeweiligen biologischen Wirksamkeit Rechnung trägt und für Myonen Eins beträgt,[19] ergibt das eine „Äquivalentdosis" von 0.4 mSv pro Jahr.[20] In vielen Gegenden ist das

---

[19] Für Neutronen und α-Teilchen steigt er auf bis zu 20.

[20] 1 Sv (Sievert, nach Rolf M. Sievert) = Qualitätsfaktor × 1 Gy. Die alte vertrautere Einheit war 1 rem = 1/100 Sv.

der dominante Anteil der natürlichen Strahlenbelastung, und für Vielflieger kann sich die kosmische Strahlung wegen der mit wachsender Höhe ansteigenden Intensität, in der vor allem die elektromagnetische Komponente an Bedeutung gewinnt, sogar zu einer Gesundheitsbedrohung auswachsen.

Die Isotropie und das einfache Energiespektrum der primären kosmischen Strahlung können wir zumindest qualitativ verstehen. Die flache Winkelverteilung erklärt sich im wesentlichen aus der stochastischen Ablenkung geladener Teilchen in räumlich variablen Magnetfeldern, die im interstellaren Raum tatsächlich beobachtet wurden, zum Beispiel durch die „Synchrotronstrahlung", die von Elektronen bei Ablenkung im Feld emittiert werden. Dadurch wird natürlich jede Richtungsinformation verwischt, wenn man nicht gerade einen sehr engen Energiebereich betrachtet und eine Massen- und Ladungsselektion vornimmt. Wegen der sehr kleinen Flüsse liegt das bei hohen Energien zur Zeit außerhalb des experimentell Möglichen. Eine Suche nach Punktquellen ist daher nur in elektrisch neutraler Strahlung möglich, wie zum Beispiel in Photonen und Neutrinos. Zur Zeit werden mehrere erdgebundene Detektorsysteme betrieben, die so ausgelegt sind, dass sie einerseits eine möglichst große aktive Fläche haben und andererseits über zum Teil äußerst raffinierte Analysemethoden das schwache Photonensignal aus dem Untergrund der von Kernen ausgelösten Teilchen-Schauer herausfiltern können. Bis hinauf zu mehreren TeV hat man bereits galaktische und extragalaktische Quellen identifiziert (etwa den Krebs-Pulsar in unserer Milchstraße und die „nahe" aktive Galaxie Mk421).

Eine interessante Alternative sind Neutrino-Teleskope, die darauf basieren, dass Neutrinos wegen ihrer schwachen Wechselwirkung die Erde durchdringen und sich erst in unmittelbarer Nähe eines Detektors durch eine Reaktion des Typs $\nu + N \to \mu + X$ bemerkbar machen – mit sehr geringer Wahrscheinlichkeit allerdings. Solche „aufwärts laufenden" Myonen sind eine eindeutige Signatur für Neutrinos und leicht zu identifizieren. Allerdings braucht man für eine ausreichende Rate einen Detektor von einem Quadratkilometer, der außerdem imstande ist, den milliardenfach höheren Fluss „von oben" zu verkraften und auszusortieren (siehe [166]: hier findet sich auch eine detailliertere Behandlung des Spektrums und der Winkelverteilung von Myonen aus diversen Zerfallsprozessen). Es gibt seit kurzem mehrere konkrete Projekte für eine solche Anlage.

Fermis Beschleunigungs-Mechanismus

Bis jetzt haben wir das Spektrum der primären Strahlung lediglich als ein *empirisches* Potenzgesetz behandelt. Es gibt jedoch ein durchaus plausibles Szenario, das genau diese Form verursacht. Es handelt sich um die Verknüpfung einer naheliegenden Annahme über den Beschleunigungsmechanismus und statistischen Argumenten, die auf Enrico Fermi zurückgehen [68]. Natürlich wissen wir sehr wenig über das detaillierte Verhalten individueller kosmischer Beschleuniger. Wir können zum Beispiel die enormen elektrischen Felder in der Nähe von Pulsaren (siehe 54) verantwortlich machen, aber ihre Eigenschaften kennen wir nicht gut genug, um etwas über das Spektrum der emittierten Teilchen sagen zu können. Aber der interstellare Raum kann, da er ja nicht ganz leer ist, selbst als Beschleuniger wirken. Es sind vor allem „Schockfronten" zwischen Domänen mit verschiedenen elektromagnetischen Feldern, die im statistischen Mittel Teilchen beschleunigen können. Eine solche Front entsteht zum Beispiel an der Oberfläche des von einer Supernova-Explosion herausgeschleuderten Gases, das mit der „normalen" interstellaren Materie kollidiert. Für ein geladenes Teilchen, das mit den Supernova-Bruchstücken mitfliegt, wirkt sie wie ein massives geladenes Streuzentrum, das es entweder beschleunigt oder abbremst. Ohne uns über den Mechanismus den Kopf zu zerbrechen, betrachten wir im folgenden nur die Komponente der Relativbewegung, die senkrecht auf der Schockfront steht. Bewegt sich die Front mit der Geschwindigkeit $v = \beta c \ll c$ in derselben Richtung wie das Teilchen, sind Energie und Impuls des Teilchens im Ruhesystem der Front vor der Kollision:[21]

$$
\begin{aligned}
E_i' &= \gamma E_i - \beta\gamma c p_i \\
c p_i' &= -\gamma\beta E_i + \gamma c p_i,
\end{aligned}
\tag{4.112}
$$

wenn E_i und p_i Energie und Impuls im Ruhesystem des Beobachters sind. Nach der Kollision bleibt die Energie in diesem System unverändert, während der Impuls das Vorzeichen wechselt. Das entspricht der Streuung an einem sehr massiven Körper, wie wir sie schon im Breit-System (siehe Seite 163 f.) angewandt haben. Transformieren wir nun zurück ins System des Beobachters, müssen wir β durch $-\beta$ ersetzen und bekommen für relativistische Teilchen:

$$
\begin{aligned}
E_f &= \gamma E_f' + \gamma\beta c p_f' \\
&= \frac{1 + \beta^2}{1 - \beta^2} E_i - 2\gamma^2\beta c p_i \\
&\approx \gamma^2 E_i - \gamma^2\beta c p_i + \gamma^2\beta^2 E_i - \gamma^2\beta c p_i = \\
&\underset{E_i \approx c p_i}{\approx} \frac{(1 - \beta)^2}{1 - \beta^2} E_i = \frac{E_i}{1 + \beta} \approx (1 - \beta) E_i.
\end{aligned}
\tag{4.113}
$$

In der letzten Zeile haben wir eine Taylor-Entwicklung bis zur ersten Ordnung in β benutzt. Bewegt sich die Front in der der Teilchenbewegung entgegengesetzten Richtung, gilt

$$
E_f \approx (1 + \beta) E_i.
$$

Nun nehmen wir an, dass das Teilchen in der Front N-mal gestreut wird. In y Fällen wird es beschleunigt, in $N - y$ Fällen abgebremst. Der Überschuss

---

[21] In der üblichen Nomenklatur setzen wir einen Index i („initial") für den Anfangszustand, einen Index f („final") für den Endzustand.

an Beschleunigungen ist $x = 2y - N$ und kann positiv oder negativ sein. Am Ende hat das Teilchen, das mit der Energie E_0 ankommt, die Energie

$$
\begin{aligned}
E &= E_0(1 + \beta)^y (1 - \beta)^{N-y} \\
&= E_0 \left(1 - \beta^2\right)^{(N-x)/2} (1 + \beta)^x \\
&= E_0 \exp \left(\frac{N - x}{2} \ln \left(1 - \beta^2\right) + x \ln(1 + \beta) \right) \approx E_0 e^{\beta x},
\end{aligned} \tag{4.114}
$$

wobei wir im letzten Schritt wieder $\ln(1 + x) \approx x - \frac{1}{2}x^2 + \ldots$ angewandt und nur Terme erster Ordnung in β berücksichtigt haben. Die Energie eines Teilchens wächst also in einer Schockfront exponentiell an, oder sie nimmt exponentiell ab. Nun ist die Zahl N der Streuungen keine Konstante, sondern exponentiell verteilt (siehe Seite 363 f., besonders (D.6)):

$$
P(N)\mathrm{d}N = \frac{1}{N_0} e^{-N/N_0} \mathrm{d}N.
$$

Dabei ist N_0 der Mittelwert. Die Zahl der Überschüsse x ist bei festem, großem N natürlich Gauß-verteilt, wobei die Varianz gerade die Zahl der jeweiligen Streuungen N ist:

$$
P(x, N)\mathrm{d}x = \frac{1}{\sqrt{2\pi N}} e^{-x^2/2N} \mathrm{d}x.
$$

Zusammengenommen erhalten wir so für die Wahrscheinlichkeit für einen Überschuss von x Energiegewinnen:

$$
\begin{aligned}
P(x, N_0)\mathrm{d}x &= \left[\frac{1}{\sqrt{2\pi N_0}} \int_0^\infty \frac{\mathrm{d}N}{\sqrt{N}} e^{-x^2/2N} e^{-N/N_0} \right] \mathrm{d}x \\
&= \frac{1}{\sqrt{2N_0}} \exp \left(-\sqrt{\frac{2}{N_0}} x \right) \mathrm{d}x.
\end{aligned} \tag{4.115}
$$

Das Integral haben wir [91] entnommen. Mit

$$
x = \frac{1}{\beta} \ln \frac{E}{E_0} \quad \text{und} \quad \mathrm{d}x = \frac{\mathrm{d}E}{\beta E}
$$

erhalten wir die Wahrscheinlichkeit, dass bei N_0 Streuungen im Mittel eine Energie zwischen E und $E + \mathrm{d}E$ erreicht wird:

$$
P(E, N_0)\mathrm{d}E = \frac{1}{\beta E \sqrt{2N_0}} \left(\frac{E}{E_0} \right)^{-\gamma+1} \mathrm{d}E = \frac{1}{\beta E_0 \sqrt{2N_0}} \left(\frac{E}{E_0} \right)^{-\gamma} \mathrm{d}E.
$$

Der Exponent beträgt in diesem Modell

$$
\gamma = 1 + \sqrt{\frac{2}{N_0 \beta^2}}.
$$

Das ist genau das Potenzgesetz, das im Spektrum der kosmischen Strahlung beobachtet wird. Eine quantitative Analyse dieses Resultats zeigt, dass der Fermi-Mechanismus sehr wohl das Spektrum bis mindestens 10^{14} eV beschreiben kann [31]. Die nötigen Schockfronten sind in Supernova-Überresten durchaus vorhanden. Oberhalb dieses Bereichs zeigt das Spektrum eine bemerkenswerte Struktur: es wird zunächst kaum merklich flacher, um dann jenseits von 10^{15} eV mit einem Exponenten $\gamma \approx 3$ abzufallen. Bei ungefähr 10^{19} eV, nahe der höchsten bisher beobachteten Energie von einzelnen Teilchen in der kosmischen Strahlung, kehrt das Spektrum zur ursprünglichen $E^{-2.7}$-Form zurück.

Eine vermeintlich absolute obere Grenze ist der „Greisen-Cutoff" von ungefähr 10^{20} eV [92]. Denn hier können Protonen über Kollisionen mit der kosmischen Hintergrundstrahlung absorbiert werden. Die Reaktion $\gamma + p \rightarrow \pi^0 + p$ wird möglich, wenn die Schwerpunktsenergie größer als die Summe der Ruheenergien von Protonen und Pionen wird. Nun gilt für Proton-Photon-Kollisionen

$$s = (p_p + p_\gamma)^2 = m_p^2 c^4 + 2 E_p E_\gamma \left(1 - \beta_p \cos \vartheta \right),$$

wenn ϑ der Winkel zwischen den beiden Trajektorien ist. Das Maximum wird für $\vartheta = 180°$ erreicht und beträgt bei hohen Energien ($E_p \gg m_p c^2$)

$$s \approx 4 E_p E_\gamma.$$

Die Photoproduktion von Pionen setzt also bei

$$E_p > \frac{(m_p + m_{\pi^0})^2 c^4}{4 E_\gamma} = \frac{1.15\,\mathrm{GeV}^2}{4kT} \approx 1.2 \cdot 10^{21}\,\mathrm{eV}$$

ein, wobei wir für die Photonen die thermische Energie mit $T = 2.728\,\mathrm{K}$ eingesetzt haben. Diese Energie – in etwas handlicheren Einheiten beträgt sie 200 Joule – entspricht einem harten Tennis-Aufschlag, aber konzentriert in einem $6 \cdot 10^{25}$-ten Teil des Balls! Schon zwei Größenordnungen unterhalb dieses Werts wird die mittlere freie Weglänge (siehe Anhang E) der Protonen so klein, dass sie nur noch von Quellen innerhalb unserer Milchstraße zu uns gelangen können, und es ist schwer vorstellbar, dass Objekte, die solche Energien hervorbringen können, in unsere Nähe existieren. Vielmehr stellt man sich vor, dass kosmische Strahlung oberhalb des sogenannten „Knies" bei 10^{15} eV, das man am besten sieht, wenn man das Spektrum multipliziert mit $E^{2.72}$ doppelt logarithmisch gegen die Energie aufträgt, von weit entfernten Quellen ausgeht, zum Beispiel von aktiven galaktischen Kernen (siehe Abbildung 4.5).[22]

---

[22] Kürzlich sind allerdings Zweifel an der Gültigkeit dieser Grenze zutagegetreten. Beobachtungen zeigen, dass das Spektrum bis 10^{20} eV keine signifikante Formänderung aufweist [158]. Das weist darauf hin, dass weder der Beschleunigungsmechanismus noch die Transport-Eigenschaften der kosmischen Strahlung vollständig verstanden sind.

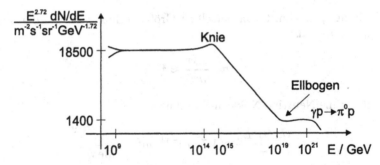

Abbildung 4.5. Das Spektrum der kosmischen Strahlung

Es ist nicht einfach, bei Flüssen von wenigen Teilchen pro Quadratkilometer und Sekunde die „chemische" Zusammensetzung zu messen, noch dazu, wenn diese Teilchen Millionen von GeV an Energie mitbringen. Versucht wird es trotzdem zur Zeit, und die Ergebnisse werden mit Spannung erwartet, genau wie die aus der Suche nach Punktquellen in diesem Energiebereich. Dass das Spektrum bei 10^{19} eV zur ursprünglichen Form zurückkehrt, mag auf die Nachbeschleunigungshypothese hinweisen. Im Diagramm haben wir noch schematisch angedeutet, dass im Bereich einiger GeV die Intensität der kosmischen Strahlung schwankt. Hier macht sich der Einfluss der Sonne bemerkbar, deren magnetisches Feld sich in einem etwa elf Jahre langen Zyklus dramatisch ändert. Nicht nur die Feldstärke, sondern sogar die Konfiguration variiert regelmäßig, von einem „toroidalen" Feld, dessen Linien eine durch den Sonnenmittelpunkt verlaufende Achse umschließen, zu einem „normalen" Dipolfeld, das dem der Erde ähnelt. Die augenfällige Konsequenz dieser Aktivität ist die wechselnde Zahl der Sonnenflecken, die nichts anderes als Regionen erhöhter lokaler Feldstärke sind. Doch hier begeben wir uns in eine Zweig der Astrophysik, der nicht mehr allzuviel mit der Teilchenphysik zu tun hat.

Was geschieht im Sterntod?

Neben der dunklen Materie und der kosmischen Strahlung als zentrale Domänen der „Astro-Teilchenphysik" haben wir schon die Sonnen-Neutrinos behandelt. Natürlich entstehen Neutrinos in jedem Stern. Sie transportieren einen beträchtlichen Anteil der Energie, die im Innern freigesetzt wird, nach außen. In Sternen mit besonders dichtem Kern – das sind vor allem solche, die am Ende ihres Daseins schwere Elemente, besonders Eisen und Nickel im Zentrum aufgebaut haben – werden sie nicht mehr einfach radial emittiert, sondern „diffundieren" nach außen, das heißt sie unterliegen häufigen Wechselwirkungen mit der Materie des Sterns. Das ist der Fall, wenn der Wirkungsquerschnitt von derselben Größenordnung ist wie die inverse Massenbelegung, also

$$\sigma \cdot \frac{\rho \Delta x}{m_p} \approx 1.$$

Nun gilt für die Neutrino-Nukleon-Streuung:

$$\sigma \approx \frac{(\hbar c G)^2 E_\nu^2}{\pi} \approx 1.7 \cdot 10^{-44} \, \text{cm}^2 \cdot \left(\frac{E_\nu}{\text{MeV}}\right)^2$$

(vergleiche (4.42)). Im Sterninneren haben Neutrinos aus Fusionen und Zerfällen von ungefähr 1 MeV. Eine nennenswerte Wechselwirkungsrate gibt es also bei

$$\rho \Delta x \approx 10^{20} \, \frac{\text{g}}{\text{cm}^2}.$$

Ein gewöhnlicher Stern wie die Sonne hat eine Dichte von ungefähr 1.4 g/cm³ und einen Radius von 700000 km. Die Massenbelegung auf einer Trajektorie vom Zentrum nach außen übersteigt also nicht das Niveau von 10^{11} g/cm². Neutrinos entkommen also praktisch ohne Wechselwirkungen.

Gegen Ende des Sternlebens ändern sich jedoch die Verhältnisse. Der Kern aus Eisen und Nickel kann nun kein nukleares Brennen mehr aufrechterhalten, da diese Kerne so stark gebunden sind, dass sowohl das Hinzufügen als auch das Wegnehmen von Nukleonen nur unter zusätzlichem Energieaufwand stattfinden kann. Sie werden lediglich durch das Pauli-Prinzip am Gravitationskollaps gehindert. Die Elektronen müssen um mindestens eine Compton-Wellenlänge räumlich getrennt sein. Wird durch Kernreaktionen in der umgebenden Schicht, die vorwiegend aus Silizium besteht, mehr und mehr Material im Kern deponiert, ist irgendwann ein Punkt erreicht, an dem der „Entartungsdruck" der Elektronen gegen die Schwereanziehung nicht mehr ankommt: der Kern zieht sich plötzlich bis zu einer Minimalgröße zusammen. Ist er dort angelangt, sendet das umgebende Material eine Schockwelle nach außen, die die äußeren Zonen des Sterns in einer gewaltigen Explosion ins All jagt: eine Supernova ist entstanden und macht sich uns als plötzlich hell aufleuchtender Stern bemerkbar, der nach einigen Wochen oder Monaten fast ganz verschwindet.[23]

Abgesehen davon, dass diese Ereignisse wahrscheinlich für die Entstehung aller Elemente jenseits des Eisens verantwortlich sind und damit eine ganz direkte Auswirkung auf die Gestalt der Welt, in der wir leben, haben, interessieren wir uns hier für das Überbleibsel im Zentrum. Das Pauli-Prinzip kann natürlich auch in einem solch katastrophalen Ereignis nicht verletzt werden.

---

[23] Die meisten Sterne sterben wesentlich weniger dramatisch: zwar wird immer noch ein Teil der äußeren Schichten abgestoßen (Reste können wir heute als „planetarische Nebel" bewundern), der Kern bleibt jedoch noch unter dem Einfluss des Pauli-Drucks als „weißer Zwerg" bestehen.

Die Elektronen müssen also irgendwie verschwinden. Sie tun das natürlich über den inversen β-Zerfall: $e^- + p \to \nu_e + n$. Die Neutrinos diffundieren nach außen und tragen einen großen Teil der Gravitationsenergie davon. Was bleibt, ist ein Neutronenstern, dessen Größe nun durch den Entartungsdruck der Neutronen bestimmt wird. Bereits in den dreißiger Jahren dieses Jahrhunderts hat Subrahjahyan Chandrasekhar herausgefunden, dass Neutronensterne nur in einem sehr begrenzten Massenbereich um 1.4 Sonnenmassen herum bestehen können [35]. Ist der mittlere Abstand der Neutronen etwa durch ihre Compton-Wellenlänge (3.8) bestimmt, beträgt die Dichte eines solchen Sterns

$$\rho \approx \frac{m_n}{(h/m_n c)^3} = \frac{1}{c^2} \cdot \frac{(m_n c^2)^4}{(2\pi\hbar c)^3} \approx \frac{0.4\,\text{GeV}/c^2}{\text{fm}^3} = 7.3 \cdot 10^{14}\,\frac{\text{g}}{\text{cm}^3}.$$

Er hat dann einen Radius von

$$R = \left(\frac{1.4 M_\odot}{(4\pi/3)\rho}\right)^{1/3} \approx 10\,\text{km}.$$

Im allgemeinen hat der Stern vor dem Kollaps einen gewissen Drehimpuls gehabt, der nun vom Neutronenstern übernommen wird. Damit verhält sich das Verhältnis der Umdrehungsperioden etwa wie das Verhältnis der Radienquadrate vor und nach dem Kollaps. Ist die Periode eines typischen Sterns etwa ein Jahr, sollte eine Neutronenstern die Periode

$$T = \left(\frac{10\,\text{km}}{800000\,\text{km}}\right)^2 \cdot 3 \cdot 10^7\,\text{s} \approx 5\,\text{ms}$$

haben. In der Tat sind Perioden dieser Größenordnung in jungen Pulsaren beobachtet worden, die so mit ziemlicher Sicherheit mit Neutronensternen identifiziert werden können. Die enormen elektrischen und magnetischen Felder in der Nähe eines solchen Objekts[24] können natürlich geladene Teilchen effizient beschleunigen. Pulsare sind daher im Visier derjenigen, die nach galaktischen Punktquellen für kosmische Strahlung suchen.

Für die Neutrinos sieht ein Neutronenstern nun ganz anders aus als ein gewöhnlicher Stern. Denn die Massenbelegung für eine Trajektorie aus dem Zentrum gelangt in den Bereich, in dem Wechselwirkungen für Neutrinos im MeV-Bereich sehr wahrscheinlich werden:

$$\rho \Delta x \approx 7 \cdot 10^{14}\,\frac{\text{g}}{\text{cm}^3} \cdot 10^6\,\text{cm} = 7 \cdot 10^{20}\,\frac{\text{g}}{\text{cm}^2}.$$

Dadurch brauchen sie eine längere Zeit (bis zu mehreren Sekunden), um herauszukommen, und haben einen großen Einfluss auf den Energietransport

---

[24] Das elektrische Feld entsteht durch die Rotation des magnetischen Feldes – eine beliebte Übungsaufgabe zur Anwendung der Maxwell-Gleichungen.

im entstehenden Neutronenstern. In diesem etwas ausgedehnten „Neutrino-blitz" werden ungefähr $1.7 \cdot 10^{57}$ Neutrinos emittiert. Das ist gerade die Zahl der Protonen, die „neutralisiert" werden. Haben sie im Mittel eine Energie von 1 MeV, tragen sie $3 \cdot 10^{44}$ J hinaus. In einer Entfernung von 50 kPc kommen immerhin noch $6 \cdot 10^{13}$ Neutrinos pro Quadratmeter an. In 1000 Tonnen Wasser gibt es dann ungefähr 50 Ereignisse, in denen über den geladenen schwachen Strom Elektronen erzeugt werden. Um die 20 Elektronen haben genügend Energie, dass sie über die Cherenkov-Strahlung[25] sichtbar werden. Im Jahre 1987 hat man so zum ersten Mal die Neutrino-Emission einer Supernova, der SN1987A, die in der Großen Magellanschen Wolke, einem Satelliten unserer Milchstraße stattfand, direkt beobachten können: der erste Erfolg der „Neutrino-Astronomie". Aus der Form des Signals, besonders seinem zeitlichen Verhalten, können wir bestimmte Eigenschaften des Neutrinos, seine Masse etwa oder eventuelle elektrische und magnetische Dipolmomente, einschränken. Allerdings sind in den meisten Fällen Laborexperimente empfindlicher.

Eine Supernova in unserer unmittelbaren Nähe hätte für uns alle ziemlich dramatische Konsequenzen. Während die elektromagnetische Strahlung und geladene Teilchen in den oberen Schichten der Atmosphäre stecken bleiben, kommen die Neutrinos bis zu uns durch. Aus einer Entfernung von 2 Pc erwarten wir in einem menschlichen Körper von 70 kg also ungefähr

$$\frac{70 \,\text{kg}}{10^6 \,\text{kg}} \left(\frac{50000 \,\text{Pc}}{2 \,\text{Pc}} \right)^2 \cdot 50 \approx 2 \,\text{Millionen}$$

energiereicher Elektronen! Die kurze Dauer des Neutrinopulses verhindert glücklicherweise, dass diese „Strahlenbelastung" zu einem Gesundheitsrisiko wird.

Allmählich erreichen unsere Ausführungen über Teilchen im Kosmos ihr Ende. Wir haben uns im Urknallmodell, dem nunmehr deutlich favorisierten Paradigma der kosmischen Geschichte, dem Ursprung von Zeit und Raum so weit genähert, dass die Vorstellung weitgehend versagt. Die Konzepte und Methoden der relativistischen Quantenmechanik, aber auch der Allgemeinen Relativitätstheorie haben sich als unverzichtbare Grundlage aller Betrachtungen zum Geschehen während der ersten Minuten erwiesen. Es hat sich

---

[25] Cherenkov-Strahlung [36] ist das optische Analogon des Überschallknalls. In einem Medium breitet sich Licht mit einer Geschwindigkeit $\tilde{c} = 1/\sqrt{\epsilon \epsilon_0 \mu \mu_0} < c = 1/\sqrt{\epsilon_0 \mu_0}$ aus, da sowohl ϵ als auch μ größer als Eins sind. Die Größe $n = \sqrt{\epsilon \mu}$ ist nichts anderes als der Brechungsindex. Für Wasser beträgt er 1.33. Ein Elektron mit $\beta > 0.75$, also mit einer kinetischen Energie oberhalb von 260 keV, ist in Wasser also „schneller als das Licht" und erzeugt eine elektromagnetische Schockwelle, genau wie ein Überschallflugzeug eine akustische hervorruft, die sich in einiger Entfernung als ein sichtbarer Lichtring bemerkbar macht, aus dessen Durchmesser man die Energie bestimmen kann [73]. Die experimentelle Schwelle ist in großen Detektoren, die nach seltenen Ereignissen suchen, übrigens erheblich größer als die theoretische. Sie wird durch die Nachweistechnik und vor allem den radioaktiven Untergrund auf 5 MeV hochgeschoben.

herausgestellt, dass die einfachsten Lösungen für offene Fragen sich oft weitgehend mit naheliegenden Extrapolationen des Standardmodells der Teilchenphysik decken. Diese auf den ersten Blick überraschende Beziehung zwischen den kleinsten Strukturen, die der Beobachtungs- und Experimentierkunst zur Zeit zugänglich sind, und dem Großen Ganzen, so wie wir es – ebenfalls unter Aufwendung höchster Geschicklichkeit in der Erfassung und Auswertung von Informationen - bei einem tiefen Blick ins Weltall sehen, findet für uns eine Entsprechung in der Ähnlichkeit der Methoden, die in beiden Zweigen angewendet werden. Und hier kehren wir ganz zum Anfang dieses Buches zurück: aus einem Mikroskop wird ein Kepler-Fernrohr, wenn man das Okular bis hinter den Brennpunkt des Objektivs zurückzieht: ein Symbol (aber auch nicht mehr) für den Gleichklang astronomischer und teilchenphysikalischer Forschung.

A. Einige mathematische Werkzeuge

Auf den folgenden Seiten stellen wir einige mathematische Begriffe zusammen, die wir so oft verwenden, daß sie immer parat sein sollten.

Der Cauchysche Integralsatz, die δ-Funktion und Fourier-Transformationen

Integrale über geschlossene Kurven kennzeichnet man durch das Symbol $\oint f\,ds$. In der komplexen Ebene gibt es für sie eine sehr nützliche Rechenregel, den Integralsatz von Cauchy, dessen Beweis wir durch explizites Ausrechnen durchführen wollen. Zunächst betrachten wir das Integral

$$I_0 = \oint \frac{dz}{z-a}.$$

Hier sind z eine komplexe Variable und der Integrationsweg ein Kreis mit dem Mittelpunkt $a = x + iy$ und dem Radius R. Wir schreiben also unter Anwendung der Eulerschen Beziehung[1] $z - a = Re^{i\varphi}$ und finde

$$dz = iRe^{i\varphi}\,d\varphi = i(z-a)d\varphi.$$

Die Integration über den Kreis entspricht also einer Multiplikation mit R und einer *einfachen* Integration über φ von 0 bis 2π:

$$\oint \frac{dz}{z-a} = \int_0^{2\pi} d\varphi \frac{iRe^{i\varphi}}{Re^{i\varphi}} = 2\pi i.$$

Das Integral hängt also überhaupt nicht vom Radius des Kreises ab! Wenn man statt des konstanten Abstands R einen winkelabhängigen ansetzt, also $R(\varphi)$, sieht man, daß nicht einmal die Form des Weges eine Rolle spielt, solange der Punkt $z = a$ eingeschlossen ist. Denn der zusätzliche Term

---

[1] Diese verbindet die komplexe Exponentialfunktion und die komplexen Winkelfunktionen Sinus und Kosinus: $e^{ix} = \cos x + i \sin x$. Man beweist sie über die Taylor-Entwicklungen der drei beteiligten Funktionen. Sie bedeutet, daß man jede komplexe Zahl nicht nur in Real- und Imaginärteil, sondern auch in einen Betrag und eine Phase aufspalten kann: $a = x + iy = |a|(\cos\varphi + i\sin\varphi) = |a|e^{i\varphi}$ mit $|a| = \sqrt{x^2 + y^2}$ und $\tan\varphi = y/x$.

$$\oint \frac{1}{R}\frac{\partial R}{\partial \varphi}\mathrm{d}\varphi = \ln R|_0^{2\pi}$$

verschwindet, da auf einer geschlossenen Kurve $R(0) = R(2\pi)$. Wir bleiben daher beim Kreis und rechnen nun

$$I = \oint \frac{f(z)\mathrm{d}z}{z-a}$$

aus, wobei $f(z)$ eine hinreichend glatte Funktion[2] ist. Schreiben wir nun $f(z) = f(a) + [f(z) - f(a)]$, erhalten wir:

$$\oint \frac{f(z)\mathrm{d}z}{z-a} = f(a)\cdot 2\pi i + \oint \mathrm{d}z\frac{f(z)-f(a)}{z-a}.$$

Das Integral auf der rechten Seite verschwindet, denn sein Betrag ist auf jeden Fall kleiner als $2\pi R \cdot (M/R) = 2\pi M$, wobei M das Maximum der Differenz $|f(z) = f(a)|$ für alle Punkte z auf dem Kreis um a mit dem Radius R ist. Da das Ergebnis dieser Abschätzung wieder nicht vom Radius abhängt, können wir den Kreis beliebig um a zusammenziehen, sodaß $|f(z) - f(a)|$ beliebig nahe an Null kommt. Damit erhalten wir als Endergebnis, daß man einen Funktionswert $f(z)$ an einem Punkt z ausrechnen kann, wenn man die Funktion auf einem beliebigen Weg um z herum kennt:

$$f(z) = \frac{1}{2\pi i} \oint \mathrm{d}z' \frac{f(z')}{z'-z}. \tag{A.1}$$

Umgekehrt kann man Kurvenintegrale direkt angeben, deren Integranden in die Form $f(z')/(z'-z)$ gebracht werden können.

Wir betrachten nun noch solche „Funktionen", die nur unter einem Integral definiert sind, sogenannte Distributionen. Vor allem die δ-Funktion wird uns häufiger begegnen. Sie ist wie folgt definiert:

$$\int_a^b \mathrm{d}x\, f(x)\delta\left(x - x_0\right) = \begin{cases} f\left(x_0\right) & \text{wenn } a < x_0 < b \\ 0 & \text{wenn } x_0 \le a \text{ oder } x_0 \ge b. \end{cases} \tag{A.2}$$

Dabei ist f eine beliebige, hinreichend glatte Funktion, von der nur verlangt wird, daß sie an den Integrationsgrenzen verschwindet. Die Definition legt nahe, daß die δ-Funktion überall Null ist außer bei $x = 0$, wo sie unendlich wird. Eine mögliche, häufig gebrauchte Darstellung ist:

$$\delta(x) = \frac{1}{2\pi} \int_{-\infty}^{+\infty} \mathrm{d}k\, e^{ikx}. \tag{A.3}$$

---

[2] Sie muss analytisch sein, das heißt, wenn $z = x + iy$ und $f = u + iw$, muß gelten:

$$\frac{\partial u}{\partial x} = \frac{\partial v}{\partial y} \quad \text{und} \quad \frac{\partial v}{\partial x} = -\frac{\partial u}{\partial y}.$$

In der Tat sieht man, daß

$$\frac{1}{2\pi} \int_{-a}^{+a} dk\, e^{ikx} = \frac{1}{2\pi} \left[\frac{e^{ikx}}{ix} \right]_{-a}^{+a}$$

$$= \frac{1}{2\pi} \left[\frac{\cos ax}{ix} + \frac{\sin ax}{x} - \frac{\cos(-ax)}{ix} - \frac{\sin(-ax)}{x} \right] = \frac{1}{\pi} \frac{\sin ax}{x}$$

bei wachsendem a sich immer weiter auf den Bereich um $x = 0$ konzentriert und dort unbegrenzt anwächst. Die Definitionsgleichung der δ-Funktion prüfen wir mit Hilfe der gerade eingeführten Darstellung durch partielle Integration nach:

$$\int_a^b dx\, f(x) \cdot \frac{1}{2\pi} \int_{-\infty}^{+\infty} dk\, e^{ikx} = \int_{-\infty}^{+\infty} dk \frac{1}{2\pi} \int_a^b dx\, f(x) e^{ikx}$$

$$= \int_{-\infty}^{+\infty} dk \frac{1}{2\pi} \left\{ \left[f(x) \frac{e^{ikx}}{ik} \right]_{x=a}^{x=b} - \int_a^b dx \frac{df}{dx} \frac{e^{ikx}}{ik} \right\}$$

$$= - \int_{-\infty}^{+\infty} dk \frac{1}{2\pi} \left[\int_0^b dx \frac{df}{dx} \frac{\sin kx}{k} + \int_a^0 dx \frac{df}{dx} \frac{\sin kx}{k} \right]$$

$$= - \frac{1}{2\pi} \left[\int_0^b dx \frac{df}{dx} \int_{-\infty}^{+\infty} dk \frac{\sin kx}{k} - \int_a^0 dx \frac{df}{dx} \int_{-\infty}^{+\infty} dk \frac{\sin kx}{k} \right]$$

$$= - \frac{1}{2\pi} \left[\pi \left(f(b) - f(0) + f(a) - f(0) \right) \right] = f(0).$$

Bei dieser Rechnung haben wir außer der Eulerschen Beziehung noch ausgenutzt, daß die Funktion $f(x)$ an den Stellen a und b verschwindet, sowie

$$\int_{-\infty}^{+\infty} dk \frac{\cos kx}{k} = 0 \text{ und } \int_{-\infty}^{+\infty} dk \frac{\sin kx}{k} = \begin{cases} \pi & \text{für alle } x > 0 \\ -\pi & \text{für alle } x < 0. \end{cases}$$

Außerdem haben wir mehrfach die Reihenfolge der Integrationen ausgetauscht.

Ähnlich beweist man die folgende Rechenregel für die δ-Funktion:

$$\int_{-\infty}^{+\infty} dx\, f(x) \delta\left(g(x)\right) = \sum_{x_0} \frac{f(x_0)}{g'(x_0)}, \tag{A.4}$$

wobei die Summation über alle Nullstellen der Funktion g läuft. Als einen Spezialfall, der uns oft begegnen wird, betrachten wir $g(x) = x^2 - a^2$ mit den Nullstellen $x_0 = -a$ und $x_0 = +a$, sowie der Ableitung $g' = 2x$:

$$\int_{-\infty}^{+\infty} dx\, f(x) \delta\left(x^2 - a^2\right) = \frac{f(-a)}{2a} + \frac{f(+a)}{2a}. \tag{A.5}$$

Die Darstellung der δ-Funktion durch ein Integral, das eine komplexe Exponentialfunktion enthält, ist ein Spezialfall der in allen Bereichen der Physik immer wieder angewandten Fourier-Transformation:

$$f(k) = \frac{1}{2\pi} \int_{-\infty}^{+\infty} \mathrm{d}x \, f(x) e^{ikx} . \tag{A.6a}$$

Die Umkehroperation ist:

$$\int_{-\infty}^{+\infty} \mathrm{d}k \, f(k) e^{-ikx'} = \int_{-\infty}^{+\infty} \mathrm{d}x \left[\frac{1}{2\pi} \int_{-\infty}^{+\infty} \mathrm{d}k \, e^{ik(x-x')} \right]$$

$$= \int_{-\infty}^{+\infty} \mathrm{d}x \, f(x) \delta \left(x - x' \right) = f \left(x' \right) . \tag{A.6b}$$

Man kann also, wenn man die Funktion $f(x)$ kennt, das „Spektrum" $f(k)$ durch die erste Formel, bei bekanntem Spektrum jedoch auch die Funktion $f(x)$ nach der zweiten Formel berechnen. Der Faktor $1/2\pi$ ist heute die meist angewandte Konvention. Man kann statt dessen auch $1/\sqrt{2\pi}$ verwenden. Dann muß man jedoch denselben Faktor in der Rücktransformation einsetzen.

Gruppen

Zahlen bilden Mengen. Zusammen mit den möglichen „Verknüpfungen" oder Operationen, Addition und Multiplikation, haben einige dieser Mengen, zum Beispiel die reellen Zahlen, die Eigenschaften von Gruppen. Denn jede Operation liefert wiederum eine reelle Zahl, beide Operationen sind assoziativ, also $a \circ (b \circ c) = (a \circ b) \circ c$, wobei $\circ$ hier eine entweder für die Addition oder die Multiplikation steht, und es gibt inverse Elemente, die auf ein „Einselement" oder eine „Identität" führen (für die Addition hat a das inverse Element $-a$, denn $a + (-a)$ ergibt die Null, die damit die Identität der Addition ist, für die Multiplikation liefert $a \cdot (1/a)$ die Eins). Darüberhinaus gilt für Zahlen und beide Operationen auch das Kommutativgesetz, also $a \circ b = b \circ a$. Kommutative Gruppen bezeichnet man auch als „abelsch", nach dem Mathematiker Niels Henrik Abel. Vektoren mit der Addition als Verknüpfung bilden in diesem Sinne also auch eine abelsche Gruppe, da sich Vektoren komponentenweise addieren. Das Skalarprodukt liefert natürlich keine Gruppenoperation. Nun gibt es in der linearen Algebra neben Zahlen und Vektoren auch noch Matrizen. Man kann sie wie Zahlen und Vektoren addieren, daher bilden sie zusammen mit der Addition wieder eine abelsche Gruppe. Anders verhält es sich mit der Multiplikation, denn das Produkt zweier Matrizen ist, wie wir oben gezeigt haben, nicht kommutativ: $A \cdot B \neq B \cdot A$. Ein anschauliches Beispiel für eine nichtabelsche Gruppe liefern die Drehungen eines Würfels.

Auch in der Natur kommen Symmetrieoperationen ins Spiel. Die Natur setzt ihre Bausteine nämlich oft in einer sehr geordneten Weise zusammen. Wir betrachten zum Beispiel die Einheitszelle eines Kochsalzkristalls, die wir in beliebiger Richtung um 90° drehen können, ohne daß sie ihr Aussehen für uns verändert. Im dritten Kapitel wird gezeigt, daß die Eigenschaften von Gruppen auch für die Klassifikation von Teilchen herangezogen werden können. Sie haben dann bisweilen ganz unmittelbare und erstaunliche Konsequenzen für das Verhalten der Teilchen.

Auf der Grundlage dieser heuristischen Betrachtungen *definieren* wir eine Gruppe als eine Menge $\mathcal{G}$ und eine Verknüpfung „∘" zwischen den Elementen, die folgende Voraussetzungen erfüllen:

1. Für zwei Elemente $a \in \mathcal{G}$ und $b \in \mathcal{G}$ ist das Resultat der Verknüpfung $c = a \circ b$ ebenfalls Element der Gruppe: $c \in \mathcal{G}$.
2. Es gibt eine Identität (oder ein Einselement), das jedes beliebige Element aus der Gruppe unverändert läßt: $1 \circ a = a \circ 1 = a$ für alle $a \in \mathcal{G}$.
3. Jedes Element $a \in \mathcal{G}$ hat ein Inverses $a^{-1} \in \mathcal{G}$ mit der Eigenschaft: $aa^{-1} = a^{-1}a = 1$.

Die ganzen Zahlen, miteinander verknüpft durch die Addition, bilden eine abelsche Gruppe. Denn die Summe zweier ganzer Zahlen ist wieder eine ganze Zahl, die Identität ist die Null, und das inverse Element einer Zahl ist die entsprechende negative Zahl. Wenn die Verknüpfung die Multiplikation ist, müssen wir die Brüche in die Menge einbeziehen, damit das inverse Element definiert ist: $a^{-1} = 1/a$. Das heißt, daß die rationalen Zahlen zusammen mit der Multiplikation ebenfalls eine abelsche Gruppe bilden, genau wie mit der Addition. Die Mathematiker nennen eine solche Gruppe mit zwei Verknüpfungen, von denen eine, *per definitionem* die Addition, abelsch ist, einen Ring, wenn die Multiplikation assoziativ

$$(a \cdot b) \cdot c = a \cdot (b \cdot c)$$

und in Verbindung mit der Addition distributiv ist:

$$a \cdot (b + c) = a \cdot b + a \cdot c \text{ und } (a + b) \cdot c = a \cdot c + b \cdot c.$$

Die bislang betrachteten Gruppen haben eine endliche Zahl von Elementen und zeigen eine „diskrete" Struktur: der Übergang zwischen zwei Zuständen geschieht sprunghaft. Wir können den Begriff jedoch leicht erweitern auf unendliche Mengen, die von einem Parameter kontinuierlich abhängen. Wieder führen wir die wichtigsten Konzepte anhand von Beispielen ein. Zunächst betrachten wir Drehungen in zwei Dimensionen. Zwei aufeinanderfolgende Drehungen um die Winkel φ_1 und φ_2 haben offensichtlich dasselbe Resultat wie eine einzelne Drehung um den Winkel $\varphi_1 + \varphi_2$, also

$$D(\varphi_1) \circ D(\varphi_2) = D(\varphi_2) \circ D(\varphi_1) = D(\varphi_1 + \varphi_2).$$

Da wir außerdem eine Identität haben, $D(0)$, und jede Drehung $D(\varphi)$ durch $D(2\pi - \varphi)$ rückgängig machen kann, haben wir es erneut mit einer abelschen Gruppe zu tun, doch nun mit einer kontinuierlichen. Die Gruppe ist darüberhinaus „kompakt", da es ausreicht, den Winkel φ zwischen 0 und 2π variieren zu lassen, um alle möglichen Drehungen auszudrücken.

Nun müssen wir aber noch einen Weg finden, die Gruppe so „darzustellen", daß ich Rechnungen ausführen kann. Das erreichen wir am einfachsten, wenn wir Vektoren und Matrizen verwenden. In zwei Dimensionen wird eine Drehung eines Vektors durch die Multiplikation mit einer Matrix vermittelt, die trigonometrische Funktionen des Drehwinkels φ enthält:

$$\begin{pmatrix} a' \\ b' \end{pmatrix} = \begin{pmatrix} \cos\varphi & \sin\varphi \\ -\sin\varphi & \cos\varphi \end{pmatrix} \begin{pmatrix} a \\ b \end{pmatrix} = \begin{pmatrix} a\cos\varphi + b\sin\varphi \\ -a\sin\varphi + b\cos\varphi \end{pmatrix}.$$

Die anschauliche Bedeutung dieser Formel machen wir uns leicht durch Beispiele klar. Außerdem stellen wir fest, daß wegen der Identität $\cos^2\varphi + \sin^2\varphi = 1$ die Länge des Vektors erhalten bleibt:

$$a'^2 + b'^2 = (a\cos\varphi + b\sin\varphi)^2 + (-a\sin\varphi + b\cos\varphi)^2 = a^2 + b^2.$$

Das ist natürlich, wie wir zuvor erklärt haben, eine Konsequenz der Tatsache, daß die Drehmatrix orthogonal ist: spiegeln wir sie an der Hauptdiagonalen, erhalten wir die inverse Matrix. Wir sehen weiterhin an diesem Beispiel, daß der Orthogonalitätsbegriff einen ganz konkreten Inhalt hat: die Spalten (und Zeilen) stehen, wenn wir sie als Vektoren auffassen, senkrecht aufeinander, das heißt, daß ihr Skalarprodukt verschwindet. Zwei aufeinanderfolgenden Drehungen werden offensichtlich durch ein Matrizenprodukt dargestellt:

$$\begin{pmatrix} a'' \\ b'' \end{pmatrix} = \begin{pmatrix} \cos\varphi_2 & \sin\varphi_2 \\ -\sin\varphi_2 & \cos\varphi_2 \end{pmatrix} \begin{pmatrix} a' \\ b' \end{pmatrix}$$
$$= \begin{pmatrix} \cos\varphi_2 & \sin\varphi_2 \\ -\sin\varphi_2 & \cos\varphi_2 \end{pmatrix} \begin{pmatrix} \cos\varphi_1 & \sin\varphi_1 \\ -\sin\varphi_1 & \cos\varphi_1 \end{pmatrix} \begin{pmatrix} a \\ b \end{pmatrix}.$$

Den gewünschten Zusammenhang $D(\varphi_1) \circ D(\varphi_2) = D(\varphi_1 + \varphi_2)$ liefert explizites Ausrechnen:

$$\begin{pmatrix} \cos\varphi_2 & \sin\varphi_2 \\ -\sin\varphi_2 & \cos\varphi_2 \end{pmatrix} \begin{pmatrix} \cos\varphi_1 & \sin\varphi_1 \\ -\sin\varphi_1 & \cos\varphi_1 \end{pmatrix}$$
$$= \begin{pmatrix} \cos\varphi_1\cos\varphi_2 - \sin\varphi_1\sin\varphi_2 & \sin\varphi_1\cos\varphi_2 + \cos\varphi_1\sin\varphi_2 \\ -\sin\varphi_1\cos\varphi_2 - \cos\varphi_1\sin\varphi_2 & \cos\varphi_1\cos\varphi_2 - \sin\varphi_1\sin\varphi_2 \end{pmatrix}$$
$$= \begin{pmatrix} \cos(\varphi_1 + \varphi_2) & \sin(\varphi_1 + \varphi_2) \\ -\sin(\varphi_1 + \varphi_2) & \cos(\varphi_1 + \varphi_2) \end{pmatrix}.$$

Die (2×2)-dimensionalen orthogonalen Matrizen bilden also eine abelsche Gruppe, die offenbar mit der zweidimensionalen Drehgruppe eng zusammenhängt: sie ist eine „Darstellung" der Drehgruppe und wird mit $O(2)$ bezeichnet.

Dreidimensionale Drehungen werden durch die $O(3)$ dargestellt. Im allgemeinen Fall wird eine Drehung durch drei Winkel vollständig beschrieben. Als Beispiel betrachten wir hier jedoch zwei aufeinanderfolgende Drehungen um jeweils eine Achse, für die wir nur je einen Winkel brauchen. Eine Drehung um die 3-Achse, gefolgt von einer Drehung um die 2-Achse, ist in der Matrizendarstellung:

$$
\begin{pmatrix} \cos\varphi_2 & 0 & \sin\varphi_2 \\ 0 & 1 & 0 \\ -\sin\varphi_2 & 0 & \cos\varphi_2 \end{pmatrix} \begin{pmatrix} \cos\varphi_1 & \sin\varphi_1 & 0 \\ -\sin\varphi_1 & \cos\varphi_1 & 0 \\ 0 & 0 & 1 \end{pmatrix}
$$

$$
= \begin{pmatrix} \cos\varphi_1 \cos\varphi_2 & \sin\varphi_1 \cos\varphi_2 & \sin\varphi_2 \\ -\sin\varphi_1 & \cos\varphi_1 & 0 \\ -\cos\varphi_1 \sin\varphi_2 & -\sin\varphi_1 \sin\varphi_2 & \cos\varphi_2 \end{pmatrix}.
$$

In umgekehrter Reihenfolge entsprechen die beiden Drehungen dem Produkt:

$$
\begin{pmatrix} \cos\varphi_1 & \sin\varphi_1 & 0 \\ -\sin\varphi_1 & \cos\varphi_1 & 0 \\ 0 & 0 & 1 \end{pmatrix} \begin{pmatrix} \cos\varphi_2 & 0 & \sin\varphi_2 \\ 0 & 1 & 0 \\ -\sin\varphi_2 & 0 & \cos\varphi_2 \end{pmatrix}
$$

$$
= \begin{pmatrix} \cos\varphi_1 \cos\varphi_2 & \sin\varphi_1 & \cos\varphi_1 \sin\varphi_2 \\ -\sin\varphi_1 \cos\varphi_2 & \cos\varphi_1 & -\sin\varphi_1 \sin\varphi_2 \\ -\sin\varphi_2 & 0 & \cos\varphi_2 \end{pmatrix}.
$$

In drei Dimensionen kommt es also auf die Reihenfolge der Drehungen an, die Gruppe $O(3)$ ist nicht-abelsch! Allerdings haben die resultierenden Matrizen in beiden Fällen eines gemeinsam: ihre Determinante ist Eins. Hätten wir noch eine Spiegelung eingeführt, also eine oder alle Koordinaten durch ihr Negatives ersetzt, wäre sie -1. Gruppen, die durch orthogonale Matrizen in n Dimensionen mit positiver Determinante dargestellt werden, heißen $SO(n)$.

Für Drehungen komplexer Vektoren brauchen wir *unitäre* Matrizen, das sind solche, für die die adjungierte Matrix $U^\dagger$ mit der inversen U^{-1} übereinstimmt, sodaß $U^\dagger U = 1$. Sie können stets als $U = \exp iA$ geschrieben werden,[3] wobei $A = A^\dagger$ eine „hermitesche" Matrix ist:

$$
UU^\dagger = \exp i\left(A - A^\dagger\right) = \exp i\left(A^\dagger - A\right) = U^\dagger U = 1.
$$

Ohne Beweis führen wir an, daß man jede hermitesche $(n \times n)$-Matrix als Linearkombination der Einheitsmatrix und von $n^2 - 1$ Basismatrizen, den „Generatoren", schreiben kann. Für den zweidimensionalen Fall wählt man

---

[3] Die Exponentialfunktion einer Matrix definiert man durch die Taylor-Reihe:

$$
\exp iA = 1 + iA - \frac{A \cdot A}{2!} - i\frac{A \cdot A \cdot A}{3!} + \dots,
$$

wobei die Terme durch Matrizen-Multiplikation zustandekommen.

für die Generatoren häufig (aber nicht immer) die „Pauli-Matrizen" (siehe (2.65)):

$$\sigma_x = \begin{pmatrix} 0 & 1 \\ 1 & 0 \end{pmatrix} \qquad \sigma_y = \begin{pmatrix} 0 & -i \\ i & 0 \end{pmatrix} \qquad \sigma_z = \begin{pmatrix} 1 & 0 \\ 0 & -1 \end{pmatrix}.$$

Eine allgemeine Drehung in zwei komplexen Dimensionen schreiben wir also als

$$D\left(\varphi\right) = \exp i\boldsymbol{\sigma} \cdot \boldsymbol{\varphi} = e^{i\sigma_1\varphi_1} \cdot e^{i\sigma_1\varphi_1} \cdot e^{i\sigma_1\varphi_1}. \tag{A.7}$$

Den Anteil der Einheitsmatrix haben wir weggelassen, da er nur eine für beide Komponenten identische Phasentransformation liefert. Wir halten fest, daß Drehungen in zwei komplexen Dimensionen drei Winkel erfordern, wie in drei reellen Dimensionen. Diese Beziehung zwischen zwei auf den ersten Blick unterschiedlichen Gruppen nennt man einen Homomorphismus. Die Gruppe der unitären Transformationen in zwei Dimensionen mit positiver Determinante, als $SU(2)$ bezeichnet, ist homomorph zur Gruppe der orthogonalen Transformationen in drei Dimensionen, der $O(3)$.

Kontinuierliche Gruppen haben die wichtige Eigenschaft, daß jede *endliche* Drehung aus *infinitesimalen* Drehungen aufgebaut werden kann. Wegen der Taylor-Entwicklung $\exp(i\boldsymbol{\sigma} \cdot \boldsymbol{\varphi}) \approx 1 + i\boldsymbol{\sigma} \cdot \boldsymbol{\varphi}$ gilt für sehr kleine Winkel φ:

$$D(\varphi) \approx \begin{pmatrix} 1 + i\varphi_3 & \varphi_1 - i\varphi_2 \\ \varphi_1 + i\varphi_2 & 1 - i\varphi_3 \end{pmatrix}.$$

Die Struktur einer Gruppe ist durch die Algebra der Generatoren festgelegt. Da das Matrizenprodukt im allgemeinen nicht kommutativ ist, müssen die „Kommutatoren"

$$[A, B] = AB - BA$$

bestimmt werden. Im Fall der $SU(2)$ erhält man:

$$[\sigma_x, \sigma_y] = 2i\sigma_z, \; [\sigma_y, \sigma_z] = 2i\sigma_x \; \text{und} \; [\sigma_z, \sigma_x] = 2i\sigma_y. \tag{A.8}$$

Im allgemeinen Fall gilt

$$[A_k, A_l] = 2i \sum_m f_{klm} A_m. \tag{A.9}$$

Die Zahlen f_{klm} heißen Strukturkonstanten, die offenbar für die $SU(2)$ alle Eins sind. Falls sie nicht für alle Kombinationen (klm) verschwinden, spricht man von einer Lie-Algebra, die eine Lie-Gruppe aufspannt.

Lie-Algebren ermöglichen in der Teilchenphysik, die Symmetrie von Zuständen zu beschreiben, ganz analog zur Symmetrie einer geometrischen Figur. Dazu werden wir vor allem „Gewichtsdiagramme" heranziehen. Diese werden wie folgt konstruiert: Zunächst bestimmen wir die Zahl der Generatoren, die miteinander und mit den andern vertauscht werden können, die also gemeinsame Eigenwerte und Eigenvektoren besitzen. Diese Zahl heißt Rang einer Gruppe. Die $SU(2)$ hat den Rang 1 (nur die Einheitsmatrix vertauscht mit den andern), die $SU(3)$ den Rang 2. Das Gewichtsdiagramm basiert nun auf einem kartesischen Koordinatensystem, dessen Dimension mit dem Rang der Algebra identisch ist. In dieses System werden die *Eigenwerte* der kommutierenden Generatoren als *Pfeile* eingezeichnet. Im Fall der $SU(2)$ haben wir also eine Gerade, von deren Nullpunkt je ein Pfeil auf $+\frac{1}{2}$ und auf $-\frac{1}{2}$ gerichtet ist:

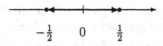

Für die $SU(3)$ bekommen wir folgendes Diagramm, dessen Form uns durch seine Symmetrie plausibel ist, ohne daß wir die Rechnung explizit durchführen müssen:

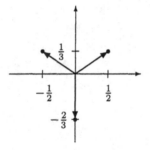

Denn die drei Pfeile spannen untereinander jeweils denselben Winkel von 120° auf. Nun haben $SU(n)$-Operatoren die Form:

$$\exp\left(i\sum_k A_k\varphi_k\right),$$

wobei die A_k die Generatoren in einer bestimmten Darstellung sind. In der komplex konjugierten Darstellung müssen wir also die Generatoren durch ihr Negatives ersetzen, und somit erhalten auch die Eigenwerte ein Minuszeichen. Wir konstruieren also ein konjugiertes Gewichtsdiagramm durch Spiegelung am Ursprung. Für die $SU(3)$ ergibt das:

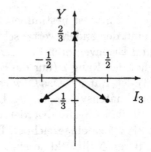

Diese Diagramme und eine Art graphischer Algorithmus, der uns auf einfache Weise zu komplizierteren Formen führt, leisten im dritten Kapitel wichtige Dienste bei der Klassifizierung von Teilchenzuständen. Wir können aus reinen Symmetrieüberlegungen heraus etwas über die Struktur der Teilchen und ihre Wechselwirkungen aussagen. Es ist dies vielleicht die erstaunlichste Entsprechung zwischen dem abstrakten Gedankensystem der Mathematik, verkörpert in der Gruppentheorie, und der physikalischen Realität.

B. Grundbegriffe der klassischen Elektrodynamik

Elektrizität

Zwischen elektrischen Ladungen wirken Kräfte: Entgegengesetzte Ladungen ziehen sich an, gleichnamige stoßen sich ab. Wie im Fall der Gravitation, ist die Kraft zentral und fällt mit dem Quadrat des Abstands ab. Unter Weglassen der Vektorschreibweise setzen wir sie als

$$F = \frac{1}{4\pi\epsilon_0} \frac{q_1 q_2}{r^2} \qquad (B.1)$$

an. Die Analogie zur Gravitation hört hier aber schon auf. Denn abgesehen von der Tatsache, daß es nur eine Schwereanziehung, nicht aber eine -abstoßung gibt, hängt die Beschleunigung im elektrischen Feld der Ladung q_1 vom Verhältnis q_2/m_2 der „Testladung" ab, während ja die Beschleunigung im Schwerefeld einer Masse M unabhängig von der „Testmasse" m ist. Wir definieren das elektrische Feld einer Ladung q als:

$$E = \frac{1}{4\pi\epsilon_0} \frac{q}{r^2}, \qquad (B.2)$$

und leiten es aus dem Potential

$$U = \frac{1}{4\pi\epsilon_0} \frac{q}{r} \qquad (B.3)$$

über die Ableitung $E = -dU/dr$ her. Da die Kraft zwischen einem Feld E und einer Ladung q sich einfach aus dem Produkt $F = qE$ ergibt, ist die potentielle Energie der Ladung im Feld $V = qU$.

Auf der Oberfläche einer Kugel mit dem Radius R, in deren Zentrum die Ladung q sitzt, hat das elektrische Feld überall denselben Wert $(q/4\pi\epsilon_0 R^2)$. So erhalten wir das Integral des Felds über diese Oberfläche durch Multiplikation mit $4\pi R^2$, und es gilt:

$$\frac{q}{\epsilon_0} = \oint E \cdot dA.$$

Das können wir auf allgemeine geschlossene Flächen verallgemeinern, wenn wir jeweils nur die senkrecht auf der Fläche stehende Komponente des Felds berücksichtigen. Zur Abkürzung definieren wir für jedes Flächenelement einen Vektor d$\boldsymbol{A}$, dessen Betrag dA ist, und der vom Flächenelement senkrecht nach außen zeigt, und schreibe den Integranden als Skalarprodukt:

$$\frac{q}{\epsilon_0} = \oint \boldsymbol{E} \cdot \mathrm{d}\boldsymbol{A}. \tag{B.4}$$

Das ist das Gaußsche Gesetz, das nicht nur für Punktladungen, sondern für beliebige Ladungsverteilungen gilt: Das Integral des elektrischen Felds über eine geschlossene Oberfläche ist der eingeschlossenen Ladung proportional. Die Proportionalitätskonstante ϵ_0 heißt „Influenzkonstante des Vakuums" und ist eine universelle Größe:

$$\epsilon_0 = 8.854187817 \cdot 10^{-12}\,\mathrm{V/Asm} = 8.854187817\,\mathrm{pF/m}.$$

In der Praxis mißt die Einheit „Farad", nach Michael Faraday benannt und mit F abgekürzt, die Kapazität C eines ‘Kondensators. Sie ist definiert als der Quotient aus der aufgebrachten Ladung Q und der resultierenden Potentialdifferenz oder Spannung U: $C = Q/U$.

Nachdem wir die Kapazität definiert haben, können wir nun die potentielle Energie berechnen, die im Feld eines Kondensators gespeichert ist. Die Arbeit, die verrichtet wird, wenn eine Ladung dq bei einer Potentialdifferenz u aufgebracht wird, ist d$W = u\,\mathrm{d}q = q\,\mathrm{d}q/C$. Aufintegrieren von 0 bis Q ergibt

$$W = \int_0^Q \frac{q\,\mathrm{d}q}{C} = \frac{1}{2}\frac{Q^2}{C} = \frac{1}{2}CU^2,$$

wobei U die der Ladung Q entsprechende Spannung ist. Wenn wir ein geladenes Teilchen in einem Kondensator von einer Elektrode zur andern bringen, ändert sich seine Energie um $E = qU$, wenn q seine Ladung und U die anliegende Spannung ist. Für Teilchen, die eine oder wenige „Elementarladungen" tragen, das ist *per definitionem* die Ladung eines Protons

$$e = 1.60217733 \cdot 10^{-19}\,\mathrm{Coulomb}, \tag{B.5}$$

ist es daher nützlich, Energien in Elektronenvolt (eV) zu messen: ein Elektronenvolt ist die Energie, die ein Teilchen mit der Ladung e beim Durchlaufen einer Potentialdifferenz von 1 V aufnimmt oder abgibt. Numerisch gilt: $1\,\mathrm{eV} = 1.60217733 \cdot 10^{-19}\,\mathrm{J}$.

Betrachten wir nun statt einer Punktladung eine Kugel mit dem Radius R_1, die eine homogene Oberflächenladung $\sigma = Q/4\pi R_1^2$ trägt, folgern wir zunächst aus dem Gaußschen Gesetz (B.4), daß das elektrische Feld *im Äußeren* dasselbe ist wie das einer gleich großen Punktladung im Mittelpunkt. Stellen wir uns diese Kugel von einer weiteren, konzentrischen leitenden Kugel mit dem Radius R_2 umgeben vor, haben wir einen Kondensator, dessen

Kapazität wir leicht berechnen können: Ist die Ladung auf der inneren Kugel Q und auf der äußeren 0, beträgt die Potentialdifferenz zwischen beiden Kugeln

$$U = \frac{1}{4\pi\epsilon_0}\left(\frac{Q}{R_1} - \frac{Q}{R_2}\right).$$

Die Kapazität ist dann

$$C = \frac{Q}{U} = 4\pi\epsilon_0 \frac{R_2 R_1}{R_2 - R_1}.$$

Werden R_1 und R_2 sehr groß gegenüber der Differenz $d = R_2 - R_1$, können wir im Zähler näherungsweise $R_1 = R_2 = R$ setzen und erhalten:

$$C = 4\pi\epsilon_0 \frac{R^2}{d} = \epsilon_0 \frac{A}{d},$$

wobei A die Kugelfläche ist.

Die Energie im Feld eines Plattenkondensators ist

$$W = \frac{1}{2}CU^2 = \epsilon_0 \frac{A}{d}U^2.$$

Da in diesem Feld außerdem $U = \int E\mathrm{d}s = E \cdot d$, gilt weiter:

$$W = \frac{\epsilon_0}{2}AdE^2 = \frac{\epsilon_0}{2}VE^2,$$

wobei $V = A \cdot d$ das Volumen des Kondensators ist. Die Energiedichte, das ist die Energie pro Volumeneinheit, ist daher

$$\eta = \frac{\epsilon_0}{2}E^2. \tag{B.6}$$

Sie ist also dem Quadrat der Feldstärke proportional. Dieses Ergebnis gilt allgemein für jedes elektrische Feld.

Schieben wir zwischen die Elektroden eines Kondensators bestimmte isolierende Materialien, sogenannte Dielektrika, steigt die Kapazität an, bisweilen ziemlich deutlich. Das liegt an der „Polarisierbarkeit" dieser Materialien. Sie sind nämlich aus Dipolen (gepaarten positiven und negativen Ladungen) aufgebaut, die sich in einem äußeren elektrischen Feld ausrichten. Das Feld wird durch ein umgekehrt gerichtetes Dipolfeld abgeschirmt, die Potentialdifferenz nimmt ab, die Kapazität nimmt zu. Um diesem Effekt Rechnung zu tragen, führen wir ein makroskopisches Feld ein, die „Verschiebung"

$$D = \epsilon\epsilon_0 E \tag{B.7}$$

mit der materialabhängigen dimensionslosen Dielektrizitätskonstanten ϵ. Das Gaußsche Gesetz (B.4) wird dann in Anwesenheit von Dielektrika:

$$Q = \oint \boldsymbol{D} \cdot \mathrm{d}\boldsymbol{A}. \tag{B.8}$$

Zum Abschluss dieses Abschnitts führen wir noch den Begriff des *idealen Leiters* ein, dessen Eigenschaften wir bereits benutzt, aber noch nicht beschrieben haben. Ein Leiter ist ein materielles Objekt, in dem Ladungsträger sich so frei bewegen können, daß im statischen Grenzfall kein Potentialgefälle in seinem Innern entstehen kann, da dieses durch die Kräfte, die es auf die Ladungsträger ausübt, rasch ausgeglichen würde. Aus diesem Grunde enden elektrische Felder immer senkrecht auf einer Leiteroberfläche. Diese Voraussetzung haben wir zum Beispiel benutzt, um das Feld auf den Elektroden eines Kugelkondensators als radial anzusetzen.

Magnetismus

Bewegte Ladungen erzeugen Induktionsfelder, die Bewegung eines Leiters in einem Magneten ruft eine Spannung an seinen Polen hervor. Zunächst jedoch beschäftigen wir uns mit der Entstehung von statischen Magnetfeldern. Es waren Biot und Savart, die im Jahre 1820, aufbauend auf Œrsteds Experimenten das nach ihnen benannte Gesetz formulierten, das den Zusammenhang zwischen einem Strom I und dem Induktionsfeld B herstellt. In infinitesimaler Form lautet es:

$$\mathrm{d}\boldsymbol{B} = \frac{\mu_0}{4\pi} \frac{I}{r^2} \hat{\boldsymbol{r}} \times \mathrm{d}\boldsymbol{l}. \tag{B.9}$$

Hier bezeichnet $\hat{\boldsymbol{r}} = \boldsymbol{r}/|\boldsymbol{r}|$ den Einheitsvektor in Richtung des Abstandsvektors $\boldsymbol{r}$. Aus den Eigenschaften des Vektorprodukts folgt, daß $\boldsymbol{B}$ senkrecht auf der Stromrichtung $\boldsymbol{l}$ (der Betrag $|\mathrm{d}\boldsymbol{l}|$ ist die Länge eines infinitesimal kleinen Stromfadens bei $\boldsymbol{r} = 0$) und dem Vektor steht, der den Stromfaden und den Beobachtungspunkt verbindet. Eine gewisse Ähnlichkeit zum elektrischen Feld ist erkennbar: es gibt dieselbe $1/r^2$-Abhängigkeit und das Produkt $I\mathrm{d}l$ hat eine ähnliche Funktion wie die Ladung. Die Unterschiede sind aber ebenso deutlich, besonders im nichtzentralen Charakter des Induktionsfelds. Im Fall eines geraden stromdurchflossenen Drahts gilt also für den Betrag des Felds als Funktion des Abstands r vom Nullpunkt:

$$\mathrm{d}B = \frac{\mu_0}{4\pi} \frac{I\,(\mathrm{d}l \sin \vartheta)}{r^2}.$$

Hier ist ϑ der Winkel zwischen der Stromrichtung und dem Verbindungsvektor. Bezeichnen wir mit ρ den *senkrechten* Abstand des Beobachtungspunkts vom Draht, gilt:

$$r^2 = l^2 + \rho^2 \quad \text{und} \quad |\sin \vartheta| = \frac{\rho}{r} = \frac{\rho}{\sqrt{l^2 + \rho^2}}$$

und weiter:

$$\frac{dl \sin \vartheta}{r^2} = \frac{\rho dl}{(l^2 + \rho^2)^{3/2}}.$$

Für einen unendlich langen geraden Draht erhalten wir also das Induktionsfeld:

$$B = \int_{-\infty}^{\infty} \frac{\mu_0}{4\pi} \frac{\rho I dl}{(l^2 + \rho^2)^{3/2}} = \frac{\mu_0 I}{2\pi\rho}.$$

Das Feld ist also, wie nicht anders zu erwarten, rotationssymmetrisch, es hängt nur von ρ ab. Die Richtung des Felds ist durch die Eigenschaften des Vektorprodukts festgelegt: da es *an jedem Punkt* senkrecht auf dem Draht und dem Verbindungsvektor steht, ist es azimutal. Das hat zur Folge, daß die Feldlinien geschlossen sind, im Gegensatz zu denen des elektrischen Felds. Das Integral über einen Kreis mit dem Radius ρ liefert $\oint B \cdot ds = B \cdot 2\pi\rho = \mu_0 I$. Allgemein gilt für jeden geschlossenen Weg um einen stromführenden Draht das Ampèresche Gesetz:

$$\oint \boldsymbol{B} \cdot d\boldsymbol{s} = \mu_0 I. \tag{B.10}$$

Natürlich rufen Ströme wie Ladungen Kräfte hervor. Man hat das zum Beispiel für die Definition der Einheit der Stromstärke benutzt: ein Ampère ist der Strom, der durch zwei unendlich lange und ein Meter voneinander entfernte Drähte fließen muß, damit diese über einen Meter eine Kraft von $2 \cdot 10^{-7}$ N aufeinander ausüben. Die Kraft auf einen Leiter der infinitesimalen Länge dl in einem Feld B muß wieder vektoriell ausgedrückt werden:

$$d\boldsymbol{F} = I \cdot d\boldsymbol{l} \times \boldsymbol{B},$$

das heißt sie steht senkrecht auf der Strom- und der Feldrichtung. Auch dieser Ausdruck wird durch den Vergleich mit der Elektrostatik plausibel, wenn man wieder $I dl$ als eine Art Ladung betrachtet, die man mit dem Feld multipliziert, um auf die Kraft zu kommen.

An dieser Stelle führen wir einen Begriff ein, der insbesondere in der Quantentheorie bedeutend ist, das magnetische Moment. Wir beschränken uns auf ein Beispiel, das rechnerisch einfach ist, aber die wesentlichen Merkmale veranschaulicht. Wir betrachten eine kreisförmige, von einem konstanten Strom durchflossene Leiterschleife mit dem Radius R, die sich in einem Induktionsfeld befindet, das überall senkrecht auf der von der Schleife eingeschlossenen Fläche steht. Das heißt, wenn die Schleife in der xy-Ebene liegt, hat das Feld nur eine z-Komponente. Aus der Abbildung B.1 wird klar, daß die Kraftkomponente in x-Richtung entlang eines kleinen Stücks dl der Schleife durch

$$dF_x = I \cdot B(l) \cdot dl \cdot \frac{x}{R} = I \cdot B(\varphi) \cdot R d\varphi \cdot \cos \varphi$$

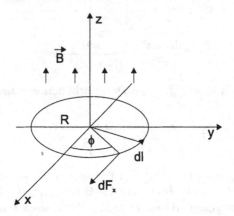

Abbildung B.1. Zum magnetischen Moment

gegeben ist. Ist B räumlich konstant, können wir die gesamte Kraft durch Integration über φ ausrechnen:

$$F_x = IBR \int_0^{2\pi} \cos\varphi \mathrm{d}\varphi = IBR\,[\sin 0 - \sin 2\pi] = 0.$$

Da die Anordnung symmetrisch mit der durch den Mittelpunkt gehenden z-Achse als Symmetrieachse ist und keine Kraft in Richtung des Felds existiert, entspricht dieses Ergebnis unseren Erwartungen. Jedenfalls ist festzuhalten, daß in einem *homogenen* Feld keine Kraft auf die Leiterschleife wirkt. Das bleibt auch gültig, wenn die Schleife eine andere Form hat. Ist das Feld jedoch inhomogen, kann durchaus eine Kraft auftreten. Als ein Beispiel betrachten wir ein Feld, das in der x-Richtung linear anwächst: $B(x) = \frac{1}{2}B_0 \cdot (1 + x/R)$, also $B(-R) = 0$ und $B(+R) = B_0$. In Abhängigkeit vom Azimutwinkel φ ist das Feld $B(\varphi) = \frac{1}{2}B_0 \cdot (1 + \cos\varphi)$, da $\cos\varphi = x/R$. Die Kraft in x-Richtung ist damit:

$$F_x = I\frac{B_0}{2}R \int_0^{2\pi} \cos\varphi\,(1 + \cos\varphi)\,\mathrm{d}\varphi = I\frac{B_0}{2}R \int_0^{2\pi} \cos^2\varphi \mathrm{d}\varphi = I\frac{B_0}{2}\pi R.$$

Nun ist die Ableitung des Felds in Bezug auf x

$$\frac{\mathrm{d}B}{\mathrm{d}x} = \frac{B_0}{2R}.$$

Damit ist

$$F_x = I \cdot \pi R^2 \cdot \frac{\mathrm{d}B}{\mathrm{d}x}.$$

Die Größe

$$\mu = I \cdot \pi R^2, \tag{B.11}$$

also der Strom multipliziert mit der von der Schleife eingeschlossenen Fläche, heißt das magnetische Moment μ der Schleife. Die Kraft in x-Richtung ist also

$$F_x = \mu \frac{dB}{dx}. \tag{B.12}$$

Aus der Mechanik wissen wir, daß sich die Kraft aus der negativen Ableitung der potentiellen Energie ergibt, für die wir durch Vergleich mit der Formel für die Kraft einen einfachen Ausdruck erhalten: $V = -\mu B$. Wiederum haben wir einen Ausdruck, der dem elektrostatischen $V = qU$ ähnelt. Im allgemeinen Fall, das heißt für beliebige Leiterschleifen und Felder, müssen wir die rechte Seite jedoch durch ein Skalarprodukt ersetzen:

$$V = \boldsymbol{\mu} \cdot \boldsymbol{B}. \tag{B.13}$$

Das bedeutet dann aber, daß das magnetische Moment gerichtet ist. In unserem Beispiel steht es senkrecht auf der Kreisfläche, zeigt also in z-Richtung. Das Minimum der potentielle Energie entspricht einer parallelen Ausrichtung von magnetischem Moment und $\boldsymbol{B}$-Feld.

Das magnetische Moment einer einzigen umlaufenden Ladung q, deren Strom $I = qv/2\pi R = q\omega/2\pi$ ist, beträgt

$$\mu = \frac{1}{2}q\omega R^2 = \frac{q}{2m}L,$$

hängt also linear vom Drehimpuls $L = m\omega R^2$ des Ladungsträgers ab. Dieser wichtige Zusammenhang begegnet uns in der Quantentheorie wieder, allerdings in vektorieller Form

$$\boldsymbol{\mu} = \frac{q}{2m}\boldsymbol{L}. \tag{B.14}$$

Mikroskopisch betrachtet, ist der Strom nun nichts anderes als die Zahl n der Elementarladungen, die pro Zeiteinheit einen bestimmten Punkt im Draht passieren. Multipliziert mit der Drahtlänge identifizieren wir ihn mit dem Produkt aus Ladung und Geschwindigkeit: $Il = nqv$. Auf eine *einzelne bewegte* Ladung wirkt also die „Lorentz-Kraft"

$$\boldsymbol{F} = q\boldsymbol{v} \times \boldsymbol{B}. \tag{B.15}$$

Mit einem homogenen Magnetfeld kann man also Elektronen auf eine Kreisbahn um die Feldlinien herum zwingen. Der Radius des Kreises ist der Larmor-Radius mv/qB und die Kreisfrequenz die Zyklotron-Frequenz $\omega =$

$(q/m)B$. Zirkularbeschleuniger wie Zyklotrone und Synchrotrone funktionieren auf dieser Basis. Allerdings sei einschränkend angeführt, daß diese Gleichungen immer nur momentan gelten, denn eine Ladung erfährt auf einer Kreisbahn ja eine Beschleunigung, selbst wenn die Geschwindigkeit konstant bliebe. Genau das tut sie aber nicht, denn beschleunigte Ladungen verlieren Energie durch die Synchrotronstrahlung. Einem umlaufenden Teilchenstrahl muß daher stets Energie zugeführt werden. Allerdings verrichtet das Induktionsfeld selbst keine Arbeit:

$$W = \int \boldsymbol{F} \cdot \mathrm{d}\boldsymbol{s} = q \int (\boldsymbol{v} \times \boldsymbol{B}) \cdot \mathrm{d}\boldsymbol{s} = q \int (\boldsymbol{v} \times \boldsymbol{B}) \cdot \boldsymbol{v}\mathrm{d}t = 0,$$

da ja das Spatprodukt $(\boldsymbol{a} \times \boldsymbol{b}) \cdot \boldsymbol{c}$ verschwindet, wenn zwei der Vektoren parallel sind.

Dies hat eine auf den ersten Blick unangenehme Konsequenz: wir können kein skalares „Induktionspotential" φ einführen, das die Induktion über einen „Gradienten" $\mathrm{d}\varphi/\mathrm{d}r$ definiert. Die Alternative ist ein dreikomponentiges Vektorpotential $\boldsymbol{A}$, aus dem die Komponenten des Induktionsfelds sich auf etwas komplizierte Art und Weise berechnen läßt:

$$B_x = \frac{\partial A_y}{\partial z} - \frac{\partial A_z}{\partial y}$$

$$B_y = \frac{\partial A_z}{\partial x} - \frac{\partial A_x}{\partial z} \tag{B.16}$$

$$B_z = \frac{\partial A_x}{\partial y} - \frac{\partial A_y}{\partial x}.$$

Es kann leicht nachgerechnet werden, dass diese Darstellung mit der „Quellenfreiheit" des Induktionsfelds, $\oint \boldsymbol{B} \cdot \mathrm{d}\boldsymbol{A} = 0$, verträglich ist.

Im Fall des unendlich langen, geraden Drahts ist nur A_z von Bedeutung, da für beliebige x und y $B_z = 0$ nur erfüllt werden kann, wenn A_x und A_y willkürliche, bedeutungslose Konstanten sind. Die Wahl

$$A_z = \frac{\mu_0 I}{4\pi\rho^2} \left(x^2 + y^2 \right)$$

erfüllt

$$B_x = -\frac{\partial A_z}{\partial y} = -\frac{\mu_0 I}{2\pi\rho}\frac{y}{\rho} = -\frac{\mu_0 I}{2\pi\rho}\sin\varphi$$

$$B_y = \frac{\partial A_z}{\partial x} = \frac{\mu_0 I}{2\pi\rho}\frac{x}{\rho} = \frac{\mu_0 I}{2\pi\rho}\cos\varphi$$

und liefert damit das korrekte Induktionsfeld. Die eigentliche Bedeutung des Vektorpotentials wird erst in der relativistischen Quantenmechanik, klarwerden.

Magnetische Induktion

Schiebt man eine Stabmagneten schnell in eine Leiterschleife, die über ein Voltmeter geschlossen ist, mißt dieses Gerät einen Spannungspuls, dessen Dauer und Höhe von der Induktionsfeldstärke B, der Geschwindigkeit des Einschiebens und der von der Schleife umschlossenen Fläche abhängen. Eine systematische Untersuchung dieser „elektromagnetischen Induktion" führte Michael Faraday 1831 auf das Induktionsgesetz:

$$\oint_{\text{Schleife}} \boldsymbol{E} \cdot d\boldsymbol{s} = - \int_{\text{Fläche}} \frac{d\boldsymbol{B}}{dt} \cdot d\boldsymbol{A}. \qquad (B.17)$$

Auf der linken Seite erkennen wir die Potentialdifferenz, also die meßbare Spannung zwischen den Schleifenpolen wieder, die rechte Seite ist die zeitliche Änderung des „magnetischen Flusses" $\varphi = \int \boldsymbol{B} \cdot d\boldsymbol{A}$, des Integrals des Induktionsfelds über die von der Schleife eingeschlossene Fläche. Das negative Vorzeichen auf der rechten Seite (die Lenzsche Regel) besagt, daß die Flußänderung dem Spannungspuls entgegenwirkt. In diesem Zusammenhang ist es wichtig, festzuhalten, daß das Flächenintegral wie das Linienintegral *orientiert* ist: Der Umlaufsinn auf der linken Seite legt die Richtung des Flächenelements $d\boldsymbol{A}$ auf der rechten Seite im Sinne einer Rechtsschraube fest (siehe B.2). Zunächst können wir damit die Einheit des Induktionsfelds be-

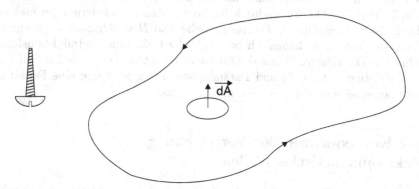

Abbildung B.2. Zur Orientierung der Integrationsfläche im Induktionsgesetz

stimmen: B wird in Tesla gemessen, benannt nach Nikola Tesla. Ein Tesla entspricht einer Voltsekunde pro m^2. Außerdem sehen wir in diesem Gesetz das Prinzip des Elektromotors und des Dynamos: in Gegenwart eines Induktionsfelds kann elektrische Energie in Bewegungsenergie und umgekehrt umgewandelt werden.

Wie im elektrostatischen Fall müssen die bisher abgeleiteten Gleichungen modifiziert werden, wenn makroskopische Materie ins Spiel kommt. Der

Mechanismus ist allerdings nicht derselbe. Um das zu verstehen, müssen wir zunächst eine wichtige Eigenschaft des Induktionsfelds erklären, nämlich die offensichtliche Nichtexistenz von „magnetischen Ladungen" oder „magnetischen Monopolen". Wir haben bereits dargelegt, daß die Induktionsfeldlinien um einen stromdurchflossenen Draht geschlossen sind. Sie enden also nicht, wie Feldlinien des elektrischen Felds, auf Ladungen. Etwas formaler können wir das ausdrücken, indem wir eine Art Gaußsches Gesetz für das Induktionsfeld aufstellen:

$$\oint \boldsymbol{B} \cdot \mathrm{d}\boldsymbol{A} = 0. \qquad (\text{B.18})$$

Wenn die Feldlinien von einem Stabmagneten ausgehen, schließen sie sich im Innern und enden keineswegs auf den Polen. Das Feld eines Stabmagneten ähnelt also – zumindest in großen Abständen – dem Feld einer stromdurchflossenen Leiterschleife. Dies läßt den Schluß zu, daß das Feld eines Permanentmagneten durch interne Kreisströme erzeugt wird. Das Konzept ist experimentell nachzuweisen, indem man einen magnetisierten Eisenstab durch Änderung der Magnetisierung in Drehung versetzt und damit nachweist, daß es wirklich rotierende geladene Teilchen sind, die das Feld aufbauen (der gyromagnetische oder Einstein-de-Haas-Effekt [59]). Diese elementaren Kreisströme müssen wie im elektrostatischen Fall auf ein äußeres Feld reagieren. Allerdings kann man diese Reaktion nicht so einfach beschreiben wie den Effekt der Polarisierbarkeit im Fall des elektrischen Felds. Wir tragen dem Beitrag der Materie dadurch Rechnung, daß wir wiederum ein makroskopisches Feld einführen, das magnetische Feld $H = B/\mu\mu_0$. Die „Permeabilität des Vakuums" haben wir bereits in der Definition des Induktionsfelds gefunden. Die relative Permeabilität ist eine Material*konstante* im Fall des Diamagnetismus ($\mu < 1$) und Paramagnetismus($\mu > 1$) und eine Funktion des Magnetfelds im Fall des Ferromagnetismus.

Die Konsequenzen der Verschiebung: elektromagnetische Wellen

Von besonderer Bedeutung ist nun die Anwesenheit von Materie bei zeitabhängigen Feldern. Wenn ein mit einem Dielektrikum gefüllter Kondensator über ein Ampèremeter entladen wird, entgeht der Messung ein Strom im Innern des Dielektrikums, der auf dessen Depolarisation zurückgeht. Nun ist der Strom *per definitionem* eine Ladungsänderung pro Zeiteinheit, die man mit Hilfe der Kapazität mit der Zeitabhängigkeit des elektrischen Potentials in Zusammenhang bringen kann: $I = \dot{Q} = C\dot{U}$. Das Potential ist nun das Wegintegral des Verschiebungsfelds: $\epsilon_0 U = \int \boldsymbol{D} \cdot \mathrm{d}\boldsymbol{s}$, deshalb gilt:

$$\epsilon_0 \dot{U} = \int \dot{\boldsymbol{D}} \cdot \mathrm{d}\boldsymbol{s} \ \text{ und } \ I = \frac{C}{\epsilon_0} \int \dot{\boldsymbol{D}} \cdot \mathrm{d}\boldsymbol{s}.$$

Die Zeitableitung der Verschiebung hat die Dimension einer Stromdichte, deren Flächenintegral den „Verschiebungsstrom" darstellt. Maxwell forderte nun, daß man dessen Beitrag im Ampèreschen Gesetz (B.10) *auch im Vakuum* berücksichtigen muß, also wenn $\epsilon = 1$ und $D = \epsilon_0 E$. Der Verschiebungsstrom wird einfach zum Leitungsstrom hinzuaddiert, und man erhält ein modifiziertes Ampèresches Gesetz:

$$\oint H \cdot \mathrm{d}s = I + \int \dot{D} \cdot \mathrm{d}A, \tag{B.19}$$

wobei die Kurve auf der linken Seite die Fläche auf der rechten umschließt.

Wir können nun alles, was wir über elektrische und magnetische Felder wissen, in den Maxwellschen Gleichungen zusammenfassen:

$$\text{Gaußsches Gesetz:} \quad \oint D \cdot \mathrm{d}A = Q \tag{B.20a}$$

$$\text{Induktionsgesetz:} \quad \oint E \cdot \mathrm{d}s = - \int \dot{B} \cdot \mathrm{d}A \tag{B.20b}$$

$$\text{Keine magnetischen Ladungen:} \quad \oint B \cdot \mathrm{d}A = 0 \tag{B.20c}$$

$$\text{Ampèresches Gesetz:} \quad \oint H \cdot \mathrm{d}s = I + \int \dot{D} \cdot \mathrm{d}A. \tag{B.20d}$$

Hermann von Helmholtz und George Francis FitzGerald waren wohl die ersten, der die wichtigste Konsequenz dieses Gleichungssystems erkannt haben: es sagt die Existenz elektromagnetischer Wellen voraus. Eine Welle wird mathematisch beschrieben durch eine zeitlich und räumlich periodische Funktion oder eine Überlagerung periodischer Funktionen. Geht sie von einem Punkt aus, breitet sie sich im Vakuum kugelförmig aus, denn keine Richtung ist irgendwie bevorzugt. Zwei Eigenschaften der Felder können wir sofort angeben: Zum einen muß die Amplitude wie $1/r$ abfallen, denn die Flächendichte der Energie ist, wie wir ein wenig später zeigen werden, dem Quadrat der Amplitude proportional[1], und in Abwesenheit von Absorption wird die Fläche $4\pi r^2$ *jeder beliebigen* Kugel, die die Quelle einschließt, vom selben Energiefluß durchdrungen. Außerdem können die Felder im ladungsfreien Raum keine radiale Komponente haben, da dies die Existenz von „Quellen" und „Senken", also Ladungen, voraussetzt, im Gegensatz zur Annahme. Wir setzen also die transversalen Komponenten einer elektromagnetischen Kugelwelle folgendermaßen an:

---

[1] Im Falle eines statischen elektrischen Felds E haben wir bereits herausgefunden, daß die *räumliche* Energiedichte (B.6) proportional zum Quadrat der Feldstärke ist.

$$E(r,t) = a\left(\frac{\cos kr}{r} + \frac{\sin kr}{r}\right)e^{-i\omega t}$$

$$B(r,t) = b\left(\frac{\cos kr}{r} + \frac{\sin kr}{r}\right)e^{-i\omega t}.$$

Die „Wellenzahl" k hängt mit der Wellenlänge λ wie $k = 2\pi/\lambda$ zusammen, die Kreisfrequenz ω mit der Frequenz ν wie $\omega = 2\pi\nu$. Die Richtungen von E und B müssen wir noch festlegen. In den Maxwellschen Gleichungen für Felder Im Vakuum setzen wir natürlich $Q = I = 0$ sowie $D = \epsilon_0 E$ und $B = \mu_0 H$. Nun stecken wir die Ansätze für E und B in das Induktionsgesetz (B.17) und integrieren zuerst E über den Umfang eines Kreises, dessen Mittelpunkt mit der Quelle zusammenfällt:

$$\oint E \cdot ds = \int_0^{2\pi} a\left(\frac{\cos kr}{r} + \frac{\sin kr}{r}\right)e^{-i\omega t}r\,d\varphi$$

$$= 2\pi a\left(\cos kr + \sin kr\right)e^{-i\omega t},$$

dann $\dot{B}$ über die Fläche desselben Kreises:

$$-\int \dot{B} \cdot dA = \int_0^{2\pi}\int_0^r b\left(\frac{\cos kr'}{r'} + \frac{\sin kr'}{r'}\right)i\omega e^{-i\omega t}r'\,dr'\,d\varphi$$

$$= 2\pi\frac{i\omega}{ik}b\left(\sin kr + 1 - \cos kr\right)e^{-i\omega t}.$$

Offensichtlich haben wir die beiden Felder orthogonal angesetzt: E liegt in der Ebene des Kreises, B steht senkrecht auf ihm. Wir werden gleich zeigen, daß dies die einzig mögliche Wahl ist.

Die beiden Integrale im Ampèreschen Gesetz (B.19) beziehen sich nun auf einen Kreis, dessen Ebene senkrecht auf dem bisher betrachteten Kreis stehen, wie in der Abbildung B.3 verdeutlicht. Mit unserem Ansatz für E und B erhalten wir

$$\oint \frac{B}{\mu_0} \cdot ds = \int_0^{2\pi} \frac{b}{\mu_0}\left(\frac{\cos kr}{r} + \frac{\sin kr}{r}\right)e^{-i\omega t}r\,d\varphi$$

$$= 2\pi\frac{b}{\mu_0}\left(\cos kr + \sin kr\right)e^{-i\omega t}$$

$$\int -\dot{D} \cdot dA = \int_0^{2\pi}\int_0^r \epsilon_0 a\left(\frac{\cos kr'}{r'} + \frac{\sin kr'}{r'}\right)i\omega e^{-i\omega t}r'\,dr'\,d\varphi$$

$$= 2\pi\frac{i\omega}{ik}\epsilon_0 a\left(\sin kr + 1 - \cos kr\right)e^{-i\omega t}.$$

Das Minuszeichen wird aus der Abbildung B.3 deutlich, wenn wir und in Erinnerung rufen, daß das Flächenelement dA orientiert ist: es spiegelt die relative Orientierung der beiden Felder wieder, die im Skalarprodukt mit dA hier gerade das umgekehrte Vorzeichen wie im Fall des Induktionsgesetzes liefert.

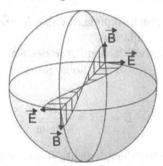

Abbildung B.3. Zur Orientierung der Felder in einer Kugelwelle. Im Induktionsgesetz (B.17) wird über den liegenden Kreis integriert, im Ampèreschen Gesetz (B.19) über den stehenden. Die relative Orientierung der E- und B-Felder in Bezug auf den Umlaufsinn unterscheidet sich in beiden Fällen um 180° (siehe Text)

Nach dem Hinauskürzen der Zeitabhängigkeit erhalten wir zwei Bestimmungsgleichungen:

$$a \, (\cos kr + \sin kr) = b \, (1 + \sin kr - \cos kr)$$

$$b \, (\cos kr + \sin kr) = \frac{\omega}{k} \epsilon_0 \mu_0 a \, (1 + \sin kr - \cos kr) \,,$$

die genau dann aufgehen, wenn die „Dispersionsrelation"

$$\omega^2 = \frac{k^2}{\epsilon_0 \mu_0} \tag{B.21}$$

eine Beziehung zwischen der Wellenzahl k und der Kreisfrequenz ω herstellt, und wenn außerdem $\sqrt{\epsilon_0 \mu_0} a = (k/\omega)a = b$ gilt. Außerdem stellt sich heraus, daß E und B wie angenommen senkrecht aufeinander stehen *müssen*, denn sonst würden die Gleichungen so modifiziert, daß sie keine Lösung mehr haben. Gibt es nämlich einen Winkel $\varphi \neq 90°$, bekommen die beiden Integrale über E und D je einen Faktor $\sin \varphi$, den wir in der ersten der beiden Bestimmungsgleichungen auf der linken, bei der zweiten auf der rechten Seite wiederfinden. Eine Lösung gibt es nur für $\sin \varphi = 1$. Es bleibt allerdings festzustellen, daß die hier angegebenen Felder nur eine von vielen möglichen Formen darstellen. Die allgemeinen Lösungen der radialen Feldgleichungen sind Überlagerungen aus mehreren verschiedenen Komponenten.

Die Dispersionsrelation kann für Wellen in der Gegenwart von Materie sehr kompliziert werden. Sie beschreibt im allgemeinen Fall wesentliche elektromagnetische Eigenschaften des Mediums. Im Fall des Vakuums erlaubt uns die Beziehung $\omega/k = \nu\lambda = c$, die nichts anderes bedeutet, als daß eine Welle, die sich mit der Geschwindigkeit c ausbreitet, in einer Periode eine Wellenlänge zurücklegt, die Größe $1/\sqrt{\epsilon_0 \mu_0}$ mit der *universellen* Geschwindigkeit elektromagnetischer Wellen im Vakuum zu identifizieren. Numerisch ist sie die Vakuum-Lichtgeschwindigkeit, daher können wir das Licht als eine elektromagnetische Welle auffassen.

Nun kommen wir auf die Flächendichte der Energie, die von einer Welle transportiert wird. Aus $\sqrt{\epsilon_0\mu_0}a = b$ folgt ja in unserem oben formulierten Ansatz

$$E = cB = \frac{B}{\sqrt{\epsilon_0\mu_0}}.$$

Da das elektrische Feld eine Energiedichte (bezogen auf ein Einheits*volumen* $\frac{1}{2}\epsilon_0 E^2$ (siehe (B.6)) hat, legt diese Relation nahe, daß auch das Induktionsfeld Energie speichert und zwar

$$\eta = \frac{1}{2}\frac{B^2}{\mu_0} = \frac{1}{2}BH. \tag{B.22}$$

Die Summe aus beiden Beiträgen ist dann die Energiedichte (wieder bezogen auf das Volumen) einer elektromagnetischen Welle:

$$\eta = \frac{1}{2}\left(\epsilon_0 E^2 + \frac{B^2}{\mu_0}\right) = \epsilon_0 E^2 = \frac{B^2}{\mu_0}. \tag{B.23}$$

Die Energieflußdichte ist dann das Produkt aus der Energiedichte und der Ausbreitungsgeschwindigkeit c und stellt den Energiefluß pro Zeit- und Flächeneinheit dar:

$$S = c\eta = \sqrt{\frac{\epsilon_0}{\mu_0}}E^2 = \frac{EB}{\mu_0} = EH. \tag{B.24}$$

An diesem Ergebnis ist besonders wichtig, daß die Energiedichte wie die Flußdichte dem Quadrat der Feldamplituden proportional ist.

Der Vollständigkeit halber führen wir noch allgemeine Form der Wellengleichungen für elektromagnetische Kugelwellen an. Sie sind partielle Differentialgleichungen und lauten in Polarkoordinaten:

$$\frac{\partial^2 E(r,t)}{\partial r^2} + \frac{2}{r}\frac{\partial E(r,t)}{\partial r} - \epsilon_0\mu_0\frac{\partial^2 E(r,t)}{\partial t^2} = 0$$
$$\frac{\partial^2 B(r,t)}{\partial r^2} + \frac{2}{r}\frac{\partial B(r,t)}{\partial r} - \epsilon_0\mu_0\frac{\partial^2 B(r,t)}{\partial t^2} = 0. \tag{B.25}$$

Durch Einsetzen verifizieren wir, daß sie vom oben benutzten Ansatz erfüllt werden. Ohne Beweis erwähnen wir, daß der Ausdruck

$$\frac{\partial^2 f}{\partial r^2} + \frac{2}{r}\frac{\partial f}{\partial r}$$

der radiale Anteil des „Laplace-Operators"

$$\Delta f = \frac{\partial^2 f}{\partial x^2} + \frac{\partial^2 f}{\partial y^2} + \frac{\partial^2 f}{\partial z^2}$$

in Polarkoordinaten ist. Für eine eindimensionale *ebene* Welle in x-Richtung

$$E(x,t) = a \exp i(kx - \omega t), \tag{B.26}$$

lauten die entsprechenden Wellengleichungen dann:

$$\frac{\partial^2 E}{\partial x^2} - \epsilon_0 \mu_0 \frac{\partial^2 E}{\partial t^2} = 0$$
$$\frac{\partial^2 B}{\partial x^2} - \epsilon_0 \mu_0 \frac{\partial^2 B}{\partial t^2} = 0. \tag{B.27}$$

Der Nachweis, daß zeitlich variierende elektromagnetische Felder Wellen erzeugen, gelang im Jahre 1886 Heinrich Hertz [103], und zwar durch ein verblüffend einfaches Experiment: durch einen Funkenüberschlag in einem Primärkreis löste in einem zweiten, isolierten Kreis er einen Sekundärfunken aus. Die Folgen dieser Entdeckung sind aus dem täglichen Leben nicht mehr wegzudenken.

Wir betonen noch einmal, daß die *Vorhersage* elektromagnetischer Wellen auf Maxwells Feststellung zurückzuführen ist, daß das Ampèresche Gesetz in seiner ursprünglichen Formulierung inkonsistent ist. Ohne den *ad hoc* eingeführten Verschiebungsstrom wäre unsere gesamte Herleitung hinfällig. Dies ist vielleicht das schönste Beispiel für den Einfluß der reinen Theorie (oder sollten wir den alten englischen Ausdruck „natural philosophy" verwenden?) auf die Entwicklung der Physik. Weitere sollten folgen, wie die Relativitätstheorie oder Dirac's Theorie des Elektrons. Dennoch ist letztendlich das Experiment die entscheidende Instanz, die es erlaubt, ein Gedankengebäude mit der Erfahrung in Einklang zu bringen.

C. Thermodynamik und Statistische Mechanik

Das ideale Gas

Druck und Temperatur sind wohl diejenigen physikalischen Größen, die wir auf die direkteste Art und Weise erfühlen können. Während wir den Druck ohne weiteres mit mechanischen Begriffen in Verbindung bringen können – er ist als Kraft pro Flächeneinheit definiert – brauchen wir für die Einführung eines „mechanischen" Temperaturbegriffs einen etwas heuristischen Ansatz. Angesichts der Struktur der Materie liegt nahe, daß die Temperatur etwas mit der Bewegung der Atome oder Moleküle zu tun hat. Andererseits deutet die näherungsweise Materialunabhängigkeit des thermischen Verhaltens von Gasen darauf hin, daß die detaillierte Form der Wechselwirkung praktisch keine Rolle spielt. Bei sehr vielen Teilchen ist es unmöglich, jedes einzelne zu verfolgen. Wir müssen also geeignete Methoden finden, mechanische Größen über ein großes Ensemble zu mitteln und die Resultate mit Beobachtungsgrößen in Verbindung au bringen. Damit hätten wir dann einen Zusammenhang zwischen „Thermodynamik" und „statistischer Mechanik" hergestellt.

Natürlich stecken wir in diese Argumentation bereits eine ganze Menge Wissen über den Aufbau der Materie. Historisch ging es gerade andersherum: zunächst wurde die Thermodynamik der Gase studiert und ihre Gesetze formuliert, dann kam die statistische Mechanik auf, als einzige konsistente Verbindung mit der Physik *individueller* Körper. Als Erfahrungstatsache wurde zunächst gefunden, daß bei konstanter Temperatur das Produkt aus Druck und Volumen konstant ist:

$$PV|_{T=\text{const}} = \text{const.} \qquad (C.1)$$

Das ist das Boyle-Mariotte-Gesetz. Bei konstantem Druck ändert sich zum andern das Volumen linear mit der Temperatur. Das wird im Gay-Lussac-Gesetz ausgedrückt:

$$V(T) = V_0 \left(1 + \alpha\tau\right), \qquad (C.2)$$

das wir hier so angeschrieben haben, daß wir die Temperatur τ in Grad Celsius ausdrücken können. Der Ausdehnungskoeffizient α ist sehr nahe an

$$\alpha = 3.661 \cdot 10^{-3}\,\text{K}^{-1} = (273.15\,\text{K})^{-1},$$

sodaß das Volumen am absoluten Nullpunkt nahezu verschwindet.[1] Das bedeutet, daß die aufaddierten Dimensionen der Konstituenten von Gasen wesentlich kleiner sind als das ausgefüllte Volumen. Das Gay-Lussac-Gesetz (C.2) wird dann auch besonders einfach, wenn wir es in der absoluten Temperatur T ausdrücken:

$$V(T) = V_0 \alpha T.$$

Auf der thermischen Ausdehnung von Stoffen beruhen ja gängige Thermometer. Natürlich ist zur Messung absoluter Temperaturen ein Gas-Thermometer besonders geeignet.

Nun betrachten wir folgenden Zweistufenprozeß: Ein Gas wird zuerst bei konstanter Temperatur von (P_1, V_1) auf (P_2, V_2) ausgedehnt, also gilt nach dem Boyle-Mariotte-Gesetz (C.1):

$$V_2 = V_1 \frac{P_1}{P_2}.$$

Dann bringen wir die absolute Temperatur von $T_1 = T_2$ auf T_3, wobei wir dieses Mal den Druck festhalten, und finden nach dem Gay-Lussac-Gesetz (C.2):

$$V_3 = V_2 \frac{T_3}{T_2} = \frac{V_1 P_1}{T_1} \frac{T_3}{P_3}$$

oder, indem wir Größen mit identischen Indizes zusammenfassen:

$$\frac{P_3 V_3}{T_3} = \frac{P_1 V_1}{T_1}.$$

Daraus folgt die „Zustandsgleichung":

$$PV = \text{const} \cdot T. \tag{C.3a}$$

In der Messung ergibt sich die Konstante zu

$$n \cdot R = n \cdot 8.314511 \frac{\text{J}}{\text{K}}. \tag{C.3b}$$

Dabei ist n die Zahl der „Mole", das ist die Masse des Gases dividiert durch die Molmasse, die sehr nahe an der Zahl der Nukleonen im Molekül, ausgedrückt in Gramm, liegt. Diese Beziehung verdankt sehr viel der Beobachtung

---

[1] Derselbe Zusammenhang gilt für den Druck. Komprimieren wir ein Gas, das bei einem Druck P_0 das Volumen $V = V_0(1 + \alpha\tau)$ einnimmt, *bei konstanter Temperatur* auf V_0, folgt aus dem Boyle-Mariotte-Gesetz (C.1):

$$P(\tau)V_0 = P_0 V_0 (1 + \alpha\tau) \text{ und damit } P(\tau) = P_0 (1 + \alpha\tau).$$

Avogadros, daß bei festem Druck und bei fester Temperatur ein Mol eines Gases immer dasselbe Volumen einnimmt.[2] Bei Normaldruck $P = 101325\,\mathrm{N/m^2}$ und $T = 273.15\,\mathrm{K} = 0^\circ\,\mathrm{C}$ fand er

$$V = n \cdot \frac{RT}{P} = n \cdot 22.4\,\mathrm{l}. \tag{C.4}$$

Ein Mol enthält nach dem gerade Gesagten:

$$N_A = \left(\frac{m_N}{\mathrm{g}}\right)^{-1} = \frac{1}{1.6605402 \cdot 10^{-24}} = 6.0221367 \cdot 10^{23} \tag{C.5}$$

Moleküle. Das ist die Avogadro-Zahl. Dividieren wir die Gaskonstante R durch die Avogadro-Zahl, erhalten wir die Boltzmann-Konstante

$$k = \frac{R}{N_A} = 1.380658 \cdot 10^{-23}\,\mathrm{J\,K^{-1}} = 8.617385 \cdot 10^{-5}\,\mathrm{eV\,K^{-1}}. \tag{C.6}$$

Sie erlaubt, das Produkt aus Druck und Volumen *pro Molekül* als Funktion der Temperatur anzugeben.

Strenggenommen gelten all diese Beziehungen nur für das „ideale Gas", dessen Konstituenten punktförmige Teilchen mit sehr kurzreichweitiger Wechselwirkung sind. Bei realen Gasen muß man sie ein wenig modifizieren. Sie sind jedoch durchaus auf größere Ensembles von Elementarteilchen (Elektronen, Photonen, in begrenztem Maße auch auf Nukleonen) anwendbar, auf die die Voraussetzungen eines idealen Gases in sehr guter Näherung zutreffen.

Kinetische Theorie der Gase

An dieser Stelle müssen wir die Grundbegriffe der kinetischen Gastheorie einführen, die uns dann bald auf die statistische Mechanik führen wird. Wir stellen uns ein Gas in einen Würfel mit sehr massiven Wänden eingeschlossen vor. Stößt ein Molekül an eine Wand, prallt es praktisch mit derselben Geschwindigkeit zurück, mit der es angekommen ist, da die Wand unbeweglich bleibt. Der Impuls, der auf die Wand übertragen wird, ist daher das Doppelte der senkrecht auf der Wand stehenden Komponente. Ein Sechstel des gesamten im Gas verteilten Impulses ist auf jede Wand gerichtet. Ist die Teilchenzahldichte (die Zahl der Teilchen pro Volumeneinheit) n und die Geschwindigkeit eines einzelnen Moleküls v, wird pro Zeit- und Flächeneinheit der Impuls

$$\frac{\Delta p}{\Delta t \Delta A} = \frac{1}{6} n \langle v \cdot 2p \rangle$$

---

[2] Natürlich waren Avogadro Nukleonen noch nicht bekannt. Molmassen wurden damals über die Stöchiometrie chemischer Reaktionen bestimmt.

auf die Wand übertragen. Da die Kraft die zeitliche Ableitung des Impulses und der Druck eine Kraft pro Flächeneinheit sind, ergibt der Grenzübergang $\Delta t \to 0$ eine Beziehung zwischen dem Gasdruck P und dem mittleren Impuls $\langle p \rangle$

$$P = \frac{1}{3} n \langle v \cdot p \rangle.$$ (C.7)

Für nichtrelativistische Bewegungen, $v \ll c$, können wir $\langle vp \rangle$ durch $2 \langle E \rangle$ ersetzen, wobei $\langle E \rangle$ die mittlere kinetische Energie in der Translationsbewegung ist:

$$P_{nr} = \frac{2}{3} n \langle E \rangle.$$ (C.8a)

Im relativistischen Fall hingegen ist $v \approx c$ und $p \approx E/c$, sodaß

$$P_r = \frac{1}{3} n \langle E \rangle.$$ (C.8b)

Hier ist $\langle E \rangle$ zwar die gemittelte Gesamtenergie, schließt also die Ruheenergie mc^2 ein, ist jedoch bei höheren Temperaturen weitgehend von der kinetischen Energie dominiert. Dieser charakteristische Faktor Zwei zwischen dem relativistischen und dem nichtrelativistischen Gas ist von großer Bedeutung für die thermische Geschichte des Universums.

Wird das Gas nicht durch ein Gefäß, sondern durch ein bindendes Potential, zum Beispiel die Gravitation, zusammen gehalten, ist das Produkt aus Impulsübertrag und Geschwindigkeit

$$v \Delta p = -2V.$$

Das folgt aus

$$\dot{p} = \frac{\partial p}{\partial t} = v \frac{\partial p}{\partial x} = -\frac{\partial V}{\partial x}$$

und der Tatsache, daß bei einer Reflexion das Potential zweimal durchlaufen wird. Daraus folgt das wichtige „Virialtheorem"

$$2 \langle E \rangle = \langle V \rangle.$$ (C.9)

Die Zustandsgleichung des idealen Gases $PV = \nu RT$ (siehe (C.3)) hat die Dimension einer Energiebilanz. Nach Division durch die Zahl der Mole ν und die Avogadro-Zahl können wir sie also als die Definition der thermischen Energie eines Teilchens auffassen:

$$E_{th} = PV = \frac{P}{n} = kT,$$ (C.10)

wobei n wieder die Teilchenzahldichte und k die Boltzmann-Konstante sind. Bei 20° C = 293.15 K liegt die thermische Energie bei 25 meV, deutlich unterhalb der Bindungsenergien von Atomen und vielen Molekülen. Das ist natürlich die notwendige Voraussetzung für die Stabilität der Materie in unserer täglichen Umgebung. Der Vergleich mit den Druck-Formeln der kinetischen Gastheorie zeigt, daß die thermische Energie sehr nahe an der mittleren kinetischen Energie der Molekülbewegung liegt. Es gilt

$$\langle E_{nr} \rangle = \frac{3}{2}kT \tag{C.11a}$$

$$\langle E_r \rangle = 3kT. \tag{C.11b}$$

Erster Hauptsatz und statistische Mechanik

Wir sind jetzt im Besitz eines mikroskopischen Begriffs für die innere Energie eines Gases. Erfahrungsgemäß verrichtet ein Gas aber bei Ausdehnung eine Arbeit (so funktionieren ja Verbrennungsmotoren), die in der Energiebilanz des Gases negativ zu Buche schlägt. Die Summe der inneren Energieänderung und der mechanischen Arbeit muß durch eine Zufuhr von Wärmeenergie ausgeglichen werden. Diese thermodynamische Form der Energieerhaltung bezeichnet man als den Ersten Hauptsatz. Nennen wir die innere Energie U und die Wärmezufuhr Q, lautet die Gleichung:

$$\Delta Q = \Delta U + P\Delta V, \tag{C.12}$$

wobei der letzte Term die mechanische Arbeit ist. Für ideale Gase zeigen die zuvor dargelegten mikroskopischen Betrachtungen, daß die innere Energie nur von der abhängt. Wir setzen daher an:

$$\Delta U = \left.\frac{\partial U}{\partial T}\right|_V \Delta T = \left.\frac{\partial Q}{\partial T}\right|_V \Delta T = c_V \Delta T.$$

Die „Wärmekapazität" bei konstantem Volumen c_V stellt sich auch bei realen Gasen als mehr oder weniger unabhängig von der Temperatur heraus. Als „adiabatische Zustandsänderung" bezeichnet man solche, bei denen kein Wärmeaustausch stattfindet, also $\Delta Q = 0$. Zusammen mit der Zustandsgleichung kommen wir dann auf die Adiabatengleichung für ideale Gase:

$$0 = c_V \Delta T + nRT\frac{\Delta V}{V}.$$

Die Wärmekapazität für ein Mol ist eine Materialkonstante und wird mit dem Formelzeichen C_V abgekürzt. Man spricht oft etwas ungenau von der Molwärme. Wir erhalten:

$$C_V \frac{\Delta T}{T} = -R \frac{\Delta V}{V}$$

oder, wenn wir den Parameter

$$\gamma = 1 + R/C_V \qquad (C.13)$$

einführen:

$$\frac{\Delta T}{T} = -(\gamma - 1) \frac{\Delta V}{V}.$$

Ersetzen wir die endlichen Temperatur- und Volumenänderungen durch Differentiale, können wir diese Gleichung integrieren und erhalten die Lösung:

$$TV^{\gamma-1} = \text{const.} \qquad (C.14a)$$

Die Zustandsgleichung liefert darüberhinaus

$$RTV^{\gamma-1} = PV^\gamma = \text{const} \qquad (C.14b)$$

und

$$TP^{1/\gamma - 1} = \text{const.} \qquad (C.14c)$$

Experimentell findet man, daß die Molwärme *bei konstantem Druck* mit der bei konstantem Volumen wie $C_P/C_V = \gamma$ zusammenhängt, also

$$C_P - C_V = R > 0.$$

Daß C_P größer ist als C_V, leuchtet ein, wenn man berücksichtigt, daß bei konstantem Druck ein Teil der zugeführten Wärme in mechanische Arbeit übergeht. Der Erste Hauptsatz (C.12) legt diese Interpretation auch nahe, wenn wir die zugeführte Wärme auf die innere Energie (bei konstantem Volumen) und die Arbeit aufteilen:

$$C_P = \left.\frac{\partial Q}{\partial T}\right|_P = \frac{\partial U}{\partial T} + P \frac{\partial V}{\partial T} = C_V + R.$$

Dies ist gleichzeitig die korrekte Definition von C_P.

Nun ist die mittlere Energie pro Teilchen im nichtrelativistischen Fall $\frac{3}{2}kT$, oder $\frac{3}{2}RT$ für ein Mol. Die Ableitung dieses Ausdrucks sollte die Molwärme C_V liefern:

$$C_V = \frac{3}{2}R$$

und

$$\gamma = \frac{C_V + R}{C_V} = \frac{5}{3}. \qquad (C.15a)$$

Das findet man auch für Helium, nicht aber für molekularen Wasserstoff, Stickstoff und Sauerstoff, deren Adiabaten-Koeffizient $\gamma \approx \frac{7}{5}$ beträgt. Der Grund liegt in der Struktur der Moleküle. Bei zweiatomigen Molekülen tragen Rotationen um die beiden senkrecht auf der Verbindungslinie zwischen den beiden Atomen stehenden Achse zur thermischen Energie bei, da sie bei Stößen Energie aufnehmen oder abgeben können. Die dritte Achse spielt keine Rolle, da die Moleküle eine eine sehr kleine Ausdehnung senkrecht zu ihr haben. Zu den drei Translations-„Freiheitsgraden" treten also noch zwei weitere. Alles kommt ins Lot, wenn wir

$$\gamma = \frac{f+2}{f} \qquad \text{(C.15b)}$$

fordern, wobei f die Zahl der Freiheitsgrade ist. Damit wäre $\gamma = \frac{5}{3}$ für einatomige Gase, $\frac{7}{5}$ für zweiatomige und $\frac{4}{3}$ für drei- und mehratomige Gase. Das stimmt sehr gut mit der Beobachtung überein. Schließlich folgern wir noch, daß die mittlere Energie pro Freiheitsgrad eines Teilchens

$$\frac{\langle E \rangle}{f} = \frac{1}{2}kT$$

ist.

Die thermische Energie bestimmt übrigens auch die Verteilung der Energie auf ein Ensemble mit vielen Teilchen. Im thermischen Gleichgewicht muß die Gesamtenergie des Unterensembles aller Teilchen, die relativ zu einem „Grundzustand" die Energie E haben, erhalten sein. Sie ist einfach das Produkt aus der Zahl der Teilchen und der individuellen Energie, NE, dessen Ableitung nach jedem beliebigen Parameter also verschwinden muß, wenn wir sie bei der thermischen Energie kT berechnen: $\mathrm{d}(NE)|_{E=kT} = 0$ Nach der Kettenregel erhalten wir

$$kT\mathrm{d}N + N\mathrm{d}E = 0 \quad \text{oder} \quad \frac{\mathrm{d}N}{N} = -\frac{\mathrm{d}E}{kT}.$$

Das können wir sofort integrieren und erhalten

$$\ln \frac{N}{N_0} = -\frac{E}{kT} \quad \text{oder} \quad N = N_0 e^{-E/kT}. \qquad \text{(C.16)}$$

Die Integrationskonstante N_0 ist die Zahl der Teilchen im Grundzustand, deren Energie Null gesetzt ist. Die Boltzmann-Verteilung $\exp(E/kT)$ liefert uns also die Zahl der Teilchen mit der Energie E relativ zu der Zahl der Teilchen im Grundzustand. Sie fällt für $E/kT \gg 1$ sehr steil ab. Wie es sein muß, bekommen wir die mittlere Energie über:

$$\langle E \rangle = \frac{\int_0^\infty \mathrm{d}E \, E e^{-E/kT}}{\int_0^\infty \mathrm{d}E e^{-E/kT}} = kT.$$

Quantenstatistik

Wir benötigen nun noch eine geeignete Statistik für große Quantensysteme. Zunächst erinnern wir uns daran, daß bosonische Wellenfunktionen symmetrisch und fermionische antisymmetrisch sind. Es leuchtet sofort ein, daß ihre Statistik sehr unterschiedlich ist. Fermionen „stoßen sich ab", da jeder Zustand nur einfach besetzt sein kann. Bosonen hingegen „ziehen sich an", und zwar bevorzugt im Zustand niedrigster Energie. Denn ein Teilchen, das in ein System von N Zuständen „eingebaut" wird, von denen n bereits besetzt sind, kann auf $(N + n)$-fache Weise mit den bereits vorhandenen Teilchen in einer symmetrischen Wellenfunktion kombiniert werden. Der bosonische Boson Herdentrieb drückt sich also so aus, daß ein Zustand um so attraktiver wird, je mehr Teilchen er enthält.

Als Ganzes gesehen, ist ein System mit vielen Teilchen ein einzelner Körper im Sinne der klassischen Mechanik, da Quanteneffekte sicher bei seiner inneren Struktur eine Rolle spielen, nicht aber bei seiner Wechselwirkung mit anderen Systemen. Dies ist keine ad-hoc-Annahme, sondern eine weitere Facette des beim Bohrschen Atommodell eingeführten Korrespondenzprinzips. In einem Ensemble solcher Körper, das sich in einem dynamischen thermischen Gleichgewicht befindet, verhält sich die Zahl der Körper mit der Gesamtenergie E_1 zu der der Körper mit der Gesamtenergie E_2 im Mittel nach der Boltzmann-Verteilung (C.16)

$$\frac{N(E_1)}{N(E_2)} = \exp\left(-\frac{(E_1 - E_2)}{kT}\right),$$

wenn T die Temperatur des Ensembles ist. Wir haben bewußt von einem dynamischen Gleichgewicht gesprochen, da sich die Energien *individueller* Körper ändern können. Uns interessiert nun besonders der Fall, in dem die „Körper" nach der Energie sortierte Teilchenensembles sind. Die Dynamik bedeutet dann, daß auch die Raten der Übergänge von einem Teilchenensemble zum andern durch die Boltzmann-Verteilung beschrieben werden:

$$\frac{U_{1\to2}}{U_{2\to1}} = \exp\left(-\frac{(E_1 - E_2)}{kT}\right).$$

Da eine solche Energieänderung durch ein einziges Teilchen bewirkt werden kann, ist diese Formel nicht nur für die Ensembles, sondern auch für einzelne Teilchen gültig. Nun bezeichnen wir die Zahl der Zustände mit der Energie E_i als N_i, die Zahl der besetzten Zustände als n_i, und die entsprechenden Zahlen für die Energie E_j als N_j und n_j. Dann ist die Rate der Teilchen, die vom Zustand i in den Zustand j springen, $U_{i\to j} \cdot n_i \cdot (N_j \pm n_j)$. Das Pluszeichen gilt nach dem oben Gesagten für Bosonen, das Minuszeichen für Fermionen, da für diese nach dem Pauli-Prinzip bereits besetzte Zustände nicht mehr zur Verfügung stehen. Im folgenden gelte das obere Vorzeichen weiter für Bosonen, das untere für Fermionen. Die umgekehrte Rate, also die für Sprünge von j nach i ist, wenn wir die zuvor hergeleitete Beziehung für das Verhältnis zweier Raten benutzen:

$$U_{j\to i} \cdot n_j \cdot (N_i \pm n_i) = U_{i\to j} \exp\left(-\frac{(E_i - E_j)}{kT}\right) \cdot n_j \cdot (N_i \pm n_i).$$

Die Bedingung des dynamischen Gleichgewichts hat zur Folge, daß beide Raten gleich sein müssen:

$$U_{i\to j} \cdot n_i \cdot (N_j \pm n_j) = U_{i\to j} \exp\left(-\frac{(E_i - E_j)}{kT}\right) \cdot n_j \cdot (N_i \pm n_i).$$

Die Übergangsrate U kürzt sich hinaus, die Natur der Wechselwirkung spielt also bei unserer statistischen Betrachtung keine Rolle. Eine einfache Umformung der Gleichung ergibt:

$$\frac{n_i}{N_i \pm n_i} e^{E_i/kT} = \frac{n_j}{N_j \pm n_j} e^{E_j/kT}.$$

Das bedeutet, daß die Größe

$$C = \frac{n_i}{N_i \pm n_i} e^{E_i/kT}$$

für alle Zustände dieselbe ist, denn wir hatten anfangs ja zwei willkürliche Ensembles ausgewählt. Eine weitere Umformung liefert uns die relative Besetzungszahl:

$$\frac{n}{N} = \left(\frac{1}{C} e^{E/kT} \mp 1\right)^{-1}.$$

Im fermionischen Fall ist es praktisch, die Konstante C als $\exp(E_F/kT)$ auszudrücken. Die Fermi-Energie stellt eine Grenze dar, unterhalb welcher bei niedriger Temperatur fast alle Zustände besetzt sind, während oberhalb nur sehr wenige Zustände Teilchen enthalten. Algebraisch sehen wir das, wenn wir den Term

$$\frac{1}{C} e^{E/kT} = e^{(E-E_F)/kT}$$

im Grenzfall $|E - E_F| \gg kT$ betrachten: Unterhalb der Fermi-Energie, also für $E < E_F$, hat die Exponentialfunktion ein großes negatives Argument, und man kann sie gegenüber der Eins im Nenner vernachlässigen. In diesem Fall ist $n \approx N$. Für $E > E_F$ wird die Exponentialfunktion, und damit der gesamte Nenner, sehr groß und n beliebig klein. Je niedriger die Temperatur, desto schärfer wird der Übergang von vollständiger Besetzung zu vollständiger Abwesenheit von Teilchen. Bei endlichen Temperaturen und weit oberhalb der Fermi-Energie ist

$$e^{(E-E_F)/kT} \approx e^{E/kT} \gg 1,$$

und wir erhalten wieder die Boltzmann-Verteilung (C.16), das heißt, von allen möglichen Zuständen ist der Teil $e^{-E/kT}$ besetzt. Das ist natürlich wieder der klassische Grenzfall im Sinn des Korrespondenzprinzips. In der Literatur bezeichnet man

$$N = \frac{N_0}{\exp \dfrac{E - E_F}{kT} + 1} \tag{C.17}$$

als die Fermi-Dirac-Verteilung [66].

Was die Bosonen betrifft, stellen wir zunächst fest, daß das Äquivalent der Fermi-Energie, welches wir in Anlehnung an die Thermodynamik mit dem Symbol μ bezeichnen und „chemisches Potential" nennen wollen, negativ sein muß. Denn für positives μ ist $e^{(E-\mu)/kT} < 1$, wenn $E < \mu$, und damit $n/N < 0$, ein offensichtlich unsinniges Ergebnis. Anschaulich drückt diese Bedingung die „Attraktivität" des Bose-Gases aus, genau wie das negative Vorzeichen des Gravitationspotentials bedeutet, daß Massen sich anziehen. Eine Besetzungsgrenze gibt es im bosonischen Boson Fall nicht. Im Prinzip können alle Teilchen sich im Zustand niedrigster Energie ansammeln oder sogar „kondensieren". Auch für diese „Bose-Einstein-Verteilung" [30]

$$N = \frac{N_0}{\exp \dfrac{E - \mu}{kT} - 1} \tag{C.18}$$

besteht der klassische Grenzfall (endliche Temperatur und vernachlässigbares chemisches Potential) aus der Boltzmann-Verteilung (C.16). In Abbildung C.1 sind die drei Verteilungen miteinander verglichen.

In der Praxis begegnen uns die Bose-Einstein-Verteilung zum Beispiel in der Formel für die Strahlung eines schwarzen Körpers und die Fermi-Dirac-Verteilung bei der Beschreibung des „Gases" der Leitungselektronen in einem Metall. Die Fermi-Energie steht dann in enger Beziehung zur Austrittsarbeit, die die Energie der durch den Photoeffekt ausgelösten Elektronen beeinflußt. In der Kosmologie benötigen wir korrekte Quantenstatistiken bei der Diskussion des Teilchengemischs unmittelbar nach dem Urknall.

Multiplizieren wir diese Verteilungen nun mit der Zustandsdichte $d^3p/(2\pi\hbar)^3$ (siehe (2.55)), erhalten wir

$$f(\boldsymbol{p})\, d^3p = \frac{d^3p}{(2\pi\hbar)^3} \frac{1}{e^{E/kT} \mp 1}.$$

Die Integration über Polar- und Azimutwinkel liefert:

$$f(p)dp = \frac{p^2 dp}{2\pi^2\hbar^3} \frac{1}{e^{E/kT} \mp 1} = \frac{cpEdE}{2\pi^2(\hbar c)^3} \frac{1}{e^{E/kT} \mp 1}. \tag{C.19}$$

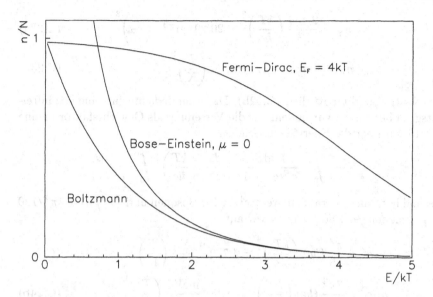

Abbildung C.1. Fermi-Dirac-, Bose-Einstein- und Boltzmann-Verteilung

Die letzte Identität folgt aus $c^2 p\,dp = E\,dE$. Im relativistischen Grenzfall haben wir $cp = E$ und erhalten

$$f(E)dE = \frac{E^2 dE}{2\pi^2(\hbar c)^3} \frac{1}{e^{E/kT} \mp 1}.$$ (C.20)

Wir können die Verteilungen integrieren, um die *räumliche* Teilchenzahldichte auszurechnen, und erhalten:

$$n = \frac{1}{2\pi^2(\hbar c)^3} \int_0^\infty \frac{E^2 dE}{e^{E/kT} \mp 1} = \frac{1}{2\pi^2}\left(\frac{kT}{\hbar c}\right)^3 \int_0^\infty \frac{x^2 dx}{e^x \mp 1}.$$ (C.21)

Das Integral hat den Wert 2.404 für das Minuszeichen im Nenner (Bosonen) und $\frac{3}{4} \cdot 2.404 = 1.803$ für das Pluszeichen (Fermionen) [91]. Wir halten also das Ergebnis fest:

$$n_B = \frac{1.202}{\pi^2}\left(\frac{kT}{\hbar c}\right)^3 = 10.14\,\mathrm{cm}^{-3} \cdot \left(\frac{T}{K}\right)^3$$ (C.22a)

$$n_F = \frac{3}{4}n_B = 7.607\,\mathrm{cm}^{-3} \cdot \left(\frac{T}{K}\right)^3.$$ (C.22b)

Teilchen haben jedoch mehrere Spineinstellungen, die statistisch unabhängig voneinander sind. Die Verteilungen müssen daher mit der Zahl der Spin-freiheitsgrade multipliziert werden. Photonen und relativistische Fermionen haben jeweils zwei Polarisationen, also gilt:

$$n_\gamma = \frac{2.404}{\pi^2} \left(\frac{kT}{\hbar c}\right)^3 = 20.29 \, \text{cm}^{-3} \cdot \left(\frac{T}{K}\right)^3 \tag{C.23a}$$

$$n_F = \frac{3}{4} n_\gamma = 15.21 \, \text{cm}^{-3} \cdot \left(\frac{T}{K}\right)^3. \tag{C.23b}$$

Für Neutrinos gilt natürlich (C.22b). Die Energiedichte für einen Spinfreiheitsgrad berechnen wir, indem wir die Verteilung als Gewichtsfaktor in eine Integration über die Energie einbeziehen:

$$\rho c^2 = \frac{1}{2\pi^2 \, (\hbar c)^3} \int_0^\infty \frac{E^3 \mathrm{d}E}{e^{E/kT} \mp 1} = \frac{\hbar c}{2\pi^2} \left(\frac{kT}{\hbar c}\right)^4 \int_0^\infty \frac{x^3 \mathrm{d}x}{e^x \mp 1}.$$

Diesmal hat das Integral den Wert $\pi^4/15$ für Bosonen und $\frac{7}{8}\pi^4/15 = 7\pi^4/120$ für Fermionen [91]. So kommen wir auf

$$\rho_\gamma c^2 = \frac{\pi^2}{15} \, (\hbar c) \left(\frac{kT}{\hbar c}\right)^4 = 4.722 \, \frac{\text{meV}}{\text{cm}^3} \cdot \left(\frac{T}{K}\right)^4 \tag{C.24a}$$

$$\rho_F c^2 = \frac{7\pi^2}{120} \, (\hbar c) \left(\frac{kT}{\hbar c}\right)^4 = 4.132 \, \frac{\text{meV}}{\text{cm}^3} \cdot \left(\frac{T}{K}\right)^4 \tag{C.24b}$$

$$\rho_\nu c^2 = \frac{7\pi^2}{240} \, (\hbar c) \left(\frac{kT}{\hbar c}\right)^4 = 2.066 \, \frac{\text{meV}}{\text{cm}^3} \cdot \left(\frac{T}{K}\right)^4. \tag{C.24c}$$

Das ist genau die T^4-Abhängigkeit des Stefan-Boltzmann-Gesetzes (2.37) [157]. Auch die PlanckscheStrahlungsformel (2.33) gewinnen wir aus der Formel für $f(p)dp$ mit zwei Spinfreiheitsgraden zurück, wenn wir E durch $h\nu$ ersetzen:

$$\frac{\mathrm{d}n}{\mathrm{d}\nu} d\nu = \frac{2}{2\pi^2 \, (\hbar c)^3} \frac{(h\nu)^2 \, d(h\nu)}{e^{h\nu/kT} + 1} = \frac{8\pi}{c^3} \frac{\nu^2 d\nu}{e^{h\nu/kT} + 1}.$$

Wir haben hier in ihren wesentlichen Zügen Boses Herleitung [30] der Strahlungsformel nachvollzogen.[3]

Zum Abschluss: Thermischer Mittelwert von bosonischen Feldern

Abschließend leiten wir noch die thermischen Mittelwerte von bosonischen Quantenfeldern her. Wir benötigen ihn im vierten Kapitel in der Behandlung der kosmologischen Konstanten. Eine Impulskomponente eines realen

---

[3] Für ein nichtrelativistisches Gas müssen wir in (C.20) den Faktor $E^2 \mathrm{d}E/2\pi^2(\hbar c)^3$ durch $mE\mathrm{d}E/\pi^2\hbar^3$ ersetzen. Es ist klar, dass die Temperatur-Abhängigkeiten in (C.23) und (C.24) dann gerade um eine Potenz niedriger ausfallen als im relativistischen Fall, eine Tatsache, die wir uns in (4.36) zunutze gemacht haben. Bemerkenswert ist außerdem, dass das Ergebnis von der Masse abhängt.

Skalarfeld-Operators haben wir im zweiten Kapitel als

$$\underline{\Phi}_p(x,t) = \frac{\sqrt{\hbar c}}{2E}\left(\underline{a}(p)\,e^{ipx/\hbar} + \underline{a}^\dagger(p)\,e^{-ipx/\hbar}\right) \tag{C.25}$$

(siehe (2.96)) angesetzt. Unter Ausnutzen der Vertauschungsrelationen (2.99) und (2.100) finden wir, dass

$$\left\langle 0|\underline{\Phi}_p^\dagger(x)\underline{\Phi}_{p'}(x)|0\right\rangle = \frac{\hbar c}{(2E)^2}(2\pi\hbar)^3 2E\delta^3\,(p-p')\,e^{-i(p-p')x/\hbar}. \tag{C.26a}$$

Wenn viele individuelle Zustände ein thermisches Gas bilden, müssen wir den Vakuumzustand $|0\rangle$ durch einen Vielteilchenzustand $|n\rangle$ mit $\langle n|=\rangle\,1$ ersetzen, und das Produkt zweier Impulskomponenten kann nicht mehr ohne weiteres durch einen einzigen Kommentator ausgedrückt werden:

$$\begin{aligned}
\left\langle n|\underline{\Phi}_p^\dagger(x)\underline{\Phi}_{p'}(x)|n\right\rangle &= \frac{\hbar c}{4EE'}\Big[(2\pi\hbar)^3 2E\delta^3\,(p-p')\,e^{-i(p-p')x/\hbar}\,\langle n|n\rangle \\
&+ e^{i(p-p')x/\hbar}\,\langle n|\underline{a}^\dagger(p)\,\underline{a}(p')|n\rangle + e^{-i(p-p')x/\hbar}\,\langle n|\underline{a}^\dagger(p')\,\underline{a}(p)|n\rangle \\
&+ e^{i(p+p')x/\hbar}\,\langle n|\underline{a}(p')\,\underline{a}(p)|n\rangle \\
&+ e^{i(p+p')x/\hbar}\,\langle n|\underline{a}^\dagger(p')\,\underline{a}^\dagger(p)|n\rangle\Big]. \tag{C.26b}
\end{aligned}$$

Die beiden letzten Terme verschwinden, weil die Produkte $\underline{a}\underline{a}$ und $\underline{a}^\dagger\underline{a}^\dagger$ entweder aus dem ket- oder dem bra-Zustande zwei Teilchen vernichten, und der resultierende Zustand zu dem ursprünglichen orthogonal ist. Dasselbe Argument hat zur Folge, dass

$$\langle n|\underline{a}^\dagger(p)\,\underline{a}(p')|n\rangle = \langle n|\underline{a}^\dagger(p')\,\underline{a}(p)|n\rangle = n_p\cdot(2\pi\hbar)^3 2E\delta^3\,(p-p')\cdot\langle n|n\rangle. \tag{C.27}$$

Dabei ist der Proportionalitätsfaktor n_p gerade die Zahl der Teilchen mit dem Impuls p, da ja $\underline{n}_p = \underline{a}^\dagger(p)\underline{a}(p)$ der Teilchenzahloperator ist. Für n_p setzen wir die Bose-Einstein-Verteilung (C.18) mit $\mu = 0$ an:

$$n_p = \frac{1}{e^{E/kT} - 1}. \tag{C.28}$$

Für das Quadrat des thermischen Mittelwerts des Φ-Feldes folgt:

$$\begin{aligned}
\left\langle \underline{\Phi}^\dagger(x)\underline{\Phi}(x)\right\rangle_T &= \int \frac{d^3p}{(2\pi\hbar)^3}\frac{d^3p'}{(2\pi\hbar)^3}\left\langle n|\underline{\Phi}_p^\dagger\underline{\Phi}_{p'}|n\right\rangle \\
&= \int \frac{d^3p}{(2\pi\hbar)^3}\cdot\frac{\hbar c}{2E}\left[1 + 2n_p\right] \\
&= \int_0^\infty \frac{\hbar c}{(2\pi\hbar)^3}\frac{4\pi\sqrt{E^2 - m^2c^4}dE}{c^3}\left(\frac{1}{2} + \frac{1}{e^{E/kT} - 1}\right).
\end{aligned} \tag{C.29}$$

Der erste Term ist gerade die Nullpunktsenergie, die wir durch Festlegen des Nullpunkts der Energieskala loswerden. Was bleibt, interpretieren wir als den Erwartungswert des skalaren Feldes bei hoher Temperatur. Im relativistischen Grenzfall ($E \gg mc^2$) erhalten wir

$$
\begin{aligned}
\underline{\Phi}_T^2 = \left\langle \underline{\Phi}^\dagger \underline{\Phi} \right\rangle_T &\approx \int_0^\infty \frac{\hbar c}{(2\pi\hbar)^3} \frac{4\pi E dE}{c^3} \frac{1}{e^{E/kT} - 1} \\
&= \frac{1}{2\pi^2} \left(\frac{kT}{\hbar c} \right)^2 \int_0^\infty \frac{x dx}{e^x - 1} = \frac{1}{12} \left(\frac{kT}{\hbar c} \right)^2 .
\end{aligned} \tag{C.30}
$$

D. Wahrscheinlichkeiten und Verteilungen

Die Wahrscheinlichkeit für ein Ereignis ist eine Zahl zwischen 0 und 1, die angibt, welcher Anteil einer großen Zahl von Versuchen eben dieses Ereignis zur Folge hat. Je mehr Versuche wir unternehmen, desto dichter wird die Erfolgsquote an dieser Zahl liegen. Zum Beispiel ist die Wahrscheinlichkeit, bei einem Münzwurf auf die Seite der Zahl zu treffen, gleich 1/2, vorausgesetzt, daß der Wurf keinen äußeren Einflüssen unterworfen ist. Genauso ist es einleuchtend, daß jede Seite eines Würfels in 1/6 aller Versuche oben liegen sollte. Nehmen wir aber einmal an, daß ein Falschspieler den Würfel so präpariert hat, daß die Sechs doppelt so häufig auftritt wie die anderen Zahlen. Welches sind nun die Wahrscheinlichkeiten für die sechs Zahlen? Dazu vergegenwärtigen wir uns, daß die Summe aller individuellen Wahrscheinlichkeiten Eins ergeben muß, da ja irgendeine Seite oben liegen *muß*, also

$$w_1 + w_2 + w_3 + w_4 + w_5 + w_6 = 1.$$

Außerdem gilt für die manipulierte Sechs:

$$w_6 = 2 \cdot \frac{1}{5}\left(w_1 + w_2 + w_3 + w_4 + w_5\right).$$

Beide Gleichungen ergeben $w_6 = 2/7 = 0.2857\ldots$ Die Wahrscheinlichkeiten $w_1, /, \ldots, w_5$ sind natürlich wieder alle gleich und betragen 1/7. Dies ist ein Beispiel für eine Wahrscheinlichkeitsverteilung, die nicht flach ist, sondern gewisse Werte bevorzugt. Man nennt das eine „gewichtete Verteilung". Es ist üblich, solche Verteilungen, die auch kontinuierlich sein können, durch zwei Zahlen zu kennzeichnen, den Mittelwert und die Varianz. Der Mittelwert ist schlicht die mit den individuellen Wahrscheinlichkeiten gewichtete Summe der möglichen Werte:

$$\langle x \rangle = x_1 w_1 + x_2 w_2 + \ldots,$$

im Falle unseres manipulierten Würfels also

$$\langle x \rangle = \frac{1}{7}\left(1 + 2 + 3 + 4 + 5\right) + \frac{2}{7} \cdot 6 = \frac{27}{7} = 3.8571\ldots$$

Ein normaler Würfel hat

$$\langle x \rangle = \frac{1}{6} (1 + 2 + 3 + 4 + 5 + 6) = \frac{21}{6} = 3.5.$$

Mit einer großen Anzahl von Würfen kann man also durch Bestimmung des Mittelwerts etwas über die Qualität des Würfels aussagen. Nun erhalten wir den Mittelwert 3.5 aber auch mit einer Münze, sozusagen einem zweiseitigen Würfel, deren beide Seiten 3 oder 4 Augen entsprechen. Um diese beiden Fälle voneinander zu unterscheiden, brauchen wir noch eine Angabe über die „Breite" der Verteilung. Das liefert uns die Varianz, die definiert ist als die Differenz zwischen dem Mittelwert des Quadrats

$$\langle x^2 \rangle = x_1^2 w_1 + x_2^2 w_2 + \dots$$

und dem Quadrat des Mittelwerts:

$$\langle x \rangle^2 = (x_1 w_1 + x_2 w_2 + \dots)^2.$$

Wir rechnen leicht nach, daß die Varianz eines guten Würfels $\frac{35}{12} = 2.9166\dots$ beträgt, die unseres manipulierten Würfels $\frac{160}{49} = 3.2653\dots$ und die einer Münze mit 3 beziehungsweise 4 Augen auf den beiden Seiten $\frac{1}{4}$. Je größer die Varianz, desto breiter ist die Verteilung.

Betrachten wir nun anstelle eines Würfelwurfs mit seinen sechs möglichen Ausgängen eine Art Glücksrad, bei dem die Stellung eines Zeigers relativ zu einer festen Ausgangsposition einem Wert im Intervall $[0, 1]$ entspricht. Die Wahrscheinlichkeit, daß der Zeiger zwischen x und $x + \mathrm{d}x$ landet, ist bei infinitesimal kleinem $\mathrm{d}x$ gleich $f(x)\mathrm{d}x$, wobei $f(x)$ nun eine *kontinuierliche* Verteilungsfunktion ist. Die Bedingung, daß der Zeiger irgendwo zwischen 0 und 1 landen muß, läßt sich durch ein Integral ausdrücken:

$$\int_0^1 f(x)\mathrm{d}x = 1.$$

Wenn die Wahrscheinlichkeit für alle Werte von x gleich ist, ist $f(x) = 1$. Der Mittelwert dieser flachen Verteilung ist

$$\langle x \rangle = \int_0^1 x f(x)\mathrm{d}x = \int_0^1 x \mathrm{d}x = \frac{1}{2},$$

ihre Varianz ist

$$\sigma^2 = \langle x^2 \rangle - \langle x \rangle^2 = \int_0^1 x^2 f(x)\mathrm{d}x - \left[\int_0^1 x f(x)\mathrm{d}x \right]^2 = \frac{1}{3} - \left[\frac{1}{2} \right]^2 = \frac{1}{12}.$$

Nun sind flache Wahrscheinlichkeitsverteilungen bei weitem nicht der interessanteste Fall. Zur Herleitung von Verteilungen, die in der Praxis eine große Rolle spielen, müssen wir einen kleinen Umweg machen. Dazu werden wir uns zunächst von der Beschränkung einer sehr großen Versuchsreihe befreien.

Binomial-Verteilung

Wir möchten herausfinden, wie oft ein Ereignis, dessen individuelle Wahrscheinlichkeit p ist, bei n Versuchen auftritt. Da die Wahrscheinlichkeit für das gemeinsame Auftreten von zwei unkorrelierten Ereignissen gerade das Produkt der Einzelwahrscheinlichkeiten ist, erwarten wir, daß wir r Erfolge mit einer relativen Häufigkeit von p^r vorfinden werden. Das ist aber nicht ganz korrekt, da wir noch sicherstellen müssen, daß wir bei den übrigen $n - r$ Versuchen keinen Treffer landen. Die relative Häufigkeit dafür wäre $(1-p)^{n-r}$. Also setzen wir unsere Verteilung für die Variable r als das Produkt der beiden Häufigkeiten an:

$$f(n; r; p) = p^r (1 - p)^{n-r}.$$

Allerdings müssen wir das noch mit der Zahl der möglichen Kombinationen von r Ereignissen in n Versuchen multiplizieren. Im Fall $n = 4$ und $r = 2$ haben wir zum Beispiel sechs Möglichkeiten: die beiden Erfolge können an erster und zweiter, an erster und dritter, erster und vierter, zweiter und dritter, zweiter und vierter und an dritter und vierter Stelle auftreten. Das ist die Zahl der Möglichkeiten, vier Zahlen anzuordnen ($4! = 4 \cdot 3 \cdot 2 \cdot 1$), dividiert durch das Produkt aus den möglichen Anordnungen von zwei Zahlen ($2! = 2$) und den möglichen Anordnungen von $(4 - 2) = 2$ Zahlen:

$$\frac{4!}{2! \, (4 - 2)!} = \frac{4 \cdot 3 \cdot 2 \cdot 1}{(2 \cdot 1) \, (2 \cdot 1)} = 6.$$

Damit erhalten wir schließlich die Binomial-Verteilung:

$$f(n; r; p) = \frac{n!}{r! \, (n - r)!} p^r (1 - p)^{n-r}. \tag{D.1}$$

Poisson-Verteilung

In vielen praktischen Fällen wird p sehr klein und n sehr groß sein, und die mittlere Häufigkeit des betrachteten Ereignisses ist einfach $\mu = np$. Wir interessieren uns nun für die Verteilung der Ergebnisse um diesen Mittelwert und betrachten die Binomial-Verteilung für den Grenzwert $p \ll 1$ und $n \to \infty$:

$$\lim_{n \to \infty} \frac{n!}{r! \, (n - r)!} p^r (1 - p)^{n-r}$$

$$= \lim_{n \to \infty} \frac{1}{r!} \frac{n!}{(n - r)! n^r} \mu^r \left(1 - \frac{\mu}{n}\right)^n \left(1 - \frac{\mu}{n}\right)^{-r}$$

$$= \lim_{n \to \infty} \frac{\mu^r}{r!} \sum_{\nu=0}^{n} \frac{n!}{\nu! \, (n - \nu)!} \left(-\frac{\mu}{n}\right)^\nu = \frac{\mu^r e^{-\mu}}{r!}.$$

Dabei haben wir den Grenzübergang

$$\frac{n!}{(n-r)!} = n(n-1)(n-2)\ldots(n-r+1) \xrightarrow{n \gg r, 1} n^r$$

und den binomischen Lehrsatz

$$(a+b)^n = \sum_{\nu=0}^{n} \frac{n!}{\nu!\,(n-\nu)!} a^{n-\nu} b^{\nu}$$

für den Fall $a = 1$ und $b = -\mu/n$ benutzt. Diese Poisson-Verteilung

$$f(r;\mu) = \frac{\mu^r e^{-\mu}}{r!} \tag{D.2}$$

gibt uns also an, mit welcher Wahrscheinlichkeit wir bei einer sehr großen Zahl von Versuchen r-mal das richtige Ergebnis finden, wenn der Mittelwert μ ist. Im nachhinein können wir noch einmal nachrechnen, ob der richtige Mittelwert herauskommt:

$$\langle r \rangle = \sum_{r=0}^{\infty} r \frac{\mu^r e^{-\mu}}{r!} = e^{-\mu} \sum_{r=1}^{\infty} \frac{\mu^r}{(r-1)!}$$

$$= \mu e^{-\mu} \sum_{r=0}^{\infty} \frac{\mu^r}{r!} = \mu.$$

Kurioserweise erhalten wir dasselbe Ergebnis für die Varianz:

$$\sigma^2 = \langle r^2 \rangle - \mu^2$$

$$= \sum_{r=0}^{\infty} r^2 \frac{\mu^r e^{-\mu}}{r!} - \mu^2 = e^{-\mu} \sum_{r=0}^{\infty} r^2 \frac{\mu^r}{r!} - \mu^2$$

$$= e^{-\mu} \left(\sum_{r=0}^{\infty} r(r-1) \frac{\mu^r}{r!} + \sum_{r=0}^{\infty} r \frac{\mu^r}{r!} \right) - \mu^2$$

$$= e^{-\mu} \left(\mu^2 \sum_{r=2}^{\infty} \frac{\mu^{(r-2)}}{(r-2)!} + \mu \sum_{r=1}^{\infty} \frac{\mu^{(r-1)}}{(r-1)!} \right) - \mu^2$$

$$= \mu^2 + \mu^2 - \mu^2 = \mu^2.$$

Die statistische Unsicherheit ist definiert durch die Wurzel aus der Varianz. Finden wir also in einem Experiment, das den Gesetzen der Poisson-Verteilung folgt, N Ereignisse, beträgt die Unsicherheit $\sqrt{N}$. Der relative Fehler

$$\frac{\Delta N}{N} = \frac{1}{\sqrt{N}} \tag{D.3}$$

wird also mit der Zahl der Ereignisse, also letzten Endes mit der Länge des Versuchs, immer kleiner.

Die Fakultät $r!$ kann bei großem r in guter Näherung durch eine Funktion ersetzt werden:[1]

$$r! = r \cdot (r-1) \cdot (r-2) \cdot \ldots \cdot 3 \cdot 2 \cdot 1 \approx \sqrt{2\pi r}\,\frac{r^r}{e^r}\left(1 + \mathcal{O}\left(\frac{1}{r}\right)\right).$$

Diese „Stirling-Formel" wenden wir nun an, um die Poisson-Verteilung (D.2) bei großem r weiter zu vereinfachen:

$$\frac{\mu^r e^{-\mu}}{r!} = \frac{1}{\sqrt{2\pi r}}e^{r - r\ln r + r\ln\mu - \mu} = \frac{1}{\sqrt{2\pi r}}e^{r - \mu - r\ln\frac{r}{\mu}}.$$

Führen wir eine neue Variable $z = (r - \mu)/\mu$ ein, deren Betrag, die relative Abweichung vom Mittelwert, relativ zu diesem klein ist, bekommen wir:

$$\frac{1}{\sqrt{2\pi r}}e^{-\mu(1+z)\ln(1+z)+\mu z} \approx \frac{1}{\sqrt{2\pi r}}e^{-\mu(1+z)\left(z - \frac{z^2}{2}\right)+\mu z}$$

$$\approx \frac{1}{\sqrt{2\pi r}}e^{-\mu z^2/2} = \frac{1}{\sqrt{2\pi r}}e^{-\frac{(r-\mu)^2}{2\mu}}.$$

Hier haben wir wieder eine Taylor-Entwicklung, die des Logarithmus

$$\ln(1+z) = z - \frac{z^2}{2} + \frac{z^3}{3} - \ldots$$

verwendet und Terme bis zur zweiten Ordnung mitgenommen. Schließlich können wir im Vorfaktor noch r durch μ ersetzen und erhalten die Verteilung

$$f(r;\mu) = \frac{1}{\sqrt{2\pi\mu}}e^{-\frac{(r-\mu)^2}{2\mu}},$$

die für große r eine gute Näherung für die Poisson-Verteilung (D.2) ist. Ohne es explizit nachzurechnen, führen wir an, daß auch hier Mittelwert und Varianz gleich dem einzigen Parameter μ sind.

---

[1] Bewiesen wird das durch Abschätzung der „Gamma-Funktion":

$$r! = \Gamma(r+1) = \int_0^\infty dt\, t^r e^{-t} = \int_0^\infty dt\, e^{r\ln t - t}.$$

Wir nähern den Integranden, indem wir das Argument der Exponentialfunktion durch eine Taylor-Entwicklung bis zur zweiten Ordnung in der Nähe seines Maximums ($t = r$) ersetzen:

$$r\ln t - t \approx (r\ln r - r) + 0 - \frac{(t-r)^2}{2r}.$$

Hier hat auch der Integrand sein Maximum. Mit Hilfe einer Integraltafel [91] erhalten wir

$$\int_0^\infty dt\, t^r e^{-t} \approx e^{r\ln r - r}\int_0^\infty dt\, e^{-(t-r)^2/2r} \stackrel{r \gg 1}{\approx} e^{r\ln r - r}\int_{-\infty}^\infty dt\, e^{-(t-r)^2/2r}$$

$$= r^r e^{-r}\sqrt{2\pi r}.$$

Gauß-Verteilung

Wären wir direkt von der Binomial-Verteilung (D.1) ausgegangen, hätten wir auf ähnliche Weise, nämlich durch Anwendung der Stirling-Formel auf die Fakultäten, ein etwas anderes Ergebnis bekommen, nämlich die Gauß- oder Normal-Verteilung

$$f(r; \mu; \sigma) = \frac{1}{\sqrt{2\pi}\sigma} e^{-\frac{(r-\mu)^2}{2\sigma^2}} \tag{D.4}$$

mit $\mu = np$ und $\sigma^2 = np(1-p)$. Für $p \ll 1$ geht sie wegen $\sigma^2 \approx \mu$ in die zuvor hergeleitete Form als Grenzfall der Poisson-Verteilung über. In der allgemeinen Form hat sie eine große Bedeutung als Beschreibung der Verteilung von fehlerbehafteten Meßwerten. Das leuchtet ein, wenn man bedenkt, daß das Messen im Grunde ein Zählprozeß ist, wie wir ihn zur Einführung der Binomial-Verteilung diskutiert haben. Denn in einer Messung bestimmt man ja, wie viele vorher definierte Maßeinheiten in das zu messende Objekt „passen". Unter der Voraussetzung, daß die Einheiten klein genug sind, also die Zahl der Einheiten groß, sollte darum die Gauß-Verteilung anwendbar sein. Das kann man, allerdings mit einigem mathematischen Aufwand, streng beweisen. Das Integral der Verteilung zwischen $\mu - \sigma$ und $\mu + \sigma$ liefert den Wert 0.68 [91]. Ist ein Meßwert μ also mit dem „Fehler" σ behaftet, werden wir bei Wiederholungen der Messung in 68% der Fälle ein Ergebnis zwischen $\mu - \sigma$ und $\mu + \sigma$ erhalten. Man spricht von einem „Vertrauensintervall" oder „Vertrauensniveau" (englisch confidence level). Zwei „Standardabweichungen" σ entsprechen einem Vertrauensniveau von 95%, bei 3σ erreichen wir 99%, und so weiter. Eine hundertprozentige Messung gibt es nicht!

Zur Vollständigkeit erwähnen wir noch, daß die Fehler oder Standardabweichungen von n Messungen „χ^2-verteilt" sind:

$$f(n; \chi^2) = \frac{1}{2^{n/2}\Gamma\left(\frac{n}{2}\right)} e^{-\chi^2/2} \left(\chi^2\right)^{(n/2)-1} .$$

Die Größe

$$\frac{\chi^2}{n-1} = \frac{1}{n-1} \sum_{i=1}^{n} \frac{(x_i - \mu)^2}{\sigma_i^2}$$

darf für n Messungen x_i mit den Standardabweichungen σ_i und dem nach der Größe der Fehler gewichteten Mittelwert

$$\mu = \left(\sum_{i=1}^{n} \frac{x_i}{\sigma_i^2}\right) / \left(\sum_{i=1}^{n} \frac{1}{\sigma_i^2}\right)$$

nicht viel größer als Eins sein, wenn die Messungen miteinander verträglich sein sollen.

Negative Binomial- und Exponential-Verteilung

Wir kehren noch einmal zum ursprünglichen Ansatz für die Binomial-Verteilung (D.1) zurück und betrachte wieder eine Serie von Experimenten, wobei uns ein bestimmtes Ereignis interessiert, dessen individuelle Wahrscheinlichkeit p beträgt. Wir möchten nun wissen, wie oft wir erwarten können, daß dieses Ereignis beim n-ten Versuch genau zum r-ten Mal auftritt. Das ist offensichtlich das Produkt aus der Einzelwahrscheinlichkeit p und der Binomial-Verteilung für $r - 1$ „Erfolge" in $n - 1$ Versuchen:

$$\begin{aligned}
f(n;r;p) &= \frac{(n-1)!}{(r-1)!\,(n-r)!}p^{r-1}(1-p)^{n-r}\cdot p \\
&= \frac{(n-1)!}{(r-1)!\,(n-r)!}p^{r}(1-p)^{n-r}.
\end{aligned} \tag{D.5}$$

Dies ist die negative Binomial-Verteilung, eine Bezeichnung, die darauf zurückzuführen ist, daß für $r > 0$ und $|b| < a$ die Entwicklung

$$\begin{aligned}
(a-b)^{-r} &= a^{-r}\left(1-\frac{b}{a}\right)^{-r} \\
&= a^{-r} + rba^{-r-1} + \frac{r(r+1)}{2!}b^{2}a^{-r-2} + \dots \\
&= \sum_{n=r}^{\infty}\frac{(n-1)!}{(r-1)!(n-r)!}b^{n-r}a^{-n}
\end{aligned}$$

möglich ist. So gilt mit $q = 1 - p$

$$\begin{aligned}
1 = p^{r}(1-q)^{-r} &= \sum_{n=r}^{\infty}\frac{(n-1)!}{(r-1)!(n-r)!}p^{r}(1-p)^{n-r} \\
&= \sum_{n=r}^{\infty}f(n;r;p).
\end{aligned}$$

Die Verteilung ist also bereits normiert. Für $r = 1$ vereinfacht sie sich:

$$f(n;1;p) = p(1-p)^{n-1}.$$

Die Wahrscheinlichkeit dafür, daß wir n Versuche bis zum ersten Erfolg warten müssen, ist dann

$$f(n+1;1;p) = p(1-p)^{n}.$$

Für $n \gg 1$ erhalten wir

$$f(n+1; 1; p) = p \sum_{k=0}^{n} \frac{n!}{k!(n-k)!} (-p)^k$$

$$= p \sum_{k=0}^{n} \frac{(-p)^k}{k!} \cdot n \cdot (n-1) \cdot \ldots \cdot (n-k+1)$$

$$\approx \sum_{k=0}^{n} \frac{(-np)^k}{k!} \approx p e^{-np}.$$

Wenn n_0 die mittlere Zahl der der Versuche bis zum ersten Erfolg ist, gilt natürlich $p = 1/n_0$. Damit kommen wir auf die Exponential-Verteilung

$$f(n; n_0) = \frac{1}{n_0} e^{-n/n_0}. \tag{D.6}$$

Sie beschreibt zum Beispiel die Statistik der Wechselwirkungen eines Teilchens, das eine Materialschicht durchdringt.

Zum Schluß stellen wir noch einmal die drei kontinuierlichen Verteilungen zusammen, die wir als Grenzwerte diskreter Verteilungen für sehr große Versuchsreihen hergeleitet haben:

Poisson-Verteilung

$$f(r; \mu) = \frac{\mu^r e^{-\mu}}{r!}.$$

Sie gibt die Wahrscheinlichkeit dafür an, daß wir in sehr vielen Versuchen r-mal das gewünschte Ergebnis erhalten, wenn wir im Mittel, also bei häufiger Wiederholung derselben Versuchsreihe, μ Mittelwert Erfolge erwarten. Ihre Varianz ist mit dem Mittelwert identisch. Natürlich ist r eine ganze positive Zahl, während μ reell und positiv ist. Wir haben sie aus der Binomial-Verteilung (D.1) mit $\mu = np = \text{const}$ für $n \to \infty$ konstruiert.

Gauß- oder Normal-Verteilung

$$f(r; \mu : \sigma) = \frac{1}{\sqrt{2\pi}\sigma} e^{-\frac{(r-\mu)^2}{2\sigma^2}}.$$

Auch die Gauß-Verteilung ist ein Grenzfall der Binomial-Verteilung für eine große Zahl von Versuchen. Allerdings sind hier der Mittelwert μ und die Varianz σ^2 unabhängig voneinander. Die Bedeutung der Gauß-Verteilung besteht vor allem im Zusammenhang mit der Verteilung von fehlerbehafteten Meßergebnissen. In der Praxis sind daher r, μ und σ reelle Zahlen, r und μ können auch negativ sein.

Exponential-Verteilung

$$f(n; n_0) = \frac{1}{n_0} e^{-n/n_0}.$$

Sie ist auf dieselbe Weise aus der negativenBinomial-Verteilung (D.5) konstruiert worden wie die Poisson-Verteilung aus der binomialen. Ihr Mittelwert ist n_0, ihre Varianz n_0^2. Wir brauchen sie zur Beschreibung von Wechselwirkungen in einem begrenzten Raum- oder Zeit-Intervall. Die formale Ähnlichkeit mit dem Zerfallsgesetz (siehe den folgenden Anhang) ist keineswegs zufällig.

Natürlich ist diese Liste keineswegs vollständig. Jede Funktion, deren Integral über eine bestimmten Bereich ihrer Variablen auf Eins normiert ist, kann eine Wahrscheinlichkeitsverteilung Verteilung sein, die auf einen stochastischen Prozeß angewendet werden kann. Darüberhinaus gibt es auch Prozesse, die von mehreren Variablen abhängen. Sie sind mit mit mehrdimensionalen Funktionen verbunden, deren Variablen im allgemeinen korreliert sind, sodaß die Bestimmung der Varianz einer einzelnen Variablen erschwert wird. Für den Experimentator ist die Beherrschung der Statistik eine unverzichtbare Voraussetzung, um die Aussagekraft eines Meßergebnisses abschätzen zu können. Für die Rechnungen in diesem Buch sind die drei aufgeführten eindimensionalen Verteilungen ausreichend.

E. Zerfallsraten und Wirkungsquerschnitte

In einem Ensemble nimmt die Zahl N von instabilen Teilchen in einem kurzen Beobachtungsintervall dt um

$$-dN = N\Gamma dt$$

ab, wobei Γ eine intrinsische Zerfallsrate ist. Die Proportionalität zur Zahl der *vorhandenen* Teilchen ist eine naheliegende, durch die Erfahrung bestätigte Annahme. Die Lösung dieser Differentialgleichung erster Ordnung erhalten wir durch „Trennung der Variablen":

$$\frac{dN}{N} = -\Gamma dt$$

und separate Integration beider Seiten:

$$\ln N = -\Gamma t + C \text{ oder } N = \exp(-\Gamma t) + C$$

mit einer Integrationskonstanten C. Diese bestimmen wir dadurch, daß wir die Teilchenzahl N_0 zum Zeitpunkt $t = 0$ festlegen:

$$N(t) = e^{-\Gamma t} = N_0 e^{-\Gamma t}. \tag{E.1}$$

Das exponentielle Zerfallsgesetz ist universell gültig[1] und enthält einen einzigen materialabhängigen Parameter, die Rate Γ, die wir auch als den Kehrwert einer charakteristischen Zerfallszeit $\tau = 1/\Gamma$ schreiben können.

Nach der Zeit τ sind also nur noch $N/e \approx 0.37N$ Teilchen übrig. Die Hälfte der Teilchen ist nach der Halbwertszeit

$$T_{1/2} = \ln 2 \cdot \tau \approx 0.6931\tau \tag{E.2}$$

zerfallen. Ersetzen wir τ durch $T_{1/2}$, wird das Zerfallsgesetz:

---

[1] Wenn die zerfallenden Teilchen jedoch selbst Zerfallsprodukte sind – man spricht hier von Mutter- und Tochterteilchen – wird das Gesetz dadurch modifiziert, daß N in der Differentialgleichung nun zeitabhängig ist. Das hat ganz erstaunliche Konsequenzen: sind zum Beispiel die Mutterteilchen wesentlich langlebiger als die Tochterteilchen, zerfallen beide *scheinbar* mit der Rate der Mutterteilchen. Man sagt dann, daß die Tochterteilchen im säkularen Gleichgewicht seien.

$$N(t) = N_0 \exp \frac{-t \ln 2}{T_{1/2}}.$$

Die Zahl der Zerfälle pro Zeiteinheit ist die „Aktivität":

$$-\dot{N}(t) = N_0 \frac{\ln 2}{T_{1/2}} \exp \frac{-t \ln 2}{T_{1/2}} = \frac{\ln 2}{T_{1/2}} N(t).$$

Nicht allzu kurze Halbwertszeiten kann man durch Ausmessen der Zerfallskurve direkt bestimmen. Sehr kurze Halbwertszeiten erschließt man über die Unbestimmtheitsrelation $\Delta E \Delta t \geq \hbar$ aus der energetischen Verschmierung des zerfallenden Zustands, also der Linienbreite. Manche angeregte Zustände in Kernen haben Lebensdauern in einem Bereich, der weder der direkten Messung der Zerfallskurve zugänglich ist, noch Linienbreiten umfaßt, die die Energieauflösung gebräuchlicher Detektoren übersteigen. Man kann die natürliche Energieunschärfe eines solchen Zustands jedoch indirekt mit Hilfe des Mößbauer-Effekts [130] messen, und das sehr genau. Um den Mechanismus zu verstehen, machen wir uns klar, daß ein ruhender, freier Kern einen Rückstoß erleidet, wenn er ein Photon emittiert. Der Impuls des Photons, $p = E/c = h\nu/c$, wird nämlich in entgegengesetzter Richtung auf den Kern übertragen. Die kinetische Energie, die dieser dabei aufnimmt,

$$E = \frac{p^2}{2M} = \frac{(h\nu)^2}{2Mc^2},$$

kommt dem γ-Quant abhanden. Die Frequenz des Quants wird also um

$$\frac{\Delta\nu}{\nu} = \frac{h\nu}{2Mc^2}$$

vermindert. Für typische Werte von $h\nu \approx 1\,\mathrm{MeV}$ und $Mc^2 \approx 50\,\mathrm{GeV}$ beträgt die Verstimmung nur 10^{-5}, reicht aber wegen der sehr kleinen natürlichen Linienbreite aus, um eine anschließende Absorption durch einen anderen Kern desselben Typs („Resonanzabsorption") unmöglich zu machen. Allerdings wird diese Verstimmung praktisch komplett ausgeschaltet, wenn der Kern in einem Festkörper eingebaut ist. Dann nämlich steht im Nenner der Formel die Masse sehr vieler Kerne! Damit bekommt man also Linien, deren tatsächliche Breite nach der Unbestimmtheitsrelation durch die Lebensdauer des zerfallenden Zustands bestimmt ist. Man kann die Linien nun künstlich verstimmen, indem man den Quelle bewegt (siehe Abbildung E.1). Denn durch den Doppler-Effekt erhält man bereits bei einer Geschwindigkeit von 3 cm/s eine Frequenzänderung von $\Delta\nu/\nu = v/c = 10^{-10}$, die in vielen Fällen die natürliche Breite weit übersteigt. Unter anderem ist es dadurch erst möglich geworden, die Rotverschiebung eines Photons im Schwerefeld der Erde, ein Effekt von der Größenordnung 10^{-15}, zu messen und damit die allgemeine Relativitätstheorie zu testen [142].

Wenn ein dünner Teilchenstrahl ein Stück Materie durchdringt, wird er durch Wechselwirkungen abgeschwächt, das heißt die Teilchenzahl nimmt ab.

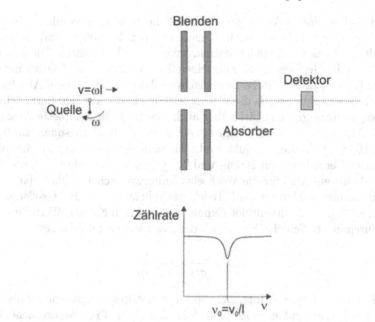

Abbildung E.1. Ein typisches Mößbauer-Experiment

Im Innern des „Targets" ist die Abnahme proportional zur Zahl der noch vorhandenen Teilchen und zur Zahl der Wechselwirkungszentren, zum Beispiel der Atome. Wenn der Strahl auf dem Target die Fläche A überdeckt, findet er innerhalb einer Schichtdicke dx gerade $N_t = (\rho/m)A\,dx = nA\,dx$ Targetteilchen, wenn ρ die Massendichte und m die Masse eines einzelnen Teilchens sind. Mit Hilfe der Avogadrozahl N_A und des „Atomgewichts" m_A können wir die Teilchenzahldichte $n = \rho/m$ auch als $n = (N_A/m_A)\rho$ ausdrücken. Die Abnahme der Strahlintensität sollte nach den Voraussetzungen unabhängig von der Strahlfläche A sein, die wir deshalb herausdividieren. Die Abnahme der Teilchenzahl setzen wir an als:

$$-dN = N\sigma\frac{\rho}{m}dx.$$

Durch Integration erhalten wir:

$$N(\Delta x) = N_0 \exp\left(-\sigma\frac{N_A}{m_A}\rho\Delta x\right). \tag{E.3}$$

Das Produkt $\rho\Delta x$ bezeichnet man als „Massenbelegung". Es wird in g/cm² angegeben und liefert nach Division durch die Targetteilchenmasse m_A/N_A die Zahl der Targetteilchen pro Einheitsfläche. Die Proportionalitätskonstante σ muß also ihrerseits die Dimension einer Fläche haben. Um uns die Bedeutung dieser Größe, des Wirkungsquerschnitts klarzumachen, betrachten wir ein einfaches Modell. Wir nehmen an, daß die Teilchen – sowohl die im Strahl als auch die im Target – harte Kugeln mit den Radien r_s und r_t sind und nur dann etwas voneinander spüren, wenn sie sich berühren. Die Fläche, in der durch die Gegenwart eines einzelnen Targetteilchens Stöße stattfinden, ist $\sigma = \pi \left(r_s + r_t \right)^2$. Für Stöße zwischen Atomkernen liefert diese Abschätzung brauchbare Ergebnisse, da die Wechselwirkung in der Tat sehr kurzreichweitig ist, wegen ihrer großen Stärke aber auch praktisch für komplette Absorption sorgt. Mit $r_t \approx r_s \approx 10^{-13}$ cm erwarten wir so Wirkungsquerschnitte von etwa 10^{-25} cm². Das Produkt $\sigma n dx$ ist dann der Teil einer Fläche, die bei zufälliger Verteilung von Strahl- und Targetteilchen „verdeckt" erscheint. Es stellt damit ein Maß für die Wechselwirkungswahrscheinlichkeit dar.

In normaler Materie sind Teilchenzahldichten von der Größenordnung 10^{23} cm^{-3}. Das Argument der Exponentialfunktion hat den Wert Eins, wenn die durchquerte Schichtdicke gleich der „Wechselwirkungslänge"

$$\lambda = \frac{1}{\sigma n} = \frac{m_A}{\sigma N_A \rho} \tag{E.4}$$

ist. Bei $x = \lambda$ ist die Intensität auf $1/e$ der ursprünglichen gefallen. Für $\sigma = 10^{-25}$ cm² und $n = 10^{23}$ cm^{-3} ist $\lambda = 1$ m. Für die schwache Wechselwirkung, deren Wirkungsquerschnitte eher von der Größenordnung 10^{-42} cm² sind, werden Wechselwirkungslängen jedoch viel größer: $\lambda \approx 10^{17}$ m, oder acht Milliarden Erddurchmesser. Das bedeutet aber nicht, daß man acht Milliarden Erden aneinanderreihen muß, um Neutrinos nachweisen zu können. In einem Abstand von 10 m vom Kern eines Leistungsreaktors strömen zum Beispiel etwa 10^{13} Neutrinos pro cm² und Sekunde nach außen. Stellt man dort einen Detektor von 1 m³ mit einer Teilchenzahldichte von 10^{23} cm^{-3} auf, bekommt man im Mittel

$$N = N_0 \left(1 - e^{x/\lambda} \right) \approx N_0 \frac{x}{\lambda} \approx 860$$

„Ereignisse" pro Tag. Wegen des hohen Untergrunds durch natürliche Radioaktivität im Detektormaterial – nicht etwa durch Radioaktivität aus dem Reaktor! – sind solche Experimente dennoch außerordentlich schwierig und erfordern äußerste Sorgfalt.

Meistens mißt man jedoch nicht den totalen, sondern den differentiellen Wirkungsquerschnitt. Man schießt einen gebündelten Teilchenstrahl auf ein Target und mißt sowohl die Zahl der ohne Wechselwirkung weiterfliegenden Teilchen – das ist im Fall eines dünnen Targets und hinreichend schwacher Wechselwirkung eine sehr gute Näherung für die Zahl der einfallenden Teilchen – als auch die Zahl der unter einem bestimmten Winkel gestreuten Teilchen. Die Anordnung könnte etwa so aussehen, wie in der Abbildung E.2 gezeigt. Die Zahl der Wechselwirkungen ergibt sich aus der Differenz zwischen der Zahl der einfallenden Teilchen N_0 und der nach Strecke Δx noch existierenden Intensität $N(\Delta x)$:

Abbildung E.2. Zur Messung des differentiellen Wirkungsquerschnitts

$$N = N_0 \left[1 - \exp\left(-\sigma \frac{N_A}{m_A} \rho \Delta x \right) \right].$$

Die Bedingung eines dünnen Targets und kleinen Wirkungsquerschnitts bedeutet, daß das Argument der Exponentialfunktion klein ist. Damit können wir sie Taylor-entwickeln und nach dem ersten Glied abbrechen:

$$N = N_0 \left[1 - \left(1 - \sigma \frac{N_A}{m_A} \rho \Delta x + \ldots \right) \right] \approx N_0 \sigma \frac{N_A}{m_A} \rho \Delta x$$

und damit

$$\sigma \approx \frac{N/N_0}{\frac{N_A}{m_A} \rho \Delta x}.$$

Kennt man die Fläche A des Detektors und seinen Abstand R vom Target, ist der von ihm überdeckte Raumwinkel A/R^2 und man bestimmt den differentiellen Wirkungsquerschnitt durch

$$\frac{d\sigma}{d\Omega} \approx \frac{R^2}{A} \frac{N/N_0}{\frac{N_A}{m_A} \rho \Delta x}.$$

Ein Flüssig-Wasserstoff-Target von 1 cm Länge hat eine Flächenbelegung von $4.3 \cdot 10^{22}$ Protonen pro cm^2. Ein Detektor von 2 cm Durchmesser in einem Abstand von 1 m überdeckt einen Raumwinkel von 0.3 msr. Den Streuwinkel legen wir durch diese Geometrie mit einer Präzision von etwa einem halben Grad fest. Wir brauchen mindestens 10000 nachgewiesene Teilchen, um den Wirkungsquerschnitt mit einer statistischen Genauigkeit von 1% messen zu können (siehe Anhang D). Hat der Strahl eine Energie von 20 MeV und ist der Detektor unter 20° installiert, beträgt der Mott-Wirkungsquerschnitt (2.122) ungefähr 14 mbarn/sr, integriert über die Detektorfläche 4.3 μbarn. Für 10000 nachgewiesene Elektronen müssen wir also ungefähr 54 Milliarden Elektronen auf das Target schießen. Das entspricht einer Ladung von $8.7 \cdot 10^{-9}$ As. Da in Beschleunigern Ströme von 10 nA ohne große Schwierigkeiten erreicht werden, kann eine solche Messung in einer knappen Sekunde durchgeführt werden!

Zerfallsraten und Wirkungsquerschnitte sind auf eine sehr tiefe Weise miteinander verknüpft. So geht zum Beispiel der β-Zerfall des freien Neutrons $n \to p + e^- + \bar{\nu}$ auf denselben elementaren Prozeß zurück wie die Reaktion $\nu + n \to p + e^-$, der „inverse β-Zerfall". Grob gesagt entspricht ein Antiteilchen auf der rechten Seite (hier ein Antineutrino) einem Teilchen auf der linken Seite und umgekehrt.[2] Damit können Zerfälle und Reaktionen – zumindest, was die Übergangswahrscheinlichkeiten betrifft – auf dieselbe Art und Weise berechnet werden.

Zum Schluß noch ein paar Bemerkungen zu den Dimensionen. Für die kleine Zahl 10^{-24} cm^2 hat man eine Einheit eingeführt, die den englischen Namen „barn" trägt („Scheune", gemeint ist wohl ein Scheunentor). Wirkungsquerschnitte mit langsamen Neutronen, aber auch der Thomson-Wirkungsquerschnitt (2.137) für die „Thomson-Streuung" von langwelligen Photonen an Elektronen, sind von der Größenordnung 1 barn. Kernreaktionen haben Wirkungsquerschnitte von einigen μbarn (10^{-30} cm^2) bis zu mehreren mbarn (10^{-27} cm^2). „Harte" Wechselwirkungen zwischen den elementaren Konstituenten der Materie, den Quarks und Leptonen, sind wesentlich seltener, mit Wirkungsquerschnitten, die mit dem Quadrat der Energie abfallen. Bei Energien, die den heutigen Beschleunigern zugänglich sind (ungefähr 1 TeV) mißt man einige nbarn (10^{-33} cm^2), für seltene Prozesse einige pbarn (10^{-36} cm^2). Aus diesen Beispielen sieht man, daß 1 barn einen *großen* Wirkungsquerschnitt darstellt. Der launige Name für die Einheit hat also eine gewisse Berechtigung.

---

[2] Das ist die im dritten Kapitel besprochene Crossing-Symmetrie.

Literaturverzeichnis

1. S. Abachi et al. (D0), Phys. Rev. Lett. **74** 2632, 1995
   F. Abe et al. (CDF), Phys. Rev. Lett. **74** 2626, 1995
2. J.N. Abdurashitov et al. (SAGE), Phys. Lett. **328B** 234, 1994
   W. Hampel et al. (GALLEX), Phys. Lett. **388B** 384, 1996
3. G.O. Abell, C. Morrison & S.C. Wolff: Exploration of the Universe,
   Saunders College Publishing, Philadelphia et al. 1987
4. M. Abramowitz & I.A. Stegun: Handbook of Mathematical Functions, Dover,
   New York 1972
5. H. Abramowicz et al. (CDHS), Phys. Rev. Lett. **57** 298, 1986
   A. Blondel et al. (CDHS), Z. Phys. **C45** 361, 1990
   J. Allaby et al. (CHARM), Z. Phys. **C36** 611, 1987
6. S. Aid et al. (H1), Nucl. Phys. **B470** 3, 1996
   M. Derrick et al. (ZEUS), Z. Phys. **C72** 399, 1996
7. R.A. Alpher, H.A. Bethe & G. Gamow, Phys. Rev. **73** 803, 1948[3]
   R.A. Alpher & R. Herman, Nature **162** 774, 1948
   G. Gamov, Phys. Rev. **74** 505, 1948 & Nature **162** 680, 1948
8. R.A. Alpher & R. Herman, Nature **162** 774, 1948
   R.A. Alpher & R. Herman, Phys. Rev. **75** 1089, 1949
9. J. Altegoer et al. (NOMAD), Nucl. Instr. Meth. **A404** 96, 1997
   E. Eskut et al. (CHORUS), Bericht CERN-PPE/97-149
10. P. Amaudruz et al. (NMC), Z. Phys. **C53** 73, 1992
11. C.D. Anderson, Phys. Rev. **43** 491, 1933
12. G. Arnison et al. (UA1), Phys. Lett. **122B** 1983 103 & **126B** 398, 1983
    M. Banner et al. (UA2), Phys. Lett. **122B** 476, 1983
    P. Bagnaia et al. (UA2), Phys. Lett. **129B** 130, 1983
13. C.G. Arroyo et al. (CCFR), Phys. Rev. Lett. **72** 3452, 1994
14. W.B. Atwood, J.D. Bjorken, S.J. Brodsky & R. Stroynowski:
    Lectures on Lepton Nucleon Scattering and Quantum Chromodynamics,
    Birkhäuser, Boston, Basel, Stuttgart 1982
15. J.J. Aubert et al., Phys. Rev. Lett. **33** 1404, 1974
    J.E. Augustin et al., Phys. Rev. Lett. **33** 1406, 1974
16. C. Alcock et al. (MACHO), Nature **365** 621, 1993
    E. Aubourg et al. (EROS), Nature **365** 623, 1993
    C. Alcock et al. (MACHO), AstroPhys. J. **486** 697, 1997
17. J.N. Bahcall, M.H. Pinsonneault & G.J. Wasserburg,
    Rev. Mod. Phys. **67** 781, 1995
    S. Turck-Chièze et al., AstroPhys. J. **408** 347, 1993
18. J.N. Bahcall & P.I. Krastev, Phys. Rev. **C56** 2839, 1997
19. A.J. Banday et al., Astrophys. J. **475** 393, 1997

---

[3] Dies ist der berühmte $\alpha\beta\gamma$-Artikel, auf dem Hans Bethe nur deshalb als Koautor angeführt wurde, um dieses Buchstaben-Spiel zu ermöglichen.

20. H.A. Bethe, Phys. Rev. **72** 339, 1947
21. V.E. Barnes et al., Phys. Rev. Lett. **12** 204, 1964
22. J.D. Bjorken & S.D. Drell: Relativistic Quantum Mechanics, McGraw-Hill, New York et al. 1964
    Deutsche Übersetzung: Relativistische Quantenmechanik, B.I.-Hochschultaschenbücher, Mannheim, Wien, Zürich 1966
    J.D. Bjorken & S.D. Drell: Relativistic Quantum Fields, McGraw-Hill, New York et al. 1965
    Deutsche Übersetzung: Relativistische Quantenfeldtheorie, B.I.-Hochschultaschenbücher, Mannheim, Wien, Zürich 1967
23. J.D. Bjorken, Phys. Rev. **179** 1547, 1969
24. R. Bjorklund et al., Phys. Rev. **77** 213, 1950
    A.G. Carlson et al., Phil. Mag. **41** 701, 1950
25. N. Bohr, Phil. Mag. **26** 1, 476 & 857, 1913
26. L. Boltzmann, Ann. Phys. **22** 291, 1884
27. M. Born & P. Jordan, Z. Phys. **34** 858, 1925
    M. Born, Z. Phys. **37** 863, 1926 & **38** 803, 1926
28. M. Born, Z. Phys. **37** 863, 1926 & **38** 803, 1926
29. M. Born, Naturwissenschaften **20** 269, 1932
30. S.N. Bose, Z. Phys. **26** 178, 1924 & **27** 384, 1927
    A. Einstein, Sitzungsberichte der Preußischen Akademie der Wissenschaften 1924, S. 261 ff. & Z. Phys. **27** 392, 1924
31. D.A. Bryan, G.I. Powell & C.H. Perry, Nature **356** 582, 1992
32. E.M. Burbridge et al., Rev. Mod. Phys. **29** 547, 1957
    siehe auch [95]
33. N. Cabbibo, Phys. Rev. Lett. **10** 531, 1963
34. C.G. Callan & D.J. Gross, Phys. Lett. **22** 156, 1969
35. S. Chandrasekhar, Month. Not. Roy. Astron. Soc. **95** 226 & 676, 1935
36. P.A. Cherenkov, Dokl. Akad. Nauk SSSR **2** 451, 1934
    P.A. Cherenkov, Phys. Rev. **52** 378, 1937
37. J.H. Christensen et al., Phys. Rev. Lett. **13** 138, 1964
    J.H. Christensen et al., Phys. Rev. **140** B74, 1965
38. S. Coleman & J. Mandula, Phys. Rev. **159** 1251, 1967
39. S. Coleman & E. Weinberg, Phys. Rev. **D7** 1888, 1973
40. P.D.B. Collins, A.S. Martin & E.J. Squires: Particle Physics and Cosmology, John Wiley & Sons, New York et al. 1989
41. A. Compton, Phys. Rev. **21** 483, 1923
42. C.J. Copi, D.N. Schramm & M.S. Turner, Science **267** 192, 1995
43. S.M. Dancoff, Phys. Rev. **55** 959, 1939
44. G. Danby et al., Phys. Rev. Lett. **9** 36, 1962
45. L. de Broglie, Comptes Rendus Acad. Sci. Paris **177** 507 & 548, 1923
46. W. de Sitter, Month. Not. Roy. Astron. Soc. **78** 3, 1917
47. P.A.M. Dirac, Proc. Roy. Soc. London **A109** 642, 1925
    P.A.M. Dirac: The Principles of Quantum Mechanics, Clarendon Press, Oxford 1930
48. P.A.M. Dirac, Proc. Roy. Soc. London **A117** 610, 1928 & **A118** 351, 1928
49. P.A.M. Dirac: The Principles of Quantum Mechanics, Clarendon Press, Oxford 1930
50. P.A.M. Dirac, Proc. Roy. Soc. London **A126** 360, 1930 & **A118** 351, 1928
51. P.A.M. Dirac, Nature **139** 323 & 1001, 1937
    P.A.M. Dirac, Proc. Roy. Soc. London **A139** 199, 1938
52. S.D. Drell & T.M. Yan, Phys. Rev. Lett. **25** 316, 1970

53. F.W. Dyson, A.S. Eddington & C. Davidson,
    Phil. Trans. Roy. Soc. London **A200** 291, 1920
54. A. Einstein, Ann. Phys. **17** 891, 1905
55. A. Einstein, Ann. Phys. **17** 132, 1905 & **20** 199, 1906
56. A. Einstein, Jahrbuch der Radioaktivität und Elektronik **4** 411, 1908 &
    5 98, 1908 (Berichtigungen)
    Auf Seite 443 wird außer dem Äquivalenzprinzip auch die berühmte Formel
    (2.11) zum ersten Mal erwähnt.
57. A. Einstein, Sitzungsberichte der Preußischen Akademie der Wissenschaften
    1915, S. 778 ff. & 799 ff.
58. A. Einstein, Sitzungsberichte der Preußischen Akademie der Wissenschaften
    1915, S. 831 ff.
59. A. Einstein & W.J. de Haas, Verh. der DPG **17** 152, 1915
60. A. Einstein, Sitzungsberichte der Preußischen Akademie der Wissenschaften
    1917, S. 142 ff.
    A. Friedmann, Z. Phys. **10** 377, 1922
    A. Friedmann, Z. Phys. **21** 326, 1924
61. A. Einstein, Sitzungsberichte der Preußischen Akademie der Wissenschaften
    1931, S. 235 ff.
62. A. Einstein, in einem Brief an C. Lanczos, 21. März 1942
63. J. Einasto et al., Nature **385** 139, 1997
64. E. Eskut et al. (CHORUS), Bericht CERN-PPE/97-149
65. S.M. Faber & R.E. Jackson, AstroPhys. J. **204** 668, 1976
66. E. Fermi, Z. Phys. **36** 902, 1926
    P.A.M. Dirac, Proc. Roy. Soc. London **A112** 661, 1926
67. E. Fermi, Z. Phys. **88** 161, 1934
68. E. Fermi, Phys. Rev. **75** 1169, 1949
69. R.P. Feynman, Phys. Rev. **76** 749 & 769, 1949
70. R.P. Feynman, R.B. Leighton & M. Sands: The Feynman Lectures on Physics,
    Addison-Wesley, Reading et al. 1964
71. D.J. Fixsen et al., AstroPhys. J. **473** 576, 1996
72. J. Franck & G. Hertz, Verh. der DPG **13** 967, 1911, **15** 373, 1913 & **16** 512, 1914
73. I.M. Frank & I. Tamm, Dokl. Akad. Nauk SSSR **14** 109, 1937
74. A. Friedmann, Z. Phys. **10** 377, 1922
    A. Friedmann, Z. Phys. **21** 326, 1924
75. H. Fritzsch, M. Gell-Mann & H. Leutwyler, Phys. Lett. **47B** 365, 1973
76. G. Gamov & E. Teller, Phys. Rev. **49** 895, 1936
77. G. Gamov, Phys. Rev. **74** 505, 1948 & Nature **162** 680, 1948
78. G. Gamov: Mr Tompkins in Paperback, Cambridge University Press,
    Cambridge 1967
79. H. Geiger & E. Marsden, Proc. Roy. Soc. London **82** 495, 1909
    E. Rutherford, Phil. Mag. **6** 669, 1911
80. M. Gell-Mann, Phys. Rev. **125** 1067, 1962
    S. Okubo, Prog. Theor. Phys. **27** 949, 1962
81. M. Gell-Mann, Phys. Lett. **8** 214, 1964
    G. Zweig, Berichte CERN/TH-401 und CERN/TH-412 1964
82. M.J. Geller & J.P. Huchra, Science **246** 897, 1989
83. W. Gerlach & O. Stern, Z. Phys. **9** 349 & 353, 1922
84. H. Vogel: Gerthsen Physik, 20. Auflage, Springer-Lehrbuch, Springer-Verlag,
    Berlin, Heidelberg, 1999

85. S. Glashow, Nucl. Phys. **22** 579, 1961
    A. Salam, in N. Svartholm (Herausgeber): Proc. 8th Nobel Symposium,
    Almquist & Wiskell, Stockholm, 1968
    S. Weinberg, Phys. Rev. Lett. **19** 1264, 1968
86. S. Glashow, J. Iliopoulos & L. Maiani, Phys. Rev. **D12** 1285, 1970
87. M. Goldhaber, L. Grodzins & A.W. Sunyar, Phys. Rev. **109** 1015, 1958
88. H. Goldstein: Klassische Mechanik, Akademische Verlagsgesellschaft,
    Wiesbaden 1976
89. M.W. Goodmann & E. Witten, Phys. Rev. **D31** 3059, 1985
90. W. Gordon, Z. Phys. **40** 117, 1926 & **48** 11, 1928
    O. Klein, Z. Phys. **41** 407, 1927
91. I.S. Gradshteyn, I.M. Ryzhik: Table of Integrals, Series and Products,
    Academic Press, New York et al. 1980
92. K. Greisen, Phys. Rev. Lett. **16** 748, 1966
    G.T. Zatsepin & V.A. Kuz'min, JETP Lett. **4** 78, 1966
93. V.N. Gribov & L.N. Lipatov, Sov. J. Nucl. Phys. **15** 438 & 75, 1972
    Y.L. Dokshitzer, Sov. J. Phys. JETP **46** 641, 1977
    G. Altarelli & G. Parisi, Nucl. Phys. **B126** 298, 1977
94. D.J. Gross & F. Wilczek, Phys. Rev. Lett. **30** 1343, 1973
    H.D. Politzer, Phys. Rev. Lett. **30** 1346, 1973
95. K. Grotz & H.V. Klapdor: Die schwache Wechselwirkung in Kern-, Teilchen-
    und Astrophysik, Teubner, Stuttgart 1989
96. A. Guth, Phys. Rev. **D23** 347, 1982
    A. Albrecht & P.J. Steinhardt, Phys. Rev. Lett. **48** 1220, 1982
    A.D. Linde, Phys. Lett. **108B** 389, 1982
97. E.R. Harrison, Phys. Rev. **D1** 2726, 1970
    Y.B. Zeldovich, Month. Not. Roy. Astron. Soc. **160** 1P, 1972
98. F.J. Hasert et al. (Gargamelle), Phys. Lett. **46B** 121 & 138, 1973
    F.J. Hasert et al. (Gargamelle), Nucl. Phys. **B73** 1, 1974
99. W. Heisenberg, Z. Phys. **33** 879, 1925
    W. Heisenberg, Z. Phys. **43** 172, 1927
    siehe auch [100]
100. W. Heisenberg: Physikalische Prinzipien der Quantentheorie,
    B.I.-Hochschultaschenbücher, Mannheim, Wien, Zürich, o. J.
101. W. Heisenberg, Z. Phys. **77** 1, 156 & 587, 1932
102. S. Herb et al., Phys. Rev. Lett. **39** 252, 1977
103. H. Hertz, Ann. Phys. Chem. **31** 421 & 543, 1887
104. H. Hertz, Sitzungsberichte der Preußischen Akademie der Wissenschaften
    1887, S. 487 ff., Ann. Phys. Chem. **31** 983, 1887
105. P.W. Higgs, Phys. Lett. **12** 132, 1964 & **13** 508, 1964
    P.W. Higgs, Phys. Rev. **145** 1156, 1966
106. R. Hofstadter, Ann. Rev. Nucl. Sci. **7** 231, 1957
107. E. Hubble, Proc. N. A. S. **15** 168, 1929
108. E. Hubble: The Realm of the Nebulae, Yale Univerity Press, New Haven 1936
109. R.A. Hulse & J.H. Taylor, AstroPhys. J. **195** L51, 1975
110. J.D. Jackson: Classical Electrodynamics, Second Edition, John Wiley & Sons,
    New York et al. 1975
111. J. Joyce, Finnegan's Wake, Viking Press, New York 1939, S. 383
112. M. Kobayashi & T. Maskawa, Prog. Theor. Phys. **49** 652, 1973
113. F.D. Kurie, J.R. Richardson & H.C. Paxton, Phys. Rev. **49** 368, 1936
114. W.E. Lamb & R.C. Retherford, Phys. Rev. **72** 241, 1947

115. L. Landau, Jour. Exp. Theor. Phys. **32** 405 & 407 1956
     A. Salam, Nuovo Cimento **5** 299, 1957
     T.D. Lee & C.N. Yang, Phys. Rev. **105** 1671, 1957
116. C.M.G. Lattes et al., Nature **159** 694, 1947
117. H. Leavitt, Harvard College Obs. Circ. **173** 1912
118. T.D. Lee & C.N. Yang, Phys. Rev. **104** 254, 1956
119. P. Lenard, Ann. Phys. **2** 359, 1900 & **8** 149, 1902
120. H.A. Lorentz, Proc. Roy. Acad. Amsterdam **6** 809, 1904
121. E. Mach: Die Mechanik in ihrer Entwicklung, historisch-kritisch dargestellt, Brockhaus, Leipzig 1883
122. J.C. Maxwell: A Treatise on Electricity and Magnetism, Clarendon Press, Oxford 1873
123. T. Mayer-Kuckuk: Kernphysik, Teubner, Stuttgart 1979
124. A. Messiah: Mécanique Quantique, Dunod, Editeur, Paris 1969
     Deutsche Übersetzung: Quantenmechanik, Walter de Gruyter, Berlin & New York 1976
125. A.A. Michelson & E.W. Morley, American Journal of Science **34** 333, 1887
126. R.A. Millikan, Phys. Rev. **2** 109, 1913
127. G. Miller et al., Phys. Rev. **D5** 528, 1972
     S. Stein et al., Phys. Rev. **D12** 1884, 1975
128. H. Minkowski, Nachrichten der Königlichen Gesellschaft der Wissenschaften Göttingen 53, 1908
     H. Minkowski, Phys. Z. **10** 104, 1909
129. M. Mori et al., Phys. Rev. **D48** 5505, 1993
130. R. Mößbauer, Z. Phys. **151** 124, 1958
     R. Mößbauer, Z. Naturforschung **14a** 211, 1959
131. N. Mott, Proc. Roy. Soc. London **A124** 425, 1929
132. J.S. Mulchaey et al., AstroPhys. J. **404** L9, 1993
     T.J. Ponman & D. Bertram, Nature **363** 51, 1993
133. W. Pauli, Z. Phys. **31** 765, 1925
134. W. Pauli, „Liebe Radioaktive Damen und Herren!", Brief an L. Meitner u.a., 4. Dezember 1930
135. Particle Data Group: Review of Particle Properties, Europ. Phys. Jour. **C3** 1, 1998
136. P.J.E. Peebles et al., Nature **352** 769, 1991
137. P.J.E. Peebles: Principles of Physical Cosmology, Princeton University Press, Princeton 1993
138. A.A. Penzias & R.W. Wilson, AstroPhys. J. **142** 419, 1965
139. M. Perl et al., Phys. Rev. Lett. **35** 1489, 1975
140. S. Perlmutter et al., Nature **391** 51, 1998
     siehe auch: R.D. Peccei, Summary and Outlook, in:
     A. Astbury et al. (Herausgeber), Proceedings of the 29th International Conference on High Energy Physics, World Scientific, Singapur, 1998, Seite 327
141. M. Planck, Ann. Phys. **4** 553, 1901
     Eine vorläufige Fassung derselben Arbeit erschien bereits in den Verhandlungen der DPG **2** 237, 1900.
     Basierend auf den Messungen des Schwarzkörper-Spektrums von O. Lummer und E. Pringsheim (Verh. DPG **2** 176, 1900) gab Planck folgende Werte für h und k an:

$$h = 6.55 \cdot 10^{-34} \text{ Js} \qquad (\text{heutiger Wert: } h = 6.626076 \cdot 10^{-34} \text{ Js})$$

$$k = 1.346 \cdot 10^{-23} \text{ JK}^{-1} \qquad (\text{heutiger Wert: } k = 1.38066 \cdot 10^{-23} \text{ JK}^{-1})$$

142. R.V. Pound & G.A. Repka, Phys. Rev. Lett. **4** 337, 1960
     R.V. Pound & J.L. Snider, Phys. Rev. **140** B788, 1965
143. F. Reines & C.L. Cowan, Phys. Rev. **92** 830, 1953
     F. Reines et al., Science **124** 103, 1956
     F. Reines & C.L. Cowan, Phys. Rev. **113** 273, 1959
144. D. Reusser et al., Phys. Lett. **255B** 143, 1991
     M. Beck et al., Phys. Lett. **336B** 141, 1994
     J.J. Quenby et al., Astroparticle Physics **5** 249, 1996
145. A.D. Ries et al., AstroPhys. Jour. **116** 1009, 1998
     siehe auch: M. Spiro et al., Experimental Particle Astrophysics, in:
     A. Astbury et al. (Herausgeber), Proceedings of the 29th International Conference on High Energy Physics, World Scientific, Singapur, 1998, Seite 327
146. H.P. Robertson, Proc. N.A.S. **15** 822, 1935
     A.G. Walker, Proc. London Math. Soc. **42** 90, 1936
147. E. Rutherford, Phil. Mag. **6** 669, 1911
148. A.S. Sakharov, JETP Lett. **5** 24, 1967
149. E. Schrödinger, Ann. Phys. **79** 361, 1926
150. E. Schrödinger, Ann. Phys. **79** 734, 1926
151. K. Schwarzschild, Sitzungsberichte der Preußischen Akademie der Wissenschaften 1916, S. 189 ff.
152. J. Schwinger, Phys. Rev. **74** 1439, 1948
     W. Pauli & F. Villars, Rev. Mod. Phys. **21** 434, 1949
153. R.U. Sexl & H.K. Urbantke: Gravitation und Kosmologie, B.I.-Wissenschaftsverlag, Mannheim, Wien, Zürich 1975
154. S.A. Shectman et al., AstroPhys. J. **470** 172, 1996
155. A. Sommerfeld: Atombau und Spektrallinien, 1919 7. Auflage, Vieweg, Braunschweig 1951
156. J. Steinberger, Phys. Rev. **76** 1180, 1949
157. J. Stefan, Sitzungsberichte der Akademie der Wissenschaften Wien 1879, 391
     L. Boltzmann, Ann. Phys. **22** 291, 1884
158. M. Takeda et al., Phys. Rev. Lett. **81** 1163, 1998
159. J.H. Taylor: Probing relativistic gravity with pulsar timing experiments, in G. Fontaine & J. Trân Thanh Vân (Herausgeber): Particle Astrophysics, Editions Frontières, Gif-sur-Yvette 1993
160. V.L. Telegdi: Mind over matter: the intellectual content of experimental physics, Yellow Report CERN 90-09, 1990
161. W. Thirring, Phil. Mag. **41** 1193, 1950
162. G. t'Hooft & M. Veltman, Nucl. Phys. **B50** 318, 1972
163. J.J. Thomson, Phil. Mag. **44** 293, 1897
164. Table of Isotopes, Herausgeber C.M. Lederer & V.S. Shirley, John Wiley & Sons, New York et al. 1978
165. T. Tati & S.-I. Tomonaga, Prog. Theor. Phys. **3** 391, 1948
     H. Fukuda, Y. Miyamoto & S.-I. Tomonaga, Prog. Theor. Phys. **4** 47 & 121, 1948
     F.J. Dyson, Phys. Rev. **75** 486 & 1736, 1949
     A. Salam, Phys. Rev. **82** 217, 1952
     siehe auch [22]
166. M. Treichel, Z. Phys. **C54** 469, 1992
167. R.B. Tully & J.R. Fisher, Astron. AstroPhys. **54** 661, 1977
168. A. Udalski et al. (OGLE), Acta Astron. **44** 165, 1994
169. G.E. Uhlenbeck & S. Goudsmit, Naturwissenschaften **13** 953, 1925 & Nature **117** 264, 1926
170. S. van der Meer, Bericht CERN/ISR 72-31, 1972

171. H. Weyl, Sitzungsberichte der Preußischen Akademie der Wissenschaften 1918,
     S. 465 ff.
     H. Weyl, Z. Phys. **56** 330, 1929
172. C.M. Will: Was Einstein right?, Basic Books, New York 1986
173. L. Witten (Herausgeber): Gravitation, John Wiley & Sons,
     New York & London 1962
174. L. Wolfenstein, Phys. Rev. Lett. **13** 562, 1964
175. L. Wolfenstein, Phys. Rev. **D17** 2369, 1978
     S.P. Mikheyev & A.Y. Smirnow, Yad. Fiz. **42** 1441, 1985 &
     Sov. Jour. Nucl. Phys. **42** 913, 1986
176. C.S. Wu et al., Phys. Rev. **105** 141, 1957
177. H. Yukawa, Proc. Phys. Math. Soc. Japan **17** 48, 1935
178. F. Zwicky, Helv. Phys. Acta **6** 110, 1933

Index